Holzfrei

Nr. 33
S. 7335—7574

1954
18. August

Chemisches Zentralblatt

Vollständiges Repertorium für alle Zweige der reinen und angewandten Chemie

1830 gegründet. 1897—1945 von der Deutschen Chemischen Gesellschaft fortgeführt.
Im Auftrage der Deutschen Akademie der Wissenschaften zu Berlin, der Chemischen Gesellschaft in der Deutschen Demokratischen Republik, der Akademie der Wissenschaften zu Göttingen und der Gesellschaft Deutscher Chemiker

herausgegeben von Prof. Dr. Maximilian Pflücke

125. Jahrgang

1954

Chefredakteure: Dr. Eugen Klever und Prof. Dr. Maximilian Pflücke

Akademie-Verlag GmbH., Berlin — Verlag Chemie, GmbH., Weinheim/Bergstr.

Inhalt

Namenregister

Chemisches Zentralblatt

1954 Nr. 33 18. August

Geschichte. Unterricht.

—, *Professor Doktor Valentin 70 Jahre alt.* Am 20/4. 1954 vollendete Prof. Dr. VALENTIN, Direktor des pharmazeut.-chem. Inst. der Univ. Greifswald, sein 70. Lebensjahr. Kurze Lebensskizze. — Lichtbild. (Pharmazie **9.** 277. April 1954.) BARZ. 1

Eric K. Rideal, *Prof. Marston T. Bogert.* Kurze Würdigung der Verdienste des im Alter von 86 Jahren verstorbenen ehemaligen Präsidenten der AMERICAN CHEMICAL SOCIETY u. der INTERNATIONALEN UNION FÜR CHEMIE. (Nature [London] **173.** 851. 8/5. 1954.) KLEVER. 1

Conrad Burri, *Prof. Dr. Paul Niggli 1888—1953.* Nachruf. (Vjschr. naturforsch. Ges. Zürich **98.** 256—58. 31/12. 1953.) KLEVER. 1

Charles Prévost, *Gustave Vavon (1884—1953).* Nachruf auf den Organiker GUSTAVE VAVON u. Würdigung seiner Arbeiten über die Hydrierung von Cyclanonen zu den cis-trans-isomeren Cyclanolen, der dabei auftretenden ster. Hinderung sowie der asymm. Synthese. (Rev. gén. Sci. pures appl. Bull. Soc. philomath. **60.** 5—7. 1953.) ROSDORFF. 1

N. I. Schuikin, *Nikolai Dmitrijewitsch Zelinsky.* Nachruf auf den bekannten, am 31/7. 1953 verstorbenen russ. Organiker. (Журнал Физической Химии [J. physik. Chem.] **27.** 1261—66. Sept. 1953.) KLEVER. 1

Ju. Ss. Mussabekow, *Modesst Jakowlewitsch Kittary (1824—1880).* Lebensbild von M. JA. KITTARY, der sich Verdienste um den Aufbau der chem. Technologie in Rußland, bes. als Unterrichtsfach an den Hochschulen, erworben hat. (Журнал Прикладной Химии [J. angew. Chem.] **25.** 1128—33. Nov. 1952.) WÖRFFEL. 1

Ed. Justin-Mueller, *Horace Koechlin 1839—1898.* Biographie. (Teintex **19.** 33—43. 15/1. 1954.) ROSSOW. 1

Heinrich Marzell, *Zur Geschichte und Volkskunde der Senecio-Arten als Gift- und Arzneipflanzen.* (Planta med. [Stuttgart] **2.** 29—31. Febr. 1954. Gunzenhausen/Bayern.) BARZ. 2

H. Marzell, *Die „Krebswurz" (Scrophularia nodosa L.).* Pharmaziegeschichtlicher Überblick über die Droge u. ihre therapeut. Verwendung. (Planta med. [Stuttgart] **2.** 57—58. April 1954. Gunzenhausen/Bayern.) BARZ. 2

Hans F. W. Barth, *Einige Bemerkungen zur geschichtlichen Entwicklung des Kupferkonverterprozesses in Mansfeld.* (Z. Erzbergbau Metallhüttenwes. **6.** 394—97. Okt. 1953. Melbourne, Australien.) APEL. 2

Richard Bochalli, Robert Koch. Der Schöpfer der modernen Bakteriologie. Stuttgart: Wissenschaftl. Verlagsges. 1954. (IX + 217 S. m. Abb.) = Große Naturforscher. Bd. 15. DM 13,80.

Walter Gunzert, Der Sohn der Ochsengasse. (Justus v. Liebig). Darmstadt: Justus v. Liebigverl. 1953. (49 S.) = Darmstädter Schriften. 3. DM 3,50.

Hans Hartmann, Georg Agricola. 1494—1555. Begründer dreier Wissenschaften: Mineralogie, Geologie, Bergbaukunde. Stuttgart: Wissenschaftl. Verlagsges. 1953. (133 S. m. 13 Abb. u. 1 Taf.) = Große Naturforscher Bd. 13. DM 10,80.

Carl Seelig, Albert Einstein. Eine dokumentarische Biographie. Umgearb. u. stark verm. 2. Aufl. des Bandes: A. E. und die Schweiz. Zürich, Stuttgart, Wien: Europa Verlag. 1954. (304 S. m. Abb. 12 Taf.) fr 15,—.

A. Allgemeine und physikalische Chemie.

Vincenzo Caglioti, Lezioni di chimica generale ed inorganica. Roma: Ed. Libreria Eredi V. Veschi. 1953. (247 S. m. Abb.)

Karl Lothar Wolf, Theoretische Chemie. Eine Einführung vom Standpunkt einer gestalthaften Atomlehre. 3. umgearb. Aufl. Leipzig: Barth. 1954. (XII + 742 S. m. 282 Abb. im Text). DM-Ost 38,—.

A_1. Kernphysik und Kernchemie.

Peter G. Bergmann und **Robb Thomson,** *Spin und Drehimpuls in allgemeiner Relativität.* (Physic. Rev. [2] **89.** 400—07. 15/1. 1953. Syracuse, N. Y., Syracuse Univ., Dep. of Phys.) GERHARD SCHMIDT. 80

C. Peter Johnson jr., *Eine kritische Bemerkung zu einer neuen einheitlichen Feldtheorie.* Erörterung scheinbarer Diskrepanzen zwischen der neuen einheitlichen Feldtheorie von Einstein u. den Newton- u. Coulomb-Gesetzen. (Physic. Rev. [2] **89.** 320–21. 1/1. 1953. Cambridge, Mass., Harvard Univ., Dep. of Chem.) Gerhard Schmidt. 80

Albert Einstein, *Ein Beitrag zu einer kritischen Bemerkung über die einheitliche Feldtheorie.* (Vgl. vorst. Ref.) Erwiderung. (Physic. Rev. [2] **89.** 321. 1/1. 1953. Princeton, N. J., Inst. for Adv. Stud.) Gerhard Schmidt. 80

G. Wataghin, *Über eine nichtlokale Feldtheorie.* Vf. führt eine neue Form der Theorie des nichtlokalen Feldes ein, die vom S-Matrix-Formalismus ausgeht. Die Beschreibung der Ausbreitung in Raum u. Zeit ist auf die Annahme approximativer Gültigkeit der Ausbreitungsgesetze freier Teilchen außerhalb des Wechselwirkungsbereichs beschränkt. (Nuovo Cimento [9] **10.** 1602–04. 1/11. 1953. Torino, Univ., Ist. di Fis.; Ist. Naz. di Fis. Nucl.) Gerhard Schmidt. 80

A. E. Scheidegger und **C. D. McKay,** *Über die Thermodynamik von Wellenfeldern.* (Vgl. C. **1953.** 326.) Im Anschluß an die von Vff. entwickelte Theorie der Thermodynamik von Wellenfeldern (vgl. C. **1952.** 1274) wird gezeigt, daß die thermodynam. Funktionen nicht in der üblichen Weise für eine nichtgequantelte Feldtheorie definiert werden können. (Canad. J. Physics **30.** 117–18. März. 1952. Kingston, Ontario, Can., Queens Univ., Dep. of Phys.) Gerhard Schmidt. 80

P. Gulmanelli, *Über ein Theorem in den Theorien des nichtlokalen Feldes.* Vf. wendet den Peierlsschen Formalismus, der die Poissonschen Klammerausdrücke in einer kovarianten Weise definiert, auf die Theorie des nichtlokalen Feldes an. Es zeigt sich, daß die Peierls-Bloch-Formalismen für die asymptot. Teile der Felder bei $t = -\infty$ u. $t = +\infty$ gleich jenen der freien Felder sind. (Nuovo Cimento [9] **10.** 1582–89. 1/11. 1953. Milano, Univ., Ist. di Sci. Fis.; Ist. Naz. di Fis. Nucl.) Gerhard Schmidt. 80

G. A. Erskine und **M. J. Seaton,** *Die asymptotische Lösung einer in der Streuungstheorie auftretenden Gleichung.* Vff. führen eine brauchbare Verallgemeinerung eines bekannten Theorems in der Streuungstheorie an. (Proc. physic. Soc., Sect. A **66.** 123 bis 124. 1/1. 1953. London, Univ. Coll., Dep. of Phys.) Gerhard Schmidt. 90

G. E. Brown und **J. B. Woodward,** *Kohärente Streuung von γ-Strahlen durch gebundene Elektronen.* Vff. untersuchen die kohärente Streuung von γ-Strahlen hoher Energie durch die gebundenen Elektronen in leichten Atomen. Die Bindungszwischenzustände des Elektrons werden durch eine Reihenentw. nach freien Zuständen u. Potentialstreuung dargestellt. Es ergibt sich, daß nicht nur das Glied nullter Ordnung der Entw., sondern auch das Glied erster Ordnung berücksichtigt werden muß, das letztere ist größer bei großer Impulsübertragung. (Proc. physic. Soc., Sect. A **65.** 977–80. 1/12. 1952. Birmingham, Univ., Dep. of Math. Phys.) v. Harlem. 90

R. R. Roy und **L. Groven,** *Untersuchungen über Positron–Elektron-Streuung.* In einer Nebelkammer wurde die Streuung von Positronen an Elektronen in Stickstoff untersucht. An 5600 Positronenspuren mit einer Gesamtlänge von 792 m im Energiebereich zwischen 0,5 u. 1,1 MeV wurden Streuwinkel u. Bahnkrümmung im Magnetfeld (739,6 Gauß) ausgemessen. Die Ergebnisse zeigen befriedigende Übereinstimmung mit der Austauschtheorie von Bhabha. (Philos. Mag. [7] **43.** 1291–96. Dez. 1952. Bruxelles, Univ. Libre, Labor. de Phys.) Pollermann. 90

Bruce Cork, *Proton–Proton-Streuung bei 32,0 MeV.* Die von verschied. Autoren bei 29,4, 31,8 u. 32 MeV gemessenen differentiellen Wirkungsquerschnitte für Proton–Proton-Streuung werden diskutiert u. mit der theoret. Kurve von Martin u. Verlet (C. **1954.** 239) verglichen. (Physic. Rev. [2] **90.** 1129–30. 15/6. 1953. Berkeley, Calif., Univ. of California, Dep. of Phys., Radiat. Labor.) Weigel. 90

C. B. Madsen, *Bremsvermögen und Energiestreuung von Protonen.* (Vgl. Madsen, C. **1950.** I. 6, u. Huus u. Madsen, Physic. Rev. [2] **76.** [1949.] 323.) Die Verss. über den Energieverlust der Protonen in Folien verschied. Substanzen werden auf Materialien mit höherer Kernladungszahl u. auf Protonenenergien bis auf 2 MeV ausgedehnt. Als γ-Zähler wurde ein G.-M.-Zählrohr benutzt. Außer Folien wurden Sandwishtargets verwendet. Die tabellar. wiedergegebenen Ergebnisse für *Be, Glimmer, Al, Cu, Au* u. *Ag* zeigen zusammenfassend die Dicke der Bremssubstanz in mg/cm², die Energieverschiebung ΔE in keV, die Protonenenergie E in keV, das Bremsvermögen der untersuchten Substanz in keV/mg/cm², die Standardabweichungen in keV ohne u. mit Bremsschicht sowie die Streuung Ω in keV. (Kgl. danske Vidensk. Selsk., mat.-fysiske Medd. **27.** Nr. 13. 1–21. 1953. Kopenhagen, Inst. for Theoret. Phys.) Gerhard Schmidt. 90

B. H. Bransden, *Über die Jastrowsche Wechselwirkung und die elastische Streuung von Protonen hoher Energie durch Deuteronen.* Vf. benutzt eine Näherungsmeth. zur Berechnung der elast. Gesamt- u. Differentialquerschnitte für p–d-Streuung bei Energien der einfallenden Protonen von 150 u. 240 MeV. Es wird eine Kernwechselwrkg. nach Jastrow angenommen, die einen rückstoßenden Kern unbestimmter Größe in Zweikörperzuständen enthält. Von den verschied. phänomenolog. Wechselwirkungen stimmt diese Wechselwrkg. am besten mit den Daten für n–p- u. p–p-Streuung bei hoher Energie überein. Die berechnete Winkelverteilung um 90° ist von der richtigen Größenordnung. (Proc. physic. Soc., Sect. A **65.** 972–77. 1/12. 1952. Belfast, Queens Univ.) v. Harlem. 90

John R. Cameron, *Elastische Streuung von α-Teilchen durch Sauerstoff.* Ausführliche Darst. der C. **1954.** 2103 referierten Arbeit. (Physic. Rev. [2] **90.** 839–44. 1/6. 1953. Madison, Wis., Univ. of Wisconsin.) Gerhard Schmidt. 90

E. R. Hodgson, J. F. Gallagher und **E. M. Bowey,** *Gesamtquerschnitt für Neutronen.* Der Gesamtquerschnitt von *Be, Na, Mo* u. *Hg* für Neutronen wurde im Energiebereich 1 eV bis 10 keV u. von *Th* zwischen 1 eV u. 1 keV unter Verwendung des Flugzeitspektrometers mit linearer Beschleunigung gemessen. Wegen besserer Energieauflösung wurden mehrere Resonanzen deutlicher aufgelöst. (Proc. physic. Soc., Sect. A **65.** 992–94. 1/12. 1952. Harwell, Berks., A. E. R. E.) v. Harlem. 90

L. B. Borst, *Resonanzstreuung in Indium.* (Sitzungsbericht.) In einem Reaktor wurde ein Streurohr in der Weise eingeführt, daß die an einer dünnen Probe innerhalb des Reaktors gestreuten Neutronen wie eine Neutronenquelle untersucht werden konnten. Das Streuspektr. von In wurde nach zwei Methoden vermessen: 1. Das Gesamtspektr. wurde auf Selbstaktivierung, Selbstabsorption u. krit. Absorbertechnik hin analysiert u. 2. die 1,46 eV-Resonanz wurde mit einem Cauchois-Kristallspektrometer unter Verwendung der 1 0 0-Ebene in NaCl analysiert. Die Kurven in erster u. zweiter Ordnung wurden für die Quellenstärke, Durchlässigkeit u. Aktivierung erhalten. Bzgl. der totalen oder Einfangresonanzen wurde keine Verschiebung der Streuresonanz beobachtet. (Physic. Rev. [2] **90.** 354. 15/4. 1953. Univ. of Utah.) Gerhard Schmidt. 90

L. B. Borst, *Resonanzstreuung in Indium.* Ergänzend zu der vorst. referierten Arbeit wird mitgeteilt, daß der Resonanzstreuquerschnitt von **1600** barn einer Streuungsniveaubreite von 0,0052 eV u. einem Γ_n/Γ von **4,5** % entspricht. (Physic. Rev. [2] **90.** 859–62. 1/6. 1953.) Gerhard Schmidt. 90

R. Ronald Palmer und **Lowell M. Bollinger,** *Neutronendurchlässigkeitsmessungen von Cadmium, Gadolinium und Quecksilber bei Verwendung des schnellen Schoppers (Zerhackers) von Argonne.* (Sitzungsbericht.) Vff. berichten über Neutronendurchlässigkeitsmessungen von Cd, Gd u. Hg u. den getrennten Isotopen von Cd u. Hg mit Flugwegen von 10, 20 u. 40 m. Die Auflösung liegt bei ~0,13 µsec/m bei 40 m. Cd zeigt Resonanzdurchlässigkeitslücken bei Neutronenenergien von 18,0, 27,2, 66,6, 88,2, 122, 163, 234, 400 u. 840 eV, wobei die 27,2 u. 88,2 eV-Lücken am stärksten hervortreten. Die 27,2 eV-Lücke wird ^{111}Cd zugeschrieben, die 88,2 eV-Lücke versuchsweise ^{110}Cd. Durchlässigkeitslücken für Gd treten bei 1,93, 2,58, 2,85, 6,26, 7,74, 11,6, 14,4, 16,6, 20,6, 22,2, 29,8, 33,2, 49, 81, 109, 355 u. 740 eV auf, wobei die 2,58, 2,85, 20,6 u. 22,2 eV-Lücken am stärksten sind. Hg zeigt Durchlässigkeitslücken bei 23,2, 33,3, 42,8, 71, 91, 127, 175, 204, 311, 437 u. 1230 eV, wobei die 23,1, 33,3, 175 u. 311 eV-Lücken am stärksten hervortreten. Die 33,3 u. 175 eV-Lücken werden versuchsweise ^{201}Hg zugeschrieben. (Physic. Rev. [2] **91.** 450. 15/7. 1953. Argonne Nat. Labor.) Gerhard Schmidt. 90

R. S. Carter, H. Palevsky und **V. W. Myers,** *Der Absorptionsquerschnitt von Gold und Bor für thermische und kalte Neutronen.* (Sitzungsbericht.) Vff. messen die Absorptionsquerschnitte von Au u. B mit dem langsamen Schopper über den Wellenbereich von 1,8–11 Å. Für Au besteht jenseits 4,7 Å der totale Querschnitt nur aus Einfang u. unelast. Streuung, wobei letzterer sehr klein (0,3 barn) ist. Der Querschnitt zwischen 4,8 u. 11 Å folgt einem 1/v-Gesetz, u. der Abfall der Kurve ist 54,3 barn/Å. Falls Au bei therm. Neutronen (2200 m/sec) einem 1/v-Gesetz folgt, würde dieser Abfall einen Absorptionsquerschnitt von 97,5 ± 0,3 barn ergeben. Da der gemessene totale Querschnitt bei therm. Neutronen 104 barn ist, wird entweder ein ungewöhnlich niedriger Streuquerschnitt oder eine geringe Abweichung vom 1/v-Gesetz angezeigt. Die mit zwei B-Proben n. isotop. Zus. durchgeführten Messungen liefern bei therm. Neutronen einen σ-Wert von 753 ± 3 barn. (Physic. Rev. [2] **91.** 450–51. 15/7. 1953. Brookhaven Nat. Labor.) Gerhard Schmidt. 90

V. W. Myers, R. S. Carter und **H. Palevsky,** *Totale Neutronenquerschnitte von Schwerem Wasser und Glas bei langen Wellenlängen.* (Vgl. vorst. Ref.) (Sitzungsbericht.)

Mit der l. c. angegebenen App. werden die Wirkungsquerschnitte von D_2O u. B-freiem Glas bei Zimmertemp. von 4—15 Å gemessen. In dem untersuchten Wellenlängenbereich sind die Einfangquerschnitte dieser Substanzen klein im Vgl. zur Streuung. Die durch die fl. Struktur bedingte kohärente Streuung wird in beiden Substanzen beobachtet, sie verschwindet im wesentlichen bei 10 Å. Bei Zunahme der Wellenlänge über 10 Å steigen die gemessenen Querschnitte monoton an u. nähern sich einem 1/v-Gesetz. Für D_2O ist der unelast. Querschnitt bei 10 Å 15 barn/Mol. u. in Glas bei der gleichen Wellenlänge in der Größenordnung von 5 barn/SiO_2-Molekül. (Physic. Rev. [2] **91.** 451. 15/7. 1953.) Gerhard Schmidt. 90

J. Tittman und **F. F. Johnson,** *Die Bremsung von Ra–Be-Neutronen in Kalkstein.* (Sitzungsbericht.) Vff. bestimmen die räumliche Verteilung von In-Resonanzneutronen in Kalkstein. Das bremsende Medium besteht aus Kalksteinblöcken, die einen Kubus von 5 ft Kantenlänge bilden. Nach Anbringung der für räumliche Veränderungen erforderlichen Korrekturen stimmen die Daten für $600 < r^2 < 4500$ cm² mit einer Gaussschen Bremsungsdichte überein. Bei $r^2 < 600$ cm² liegt die Resonanzneutronendichte oberhalb der Gaussschen u. erfordert eine Zweigruppenanalyse. (Physic. Rev. [2] **91.** 452. 15/7. 1953. Schlumberger Well Surv. Corp.) Gerhard Schmidt. 90

Enos E. Witmer, *Die Anregungsenergien von Kernen als rationale Vielfache der Elektronenmasse.* (Vgl. C. **1954.** 2103, 3619 u. 5449.) (Sitzungsbericht.) Vf. stellt nach dem l. c. gegebenen Verf. eine Liste von 236 solcher Anregungsenergien auf. Bei 22 Werten ist M eine ganze Zahl innerhalb ±0,02%. Die Zufallswahrscheinlichkeit hierfür ist nur $15 \cdot 10^{-5}$. Weitere Unterss. stützen die Annahme, daß die Kernmassen in jedem Zustand Mm sind, wobei M eine rationale Zahl ist. (Physic. Rev. [2] **91.** 500. 15/7. 1953. Univ. of Pennsylvania.) Gerhard Schmidt. 95

B. H. Flowers, *Angeregte Zustände von Kernen in jj-Kopplung.* (Vgl. C. **1953.** 964.) Vf. gibt die Klassifizierung von Zuständen, die sich aus einer Konfiguration j^n von Neutronen u. Protonen in jj-Kopplung mit kurzreichweitigen zentralen Wechselwirkungen ergeben, u. liefert den Beweis für die Annahme, daß die Klassifizierung eine experimentelle Bestätigung findet. Auf der Grundlage der neuen Klassifizierung lassen sich einige approximative Auswahlregeln für strahlende Übergänge festlegen. Einige dieser Regeln werden diskutiert. (Physica **18.** 1101—04. Dez. 1952. Birmingham.) Gerhard Schmidt. 95

Gertrude Scharff-Goldhaber, *Angeregte Zustände von gerade–gerade-Kernen.* Ergänzende Bemerkungen zu der C. **1954.** 1168 referierten Arbeit. (Physica **18.** 1105—09. Dez. 1952. Upton, N. Y., Brookhaven Nat. Labor.) Gerhard Schmidt. 95

Kenneth W. Ford, *Die ersten angeregten Zustände von gerade–gerade-Kernen.* Vf. wendet das in der Approximation starker Kopplung (Bohr) ausgedrückte Kollektivmodell des Kerns auf die unteren Niveaus von gerade–gerade-Kernen an. Es liefert eine genaue Niveauanordnung der ersten Zustände u. sagt die qualitativen Regelmäßigkeiten der ersten angeregten Energiefläche voraus, die experimentell beobachtet worden sind. Die Approximation ist besser für zwei oder mehrere Nucleonen als für eins. Vf. leitet eine Formel zur Berechnung einer oberen Grenze für die Kerndistorsion aus der ersten angeregten Energie gerader Kerne ab. Diese Formel liefert eine ausreichende Beziehung zu den Quadrupolmomenten u. eine bessere Beziehung zu den Isotopenverschiebungen im Bereich $50 < N < 126$. (Physic. Rev. [2] **90.** 29—44. 1/4.; Sitzungsbericht: 366. 15/4. 1953. Princeton, N. J., Princeton Univ., Palmer Phys. Labor.) Gerhard Schmidt. 95

L. Wilets, D. Hill und **K. W. Ford,** *Beitrag der Kerndistorsion zu den Isotopenverschiebungen.* (Sitzungsbericht.) Vff. untersuchen den Beitrag der Kerndistorsionen zu den spektroskop. Isotopenverschiebungen. Für einen ellipsoidalen Kern mit gleichförmiger Ladungsverteilung wird ein formelmäßiger Ausdruck für den Beitrag des Distorsionseffektes gegeben. Aus den Daten für das Kernquadrupolmoment u. das gerade–gerade-Energieniveau geht hervor, daß der Kerndistorsionsbeitrag in der gleichen Größenordnung wie der Volumeneffekt ist u. quantitativ die bei den Isotopenverschiebungsanomalien auftretenden Irregularitäten beschreiben kann. (Physic. Rev. [2] **90.** 366—67. 15/4. 1953. Princeton Univ.) Gerhard Schmidt. 95

L. T. Aldrich, L. F. Herzog, W. K. Holyk, F. B. Whiting und **L. H. Ahrens,** *Variationen in den Isotopenhäufigkeiten von Strontium.* (Vgl. C. **1954.** 2580.) Mit einem Massenspektrometer vom Nierschen Typ werden die Häufigkeiten der Sr-Isotope aus verschied. Mineralien bestimmt. Angeregt wurde in einer therm. Ionenquelle durch Verdampfung von 20—100 µg $SrCl_2$ oder $SrSO_4$ von einem Ni-plattierten W-Heizband. In Proben unbekannter Herkunft variiert das Verhältnis $^{86}Sr/^{88}Sr$ zwischen 0,1160 u.

0,1220. In Rb-freien Mineralien ist die Verschiedenheit des Verhältnisses $^{87}Sr/^{88}Sr$ (0,0832—0,0868) so klein, daß sie sich vollständig dem ^{87}Rb-Zerfall in geolog. Zeit zuordnen läßt. Die starke Änderung von $^{87}Sr/^{88}Sr$ in Rb-Mineralien (*Biotit*) von 0,0840 bis 0,2629 läßt derartige Mineralien für geolog. Altersbestimmungen geeignet erscheinen. (Physic. Rev. [2] **89.** 631—32. 1/2. 1953. Washington, Carnegie Inst. of Washington, Dep. of Terrestriol Magnetism; Cambridge, Mass., MIT, Dep. of Geol.)
WEIGEL. 95

F. S. Stein, *Die Massenspektren von isotopischen CO_2-Molekeln.* (Sitzungsbericht.) Vf. bestimmt in einem Massenspektrometer vom NIERschen Typ mit Doppelauffänger die Massenspektren eines 1:1-Gemisches von $^{13}CO_2$ u. $^{12}CO_2$, das aus angereichertem $CaCO_3$ gewonnen wurde. Die CO_2-Drucke wurden so gewählt, daß die gemessenen Verhältnisse von kleinen Druckänderungen prakt. unabhängig waren. Nach Anbringung geeigneter Korrekturen ergaben sich folgende Isotopenverhältnisse: $(^{13}CO/^{12}CO)/(^{13}CO_2/^{12}CO_2) = 0,948$ u. $(^{13}C/^{12}C)/(^{13}CO_2/^{12}CO_2) = 1,022$. Die Ergebnisse werden mit älteren Literaturwerten verglichen. (Physic. Rev. [2] **87.** **236.** 1/7. 1952. Univ. of Buffalo.)
WEIGEL. 95

Ning Hu und **Min Yu,** *Über die Theorie des β-Zerfalls.* Durch Ladungs- u. Massenrenormalisierungen kann die Divergenz in der YUKAWA-Theorie des β-Zerfalls beseitigt werden, was in der üblichen FERMI-Theorie nicht der Fall ist. Aus den Wechselwirkungskonstanten für den β-Zerfall, den μ–e-Zerfall u. für die Wechselwrkg. von μ-Mesonen mit Nucleonen ergibt sich, daß die Lebensdauer des Zwischenmesons in der Größenordnung von 10^{-16} Sek. sein muß. Volle Übereinstimmung mit dem Experiment wird erreicht, wenn das Zwischenmeson pseudovektoriell ist u. in pseudovektorieller Wechselwrkg. mit den FERMI-Feldern steht. (Chin. J. Physics **8.** 270—84. Dez. 1951. Peking, Univ., Dep. of Phys.; Acad. Sin., Inst. of Mod. Phys. [Orig.: engl.])
GERHARD SCHMIDT. 103

S. R. De Groot, *Interferenzterme und Symmetrieprinzipien in der Theorie des β-Zerfalls mit gemischten Invarianten.* Diskussion der Existenz von Interferenztermen im Ausdruck für das erlaubte β-Spektr. u. der relativen Größe von FERMI- u. GAMOW-TELLER-Termen unter Berücksichtigung von Kernorientierung u. Polarisation von β-Teilchen u. Neutrino. (Physica **18.** 1011—12. Dez. 1952. Utrecht, Univ., Inst. voor theoret. Natuurk.) GERHARD SCHMIDT. 103

R. Nataf, *Die Nucleon–Leptonen-Wechselwirkung des β-Zerfalls nach experimentellen Daten.* Unter der einschränkenden Bedingung, daß die S- u. V- oder T- u. A-Wechselwrkg. enthaltenden Kombinationen durch die Form der erlaubten Spektren ausgeschlossen sind, besitzen die erlaubten Spektren eine analyt. gut definierte Form die dem Experiment entspricht. (Physica **18.** 1013—16. Dez. 1952. Paris.)
GERHARD SCHMIDT. 103

Tino Ahrens, *Pseudoskalare Wechselwirkung in der Theorie des β-Zerfalls.* 2. Mitt. (1. vgl. C. **1953.** 2067.) Die Analyse der pseudoskalaren Wechselwrkg. in der Theorie des β-Zerfalls liefert das Auftreten von 2 Reihen von Kernmatrixelementen. Als eine Folge pseudoskalarer Wechselwrkg. werden Korrekturfaktoren, die Ableitungen der Leptonenwellenfunktionen enthalten, aufgestellt. (Physic. Rev. [2] **90.** 974—77. 1/6. 1953. St. Louis, Mo., Washington Univ.) GERHARD SCHMIDT. 103

C. S. Wu, *β-Zerfall, erlaubter und verbotener Zerfall.* Die Analyse des *ft*-Wertes der leichten Spiegelkerne in Termen des Kernschalenmodells zeigt an, daß die β-Zerfallswechselwrkg. FERMI (S oder V)- u. GAMOW-TELLER (T oder A)-Wechselwirkungen zu angenähert gleichen Teilen enthält. Die Abwesenheit von 1/E-Termen in vielen untersuchten erlaubten Spektren schließt die Mischungen (S, V) u. (T, A) aus. Die in zweiter Ordnung verbotenen Spektren mit $\Delta J = 2$ passen sich entweder (S, T), (V, A) oder (V, T), aber nicht (S, A) an. Es wird angenommen, daß diese Gruppe von Spektren durch Tensoren oder polare Vektoren dargestellt werden kann. Der erlaubte Verlauf der in erster Ordnung verbotenen Spektren mit $\Delta J = 1$ spricht sehr für (S, T) u. (V, A) u. gegen (S, A). (V, T) ist nicht ausgeschlossen. (Physica **18.** 989—1010. Dez. 1952. New York, N. Y., Columbia Univ.) GERHARD SCHMIDT. 103

F. K. Goward und **J. J. Wilkins,** *Wirkungsquerschnitt für die Photozertrümmerung von Kohlenstoff in drei α-Teilchen.* Aus einer Unters. von 2500 Sternen in Kernemulsionen bestimmen Vff. den Wirkungsquerschnitt für die Photozertrümmerung $^{12}C(\gamma, 3\alpha)$ für γ-Energien bis zu ~60 MeV. Der unter Berücksichtigung verschied. Korrekturen festgestellte Wirkungsquerschnitt zeigt mindestens 5 Resonanzen, die bei γ-Energien (E_γ) von 17,3, 18,3, 21,9, 24,3 u. 29,4 MeV liegen, u. ein starkes Minimum bei $E_\gamma \sim 20,5$ MeV. Dieses Verh. läßt die Bldg. eines wohldefinierten Compoundkerns vermuten, das Minimum bei 20,5 MeV geht aus den (γ, n)- u. (γ, p)-Reaktionsanteilen hervor. Der integrierte Wirkungsquerschnitt beträgt 1,21 ± 0,16 MeV mbarn für $E_\gamma < 20{,}5$ MeV, ein weiterer 2,8 ± 0,4 MeV mbarn für $20{,}5 \leq E_\gamma < 42$ MeV u. < 0,2 MeV mbarn für $42 \leq E_\gamma < 60$ MeV. Als Nebenresultat der Unterss. wird die Existenz der Rk. $^{13}C(\gamma, n)3\alpha$ festgestellt. (Proc. Roy. Soc. [London], Ser. A **217.** 357–75. 7/5. 1953. Harwell, Didcot, Berks., A. E. R. E.) GERHARD SCHMIDT. 103

W. H. Evans, T. S. Green und **R. Middleton,** *Eine Untersuchung der Reaktion* $^{14}N(d, n)^{15}O$ *bei 8 MeV Deuteronenenergie.* Mit der photograph. Emulsionsmeth. untersuchen Vff. die Neutronen, die aus einem N_2-Target, das mit 7,7 MeV-Deuteronen beschossen wurde, emittiert werden. Die photograph. Platten waren radial um den Mittelpunkt des Fensters der Gaszelle angeordnet. Die Energiespektren der Neutronen wurden bei Winkeln von 0–35° in Intervallen von 5° gemessen. Die Analyse der Histogramme zeigt die Existenz von 7 Neutronengruppen, die Übergängen zum Grundzustand u. angeregten Zuständen von ^{15}O bei Energien von 5,29, 6,19, 6,84, 7,48, 8,42 u. 9,06 (sämtlich ± 0,16) MeV entsprechen. Durch Vgl. der beobachteten Winkelverteilungen der Neutronengruppen mit denen, die sich auf eine Abstreiftheorie des Kerns gründen, lassen sich unter bestimmten Bedingungen Spins u. Paritäten der Energieniveaus voraussagen. (Proc. physic. Soc., Sect. A **66.** 108–14. 1/1. 1953. Liverpool, Univ., Nucl. Phys. Res. Labor.) GERHARD SCHMIDT. 103

R. Middleton, F. A. El-Bedewi und **C. T. Tai,** *Eine Untersuchung der Neutronengruppen aus den Reaktionen* $^{12}C(d, n)^{13}N$, $^{16}O(d, n)^{17}F$ *und* $^{32}S(d, n)^{33}Cl$. (Vgl. vorst. Ref.) Vff. verwenden die photograph. Emulsionsmeth. zur Best. der (d, n)-Rk. bei einer Deuteronenenergie von 8 MeV. Bei der Rk. $^{12}C(d, n)^{13}N$ werden drei Neutronengruppen gefunden, die Übergängen zum Grundzustand u. zwei angeregten Zuständen von ^{13}N bei 2,38 ± 0,05 MeV u. 3,53 ± 0,05 MeV entsprechen. Bei der Rk. $^{16}O(d, n)^{17}F$ werden 2 Neutronengruppen beobachtet, die dem Grundzustand u. einem angeregten Zustand bei 0,53 ± 0,06 MeV von ^{17}F zugeschrieben werden. Die Rk. $^{32}S(d, n)^{33}Cl$ liefert Energieniveaus bei 0,76 ± 0,07, 2,84 ± 0,06 u. 4,22 ± 0,08 MeV im Endkern ^{33}Cl. In mehreren Fällen stimmen die nach der BUTLERschen oder BORNschen Approximationstheorie vorausgesagten Spins u. Paritäten mit denen aus anderen Quellen beobachteten überein. Die Abweichungen von der Theorie werden im Falle der Endkerne ^{13}N u. $^{33}Cl^*$ aufgeführt. Die Energieniveaus der Spiegelkerne $^{13}C^{13}N$, $^{17}O^{17}F$ u. $^{33}S^{33}Cl$ werden miteinander verglichen. (Proc. physic. Soc., Sect. A **66.** 95–107. 1/1. 1953.) GERHARD SCHMIDT. 103

G. A. Bartholomew und **B. B. Kinsey,** *Die Neutroneneinfang-γ-Strahlen von Kalium.* (Vgl. KINSEY, BARTHOLOMEW u. WALKER, C. **1953.** 645.) Mit einem Paarspektrometer höherer Auflösung (Linienbreite 100 keV) wurden die Einfang-γ-Strahlen von K neu bestimmt. Das obere Ende des Koinzidenzspektr. wurde sowohl mit einer Probe von natürlichem K_2CO_3 als auch mit einer ^{40}K angereicherten Probe untersucht. Aus einem Vgl. der Spektren ergibt sich, daß die beiden γ-Strahlen mit 9,39 ± 0,06 u. 8,45 ± 0,02 MeV dem Einfang durch ^{40}K zugeschrieben werden müssen. Der bisher dem Grundzustandübergang in $_4{}^0K$ zugeordnete starke γ-Strahl bei 7,757 ± 0,008 MeV erweist sich als ein Übergang zu einem tiefliegenden angeregten Zustand in ^{40}K. (Canad. J. Physics **31.** 927–31. Sept. 1953. Chalk River, Ontario, Can., A. E. of Canada Ltd.) GERHARD SCHMIDT. 103

D. P. Ames, M. E. Bunker, L. M. Langer und **B. M. Sorenson,** *Der Zerfall von* ^{91}Sr *und* ^{91m}Y. Ausführliche Darst. der C. **1954.** 1402 referierten Arbeit. (Physic. Rev. [2] **91.** 68–74. 1/7. 1953. Los Alamos, N. Mex., Univ. of California, Los Alamos Sci. Labor.) GERHARD SCHMIDT. 103

Henry T. Motz, *Unverzögerte γ-Strahlen aus dem Einfang langsamer Neutronen.* (Sitzungsbericht.) Im Bereich von 300 keV bis ca. 1,5 MeV wurde das Spektr. unverzögert auftretender γ-Strahlen für mit langsamen Neutronen beschossenes *Na* u. *Cd* untersucht. In Verbindung mit einem Dünnlinsen-β-Spektrometer u. gebündelten γ-Strahlen wurden die Unterss. durchgeführt a) mit Th- u. U-Konvertern zur Beobachtung photoelektr. Konversionslinsen, b) mit einem NaJ-Scintillationsdetektor zur Zählung der Koinzidenzen von K-Röntgenstrahlen aus dem Konverter mit den Konversionselektronen u. c) mit Be-Strahlern zur Beobachtung der COMPTON-Elektronenspektren. Für $^{113}Cd(n, \gamma)^{114}Cd$ wurden 4 Linien mit 555 ± 5, 646 ± 9, 802 ± 15 u. 1299 ± 15 keV u. mit Intensitäten von 0,89 ± 0,10, ~0,3, ~0,1 u. ~0,5 γ-Strahlen pro Neutroneneinfang gefunden. Für die Rk. $^{23}Na(n, \gamma)^{24}Na$ wurden 2 Linien mit 475 ± 10 u. 877 ± 10 keV, jede mit einer Intensität von 0,40 ± 0,10, gemessen. Die 475 keV-Linie entspricht dem ersten angeregten Niveau von ^{24}Na, das bei der Rk. $^{23}Na(d, p)^{24}Na$ gefunden wird, u. die Summe beider Linien entspricht dem dritten angeregten Niveau. (Physic. Rev. [2] **90.** 355. 15/4. 1953. Brookhaven Nat. Labor.) GERHARD SCHMIDT. 103

John A. McCarthy, *Suche nach doppeltem β-Zerfall in ^{124}Sn und ^{96}Zr.* Ausführliche Darst. der C. **1953.** 5609 referierten Arbeit mit genaueren Daten für die Halbwertszeiten u. Energien. (Physic. Rev. [2] **90.** 853—57. 1/6. 1953. Rochester, N. Y., Univ. of Rochester.) GERHARD SCHMIDT. 103

Lennart Simons, *Zerfall von ^{198}Au.* Mit neutronenbestrahltem Au wurde in einem doppeltfokussierenden Magnetspektrographen vom SIEGBAHN-Typ ein β-Spektr. mit der maximalen Energie von 0,965 MeV erhalten. Das übliche FERMI-Diagramm verläuft bis herab zu ca. 0,4 MeV gradlinig. Um ein Maß für die Abweichung vom FERMI-Diagramm zu erhalten, wurde der lineare Teil nach rückwärts verfolgt u. das entsprechende Differenzspektr. bestimmt. Dieses Spektr. hat eine maximale Energie von ca. 0,4 MeV. Unter der Annahme, daß ein 0,965 MeV-Elektron auf ein 0,411 MeV-γ-Quant kommt, ergeben sich für die Koeffizienten der inneren Konversion der K-, L- u. M-Linien der 0,411 MeV-γ-Strahlung die Werte $a_K = 0{,}031$, $a_L = 0{,}010$ bzw. $a_M = 0{,}003$. Da die 0,411 MeV-γ-Strahlung eine reine elektr. Quadrupolstrahlung ist, müssen die Anfangs- u. Endzustände die gleiche Parität u. die Spinänderung 2 besitzen. Der Spin von ^{198}Hg ist Null, für das 0,411 MeV-Niveau kann ein Spin = 2 gesetzt werden. Falls nach KONOPINSKI nur die Spinänderung ±1 für die 0,965 MeV-β-Strahlung möglich ist, werden die Spinwerte 3 oder 1 für den Grundzustand von ^{198}Au erhalten. (Physica **18.** 1250—52. Dez. 1952. Helsingfors, Univ., Physikal. Inst.) GERHARD SCHMIDT. 103

N. Feather, *Die β- und γ-Strahlung von MsTh 2.* Zur Unters. der Strahlungen von MsTh 2 verwendet Vf. ein doppeltfokussierendes β-Spektrometer mit Scintillationszählern als Detektoren. Mindestens 6 partielle β-Spektren wurden identifiziert u. ihre Intensitäten mit denjenigen der emittierten γ-Strahlen in Beziehung gebracht. Die Zerfallsenergie von Grundzustand zu Grundzustand beträgt 2,24 ±0,02 MeV. Der β-Zerfallsmodus höchster Energie (2,18 ±0,02 MeV) führt zu einem Endkern mit einer Anregungsenergie von 56,8 ± 0,1 keV. Die Lebensdauer dieses angeregten Kerns ist > 10^{-2} Sekunden. (Physica **18.** 1241. Dez. 1952. Edinburgh, Univ.) GERHARD SCHMIDT. 103

A. Turkevich, J. B. Niday und **Althea Tompkins,** *Radiochemische Studien über die Spaltung von ^{232}Th mit (Li + D)-Neutronen.* In Ergänzung der C. **1952.** 4721 referierten Arbeit wird ^{232}Th mit schnellen Neutronen aus der ^{7}Li(d, n)-Rk. gespalten. 2 Präpp. von je ca. 70 g $Th(NO_3)_4 \cdot 4H_2O$ wurden in Pyrexrohre eingefüllt, in Cd-Folie eingewickelt u. den Neutronen aus einem wassergekühlten 2×3 in. großen, mit 7,6 MeV-Cyclotrondeuteronen beschossenen Li-Target ausgesetzt. Mitgeteilt werden die an 14 Bestrahlungen erhaltenen Ergebnisse, wobei die Bestrahlungsdauer von 2—11 Std. u. der mittlere Teilchenstrom von 15—400 μA variiert wurden. Bei Präpp. der verwendeten Größe wurde ein Gesamtanteil an Spaltereignissen von ca. $2{,}3 \cdot 10^5$/μCoulomb Deuteronen beobachtet, ca. um den Faktor 100 kleiner als bei der Meilerbestrahlung. Die einzelnen Spaltprodd. wurden auf radiochem. Wege abgetrennt; im einzelnen werden folgende Isotope erhalten (in Klammern Ausbeute in %, bezogen auf 53 Tage-^{89}Sr = 6,7%): 12 Std.-^{77}Ge (0,022); ^{77}Ge + 38 Std.-^{77}As (0,052); 2,4 Std.-^{83}Br (2,74); 9,7 Std.-^{91}Sr (5,6); 17,0 Std.-^{97}Zr → 68 Min.-^{97}Nb (4,95); 67 Std.-^{99}Mo (3,1); 42 Tage-^{103}Ru (0,51); 1 Jahr-^{106}Ru → 30 Sek.-^{106}Rh (0,53); 7,5 Tage-^{111}Ag (0,63); 2,25 Tage-^{115}Cd → 4,53 Std.-^{115}In (0,76); 2,8 Std.-^{117}Cd → 117 Min.-^{117}In (0,37); 8,0 Tage-^{131}J (2,3); 77 Std.-^{132}Te → 2,4 Std.-^{132}J (1,8); 85 Min.-^{139}Ba (9,0) u. 275 Tage-^{144}Ce → 17 Min.-^{144}Pr (7,2). Verglichen mit den Spaltausbeuten durch Meilerneutronen treten die symm. Spaltprodd. ca. um den Faktor 10 häufiger auf. Die Ergebnisse werden mit analogen Unterss. an ^{233}U, ^{235}U, ^{238}U u. ^{239}Pu verglichen. Es zeigte sich, daß in allen Fällen die Ausbeute an symm. Spaltprodd. um so größer ist, je höher der aufspaltende Compoundkern angeregt ist. (Physic. Rev. [2] **89.** 552—55. 1/2. 1953. Chicago, Ill., Univ., Inst. for Nucl. Stud.) WEIGEL. 103

F. Brown und **L. Yaffe,** *Die unabhängige Ausbeute von ^{135}Xe bei der Spaltung von natürlichem Uran durch Meilerneutronen.* Bei den Verss. wurde eine U-Probe kurze Zeit mit Meilerneutronen beschossen. Unmittelbar nach dem Beschuß wurde ^{135}Xe extrahiert u. seine Aktivität gemessen. Dieses Xe besteht aus direkt bei der Spaltung erzeugten (unabhängig) u. dem durch radioakt. Zerfall von ^{135}J gebildeten. Nach 6 Std. wurde eine zweite Extraktion von Xe durchgeführt; dieses Xe war ausschließlich durch J-Zerfall gebildet. Aus dem Verhältnis der beiden extrahierten Mengen wurde die prim. unabhängige Ausbeute von ^{135}Xe zu 2,7 ±1% der anwachsenden Ausbeute von ^{135}J bestimmt. Unter der Annahme, daß der letztere Wert 5,6% aller Spaltungen darstellt, ergibt sich die unabhängige Ausbeute von ^{135}Xe zu ~0,15%. Die Halbwertszeit von ^{135}Xe wurde zu 9,13 ±0,05 Std. gemessen. (Canad. J. Chem. **31.** 242—49. März 1953. Chalk River, Ontario, Can., A. E. of Canada Ltd., Chem. Branch.) GERHARD SCHMIDT. 103

D. C. Rose und **J. Katzman,** *Radioaktive Niederschläge in Ottawa nach denAtomexplosionen vom Januar und Februar 1951.* Durch kontinuierliche γ-Zählermessungen wurden in Ottawa 2 bzw. 3—5 Tage nach Atomexplosionen radioakt. Ndd. festgestellt, deren Aktivität in der Größenordnung von 1 μg Ra-Äquivalent pro cm² war. (Canad. J. Physics **30.** 111—16. März 1952. Ottawa, Can., Nat. Res. Labors., Div. of Phys.) GERHARD SCHMIDT. 103

W. S. Ginell und **G. P. Simon,** *Herstellung markierter kugelförmiger Lehmkörnchen.* Beschreibung eines Brennverf. zur Erschmelzung unlösl. Kügelchen (Durchmesser 0,5—20 μ) aus Montmorillonitlehm, die, mit Spaltprodd. aktiviert, für Indicatorunterss. verwendet werden können. (Nucleonics **11.** Nr. 3. 49—51. März 1953. Upton, N. Y., Brookhaven Nat. Labor., Dep. of Nucl. Engng.) H. HAUSWALD. 106

John J. Antal und **A. H. Weber,** *Eine Tracermethode für die Dickenmessung von dünnen Wismutfilmen.* Inhaltlich ident. mit der C. **1954.** 1196 referierten Arbeit. (Rev. sci. Instruments **23.** 424—26. Aug. 1952. St. Louis, Mo., Saint Louis Univ.) DEUTSCH. 106

R. G. Baker und **L. Katz,** *Absolute β-Zählung dicker ebener Proben.* Vff. geben ein Verf. mit größerer Genauigkeit als 20% zur Best. der Zerfallsgeschwindigkeiten von Proben an, die dicker als $^1/_5$ der β-Reichweite sind. Die Anordnung bestand aus 6 zylindr. Zählrohren in 4π-Geometrie. Gleichungen für die Selbststreuung u. -absorption wurden abgeleitet, die Winkelverteilung der β-Strahlung als Funktion der Foliendicke gemessen. Für ^{91}*Mo*, ^{62}*Cu*, ^{59}*Fe*, ^{63}*Zn* u. ^{11}*C* werden Diagramme gebracht. (Nucleonics **11.** Nr. 2. 14—19. Febr. 1953. Saskatoon, Can., Univ. of Saskatchewan, Dep. of Phys.) H. HAUSWALD. 112

W. C. Porter, *Erweiterung des Meßbereiches von G-M-Zählern.* Die angegebene Abschneidschaltung mit 2 6AK5-Röhren red. die Totzeit von GEIGER-MÜLLER-Rohren auf 1,5 μSek. u. erlaubt ein Arbeiten bis zu 20000 Zählungen pro Sek. mit Totzeitverlusten von nur einigen Prozent. (Nucleonics **11.** Nr. 3. 32—35. März 1953. Swarthmore, Pa., Franklin Inst., Bartol Res. Found.) H. HAUSWALD. 112

J. U. Hidalgo, S. B. Nadler und **R. T. Nieset,** *Ein vereinfachter Flüssigkeits-Geiger-Zähler.* Für das biol. Arbeiten mit γ-akt. Isotopen (^{198}*Au* u. ^{131}*J*) wird die radioakt. Fl. in einem Reagensglas, dessen Stellung durch eine Halterung aus Lucite festgelegt ist, neben das γ-Zählrohr gebracht. (Nucleonics **11.** Nr. 2. 66—67. Febr. 1953. New Orleans, La., Touro Infirmary, Biophys. Dep.; Tulane Univ., Dep. of Med., Biophys. Labor.) H. HAUSWALD. 112

Albert B. Sperry, *Eine Spannungsquelle für einen Scintillationszähler mit langzeitiger Stabilität.* Schaltskizze einer Diskriminatoreinheit u. einer Spannungsquelle mit einer Schwankung der Hochspannung von 0,077% in 22 Std. zum Betrieb von Scintillationszählern bei kleinen Zählgeschwindigkeiten. (Nucleonics **11.** Nr. 2. 61—63. Febr. 1953. Minneapolis, Minn., Univ. of Minnesota, Hosp., Dep. of Surg.) H. HAUSWALD. 112

G. Thomas und **L. Bollinger,** *Konstruktion und Eigenschaften flüssiger Scintillationsneutronenzähler.* (Sitzungsbericht.) Vff. bestimmen die Eigg. mehrerer fl. Neutronenscintillationsdetektoren, die Methylborat enthalten. Am geeignetsten hat sich ein Koinzidenzzähler erwiesen, der aus einer Quarzzelle (4 in. lang u. 2 in. Durchmesser) zwischen zwei RCA 5890-Photomultiplierröhren besteht. Die Zelle hat eine MgO–Zapon-Mischung als reflektierende Oberfläche u. ist gefüllt mit 4 g/Liter 2.5-Diphenyloxazol, 16 mg/Liter Diphenylhexatrien in gleichen Voll. von Methylborat u. Phenylcyclohexan. Die Impulshöhenverteilung des Zählers wird über den gesamten Impulshöhenbereich gemessen. Der Verlauf dieser Verteilung läßt vermuten, daß die mittlere Elektronenzahl sehr klein ist. Sie beträgt für den besten Zähler 2,3 pro Photokathode. Die Wirksamkeit des Zählers wird als eine Funktion der Neutronenenergie über den Bereich von 0,02—5000 eV bestimmt u. zu 75% für therm. u. zu 30% für 1 keV-Neutronen gefunden. (Physic. Rev. [2] **91.** 452. 15/7. 1953. Argonne Nat. Labor.) GERHARD SCHMIDT. 112

L. M. Bollinger, G. E. Thomas und **R. R. Palmer,** *Anwendung eines flüssigen Scintillationsneutronendetektors auf die Flugzeitspektroskopie.* (Vgl. vorst. Ref.) (Sitzungsbericht.) Als Detektor für Durchlässigkeitsmessungen mit dem Geschwindigkeitsselektor für schnelle Neutronen wird der l. c. beschriebene Scintillationszähler für Neutronen benutzt. Die hohe Wirksamkeit des Scintillationszählers ermöglicht die Verwendung eines Neutronenflugweges von 40 m, wobei sich eine Gesamtauflösung von 0,13 μSek./m ergibt. Der starke Untergrund setzt eine untere Energiegrenze von 200 eV für das Arbeiten bei voller Geschwindigkeit fest. Eine obere Grenze bei ca. 20 keV wird durch die Auflösung des Syst. gesetzt. (Physic. Rev. [2] **91.** 452. 15/7. 1953.) GERHARD SCHMIDT. 112

K. R. Allen und **M. Lipsicas,** *Die Nebelkammer.* Vff. führen die Bedingungen an, unter denen Ionen als Kondensationskerne wirken u. der Untergrund von alten Ionen, ungeladenen Kernen u. Wiederverdampfungskernen red. werden kann. Sie beschreiben eine Kammer vom Expansionstyp, mit der an einem 20 MeV-Betatron Streung u. Absorption im Synchronbetrieb untersucht wird, u. eine Kammer vom Diffusionstyp für 2 at für Kernstreuungsversuche. Vorteile u. Nachteile der Diffusionsnebelkammer werden angegeben. (Research **6.** 416—22. Nov. 1953. Manchester, Metropolitan-Vickers Electr. Comp.) Pollermann. 112

Martin S. Elsaesser und **Karl Wirtz,** *Winkelabhängigkeit der Lichtstreuung einzelner Nebeltröpfchen. (Gemessen an Mesonenbahnen der kosmischen Strahlung in der Wilson-Kammer.)* Vff. bestimmen die Lichtstreuung an einzelnen wenigen Tröpfchen von Nebelspuren von μ-Mesonen der Höhenstrahlung in der Wilson-Kammer unter Berücksichtigung der Hintergrundhelligkeit. Die Nebelspur wurde mit Elektronenblitz beleuchtet u. gleichzeitig unter drei Winkeln photographiert. Die Aufnahmen wurden quer zur Spur photometriert, die Streuintensitäten als Funktion des Streuwinkels bestimmt. Beim Übergang von einem Streuwinkel von 50 auf 90° geht die Intensität auf 1/7 zurück. (Z. angew. Physik **5.** 133—39. April 1953. Göttingen, Max-Planck-Inst. für Phys.) Pollermann. 112

J. S. Campbell und **D. F. Welch,** *Graphische Analyse von Nebelkammeraufnahmen.* Vff. geben eine exakte Meth. an, nach der aus stereoskop. Aufnahmen von Nebelbahnen orthograph. Ansichten gezeichnet u. folgende Bestimmungen durchgeführt werden können: Länge u. Richtung von geraden Bahnen, Winkel zwischen Linien im Raum u. Krümmungsradius von Nebelbahnen, die von geladenen Teilchen in einem homogenen u. in einem nichthomogenen Magnetfeld erzeugt werden. (Nucleonics **10.** Nr. 12. 62—64. Dez. 1952. Pasadena, Calif., California Inst. of Technol., Dep. of Engng. Draft.) Pollermann. 112

Hans Kopfermann, Hrsg. Physik der Elektronenhüllen. Weinheim/Bergstr.: Verl. Chemie. 1953. (130 S. m. Abb.) = Naturforschung u. Medizin in Deutschland 1939—1946. Bd. 12. DM 10,—.

A$_2$. Optisches Verhalten der Materie.

H. F. Zandy, *Die M_{IV}- und M_V-Absorptionskanten von ^{59}Pr, ^{60}Nd, ^{62}Sm und ^{63}Eu.* Vf. berichtet über Messungen der M_{IV}- u. M_V-Absorptionskanten an den vier leichten Seltenen Erden Pr, Nd, Sm, Eu. Bes. wurde nach dem Auftreten einer Feinstruktur an der langwelligen Seite der Kanten gesucht. Solche Linien wurden an beiden Kanten für Pr, Nd u. Sm gefunden, für Eu nur an der M_V-Kante, für die M_{IV}-Kante fehlt sie oder ist sehr schwach. (Proc. physic. Soc., Sect. A **65.** 1015—22. 1/12. 1952. Leicester Univ. Coll., Phys. Dep.) v. Harlem. 116

Lee W. Parker und **John R. Holmes,** *Isotopenverschiebung in neutralem Sauerstoff.* (Vgl. C. **1953.** 5452.) An einer elektrodenlosen Hochfrequenzentladung (10 kHz) in ^{18}O-reichem Sauerstoff (29%) von 0,5 Torr zusammen mit He von 5 Torr wird im Gebiet 2000—11000 Å das Linienspektr. mit Hilfe eines Pérot-Fabry in Serie mit einem Hilger-Spektrographen aufgenommen. Für die bei Tempp. des fl. N_2 scharfen Linien ergeben sich Isotopenverschiebungen bis maximal 0,5 cm^{-1} für die beiden Linien 4233 Å ($4p\,^3P \rightarrow 3d'\,^3P$) u. 2884 Å ($3p\,^3P \rightarrow 3d'\,^3P$). Die Parameter, die die spezif. Isotopenverschiebung theoret. beeinflussen, werden diskutiert, u. der Vgl. mit den Messungen ergibt, daß die Masseneffekttheorie allg. für O_2 gilt, u. die bes. hohen Verschiebungen der genannten beiden Linien auf Wechselwirkungen, die das gemeinsame obere Niveau beeinflussen, zurückzuführen sind. Die empir. Parameter der Verschiebung beim O_2 werden mit den bekannten Daten des N_2 verglichen. Schließlich werden für das Resonanztriplett 1306 Å ($2p^4\,^3P \rightarrow 2p^3\,3s\,^3S$) des O_2 Übergangswahrscheinlichkeit u. Oscillatorenstärke berechnet. Die sich ergebenden Werte sind vernünftig u. somit eine weitere Stütze für die Anwendbarkeit der Theorie des Masseneffektes auf O_2. (J. opt. Soc. America **43.** 103—09. Febr. 1953. Los Angeles, Calif., Univ. of South California.) Rudolph. 118

Serge Hautecler und **Boris Rosen,** *Einige Bemerkungen über die Swings-Banden und die Bildung von Graphitstaub.* Die Beobachtung des Spektr. einzelner leuchtender Punkte im Gebiet einer C-Hohlkathode einer H_2-Gasentladung ergab, daß in der Hauptsache die C_2-Banden in diesen Lichtpunkten auftreten, die CH- u. Swings-Banden nur wenig, die H_2-Banden überhaupt nicht verstärkt erscheinen. Zusammenfassend ergibt sich aus den Beobachtungen: 1. Das C_2-Mol. bildet sich in der Hohlkathodenentladung gleichzeitig mit der Ablösung von Graphitteilchen aus der Kathode infolge Stoß durch H-Ionen; das durch die Linie 4050 Å gek. Mol. (bisher als C_3 angenommen) wird in einem Sekundärprozeß gebildet. 2. Die räumliche Verteilung

der verschied. Emissionen begünstigt die alte Ansicht, daß dieses 4050 Å-Mol. ein Zwischenprod. zwischen einfachen KW-stoffen u. dem daraus durch Polymerisation u. Dehydrierung entstehenden Ruß ist. 3. Die MERRILL-SANFORD-Absorptionsbanden (5200—4200 Å) einiger C-aufweisender Sterne erscheinen nicht im Kathodenlicht, jedoch sind Übereinstimmungen zwischen Emissionsbanden der Entladung u. SWINGS-RAO-Absorptionsbanden von Sternen im Gebiet 3850—3300 Å vorhanden. Die Beziehungen der SWINGS-Banden aus kosm. u. im Labor. gemachten Beobachtungen werden diskutiert. (C. R. hebd. Séances Acad. Sci. **237**. 794—95. 12/10. 1953.)
RUDOLPH. 118

P. G. Dodsworth und **R. F. Barrow**, *Tripletteelektronenzustände von Aluminiummonofluorid.* Die von NAUDÉ u. HUGO (C. **1954**. 1172) angegebenen 2 Triplettsysteme von AlF in den Bereichen von λ 2550—2650 Å u. λ 2700—2912 Å wurden in Emission aufgenommen u. analysiert. Die Konstanten der Triplettzustände sind angegeben. (Proc. physic. Soc., Sect. A **67**. 94—95. 1/1. 1954. Oxford, Univ., Phys. Chem. Labor.)
HEINSOHN. 118

S. Chandrasekhar, *Theoretische Interpretation der optischen Aktivität des Quarzes.* Von der Vorstellung, daß die Schraubenstruktur des Quarzes das spektroskop. Verh. der Einheitszellen beeinflußt, u. von einfachen Symmetriebetrachtungen ausgehend, wird gezeigt, daß die charakterist. Frequenzen eines für SiO_2 gesetzten linearen Oscillators in zwei verschied. Komponenten — als Folge einer Kopplung zweier Einheiten des Kristalls — aufgespalten werden. Diese Aufspaltung kann das Drehvermögen ϱ des Quarzes parallel u. senkrecht zur opt. Achse erklären. Es wird ein der Beobachtung entsprechender Ausdruck für ϱ der Form $\varrho = k\,\lambda^2/(\lambda^2 - \lambda^2_0)^2$ abgeleitet. Die Aufspaltung der charakterist. Wellenlänge λ_0 jedes Oscillators in ein Dublett λ_1 u. λ_2 ergibt sich zu 28 Å, was einer schwachen Kopplung entspricht. Doppelbrechung u. negative Drehung senkrecht zur opt. Achse werden quantitativ durch Annahme geeigneter Lagen der Resonatoren zwischen den O-Atomen der SiO_2-Gruppen erklärt. (Proc. Indian Acad. Sci., Sect. A **37**. 468—84. März 1953. Bangalore, Raman Res. Inst.)
RUDOLPH. 119

S. Chandrasekhar, *Eine Neubestimmung der Rotationsdispersion von Natriumchlorat.* Die Wellenlängenabhängigkeit des opt. Drehvermögens ϱ von $NaClO_3$ wird mit erhöhter Genauigkeit (durch Vgl. der nach 4 verschied. Methoden gemessenen Werte) u. für den erweiterten Wellenlängenbereich 2378—8756 Å gemessen. Nach kurzen Wellen steigt ϱ bis 2536 Å an u. nimmt dann wieder etwas ab. Für die Rotationsdispersion wird die Formel $\varrho = 1{,}2387\ \lambda^2/[\lambda^2-(0{,}09)^2]^2 - 0{,}1374\ \lambda^2/[\lambda^2-(0{,}185)^2]^2 - 0{,}123$, die den gesamten gemessenen Bereich beschreibt, vorgeschlagen. (Proc. Indian Acad. Sci., Sect. A **37**. 458—67. März 1953. Bangalore, Raman Res. Inst.)
RUDOLPH. 119

A. K. Ramdas, *Infrarotabsorptionsspektrum von Natriumnitrat und Calcit.* Messungen der Absorption zwischen 1 u. 22 μ an verschied. dicken $NaNO_3$- u. $CaCO_3$-Kristallen ergeben zahlreiche scharfe Banden zwischen 1 u. 6 μ, zum Teil breitere Banden bis ca. 13 μ u. wieder stärkeren Anstieg breiterer Absorptionsbanden für $\lambda >$ 16 μ, die Harmonischen der Gitterschwingungen zugeschrieben werden. Es wird eine Interpretation fast aller beobachteten Banden mit bekannten Meßwerten im Rahmen des Normalschwingungsschemas der 2 Moll. enthaltenden Einheitszelle des für beide Stoffe gleichen Kristallgitters gegeben. (Proc. Indian Acad. Sci., Sect. A **37**. 441—50. März 1953. Bangalore, Raman Res. Inst.)
RUDOLPH. 120

M. Tanenbaum und **H. B. Briggs**, *Optische Eigenschaften von Indiumantimonid.* Aus reinem 99,8%ig. Sb u. 99,95%ig. In hergestellte InSb-Einkristalle (Dicke 0,01 in.) haben eine Infrarotabsorptionsgrenze bei 3,2 μ entsprechend einer verbotenen Zone von 0,39 eV. Reinigung durch Zonenschmelzen verschiebt die Absorptionsgrenze nach 7 μ; der opt. Bandabstand des reinen InSb ergibt sich damit zu 0,18 eV. Die anomale Durchlässigkeit zwischen 3 u. 7 μ ist zumindest teilweise auf die Ggw. von *Ni*-Verunreinigungen zurückzuführen, da geringe Zusätze von Ni (bis 0,1%) die Absorptionsgrenze des reinen InSb von 7 μ nach kurzen Wellen (bis 5 μ) verschieben. Andere Zusätze, wie Pb, As, überschüssiges In oder Sb, haben keinen Effekt. Abkühlung eines InSb-Kristalls mit 7 μ-Absorptionsgrenze auf 77° K verschiebt die Grenze nach 4,5 μ, entsprechend einem opt. Bandabstand von 0,28 eV. Der Temperaturkoeff. des Bandabstandes ist somit $-4{,}10^{-4}$ eV/° K u. in guter Übereinstimmung mit den elektr. Messungen, wenn die effektive M. der Ladungsträger mit 0,083 angenommen wird. (Physic. Rev. [2] **91**. 1561—62. 15/9. 1953. Murray Hill, N. J., Bell Teleph. Labor.)
RUDOLPH. 120

Jean-Paul Mathieu, *Der Raman-Effekt in Kristallhydraten.* Ausgehend von der Struktur der nichtassoziierten *Wasser*-Moll. u. ihrem spektroskop. Verh. wird das

RAMAN-Spektr. von *Eis* behandelt. Anschließend werden Hydrate von Ionenkristallen besprochen, die Art ihrer spektroskop. Unters., die Beziehungen zwischen den Kristallvektoren u. den Mol.-Vektoren des eingebauten H_2O, die Orientierung der H_2O-Moll. im Kristall, die Abhängigkeit der Polarisierbarkeit von den Kristallrichtungen, die Frequenzverschiebungen u. Breite der Wasserbanden u. die abschirmende Wrkg. der H_2O-Moll. auf die Anionen. (J. Chim. physique Physico-Chim. biol. **50.** C79—C88. Sept. 1953. Sorbonne, Labor. Rech. Phys.) GOUBEAU. 120

Jean Cabannes, Lucienne Couture und **Jean-Paul Mathieu,** *Studien über das Raman-Spektrum des Kristallwassers im Gips.* Bei Überprüfung des RAMAN-Spektr. des Kristallwassers in Gipseinkristallen in Abhängigkeit von der Kristallorientierung zeigt sich, daß bei früheren Messungen (vgl. C. **1943.** II. 2135) ein Irrtum unterlaufen ist. Die neuen Ergebnisse werden in ihren wesentlichen Punkten diskutiert. (J. Chim. physique Physico-Chim. biol. **50.** C89—C90. Sept. 1953. Sorbonne, Labor. Rech. Phys.) GOUBEAU. 120

J. Chapelle und **A. Galy,** *Versuche zur Orientierung der Wassermoleküle in Kristallhydraten mittels des Raman-Effektes.* (Vgl. C. **1954.** 2959. 2960.) Es werden die Ergebnisse von Messungen der RAMAN-Spektren mit polarisiertem Licht in Abhängigkeit von der Kristallorientierung von $BaCl_2 \cdot 2H_2O$ u. $AlCl_3 \cdot 6H_2O$ mitgeteilt. Während beim ersteren die Ergebnisse gut mit der klass. Theorie übereinstimmen u. damit eine Aussage über die Lage der H_2O-Moll. im Kristallgitter erlauben, besteht bei $AlCl_3$ ein großer Widerspruch zu den Forderungen der Theorie. (J. Chim. physique Physico-Chim. biol. **50.** C93—C95. Sept. 1953. Nancy, Fac. Sci., Centre d'Étud. cristall.) GOUBEAU. 120

Jean Chapelle, Georges Champier und **Claude Delain,** *Ausdeutung des Raman-Spektrums von Wasser im Seignettesalz* ($C_4H_4O_6NaK \cdot 4H_2O$). (Vgl. C. **1953.** 1288.) Die Aufnahme des RAMAN-Spektr. eines *Seignettesalz*-Einkristalls unter verschied. Bedingungen erlaubt die Lage einzelner H_2O-Moll. im Kristallgitter festzulegen. Der obere CURIE-Punkt bei $+28^0$ ist bedingt durch die beginnende Rotation oder Loslösung einer bestimmten Gruppe von H_2O-Moll. im Gitter. (J. Chim. physique Physico-Chim. biol. **50.** C96—C97. Sept. 1953. Nancy, Fac. Sci., Centre d'Étud. cristall.) GOUBEAU. 120

C. Vassas-Dubuisson, *Das Raman-Spektrum des Wassers in* $Li_2SO_4 \cdot H_2O$. Es wird das RAMAN-Spektr. von $Li_2SO_4 \cdot H_2O$, erhalten an einem Einkristall bei verschied. Orientierung, besprochen, die Form der Wasserbanden erörtert u. den einzelnen Schwingungen versuchsweise zugeordnet. Die Ergebnisse werden unter verschied. Gesichtspunkten u. unter Berücksichtigung anderer Untersuchungsverff. diskutiert u. mit der Theorie verglichen, um die Lage der H_2O-Moll. festzustellen. Es gelingt jedoch nicht, alle H_2O-Banden eindeutig zuzuordnen. Außerdem sind die experimentellen Fehler so groß, daß bei der Lagebestimmung Fehler bis zu 60^0 auftreten. Dagegen läßt sich aussagen, daß H-Brücken nicht vorhanden sind, u. daß die Symmetrie der H_2O-Moll. gegenüber dem Gas erniedrigt ist. (J. Chim. physique Physico-Chim. biol. **50.** C98—C103. Sept. 1953. Paris, E. N. S.) GOUBEAU. 120

Jean-Paul Mathieu und **Lucienne Couture-Mathieu,** *Raman-Spektrum und Kristallstruktur des Kupferchlorids und der Doppelchloride des Kupfers mit den Alkalimetallen.* Es wird das RAMAN-Spektr. der Kristalle von $CuCl_2 \cdot 2H_2O$, $2RbCl \cdot CuCl_2 \cdot 2H_2O$, $2KCl \cdot CuCl_2 \cdot 2H_2O$ u. $2NH_4Cl \cdot CuCl_2 \cdot 2H_2O$ aufgenommen u. unter Berücksichtigung der bekannten Kristallstrukturen eine Zuordnung zu den Grundschwingungen der schweren Atome gegeben. Ausführlich diskutiert wird das Verh. des Kristallwassers. (J. Chim. physique Physico-Chim. biol. **50.** 573—79. Okt. 1953. Paris, Fac. Sci., Labor. Rech. Phys.) GOUBEAU. 120

W. D. Knight, *Die Formen der Kernresonanzlinie bei hohen RF-Feldern.* (Sitzungsbericht.) Die magnet. Kernresonanzabsorption u. Dispersion wurde an metall. *Cu* für Hochfrequenzfelder von 10^{-4} bis 1 Oe untersucht. Bei kleinen Werten des Radiofrequenzfeldes ist die Linienbreite prim. dipolar, ausgenommen eine kleine Spin-Gitter-Relaxationsverbreiterung, u. die Form angenähert nach GAUSS. Bei Zunahme des Radiofrequenzfeldes gegen 1 Oe (doppelter Wert, der notwendig ist, den Sättigungsparameter = 1 zu machen) wächst die Breite der Linie zwischen den Punkten größter Neigung von 6,5 auf 7,5 Oe an. Die Dispersionskurve verbreitert sich ähnlich. Die Spin–Gitter-Relaxationszeit berechnet sich aus den Messungen zu 1 mSek., in Übereinstimmung mit den Erwartungen. (Physic. Rev. [2] **91.** 206—07. 1/7. 1953. Berkeley, Calif., Univ. of California.) v. HARLEM. 121

Gorton R. Fonda, *Übersicht über Luminescenzarbeiten für die Jahre 1951—1952.* Zusammenfassender Bericht über **63** Luminescenzarbeiten. (J. electrochem. Soc. **100.** 155C—158C. Juni 1953. Schenectady, N. Y., Gen. Electr. Co.) BRAUER. 125

D. L. Dexter, *Eine Theorie der sensibilisierten Luminescenz in Festkörpern.* Eine Resonanztheorie des Energietransportes vom Sensibilisatoratom zum Aktivator wird entwickelt. Sie geht über die FÖRSTERsche Theorie (C. **1950.** I. 1945) vor allem dadurch hinaus, daß sie verbotene Übergänge berücksichtigt. Es zeigt sich, daß für die Energieübertragung in erster Linie (a) Dipol–Dipol-Wechselwrkg. von Sensibilisator u. Aktivator wirksam ist, sodann aber auch (b) Dipol–Quadrupol-Wechselwrkg. (nicht aber Quadrupol–Dipol) u. schließlich (c) Austauschwechselwirkung. Die „Reichweite" beträgt ca. 10^3–10^4 Gitterplätze bei (a), 10^2 bei (b) u. 30 bei (c). Die Abhängigkeit des Energietransportes von der Konz. des Sensibilisators u. Aktivators wird berechnet. Die Ergebnisse werden mit experimentellen Resultaten verglichen. (J. chem. Physics **21.** 836–50. Mai 1953. Washington, D. C., Naval Res. Labor., Metall. Div.)

BRAUER. 125

Milton Furst und **Hartmut Kallmann,** *Fluorescenz, Phosphorescenz und optische Ausleuchtung von NaCl(AgCl) nach Erregung mit energiereicher Strahlung.* (Vgl. C. **1952.** 2466.) Mitt. quantitativer Meßergebnisse über die Luminescenz u. opt. Ausleuchtung von (1%) Ag-aktivierten NaCl-Einkristallen nach Anregung mit γ-Strahlen. Die Fluorescenzbande bei γ-Strahlerregung besteht aus zwei Banden im Gebiet 2300–2600 u. 3200–4500 Å. Die Fluorescenzintensität klingt zeitlich zunächst schneller, dann langsam an, unabhängig von der erregenden Intensität J_e. Das Abklingen geht schnell bis ca. $^1/_3$ der Fluorescenzintensität, dann langsam mit einer von J_e abhängigen Geschwindigkeit. Bei Lichteinstrahlung (3000–5000 Å) in den abgeklungenen, γ-strahlerregten Phosphor erfolgt Ausleuchtung mit schnellem Anstieg der Intensität bis zu einem Maximum u. anschließendem weniger schnell als exponentiell erfolgendem Abklingen. Der Betrag der ausgeleuchteten Lichtsumme ist mehr als 30% der Fluorescenzintensität u. mehr als 3% der gesamten absorbierten Energie. Nach kurzzeitiger Einstrahlung des ausgeleuchteten Lichtes wird eine Phosphorescenz ähnlich der nach einer γ-Strahlerregung beobachtet. Die ausleuchtbare Lichtintensität steigt linear mit der Dosis der erregenden γ-Strahlung über weite Bereiche (0,01–10^4 r). Die ausleuchtbare Lichtintensität nimmt mit der Zeit nach γ-Strahlanregung nur langsam ab (Beobachtungszeit bis zu mehreren Wochen). Verss. mit Röntgen- u. schnellen β-Strahlen haben ähnliche Ergebnisse. Das Verh. der Kristalle wird im Zusammenhang mit der Farbzentrenbldg. u. einem Modell diskutiert, das zwei verschied. tiefe Haftstellenarten mit kontinuierlicher Verteilung über einen kleineren Energiebereich annimmt. Die flachen Haftstellen sind für die Phosphorescenz, die tieferen für die Ausleuchtbarkeit verantwortlich. Zur Verwendung für Scintillationszähler sind diese Kristalle kaum geeignet. (Physic. Rev. [2] **91.** 1356–67. 15/9. 1953. New York, N. Y., Univ., Phys. Dep.) RUDOLPH. 125

J. Bonanomi und **J. Rossel,** *Die Luminescenz der Alkalijodide.* Die Luminescenz der Jodide des *Li, Na, K, Rb* u. *Cs,* mit u. ohne *Tl*-Aktivierung, wurde bei Erregung mit α- oder γ-Strahlen in der Weise untersucht, daß die Scintillationen mit Multiplier (RCA 5819) u. Synchroskop beobachtet wurden. Das Abklingen erfolgt exponentiell, die Abklingkonstante befolgt streng ein $\exp(-E_1/kT)$-Gesetz, die Glow-Kurven zeigen e i n Maximum (KCl·Tl: $E_1 = 0{,}51$ eV), die Temperaturabhängigkeit der Ausbeute befolgt das Gesetz $\eta = 1/(1 + c \exp[-\Delta E/kT])$. Die Luminescenz nicht aktivierter Kristalle ist nicht Verunreinigungen zuzuschreiben. Die Ergebnisse sind mit dem von RANDALL u. WILKINS (Proc. Roy. Soc. [London], Ser. A **184.** [1945.] 366) benutzten Modell in Übereinstimmung. (Physica **18.** 486–88. Juni/Juli 1952. Neuchâtel, Univ.)

BRAUER. 125

John F. Waymouth, *Optische Messungen an elektrolumineszierendem Zinksulfid.* Emissions- u. Absorptions-(aus Reflexions-)Spektren von ZnS-Phosphoren, die wenig *ZnO* enthalten u. mit ca. 10^{-3} Mol *Cu* u. 10^{-5} Mol *Pb* aktiviert sind, zeigen Emissionsbanden mit Maxima bei ca. 5900 Å (stark), 4600 Å (schwach) u. ca. 12000 Å (abhängig vom Pb-Geh.). Wachsende Emission in der Bande höherer Energie (4700 Å) läuft abnehmende Absorption im Band höherer Energie (3900 Å) parallel. Mit wachsender Frequenz des elektr. Wechselfeldes wächst die Intensität der blauen Emissionsbande nahezu linear, während die grüne Bande ab 1000 Hz nicht mehr wächst. (J. electrochem. Soc. **100.** 81–84. Febr. 1953. Salem, Mass., Sylvania Electric Products Ind.)

BRAUER. 125

N. Arpiarian, *Photoluminescenz. Über die Verschiebung des Fermi-Niveaus durch Temperatureinfluß in Sulfidphosphoren mit Killerzentren.* Es wird an Hand des SCHÖN-KLASENschen Modells gezeigt, daß bei Raumtemp. im *ZnS·Cu* mit den Killersubstanzen *Fe, Ni* u. *Co* die Störterme des Fe u. Ni unterhalb, die des Co oberhalb der FERMI-Grenzenergie ζ liegen, u. damit die ersteren mit Elektronen besetzt u. die letzteren unbesetzt sind. Dadurch erklärt sich die unterschiedliche Wrkg. dieser Killer auf die Phosphorescenzeigg. (Vergiftung der Phosphorescenz in der Hauptsache durch Fe u. Ni, der Fluorescenz durch Co). Aus der Temperaturabhängigkeit der Lage von ζ läßt sich ableiten, daß bei tiefer Temp. auch Co unterhalb von ζ liegen müßte. Diese Vermutung wird durch die Erfahrung bestätigt, daß bei 90° K alle drei Killer die gleiche Wrkg. haben. (J. Physique Radium **14.** 552. Okt. 1953. Paris, Fac. des Sci., Labor. de Luminescence.) RUDOLPH. 125

Simon Larach, *Emissionsverstärkung in Zinkselenidphosphoren.* Unters. des Einfl. von *Cl*-Ionen u. dreiwertigen Ionen (Al, Ga) auf die Luminescenz von ZnSe. Die Leuchtstoffe wurden durch Glühen von „ultrareinem" ZnSe (MALLINCKRODT CHEMICALS COMP.) oder aktiviertem ZnSe, das die Zusätze *Cu, Mn, Ag, Pb, Al, Ga, Cu + Al* oder *Cu + Ga* (als Nitrate in der Konz. 0,01 Gew.-%) enthielt, mit u. ohne 2 Gew.-% NH_4Cl bei 900° in gereinigtem N_2 hergestellt. Intensität u. spektrale Verteilung der kathodenstrahlerregten Emission wurden mit einem Registrierspektroradiometer aufgenommen. Ergebnis: 1. Chlorid wirkt auf die Wirtsgitter- wie auf die Aktivatoremission verstärkend (im Sinne einer Ladungskompensation der einwertigen Aktivatoren); 2. Al verstärkt die Wirtsgitteremission nicht u. wirkt im ZnSe · Cu vergiftend; 3. Ga vergiftet die Emission des reinen ZnSe, verstärkt indessen die ZnSe · Cu-Luminescenz sehr, bei gleichzeitiger Cl^--Ggw. in erhöhtem Maße. Beobachtete spektrale Emissionsverschiebungen werden dadurch erklärt, daß die beiden Emissionsbanden des reinen ZnSe bei ca. 6000 u. 6500 Å in verschied. Maße durch Verunreinigungen verstärkt bzw. geschwächt werden. (J. chem. Physics **21.** 756. April 1953. Princeton, N. J., Radio Corp. of Amer., Labor. Div.) RUDOLPH. 125

Roland Ward, *Die Chemie der Phosphore.* Nach allg. Behandlung der Leuchtstoffchemie, bes. in bezug auf die für den Aktivatoreinbau wichtigen Fragen der Raum- u. Ladungskompensation sowie der Coaktivatoren werden rein auf Grund empir. Erkenntnisse die als Aktivatoren wirksamen Elemente in 5 Gruppen mit charakterist. Wirkungen eingeteilt. Auf die zahlreichen Erscheinungsformen der anorgan. Leuchtstoffsysteme u. die vom Leuchtstoffchemiker zu beachtenden Erfahrungstatsachen wird hingewiesen. (J. physic. Chem. **57.** 773—75. Nov. 1953. Storrs, Conn., Univ., Dep. of Chem.) RUDOLPH. 125

A_3. Elektrizität. Magnetismus. Elektrochemie.

W. Lochte-Holtgreven und **P. Schilling,** *Über das Auftreten von Magnetfeldern in rotierenden Plasmen.* Die Flamme eines O_2-Leuchtgas-Gebläses wird in einem gekühlten Rohr zu wendelartiger Rotation gebracht. Die für Elektronen u. Ionen ungleichförmige negative Beschleunigung führt zu einem Stromfluß. Das Magnetfeld eines Wirbelringes hat die Größenordnung 10^{-4} Gauß. Dies ist eine experimentelle Basis zum Verständnis der Magnetfelder in den Sonnenflecken nach der Theorie von BIERMANN u. SCHLÜTER. (Naturwissenschaften **40.** 387. Juli 1953. Kiel, Inst. für Experimentalphys.) M. DRECHSLER. 131

F. Burhorn, H. Griem und **W. Lochte-Holtgreven,** *Über das Auftreten von Magnetfeldern in zirkulierendem flüssigen Quecksilber.* (Vgl. vorst. Ref.) Wird Hg mit einem Rührwerk in torusartige Rotation versetzt, so kann ein Strom nachgewiesen werden, dessen Ursache in Unterschieden zwischen der Elektronen- u. der Ionenströmung liegt. (Naturwissenschaften **40.** 387—88. Juli 1953. Kiel, Inst. für Experimentalphysik.) M. DRECHSLER. 131

T. Ichikawa, H. Yamamura und **Y. Fujisaki,** *Messung der Dielektrizitätskonstante und des dielektrischen Verlustes wässeriger Ionenlösungen im ultrahochfrequenten Bereich.* Die DK. (ε') u. der dielektr. Verlust (ε'') wss. Lsgg. von KCl u. $BaCl_2$ werden mit einer verbesserten (C. **1953.** 175) Meth. im Dezimeterwellenbereich (15 cm) bestimmt Dabei wird die für die Best. dieser Werte benutzte Dämpfungskonstante aus den Meßergebnissen mit Hilfe einer neu abgeleiteten Formel berechnet. Für $^1/_{140}$—$^{12}/_{140}$ mol. Lsgg. ergibt sich ein linearer Abfall bzw. Anstieg von ε' u. ε'' mit wachsender Konzentration. Die mit Hilfe der Theorie von DEBYE-SACK berechneten Ionenradien von 6,8 bzw. 7,3 Å für KCl u. $BaCl_2$ sind erheblich größer als die von PAULING berechneten effektiven Ionenradien. Diese Diskrepanz wird unter der Annahme diskutiert, daß bei verringerter Frequenz größere Ionenradien beobachtet werden. (J. Sci. Hiroshima Univ., Ser. A **15.** 281—86. Febr. 1952. Hiroshima, Univ., Physico-Chem. Labor.) WERNER SCHULZ. 132

R. H. Cole, R. W. Swenson und **N. L. Brown,** *Dielektrizitätskonstanten von festem HCl und HBr.* (Sitzungsbericht.) Die DK. von festem HCl befolgt oberhalb 100° K (ebenso wie diejenige von HBr oberhalb 117° K) die ONSAGERsche Gleichung. Demnach tritt in den Hochtemperaturphasen beider Substanzen keine Nahordnung auf.

Unterhalb dieser Tempp. befolgen Dispersion u. Verlust bei vergleichbaren Frequenzen einfache Geschwindigkeitsgesetze. Die Polarisation ist in HCl gering, wird in HBr in der Nähe des Umwandlungspunktes bei 89° K sehr groß. In beiden Hochtemperaturphasen wird weder bei Audio- noch Radiofrequenzen Eigendispersion gefunden. (Physic. Rev. [2] **90.** 352. 15/4. 1953. Brown Univ.) R. STEIN. 132

Norman L. Brown und **Robert H. Cole,** *Dielektrische Eigenschaften von Halogenwasserstoffen. 1. Mitt. Bromwasserstoff.* Vff. berichten über Messungen der stat. DK. von festem HBr im Temperaturgebiet von 70—186° K sowie der Dispersion u. des Verlustes unterhalb 89° K im Frequenzbereich von 15 Hz bis 5 MHz. Oberhalb 117° K stimmt die stat. DK. gut mit der ONSAGERschen Gleichung überein. In der unterhalb 113° K stabilen Phase II erreicht die DK. ein Maximum von 200 bei 89° K u. fällt dann auf einen Wert von 32 bei 70° K in Phase III. Die Hauptdispersion unterhalb 89° K folgt einem Geschwindigkeitsausdruck mit der Aktivierungsenergie 2,7 kcal pro Mol. Bei viel höheren Frequenzen wird eine zweite Dispersion mit der Energie 1,59 kcal/Mol beobachtet. Vff. vermuten, daß die beiden Dispersionen eine Folge der Kristallanisotropie sind. (J. chem. Physics **21.** 1920—26. Nov. 1953. Providence, R. I., Brown Univ., Metcalf Res. Labor.) R. STEIN. 132

F. Jona und **R. Pepinsky,** *Untersuchung der Umwandlung in $LiNH_4C_4H_4O_6 \cdot H_2O$.* (Sitzungsbericht.) Vff. untersuchten das Verh. der DK. in der b-Richtung von $LiNH_4C_4H_4O_6 \cdot H_2O$ im Temperaturbereich —190 bis +120°, wobei ein gegenüber anderen ferroelektr. Stoffen abweichendes Verh. festgestellt wurde. Ein CURIE-WEISSsches Gesetz kann nur in einem kurzen Temperaturgebiet oberhalb des CURIE-Punktes angenommen werden. Die DK. ε_a zeigt eine kleine Anomalie am CURIE-Punkt, ε_c ist im wesentlichen temperaturunabhängig. Die Abhängigkeit aller drei DKK. von einem elektr. Feld wurde bei verschied. Tempp. untersucht, ebenso wurde die therm. Ausdehnung dilatometr. gemessen. Ferner wurde auch der Einfl. des Ersatzes von H durch D untersucht (keine näheren Angaben). (Physic. Rev. [2] **92.** 845. 1/11.; Bull. Amer. physic. Soc. **28.** Nr. 4. 9. 18/6. 1953. Pennsylvania State Coll.) v. HARLEM. 132

G. Shirane, R. E. Newnham und **R. Pepinsky,** *Phasenumwandlungen im $NaNbO_3$-$KNbO_3$-System.* (Sitzungsbericht.) Die Phasenumwandlungen von $KNbO_3$ u. $NaNbO_3$ wurden auf Grund dielektr. u. röntgenograph. Messungen verfolgt. Die Umwandlungen von $KNbO_3$ sind ähnlich denen von $TiBaO_3$, der Kristall ist ferroelektr. unterhalb 435° K. Das Syst. $NaNbO_3$–$KNbO_3$ wurde opt., dielektr., röntgenograph. untersucht, ferner wurde auch die spezif. Wärme bestimmt. Reines $NaNbO_3$ ist nicht ferroelektr., kleiner Zusatz von $KNbO_3$ läßt eine ferroelektr. Phase auftreten. Die dielektr. Eigg. u. ihre Beziehungen zur Kristallstruktur wurden für das gesamte $NaNbO_3$–$KNbO_3$-Syst. untersucht (ohne nähere Angaben). (Physic. Rev. [2] **92.** 845. 1/11.; Bull. Amer. physic. Soc. **28.** Nr. 4. 9. 18/6. 1953. Pennsylvania State Coll.) v. HARLEM. 132

Etsuro Sawaguchi, *Ferroelektrizität und Antiferroelektrizität in festen Lösungen von $PbZrO_3$ und $PbTiO_3$.* Das Phasendiagramm der festen Lsgg. des $PbZrO_3$–$PbTiO_3$-Syst. wurde auf Grund dielektr., dilatometr., calorimetr. Messungen u. der Struktureigg. aufgestellt. Beim Pb(Zr97–Ti3)O_3 sind vier verschied. polymorph. Modifikationen vorhanden, u. zwar nacheinander ein antiferroelektr., eine weitere antiferroelektr., eine ferroelektr. u. paraelektr. Phase. Unter Benutzung des Phasendiagramms u. der erzwungenen Umwandlung der antiferroelektr. Phase in die ferroelektr. unter dem Einfl. eines starken elektr. Feldes, wurden die freien Energien dieser vier Phasen miteinander in Abhängigkeit von der Temp. u. der Konz. der festen Lsg. verglichen. Es ergab sich, daß die antiferroelektr. Phase in der Nähe des CURIE-Punktes (230°) in reinem $PbZrO_3$ nur um ca. 4 cal/Mol stabiler ist als die ferroelektrische. Mit wachsender Konz. an $PbTiO_3$ nimmt die freie Energie der ferroelektr. Phase einförmig mit einer Anfangsgeschwindigkeit von 0,5 cal/Mol/At.-% ab. Gleichzeitig verlieren die antiferroelektr. Phasen ihre Stabilität mit den Geschwindigkeiten 5,8 bzw. 2,3 cal/Mol/At.-%. Die Anordnung der Atome im ferroelektr. Pb(Zr58–Ti42)O_3 wurde bestimmt. Die Probe mit dieser Zus. hat die rhomboedr. Struktur C_{3v}^5–R3m. Die Verschiebung des Pb-Atoms in bezug auf das Zr- oder Ti-Atom beträgt ca. 0,14 kX in der [1 1 1]-Richtung. (J. physic. Soc. Japan **8.** 615—29. Sept./Okt. 1953. Tokyo, Oh-okayama, Tokyo Inst. of Technol. [Orig.: engl.].) v. HARLEM. 132

J. P. Pérez und **P. Johannin,** *Piezoelektrische Resonanz von Quarz bis 5000 Atmosphären.* In Fortsetzung früherer Unterss. (vgl. MICHELS u. PÉREZ, C. **1953.** 7026) wurde die Druckabhängigkeit der piezoelektr. Eigenfrequenz von Quarz untersucht, wobei sich dieser in PAe. befand. Bis 5000 at wurde kein Einfl. auf die Schärfe der Resonanz festgestellt. Z. B. nahm die Frequenz eines nach Y beschnittenen Plättchens, transversal angeregt, linear nach der Formel $df/fdp = -3{,}1\ 10^{-6}\ cm^2/kg$ ab.

Dieser Effekt kann nicht vollständig den Dimensionsänderungen zugeschrieben werden (dieser Effekt liegt im gleichen Sinn, ist aber 10 mal kleiner), er ist erklärbar durch die Änderung des entsprechenden Elastizitätsmoduls. Der Stoff, in dem der Kristall sich befindet, u. dessen Aufgabe es ist, den Druck zu übertragen, wirkt durch seine Kompressibilität u., untergeordnet, durch seine Viscosität. Vom Standpunkt des Abklingens aus ist ein fl. Stoff viel vorteilhafter. (J. Physique Radium **13.** 428—29. Juli/Sept. 1952. Bellevue, Labor. des Hautes Pressions.) V. HARLEM. 133

N. A. Krotowa und **W. W. Karassew,** *Untersuchung der Elektronenemission beim Spalten von festen Körpern im Vakuum.* Vff. spalten mit Hilfe einer Fallvorr. unter 10^{-4} bis 10^{-5} Torr *Quarz* (I), *Zucker* (II) u. *Seignettesalz* (III). Die durch Filter bestimmten Geschwindigkeitsbereiche der dabei emittierten Elektronen betrugen bei I ~120 kV; II 30 < v < 40 kV; III 20 < v < kV. *α-Weinsäure* gibt einen wesentlich schwächeren Effekt als III, *geschmolzener Quarz, Silicatglas* u. *organ. Gläser* überhaupt keine. *Glimmer* in der Spaltebene gespalten liefert Elektronen von 15 kV, in der dazu senkrechten Ebene von 30—40 kV. Elektronenemission zeigten auch *Turmalin* u. *Zinkblende.* Spalten von *Bi, Sb, Si* u. *NaCl* (1 0 0) in der Spaltebene führt zu einer Schwärzung der Photoplatte; ebenfalls Schwärzung bzw. Elektronenemission trat bei der Spaltung von *Gips* u. in einigen Fällen von NaCl in der Ebene (1 1 1) auf. (Доклады Академии Наук СССР [Ber. Akad. Wiss. UdSSR] [N. S.] **92.** 607—10. 21/9. 1953. Inst. für physikal. Chemie der Akad. der Wiss. der UdSSR.) AMBERGER. 134

C. G. J. Jansen und **R. Loosjes,** *Graphische Darstellungen für eine schnelle Berechnung der Austrittarbeit der Glühemission.* Es werden die Beziehungen zwischen der Mengenkonstanten, dem Austrittspotential bei T=0 u. dem Austrittspotential bei gegebener Temp. kurz erörtert u. anschließend 12 graph. Darstellungen gegeben, welche die schnelle Berechnung des Austrittspotentials gestatten. Es wird für die Sättigungsstromdichte der Bereich von 10^{-10} bis 10^2 A/cm² u. für die Temp. der Bereich von 300—2400° K erfaßt. Das Austrittspotential kann zwischen 0,60 u. 8,00 V auf 0,01 V genau bestimmt werden. (Philips Res. Rep. **8.** 81—90. April 1953.)
K. L. WOLF. 134

Daniel Curie, *Über die Deutung der Beobachtungen der Photoleitfähigkeit bei hohen Feldern.* Die von KALLMANN u. KRAMER (C. **1953.** 7723) beobachtete (um den Faktor ca. 1000) erhöhte Photoleitfähigkeit z. B. von ZnS bei Ggw. elektr. Felder der Größenordnung 10^4 V/cm wird mit Hilfe der Theorie der Elektroluminescenz darauf zurückgeführt, daß die Felder, die zwar zur Anregung von Elektronen aus dem Valenzband nicht ausreichen, Elektronen aus Störstellenniveaus in das Leitfähigkeitsband anzuregen imstande sind. (C. R. hebd. Séances Acad. Sci. **237.** 791—94. 12/10. 1953.)
RUDOLPH. 134

Werner Kluge und **Suso Weber,** *Impulsbestrahlung von zusammengesetzten Photokathoden mit halbleitenden Zwischenschichten.* Während zusammengesetzte Photoschichtkathoden bei stationärer Bestrahlung schon bei Sättigungsstromdichten von 10^{-6} A (zum Teil reversible) Ermüdungserscheinungen zeigen, ist bei Impulsbestrahlung die Gültigkeit des Proportionalitätsgesetzes für weit größere Intensitätsbereiche gewährleistet. Messungen an *Ag–Cs₂O–Cs*-Vakuumzellen mit Lichtimpulsen (15 μ/sec) einer Ar-Stroboskoplampe ergeben Proportionalität von Lichtintensität u. Zellenimpulsstrom für Beleuchtungsstärken 10^2—10^6 Lux sowie zulässige Emissionsströme bis $16 \cdot 10^{-3}$ A ohne Ermüdungserscheinungen. (Naturwissenschaften **40.** 315. Juni 1953. Stuttgart, TH, Elektrotechn. Inst.) RUDOLPH. 134

L. Apker, E. Taft und **J. Dickey,** *Elektronenstreuung und Photoemission von Cäsiumantimonid.* Die Messung der Ausbeute η der Photoelektronen aus Cs_3Sb als Funktion der einfallenden Lichtenergie ergibt eine Zunahme bis hν ~4 eV; darüber bleibt η nahezu konstant. Die Energieverteilung der ausgelösten Elektronen ändert sich grundlegend, wenn hν 4 eV übersteigt. Die Zahl der Elektronen mit hoher Geschwindigkeit nimmt ab, die mit geringer Geschwindigkeit (<1 eV) wächst. Das Verh. wird darauf zurückgeführt, daß für hν > 4 eV, dem doppelten Wert des Abstandes von Valenz- u. Leitungsband, starke unelast. Streuung der angeregten Elektronen mit den Valenzelektronen einsetzt. Die Ergebnisse sind im Einklang mit dem — vom Vf. diskutierten — Bändermodell des Cs_3Sb nach BURTON. *Cs_3Bi* verhält sich ähnlich, jedoch ist das krit. hν entsprechend dem geringeren Bandabstand nur 3,5 eV. (Vgl. nachst. Ref.) (J. opt. Soc. America **43.** 78—80. Febr. 1953. Schenectady, N. Y., Gen. Electric Res. Labor.) RUDOLPH. 134

E. Taft und **L. Apker,** *Photoemission von Cäsium- und Rubidiumtelluriden.* Durch Aufdampfen von Cs bzw. Rb auf Te-Schichten u. anschließendes Tempern hergestellte, lichtempfindliche Cs_2Te- bzw. Rb_2Te-Filme, die Halbleitercharakter besitzen, zeigen eine langwellige Empfindlichkeitsgrenze für Licht bei $h\nu = 3{,}5$ eV u. eine maximale Quantenausbeute von ca. 30%. Aus der gleichen Lage der Absorptionsgrenze der Schichten wird ein Abstand Valenz—Leitungsband von 3,5 eV gefolgert. Überschüssiges Cs ändert die Ausbeute nicht, verschiebt die langwellige Empfindlichkeitsgrenze, möglicherweise infolge Störstellenbldg., jedoch bis ca. 1,5 eV. Die Energieverteilung der Photoelektronen wird für verschied. auslösende Lichtenergien ($h\nu = 4{,}9-6{,}7$ eV) gemessen. Unelast. Elektron–Elektronstreuung wie beim Cs_3Sb (vgl. vorst. Ref.) ist erst bei $h\nu = 7$ eV (doppelter Bandabstand) zu erwarten. Die lichtelektr. Schichten haben Bedeutung für die UV-Photometrie. (J. opt. Soc. America **43.** 81—83. Febr. 1953. Schenectady, N. Y., Gen. Electric Res. Labor.) RUDOLPH. 134

Kurt Lehovec, *Raumladungsschicht und Verteilung von Gitterfehlern auf der Oberfläche von Ionenkristallen.* (Sitzungsbericht.) (Vgl. C. **1954.** 3396.) Die therm. Gleichgewichtskonz. an Gitterstörungen in einem Ionenkristall wird für den allg. Fall berechnet, daß ein elektrostat. Potential zwischen der Oberfläche u. einer angenommenen Stelle im Kristall besteht. Es wird gezeigt, daß die Elektroneutralitätsbedingung für das Innere des Kristalls die Einführung eines solchen Potentials erfordert, das durch die zur Erzeugung von Gitterstörungen notwendigen Energien beschrieben werden kann. Die Verteilung der Raumladung u. des Potentials in der Oberflächenschicht sowie die Änderung der Ionenleitfähigkeit infolge der Raumladungsschicht an der Oberfläche werden berechnet. Die erhaltenen Beziehungen werden auf die FRENKELsche u. auf die SCHOTTKYsche Fehlordnung angewandt. Für SCHOTTKY-Fehlordnung beträgt das Potential zwischen Oberfläche u. Kristallinnerem $\frac{1}{2}e$ der Differenz der Bildungsenergien der positiven u. negativen Ionenleerstellen, im Fall des *NaCl* —0,28 V (nach den von MOTT u. LITTLETON, Trans. Faraday Soc. **34.** [1938.] 485) berechneten Energiewerten. Einige Auswirkungen des Verh. der in Ionenkristallen in Freiheit gesetzten Elektronen u. Löcher auf die Raumladungsschicht an der Oberfläche werden erwähnt. (Physic. Rev. [2] **90.** 350. 15/4. 1953. Sprague Electric Co.) R. STEIN. 135

R. W. Smith und **A. Rose,** *Strom–Spannungs-Charakteristiken von Cadmiumsulfidkristallen unter Benutzung Ohmscher Kontakte.* (Sitzungsbericht.) Werden bei der Aufnahme von Strom-Spannungskurven von CdS-Kristallen, die ein Halbleiter vom n-Typ sind u. in einem weiten Bereich von spezif. Widerstand u. Lichtempfindlichkeit eingestellt werden können, verschied. Elektroden benutzt, so läßt sich zeigen, daß die Strom-Spannungskurven vom Elektrodenmaterial stark abhängig sind. Ag-, Au-, Cu-, Pt- u. Graphitelektroden zeigen Gleichrichterwirkungen. Es wurde gefunden, daß In u. Ga an CdS im Gebiet von $10-10^{13}$ $\Omega\cdot$cm OHMsche Kontakte mit kleinem Widerstand ergeben. Bei Verwendung eines In- u. eines Ga-Kontaktes an gut leitendem CdS konnten gute Gleichrichter erhalten werden. Die OHMschen Kontakte scheinen völlig frei von Photospannungseffekten zu sein, die bei gleichrichtenden Kontakten auftreten, sie gestatten eine gute Photoleitfähigkeit bei niedriger Spannung. Ausbeuten von über 10 A/Lumen konnten bei Anwendung von nur 10 V an einem Kristall von 10^{-2} cm Dicke erhalten werden. Die OHMschen Kontakte ermöglichen bemerkenswerte Ströme (über 10^{-3} A/cm²) durch dünne isolierende Kristalle im Dunkeln. Die Spannungsabhängigkeit dieser Ströme läßt auf raumladungsbegrenzte Ströme schließen, die auf Einführung von Ladungsträgern an der Kathode zurückzuführen sind. (Physic. Rev. [2] **92.** 857. 1/11.; Bull. Amer. physic. Soc. **28.** Nr. 4. 21. 18/6. 1953. RCA Labor. Div.) SIEWERT. 135

A. Rose und **R. W. Smith,** *Raumladungsbegrenzte Ströme in Isolatoren.* (Sitzungsbericht.) Ein störstellenfreier Isolator sollte ziemlich große raumladungsbegrenzte Ströme ermöglichen, wenn eine Elektrode einen Überschuß freier Ladungsträger enthält, die Ströme müßten mit dem Quadrat der angelegten Spannung wachsen. Über die Aufnahme von Strom-Spannungskurven an dünnen Schichten aus amorphem Se, dessen eine Elektrode mit stark absorbiertem Licht bestrahlt wurde, wird berichtet. Die beobachteten Ströme sind jedoch um Größenordnungen kleiner, als zu erwarten wäre. Über ähnliche Ströme an CdS-Kristallen im Dunkeln wurde von SMITH u. ROSE (vgl. vorst. Ref.) berichtet, sie steigen nahezu exponentiell mit der Spannung an. (Physic. Rev. [2] **92.** 857. 1/11.; Bull. Amer. physic. Soc. **28.** Nr. 4. 21. 18/6. 1953. RCA-Labors.) SIEWERT. 135

Carl Shulman, R. W. Smith und **A. Rose,** *Einige Rauschbeobachtungen an CdS-Kristall-Photoleitern.* (Sitzungsbericht.) CdS-Kristalle mit In- oder Ga-Elektroden zeigen Rauschkräfte, die um Größenordnungen kleiner sind als die an CdS-Kristallen mit Ag-Elektroden gemessenen Werte. Ferner wurden Kristalle gefunden, deren Rauschspektren Abflachungen bei niedrigen Frequenzen aufweisen. Für die meisten Kristalle ist die Rauschkraft jedoch der einfallenden Lichtintensität u. dem Quadrat der am Kristall anliegenden Spannung proportional. Daher wird angenommen, daß das Rauschen in erster Näherung durch ein Photomultiplier-Modell wiedergegeben werden kann, bei dem $i^2 = 2\,eGI\,\Delta f$ ist. Hierin ist i der Rauschstrom u. G die Ausbeute am Kristall oder das Verhältnis aus Lichtstrom zu Photonenstrom. G kann größer oder kleiner als 1 sein, es ist der angelegten Spannung proportional. Δf soll die Geschwindigkeit der Gegenwrkg. des Kristalls nicht überschreiten. G-Werte aus Rauschmessungen bestätigen die Größenordnung der gemessenen Ausbeuten. (Physic. Rev. [2] **92.** 857. 1/11.; Bull. Amer. physic. Soc. **28.** Nr. 4. 21. 18/6. 1953. RCA-Labors.) Siewert. 135

Gene Strull, *Herstellung eines CdS-Gleichrichters vom p-Typ durch hohe örtliche Erhitzung von Kristallen des n-Typs.* Mehrere CdS-Gleichrichter vom n-Typ wurden in der engen Umgebung von Nichrom-Punktkontakten stark erhitzt auf ca. 850° über Zeiten, die zwischen einigen Sek. u. einer Min. lagen. Folgende 5 verschied. Arten von Ergebnissen wurden gefunden. 1. Die Kristalle verhalten sich wie vor der Erwärmung oder hatten einen kleineren Widerstand, waren aber noch vom n-Typ. 2. Die Kristalle verhalten sich wie p-Typ-Halbleiter (zwei der geprüften Kristalle verhalten sich wie vom p-Typ unterhalb 1 V u. wie vom n-Typ bis zum Durchschlag bei ca. 40 V). 3. Die Kristalle verhalten sich wie vom p-Typ über einige Min. nach der Erwärmung, dann aber wieder wie vom n-Typ. 4. Die Kristalle zeigen p-Typ-Polarität während der Erwärmung, unmittelbar nach Aufhören der Erwärmung wieder das ursprüngl. Verhalten. 5. Die Gleichrichtereigg. werden durch die Erwärmung vernichtet. (J. appl. Physics **24.** 1411. Nov. 1953. Evanston, Ill., Northwestern Univ., Electrical Engng. Dep.) v. Harlem. 135

Paul Tavernier und **Pierre Prache,** *Einfluß des Drucks auf den Widerstand eines Thermistors.* Vff. bestimmten die Änderungen des Widerstandes eines Thermistors (das heißt eines Halbleiters mit hohem negativem Temperaturkoeff., hergestellt aus komplexen Mischungen von unter Druck geformten u. dann gesinterten Metalloxyden) bei konstanten Tempp. in Abhängigkeit vom Druck bis 5000 kg·cm^{-2}. Die durch den Druck hervorgerufene Widerstandsänderung ist prakt. temperaturunabhängig (untersucht von 30—70°) u. läßt sich bis 5000 kg·cm^{-2} darstellen durch die lineare Formel $dR/R_0 = 4{,}6 \cdot 10^{-6}$ P. (J. Physique Radium **13.** 423—26. Juli/Sept. 1952.) v. Harlem. 135

Harold Jacobs, Wesley Matthei und **Frank A. Brand,** *Verbesserte α-Werte von formierten Silicium-Transistoren mit Punktkontakt.* Es werden die physikal. Konstanten für Si- u. Ge-Transistoren mitgeteilt. Die Werte für die neuen formierten Si-Transistoren mit Punktkontakt sind wesentlich besser als vorher bekannt. Es wurden α-Werte bis 25 erreicht (p-Si, 5 Ω·cm, formiert mit Sb). Einzelheiten s. Original. (J. appl. Physics **24.** 1410—11. Nov. 1953. Fort Monmouth, N. J., Signal Corps Engng. Labor.) v. Harlem. 135

T. H. Geballe, *Der Seebeck-Effekt bei Germanium.* (Sitzungsbericht.) Bei den in der Literatur angegebenen Messungen des Seebeck- u. Hall-Effekts von n- u. p-Ge-Einkristallen konnte gezeigt werden, daß in einem thermoelektr. Stromkreis die Seebeck-Spannung pro Grad gleich der Entropie pro Stromeinheit ist. Unter der Annahme des üblichen Bändermodells ist die durch die Stromeinheit bewirkte Entropie $\Delta E_F/T$ zuzüglich eines Ausdrucks, der die kinet. Energie durch den Elektronentransport enthält. ΔE_F/aus Seebeck-Spannungen stimmt mit dem ΔE_F aus Hall-Spannungen in der Größenordnung bis herunter zu 200° K überein. Wird die Temp. weiter gesenkt, so steigt die Seebeck-Spannung stärker an u. erreicht ein Maximum kurz über dem Kp. des H_2. Um diese Erscheinungen zu erklären, ist es offensichtlich erforderlich, zum Elektronentransport der Entropie einen zusätzlichen Mechanismus zu betrachten. (Physic. Rev. [2] **92.** 857. 1/11.; Bull. Amer. physic. Soc. **28.** Nr. 4. 21. 18/6. 1953. Bell Telephone Labors.) Siewert. 135

Conyers Herring, *Theorie der thermoelektrischen Kraft von Halbleitern.* (Sitzungsbericht.) Die gewöhnliche Theorie der thermoelektr. Kräfte kann den auffallenden Anstieg, den Geballe (vgl. vorst. Ref.) an *Ge* bei tiefen Tempp. beobachtet hat, nicht erklären. Es kann angenommen werden, daß dieser Anstieg von der Existenz einer Asymmetrie in der Verteilung von Phononen in den Gittermomenten abhängig ist. Diese Asymmetrie tritt auf, wenn die Prozesse, die die statist. Verteilung der Phononen wiederherstellen, genügend langsam werden. Der Effekt kann entweder als Widerstandsvergrößerung der Elektronen oder, gleichbedeutend, als Beitrag zum Peltier-Wärmestrom entsprechend einer Hemmung der Phononen durch elektr. Strom gedeutet werden. Über ein beträchtliches Gebiet der Temp. T u. der Ladungsträgerkonz. n sollte die zusätzliche thermoelektr. Kraft ΔQ unabhängig von n u. ungefähr proportional T^{-q} sein, wo q ca. 2,5 beträgt. Bei sehr kleinem T u. großem n sollte sich jedoch ΔQ Null nähern, da bei niedrigem T die Phononenverteilung durch Bindungsstreuung gesteuert wird u. vor allem für große n ein Sättigungseffekt auftritt. Die absol. Größe des Effekts kann grob aus therm. Leitfähigkeitsdaten vorhergesagt werden. (Physic. Rev. [2] **92.** 857—58. 1/11.; Bull. Amer. physic. Soc. **28.** Nr. 4. 21—22. 18/6. 1953. Inst. for Advanced Studies and Bell Telephone Labors.) SIEWERT. 135

Robert W. Keyes, *Die elektrischen Eigenschaften von schwarzem Phosphor.* Die elektr. Leitfähigkeit von schwarzem P wurde in Abhängigkeit von Temp. u. Druck bis zu 350° u. 8000 at gemessen. Bei Atmosphärendruck wurde ferner die Temperaturabhängigkeit der HALL-Konstante bestimmt. Bei niedrigen Tempp. (unter 0° etwa) wird Störstellendefektleitung beobachtet; bei hohen Tempp. ist P ein Eigenhalbleiter mit einem Bandabstand von 0,33 eV. Die Beweglichkeiten betragen bei 27° 350 bzw. 220 $cm^2/V \cdot sec$ für die Löcher bzw. Elektronen. Bei Anwendung hydrostat. Druckes sinkt der Bandabstand mit abnehmendem Vol. des Kristalls nach der Beziehung $VdW/dV = 8{,}3$ eV. Die Ergebnisse werden u. a. an einem zweidimensionalen Halbleitermodell gedeutet. (Physic. Rev. [2] **92.** 580—84. 1/11. 1953. Chicago, Ill., Univ., Dep. of Phys. and Inst. for Study of Metals.) R. STEIN. 135

T. Broom, *Gitterstörungen und der elektrische Widerstand von Metallen.* Ausführliche Übersicht über den Einfl. von Gitterstörungen u. Verformungen auf den Widerstand von Metallen u. Legierungen. — 126 Literaturzitate. (Advances in Physics **3.** 26—83. Jan. 1954. Birmingham, Univ., Dep. of Ind. Metallurgy.) R. STEIN. 136

E. Maxwell und **P. M. Marcus,** *Einige Gesichtspunkte zum Zwei-Flüssigkeiten-Modell der Supraleitung.* (Sitzungsbericht.) (Vgl. C. **1953.** 8782.) Bemerkungen über die Form der Kurve, die die krit. Feldstärke als Funktion der Temp. darstellt, bei verschied. Isotopen von *Sn, Hg, Tl* u. *In.* (Physic. Rev. [2] **90.** 346. 15/4. 1953. Nat. Bur. of Standards u. Carnegie Inst. Technol.) KIRSCHSTEIN. 136

Paul M. Marcus, *Statistische Grundlage von Zwei-Flüssigkeiten-Modellen der Supraleitung.* (Vgl. vorst. Ref.) (Sitzungsbericht.) In Anlehnung an die Vorstellung, daß die Elektronen in einem Metall sich einzeln innerhalb des vom Gitter u. den übrigen Elektronen bestimmten Potentials bewegen, nimmt Vf. an, daß Elektronen (vor allem durch Kombination mit Gitterschwingungen) sich kondensieren können, so daß das mittlere Potential geändert wird. Die Einfll. dieser Potentialänderung auf die einzelnen Elektronen, bes. bei tiefen Tempp., werden kurz angedeutet. (Physic. Rev. [2] **90.** 346. 15/4. 1953. Carnegie Inst. Technol.) KIRSCHSTEIN. 136

Paul M. Marcus und E. Maxwell, *Zwei-Flüssigkeiten-Modelle der Supraleitfähigkeit mit einer Anwendung auf Isotopeneffekte.* (Vgl. vorst. Ref.) Darlegung der Eigg. des Zwei-Flüssigkeiten-Modells in allg. Form, jedoch in Anlehnung an das α-Modell von CASIMIR u. GORTER (Physik. Z. **35.** [1934.] 963); thermodynam. Beziehungen werden abgeleitet, deren Vereinbarkeit mit den beobachteten Isotopeneffekten nachgewiesen wird. Krit. Diskussion des Modells von KOPPE (vgl. C. **1948.** II. 374). (Physic. Rev. [2] **91.** 1035—42. 1/9. 1953. Pittsburgh, Pa., Carnegie Inst. of Technol., Dep. of Phys., u. Washington, D. C., Nat. Bur. of Stand., Cryogen. Sect.) KIRSCHSTEIN. 136

Jean-Claude Barbier, *Die durch Fluktuationen hervorgerufene magnetische Nachwirkung.* Vf. untersuchte eingehend die irreversible magnet. Nachwrkg. („trainage magnétique de fluctuation" in der Bezeichnung nach NÉEL). Im ersten Teil wurden die Nachwrkg. im RAYLEIGH-Gebiet u. die sie beherrschenden Gesetze untersucht. Es wurden dazu magnetometr. u. eine Induktionsmeth. entwickelt, mit denen die Proben in Zeiten zwischen $^1/_{40}$ u. $4 \cdot 10^6$ Sek. verfolgt werden konnten. Im zweiten Teil wird gezeigt, daß die für schwache Felder gültigen Gesetze auch für alle Gebiete der Hystereseschleife gültig bleiben, die Messungen wurden dabei an verschied., magnet. harten Ferromagnetika durchgeführt. Im dritten Teil wurden die durch geringe Temperaturbehandlung, durch ein Wechselfeld oder durch Kompression hervorgerufenen magnet. Änderungen untersucht. Es wurden Parallelitäten zur Nachwrkg. festgestellt. Im vierten Teil wurden schließlich die magnet. Verluste in einem veränderlichen Feld untersucht. Es besteht eine einfache Beziehung zwischen den Verlusten in einem Dreh- u. in einem Wechselfeld. Es wird eine Anordnung beschrieben, die Verluste in einem schwachen Drehfeld zu bestimmen. Theorie u. Vers. zeigen, daß die restlichen Verluste nach Abzug der Hystereseverluste u. der Wirbelstromverluste direkt mit der Nachwrkg. in Zusammenhang stehen. (Ann. Physique [12] **9.** 84—138. Jan./Febr. 1954. Grenoble, Fac. Sci., Labor. d'Électrostat. et de Phys. du Métal.) v. HARLEM. 137

Nobuhiko Sakamoto, Takashi Asahi und **Syôhei Miyahara,** *Über die Magnetisierung von Magnesiumferrit.* Vff. bestimmten die Sättigungsmagnetisierung von $MgFe_2O_4$ nach verschied. Wärmebehandlungen. Die Ergebnisse werden mit den theoret. Erwartungen nach NÉEL verglichen. Über Einzelheiten s. Original. (J. physic. Soc. Japan **8.** 677—78. Sept./Okt. 1953. Hokkaido Univ., Fac. of Sci., Dep. of Phys. [Orig.: engl.]) v. HARLEM. 137

J. L. Stull und **L. R. Bickford jr.,** *Die Magnetostriktion von Magnetit.* (Sitzungsbericht.) Vff. berichten über Messungen der Magnetostriktion an künstlichen u. natürlichen Fe_3O_4-Einkristallen u. einer synthet. polykristallinen Probe. Bei Zimmertemp. ist die Magnetostriktion positiv längs [1 1 1] u. [1 1 0], negativ längs [1 0 0]. Die Magnetostriktion ist dem Werte nach am größten längs [1 1 1], $\lambda_{111} = 80 \cdot 10^{-6}$ für einen synthet. Kristall. In dem Temperaturgebiet, wo die Vorzugsrichtung der spontanen Magnetisierung sich aus [1 1 1] in [1 0 0] ändert (ca. 130° K), ändert sich die Struktur der Magnetostriktionskurven. (Physic. Rev. [2] **92.** 845. 1/11.; Bull. Amer. physic. Soc. **28.** Nr. 4. 9. 18/6. 1953. Alfred Univ.) v. HARLEM. 137

Georg Joos, *Fortschritte auf dem Gebiet des Dia- und Paramagnetismus.* Nach einer Übersicht über die Größe der magnet. Momente der Elementarteilchen wird die moderne Theorie des Dia- u. Paramagnetismus besprochen. Der DE HAAS-VAN ALPHEN-Effekt (Beispiel Sn) u. paramagnet. Resonanzabsorption werden kurz behandelt. (Z. angew. Physik **6.** 43—48. Jan. 1954. München, TH, Phys. Inst.) v. HARLEM. 137

M. R. Schafroth, *Spin-Wellentheorie des Antiferromagnetismus für einfach-kubische Gitter.* Die Transcendentalfunktionen, die bei einer Variationsbehandlung der Spin-Wellentheorie des Antiferromagnetismus auftreten, werden für den Fall des einfachen kub. Gitters berechnet. (Physic. Rev. [2] **92.** 553. 1/11. 1953. Zürich, ETH.) v. HARLEM. 137

L. R. Bickford jr., *Magnetische Resonanz in Ferri- und antiferromagnetischen Systemen.* (Sitzungsbericht.) Das in einer früheren Arbeit (C. **1951.** I. 295) bei 83° K aufgenommene Mikrowellenresonanzabsorptionsspektr. von Fe_3O_4 wurde erneut analysiert. Die beobachtete Verdopplung der Resonanzspitzen wurde getrennten Beiträgen der Spins in den A- u. B-Lagen zugeschrieben. Die Analyse ergab noch folgende Einzelheiten: Das Austauschfeld tritt in den Resonanzgleichungen nicht auf, die Resonanzspitzen bei kub. Ferriten sind unaufgelöste Dubletts, wobei die Linienbreite u. die scheinbaren g-Werte teilweise von der Größe der magnet. Anisotropie abhängig sind; das Verschwinden der Resonanzabsorption bei der CURIE-Temp. der Antiferromagnetika ist ein Effekt der magnet. Anisotropie; die Fe_3O_4-Umwandlung ist prim. eine magnet. Umwandlung von einer Art, die auch bei gewissen anderen Ferriten u. bei Antiferromagnetika zu erwarten ist. (Physic. Rev. [2] **92.** 845. 1/11.; Bull. Amer. physic. Soc. **28.** Nr. 4. 9. 18/6. 1953. Alfred Univ.) v. HARLEM. 137

A. H. Eschenfelder und **R. T. Weidner,** *Sättigungseffekte bei der paramagnetischen Resonanz.* Inhaltlich ident. mit der C. **1954.** 1181 referierten Arbeit. (Physic. Rev. [2] **92.** 869—73. 15/11. 1953. New Brunswick, N. J., Rutgers Univ., Dep. of Phys.) v. HARLEM. 137

Ss. D. Gwosdower und **N. M. Pomeranzew,** *Über die Form der Signale der magnetischen Resonanz von Atomkernen.* (Vgl. C. **1954.** 5013.) Die früher nur für beschränkte Intervalle der Parameterwerte (vgl. u. a. C. **1951.** I. 3150) gelösten Bewegungsgleichungen des resultierenden Magnetisierungsvektors wird auf ein großes Intervall unter Einschluß des Inversionsfalles der longitudinalen Komponente dieses Vektors erweitert. Falls $\lambda = \omega_m H_m |\gamma| H_1{}^2 \gg 1$ (γ gyromagnet. Faktor), weicht diese Komponente nur wenig vom Gleichgewichtszustand ab, u. die Signale v(t) u. u(t) sind klein von derselben Ordnung. Falls $\lambda \ll 1$, tritt für den Vektor im Resonanzbereich Inversion auf u. u wird um eine Größenordnung größer als v. Das Maximum des Signals fällt nicht immer mit dem Moment bei Resonanz zusammen. Berechnung der transversalen Relaxationszeit T_2. (Вестник Московского Университета, Серия Физико-Математических и Естественных Наук [Nachr. Moskauer Univ., physik.-mathemat. u. naturwiss. Ser.] **8.** Nr. 9. 79—91. Sept. 1953.) AMBERGER. 137

Warren E. Quinn und **Richard M. Brown,** *Aufspaltungen der magnetischen Kernresonanz in schwachen Feldern.* Messungen der magnet. Kernresonanzaufspaltung in Feldern von 160—550 Oe von ^{19}F in HPF_6, $FPO(OH)_2$ u. $F_2PO(OH)$, ^{31}P in HPF_6 u. $HPO(OH)_2$ sowie ^1H in $HPO(OH)_2$ u. $H_2PO(OH)$ ergaben mit Ausnahme von $F_2PO \cdot (OH)$, gemessen bei 200 Oe, wo nur ein Singulett beobachtet wurde, daß diese, wie theoret. zu erwarten, unabhängig von der Feldstärke ist. Das Verh. der ^{19}F-Resonanz in $F_2PO(OH)$ ist unverständlich. Das bei 550 Oe beobachtbare Dublett wird mit abnehmender Feldstärke immer enger, u. bei ca. 237 Oe tritt eine einzige, breite Resonanz auf. (J. chem. Physics **21.** 1605—06. Sept. 1953. Pullman, Wash., State Coll. of Washington.) V. HARLEM. 137

Robert L. Conger, *Magnetische Kernrelaxation in viscosen Flüssigkeiten.* (Sitzungsbericht.) (Vgl. C. **1954.** 1415.) Vf. bestimmte die Kernrelaxationszeiten von H_2O–Glycerin-Lsgg. von Cu^{2+} u. Mn^{2+} im Viscositätsbereich 1—70 centipoise. Die Abhängigkeit der effektiven magnet. Momente vom Mn^{2+} nimmt regelmäßig in erklärbarer Weise in Abhängigkeit von der Viscosität ab, während die Kurve für Cu^{2+} eine Anomalie bei ca. 10 centipoise zeigt. (Physic. Rev. [2] **92.** 543. 15/10. 1953. Inyokern, U. S. Naval Ordnance Test Station.) V. HARLEM. 137

Pierre Deschamps, *Über die Leitfähigkeit von Schwermetallsalzlösungen während der Fällung durch Alkalien.* Unter der Annahme, daß die zu untersuchenden Lsgg. genügend verd. sind u. daß die ausgefällte feste Phase prakt. unlösl. ist, stellt Vf. bei Zugabe von Alkali zu *Cu-* u. *Pb*-Lsgg. eine Änderung der Leitfähigkeit fest, wofür folgende Beziehung gilt: $C_s/C_0 = \{z(1 - \alpha/zx) \cdot \Lambda_A{}^{-\zeta} + z[1 - (x + 1) \cdot \alpha/z \cdot x] \cdot \Lambda_B{}^{+z} + \alpha\Lambda_{Na}\}/(z\Lambda_A{}^{-\zeta} + z\Lambda_B{}^{+z})$. C_s ist die gemessene Leitfähigkeit bei der Fällung des bas. Salzes u. C_h die Leitfähigkeit bei der Umwandlung des bas. Salzes in ein Hydroxyd u. C_0 die Anfangsleitfähigkeit des Neutralsalzes A^zB^ζ. Das Verhältnis C_s/C_0 bzw. C_h/C_0, in Abhängigkeit von α aufgetragen, wo α = zugegebene Menge OH^-/notwendige OH^--Menge für 1 Metalläquivalent ist, ergibt Kurven, deren Abschnitte angenähert als Gerade aufgefaßt werden können. Es wurden folgende Lsgg. verschied. Konzz. (von ca. 0,01—0,025 mol.) untersucht: $CuSO_4$, $CuCl_2$, $Cu(NO_3)_2$, $PbCl_2$, $PbBr_2$ u. $Pb(NO)_2$; ferner wurde gezeigt, daß nicht nur die Knickpunkte, sondern auch die Neigungen der verschied. Kurvenabschnitte Aussagen über die Beschaffenheit der festen Phase zu geben vermögen. Die Übereinstimmung zwischen gemessenen u. berechneten Werten ist befriedigend. Zum Schluß diskutiert Vf. an 2 Beispielen, am bas. $Cu(NO_3)_2$ u. am bas. $CuSO_4$, den Temperatureinfluß. (Bull. Soc. chim. France, Mém. [5] **21.** 454—57. März 1954. Paris, Fac. des Sci., Labor. d'Enseignement de Chim. Gén.) SURAWSKI. 138

A. Carrelli und **L. Rescigno,** *Leitfähigkeitsmessungen an starken und schwachen Elektrolyten bei Hochfrequenz.* Bei starken Elektrolyten (KNO_3, $NaNO_3$, K_2SO_4, $CuSO_4$) wird die Beobachtung bestätigt, daß die Änderung der Leitfähigkeit mit der Konz. bei hoher Frequenz ($4{,}39 \cdot 10^7$ Hz) anders verläuft als bei niedriger Frequenz. Dagegen ist dies bei schwachen Elektrolyten (untersucht an *Essigsäure* u. NH_4OH) nicht der Fall; es bleibt dahingestellt, ob bei noch höheren Frequenzen (z. B. über 10^9 Hz) auch hier eine Änderung eintritt. (Nuovo Cimento [9] **9.** 719—21. 1/8. 1952. Napoli, Univ., Ist. di Fisica.) R. K. MÜLLER. 138

F. A. Vick, *Kontaktpotentiale.* Es wird eine Übersicht gegeben über die Entw. seit dem letzten Bericht in Sci. Progr. **32.** [1938.] 504. Über die einzelnen behandelten Arbeiten s. Original. (Sci. Progr. **41.** 642—48. Okt. 1953. North Staffordshire, Univ. Coll.) V. HARLEM. 140

Herbert S. Harned und **Donald S. Allen,** *Normalpotentiale von Silber–Silberchlorid-Zellen in einigen Äthanol- und Isopropylalkohol–Wasser-Lösungen bei 25°.* Aus EMK.-Messungen werden die Normalpotentiale der Ag–AgCl-Elektrode in 20% ig. Isopropylalkohol u. 30-, 40- u. 50% ig. Äthylalkohollsgg. berechnet. Außerdem werden die Aktivitätskoeffizienten angegeben. (J. physic. Chem. **58.** 191—92. Febr. 1954.) R. LEVI. 140

U. F. Franck und **L. Meunier,** *Gekoppelte periodische Elektrodenvorgänge.* Period. reagierenden Elektroden stellen einschließlich des Elektrolyten u. der Außenschaltung Schwingkreise dar, die analog den elektr. miteinander gekoppelt werden können. Als Kopplung kommt wegen der niedrigen Frequenzen, 0,1—5 Hz, nur die galvan. in Frage, Vff. untersuchen jedoch auch die kapazitive, da sie bei biol. Vorgängen als Folge der hohen Membrankapazitäten möglich ist. Als Untersuchungsobjekt diente Kobalt in Chromsäure–HCl-Mischungen. Die Potentialschwankungen zweier Co-Elektroden zeigen untereinander eine beliebige Phasenverschiebung, hinreichend feste Kopplung führt zur Synchronisation, die Frequenz dieser Schwingung liegt dann zwischen denen der ungekoppelten Elektroden. Abweichungen von diesem Mittelwert ergeben sich, wenn die Elektrodenoberflächen verschieden groß sind. (Einfl. der wahren Stromdichte.) Unterscheiden sich die Eigenfrequenzen der Elektroden um mehr als den Faktor 2, erfolgt auch durch Kurzschlußkopplung keine Synchronisation mehr. Die gleichen Ergebnisse ergeben sich für polarisierte Elektroden (Fe in H_2SO_4–HCl) u. für die kapazitive Kopplung. Auch durch gegenseitige Beeinflussung der Elektroden durch Lokalströme erfolgt Kopplung u. Synchronisation. Diese ist abhängig vom Abstand der Elektroden. Hierbei sind die period. auf oscillierenden

Elektroden auftretenden Potentialinhomogenitäten zu berücksichtigen, die sich mit einer Differenzmeßmeth. direkt nachweisen lassen. Einen Hinweis auf die Bedeutung derartiger verschiedenartiger Bereiche auf einer Elektrodenoberfläche u. ihr Zusammenwirken gibt auch die Beobachtung, daß Schwingungen zwischen einer akt. u. einer passiven Elektrode erst durch die Kopplung hervorgerufen werden. Vff. diskutieren diese Ergebnisse in Verbindung mit biol.-rhythm. Erscheinungen. Die bestehende Analogie wird auf die Kippschwingnatur beider Schwingungsphänomene zurückgeführt. (Z. Naturforsch. **8b**. 396—406. Aug. 1953. Göttingen, Max-Planck-Inst. für phys. Chem.) WOELK. 140

N. C. Cahoon, *Eine elektrochemische Abschätzung von Mangandioxyd für den Trockenbatteriegebrauch.* Es werden zwei Methoden zur Abschätzung der Eignung einer MnO_2-Probe als Depolarisator in Trockenbatterien beschrieben. Die eine dient zur schnellen Prüfung u. beruht auf der Beziehung zwischen MnO_2-Potential u. p_H des Elektrolyten (vgl. Trans. electrochem. Soc. **92.** [1935.] 159). Die zweite beruht auf der Best. des „Nutzfaktors", das heißt des Grades der kathod. Red. in einem kontinuierlichen Strom frischen Elektrolyts. Durch Kombination dieser beiden Verff. erhält man eine Kenntnis der Anwendbarkeit u. wahren Depolarisationskapazität einer Probe, die vorher nur durch Verss. innerhalb einer Batterie zu erhalten war. (J. electrochem. Soc. **99.** 343—48. Sept. 1952. Cleveland, O., Nat. Carbon Res. Labors.) R. LEVI. 140

Roy L. Petty, Arthur W. Davidson und **Jacob Kleinberg,** *Die anodische Oxydation von Magnesiummetall. Beweis für die Existenz von einwertigem Magnesium.* Vff. beschreiben Verss. über die anod. Auflösung von Mg in verschied. Elektrolyten. Das Metall geht anfänglich mit einer mittleren Wertigkeit, die beträchtlich unter 2 liegt, in Lösung. Gleichzeitig entwickelt sich an der Anode eine H_2-Menge, die der Oxydation von der beobachteten Wertigkeit zum 2-wertigen Mg-Ion entspricht. Bei Zugabe stark oxydierender Stoffe nimmt die H_2-Menge ab. Statt dessen tritt ein Reduktionsprod. des Oxydationsmittels auf. Ein solches Reduktionsprod. tritt auch dann auf, wenn mit einem fließenden Elektrolyten gearbeitet wird u. das Oxydationsmittel nicht in direkten Kontakt mit der Anode kommen kann. Aus diesen Tatsachen wird geschlossen, daß die prim. Rk. an der Mg-Anode in einer Auflösung sowohl zu 1- als auch zu 2-wertigen Mg-Ionen besteht u. daß das Mg^+-Ion schnell unter Oxydation des Lösungsm. oder anderer anwesender Stoffe weiterreagiert. (J. Amer. chem. Soc. **76.** 363—66. 20/1. 1954. Lawrence, Kans., Univ. of Kansas, Chem. Labor.) R. LEVI. 142

A₄. Thermodynamik. Thermochemie.

Peter G. Bergmann und **Alice C. Thomson,** *Verallgemeinerte statistische Mechanik und die Onsagerschen Beziehungen.* Vff. diskutieren die allg. Eigg. von verallgemeinerten kanon. Gesamtheiten u. führen als Beispiel ihrer Anwendbarkeit auf in der Nähe des Gleichgewichts befindliche Systeme die Herleitung der ONSAGERschen Beziehungen durch. Da sich die vorliegende Arbeit mit therm. isolierten Systemen befaßt, kann vorläufig noch keine befriedigende Beschreibung von stationären Nichtgleichgewichtsprozessen gegeben werden; hierzu müßten noch weitere Variable eingeführt werden. (Physic. Rev. [2] **91.** 180—84. 1/7. 1953. Syracuse, N. Y., Syracuse Univ., Dep. of Phys.) WASSERROTH. 146

Paul Renaud, *Theoretische Leistung einer spiralförmigen Thermodiffusionskolonne.* Zur Konstruktion einer App. für die Trennung zweier Gase mittels des LUDWIG-SORET-Effektes berechnet Vf. die theoret. Leistung in Abhängigkeit von den Apparatedimensionen für den Fall der natürlichen Mischung von $H^{35}Cl$ u. $H^{37}Cl$. Die Berechnung wird mittels der klass. Formel unter Anwendung einiger vereinfachender Hypothesen durchgeführt. Die für HCl nicht bekannten Geschwindigkeiten der Thermodiffusion werden durch die für CH_4 berechneten ersetzt. Ein App. von 50 cm Durchmesser kann eine Ausbeute von 100 g 38%ig. ^{37}Cl pro Tag ergeben. Bei Erhöhung der Ausbeute nimmt auch die Größe der Verunreinigungen zu. (C. R. hebd. Séances Acad. Sci. **236.** 1555—57. 20/4. 1953.) WASSERROTH. 149

A. Orszagh, *Über die Untersuchung von Flüssigkeitsgemischen.* Vf. erörtert die verschied. Typen von polyazeotropen Flüssigkeitsgemischen u. den Einfl. der gebildeten Azeotropen, der Form der Gleichgewichtskurven usw. auf den Destillationsverlauf u. das Verhältnis der Gemischbestandteile im Destillat. Die bei bin. u. tern. Flüssigkeitsgemischen zu beobachtenden Gesichtspunkte werden zusammengestellt. (Przemysł chem. **9** (**32**). 333—36. Juli 1953. Warszawa, Politechn.) R. K. MÜLLER. 150

William T. Holser, *Die Flüchtigkeit von Wasser bei hohen Temperaturen und Drucken.* Aus den von KENNEDY (Amer. J. Sci. **248.** [1950.] 540) u. KEENAN u. KEYES (Thermodynamic Properties of Steam, New York [1936.]) angegebenen p-v-T-Daten für W. berechnete Vf. mittels graph. Integration die Flüssigkeitskoeffizienten im Ein-Phasen-Gebiet bis zu 1000° u. 2000 bar. Die Werte sind tabellar. aufgeführt. Bei hohen Drucken u. niedrigen Tempp. sind die vorliegenden Werte etwas niedriger als die von NEWTON (Ind. Eng. Chem. 27. [1935.] 302) nach dem Theorem der übereinstimmenden Zustände vorausgesagten Werte. (J. physic. Chem. **58.** 316—17. April 1954. Ithaca, N. Y., Cornell Univ., Dep. of Geol.) KARUTZ. 150

Balwant Rai Puri, Lekh Raj Sharma und **M. L. Lakhanpal,** *Der Gefrierpunkt von in porösen Körpern zurückgehaltenem Wasser bei verschiedenen Dampfdrucken.* Mittels einer eingehend beschriebenen dilatometr. Meth. bestimmten Vff. den F. von W., welches an Proben von Silicagel, Bariumalumosilicagel (0,5 $BaO \cdot Al_2O_3 \cdot SiO_2$), Bentonit u. Tonlehm adsorbiert war. Vff. erhielten für die verschied. Adsorbentien bei den gleichen relativen Dampfdrucken angenähert gleiche Werte für die Gefrierpunktserniedrigung (0,5—44°), die also in erster Linie vom Radius der Capillaren abhängig ist, in denen das W. kondensiert ist. Die experimentellen Daten wurden mit den nach der thermodynam. Theorie berechneten Werten verglichen. Bei Porenradien zwischen 413,0 u. 24,5 Å ergab sich recht gute Übereinstimmung, während bei kleineren Capillarradien der Fehler größer wurde. In Übereinstimmung mit anderen Autoren führen Vff. dies auf eine Änderung der thermodynam. Eigg. des Adsorbates bei Adsorption in sehr engen Capillaren u. nicht mehr strenge Gültigkeit der KELVINschen Formel zurück. Die vorliegenden Ergebnisse scheinen die von der Theorie der Capillarkondensation geforderte weitgehende Abhängigkeit der Gefrierpunktserniedrigung eines Capillarkondensats, von den Oberflächenspannungseffekten zu bestätigen. (J. physic. Chem. **58.** 289—92. April 1954. Hoshiapur, India, Panjab Univ., Dep. of Chem.) KARUTZ. 150

C. Howard Shomate, *Eine Methode zur Auswertung und Korrelation thermodynamischer Daten.* Im Anschluß an eine frühere Arbeit (J. Amer. chem. Soc. **66.** [1944.] 928) entwickelte Vf. die Gleichung $[T(H_T-H_{298,16})-C_{p298,16}(T-298,16)]/(T-298,16)^2 = bT + c/298,16^2$, die für folgende Zwecke geeignet ist: schnelle u. genaue Aufstellung algebraischer Gleichungen sowie genauer Ausgleichskurven für Wärmeinhaltsdaten bei hohen Tempp., Korrelation von Wärmeinhaltsmessungen bei tiefen u. hohen Tempp., genaue Berechnung von Wärmekapazitäten bei hohen Tempp. aus Wärmeinhaltsmessungen. Es werden Beispiele für die verschied. Anwendungsmöglichkeiten angeführt. (J. physic. Chem. **58.** 368—72. April 1954. China Lake, Calif., U. S. Naval Ordnance Test Station, Res. Dep., Chem. Div.) KARUTZ. 151

Jacques C. Poirier, *Thermodynamische Funktionen aus der Theorie der Ionenlösungen von Mayer.* 1. Mitt. *Gleichungen für thermodynamische Funktionen.* Vf. leitet aus dem Ausdruck für den Zusammenhang zwischen der partiellen mol. freien Energie u. dem Aktivitätskoeff. der Theorie der Ionenlsgg. von MAYER (C. **1951.** II. 781), die zunächst nur analyt. Funktionen für normalerweise nicht gemessene mittlere Aktivitätskoeffizienten liefert, Gleichungen für 5 gewöhnlich gemessene dynam. Funktionen ab, nämlich für die Änderung des partiellen mol. Vol. mit der Konz. u. die des scheinbaren mol. Vol. mit der Konz., für den relativen partiellen mol. Wärmeinhalt, den relativen scheinbaren mol. Wärmeinhalt u. für den stöchiometr. mittleren mol. Ionenaktivitätskoeffizienten. Die abgeleiteten Funktionenformeln enthalten die Koeffizienten therm. Ausdehnung u. der isothermen Kompressibilität der Lsg. u. des Lösungsm., die DK. des Lösungsm. u. ihre Druck- u. Temperaturabhängigkeit sowie andere, aus der Theorie leicht berechenbare analyt. Ausdrücke. (J. chem. Physics **21.** 965—72. Juni 1953. Chicago, Ill., Univ., Dep. of Chem.) NIEMITZ. 151

Jacques C. Poirier, *Thermodynamische Funktionen aus der Theorie der Ionenlösungen von Mayer.* 2. Mitt. *Der stöchiometrische mittlere molare Ionenaktivitätskoeffizient.* (1. vgl. vorst. Ref.) Die Ergebnisse der aus der Theorie von MAYER l. c. abgeleiteten Formeln für den mittleren mol. Ionenaktivitätskoeff. starker Elektrolyte in wss. Lsg. bei 25° werden verglichen mit veröffentlichten experimentellen Daten für gewisse für die Ionen-Typen I–I, II–I, II–II u. III–I repräsentative Salze. Für *NaCl* ist die Übereinstimmung gut bis zu 0,4 mol. Konz., für $CaCl_2$ bis zu 0,07, für $ZnSO_4$ bis zu 0,01 u. für $LaCl_3$ bis zu 0,017 molar. Es werden Tabellen angegeben zur Erleichterung der Berechnungen sowie prakt. Methoden zur Best. der Parameter der Aktivitätskoeffizienten u. der Entfernung der größtmöglichen Annäherung der Ionen. (J. chem. Physics **21.** 972—85. Juni 1953.) NIEMITZ. 151

Lowell V. Coulter und **Louis Monchick,** *Die Lösungswärme von Lithium in Ammoniak bei —33°.* Die Wärmetönung, die durch Rk. eines Alkalimetalls in fl. NH_3 mit NH_4^+ nach $^1/_2\, C_2^{2-}$ (am) + NH_4^+ (am) = NH_3 (fl) + $^1/_2\, H_2$ (g) auftritt, wurde für Na,

K u. Cs zu ΔH = −40,4 ±1 kcal gefunden. KRAUS u. SCHMIDT (J. Amer. chem. Soc. **56.** [1934.] 2298; **60.** [1938.] 2780) geben für Li-Lsgg. −42,5 kcal für ΔH an. Die Lösungswärme für Li in fl. NH_3 wurde neu im Konzentrationsbereich von 150−600 Mol NH_3/Grammatom Li zu −40,8 kcal bestimmt u. damit die frühere Annahme, daß es sich bei der Li-Lsg. in fl. NH_3 um eine typ. Alkalimetall-Lsg. in fl. NH_3 handelt, erhärtet. (J. Amer. chem. Soc. **73.** 5867−68. Dez. 1951. Boston, Mass., Univ., Dep. of Chem.) HECHT. 156

J. D. Corbett und **N. W. Gregory,** *Das System AlJ_3–HCl–$AlCl_3$–HJ. Die Freie Energie der Bildung von Aluminiumjodid.* Vff. untersuchten die Gleichgewichtsbedingungen der Rk. AlJ_3(f.) + 3 HCl(g.) ⇌ $AlCl$(f.) + 3 HJ(g.) bei 25°. Das Verhältnis P_{HJ}/P_{HCl} blieb im wesentlichen konstant, während der Bodenkörper durch HCl-Zusatz von AlJ_3 in fast reines $AlCl_3$ umgewandelt wurde. Im Gegensatz zum Syst. HCl–$AlBr_3$ wurde keine gemischte Halogenidphase beobachtet. AlJ_3 u. geglühte Mischungen von AlJ_3 u. $AlCl_3$ wurden röntgenograph. (Pulveraufnahmen) untersucht. Die Änderung der Freien Energie für obige Rk. ergab sich zu ΔF^0 = −8,7 ±0,2 kcal. Unter Heranziehung von Literaturdaten errechnete sich daraus die Freie Energie der Bldg. von AlF_3 (f.) zu −74,4 kcal u. die Entropie zu 46,0 Entropie-Einheiten. (J. Amer. chem. Soc. **76.** 1446−47. 5/3. 1954. Seattle, Wash., Univ. of Washington, Dep. of Chem.) KARUTZ. 156

Alfred T. Whatley und **Robert N. Pease,** *Beobachtungen über thermische Explosionen von Diboran–Sauerstoff-Gemischen.* Die Explosion von B_2H_6–O_2-Mischungen erfolgt im Bereich von 105−165° innerhalb eines gewissen Konzentrationsintervalls mit einer Induktionsperiode. Da in diesem Temperaturbereich eine langsame Zers. des B_2H_6 zu höheren Boranen u. H_2 erfolgt, nehmen Vff. an, daß ein Pyrolyseprod. — vielleicht Pentaboran — als Sensibilisator wirkt. Es wurde festgestellt, daß sowohl H_2 als auch Äthylen die Explosionsgrenzen verengen. (J. Amer. chem. Soc. **76.** 1997−99. 5/4. 1954. Princeton, N. J., Princeton Univ., Frick Chem. Labor.) KARUTZ. 157

Peter Gray und **J. C. Lee,** *Verbrennung von gasförmigem Hydrazin.* Der Gesamtdruck, der für die Explosion einer Mischung von O_2 u. Hydrazin (1:1, 2:1) nötig ist, wurde in dem Intervall von 370−540° gemessen. Im O_2-reicheren Gemisch finden die Explosionen bei etwas geringeren Drucken statt. Die Verhinderung der Explosion durch He (hohe Wärmeleitfähigkeit) ist Beweis für einen Beitrag zur Explosion durch Selbsterhitzung. Oberhalb 420° u. bei Drucken, die für eine Explosion zu niedrig waren, wurde nach der anfänglichen Druckzunahme ein Druckfall u. eine verzögerte Entzündung beobachtet, deren Ursache die H_2–O_2-Rk. ist. Die Ursache der Induktionsperiode ist das N_2H_4 selbst, nach dessen Zerfall die Entzündung einsetzt. Oberhalb 620° u. bei Drucken von 80 mm zers. sich reines N_2H_4 explosionsartig. (Res. Corresp. Suppl. zu: Research **7.** Nr. 1. S2−S3. Jan. 1954. Cambridge, Univ., Dep. of Chem. Engng.) HARTMANN. 157

Hermann Senftleben, *Die Wärmeabgabe von Körpern verschiedener Form in Flüssigkeiten und Gasen bei freier Strömung.* Um den Wärmetransport berechnen zu können, müssen folgende vereinfachende Annahmen gemacht werden: Die Wärmeübertragung von einem festen Körper in eine Fl. oder ein Gas erfolgt in der „Leitungsschicht" (an die heiße Wand angrenzende Schicht) nur durch Wärmeleitung. Die auf diese Weise entzogene Wärme wird zum Teil von der Strömung weggeführt, zum Teil durch Wärmeleitung nach außen weitertransportiert unter der Annahme, daß sich die Gesamtströmung durch eine Geschwindigkeit u. eine Temp. charakterisieren läßt. Danach läßt sich der Wärmeübergang in Abhängigkeit von Druck, Temp. u. Materialeigg. quantitativ berechnen; Gleichungen für horizontale u. senkrechte Zylinder u. senkrecht stehende Platten werden nach den mathemat. Beziehungen von NUSSELT aufgestellt. Die daraus errechneten Werte stimmen mit experimentell bestimmten gut überein u. zeigen damit die Brauchbarkeit der angegebenen Schematisierung. Es lassen sich ferner noch Angaben über die Breite der strömenden Schicht sowie über die Geschwindigkeits- u. Temperaturverteilung machen. (Z. angew. Physik **3.** 361−73. Okt. 1951. Marl, Krs. Recklinghausen, Chem. Werke Hüls.) JÄGER. 158

A₅. Kolloidchemie. Grenzschichtforschung.

G. Porod, *Die Röntgenkleinwinkelstreuung von dichtgepackten kolloiden Systemen.* 2. Mitt. (1. vgl. C. **1953.** 495.) Vf. untersucht ganz allg. theoret., ob u. in welcher Weise sich die räumlich dichte Packung von koll. Teilchen im Röntgendiagramm auswirkt u. wie weit man umgekehrt aus der Kleinwinkelstreuung Aufschluß über die Struktur erhalten kann. (Kolloid-Z. **125.** 51−57. Jan. 1952. Graz, Univ., Inst. f. theoret. u. physikal. Chem.) GOTTFRIED. 160

D. C. Bisset und **J. Iball,** *Die Existenz zweier Phasen in aufgebauten Mehrfachschichten von Strontiumseifen.* Vff. führten Röntgenbeugungsunterss. an aufgebauten Mehrfachschichten (265Einfachschichten, Meth. der Herst. wird beschrieben) aus *Ba-Stearat, Ba-Palmitat, Ca-Staerat, Ca-Palmitat, Sr-Stearat* u. *Sr-Palmitat* durch. Sie stellten dabei fest, daß nur bei den Sr-Seifen eine Verdoppelung der Maxima auftritt; das heißt, daß nur bei den Sr-Seifen zwei Phasen nebeneinander existieren. Sowohl bei Sr-Stearat als auch bei Sr-Palmitat zeigte eine Gruppe von Maxima den gleichen Schichtabstand wie die anderen zweiwertigen Metallseifen; die zweite Gruppe hatte jeweils einen Abstand, der um ca. 2 Å größer war. Ein Vgl. mit der Kristallstruktur gewöhnlicher krist. Sr-Seifen von Fettsäuren, bei denen, wie MORLEY u. VAND (C. **1950.** I. 513) fanden, zwei Phasen bei der gleichen Temp. nebeneinander bestehen können, ergibt, daß die Differenz zwischen beiden Phasen die gleiche ist wie bei den Mehrfachschichten. In beiden Fällen ist eine Form nahezu ident. in den Abständen in den Ba- u. Ca-Seifen; die zweite Form in den Mehrfachschichten entspricht aber nicht den Abständen, die in der zweiten Form der krist. Seifen gefunden wurde. (Trans. Faraday Soc. **50.** 421—22. April 1954. Dundee, Scotland, Univ. Coll., Carnegie Labor. of Phys.) G. HEINRICH. 162

E. H. Daruwalla und **G. M. Nabar,** *Einige Beobachtungen über das Verhalten einer Mischung von negativ geladenen kolloidem Eisen- und Chrom-Hydroxyd.* Vff. untersuchen die Verhinderung der Ausfällung von Fe(2)-, Fe(3)- u. Cr(3)-Hydroxyd durch NaOH in Ggw. von *Glycerin* (I) u. *Rohrzucker* (II). Es werden die Mindestmengen an I bzw. II bestimmt, die die Niederschlagsbldg. der Hydroxyde verhindern, ferner werden die Stabilität von koll. Lsgg. der Hydroxyde u. ihrer Mischungen bei der Dialyse nach der Flockungsmeth. mit Na_2SO_4, $MgSO_4$- u. $Al_2(SO_4)_3$-Lsg. sowie der Ladungsinn der Kolloide geprüft. Wie die tabellar.mitgeteilten Ergebnisse zeigen, muß eine genügende Menge Nichtelektrolyt, I oder II, vor der Alkalizugabe der Salzlsg. zugesetzt werden. Darüber hinaus ist zur Peptisation der Hydroxyde ein Überschuß an Alkali über die zur Fällung notwendige Menge erforderlich. Bei Erhöhung der Konz. an Alkali sinkt der zur Peptisation von $Fe(OH)_2$ nötige II-Geh. bis auf einen konstanten Wert ab. Während $Fe(OH)_2$ in Ggw. von I nicht koll. in Lsg. bleibt, wird $Cr(OH)_3$ durch I in beträchtlichen Mengen peptisiert. Dagegen lassen sich im Gemisch mit $Cr(OH)_3$ größere Mengen $Fe(OH)_2$ durch I in Lsg. halten. Bestimmt man die Mindestmengen Alkali zur Peptisation von $Fe(OH)_3$ u. $Cr(OH)_3$, so benötigt man zur Niederschlagsverhinderung der gemischten Hydroxyde vielmehr als die Summe der für die einfachen Hydroxyde nötigen Menge. Schließlich zeigen sich die Sole der Hydroxydgemische im Verlauf der Dialyse wesentlich stabiler als die Sole der einzelnen Hydroxyde. Die Diskussion der Ergebnisse macht es wahrscheinlich, daß die gemischten Hydroxyde infolge ihres andern Verh. im Solzustand nicht mehr als getrennte Individuen, sondern als Komplexe vorliegen. (Kolloid-Z. **127.** 33—38. Juni 1952. Bombay, Univ., Dep. of Chem. Technol.) WEITBRECHT. 164

C. C. Addison und **T. A. Elliott,** *Die Eigenschaften von frisch gebildeten Oberflächen.* 15. Mitt. *Anwendung der Methode des sich zusammenziehenden Flüssigkeitsstrahls auf die Messung der Oberflächenspannungen von flüssig-flüssigen Grenzflächen.* (14. vgl. C. **1949.** E. 371.) Die früher entwickelte Meth. zur Best. der Oberflächenspannungen nach der „sich-zusammenziehenden Flüssigkeitsstrahl-Technik" bei einem Flüssigkeitsstrahl in Luft (vgl. C. **1951.** I. 12) wird auf das Syst. fl./fl. übertragen u. bei einem CCl_4-Strahl in W. gemessen. Eine universelle App. für 2 sich nicht mischende Fll. wird beschrieben, ferner eine mathemat. Ableitung der Gleichungen zur Berechnung der Oberflächenspannung gegeben u. die erhaltenen Resultate mit früheren bei Flüssigkeitsstrahlen in Luft verglichen. (J. chem. Soc. [London] **1950.** 3090—96. Nov. Nottingham, Univ.) JÄGER. 166

C. C. Addison und **T. A. Elliott,** *Die Eigenschaften von frisch gebildeten Oberflächen.* 16. Mitt. *Dynamische Oberflächenspannung von Natriumdodecylsulfatlösungen gegen gasförmige und flüssige Oberflächen nach der Methode sich zusammenziehenden Flüssigkeitsstrahls.* (15. vgl. vorst. Ref.) Vff. messen die Oberflächenspannung von Na-Dodecylsulfatlsgg. (I) verschied. Konz. an einem Strahl von I in Luft u. einem Strahl von CCl_4 in Lsgg. von I. Die Oberflächenspannungsveränderungen an der Strahloberfläche werden zu den schnellen Änderungen in der Oberflächengröße des Strahls in Beziehung gebracht u. ändern sich mit steigender Konz. der Lösung. Die Messungen sind übereinstimmend, wenn die Geschwindigkeiten der Oberflächenausdehnung gleich oder größer sind als die Adsorptionsgeschwindigkeiten aus den Lösungen. (J. chem. Soc. [London] **1950.** 3096—3103. Nov.) JÄGER. 166

C. C. Addison und **T. A. Elliott,** *Die Eigenschaften von frisch gebildeten Oberflächen.* 17. Mitt. *Messung der Oberflächen- und Grenzflächenspannungen von Lösungen, be-*

stimmt an den stehenden Wellen eines senkrechten Strahls. (16. vgl. vorst. Ref.) Die Oberflächenspannung γ einer Fl. wird nach einer abgeänderten „Flüssigkeitsstrahl-Meth." gemessen, indem die Länge der stehenden Wellen, die sich beim Auftreffen des Strahls auf eine feste Wand ausbilden, bestimmt wird u. in eine Beziehung zwischen γ-Wellenlänge–Durchmesser des Rohres, aus dem der Strahl austritt, eingesetzt wird. Nach dieser Technik werden γ von *W.*/Luft, *Isoamylalkohol*-Lsgg./Luft, *sek. Octylalkohol*-Lsgg./Luft u. die Grenzflächenspannung von CCl_4/W. errechnet u. mit der nach der Tropfengewichts- bzw. Tropfenvolumen-Meth. ermittelten verglichen u. in guter Übereinstimmung mit diesen gefunden. (J. chem. Soc. [London] **1950**. 3103—09. Nov.)
JÄGER. 166

Roger Parsons und **M. A. V. Devanathan,** *Die Struktur der Grenzphase zwischen Quecksilber und Methanol–Wassermischungen.* Vff. beschreiben zunächst die Messung der Elektrocapillaritätskurve von Hg in Mischungen von CH_3OH u. wss. HCl-Lsgg. bei 25° u. 45°; zum Vgl. wurden auch die entsprechenden Kurven für rein wss. u. rein methanol. Lsgg. aufgenommen. Ein Vgl. der experimentellen Ergebnisse mit der früher entwickelten Theorie (vgl. C. **1954**. 5944) zeigt, daß die Struktur der Oberflächenschicht der Lsg. gegenüber Luft oder der ungeladenen Hg-Oberfläche sehr ähnlich ist. Der Einfl. der Säurekonz. auf die Geschwindigkeit der H_2-Entw. aus wss. u. methanol. HCl-Lsg. wird berechnet; die Werte stimmen mit den beobachteten gut überein. Wie bereits vorausgesagt (A. BOCKRIS u. PARSONS, C. **1950**. I. 1826) ist der Unterschied der H_2-Entw. aus wss. u. methanol. HCl-Lsgg. auf die stärkere Adsorption des Cl^--Ions in CH_3OH-Lsgg. zurückzuführen. (Trans. Faraday Soc. **49**. 673—82. Juni 1953. Dundee, Univ. Coll., Chem. Dep. and Colombo, Univ. of Ceylon, Dep. of Chem.)
G. HEINRICH. 166

L. Saunders, *Grenzen zwischen einigen wässerigen Fettsolen und Wasser.* Unter Heranziehung der früher beschriebenen Meth. u. App. (C. **1953**. 5987) werden mit der GOUY-Diffusionsapp. Unterss. an wss. Solen einiger Fettsäuren angestellt, die durch Polyäthylenoxyester von Stearinsäure lösl. gemacht worden sind. Diese Ester zeigen nur geringe Werte für den Diffusionskoeff. D, etwa von der gleichen Größenordnung wie Serumalbumin; lösl. gemachte Ölsäure erhöht D, lösl. gemachte Stearinsäure u. Cholesterin setzen D in geringem Ausmaß herab. Bei den geprüften Substanzen entsteht keine stabile Grenzfläche zwischen dem Sol u. dem Wasser. *Lecithin*-Sole, mit den obengenannten Estern geklärt, weisen ebenfalls niedrige D-Werte auf, die mit der Zeit noch deutlicher absinken; setzt man als Klärungsmittel etwas Gallensalz ein, so werden die D-Werte noch geringer u. sinken nach 3 Tagen des Stehens der Sole auf ein beachtlich niedriges Niveau ab; dabei bleibt die Grenze W./Sol, wenn auch etwas diffus ausgebildet, erhalten. Zusätzliche Unterss. dienen zur Messung des Druckes, der in den diskutierten Systemen auf einen Pt-Ring ausgeübt wird, den man durch die Grenzfläche des Lecithinsol/W.-Syst. hindurchzieht. Bei Lecithin allein werden 0,2 Dyn/cm gemessen; auf Zugabe von etwas Serumalbumin (gerade über die Grenzfläche; Stehen des Syst. für 29 Std.) steigt der Druck auf 0,8 Dyn/cm an. Dies wird auf einen gewissermaßen gerbenden Effekt zurückgeführt, den der ungefaltete Proteinfilm auf das Lecithin ausübt. Der Druck von 0,8 Dyn/cm ist von der gleichen Größenordnung wie die experimentell ermittelten Oberflächenkräfte der lebenden Zellen. Die diskutierende Auswertung der Ergebnisse führt zu dem Schluß, daß stabile Grenzen zwischen wss. Solen u. W. bei Fettsäuren nicht bestehen, sondern nur im Falle des Lecithins. Die filmbildende Eig. des Lectihins (α-Lecithin) wird damit erklärt, daß die Fettsäureketten parallel nebeneinanderliegen u. das negativ geladene O-Atom der Phosphatgruppe sich unter einer Fettsäurekette, während das positiv geladene N-Atom des Cholins sich unter der anderen befindet. In diesem Zustand kann das Lecithin stabile laminare Micellen in W. bilden, wobei die hydrophoben Ketten im Innern, die elektr. geladenen Teile an der Außenseite der Micellen liegen; eine weitere Stabilisierung kann durch Wechselwrkg. zwischen der Cholin- u. der Phosphatgruppe erfolgen. Die erhöhte mechan. Festigkeit des Lecithinfilms, die nach Zugabe von Protein zu beobachten ist, wird einem gerbenden Prozeß zugeschrieben, bei dem sich in einem langsamen Verlauf das zwitterionige Lecithin- dem amphoteren Protein öffnet. Die Tatsache, daß zwischen einem Lecithin- u. einem Serumalbuminsol eine stabile Grenzfläche nicht gebildet wird, wird so gedeutet, daß der Lecithinfilm schon fertig gebildet vorliegt, bevor das Protein adsorbiert werden kann. Liegt Protein vorher vor, dann wird die Bldg. des Lecithinfilmes verhindert. Es wird vermutet, daß synthet. zwitterionige Verbb. mit Fettsäuregruppen u. geeignet angeordneten elektr. geladenen Gruppen ähnliche filmbildende Eigg. besitzen wie das Lecithin. (J. chem. Soc. [London] **1953**. 1310—13. April. London, Univ., School of Pharmacy.)
TÄUFEL. 171

Frank C. Roesler, *Über die Ausscheidung von Gasen aus laminar bewegten Flüssigkeiten.* Das in einer Fl. gelöste Gas wird durch Bewegung der Fl. beschleunigt ausgeschieden, was sich z. B. durch starke Ölschaumbldg. in größeren Gleitlagern störend bemerkbar macht. Dieser Vorgang wird genau untersucht u. dabei gezeigt, daß sich der Einfl. laminarer Bewegungen auf die Gasausscheidung verstehen läßt, wenn man den Transport durch Konvektion u. das Zerreiben größerer Blasen durch Zähigkeitskräfte in Betracht zieht. Die Berechnungen ergeben, daß das überschüssige Gas innerhalb sehr kurzer Zeit (Größenordnung von Sek.) bei hoher Schergeschwindigkeiten entweicht, wie sie z. B. in obenerwähntem Fall auftreten. (Z. angew. Physik **3.** 376—79. Okt. 1951. Graz, TH, Phys. Inst.) JÄGER. 171

Masataka Mizushima, *Eine Erwiderung auf Fu's Betrachtungen zu der neuen Methode zur Abschätzung der Oberflächengröße von Pulvern.* Vf. klärt die Mißverständnisse in FUs Veröffentlichung (vgl. C. **1951.** I. 972) u. widerlegt dessen Einwände. Er beweist, daß seine Meth. (vgl. C. **1949.** E. 197) bis auf eine Gleichung korrekt ist. (J. chem. Physics **19.** 260. Febr. 1951. Tokyo, Tokyo Univ., Fac. of Sci., Phys. Dep.) JÄGER. 175

E. Atherton und **R. H. Peters,** *Zur Lichtstreuung an polydispersen Systemen sphärischer Partikel.* Die DEBYEsche Theorie der Lichtstreuung in Lsgg. wird angewendet zur Best. der Teilchengröße in polydispersen Systemen mit sphär. Teilchen, also auf inhomogene Systeme, für den techn. Gebrauch. Eine ausführliche Erörterung u. Rechnung zeigt, daß die Asymmetrie der Streuintensität, die Trübung u. die Wellenlängenabhängigkeit der Trübung zur Messung der Teilchengröße dienen können. Man muß sich Modelle für die Größenverteilung machen u. erhält daraus die mittlere Teilchengröße; aus den Abweichungen der drei Meßmethoden untereinander erhält man Korrekturen, die die Größenverteilung berücksichtigen. Die nötigen Formeln werden abgeleitet. Für den prakt. Gebrauch erscheint die Messung der Asymmetrie am besten geeignet, da sie bei kleinstem Aufwand doch hinreichende Genauigkeiten erreichen läßt. (Brit. J. appl. Physics **4.** 344—49. Nov. 1953. Manchester, Imp. Chem. Ind. Ltd.) H. C. WOLF. 175

J. H. Singleton und **G. D. Halsey jr.,** *Die Adsorption von Argon an Xenon-Schichten.* Die Adsorptionsisothermen von Ar auf vorher adsorbierten, verschied. dicken Xe-Filmen wurden bei $-195{,}8 \pm 0{,}4^0$ mit *Kohlenruß*, *AgJ* u. *Anatas* als Adsorbentien gemessen. Die Meßmethoden werden beschrieben. Die Isothermen am Kohlenruß lassen die Adsorption einzelner Ar-Schichten erkennen u. legen die Annahme nahe, daß nur Xe-Filme mit begrenzter Schichtenzahl stabil sind (danach Bldg. von Xe-Kristallen). Für AgJ u. Anatas wurden wesentlich einfachere Isothermen als für Kohlenruß erhalten, was auf stark heterogene Oberflächenstruktur zurückgeführt wird. Die Grenzisothermen — ohne Xe-Film u. mit Xe-Film maximaler Stärke — sind unterschiedlich u. können auf keine Weise zur Deckung gebracht werden. (J. physic. Chem. **58.** 330—35. April 1954. Seattle, Wash., Univ., of Washington, Dep. of Chem.) KARUTZ. 176

P. Wieden und **H. Balduin,** *Gasadsorption an Bentoniten.* Zur Deutung des Feinbaus von Bentonit untersuchen Vff. die Adsorption von N_2, CO_2, SO_2 u. NH_3 bei 20^0 u. Drucken bis 700 mm Hg an verschied. Bentonitproben in Abhängigkeit von der Vorbehandlungstemp. zwischen 100 u. 850^0. Nach den graph. mitgeteilten Ergebnissen können die Isothermen durch die LANGMUIR-Gleichung wiedergegeben werden. Die adsorbierten Gasmengen steigen bei Sättigung in der Reihenfolge $N_2 < CO_2 < SO_2 < NH_3$. Die Unterschiede in der Gasaufnahme zwischen den auf 100^0 bzw. auf 150 bis 400^0 vorerhitzten Prodd. lassen auf eine verschied. Art der Adsorption schließen. Die Ergebnisse werden an Hand eines Bentonitmodells diskutiert u. lassen sich mit den Strukturvorstellungen von HENDRICKS u. GRUNER deuten. (Kolloid-Z. **127.** 30—32. Wien, TH, Mineralog. Inst.) WEITBRECHT. 176

A₆. Strukturforschung.

P. A. Kenyon und **C. A. Taylor,** *Die direkte Verwendung dreidimensionaler Röntgendaten zur Kristallstrukturbestimmung.* Wesentlich einfacher als durch zweidimensionale PATTERSON-Synth. erhält man oft wesentliche Aussagen über die Kristallstruktur aus direkter Interpretation von Schnitten durch das reziproke Gitter (C. **1953.** 6006). Diese Meth. wird auf drei Dimensionen ausgedehnt. Als Beispiel wird das dreidimensionale reziproke Gitter des Naphthalins im Modell aufgebaut. Aus 14 äquidistant montierten Photoplatten, die jede einen Schnitt durch das reziproke Gitter mit konstantem k (von $\bar{6}$ bis 6) darstellen u. auf die die F-Werte als Tintenpunkte abgestufter Größe aufgetragen sind, wird ein durchsichtiges Modell gebaut. Das Modell gestattet gut, planare Teile komplizierter Moll. oder lange Ketten u. deren Orientierung festzustellen. Für manche Zwecke kann ein solches Modell, zu dessen Konstruktion nur die ungefähre Kenntnis der Röntgenintensitäten nötig ist, eine vollständige dreidimensionale PATTERSON-Synth. ersetzen. (Acta crystallogr. [Copenhagen] **6.** 745—46. 10/9. 1953. Manchester, College of Technology, Physics Dep.) H. C. WOLF. 181

S. Hayes, R. Smoluchowski und **R. W. Turner,** *Kleinwinkelröntgenstreuung an verformten Kristallen.* (Sitzungsbericht.) Die Streuung von Röntgenstrahlen an einer verformten u. einer rekrist. *Cu*-Probe wird bis zu einem Winkel von 10′ herab gemessen. Bei großen Winkeln pflegt (in Übereinstimmung mit Beobachtungen von GUINIER) die Streuung der verformten Probe größer zu sein als die der rekristallisierten, bei kleinen Winkeln ist das Verhältnis jedoch umgekehrt. (Physic. Rev. [2] **90.** 350—51. 15/4. 1953. Carnegie Inst. of Technol.) R. STEIN. 181

Guenter Schwarz, L. Carlton Brown und **G. L. Rogosa,** *Der Röntgenstrahlenweg durch Calcit bei anomaler Durchlässigkeit.* (Sitzungsbericht.) Der Durchgang von Röntgenstrahlen durch Calciteinkristalle wird für den Fall der LAUE-Beugung untersucht, nachdem sich gezeigt hatte, daß in bestimmten Fällen die durchgelassene Intensität bei Drehung des Kristalls durch die Beugungstellung ansteigt. Die Querschnitte der ordentlich u. der anomal durchgelassenen Röntgenstrahlenbündel wurden nun mit Hilfe eines 0,06 mm Spalts u. eines Hochdruck-GEIGER-MÜLLER-Zählrohrs gemessen; der einfallende Strahl war 0,65 mm breit. Die für monochromatisierte $MoK\alpha_1$-Strahlung aufgenommenen Kurven zeigten, daß das anomale Strahlenbündel auf einer Seite aufgeweitet wird, u. bestätigen damit, daß die gebeugte Strahlung sich hauptsächlich entlang den Beugungsebenen durch den Kristall fortpflanzt u. beim Verlassen des Kristalls in einen gebeugten u. einen durchgelassenen Strahl aufspaltet. Mit Hilfe der dynam. Theorie der Röntgenbeugung diskutierte v. LAUE (C. **1953.** 2239) kürzlich diese Erscheinungen. (Physic. Rev. [2] **90.** 351. 15/4. 1953. Florida State Univ.) R. STEIN. 181

G. L. Rogosa und **Guenter Schwarz,** *Ausdehnung vollkommener Einkristallgebiete innerhalb unvollkommener Einkristalle.* (Sitzungsbericht.) (Vgl. vorst. Ref.) Unterss. des anomalen Durchgangs von Röntgenstrahlen durch vollkommene *Calcit-* u. *Quarz*kristalle im Fall der LAUE-Beugung ergaben, daß die Intensität des durchgelassenen Strahls starke Änderungen zeigt, wenn der Kristall durch die Beugungsstellung gedreht wird. Die Änderungen sind von der Dicke des Kristalls abhängig. Diese Beobachtungen wurden zur Unters. der Ausdehnung vollkommener Einkristallgebiete in großen Kristallstücken verwendet. Für eine gegebene Wellenlänge kann die durchgelassene Intensität beim BRAGG-Winkel zunehmen, abnehmen oder ein Extremum erreichen, je nach der Ausdehnung des Einkristallbezirks. Die Verss. wurden an *LiF*-Kristallen mit $MoK\alpha_1$- u. $CuK\alpha_1$-Strahlung durchgeführt. Die Einkristallbezirke zeigten die Erscheinungen der Extinktion u. der asymm. oder anomalen Durchlässigkeit. Für das verwendete LiF ergaben sich zahlreiche Einkristallbezirke mit einer Ausdehnung von jeweils einigen Zehntel Millimetern. (Physic. Rev. [2] **90.** 351. 15/4. 1953. Florida State Univ.) R. STEIN. 181

Jean A. Hoerni und **James A. Ibers,** *Komplexe Amplituden bei der Elektronenstreuung an Atomen.* Das von SCHOMAKER u. GLAUBER (vgl. C. **1953.** 5141) verwandte Verf., bei der Elektronenstreuung an Atomen die Phase der Streuwelle in 2. BORNscher Näherung an einem exponentiell abgeschirmten COULOMB-Feld zu berechnen, führt bei der Auswertung der Molekülinterferenzen am UF_6 noch nicht zu befriedigenden Ergebnissen. Die Meth. der Partialwellen, angewandt auf die MOLIÈREsche Näherung für das THOMAS-FERMI-Modell (U) u. die BROWNsche Näherung für das HARTREE-Modell (F) liefert dagegen bei 11 u. 40 keV bessere Ergebnisse. (Physic. Rev. [2] **91.** 1182—85. 1/9. 1953. Pasadena, Calif., California Inst. of Technol., Gates and Crellin Labors. of Chem.) LENZ. 182

Ivan Simon, *Struktur von SiO_2- und B_2O_3-Gläsern, verdichtet mit sehr hohen Drucken.* (Sitzungsbericht.) Wie von BRIDGMAN (C. **1953.** 12) gezeigt werden konnte, treten bei Gläsern, die einem Druck von 50000—100000 at ausgesetzt wurden, Dichteerhöhungen auf, die z. B. bei glasigem SiO_2 17% betragen können. Vf. untersucht derartige verdichtete SiO_2- u. B_2O_3-Gläser röntgenographisch. Die in den Diagrammen beobachteten Verbreiterungen zeigen eine durch die Kompression vermehrte Fehlordnung. Wird die Kompression nicht durch hydrostat., sondern durch gerichteten Druck bewirkt, so wurde auch eine gerichtete Anisotropie beobachtet. Der Zusammenbruch der Glasstruktur ist wahrscheinlich eher durch eine Verschiebung der Bindungen als durch Verminderung der Si–O- u. B–O-Abstände zu erklären. (Physic. Rev. [2] **90.** 350. 15/4. 1953. Arthur D. Little, Inc.) SIEWERT. 188

D. R. Frankl und **T. A. Read,** *Innere Reibung von Steinsalzeinkristallen.* (Vgl. C. **1953.** 8795.) (Sitzungsbericht). Die innere Reibung u. die Schwingungsamplitude synthet. Steinsalzeinkristalle wurden mit Hilfe der piezoelektr. Oscillatormeth. als Funktionen der angelegten Treibspannung gemessen. Die innere Reibung steigt danach nahezu reversibel mit der Schwingungsamplitude bei kleinen Amplituden. In einigen Fällen genügt der Anstieg der inneren Reibung bei Erhöhung der Treibspannung über einen bestimmten Wert zur Verringerung der Schwingungsamplitude. Die innere Reibung ist demnach eine zweifache Funktion der Schwingungsamplitude. Die Größe der inneren Reibung ist stark abhängig von der Vorgeschichte der Probe. Einführung von F-Zentren durch Röntgenbestrahlung bei Zimmertemp. erniedrigt stark die innere Reibung, die in einigen Fällen nahezu unabhängig von der Schwingungsamplitude (bis zu maximalen Amplituden von ca. 10^{-4}) wird. Vff. deuten diese Beobachtungen unter der Annahme der Diffusion von Gitterleerstellen u. deren Auffüllung durch Versetzungen. (Physic. Rev. [2] **90.** 351. 15/4. 1953. New York, N. Y., Columbia Univ.)

R. STEIN. 190

P. H. Keck, S. B. Levin, J. Broder und **R. Lieberman,** *Kristallwachstum von Silicium beim Spitzenschmelzverfahren (Tip Fusion Process).* (Sitzungsbericht.) Bei dieser neuen Meth., bei der kein Behälter für die Schmelze erforderlich ist, wird ein Kristallkeim auf einer Unterlage in einem gasdichten Raum befestigt. Die Spitze des Kristalls wird durch Strahlungs- oder Induktionsheizung geschmolzen, während der fl. Spitze ein Strom feingemahlenes Kristallpulver zugeführt wird. Der wachsende Kristall wird dabei mit einer solchen Geschwindigkeit gesenkt, daß die geschmolzene Zone nahezu die gleiche Größe behält. Diese Meth. unterscheidet sich von der von VERNEUIL (Compt. rend. **135.** [1902.] 791) angegebenen ähnlichen vor allem durch den Vorteil, daß der Einfl. einer Flamme fortfällt. Das Verf. kann im Vakuum oder in einem passenden Gasstrom ausgeführt werden, es ist vor allem für hochschmelzende Stoffe, wie Si, geeignet. Die mit Si erhaltenen Ergebnisse werden diskutiert. (Physic. Rev. [2] **92.** 847. 1/11.; Bull. Amer. physic. Soc. **28.** Nr. 4. 11. 18/6. 1953. Signal Corps Engng. Labors.)

SIEWERT. 190

M. Seal und **J. W. Menter,** *Kristallographische Gleitung in Diamant.* Vff. berichten über mkr. u. elektronenmkr. Unterss. an geschliffenen Diamantflächen. Es wurden u. a. Gleitungen quer zur Schleifrichtung festgestellt, die wahrscheinlich auf plast. Deformation beim Schleifprozeß zurückzuführen sind. (Philos. Mag. [7] **44.** 1408—10. Dez. 1953. Cambridge, Univ., Dep. of Phys. Chem., Res. Labor. for the Physics and Chemistry of Surfaces.)

R. STEIN. 190

Gerhard Becherer, *Zur Textur von Glanzkohlenstoffschichten.* Vf. stellt durch therm. Zers. von Heptan bei 950° an Porzellanflächen unter veränderter Abscheidungsgeschwindigkeit Hochglanzkohlenstoff (I), Grauglanzkohlenstoff (II) u. Ruß mit übereinstimmender Kristallitgröße (30 Å parallel zu den Basisebenen, 20 Å senkrecht dazu in der Sechsringebenenfolge) her. Die Kristallite ordnen sich mit ihren Basisebenen bevorzugt parallel zur Schichtoberfläche, die Abweichungen betrugen für I $\pm 30^0$, für II $\pm 50^0$. Die Dicke der sich beim Erkalten ablösenden Schichten (bei I einige μ, bei II 10—20 μ) sowie die größere Haftfestigkeit von II hängt von der Schwankungsbreite der Kristallorientierung in den Schichten ab u. wird aus der Anzahl der Haftflächen pro Flächeneinheit gedeutet. (Naturwissenschaften **40.** 362. Juli 1953. Halle, Univ., Inst. für Exper. Physik.)

WANNAGAT. 190

A. T. Churchman, *Bestimmung der Orientierung von Titaneinkristallen.* Vf. gibt tabellar. die möglichen Winkel zwischen den kristallograph. Flächen niedriger Indices für Ti wieder. (Metallurgia [Manchester] **48.** 50—51. Juli 1953. Aldermaston, A. E. I. Research Laboratory.)

KARL STEIN. 190

H. Richter und **G. Breitling,** *Struktur des amorphen Antimons.* Vff. leiten aus der Atomverteilungskurve von amorphem, durch Aufdampfen gewonnenem Sb einen hohen Ordnungsgrad sowie eine vom Gitter verschied. Schichtbldg. mit $r_{K1} \approx 3{,}85$ Å ab. Im elektrolyt. dargestellten, explosiblen Sb liegt ein Gemisch von amorphem mit feinkrist. Sb vor. (Naturwissenschaften **40.** 361—62. Juli 1953. Stuttgart, TH, Röntgeninst., u. Max-Planck-Inst. für Metallforsch., Inst. für Metallphysik.) WANNAGAT. 195

J. Homilius, *Elektronenzustände kubischer Kristalle in Brillouinscher Näherung.* Vf. behandelt in erster BRILLOUINscher Näherung die Eigenfunktionen u. Energieflächen für die kub. Gitter Γ_c, Γ_c' u. Γ_c'', bes. für das kub. Flächengitter. Die Energieaufspaltungen in den Umgebungen der ersten 6 Resonanzstellen werden berechnet u. Energiebänder längs charakterist. Geraden auf den Begrenzungsflächen der ersten BRILLOUIN-Zonen graph. dargestellt. (Z. Naturforsch. **8a.** 432—41. Juli 1953. Münster, Univ., Inst. für theoret. Physik.)

R. STEIN. 195

Maja Edstrand, *Über die Strukturen von Antimon(III)-oxyhalogeniden. 2. Mitt. Die Kristallstruktur von SbOCl.* (1. vgl. Acta chem. scand. **1.** [1947.] 178.) Vf. berichtet über die Strukturbest. von SbOCl mit Hilfe von GUINIER- u. WEISSENBERG-Aufnahmen. Die monokline Elementarelle (Raumgruppe C_{2h}^5–$P2_1/a$) besitzt die Dimensionen a=9,54, b=10,77, c=7,94 Å, β=103,6° mit Z=12. Die berechnete Dichte beträgt 4,36, gefunden 4,31. Alle Atome nehmen vierzählige Punktlagen ein. Die Sb- u. O-Atome bilden ein Netzwerk von gewellten Schichten senkrecht zur c-Achse. Zwei Drittel der Cl-Atome sind an diese Schichten anscheinend kovalent gebunden, während ein Drittel zwischen den Schichten sitzt u. diese anscheinend durch Ionenbindung zusammenhält. Die Zus. der Schichten wäre dann ($Sb_6O_6Cl_4^{2+}$). In der Sb–O-Koordination besteht Ähnlichkeit mit $Sb_4O_5Cl_2$ (vgl. l. c.) (Ark. Kemi **6.** Nr. 8. 89–112. 1953. Stockholm, Univ., Inst. of Inorganic and Physic. Chem.) R. STEIN. 195

T. Ito und **R. Sadanaga,** *Die Lamellarstruktur gewisser Mikrokline und Anorthoklase.* Mit Hilfe von WEISSENBERG-Aufnahmen wurde an verschied. Mikroklinen u. Anorthoklasen die mkr. u. submkr. Lamellierung untersucht. Die Ergebnisse wurden mit dem Chemismus der Kristalle verglichen. Alle *Feldspäte* waren zusammengesetzt aus 2 oder mehr diskreten Einzelgliedern, von denen das eine monoklin oder triklin u. K-reich u. das andere triklin u. Na-reich war. Als Gitterkonstanten ergaben sich in der Reihenfolge a, b, c (in Å), α, β, γ: Mikrolin von Paotze, N. Korea, K-reich, triklin 8,61, 13,06, 7,30, 89°22′, 116°18′ u. 90°50′; Na-reich, triklin 8,11, 12,92, 7,14, 93° 14′, 116°01′, 88°35′. Anorthoklas von Chilposan, N. Korea, K-reich, monoklin 8,53, 13,0 7,21, 116°30′; Na-reich, triklin 8,12, 13,0, 7,18, 92°08′, 116°00′, 89°10′. *Mondstein* von Minchon, N. Korea, K-reich, monoklin 8,58, 12,94, 7,14, 116°20′, Na-reich, monoklin 8,13, 12,94, 7,13, 116°10′. Na-reich, triklin, 8,13, 12,94, 7,13, 91°31′, 116°09′, 90°00′. Der albitverzwillingte Na-Feldspat kommt neben K-Feldspat nur vor, wenn letzterer mehr als 70% ausmacht. Ist sein Anteil kleiner als 70%, tritt neben den albitverzwillingten Na-Feldspat der periklin-verzwillingte. Dieser nimmt an Häufigkeit zu bei Abnahme des K-Feldspatgeh. u. bei 40% verschwindet der albit-verzwillingte Feldspat ganz. Die trikline Symmetrie der Kalikomponente von Mikroklin wurde bestätigt. (Acta crystallogr. [Copenhagen] **5.** 441–49. Juli 1952. Tokio, Univ., Mineral. Inst.) HILLER. 195

J. C. M. Brentano und **T. L. Thourson,** *Eine Röntgenuntersuchung des Einflusses mechanischer Oberflächenbehandlung auf die Gitterregelmäßigkeit von Quarz und Calcit.* (Sitzungsbericht.) Beugung von Röntgenstrahlen aus Monochromatoren mit mechan. bearbeiteter Oberfläche ergibt eine Linienverbreiterung, die auf unregelmäßige Beugung an gestörten Oberflächenbezirken zurückgeführt wird. Vff. untersuchten diese Erscheinungen mit Hilfe eines Diagonalschlitz-Goniometers hoher Auflösung sowie durch elektronenmkr. Aufnahmen. An mechan. behandelten (10$\bar{1}$1)-Flächen von Quarz wurden 0,38% der gebeugten Strahlung 2,1° außerhalb des BRAGG-Winkels gestreut. An Calcit wurde Streuung um mehr als 3° beobachtet. Verbreiterung der Linien infolge der Kristallgröße oder Verformung wurde nicht beobachtet. Bei Calcit beträgt die Größe der gestörten Gitterbezirke ca. 500 Å. Leichtes Anätzen der Oberfläche bis zu einer Tiefe von 10 μ beseitigte die gestörte Schicht; die dann erhaltenen Beugungsdiagramme waren regelmäßiger als von einer natürlichen Fläche. (Physic. Rev. [2] **90.** 351. 15/4. 1953. Northwestern Univ.) R. STEIN. 196

E. P. Wohlfarth, *Die Energiebandstruktur eines linearen Metalls.* Eine genaue Berechnung der Ein-Elektronen-Energie als Funktion der Wellenzahl wird für eine lineare Kette von *H*-Atomen im Grundzustand durchgeführt. Die Berechnung ist genau bis zur Ordnung exp (−2a), wo a der interatomare Abstand (gemessen in atomaren Einheiten) ist, alle nicht-orthogonalen u. Energie-Integrale dieser Größenordnung sind berücksichtigt. Es wird ein geschlossener Ausdruck für die Bandbreite abgeleitet u. verglichen mit Ausdrücken, die in der benutzten Näherung den üblichen, bei wirklichen Metallen erhaltenen entsprechen. (Proc. physic. Soc., Sect. A **66.** 889 bis 893. 1/10. 1953. London, Imperial Coll., Dep. of Mathematics.) v. HARLEM. 197

Eleanor Trefftz, *Energiebänder im Niobmetall.* (Sitzungsbericht.) Zur Best. wird die KARRINGAsche Streumatrix-Meth. benutzt, die die Lsg. der SCHRÖDINGER-Gleichung im Feld des Atomkerns u. die Ausdehnung der Lsg. in sphär. BESSEL-HANKEL-Funktionen für den feldfreien Raum zwischen den Atomen voraussetzt. Die Konstruktion der Potentialfunktion wird diskutiert. Die sphär.-symm. Näherungen ergeben einen diskontinuierlichen Verlauf zwischen den Atomen. Eine Mischung eines THOMAS-FERMI-Potentials für die Kernelektronen u. eines HARTREE-Potentials für die Valenzelektronen wird für die endgültigen Berechnungen benutzt. (Physic. Rev. [2] **90.** 380. 15/4. 1953. Ohio State Univ.) RUDOLPH. 197

A. E. L. Tate und **D. McLean,** *Beitrag zum Subkristallgefüge in kaltgewalztem Aluminium.* Mkr. Unterss. zeigen, daß die Subkristalle linear zwanzigmal größer sind als die durch Röntgenunters. ermittelten. (J. Inst. Metals **80.** 390. März 1952. Teddington, National Physical Labor.) HOCHSTEIN. 197

A. D. McQuillan, *Der Einfluß der Elemente der ersten langen Periode auf die* $\alpha \rightleftharpoons \beta$*-Umwandlung im Titan.* Das Verf., in welchem der H_2-Druck im Gleichgewicht mit einer stark verd. Lsg. von H_2 in einer Ti-reichen Legierung als Funktion der Temp. zwecks Verfolgung der in der Legierung verlaufenden Phasenumwandlung gemessen wird, wird für eine systemat. Unters. der Einwirkungen von *V, Cr, Mn, Ni* u. *Co* auf die $\alpha \rightleftharpoons \beta$-Umwandlung im Ti benutzt. Der höchste Betrag von jedem Zusatzelement waren ca. 5 Atom-%. Es wurde gefunden, daß alle diese dem Ti zugesetzten Elemente die allotrope Umwandlung unterdrücken u. daß, mit Ausnahme von V, sie nicht merklich lösl. in der Niedertemperaturform (α) von Ti sind. Der Betrag der Unterdrückung der $\beta/\alpha+\beta$-Grenze ist im wesentlichen der gleiche für gleiche Atombruchteile von allen Zusatzelementen, ausgenommen V, welches in dieser Beziehung etwas weniger wirksam ist als die anderen Elemente. Die experimentell bestimmten $\beta/\alpha+\beta$-Grenzen wurden verglichen mit einer idealisierten theoret. Grenze, die aus der bekannten latenten Wärme der Umwandlung von reinem Ti erhalten wurde. Die Ergebnisse wurden zur Best. des Einfl. der Zusatzelemente auf die H_2-Löslichkeit in β-Ti benutzt. V verursachte die größte Änderung in dieser Beziehung. (J. Inst. Metals **80.** 363—68. März 1952. Birmingham, Univ.) HOCHSTEIN. 197

W. B. Pearson und **W. Hume-Rothery,** *Der Aufbau und die Struktur von Nickel-Vanadium-Legierungen im Bereich von 0—60 Atom-% Vanadium.* Die Unterss. wurden therm., mkr. u. röntgenograph. durchgeführt. Es besteht eine umfassende feste Lsg. von V in Ni. Mit zunehmendem V-Geh. fällt die Liquidus-Linie auf einen eutekt. Punkt bei 51 Atom-% V u. einer Temp. von 1202°, bei welcher die Fl. im Gleichgewicht mit der festen α-Lsg. von einer Zus. von 42,7 Atom-% V u. mit einer als σ bezeichneten Phase ist, welche die gleiche allg. Art der Kristallstruktur wie die σ-Phase in Fe-Cr-Legierungen hat. Bei 1045° bewirkt die feste α-Lsg. eine mit ϑ bezeichnete Phase, welche ein auf der Zus. Ni_3V basierendes tetragonales Übergitter besitzt. Die ϑ-Phase ist von veränderlicher Zus., u. es wurde ihr Kristallgefüge bestimmt. Im Gebiet von 33,5 Atom-% V sondert sich eine sek. Zwischenphase, die mit δ bezeichnet wird, aus der festen α-Lsg. ab. Diese ist von fast unveränderlicher Zus. u. hat ein raumzentriertes orthorhomb. Gitter, welches als ein Ergebnis einer monoklin. Verdrehung des flächenzentrierten kub. Gitters betrachtet werden kann. (J. Inst. Metals **80.** 641—52. Aug. 1952. Oxford, Univ.) HOCHSTEIN. 197

Z. S. Basinski und **J. W. Christian,** *Die kubisch-tetragonale Umwandlung in Mangan–Kupfer-Legierungen.* Die Mn-reichen Mn–Cu-Legierungen, die aus dem γ-Phasenfeld abgeschreckt wurden, wurden röntgenograph. u. mkr. untersucht. Hochtemp. DEBYE-SCHERRER-Aufnahmen aus dem Gleichgewichts-γ-Feld zeigen, daß das Gitter flächenzentriert kub. ist. Abgeschreckte Legierungen mit mehr als 82% Mn sind bei Raumtemp. tetragonal u. werden zu einem kub. Gitter durch Erhitzung auf mäßige Tempp. (180° für 93,5% Mn) umgewandelt. Legierungen im kub. Gebiet bei Raumtemp. (mit unter 82% Mn) werden tetragonal bei der Abkühlung auf niedrigere Temperaturen. Die Umwandlungstempp. für Pulverproben mit 70—95% Mn liegen in Abhängigkeit von der Zus. zwischen —183 u. 200°. Die Umwandlung ist von einer diffusionslosen (martensit.) Art u. tritt in einem Temperaturbereich auf, der für Pulver bei ca. 30° u. für Stückproben bei noch viel niedrigeren Tempp. liegt. Geätzte Mikroproben der tetragonalen Legierungen zeigen eine Zeilenstruktur, wobei die Zeilen auf den {110}-Flächen analog wie in In–Tl-Legierungen liegen. Die Zeilenstruktur wird auch durch Erhitzen u. Abkühlen der elektropolierten Proben durch das Umwandlungsgebiet hindurch erhalten. Die Umwandlung wurde auf diesem Wege im einzelnen untersucht. Die Natur der Oberflächenveränderungen, die während der Umwandlung auftreten, sowie die Orientierungen der zeilenförmigen Oberflächen werden durch ein opt. Verf. bestimmt. Die Ergebnisse stehen in Übereinstimmung mit dem doppelten Schubvorgang der für In–Tl-Legierungen angenommenen Umwandlung. Es werden einige Schwierigkeiten in Verb. mit möglichen Verlagerungstheorien der tatsächlichen Atombewegungen aufgezeigt. (J. Inst. Metals **80.** 659—66. Aug. 1952. Oxford, Pressed Steel Co. Ltd.) HOCHSTEIN. 197

P. Greenfield und **G. V. Raynor,** *Der Aufbau der kupferreichen Kupfer–Zink–Germanium-Legierungen.* Als Teil einer systemat. Unters. der die Bldg. von tern. Legierungen beeinflussenden Faktoren wurde der Aufbau des Syst. Cu–Zn–Ge mittels mikrograph. Verff. u. röntgenograph. untersucht. Isothermen wurden bei 550°

u. bei 400° errichtet. Bei der letzten Temp. hat die raumzentrierte kub. Cu–Zn-Elektronenverb. ein geordnetes Gitter. Die allg. Formen der beiden isothermen Diagramme sind ähnlich. Ein einfaches Zweiphasen-Gleichgewicht besteht zwischen der ζ-Phase des Syst. Cu–Ge u. den β- u. β'-Phasen des Syst. Cu–Zn. Beide Phasen haben jedoch im tern. Syst. beträchtliche Homogenitätsbereiche. Die hexagonale ζ-Phase kann 21 Atom-% Zn lösen, u. bei dieser Grenze ist der Ge-Geh. 10 Atom-%. Die kub. β-Phase kann 7,5% Ge unterbringen. Der Betrag, bis zu dem die bin. Elektronenverbb. das tern. Syst. zu durchdringen vermögen, ist von der Temp. unabhängig. Es wird nachgewiesen, daß die Form der prim. festen Löslichkeits-Isothermen, welche konvex gegen die Cu-reichen Ecken der Diagramme verlaufen, mit der Tatsache übereinstimmt, daß sowohl Zn als auch Ge das Cu-Gitter aufweiten, wobei zu bedenken ist, daß die durch 1 Atom-% Ge bedingte örtliche Verzerrung größer ist als die durch 1% Zn bedingte u. daß die feste Endlsg. von Zn in Cu als eine konz. Lsg. betrachtet werden muß. Die ζ-Phase neigt dazu, sich in dünnen Platten parallel zu den (111)-Flächen der Cu-reichen festen Grundlsg. auszuscheiden. (J. Inst. Metals **80**. 375–84. März 1952. Birmingham, Univ.) HOCHSTEIN. 197

H. K. Hardy, *Die festen Löslichkeiten von Cadmium, Indium und Zinn in Aluminium.* Die feste Löslichkeit von Cd, In u. Sn in Al bei Tempp. von 530° u. oberhalb wurde metallograph. an elektrolyt. polierten Proben geschätzt. Die Löslichkeiten von Cd u. In wuchsen zu einem Maximum von 0,45 bzw. 0,11% bei ihren monotekt. Temperaturen. Al–Sn-Legierungen dagegen zeigten eine rückläufige Kurve mit einer maximalen Löslichkeit von 0,1% bei ca. 610°. (J. Inst. Metals **80**. 431–34. April 1952. Stoke Poges, Bucks., Fulmer Res. Inst.) HOCHSTEIN. 197

H. Bückle und **J. Blin,** *Mikrographische Gesichtspunkte über die Diffusion von Zink und Aluminium in Kupfer.* An Messing mit 10, 20 u. 30% Zn u. an einer Cu-Legierung mit 7% Al in Berührung mit reinem Cu ausgeführte Diffusionsverss. bestätigten die von SMIGELSKAS u. KIRKENDALL gemachten Beobachtungen, daß die Trennschicht zwischen Cu u. der Legierung während der Diffusion sich zur Legierung hin verlagert. Auch traten Hohlräume in der Diffusionszone, jedoch nur auf der Legierungsseite, auf. In einigen Fällen, bes. in der Cu–Al-Legierung, haben die Hohlräume die Gestalt eines regulären Oktaeders, mit ihren Flächen parallel zu den (1 1 1)-Flächen des Kristalls. Hierfür werden mögliche Erklärungen gegeben. So wird das Vorhandensein von zwei verschied. Diffusionsvorgängen der Atome des Legierungselementes angenommen, welche gleichzeitig fortschreiten. (J. Inst. Metals **80**. 385–89. März 1952. Paris, Office Nat. d'Études et des Rech. Aéronautiques.) HOCHSTEIN. 197

G. N. Dubinin, *Diffusion von Niob in Stahl aus der Gasphase.* Die Verss. wurden mit Probeplättchen aus Stahl mit 0,03–1,2% C bei Tempp. von 800–1350° u. einer Diffusionsdauer von 1–12 Std. durchgeführt. Maßgebend sind die Rkk.: $m\,NbCl_n + nFe \rightleftarrows nFeCl_m + mNb$ (1); $2(Fe, Nb) + 2(n+m)\,HCl \rightleftarrows 2\,FeCl_m + 2\,NbCl_n + (n+m)\,H_2$ (2); $2\,NbCl_n + n\,H_2 \rightleftarrows 2n\,HCl + 2\,Nb$ (3); $2\,FeCl_m + m\,H_2 \rightleftarrows 2m\,HCl + 2\,Fe$ (4). Das gemäß (1) u. (3) entstehende atomare Nb diffundiert in die Stahloberfläche unter Bldg. einer Diffusionsschicht, die je nach Nb-Konz. u. C-Geh. aus einer festen Lsg. von Nb in α-Fe, der intermetall. Verb. Fe_3Nb_2 u. dem Carbid NbC besteht. In der äußersten bis zu 18 μ dicken Schicht wurden Nb-Gehh. bis zu 80% u. Mikrohärtewerte bis zu 2200 H_v festgestellt; wesentliche maßliche Veränderungen traten nicht ein. Die niobierten Proben besaßen eine erhöhte Korrosionsbeständigkeit gegenüber H_2SO_4 (98%), nicht gegenüber HNO_3 (50%), HCl (37%), $C_2H_4O_2$ (85%), H_2O_2 (26%), NaCl (10%). Eine erhöhte Hitzebeständigkeit bei 900–1100° konnte nicht beobachtet werden. Das Vorhandensein eines abgeschnürten γ-Gebietes im Diagramm Fe–Nb wird durch die Unters. bestätigt. (Журнал Технической Физики [J. techn. Physik] **22**. 1730–40. Nov. 1952.) EHMCKE. 197

G. N. Dubinin und **Ju. A. Bagarjatzki,** *Über die Natur der auf der Stahloberfläche bei der Diffusion von Wolfram entstehenden Phasen.* (Vgl. C. **1954**. 3878.) Die Unters. wurde an Stahlproben aus C-Stahl mit 0,03–1,2% C durchgeführt. Grundlage des bei 900–1300° angewendeten Diffusionsverf. bilden die Rkk.: $m\,WCl_n + n\,Fe \rightleftarrows n\,FeCl_n + m\,W$ (1) u. $2(Fe, W) + 2(n+m)\,HCl \rightleftarrows 2\,FeCl_m + 2\,WCl_n + (n+m)\cdot H_2$ (2), wobei m u. n ganze Zahlen sind. Die an der Stahloberfläche entstehende wolframierte Zone wurde röntgenograph., spektralanalyt. u. auf Mikrohärte untersucht. Bei weichem Fe wird nach 6 std. Diffusion bei 1300° eine äußere Schicht (7 μ), bestehend aus der intermetall. Verb. Fe_7W_6 mit 65,3% W u. einer Härte von 500 H_v, eine mittlere (45 μ) aus dem Gemisch $\alpha\text{-}Fe + Fe_7W_6$ mit ca. 12% W u. 165 H_v u. eine innere (340 μ) aus der festen Lsg. W in α-Fe mit 4,5% W u. 141 H_v festgestellt. Beim Stahl mit 1,03% C besteht die wolframierte Zone nach gleicher Behandlung bei 270 μ Gesamtdicke aus den 3 Phasen: Feste Lsg. W in α-Fe, Verb. Fe_7W_6 u. dem an den Korngrenzen gelagerten Carbid Fe_2W_2C. Die beobachteten Gefügeerscheinungen werden an Hand der Zustandsdiagramme Fe–W u. Fe–W–C näher erläutert. (Журнал Технической Физики [J. techn. Physik] **22.** 1741—50. Nov. 1952.) EHMCKE. 197

Jean Blin, *Beziehungen zwischen gewissen physikalischen Eigenschaften verformter Metalle und den in diesen vorliegenden, submikroskopischen Löchern.* Die Befunde der Unterss. an plast. verformten Metallen mittels Röntgenstrahlen konnten von GUINIER u. BLIN durch die Annahme gedeutet werden, daß im Innern eines solchen Metalles kleine Löcher mit einer abgeplatteten Form vorhanden sind. In der vorliegenden Arbeit wird die aus den Röntgenunterss. ermittelte Lineardimension der Löcher mit jener verglichen, die man aus der Volumenänderung ΔV bei der Rekristallisation u. der Rekristallisationswärme ΔQ erhält. Wenn die erstgenannte Größe als dem Lochvol. zugehörig u. die letztere als Oberflächenenergie aufgefaßt wird, die während der Rekristallisation infolge Verschwindens der Löcher auftritt, dann liefert der Quotient ΔV/S ebenfalls die lineare Ausdehnung der Löcher. S ist die Lochoberfläche, die mit Hilfe der Oberflächenspannung u. der Wärmetönung ΔQ berechnet wird. Die beiden zu vergleichenden Werte liegen für *Cu* in derselben Größenordnung. Damit ist eine weitere Stütze für die Hypothese der Löcher gegeben. Eine Näherungsrechnung zeigt, daß die Oberflächenenergie eines flachen zylindr. Loches mit einer Höhe von 6 Å u. einem Radius von 15 Å kleiner ist als die nach BURGERS ermittelte Energie einer entsprechenden Versetzung. (C. R. hebd. Séances Acad. Sci. **237.** 720—22. 5/10. 1953.) HEUMANN. 200

E. I. Salkovitz und **P. L. Smith,** *Plastische Verformung in Ammoniumdihydrogenphosphatkristallen.* (Sitzungsbericht.) Vff. untersuchen plast. Verformungen von $NH_4 \cdot H_2PO_4$-Einkristallen bei ca. 100°, einem als spöde bekannten Material, das spröden Bruch u. keine ausgezeichnete Spaltbarkeit besitzt. Die Kristalle wurden in Richtung [1 1 0] senkrecht zu (0 0 1) belastet, was für alle piezoelektr. Anwendungen bes. wichtig ist ferner in Richtung [1 0 0] senkrecht zu (0 0 1), in Richtung [0 1 0] senkrecht zu (1 0 0) u. in Richtung [0 0 1] senkrecht zu (1 0 0). Es zeigten sich Biegungen der belasteten Achse, bei Belastung der Achse [1 1 0] senkrecht zu (0 0 1) war die Deformation weit größer als bei den anderen Versuchen. Vor u. nach den Deformationsverss. wurden Röntgenaufnahmen angefertigt, mit Hilfe von LAUE-Rückstrahlaufnahmen konnten jedoch keine Unterschiede vor u. nach der Belastung festgestellt werden. (Physic. Rev. [2] **90.** 350. 15/4. 1953. Naval Res. Labor.) SIEWERT. 200

A. A. Mjassnikow, *Die Beziehung zwischen dem Perimeter der Einzelteile der Schicht und der Schichtdicke bei der Rißbildung.* Die Rißbldg. bei Silicaten (Ziegelsteine, Zement–Sand-Stuckatur, Glas) erfolgt unter Zerfall der Schicht in eine größere Anzahl von Einzelteilen mit annähernd gleichen Perimetern. Diese Erscheinung läßt sich sowohl zur Verhütung der Rißbldg. als auch zu ihrer zielbewußten Lenkung benutzen. Zwischen dem Perimeter der Einzelstücke Π u. der Schichtdicke T besteht die Beziehung $\Pi = kT$, wobei k eine vom Material abhängige Konstante ist. Experimentell werden für k folgende Werte gefunden: Bei Kiewer Spondylton 14,66, für auf Glas getrocknete Tonstreifen 3,88, bei Klebstoffschicht (z. B. techn. Gelatine) auf Glas 51,68, bei abgeschrecktem Glas 2,68. (Украинский Химический Журнал [Ukrain. chem. J.] **19.** 153—57. 1953. Kiew, Technol. Silicatinst.) R. K. MÜLLER. 200

Willy Bruhns, Kristallographie. Neubearb. von **Paul Ramdohr. 4.** Aufl. Berlin: de Gruyter. 1954. (106 S. m. 163 Abb.) = Sammlung Göschen. Bd. 210. DM 2,40.

A$_7$. Gleichgewichte. Kinetik.

George Antonoff, *Gleichgewichtsgesetz zwischen koexistierenden Phasen.* (Sitzungsbericht.) Vf. bespricht die Anwendbarkeit eines von ihm entwickelten Gleichgewichtsgesetzes für koexistierende Phasen u. seine experimentelle Prüfung. (Physic. Rev. [2] **92.** 542. 15/10. 1953. Fordham Univ.) v. HARLEM. 221

Karl Jasmund, *Löslichkeit von KCl in der Gasphase von überkritisch erhitztem Wasser.* Die Löslichkeit von KCl in überkrit. erhitztem W. wird in einem Temperaturbereich von 400—500° u. einem Druckgebiet bis 300 at bestimmt. Die Löslichkeit L steigt bei vorgegebener Temp. mit dem Druck an, u. zwar bei der 400°-Löslichkeitsisotherme stärker als bei denen höherer Temp. (450, 475 u. 500°). Es wurden Diagramme mit log L u. log D gezeichnet. Der geradlinige Kurvenverlauf zeigt an, daß für die Zunahme von L mit D die Beziehung $L = \text{const}\ D^n$ (n für KCl ~3,2) aufgestellt werden kann. Die Ergebnisse werden mit denen anderer Autoren verglichen.

Unter bestimmten Voraussetzungen für Druck u. Temp. können Schlüsse auf mit den Verss. vergleichbare Vorgänge in der Erdrinde gezogen werden. (Heidelberger Beitr. Mineralog. Petrogr. **3.** 380—405. 1953. Göttingen, Univ., Mineral.-Petrograph. Inst.) HILLER. 224

John O. Edwards, *Beziehung von Relativreaktionsgeschwindigkeiten und Gleichgewichtslagen zu einem doppelten Basizitätsmaßstab.* Bei nucleophilen Substitutions-Rkk. u. Gleichgewichtseinstellungen, bei denen Bldg. einer kovalenten Bindung auftritt, hängen die Geschwindigkeits- bzw. Gleichgewichtskonstanten sowohl von einer Konstante E_n ab, die die Stärke des nucleophilen Charakters des Donors beschreibt, als auch von der relativen Basizität des Donors gegenüber Protonen, H. Vf. entwickelt daher die Gleichung $\log (k/k_0) = \alpha E_n + \beta H$ (1), in der α u. β Konstanten für das Substrat sind, u. definiert H durch den pk_a-Wert der konjugierten Säuren der Donoren in W.: $H = pk_a = 1{,}74$ (1,74 Korrektur für den pk_a-Wert von H_3O^+), E_n durch das Oxydationspotential der Donoren, E^0, Rk. $2 X^- \rightleftharpoons X_2 + 2 e$: $E_n = E^0 + 2{,}60$. Dabei ist $-2{,}60$ das berechnete Potential für die Rk. $2 H_2O \rightleftharpoons (H_4O_2)^{2+} + 2 e$. Mit Hilfe von Beziehung (1) diskutiert Vf. Literaturdaten über nucleophile Verdrängungs-Rkk. aus aliphat. u. aromat. C, aus O, den Chalkogenen, Komplexbildungsgleichgewichte (speziell Komplexe aus J_2), Löslichkeiten u. Gleichgewichte bei Organoschwefelverbindungen. In allen diesen Fällen ist die Beziehung anwendbar, die Einführung des doppelten Maßes für den nucleophilen Charakter erweist sich als notwendig. Mit Hilfe von (1) können weiterhin LEWIS-Säuren quantitativ zum Proton in Beziehung gesetzt werden. Die α- u. β-Werte im Vgl. zu H^+ sind für Ag^+, Hg^{2+}, Cu^{2+}, Zn^{2+}, Cd^{2+}, Pb^{2+}, In^{3+}, Fe^{3+} u. J_2 für die Rk. Säure + Donor $\rightleftharpoons$ Salz in W. bei 25° angegeben. (J. Amer. chem. Soc. **76.** 1540—47. 20/3. 1954. Providence, R. I., Brown Univ., Metcalf Chem. Labors.) KRESZE. 225

W. Stumm, *Der Zerfall von Ozon in wässeriger Lösung.* Es wurde die Abhängigkeit der Zerfallsgeschwindigkeit von O_3 in wss. Lsg. vom p_H zwischen p_H 7,6 u. 10,4 u. von der Temp. zwischen 1,2 u. 19,8° untersucht. Innerhalb dieses relativ weiten p_H-Bereiches entspricht bei den untersuchten Tempp. die Zerfallsgeschwindigkeit bzgl. der O_3-Konz. einer Rk. erster Ordnung. Demzufolge muß man annehmen, daß der O_3-Zerfall in einer Ketten-Rk. vor sich geht, wobei wahrscheinlich oxydierend wirkende Zwischenprodd. auftreten. (Helv. chim. Acta **37.** 773—78. 30/4. 1954. Zürich, ETH, Anstalt für Wasserversorg., Abwasserreinig. u. Gewässerschutz.) KLEVER. 225

F. Fouinat-Walch, *Zersetzung von Wasserstoffperoxyd durch Permanganat in basischem Medium.* Vf. untersucht die Zers. von H_2O_2 durch $KMnO_4$ in alkal. Lsg. in Abhängigkeit von der Konz. an H_2O_2, $KMnO_4$ u. NaOH sowie von der Temp., der Geschwindigkeit der Rührung u. dem Verhältnis Oberfläche/Volumen. Die Ergebnisse erscheinen zu verwickelt, um aus ihnen einen einfachen Zersetzungsmechanismus ableiten zu können. Es werden jedoch 2 getrennte Rkk. angenommen, eine in homogener Phase, welche durch die Reduktionsprodd. des $KMnO_4$ eingeleitet wird, u. eine andere in heterogener Phase, die mit der Ggw. von gebildetem koll. MnO_2 zusammenhängt. Dabei wird ein Mechanismus in der Art des von MOOI u. SELWOOD (C. **1951.** I. 3013 u. C. **1952.** 7782) vorgeschlagenen, der in einer abwechselnden Red. des Mn(IV) zu Mn(III) u. Oxydation des Mn(III) zu Mn(IV) besteht, als richtig angenommen. (Vgl. auch FOUINAT u. MAGAT, C. **1954.** 1666.) (J. Chim. physique Physico-Chim. biol. **50.** 527—44. Okt. 1953. Paris, Labor. de Chim. Phys.) R. MATTNER. 225

P. Engel, A. Oplatka und **B. Perlmutter-Hayman,** *Die Zersetzung von Hypobromit- und Bromitlösungen.* Der Einfl. von p_H, Ionenkonz., Bromidkonz. u. Anfangskonz. auf die Zers. von Hypobromitlsgg. (bzw. Bromitlsgg.) wurde bei $p_H \geqq 8{,}0$ innerhalb eines begrenzten Konzentrationsbereiches untersucht. Für Hypobromit ließen sich die Ergebnisse durch zwei aufeinanderfolgende Rkk. zweiter Ordnung deuten. Bei der ersten Rk. wird Bromit gebildet, welches dann sehr schnell mit dem Hypobromit unter Bldg. höherer Oxydationsstufen reagiert. Die Zers. des Bromits wurde gesondert untersucht. Dabei ergab sich ein analoger Mechanismus, bei dem nun Hypobromit als Zwischenprod. gebildet wird. Die Geschwindigkeitskonstanten der einzelnen Rkk. wurden berechnet. Für den untersuchten p_H-Bereich wurden die experimentellen Werte gut wiedergegeben durch einen Reaktionsmechanismus, der die Rk. von undissoziierter Säure mit einem Anion u. daneben Rkk. mit freiem Br_2 u. zwischen zwei ungeladenen Säuremoll. einschließt. (J. Amer. chem. Soc. **76.** 2010—15. 5/4. 1954. Jerusalem, Hebrew Univ., Dep. of Phys. Chem.) KARUTZ. 225

Frederick Kaufman und **John R. Kelso,** *Die durch Ammoniak induzierte Zersetzung von Stickoxyd.* In einer früheren Arbeit haben FENIMORE u. KELSO (C. **1953.** 348) die Zers. von NO durch Messung des N_2-Druckes in einem evakuierten Gefäß verfolgt, das mit dem Reaktionsraum durch eine Capillare verbunden u. mit fl. N_2 gekühlt war. Diese Methodik kann insofern fehlerhaft sein, als die Diffusion von NO in das Meßgefäß u. die Rückdiffusion von N_2 in den Reaktionsraum die Einstellung des Endzustandes bestimmen. Vff. prüfen die Richtigkeit dieser Annahme durch Unters. verschied. NO–N_2-Mischungen, die zu hohe N_2-Werte ergibt. Auch die Wiederholung einiger Verss. zeigt, daß im Reaktionsraum unverbrauchtes NO zurückbleibt. Messungen, bei denen das Meßvol. erst von dem Reaktionsraum getrennt u. dann mit fl. N_2 gekühlt wurde, zeigen nur geringe N_2-Bildung. Diese N_2-Mengen entsprechen der Gleichung $2 NH_3 + 3 NO \rightarrow 2\frac{1}{2} N_2 + 3 H_2O$, so daß eine induzierte oder katalysierte NO-Zers. ausgeschlossen ist. (J. Amer. chem. Soc. **74.** 2694—95. 20/5. 1952. Aberdeen, Proving Ground, Md., Ballistic Res. Labor.) WOELK. 227

M. G. Gonikberg, Chemisches Gleichgewicht und Reaktionsgeschwindigkeit bei hohen Drucken. Moskau: Ausg. der Akad. der Wiss. der UdSSR. 1953. (192 S.) 9 Rbl. 25 Kop. [russ.].

B. Anorganische Chemie.

David Edelson, C. A. Bieling und **G. T. Kohman**, *Elektrische Zersetzung von Schwefelhexafluorid.* Vff. identifizierten mit Hilfe von Ultrarotmessungen die bei der elektr. Zers. von SF_6 unter verschied. Entladungsbedingungen auftretenden Prodd. u. ziehen Rückschlüsse auf den Zersetzungsmechanismus. Unter milden Bedingungen bildet sich als einziges niederes S-Fluorid nur S_2F_2. Unter drast. Bedingungen tritt SF_2 als Hauptprod. u. etwas SOF_2 auf. S_2F_{10} u. SF_4 wurden nie beobachtet. Demnach ist als prim. Zersetzungsprod. S_2F_2 anzunehmen, welches dann den Anlaß zu Ionen-, Radikal- u. Rekombinations-Rkk. gibt. Für die Entstehung von SF_2 ist die bei oberhalb 100° verlaufende therm. Zers. $S_2F_2 \rightarrow SF_2 + S$ verantwortlich. Da S_2F_{10} nicht auftritt, muß geschlossen werden, daß der aktivierte Komplex $(S_2F_{10})^*$ gemäß $(S_2F_{10})^* \rightarrow S_2F_2 + 8 F$ disproportioniert. SOF_2 entsteht vermutlich durch Angriff des SF_2 auf die SiO_2-haltige keram. Isolation, wobei das gleichzeitig gebildete SiF_4 sofort von dem KBr-Fenster der Zelle unter Bldg. von K_2SiF_6 absorbiert wird. — Bei der Beurteilung der Schädlichkeit der Zersetzungsprodd. für elektr. Anlagen ist zu beachten, daß SF_2 u. S_2F_2 in Ggw. von Feuchtigkeit leicht zu HF u. SO_2 hydrolysieren u. dadurch die meisten Metalle angreifen. Bei höheren Tempp. greifen auch die reinen Gase unter Bldg. von Metallfluoriden u. -sulfiden an. Keram. Stoffe werden von reinem SF_2 u. S_2F_2 bei Zimmertemp. langsam, in der Hitze schneller angegriffen. In Ggw. von Feuchtigkeit wird SiO_2 von der gebildeten HF leicht zerstört. Vermutlich werden unter gewissen Umständen sogar Harze u. Schmiermittel auf Siliconbasis angegriffen. Kautschuk wird hart u. spröde; organ. Schmiermittel verfärben sich u. verhärten. Am besten eignen sich Kunststoffe u. Schmiermittel auf Basis von Fluorkohlenstoffen. Tox. Wirkungen sind nur von den Hydrolyseprodd. HF u. SO_2 zu erwarten. (Ind. Engng. Chem. **45.** 2094—96. Sept. 1953. Murray Hill, N. J., Bell Telephone Labors.) FORCHE. 253

Margot Goehring, *Die Chemie der Polythionsäuren.* Zusammenfassende Übersicht über die verschied. Darstellungsverff. u. Bildungsweisen der Polythionsäuren u. ihrer Salze, über die Rkk. mit SO_3^{2-}, HSO_3^-, $S_2O_3^{2-}$, CN^-, S^{2-} u. H_2S, über die Zerfallserscheinungen in wss. Lsg. sowie über Konstitutionsfragen. — Mit 6 Abbildungen im Text, einer tabellar. Übersicht u. 209 Literaturhinweisen. (Fortschr. chem. Forsch. **2.** 444—83. 1952. Heidelberg, Univ., Chem. Inst.) WANNAGAT. 253

Antonino Fava und **Dario Divo**, *Untersuchungen über die Zersetzung der Polythionatlösungen mittels radioaktivem Schwefel.* 1. Mitt. *Zersetzung von Trithionat in alkalischem und neutralem Medium.* (Vgl. C. **1953.** 7742.) Ausgehend von $Na_2{}^{35}SSO_3$ u. $Na_2S\cdot{}^{35}SO_3$ werden mit J_2 u. SO_3^{2-} die Ionen $^-O_3S\text{–}{}^{35}S\text{–}SO_3^-$ (I) u. $^-O_3{}^{35}S\text{–}S\text{–}{}^{35}SO_3^-$ (II) dargestellt u. die Verteilung der Radioaktivität in den bei deren Zers. in alkal. u. neutralem Medium erhaltenen Prodd. untersucht. Es ergeben sich folgende anteilmäßige Verhältnisse (abgerundet) der Aktivität von $^{35}SO_3^{2-}$:$S^{35}SO_3^{2-}$:$^{35}SSO_3^{2-}$, wenn die ursprüngliche Aktivität des $^{35}S = 1$ gesetzt wird: in alkal. Lsg. ($p_H > 14$) von I: $^1/_5$:1:$^1/_5$; von II: $^4/_5$:0:$^4/_5$; in neutraler Lsg. von I: 0:1:0; von II 1:0:1. Die Abweichung der Ergebnisse in alkal. Lsg. von den nach dem Schema von HANSEN (C. **1933.** II. 1325) zu erwartenden (0:1:1 bzw. 1:0:0) wird durch das Auftreten einer Austausch-Rk. $S\text{–}SO_3^{2-} + {}^{35}SO_3^{2-} \rightleftharpoons S\text{–}{}^{35}SO_3^{2-} + SO_3^{2-}$ erklärt. In neutraler Lsg. stimmen die Ergebnisse mit dem von FOERSTER u. HORNIG (C. **1923.** I. 571) vorgeschlagenen Mechanismus einer Hydrolyse mit asymm. Zerreißung des Mol. überein. (Gazz. chim. ital. **82.** 558—63. Juli/Aug./Sept. 1952. Padova, Univ., Ist. di Chim. gen.) R. K. MÜLLER. 253

Antonino Fava und **Dario Divo,** *Untersuchungen über die Zersetzung der Polythionatlösungen mittels radioaktivem Schwefel. 2. Mitt. Zersetzung von Tetrathionat in alkalischem Medium.* (1. vgl. vorst. Ref.) Analog der Darst. von ^{35}S enthaltendem $S_3O_6^{2-}$ wird $^{-}O_3S-(^{35}S_2)-SO_3^{-}$ (I) u. $^{-}O_3{}^{35}S-(S_2)-{}^{35}SO_3^{-}$ (II) hergestellt u. untersucht. Die Aktivitätsverhältnisse (abgerundet) von $^{35}SO_3^{2-}:S^{35}SO_3^{2-}:{}^{35}SSO_3^{2-}$ in den Prodd. der Zers. in alkal. Lsg. ($p_H > 14$) sind, wenn die ursprüngliche Aktivität des $^{35}S = 1$ gesetzt wird: Bei I $^1/_5$:1:$^1/_5$, bei II $^4/_5$:0:$^4/_5$. Wenn der Reaktionsverlauf nur nach GOEHRING, HELBING u. APPEL (C. **1948**. I. 792) erfolgen würde, müßte die Verteilung bei I 0:1:$^1/_3$, bei II 1:0:$^2/_3$ sein. Die Abweichung wird auch hier darauf zurückgeführt, daß Austausch von ^{35}S zwischen SO_3^{2-} u. $S_2O_3^{2-}$ stattfindet. (Gazz. chim. ital. **82**. 564—66. Juli/Aug./Sept. 1952.) R. K. MÜLLER. 253

Antonino Fava und **Dario Divo,** *Untersuchungen über die Zersetzung von Polythionaten in alkalischem und neutralem Medium unter Anwendung von radioaktivem Schwefel.* 3. Mitt. *Zersetzung von Tri- und Tetrathionat in alkalischem Medium.* (2. vgl. vorst. Ref.) Bei der Zers. der Polythionate kann die Folge-Rk. der Umsetzung der Zersetzungsprodd. SO_3^{2-} u. $S_2O_3^{2-}$ hintangehalten werden, wenn man nur 5 Min. bis zum Kp. erhitzt. Die Unters. mit durch ^{35}S markierten Moll. ergibt, daß die Disproportionierung des als Zwischenprod. angenommenen $S(OH)_2$ in S u. SO_3^{2-} nach einem komplizierteren Mechanismus, als bisher vermutet, erfolgen muß, da die Verteilung der Radioaktivität keinem der bisher angenommenen Zersetzungsmechanismen entspricht. Tatsächlich finden sich im S des SO_3^{2-} bei der Zers. des $S_3O_6^{2-}$ 25%, bei derjenigen des $S_4O_6^{2-}$ 50% der ursprünglichen Radioaktivität, im äußeren S-Atom des $S_2O_3^{2-}$ in beiden Fällen 100%, im inneren 0%. (Gazz. chim. ital. **83**. 98—101. Febr. 1953.) R. K. MÜLLER. 253

E. Hayek, A. Engelbrecht und **F. Wagner,** *Derivate des Pyrosulfamids.* Durch Umsetzung von Pyrosulfurylchlorid mit NH_3 in nichtwss. Lösungsm. wurde $(NH_4)_2 \cdot S_2O_5(NH)_2$, das Diammoniumsalz des Pyrosulfamids, erhalten. Das Pyrosulfamid erweist sich dadurch u. durch die neutrale Rk. der Salzlsgg. als ziemlich starke zweibas. Säure. Das freie Amid ist unbeständig. Schwerlösl. Salze des Ag u. Ba u. organ. Derivv. wurden isoliert u. die Hydrolyse untersucht. Die neutrale wss. Lsg. ist in der Kälte beständig. Bei Ansäuern u. Kochen erfolgt Hydrolyse. Daher ist das freie Amid aus wss. Lsg. nicht darstellbar, auch nicht aus wasserfreiem Medium. Bei der Hydrolyse geht das Ammoniumsalz des Pyrosulfamids zunächst in das nichtisolierte Diammoniumsalz der Amidopyrosulfonsäure $(NH_4)_2S_2O_6(NH)$ über, das sich seinerseits in *Ammoniumamidosulfonat* u. *Ammoniumhydrogensulfat* spaltet. In alkal. Medium verläuft die Hydrolyse über das Dinatriumsalz der Amidopyrosulfonsäure zu Natriumamidosulfonat u. Natriumsulfat. Bewiesen wurde dieser Hydrolysengang durch die stufenweise Abgabe von NH_3 u. die asymm. Aufspaltung. Die größere Stabilität der Salze des Pyrosulfamids bedeutet eine Abhängigkeit von zunehmender Elektronendichte an den Ionenenden. Im Einklang damit ist die Diacetylverb. stabiler als die Diphenylverbindung.

V e r s u c h e: *Ammoniumsalz*: In mit NH_3 gesätt. Bzl. wurde $S_2O_5Cl_2$, verd. mit Bzl., eingetropft u. NH_3 eingeleitet. Aus der wss. Lsg. des Reaktionsprod. wurde das Salz mit A. abgeschieden. Ausbeute 90%. Farblose Kristalle, Kp. 264—266°, hygroskop., 32 g in 100 cm³ W. bei 20° löslich. — *Silbersalz*: Die wss. Lsg. des Diammoniumsalzes wurde mit leicht salpetersaurer $AgNO_3$-Lsg. versetzt. Die durch langsame Neutralisation mit NH_3 entstehende Fällung wird durch A.-Zusatz vervollständigt. Ausbeute 91%, farblose Kristalle, in 100 cm³ W. bei 20° lösen sich 0,171 g. Aus wasserhaltigem Pyridin ist lösl. $Ag_2S_2O_5(NH)_2 \cdot 3\,C_6H_5N$ isolierbar. — *Bariumsalz*: Analog dem Silbersalz. Löslichkeit der farblosen Kristalle in W. bei 20°: 0,045 g in 100 cm³. Mit Bleiionen entsteht ein nicht näher bestimmtes bas. Salz, das bes. schwer lösl. ist. Weitere schwerlösl. Fällungen entstehen mit Quecksilber(I)- u. Zinn(II)-Ionen. — *N.N'-Diphenylpyrosulfamid*, $S_2O_5(NHC_6H_5)_2$. Eine Lsg. von $S_2O_5Cl_2$ in Bzl. wurde in mit Bzl. verd. Anilin eingetropft. Aus dem heißen alkoh. Auszug des Reaktionsprod. krist. das Salz in farblosen Blättchen, Kp. 205°, aus; unlösl. in Wasser. In heißem W. Hydrolyse, wenig lösl. in Bzl., PAe., CCl_4. — *N.N'-Diacetylpyrosulfamid*, $S_2O_5(NHCOCH_3)_2$. Zu Disilberpyrosulfamid, das in Aceton suspendiert war, wurde mit Aceton verd. Acetylchlorid eingetropft. Nach Filtration u. Einengen der Lsg. krist. farblose Kristalle aus. Kp. 141°, in W. leicht lösl., auch bei Ansäuern beständig, Hydrolyse erfolgt erst beim Kochen. (Mh. Chem. **83**. 939—45. 15/8. S.-B. österr. Akad. Wiss., math.-naturwiss. Kl., Abt. IIb **161**. 939—45. 1952. Innsbruck, Univ., Chem. Inst.) H. KASPAR. 253

Swarup Narain Tewari und **Satyeshwar Ghosh,** *Untersuchungen über die Eigenschaften hydratisierten Aluminiumoxydes.* 2. Mitt. (1. vgl. C. **1952**. 6025.) Aus einer

$AlCl_3$-Lsg. fällen Vff. bei 25 u. 50° mit NaOH in äquivalenter Menge, mit 10% Alkaliüber- u. -unterschuß Al-Hydroxyd. Die Löslichkeit dieser Prodd. in 0,5 mol. NaOH u. 0,5 mol. H_2SO_4 sowie die Adsorption von H- u. OH-Ionen werden in Abhängigkeit von der Alterungszeit gemessen. Die Ergebnisse sind tabellar. mitgeteilt. Danach erhält man Ndd. von verschied. chem. Charakter, je nach der zur Fällung benutzten Alkalimenge. So werden OH-Ionen bevorzugt an den mit Alkaliunterschuß gefällten, H-Ionen bevorzugt an den mit Alkaliüberschuß gefällten Prodd. adsorbiert. Mit steigender Herstellungstemp. u. zunehmender Alterung sinkt die Alkalilöslichkeit sowie die Adsorption beider Ionenarten. Das amphotere Verh. der verschied. Al-Hydroxyde wird diskutiert. (Kolloid-Z. **127.** 27–30. Juni 1952. Allahabad, Indien, Univ., Chem. Labor.) WEITBRECHT. 294

Pierre Mergault, *Die Zersetzung von geschmolzenem Kryolith im Graphittiegel und Hinweis auf eine kryoskopische Methode.* Nach Schmelzen von Grönlandkryolith bei 1040–1050° in einem Graphittiegel, der mit einem durchbohrten Graphitdeckel bedeckt war, wurde beim langsamen Abkühlen die Erstarrungskurve aufgenommen. Man beobachtete aufeinanderfolgende Haltepunkte, die ihre Ursache in 2 Umwandlungspunkten bei 1011,9–1014,6° u. 1007,2–1008° haben. Der F. des reinen Kryoliths muß demnach mindestens bei 1014° liegen. Bei kryoskop. Unterss. von geschmolzenem Kryolith ist es notwendig, die Vorgeschichte des Bades zu berücksichtigen, da sich die Zers. des Kryoliths einem Gleichgewicht nähert. Das gleiche gilt für kryoskop. Unterss. von reinem TiO_2. Silicate verhalten sich bei nicht zu hohen Tempp. in der Schmelze wie Gemische von Oxyden. Die Zersetzungsprodd. des Kryoliths behindern also nicht die kryoskop. Effekte, man muß jedoch ihrer Anwesenheit Rechnung tragen. Es genügt eine Korrektur der Δt-Werte bei TiO_2-Unterss. in einer Kryolithschmelze, um die theoret. kryoskop. Konstante zu erhalten. — Vf. führte mit der Schmelze röntgenograph. Unterss. durch. Dabei fand man in der Mitte der Schmelze die Linien des Kryoliths, während am Boden neben diesen auch diejenigen von NaF zu bemerken waren. In keinem Falle wurde die Anwesenheit von β-Al_2O_3 oder Na-Aluminat nachgewiesen, wie es von BIELIETSKY u. ANDRIEUX vorausgesagt wurde. (C. R. hebd. Séances Acad. Sci. **236.** 1876–79. 11/5. 1953.) ELCHLEPP. 294

Wilhelm Forsling, *Anionenaustausch und Komplexbildung von Hafnium in Mischungen von Salzsäure und Flußsäure.* Unter Verwendung der von HUFFMAN u. LILLY (C. **1953.** 6826) experimentell gefundenen Werte gewinnt Vf. eine Vorstellung über den Mechanismus des Ionenaustausches der Komplexionen, die sich aus Hf mit HCl–HF-Mischungen niederer Konz. bilden. Mit seiner Deutung des Vorganges steht Vf. nur teilweise in Übereinstimmung mit der Auffassung von HUFFMAN u. LILLY. Abweichungen wurden bes. im HF-Konzentrationsbereich von 0,005–0,04 mol. gefunden. In 0,2 mol. HCl bei niedriger HF-Konz. existieren vermutlich folgende Komplexe: $HfQF_v$, $HfQF^-{}_{v+1}$, $HfQF^{2-}{}_{v+2}$, worin Q der Geh. der Komplexe an H, O u. gegebenenfalls Cl bedeutet. Für diese Komplexe werden folgende Gleichgewichte diskutiert: $HfQF_v + HF \rightleftharpoons HfQF^-{}_{v+1} + H^+$ u. $HfQF^-{}_{v+1} + HF \rightleftharpoons HfQF^{2-}{}_{v+2} + H^+$ mit den Gleichgewichtskonstanten k_1 u. k_2, für die sich näherungsweise die Werte 10 u. 6,5 ergaben. Es werden Möglichkeiten diskutiert, die den experimentell gefundenen Werten anhaftenden Fehler zu verringern. (Ark. Kemi **5.** Nr. 45. 489–502. 1953. Stockholm, Nobel Inst. of Phys.) PLUST. 323

Wilhelm Forsling, *Über die Reinigung von Zirkonium von Hafnium mittels Anionenaustausch in Mischungen von Salzsäure und Flußsäure.* (Vgl. vorst. Ref.) Nach der Besprechung bisher bekannter Methoden zur Trennung von Zr u. Hf beschreibt Vf. von ihm unternommene radiometr. Unterss. über die Zr–Hf-Trennung durch Ionenaustauscher in HCl/HF-Mischungen. Die für die Verss. bei 20° verwendete Austauscherkolonne war ganz aus Polystyrol u. hatte eine Länge von 100 cm u. einen inneren Querschnitt von 2 cm^2. Sie wurde mit Amberlite IRA-400 beschickt. Zur Unters. gelangte natürlich vorkommendes ZrO_2, das 2,7% HfO_2 enthielt. Das ZrO_2 wurde vorher von anderen Beimengungen befreit u. dann im Harwell-Pile bestrahlt. Von dem so erhaltenen akt. Prod. wurden je 0,1 g in 2,0 ml 21 mol. HF gelöst, mit 0,2 mol. HCl auf 10 ml verd. u. die darin vorhandenen Fluorkomplexe an zugegebenem Austauscher adsorbiert. So vorbereiteter Austauscher wurde über in der Kolonne vorhandenen Amberlite IRA-400 geschichtet u. sodann eine Lsg., die 0,00008 mol. an HF u. 0,22 mol. an HCl war, durchlaufen gelassen. Änderungen der HF-Molarität des Eluierungsmittels im Bereich von 0,02–0,00002 hatten keinen Einfl. auf die Trennung. Die Durchlaufgeschwindigkeit betrug 0,15 ml/cm^2. Es gelang so, eine scharfe Trennung des Zr vom Hf u. auch vom Nb zu erzielen. Den Analysen nach wurden 98% des vorhandenen Zr vollständig

Hf-frei erhalten. Vf. hält diese Meth. auch für Trennungen größerer Mengen prakt. anwendbar. (Ark. Kemi **5.** Nr. 46. 503—16. 1953.) PLUST. 323

Fernand Gallais und **Jacqueline Familiades,** *Über die Ammoniakate des Wismutchlorids.* Im Gegensatz zu den bisher vertretenen Auffassungen stellt Vf. fest, daß $BiCl_3$ in fl. NH_3 nur wenig lösl. ist, dafür aber mit NH_3 ein festes Ammoniakat der Zus. $(BiCl_3 \cdot 2NH_3) + xNH_3$ (**I**) bildet. Bei n. Druck u. Zimmertemp. verliert **I** spontan seinen NH_3-Überschuß u. geht über in ein Diammoniakat der Formel $BiCl_3 \cdot 2NH_3$ (**II**), das bei Tempp. über 150° ein $BiCl_3 \cdot NH_3$ (**III**) bildet, das seinerseits wieder bei 250° in $BiCl_3$ u. NH_3 zerfällt. Es konnte kein Anzeichen für die Existenz von Verbb. des Typs $BiCl_3 \cdot 3NH_3$ u. $2BiCl_3 \cdot NH_3$, die als braunschwarze Substanzen bereits beschrieben wurden, gefunden werden; dagegen war Verb. **III** bisher unbekannt. (Bull. Soc. chim. France, Mém. [5] **21.** 469—70. März 1954. Toulouse, Fac. des Sci., Labor. de Chim. Min.) SURAWSKI. 334

Lamberto Malatesta und **Adriano Sacco,** *Über Nickelcarbonylalkylphosphite.* Vff. geben eine Meth. zur Herst. des *Nickelcarbonyl-tris-triäthylphosphits* (**I**), $Ni(CO)[P(OC_2H_5)_3]_3$. Hierzu wird $Ni(CO)_4$ mit einem Überschuß an reinem Triäthylphosphit zunächst in der Kälte, dann bei 100° u. schließlich bei 160° umgesetzt, bis sich 3 Mol CO pro Mol Ni entwickelt haben. Dest. des Rohprod. bei 120—130° u. 0,1 mm ergibt **I.** Farblose Fl., leicht viscos, beständig gegen trockene Luft. Die Analysenwerte von **I** stimmen mit den berechneten überein. **I** reagiert mit Phenylisonitril unter Bldg. von *Nickeltetraphenylisonitril.* (Atti Accad. naz. Lincei, Rend., Cl. Sci. fisiche, mat. natur. [8] **12.** 101—02. Jan. 1952. Milano, Univ., Ist. di Chim. Ind.) KATTENHORN. 356

R. E. Carter und **F. D. Richardson,** *Flüchtiges Platinoxyd und -silicid.* Vff. untersuchen die Flüchtigkeit von Pt in O_2, Luft bzw. inerter Gasatmosphäre bei 1200° u. finden die Verflüchtigungsgeschwindigkeit proportional $(p_{O_2})^{0,85}$, was für eine Verflüchtigung in Form einer Mischung von *PtO* u. PtO_2 sprechen soll. In Ggw. von H_2 u. Kieselsäure wird die Verflüchtigung einer Pt–Si-Verb. zugeschrieben. Das SiO_2 kann hierbei direkt auf das Pt wirken, aber auch über das flüchtige SiO. (Res. Corresp., Suppl. zu: Research **7.** Nr. 1. S3—5. Jan. 1954. London, Royal School of Mines.) HARTMANN. 368

Leopold Gmelins Handbuch der anorganischen Chemie. Hrsg. vom Gmelin-Inst. für anorganische Chemie u. Grenzgebiete in der Max-Planck-Ges. zur Förderung der Wiss. Begonnen von **Richard Josef Meyer.** Fortgef. von **Erich Pietsch.** 8. völlig neu bearb. Aufl. System-Nr. 10. T. A. Selen. A. Geschichtliches. Vorkommen. Bildung u. Darstellung. Kolloides Selen. Physikalische Eigenschaften. Lfg. 3. (XVII S., S. 415—598 m. 271 Fig.) DM 111,—, Sytem-Nr. 45. Germanium. (XVIII + III + 62 S.) DM 50,—.

C. Mineralogische und geologische Chemie.

D. F. Bleil, *Induzierte Polarisation: eine Methode des geophysikalischen Prospektierens.* Die Meth. der induzierten Polarisation setzt voraus, daß in einem Elektrolyten ein elektr. leitendes Mineral vorhanden ist. Öl kann auf diese Weise direkt nicht festgestellt werden. Das induzierte Potential ist eine lineare Funktion des Spannungsabfalles durch den Körper in einem Kraftfeld bis zum Sättigungspotential von 1,2 Volt. Diffusion von Ionen u. chem. Rk. sind die vorherrschenden Faktoren, die das Anwachsen oder den Abfall der Polarisationsspannung bestimmen. Eine Polarisation ist nur an den Korngrenzen des leitenden Minerals möglich. Die Theorie wird durch prakt. Messungen an zwei mineralisierten Zonen (*Pyrrhotin* u. *Magnetit*) bewiesen. (Geophysics **18.** 636—61. Juli 1953. White Oak, Silver Spring, Md., Naval Ordnance Labor.) J. FISCHER. 378

D. W. Allan, R. M. Farquhar und **R. D. Russell,** *Eine Notiz über die Bleiisotopenmethode der Altersbestimmung.* Auf Grund der Mengenverhältnisse von $^{208}Pb/^{204}Pb$ u. $^{206}Pb/^{204}Pb$ werden die Möglichkeiten der Altersbest. von Bleierzvorkk. unter Ableitung einer Formelserie vom Vf. besprochen. Die Isotopenverhältnisse nebst Altersangaben werden von 11 Lagerstätten angegeben, darunter eine neue von Yellowknife Area, N. W. T., Canada: ^{204}Pb 1,00; ^{206}Pb 14,34; ^{207}Pb 15,26; ^{208}Pb 34,46. Altersbest. nach $^{206}Pb/^{204}Pb$ $2,14 \cdot 10^9$; nach $^{208}Pb/^{204}Pb$ $2,05 \cdot 10^9$ Jahre. (Science [Washington] **118.** 486—89. 23/10. 1953. Toronto, Ontario, Can., Univ., Dep. of Physics, Geophys. Labor.) LÖFFLER. 378

Olavi Erämetsä, *Die Spurenelemente im Muttergestein Finnlands.* Allg. Ausführungen über die geochem. Verteilung der Elemente. (Suomen Kemistilehti A **26.** 196—200. 1953.) BECKMANN. 378

E. Nickel, *Zur Perthitbildung durch Plagioklasresorption bei Kalifeldspatblastese.* Vf. untersucht die Vorgänge bei der Verdrängung vom Plagioklas durch Kalifeldspat.

Es zeigt sich, daß sich zunächst der Kalifeldspat nach dem Plagioklas orientiert, in dem er wächst. Mit zunehmender Größe veranlaßt jedoch der Kalifeldspat, daß sich die Plagioklasanteile nach ihm richten. Dies gilt jedoch nur für die Nachbarplagioklase. Schließlich verlagert sich der Kalifeldspat intern gegen seine Fremdkomponenten. Damit wird der gesamte Plagioklasanteil zum Relikt 2. Phase. (Neues Jb. Mineralog., Mh. **1953.** 246—64. Dez. Münster/Westf., Univ., Mineralog.-Petrogr. Inst.) Hiller. 378

Gerhard Frenzel, *Über Creedit von Colquiri, Bolivien.* Creedit von Colquiri wurde röntgenograph. untersucht. a = 14,03, b = 8,51, c = 9,93 Å, β = 94,5°. Zwischen den Formeln 2 $CaSO_4 \cdot 4 CaF_2 \cdot 2 AlF_3 \cdot 3 Al(OH)_3$, zu der Z = 2 gehören würde, u. 2 $CaF_2 \cdot 2 Al(OH, F)_3 \cdot CaSO_4 \cdot 2 H_2O$ mit Z = 4 war nicht zu unterscheiden. Die erstere wird als wahrscheinlicher angesehen. D. gemessen 2,72, $D_{röntgenograph.}$ 2,752 bzw. 2,735. Als wahrscheinliche Raumgruppen kommen in Frage: C_s^4 — Cc oder C_{2h}^6 — C 2/c. (Neues Jb. Mineralog., Mh. **1953.** 241—46. Dez. Heidelberg.) Hiller. 380

Heinrich Köster, *Molybdänglanzkristall aus dem Basalt des Bühls bei Kassel.* Ein ca. 9 × 10 × 3 mm großer Molybdänglanzeinsprengling aus dem Basalt des Bühls wird untersucht. Es handelt sich um einen Zwilling, bei dem beide Individuen parallel der Basis verwachsen sind u. ihre Nebenachsen Winkel von 30° miteinander bilden. Es wurden die Flächen (0 0 0 1), (1 0 $\bar{1}$ 5) u. (1 0 $\bar{1}$ 3) beobachtet. Die spektralanalyt. Unters. zeigte keinen W- u. Re-Geh., dafür aber ca. 0,3% Fe_2O_3. Ob das Fe das Mo im Gitter vertritt oder ob es sich um mkr. kleine Einschlüsse von *Magnetit* oder *Hämatit* handelt, konnte nicht entschieden werden. (Heidelberger Beitr. Mineralog. Petrogr. **3.** 406—08. 1953. Göttingen, Univ., Mineral.-Petrograph. Inst.) Hiller. 380

Albert Maucher, *Einige Bemerkungen zur Kieslagerstätte der Grube Bayerland bei Waldsassen.* Diskussion zu der C. **1954.** 1906 referierten Arbeit von H. Rechenberg. (Z. Erzbergbau Metallhüttenwes. **6.** 397—99. Okt. 1953. München.) Apel. 380

Heinz Meixner, *Entdeckung, Wiederauffindung und neue Beobachtungen am Zoisit–Zirkon-Vorkommen von der „Prickler Halt", Saualpe, Kärnten.* Vf. berichtet über die alten Mitteilungen über das Zoisit–Zirkon-Vork. von der „Prickler Halt", Saualpe, Kärnten, u. die Bemühungen zu seiner Wiederauffindung. Ebenso werden alte Mitteilungen u. neue Beobachtungen über die dort zu findenden Minerale wiedergegeben. (Berg- u. hüttenmänn. Mh. montan. Hochschule Leoben **97.** 205—10. Nov. 1952. Knappenberg, Lagerstättenunters. der Österr. Alpinen Montangesellschaft.) Hiller. 380

Ida Valeton, *Petrographie des süddeutschen Hauptbuntsandsteins.* Die Petrogenese des mittleren Buntsandsteins Süddeutschlands unter besonderer Berücksichtigung der grundwasserbedingten Mineral- u. Gesteinsveränderungen wird untersucht. Die Hauptminerale sind *Quarz, Feldspat, Glimmer* u. *Hämatit.* Die verschied. Profile zeigen verschied. Mineralzusammensetzung. Neben immer auftretendem Quarz hat feinkörniger Sandstein viel Glimmer u. Hämatit, nicht sehr viel Feldspat; mittelkörniger Sandstein wenig Glimmer u. Hämatit, verhältnismäßig viel Feldspat; grobkörniger Sandstein wenig bis kein Glimmer u. Hämatit, nicht sehr viel Feldspat. Die Tonlagen besitzen Quarz als Hauptbestandteil, daneben wenig Feldspat u. viel Glimmer u. in den feinsten Fraktionen Hämatit. An Schwermineralien wurden untersucht: *Zirkon, Turmalin, Rutil, Apatit, Ilmenit* u. *Magnetit.* Es wurde eine horizontale Differenzierung beobachtet. Im 2. Teil werden die Veränderungen durch prädiagenet. Verwitterung, Diagenese u. postdiagenet. Veränderungen, wie Grundwassertätigkeit u. Oberflächenverwitterung, besprochen. Bei ersterem Vorgang wird Feldspat kaolinisiert u. *Biotit* zersetzt. Aus dem Fehlen wasserhaltiger Minerale wird auf arides Klima geschlossen. Bei der Diagenese wurde in feinkörnigen Sandsteinen SiO_2 gelöst u. in grobkörnigen unter Wachstum von Quarz u. Feldspat ausgefällt. Durch Grundwassereinw. erfolgte Chloritisierung u. Kaolinisierung. (Heidelberger Beitr. Mineralog. Petrogr. **3.** 335—79. 1953. Hamburg, Geolog. Staatsinst.) Hiller. 385

L. C. Blakemore, *Der Chloridgehalt des in der Provinz Wellington aufgefangenen Regenwassers.* Auf dem 70—110 km breiten Südteil der Nordinsel von Neuseeland wurden auf 9 Stationen der Provinz Wellington in monatlichen Abständen Regenwasserproben aufgefangen, deren Geh. an Chlorid durch Titration nach Mohr bestimmt wurde. Unterss. über mehrere Jahre ergaben, daß der jährliche Nd. an Chlorid zwischen 6 g $NaCl/m^2$ bei den Stationen im Binnenland u. 39 g $NaCl/m^2$ bei den Küstenstationen schwankt. (New Zealand J. Sci. Technol., Sect. B **35.** Nr. 2. 193—97. Sept. 1953. Wellington, Soil Bureau, Dep. of Sci. and Ind. Res.) Schillbach. 393

Waldemar Ohle, *Der Vorgang rasanter Seenalterung in Holstein.* Die in den 20iger Jahren plötzlich eingetretene Alterung des Plöner u. anderer Holsteiner Seen von einem oligotrophen zu einem eutrophen Zustande wird untersucht. Da die Temp. u. Windverhältnisse sich in dem fraglichen Zeitraum nicht wesentlich geändert haben, suchte Vf. die Ursache in einer Änderung der chem. Zus., die auf kulturellen Ursprung zurückgeführt wird. Abwässer u. Bodenkultivierungen sind die auslösenden Faktoren, Phosphor- sowie Schwefelverbb. sind ihre wesentlichsten Komponenten. (Naturwissenschaften **40.** 153—62. März 1953. Plön, Holstein.) HILLER. 393

—, Fragen der Petrographie und Mineralogie. Band II. Moskau: Ausg. der Akad. der Wiss. der UdSSR. 1953. (494 S.) 29 Rbl. [russ.]

D. Organische Chemie.

D_1. Allgemeine und theoretische organische Chemie.

Gabriello Illuminati und **James S. Proctor,** *Eine empirische Regel über die Beziehung zwischen der Intensität der Ultraviolettabsorption und der Molekülstruktur von polysubstituierten Benzolen des Typus $C_6H_mX_n$.* Von den UV-Spektren des *1.2.4.5-, 1.2.3.5-* u. *1.2.3.4-Tetramethylbenzols* werden die Maxima mit ihren Extinktionskoeffizienten mitgeteilt. Aus den Ergebnissen läßt sich ableiten, daß die Bandenintensitäten um so höher sind, je mehr p-Stellungen im Benzolring durch Substituenten besetzt sind. Deshalb zeigt 1.2.4.5-Tetramethylbenzol die höchste Extinktion. (Gazz. chim. ital. **83.** 579—82. Juli/Aug. 1953. Roma, Univ., Ist. Chim. gen., Centro Chim. gen. del C. N. R.) GOUBEAU. D 118

H. N. Swamy, *Absorptionsspektren organischer Stoffe im flüssigen und festen Zustand.* 2. Mitt. *Kresole.* (1. vgl. Indian J. Physics Proc. Indian Assoc. Cultivat. Sci. **25.** [1951.] 262.) Im UV zwischen 2500 u. 2900 Å werden für *o-*, *m-* u. *p-Kresol* in fl. u. fester Form die Absorptionsspektren bei Tempp. bis —180° gemessen u. mit den Spektren der dampfförmigen u. in Hexan gelösten Stoffe verglichen. Die für alle 3 Kresole bei Verflüssigung beobachtete Verminderung der Bandenzahl wird auf einen Einfl. der therm. Stöße der umgebenden Moll. auf die Schwingung eines einzelnen Mol. u. die beobachtete Verschiebung der ν_0-Bande beim Übergang vom Gas zur Fl. nach langen Wellen einer Moll.-Assoziation in der Fl. zugeschrieben. Bei Verfestigung wird die Bandenzahl wieder erhöht u. die Banden nach kurzen Wellen verschoben. Begleitbanden der ν_0-Bande des p-Kresols stellen Übergänge zu höheren Harmonischen der Schwingungsfrequenz 825 cm^{-1} des Benzolkerns dar. Die Erhöhung der Elektronenenergie mit der Verfestigung kann mit einer Kontraktion des Mol. zusammenhängen, die auch für die Erhöhung einiger Schwingungsfrequenzen verantwortlich ist. Höhere Harmonische einiger Schwingungsfrequenzen sind beim festen p-Kresol erlaubt, vermutlich weil die Pseudosymmetrie des Mol. im Kristall etwas Zwischenraum zwischen den Benzolringen läßt u. Schwingungsübergänge zu höheren Quantenzuständen in diesem Fall möglich sind. (Indian J. Physics Proc. Indian Assoc. Cultivat. Sci. **26.** 119—25. März 1952. Calcutta, Ind. Assoc. for the Cultiv. of Sci., Opt. Dep.) RUDOLPH. D 118

H. N. Swamy, *Die Ultraviolettabsorptionsspektren organischer Stoffe im flüssigen und festen Zustand.* 4. Mitt. *Chlortoluole.* (3. vgl. Indian J. Physics Proc. Indian Assoc. Cultivat. Sci. **26.** [1952.] 233.) Die Messungen der Absorptionsspektren von *o-* (**I**) u. *m-Chlortoluol* (**II**) in dampfförmigem, fl. u. festem Zustand sowie von fl. u. festem *p-Chlortoluol* zwischen 3600 u. 4000 Å ergeben folgende spektralen Änderungen mit dem Wechsel des Zustandes: In allen Fällen verschieben sich bei Verflüssigung die Banden um mehr als 250 cm^{-1} nach langen Wellen u. bei Verfestigung u. Kühlung auf —180° die 0.0-Hauptbanden des **I** u. **II** um ca. 700 cm^{-1} nach kurzen Wellen, wobei gleichzeitig zwei schwache Satelliten zur Hauptbande auftreten. Die Bldg. breiter Banden u. die Verminderung ihrer Zahl bei Verflüssigung wird der Wrkg. der Translationsbewegung der Moll. in der Fl. zugeschrieben, wobei als Folge von Molekülstößen Übergänge zu höheren Schwingungsniveaus verhindert werden. Das Verh. der Banden bei der Verfestigung deutet auf die Bldg. virtueller Bindungen zwischen Nachbarmoll. im festen Zustand hin. (Indian J. Physics Proc. Indian Assoc. Cultivat. Sci. **26.** 445—51. Sept. 1952. Calcutta, Ind. Assoc. for the Cultiv. of Sci., Opt. Dep.) RUDOLPH. D 118

H. N. Swamy, *Absorptionsspektren organischer Stoffe im flüssigen und festen Zustand.* 6. Mitt. *Einige disubstituierte Benzole.* (4. vgl. vorst. Ref., 5. vgl. Indian J. Physics Proc. Indian Assoc. Cultivat. Sci. **27.** [1953.] 55.) Die Absorption im langwelligen UV wird an fl. u. festem *o-* (**I**) u. *p-Chlorphenol* (**II**) u. *o-* (**III**) u. *p-Bromtoluol* (**IV**) bei Tempp. bis —180° gemessen. Bei fl. u. festem **I** treten 3 Banden auf; die kurzwellige Verschiebung der Bande bei Verfestigung ist ca. 270 cm^{-1}. Fl. **II** besitzt 2, festes 3 Banden bei einer ν_0-Verschiebung bei Verfestigung nach kurzen Wellen um ca.

180 cm^{-1}. Übergang von gasförmigem zum fl. **II** bringt eine langwellige Verschiebung um ca. 150 cm^{-1}. Fl. **III** hat 3 Banden mit ν_0 bei 36450 cm^{-1} u. einem Frequenzabstand von 982 cm^{-1}. Festes **III** zeigt infolge Aufspaltung der Terme in 3 Komponenten 9 Banden. Verflüssigung verursacht langwellige ν_0-Verschiebung um 400 cm^{-1}, Verfestigung ν_0-Verschiebung nach kurzen Wellen um 726 cm^{-1}. Bei **IV** tritt keine Aufspaltung auf; die Verschiebungen sind ähnlich wie bei **III**. Die Verschiebungen deuten auf Bldg. virtueller Bindungen hin. (Indian J. Physics Proc. Indian Assoc. Cultivat. Sci. **27.** 119—25. März 1953. Calcutta, Ind. Assoc. for the Cultiv. of Sci., Opt. Dep.)
RUDOLPH. D 118

Ahmed Mustafa und **Mohamed Kamel,** *Thermochromie der Diaryldisulfide.* Nach einer Zusammenstellung der bisher bekannten Disulfide mit Thermochromieeffekten untersuchten Vff. als weitere Diaryldisulfide auf Thermochromie *α-Dinaphthyldisulfid, β-Dinaphthyldisulfid, 4.4'-Dicarbäthoxy-1.1'-dinaphthyldisulfid, 8.8'-Dioxy-1.1'-dinaphthyldisulfid* (**I**), *Dibenzoyl-8.8'-dioxy-1.1'-dinaphthyldisulfid* (**II**), *5.5'-Dimethyl-8.8'-dioxy-1.1'-dinaphthyldisulfid* (**III**), *Dibenzolsulfonyl-8.8'-diamino-1.1'-dinaphthyldisulfid* (**IV**) u. *9.9'-Dianthryldisulfid.* Lsgg. dieser Verbb. in Anisol oder Diphenyläther u./oder Benzoesäureäthylester zeigen thermochrome Eigg., die einer reversiblen therm. Dissoziation in freie Radikale zugeschrieben werden. — Verbb. **I**, **III** u. **IV** wurden durch Einw. von $Li(AlH_4)$ auf Naphthosulton, 4-Methylnaphthosulton bzw. N-Benzosulfonylnaphthosultam erhalten, **II** durch Einw. von Benzoylchlorid auf **I** bei Ggw. von Natronlauge. (Science [Washington] **118.** 411—13. 9/10. 1953. Cairo, Univ. Fouad I, Fac. of Sci., Dep. of Chem.)
MINSINGER. D 119

San-ichiro Mizushima, Takehiko Shimanouchi, Ichiro Nakagawa und **Akihisa Miyake,** *Die Struktur von Rotationsisomeren und die Frequenzen ihrer Normalschwingungen.* Es wird gezeigt, daß sich die Winkel, um die sich bei den einzelnen Rotationsisomeren die Gruppen um die Rotationsachse verdrehen, ziemlich genau ermitteln lassen aus dem Vgl. der beobachteten u. berechneten Frequenzen der Schwingungsspektren, bes. günstig aus den Deformationsschwingungen des Gerüstes. Analog zu der für Isotopen gültigen Produktenregel wird eine Produktenregel für Rotationsisomere aufgestellt, die sich gleichfalls zur Berechnung der Verdrehungswinkel eignet. Angewandt werden beide Verff. auf CH_2Cl-CH_2Cl, CH_2Br-CH_2Br, CD_2Br-CD_2Br, $CClH=CClH$, $CDCl=CDCl$, CH_2Cl-CH_2Br, CH_2Cl-CH_2J, $CH_2Cl-COCl$, $CH_2Br-COCl$, $CH_2Br-COBr$, CH_2Cl-CH_2OH. (J. chem. Physics **21.** 215—19. Febr. 1953. Tokio, Hongo, Univ., Fac. Sci., Chem. Labor.)
GOUBEAU. D 120

F. W. Parker, A. H. Nielsen und **W. H. Fletcher,** *Infrarotes Gitterspektrum von CH_3CN-Dampf.* (Sitzungsbericht.) Messung von Absorptionsbanden des CH_3CN im Bereich von 1,5—16 μ mit hoher Auflösung. Die Parallelbanden ν_4 (a_1) bei 920 cm^{-1} u. die Senkrechtbanden ν_7(e) u. ν_5(e) bei 1050 u. 3010 cm^{-1} wurden gut aufgelöst, die P- u. R-Zweige der 2 ν_8(A_1)-Bande bei 175 cm^{-1} teilweise. Eine Mehrfachreflexionszelle mit einer Äquivalentlänge von 20 m bei Drucken bis 60 Torr diente der Suche nach Kombinations- u. Oberschwingungsbanden. Die Banden bei 2100; 4000; 4400 u. 5600—6100 cm^{-1} wurden aufgelöst u. neue Banden bei 1800; 4160—4210; 4840; 5014; 5270; 5410; 5845; 5965 u. 6135 cm^{-1}, von denen einige Rotationsstruktur zeigen, aufgefunden. (Physic. Rev. [2] **91.** 235. 1/7. 1953. Univ. of Tennessee.)
EICHHOFF. D 120

Nelson Fuson, Marie-Louise Josien und **Conrade C. Hinds,** *Eine Infrarotanalyse der Valenzschwingungen von assoziiertem O—H und O—D bei einfachen Carbonsäuren.* (Sitzungsbericht.) Unters. der „Feinstruktur" der Valenzschwingungsbande von assoziierten Hydroxylgruppen mit einem Einstrahlspektrometer mit LiF-Prisma. Im Dampf- u./oder fl. Zustand wurden CH_3COOD, CF_3COOH u. CF_3COOD untersucht. Diskussion früherer Ergebnisse u. Deutungen im Zusammenhang mit den vorliegenden Resultaten u. Vorschlag einer neuen Erklärung für die „Feinstruktur". (Physic. Rev. [2] **91.** 234—35. 1/7. 1953. Fisk Univ.)
EICHHOFF. D 120

Robert James Lovell, *Eine Analyse des Infrarotspektrums von CF_3COCl.* (Sitzungsbericht.) Das Spektr. von CF_3COCl wurde im Bereich von 2—15 μ registriert. Es wurden 18 Banden beobachtet, von denen 6 für Grundschwingungen u. 12 für Ober- u. Kombinationsschwingungen gehalten werden. Das Mol. hat höchstens 1 Symmetrieebene u. wird der C_s-Punktgruppe zugeordnet. Von den 15 möglichen Grundschwingungen sind 10 Parallel (A')- u. 5 Senkrecht (A'')-Schwingungen. Nach den Auswahlregeln für diese Gruppe sind alle Schwingungen infrarotaktiv. Unter Benutzung der Daten aus Unterss. des Vf. der Infrarot- u. RAMAN-Spektren von CF_3COBr u. der bekannten Frequenzen charakterist. Gruppen wird versucht, eine Zuordnung im CF_3COCl-Spektr. zu treffen. (Physic. Rev. [2] **91.** 235—36. 1/7. 1953. Vanderbilt Univ.)
EICHHOFF. D 120

Bawa Kartar Singh und **Narinder Singh Kapur,** *Das Refraktionsdispersionsvermögen organischer Verbindungen. 5. Mitt. Die Refraktionsdispersion von Campher-β-sulfonsäuresalzen (d- und dl-) des Ammoniaks, der o-, m- und p-Aminobenzoesäure und des α- und β-Naphthylamins in wässerigen Lösungen.* Vff. untersuchen die Refraktionsdispersion der Salze der Campher-β-sulfonsäure mit den obengenannten Basen in wss. Lsg. bei 5 Wellenlängen. Es zeigt sich, daß die Ergebnisse befriedigend durch die Gleichung $n^2 = a^2 + b_0 \cdot \lambda^2/\lambda^2 - \lambda_0^2$ (b_0 = Refraktionskonstante; λ_0^2 = Dispersionskonstante) wiedergegeben werden können. Der Wert von λ_0, der Wellenlänge der „charakterist." Absorptionsbande, wurde errechnet u. steht mit dem aus der Rotationsdispersionsgleichung von DRUDE gefundenen in guter Übereinstimmung. Die Brechungsindices der Salze der d- u. dl-Formen sind identisch. — Vff. fassen ferner die Ergebnisse über den Einfl. auf λ_0 beim Ersatz eines H-Atoms im NH_3 durch die Phenyl-, α- u. β-Naphthyl- u. Pyridylgruppe u. den Einfl. von Substituenten (OCH_3, OH, Cl, Br, J, CH_3, H^+, COOH, $COCH_3$, CN, NO_2) u. deren Stellung in der Phenylgruppe des Anilinsalzes (vgl. l. c.) zusammen. Vff. weisen darauf hin, daß die Werte von λ_0 (charakterist. Absorptionsbanden der Verbb. im UV, errechnet aus Refraktions- bzw. Rotationsdispersionsmessungen im sichtbaren Bereich) übereinstimmen mit denjenigen, die man durch direkte Absorptionsmessungen erhält. In Fällen, wo diese Schwierigkeiten bereitet, kann daher die Best. durch Rotations- bzw. Refraktionsmessungen von Vorteil sein. (J. Indian chem. Soc. **29.** 49—55. Jan. 1952. Banaras, Hindu Univ., Organ. Chem. Res. Sect.) GRALHEER. D 119

Th. G. Scholte, *Bestimmung von Dipolmomenten aus Messungen an verdünnten Lösungen.* Ausgehend von der durch BÖTTCHER (Physica **9.** [1942.] 937) erweiterten ONSAGERschen Theorie hat Vf. die Formel zur Berechnung der Dipolmomente aus Messungen an Fll. dahingehend ausgestaltet, daß nichtsphär. Gestalt des Mol. in Rechnung gesetzt werden kann. Die auf dieser Grundlage aus Messungen in verd. Lsgg. bestimmten Dipolmomente stimmen, unter Verwendung älterer Messungen in den verschiedensten dipolfreien Lösungsmitteln, für die drei untersuchten Stoffe *Chlf., Nitrobenzol* u. *Chlorbenzol* mit den im Gaszustand bestimmten Momentwerten überein (1,04 u. 0,95—1,0; 4,31 u. 4,22 D bzw. 1,69 u. 1,70). (Recueil Trav. chim. Pays-Bas **70.** 50—56. Jan. 1951. Leiden, Univ., Labor. for anorg. and phys. Chem.) K. L. WOLF. D 132

José-Ignacio Fernández Alonso, *Die chemische Reaktionsfähigkeit und das Dipolmoment von Nitrobenzol.* Das Dipolmoment von *Nitrobenzol* wird nach einer modifizierten M.O.-Meth. berechnet zu 5,02 D. Die Rechnung ergibt weiter drei Anregungszustände, die wohl gleichzeitig angeregt werden bei Bestrahlung mit Licht an der Grenze zwischen Sichtbarem u. UV. In diesen Zuständen erscheinen die o- u. p-C-Atome als die elektronegativeren Zentren. (C. R. hebd. Séances Acad. Sci. **233.** 403—05. 30/7. 1951.) K. L. WOLF. D 132

R. C. Nelson, *Die Photoleitfähigkeit von einigen Triphenylmethanfarbstoffen.* Es wurde bei 25° die Photoleitfähigkeit (Dimension im Original nicht angegeben) von folgenden Verbb. bestimmt: *Kristallviolett* (I) 10^{-7}, *Malachitgrün* $5 \cdot 10^{-8}$, *Methylviolett* $3 \cdot 10^{-8}$, *Brillantviolett* $5 \cdot 10^{-8}$, *Parafuchsin* $2 \cdot 10^{-11}$, *Methylgrün* 10^{-13}, *Methylviolett-hydrochlorid* 10^{-13}, wobei diese Farbstoffe als dünne Filme auf Glas aufgezogen worden waren. Die geringe Leitfähigkeit der letzten beiden Verbb. wird auf die doppelte Ladung ihres Kations zurückzuführen sein. Nach dem von WARTANJAN (Журнал Физической Химии [J. physik. Chem.] **20.** [1946.] 1065) aufgestellten Gesetz über das Abklingen der Leitfähigkeit im Dunkeln: $1/k_0 - 1/k_t = Kt$ ergab sich bei gleichmäßiger Filmdicke u. unter Ausschluß von Photooxydation K konstant mit geringer Temperaturabhängigkeit, ferner $10^{-4}\,sec^{-1} < (K \cdot k_0) < 1{,}6 \cdot 10^{-3}\,sec^{-1}$ u. $10^{-11} < k_0 < 2 \cdot 10^{-6}$. Die Aktivierungsenergie für die Stromleitung beträgt 0,38—0,44 eV. Bei einer Beweglichkeit der Ladungsträger von 100 cm^2/Voltsek. u. einer mittleren Aktivierungsenergie von 0,4 eV werden 0,1 Ladungsträger pro absorbierten Lichtquant beim Primärprozeß in I erzeugt. Stromleitung durch Fehlstellen scheint vorzuherrschen. Als Mechanismus wird der Übergang der Ladungsträger vom konjugierten Doppelbindungssyst. in ein vermutlich eindimensionales Ionengitter angenommen, in dem die Bewegung der Ladung erfolgen soll. (J. chem. Physics **19.** 798. Juni 1951. Columbus, O., Univ., Dep. of Phys.) L. FISCHER. D 135

V. C. G. Trew, *Die diamagnetische Susceptibilität einiger Alkylbenzole und höherer aliphatischer Kohlenwasserstoffe.* Die magnet. Susceptibilität von n. Alkylbenzolen u. n. Paraffinen vom *Octan* bis *Undecan* u. einer Zahl von Isomeren mit verzweigten Ketten wurden mittels einer verbesserten Waage nach GOUY gemessen. Die Größe des CH_2-Inkrements wurde daraus bestimmt. Es ergab sich: $\chi_M(CH_2) = -11{,}69 \cdot 10^{-6}$.

Es besteht jedoch ein deutlicher „Endeffekt“ bei den Reihen der n. Paraffine in dem Sinne, daß zwischen früheren Gliedern der Reihe ein geringeres Inkrement erzeugt wird. Das Inkrement für die Kettenverzweigung hat die Werte χ_M = 1,37; 2,33 u. 3,04 für ein, zwei u. drei Verzweigungen. Mit steigender Anzahl von Verzweigungen scheint das Inkrement anzuwachsen bis auf einen mehr oder minder konstanten Wert. Diese magnet. Werte wurden in Verbindung gebracht mit Änderungen der D., des Brechungsindices, Mol-Vol. u. -Refraktion. Es besteht zwischen diesen Größen keine einfache Beziehung, aber das Anwachsen des Molvol. kann den „Endeffekt“ u. einen Teil der erhöhten Werte für den Diamagnetismus bei Kettenverzweigung erklären. Die Ergebnisse werden in bezug auf die Atomsusceptibilitätskonstanten von PASCAL diskutiert, u. es werden Werte für die Molsusceptibilität von charakterist. Gruppen, die für die Kettenverzweigung verantwortlich sind, vorgeschlagen. (Trans. Faraday Soc. **49**. 604—11. Juni 1953. London, Regent's Park, Bedford Coll.) v. HARLEM. D 137

Michel Gillois und **Paul Rumpf**, *Einfluß intramolekularer Effekte auf die Basizität einiger polysubstituierter Anilinderivate.* Vff. bestimmen aus der Abnahme der Extinktion des für die freie NH_2-Gruppe charakterist. Absorptionsmaximum (λ_m) bei der Salzbldg. durch spektrophotometr. Messungen die pK_H-Werte von Anilinderivaten. Die Meth. eignet sich gut für W. schwerlösl. Amine ($\Delta pK_H = \pm 0{,}02$), weniger gut für leicht oxydable Amine, die besser elektrometr. ($\Delta = \pm 0{,}05$) bestimmt werden. Ergebnisse (MI = spektrophotometr. Messung in MAC ILVAIN-Pufferlsg., S = in SÖRENSEN-Puffer, C = in 5%ig. H_2SO_4-Lsg. oder in W./HCl nach HAMMETT, E = elektrometr. Messung): *Anilin*, (λ_m in Å) 2800, ($\varepsilon \cdot 10^{-4}$) 0,148, ($pK_H^{25°}$) 4,58. — *o-Toluidin*, 2800; 0,174; 4,39. — *m-Toluidin*, $Kp._{760}$ 199—200°, 2815; 0,144; 4,66 (MI). — *p-Toluidin*, 2880; 0,141; 5,07. — *2.6-Dimethylanilin* (I), $Kp._{760}$ 212°, 2805; 0,370; 4,20 (MI). *Acetylderiv.*, F. 176° (MAQUENNE-Block). — *3.5-Dimethylanilin* (II), Kp. 220°, durch Acetylierung, Nitrierung, Desaminierung u. Red. von 2.4-Dimethylanilin, 2875; 0,135; 4,74 (E). *Acetyl-1.3.5-xylidin*, F. 140°. — *3.4.5-Trimethylanilin* (III), F. 78°, aus seiner *Acetylverb.*, F. 164,5°, diese aus Isophoronoxim (F. 74—75°). **III** ist sehr leicht oxydabel, 2900; 0,150; 5,09 (E). — *2.5-Dichloranilin* (**IV**), F. 50°, aus p-Dichlorbenzol durch Nitrierung u. Red. mit Sn + HCl, 2925; 0,285; 1,53 (S). — *o-Bromanilin*, aus dem Nitranilin; 2750; 0,220; 2,24 (MI). — *m-Bromanilin*, aus Nitranilin, 2950; 0,195; 3,23 (E). — *p-Bromanilin*, F. 63°; aus p-Bromacetanilid durch Hydrolyse, 2975; 0,180; 3,74 (MI); 3,71 (E). — *2.6-Dibromanilin* (**V**), F. 83°, aus Sulfanilsäure durch Bromierung u. Desulfonierung, 2925; 0,285; 0,35 (C_1); 0,35 (C_2). — *3.5-Dibromanilin* (**VI**), F. 56°, aus p-Nitranilin durch Bromierung, Diazotierung, Eliminierung der Diazoniumgruppe u. Red., 2930; 0,203; 2,36 (MI). — *4-Brom-2-methylanilin*, F. 59,5°, aus Acetyl-o-toluidin durch Bromierung in CH_3COOH u. Desacetylierung, 2925; 0,175; 3,58 (MI). — *3-Brom-4-methylanilin* (**VII**), $Kp._{15}$ 128°, aus 5-Nitro-2-methylanilin durch Zers. des Diazopiperidids durch konz. HBr (SANDMEYER-Rk. schlechte Ausbeute) u. Sn/HCl-Red. des 2-Brom-3-methylnitrobenzols (F. 77°; Ausbeute 65 bis 70%), 2980; 0,215; 3,96 (MI), 3,98 (E). — *2.6-Dibrom-4-methylanilin* (**VIII**), F. 79°, aus p-Toluidin durch Bromierung in wss. CH_3COOH, 3000; 0,316; 0,64 (C). — *3.5-Dibrom-4-methylanilin* (**IX**), F. 88°, aus Nitrotoluol durch Bromierung in Ggw. von Ferribromid zu 2.6-Dibrom-4-nitrotoluol u. Red. mit Sn/HCl, 2975; 0,398; 2,74 (MI). — *2.6-Dimethyl-4-bromanilin* (**X**), F. 50°, aus **I** durch Acetylierung, Bromierung in CH_3COOH u. Desacetylierung mit H_2SO_4, 2875; 0,170; 3,54 (MI). *Bromacetylderiv.*, F. 198°. — *2.6-Dimethyl-4-bromdimethylanilin* (**XI**), $Kp._{14}$ 125°, aus vorst. Verb. durch Methylierung mit CH_2O in $CH_3COOH/HCOOH$, 2700; 0,260; 4,32 (MI). — *p-Nitranilin*, F. 148°, 3800; 1,36; 1,16 (S). — *4-Nitro-2-methylanilin*, F. 127°, aus Acetyl-o-toluidin durch Nitrierung u. Desacetylierung (Entfernung des *6-Nitro-2-methylanilins*, F. 96°, durch Vakuumsublimation), 3850; 0,605; 1,03 (S u. C). — *4-Nitro-3-methylanilin* (**XII**), F. 135°, wie vorst. aus m-Toluidin, 3800; 0,600; 1,58 (S). — *4-Nitro-2.6-dimethylanilin* (**XIII**), F. 158°, nach IBBOTSON u. KENNER [1923], 3875; 0,450; 0,95 (S u. C). — *4-Nitro-3-methylphenol*, F. 124°, aus **XII** durch Diazotierung u. Hydrolyse. — *4-Nitro-3.5-dimethylanilin* (**XIV**), F. 133°, aus **II** durch Nitrierung (Entfernung des o-Nitroprod. durch Kristallisation in Ligroin), 3850; 0,410; 2,49 (S). — *4-Oxyanilin*, F. 189°, 2850; 0,195; 5,31 (E). — *3.5-Dibrom-4-oxyanilin* (**XV**), F. 193° (Zers., MAQUENNE-Block), durch Bromierung von p-Nitrophenol u. RANEY-Ni-Red. bei 30—40°, 3150; 0,235; 3,14 (MI). — *4-Methoxyanilin*, 2900; 0,080; 5,29. — *3-Brom-4-methoxyanilin* (**XVI**), F. 64°, aus o-Anisidin über o-Bromanisol ($Kp._{760}$ 204°) durch Nitrierung in CH_3COOH <30° u. Red. des 3-Brom-4-methoxynitrobenzols (F. 106°) mit Sn + HCl, an der Luft schnell gelb werdende Plättchen, 3070; 0,285; 4,06 (MI); 4,02 (E). — *3.5-Dibrom-4-methoxyanilin* (**XVII**), F. 66°, aus p-Nitrophenol durch Bromierung zu 2.6-Dibrom-4-nitrophenol (F. 143°), Methylierung mit CH_3J u.

Ag_2O zu 4-Nitro-2.6-dibromanisol (F. 126°, Rk. gelingt nicht mit Methylsulfat, Äther zers. sich schnell in alkal. Medium u. ist empfindlich gegen starke Säuren) u. RANEY-Ni-Red., 3025; 0,492; 2,94 (MI). — *3-Methyl-4-nitrophenol*, 3050; 0,700; 7,58 (E). — *4.4'-Bis-dimethylaminotriphenylcarbinol*; 6200; 4,60 (durch Extrapolation, Messung vgl. RUMPF u. GILLOIS, Bull. Soc. chim. France, Mém. [5] **21.** [1954.] 118); 6,9 (MI, bei $p_H = 2,38$). — *4.4'-Bis-dimethylamino-3''-bromtriphenylcarbinol*, aus Dimethylanilin u. m-Brombenzaldehyd durch PbO_2-Oxydation der Leukobase, 6250; 4,10 (durch Extrapolation); 6,23 (MI, bei 23,5° u. p_H 3,03). — Vff. untersuchen, ob die pK_H-Werte polysubstituierter Arylamine allg., wie oft angenommen, aus den entsprechenden Werten einfacher substituierter Derivv. additiv errechenbar sind. Sie stellen fest, daß dies bei di- u. trisubstituierten Anilinderivv. oft nicht der Fall ist. So ist **III** schwächer bas. (pK_H 5,09) als erwartet (5,23). Da der Effekt bei **I** u. **II** nicht auftritt, erklären Vff. dies mit einer Hinderung der Hyperkonjugationsfähigkeit der p-Methylgruppe. Auch bei **IV**, **V**, **VI** u. **VIII** sind die pK_H-Werte nicht additiv errechenbar. Da bei **X** eine Erklärung durch o-Effekt oder ster. Hinderung nicht möglich ist, muß eine Überlagerung des Feldeffektes mit dem Hyperkonjugationseffekt angenommen werden. Letzterer wird durch zur 4-Stellung benachbartes Br begünstigt (**VII** u. **XVI** sind basischer als erwartet). Doppelte Substitution in Nachbarstellungen stört dagegen durch ster. Hinderung die Hyperkonjugation, die Basizität ist daher bei **IX** u. **XVII** schwächer als erwartet. Daß der Effekt bei **XVII** klein ist, erklären die Vff. durch einen restlichen günstigen Einfl. der Br-Atome. Die ster. Hinderung tritt bei **XV** nicht ein, der pK_H-Wert ist daher additiv errechenbar, sonderbarerweise verschwindet aber auch der günstige Einfl. der Br-Substitution. Dies könnte auf eine Veränderung der Bindungslängen hindeuten. — **X** u. **XIII** sind basischer als erwartet. Hier schirmen die Methylgruppen den Feldeffekt der Br- oder NO_2-Gruppe ab. Die zu große Basizität von **XI** folgt wieder aus ster. Hinderung der Hyperkonjugation. Beim Übergang zum Aminderiv. herrschen wieder n. Verhältnisse. Analog wird die Konjugationsfähigkeit der NO_2-Gruppe in **XII** u. **XIV** ster. gehindert. Beide Verbb. sind basischer als erwartet. Jedoch ist die Art der ster. Hinderung bei 3.5-Disubstitution eine andere als bei einfacher vicinaler Substitution zur 4-Stellung. Denn *m-Kresol*, *Phenol* u. *3.5-Dimethylphenol* sind fast gleich stark sauer ($pK_H \sim 10$), während *p-Nitrophenol* u. *4-Nitro-3-methylphenol* (pK_H 7,2—7,5) viel stärker sauer sind als *4-Nitro-3.5-dimethylphenol* (pK_H 8,2). Vielleicht ist die durch Deformation der ($C_{Ar}—C_{Ar}$)—(C_{Ar}-Substituent)-Valenzwinkel zu erklären. Anschaulich ist, daß durch die Deformierbarkeit der Atomhüllen (die bei den üblichen Modellen nicht zum Ausdruck kommt) die ster. Einflüsse einer 3.5-Disubstitution auf den 4-Substituenten stärker zur Geltung kommen als bei einfacher Substitution. Bei den Triphenylcarbinolderivv. ist der Einfl. des m-Br-Atoms auf die Basizität der Carbinolfunktion nicht ident. mit seinem Einfl. auf die NH_2-Gruppe, da verschied. Ionisationsmechanismen der Carbinol- u. Amingruppe vorliegen. (Bull. Soc. chim. France, Mém. [5] **21.** 112—18. Jan. 1954. Bellevue, Centre d'Études et de Rech. de Chim. Org. Appl., Labor. du C. N. R. S.) LIEBIG. D 139

J. Koryta, *Über den Einfluß der Farbstoffe der Eosingruppe auf die reversible Oxydoreduktion an der tropfenden Quecksilberelektrode.* Vf. untersucht den Einfl. des *Eosins*, *Erythrosins* u. des *Rose bengale* auf die Depolarisation reversibler Redoxsysteme (*Chinon–Hydrochinon*) an der Hg-Tropfelektrode u. stellt in Übereinstimmung mit früheren Autoren fest, daß es erst von bestimmten Farbstoffkonzz. an, bei welchem sich ein adsorbierter Film an der Elektrode ausbildet, zur Erniedrigung des einem reversiblen Vorgang entsprechenden Stromes kommt, u. daß die Diffusion des Farbstoffes zur Elektrode über die Geschwindigkeit der Filmbldg. entscheidet. Für die Abhängigkeit der Höhe der herabgesetzten Stufe i_1 von der Tropfdauer t_1 u. der Farbstoffkonz. c_a wird die Beziehung $i_1 \sim t_1^{-1} c_a^{-7/6}$ abgeleitet. (Collect. czechoslov. chem. Commun. **18.** 206—13. April 1953. Prag, Polarograph. Zentralinst.)

NIEMITZ. D 142

F. H. Stross und **S. T. Abrams,** *Thermische Analyse des Systems Natriumstearat–Cetan.* Durch differentielle therm. Analyse u. Beobachtung in polarisiertem Licht wird ein Phasendiagramm des obigen Syst. aufgestellt. Es wird gefunden, daß geringste H_2O-Mengen störend wirken u. die Seife absol. trocken sein muß. Unterhalb 140° findet keine merkliche Wechselwrkg. zwischen Seife u. Medium statt. Bei höheren Tempp. werden jedoch die Umwandlungstempp. der Seife durch Lösungsmittelzusatz herabgesetzt, die Herabsetzung ist im ganzen untersuchten Konzentrationsbereich konstant. Mischungslücken werden nicht gefunden. Die Umwandlungswärmen werden angegeben. (J. Amer. chem. Soc. **73.** 2825—28. Juni 1951. Emeryville, Calif., Shell Developm. Comp.) W. KAUFMANN. D 150

Stewart Haynes jr. und **Matthew Van Winkle,** *Dampf–Flüssigkeit-Gleichgewicht des Naphthalin-n-Tetradecan-Systems bei Drucken unter 1 Atmosphäre.* Die Unterss. hatten den Zweck, die Wrkg. von KW-stoffen auf das Dampf–Fl.-Gleichgewicht von höhersd. KW-stoffen zu prüfen. Die Dampf–Fl.-Gleichgewichtseigg. des Syst. *Naphthalin-n-Tetradecan* wurden bei Hg-Drucken von 760, 400, 200, 100, 50 u. 20 mm Hg bestimmt. Graph. u. tabellar. Resultate im Original zeigen, daß sie im allg. der Richtung der „thermodynam. Konsistenz"-Gleichung, die auf die GIBBS-DUHEM-Beziehungen aufgebaut ist, folgen. (Ind. Engng. Chem. **46.** 334—38. Febr. 1954. Austin, Tex., Univ.) K. O. MÜLLER. D 150

M. Szwarc, *Tafeln der Bildungswärmen und Ionisierungspotentiale von Kohlenwasserstoffradikalen.* (Vgl. SZWARC, C. **1951.** II. 3570; ROBERTS u. SKINNER, Trans. Farad. Soc. **45.** [1949.] 339.) Vf. gibt eine tabellar. Zusammenstellung der neuesten Daten für Bindungsdissoziationsenergien, Bildungswärmen u. zum Teil Ionisierungspotentiale (I^z) der nachst. freien Radikale: $CH_3\cdot$, D 101—102 kcal/Mol, ΔH_D 31 bis 32 kcal/Mol (für alle folgenden in gleicher Anordnung). — $C_2H_5\cdot$, 96—97, 24—25. — *n*-$C_3H_7\cdot$, ~99?, ~22?, I^z 7,5$_7$ eV/Molekül. — *iso*-$C_3H_7\cdot$, ~94, ~17. — *n*-$C_4H_9\cdot$, ~101?, ~19?. — *tert.*-$C_4H_9\cdot$, ~88, ~4,5. — $C_2H_3\cdot$, 92—104, 52—64. — $CH_2=CH-CH_2\cdot$, 77—78, 29,5—30,5, I^z 9,0$_5$. — $CH_2=C(CH_3)-CH_2\cdot$, ~76, ~20. — $HC\equiv C\cdot$, < 121, ~120?. — $C_6H_5\cdot$, 104?, ~72? — $C_6H_5-CH_2\cdot$, 77,5, 37,5. — *p*-$CH_3-C_6H_4-CH_2\cdot$, 75, 27. — *m*-$CH_3-C_6H_4-CH_2\cdot$, 77,5, 29,5. — *o*-$CH_3-C_6H_4-CH_2\cdot$, ~74, ~26,5. — $C_6H_5\cdot CH(CH_3)$, ~74, ~29. — $C_6H_5-\cdot C(CH_3)_2$, ~71, ~20. — *p*-$CH_3-C_6H_4-\cdot CH(CH_3)$, ~74, ~21. — $(C_6H_5)_2CH\cdot$, ~72, ~53. — $(C_6H_5)_3C\cdot$, 75, —. — *α-Naphthylmethyl,* ~76, —. — *β-Naphthylmethyl* ~76, —. (Discuss. Faraday Soc. Nr. **10.** 336—38. 1951. Manchester, Univ., Chem. Dep.) G. WINKLER. D 156

R. Ruyssen und **J. Maebe,** *Das Löslichmachen von Cholesterin in Natriumdodecylsulfat- und Natriumdesoxycholatlösungen.* Das Löslichmachen (**L.**) wird als eine Komplexbldg. eines unlösl. Stoffes mit den Micellen der amphipath. Verb. u. Bldg. eines homogenen Lösungssyst. dargestellt, wobei die krit. Konz. der Micellenbldg. mit der krit. Konz. des **L.** zusammenfällt. Verschied. Typen werden beschrieben. Die Systeme mit gelöstem *Cholesterin* (**I**) gehören zu dem Typ, bei dem die Konz. in den Micellen proportional der Konz. des tensioakt. Stoffes ist. Das L. von **I** in Lsgg. von Na-Dodecylsulfat u. -Desoxycholat (**II**) verschied. Konzz. wird turbidimetr. gemessen. Die Systeme stimmen in elektrolyt. Zus., Ionenstärke u. p_H mit den hämolyt. Systemen dieser amphipath. Stoffe überein. Das L. in **II** entspricht den Bedingungen einer unveränderlichen Micelle ohne interlamellare Durchdringung u. Veränderung des Lösungsvermögens. Das gefundene Verhältnis ist fast konstant u. beträgt **I** : **II** = 1 : 30 Moleküle. Dieses Verhältnis besteht für andere hämolysierendes Stoffe nicht, so daß die Löslichkeit von **I** aus den roten Blutzellen nicht als der einzig mögliche Mechanismus der Hämolyse angesehen werden kann. (Meded. Kon. vlaamse Acad. Wetensch., Letteren schone Kunsten België, Kl. Wetensch. **15.** Nr. 6. 3—16. 1953. Gent, Rijksuniv., Pharm. Inst. en Labor. voor phys. Biochem.) WESLY. D 162

L. G. Longsworth, *Diffusionsmessungen an wässerigen Lösungen von Aminosäuren, Peptiden und Zuckern bei 25°.* (Vgl. C. **1953.** 5154.) Unter Benutzung des l. c. beschriebenen Verf. der freien Diffusion bei einer anfänglich scharfen Trennlinie zwischen Lsg. u. Lösungsm. wird die zeitliche Ausbreitung der Grenze mit Hilfe der RAYLEIGHschen Interferenzstreifen verfolgt, u. es werden so die Diffusionskoeffizienten von Aminosäuren, Peptiden u. Zuckerarten bei 25° bestimmt. Geprüft werden folgende Stoffe: *Glycin, Diglycin, Triglycin, Glucose, Rohrzucker, Raffinose, α-* u. *β-Alanin, Sarkosin, Serin, α-Aminobuttersäure, α-Aminoisobuttersäure, Threonin, Norvalin, Valin, Leucin, Norleucin, Asparagin, Glutamin, Prolin, Oxyprolin, Histidin, Phenylalanin, Tryptophan, Glycylalanin, Alanylglycin, Glycylleucin, Leucylglycin, Leucylglycylglycin* sowie *o-, m-* u. *p-Aminobenzoesäure.* Die Ergebnisse bei den untersuchten Stoffen werden im Hinblick auf den Einfl. verschied. Faktoren, wie Polymerisation, Kettenlänge, Verzweigung u. Polarität auf den Diffusionskoeff. erörtert, u. die Ergebnisse werden mit Hilfe der STOKES-EINSTEINschen Beziehung u. der scheinbaren Mol-Voll. zu deuten versucht. Anhangsweise wird der Fall einer nicht idealen, sondern einer gewölbten Grenzlinie (nicht-GAUSSsche Verteilung) behandelt. (J. Amer. chem. Soc. **75.** 5705 bis 5709. 20/11. 1953. New York, N. Y., Rockefeller Inst. Med Res.) HENTSCHEL. D 171

Masao Atoji, Tsutomu Oda und **Tokunosuke Watanabe,** *Über die Kristallstruktur von kubischem Hexachloräthan.* Die kub. Form von Hexachloräthan entsteht aus einer monoklinen Form beim Erhitzen über 71,4°. Pulver- u. Einkristallaufnahmen bei 105 u. 145° ergeben a = 7,51 bzw. a = 7,6 Å. Mögliche Raumgruppen sind T_d^2 — $I\bar{4}3m$, O — I 4 3 oder Q_h^9 — I m 3 m, von denen die letzte der Strukturunters.

zugrunde gelegt wurde. Verschied. Modelle wurden durchgerechnet, von denen die folgenden drei gute Übereinstimmung zwischen beobachteten u. berechneten F-Werten ergaben: 1. die C—C-Achse ist statist. auf die 4 Raumdiagonalen verteilt, während die Cl-Atome behinderte Rotation zeigen; 2. freie Rotation der langen Cl—Cl-Achsen, wobei diese Achsen mit gleicher Wahrscheinlichkeit parallel [1 0 0], [0 0 1] u. [0 1 0] gewählt wurden, u. 3. statist. Modell mit C—C wie in 1. u. Verteilung der Cl-Atome über die Lagen von 96 (e) in O_h^9. Aus physikal. Gründen wird das erste Modell als das wahrscheinlichste angesehen. (Acta crystallogr. [Copenhagen] **6**. 868. 10/11. 1953. Osaka, Univ., Fac. of Sci.) GOTTFRIED. D 195

F. J. Baur, *Kristallines Triacetin.* Vf. konnte zeigen, daß Triacetin aus seiner 50%ig. Lsg. in 90%ig. A. bei -18^0 leicht krist. erhalten werden kann. Die Kristallisation kann durch HENGAR-Granulat, Glaswolle oder ähnliches beschleunigt werden. An einem durch fraktionierte Dest. gereinigten Präp. wurde der F. zu $4{,}1^0$ (korr.) bestimmt. Eine Röntgenaufnahme der Substanz bei -70^0 wird wiedergegeben. (J. physic. Chem. **58**. 380. April 1954. Cincinnati, O., Procter u. Gamble Co., Chem. Div.) SIEWERT. D 195

Maryon W. Dougill und **G. A. Jeffrey,** *Die Struktur von Oxalsäuredimethylester.* Oxalsäuredimethylester krist. aus Methylalkohol in weichen u. flüchtigen monoklinen Prismen. Die Elementarzelle hat die Dimensionen $a = 3{,}90 \pm 0{,}04$ Å; $b = 11{,}88 \pm 0{,}04$ Å; $c = 0{,}21 \pm 0{,}04$ Å; $\beta = 103{,}1 \pm 0{,}5^0$. Raumgruppe ist P 2n/n; Z = 2. Aus FOURIER-Analysen ergaben sich die folgenden Parameter (wegen der Bezifferung vgl. die nebenst. Figur): C_1: (x =) 0,095; (y =) 0,052; (z =) 0,056; C_2: 0,272; 0,143; 0,405; O_1: 0,244; 0,119; —0,031; O_2: 0,095; 0,051; 0,267. Mit diesen Parametern erhält man die Abstände $C_1—C_1' = 1{,}53$ Å; $C_1—O_1 = 1{,}19$ Å; $C_1—O_2 = 1{,}31$ Å; $C_2—O_2 = 1{,}46$ Å. In dem Gitter hat das Mol. eine planare trans–trans-Konfiguration. Die Moll. liegen in zwei Ebenen, die abwechselnd unter etwa rechten Winkeln gegeneinander geneigt sind. Von den 4 intermol. Abständen, welche kürzer als 3,95 Å sind, entsprechen 3 der Koordination von Carbonyl-O-Atomen um eine CH_3-Gruppe, u. zwar fast genau in den Richtungen der C—H-Bindungen. Es wird angenommen, daß nur eine schwache Assoziation oder Polarisationsbindung zwischen den Carbonyl- u. CH_3-Gruppen besteht, woraus sich auch der niedrige F. von 54^0 erklären läßt. Die H-Atome konnten nicht genau festgelegt werden; die CH_3-Gruppe kann entweder frei rotieren oder ist auch partiell durch das elektrostat. Feld der O-Atome begrenzt. (Acta crystallogr. [Copenhagen] **6**. 831—37. 10/11. 1953. Leeds, Univ., Dep. of Inorg. and Phys. Chem.) GOTTFRIED. D 195

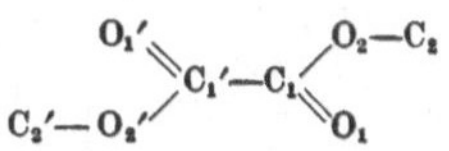

J. Drenth, W. Drenth, Aafje Vos und **E. H. Wiebenga,** *Über die Kristallstruktur von Guanidiniumbromat.* Unter Bezugnahme auf eine röntgenograph. Unters. von THEILACKER (vgl. Z. Kristallogr., Mineralog., Petrogr., Abt. A. **90**. [1935.] 51) über das Guanidiniumjodid, in der für den C—N-Abstand der sehr niedrige Wert von 1,18 Å gefunden worden war, untersuchten die Vff. die Struktur von Guanidiniumbromat. Das Salz bildet Zwillinge mit gemeinsamen a- u. b-Achsen u. verschied. c-Achsen. Die Aufnahmen ergaben scheinbar monokline Symmetrie mit den Dimensionen $a = 3{,}77$ Å; $b = 33{,}46$ Å; $c = 9{,}11$ Å; $\beta = 99^0$ u. Z = 8. Aus Auslöschungen muß auf Zentrierung der Fläche (0 0 1) geschlossen werden, die PATTERSON-Synth. der Projektion [1 0 0] führte auf die Raumgruppe C c. Dem widersprechen jedoch einzelne beobachtete Basisreflexe, woraus sich nur trikline Symmetrie ergeben würde. Hiermit in Widerspruch stehen beobachtete Intensitätsgleichheiten. Diese Diskrepanz läßt sich vielleicht durch eine zweite Art von Zwillingsbldg. erklären. Unter vorläufiger Annahme monokliner Symmetrie ergab eine PATTERSON-Synth. die Lage der Br-Atome, die mit der Raumgruppe C c in Übereinstimmung ist. Mittels der Vektorkonvergenzmeth. von BEEVERS u. ROBERTSON erschien auf der [1 0 0]-Projektion ein dreieckiges Guanidiniumion u. die 3 O-Atome der BrO_3-Gruppe. Unter der Annahme eines flachen trigonalen Guanidiumions ergab eine FOURIER-Synth. für den Abstand C—N einen Wert von 1,34 Å. (Acta crystallogr. [Copenhagen] **6**. 424. 10/5. 1953. Groningen, Rijks Univ., Labor. voor Anorgan. en Phys. Chem.) GOTTFRIED. D 195

B. C. Spall, F. J. Stubbs und **Cyril Hinshelwood,** *Der Einfluß von Stickoxyd auf die beiden entgegengesetzten Reaktionen des Gleichgewichts $C_2H_6 \rightleftharpoons C_2H_4 + H_2$.* INGOLD, STUBBS u. HINSHELWOOD (Proc. Roy. Soc. [London], Ser. A **203**. [1950.] 486) zeigten, daß die Zers. des C_2H_6 teils eine Radikalketten-Rk., die sich durch NO hemmen läßt, u. teils eine mol. Rk. ist, die bei höheren Drucken 1. Ordnung ist, unterhalb 150 mm aber zur 2. Ordnung übergeht. Die Kombination $C_2H_4 + H_2$ ist nun entsprechend komplex. — Die Anfangsgeschwindigkeit der C_2H_6-Zers. bei 630^0 u. 200 mm wird durch Zusatz von NO herabgesetzt, größere Mengen NO führen zu einer Grenzgeschwindigkeit, die durch weiteren Zusatz nicht mehr unterschritten wird, u. die auch erreicht wird, wenn von vornherein 137 mm H_2 bzw. C_2H_4 zugesetzt werden. Unter denselben Bedingungen führt bei der Rk. $C_2H_4 + H_2$ (je 137 mm) der Zusatz von NO zu einer unteren Grenze der Anfangsgeschwindigkeit (bei ca. 10% NO im Gemisch), die der der C_2H_6-Zers. prakt. gleich ist, jedoch bei größeren Mengen NO wieder schwach steigt. Die „Inhibitionskurven" (Hemmung als Funktion des NO-Druckes) für die Hin- u. die Rück-Rk. sind nur annähernd gleich. Die Abweichungen beruhen darauf, daß die C_2H_6-Zers. durch H_2 beschleunigt u. durch C_2H_4 gehemmt wird, der Einfl. von C_2H_6 auf die $C_2H_4 + H_2$-Kombination jedoch wahrscheinlich viel geringer ist. Als Ketten-Rkk. könnten auftreten $H + C_2H_4 \rightarrow C_2H_5$ u. $C_2H_5 + H_2 \rightarrow C_2H_6 + H$, die bei der C_2H_6-Zers. umgekehrte Richtung haben. — Die durch NO-Zusatz erreichten Grenzen der Anfangsgeschwindigkeit, die für Hin- u. Rück-Rk. gleich sein müßten, waren 4,0 — für die C_2H_6-Zers. — u. 5,1 mm/Min. für die Rk. $C_2H_4 + H_2$. Um letztere Rk. auf 4,0 mm/Min. zu reduzieren, müßten $p_{C_2H_4} = p_{H_2} = 106$ mm angewandt werden. Nach den von KISTIAKOWSKY u. NICKLE (Discuss. Faraday Soc. Nr. **10.** [1951.] 175) angegebenen Gleichgewichtskonstanten hätten die Drucke jedoch je 96 mm sein müssen. Die irreversible CH_4-Bldg. aus C_2H_6 spielt hier keine wesentliche Rolle. Die gehemmte C_2H_6-Zers. ist bei Drucken oberhalb 150 mm ziemlich genau 1. Ordnung. Die Geschwindigkeit der Rück-Rk. ist in Ggw. von überschüssigem NO annähernd proportional dem Prod. $p_{C_2H_4} \cdot p_{H_2}$, u. ist, außer bei niedrigen Drucken, 2. Ordnung. Messungen bei Tempp. zwischen 610 u. 660° zeigen, daß, wenn $p_{C_2H_4} = p_{H_2} = 100$ mm u. kleiner, die Reaktionsordnung etwas ansteigt, u. auch entsprechend die Ordnung der Hin-Rk. unterhalb ca. 150 mm ansteigt. In Abwesenheit von NO wird die Ketten-Rk. bei der C_2H_6-Zers. abhängig von p_{H_2} u. $p_{C_2H_4}$. Die ungehemmte Kombinations-Rk. wurde mit $p_{C_2H_4} = 200$ u. p_{H_2} zwischen 50 u. 400 mm untersucht u. die Ordnung bzgl. H_2 zu 1,02 gefunden; ebenso mit $p_{H_2} = 200$ u. $p_{C_2H_4}$ zwischen 50 u. 400 mm die Ordnung bzgl. C_2H_4 zu 0,76. Für die Rk. $C_2H_4 + H_2$ ergibt sich daher die Ordnung 1,78, die, wie Verss. zeigten, oberhalb 300 mm (für jedes Gas), nahezu 2 wird. — Die Aktivierungsenergien (E) für beide Rkk. (in Ggw. von NO) u. ihre Differenz ($\Delta H = -33{,}6$ kcal/gMol) wurden berechnet. Für die ungehemmte Kombinations-Rk. wurde E = 52,4 kcal/gMol gefunden. — Die Reaktionsgeschwindigkeiten wurden aus der anfänglichen Druckabnahme bestimmt. (Proc. Roy. Soc. [London], Ser A **218.** 439—49. 23/7. 1953. Oxford, Univ., Phys. Chem. Labor.)

CLEVE. D 221

C. J. Danby, B. C. Spall, F. J. Stubbs und **Cyril Hinshelwood,** *Die irreversible Bildung von Methan im System Äthan–Äthylen–Wasserstoff.* Die irreversible Bldg. von CH_4 im Syst. $C_2H_6 \rightarrow C_2H_4 + H_2$ wurde durch massenspektrometr. Analysen u. mit kinet. Methoden untersucht. CH_4 entsteht aus C_2H_6 durch eine monomol. Rk., die durch NO nur wenig gehemmt wird, u. aus C_2H_4 durch eine Rk. 2. Ordnung. Verss. wurden ausgeführt bei 630° mit 337 mm C_2H_6 in Ggw. von 66 mm NO, wobei die Abnahme von C_2H_6 u. NO u. die Bldg. von H_2, C_2H_4, CH_4 u. HCN gemessen wurden (C_2H_4 erreicht nach 20 Min. ein Maximum u. nimmt dann, vermutlich infolge Selbstzers. wieder ab), ferner mit je 337 mm C_2H_4 u. H_2 in Ggw. von 66 mm NO. Bei verschied. Anfangsdrucken wurden die C_2H_6-Zers. mit u. ohne NO-Zusatz untersucht u. für die Geschwindigkeit der CH_4-Bldg. eine Gleichung aufgestellt. Entsprechend wurde die CH_4-Bldg. aus C_2H_4 allein bzw. aus $C_2H_4 + H_2$ gemessen; in Ggw. von H_2 verlief sie etwas schneller. Die Geschwindigkeitskonstanten wurden berechnet. — Das NO wurde bei den Verss. in Ggw. von C_2H_6 wesentlich schneller verbraucht, als dies in Ggw. anderer Paraffine beobachtet worden ist. Im Anfangsstadium der C_2H_6-Zers. wurde ca. doppelt so viel NO verbraucht, wie CH_4 gebildet wurde. Dagegen entsprach die CH_4-Bldg. aus C_2H_4 (mit oder ohne H_2) dem NO-Verbrauch. — Vff. nehmen an, daß für die CH_4-Bldg. aus C_2H_6 hauptsächlich die Gleichung $C_2H_6 \rightarrow CH_4 + CH_2$ in Frage kommt u. der Verbleib des CH_2 von den Umständen abhängt. Aus dem $C_2H_4 + H_2$-Gemisch tritt CH_4 nach einer prim. Kondensation des C_2H_4 aus dem entstandenen Polymeren aus, worauf weiterhin Kondensation u. CH_4-Austritt erfolgen, wobei schließlich ein kohleartiges Prod. gebildet wird (das auch im Reaktionsgefäß beobachtet wurde). Merkliche Mengen Bzl. werden von einigen dieser Zwischenstufen gebildet. Die Mengen der Hauptprodd. sind im Anfangsstadium der Rkk. im allg. den Druckänderungen annähernd proportional. Eine Reihe von Gleichungen für die in Frage kommenden Rkk. wurden aufgestellt. (Proc. Roy. Soc. [London], Ser. A **218.** 450—64. 23/7. 1953. Oxford, Univ., Phys. Chem. Labor.)

CLEVE. D 221

Antonio Foffani und **Alda Stuparich,** *Ultraviolettabsorptionsspektren, Gleichgewichte und Umwandlungskinetik der „gelben" und „roten" Form einiger Formazane.* 1. Mitt. *C-Äthyl-N.N'-diphenylformazan in Äthylalkohol–Benzol-Gemischen. Untersuchung der*

Gleichgewichte. Das Gleichgewicht der gelben (I_g) u. der roten Form (I_r) von *C-Äthyl-N.N'-diphenylformazan* (I) wird in A.–Bzl.-Gemischen spektrograph. untersucht. Wenn für die Wellenlänge λ_i die mol. Absorptionsindices von I = a_i, von $I_g = a_i'$, von $I_r = a_i''$ gesetzt werden, ergibt sich die Gleichgewichtskonstante $K_c = (a_i'' - a_i)/(a_i - a_i')$. Andere Gleichgewichte als $I_g \rightleftharpoons I_r$ liegen nicht vor. K_c ist im angewandten Konzentrationsbereich (10^{-4} bis 10^{-5} Mol/Liter) von der Konz. unabhängig. Das Gesetz von BOUGUER-BEER gilt. Bei 25° nimmt K_c mit abnehmender Benzolkonz. von 90 Vol.-% (K_c = 0,19) auf 30% (2,40) zu. Für die Maximalwerte von log a u. λ der Banden I–IV werden folgende Zahlen gefunden: I in A.: I log a_{max} 4,26, λ_{max} 255; II 3,90, 285; III 4,40, 410; in Bzl.: II 3,88, 290; IV 4,08, 480; in Dioxan: III 4,44, 402; *Triphenylformazan* in A.: I 4,25, 265; II 4,36, 299; IV 4,22, 485; in Bzl.: II (4,47), 301; IV 4,32 490; *C-Chlordiphenylformazan* in A.: I 4,19, 254; II 3,83, 290; III 4,47, 415; in Bzl.: III 4,47, 413; in Dioxan: III 4,51, 415; *C-Joddiphenylformazan* in A.: I 4,25, 252; II 3,96, 288; III 4,57, 418. Bei den C-Halogenderivv. ist also (ebenso wie bei Diphenylformazan selbst) nur die gelbe Form vorhanden. Die Messung in verschied. A.-Bzl.-Gemischen bei je 2 verschied. Temp. (zwischen 14 u. 41,5°) ergibt für I eine Abnahme von Kc mit steigender Temp.; die Änderung des Wärmeinhalts (ΔH) ist, im wesentlichen unabhängig von der Zus. des Lösungsm., durchweg negativ. Der Isomerisationsvorgang $I_r \rightarrow I_g$ erfolgt also unter Abnahme des Wärmeinhalts. (Gazz. chim. ital. **83.** 508–26. Juli/Aug. 1953. Padova, Univ., Ist. di Chim. fis.)
R. K. MÜLLER. D 221

G. N. Vriens und **E. C. Medcalf,** *Die Beziehung ternärer Flüssigkeit–Flüssigkeit-Gleichgewichte. Eine Erklärung der Solutropie.* Vff. erklären die Abhängigkeit des Verteilungskoeff. von der Konz. in den tern. Systemen *Bzl.* (I)–*Pyridin* (II)–*W.* (III); I-II-8% ig. NaCl-Lsg.; *Toluol*–II–III u. *Xylol*–II–III mit Hilfe des Aktivitätskoeff. des gelösten Stoffes in jeder Phase. Die Gleichgewichtsdiagramme werden angegeben u. näher erläutert. Solutropie tritt danach auf, wenn 1. die zwei Lösungsmittel verschied. Mol.-Geww. haben u. 2. das Verhältnis der Aktivitätskoeffizienten des gelösten Stoffes in jedem Lösungsm. von 1 in gleicher Richtung u. stärker abweicht als das umgekehrte Verhältnis der Mol.-Geww. der entsprechenden Lösungsmittel. (Ind. Engng. Chem. **45.** 1098–1104. Mai 1953. Bound Brook, N. J., Amer. Cyanamid Co., Calco Chem. Div.)
v. SCHIESZL. D 224

Robert F. Nystrom und **John C. Leak,** *Reaktionen von $^{14}C_{(1)}$-Allylalkohol.* Bei Überführung obengenannter Verb. (I) in *Allylbromid* nach der modifizierten Meth. von YOUNG u. LAUE (J. Amer. chem. Soc. **59.** [1937.] 2051) trat 46% ig. Allylumlagerung zu *$^{14}C_{(3)}$-Allylbromid* ein, wie Ozonabbau u. Best. der spezif. Aktivität von ^{14}C-Formaldehyd erkennen ließ. Bei Rkk. von I mit $SOCl_2$ nach MEISENHEIMER u. LINK (Liebigs Ann. Chem. **479.** [1930.] 211) bildete sich 51% *$^{14}C_{(3)}$-Allylchlorid.* Behandlung des Tosylates von I mit NaBr lieferte nur *$^{14}C_{(1)}$-Allylbromid* u. kein Umlagerungsprodukt. (J. Amer. chem. Soc. **75.** 3039. 20/6. 1953. Urbana, Ill., Univ., Dep. of Chem. and chem. Engng.)
LEHWALD. D 225

Anthony S. F. Ash, Frederick Challenger und **Douglas Greenwood,** *Die Isomerisation von Diallylsulfiliminen.* Die frühere Beobachtung (C. **1951.** II. 1567), daß *Diallylsulfintoluol-p-sulfonylimin* (I) $ArSO_2N \leftarrow S(C_3H_5)_2$ sich bei Zimmertemp. ohne Gewichtsverlust in ein Öl umwandelt, konnte dahin aufgeklärt werden, daß eine Allylwanderung (vom S zum N) eintritt unter Bldg. von *N-Allyl-N-thioallyltoluol-p-sulfonamid* (**II**). Beide Verbb. unterscheiden sich durch ihr Verh. bei der Hydrolyse. I hydrolysiert mit verd. HCl, **II** nur mit Alkali. Bei alkal. Hydrolyse entstehen aus **II** H_2S, Diallyldisulfid, ein Harz u. N-Allyltoluol-p-sulfonamid. Folgende Reaktionsfolge kann alle Hydrolysenprodd. erklären: [Ar = $CH_3-C_6H_4-$]: **II** $\xrightarrow{H_2O}$ $ArSO_2NHC_3H_5 + C_3H_5SOH$; $C_3H_5SOH \rightarrow H_2S + CH_2{:}CHCHO$ (verharzt); $4\ C_3H_5SOH \rightarrow 2\ H_2O + (C_3H_5S)_2 + C_3H_5SO_2SC_3H_5$. Verss. zur Darst. krist. Umlagerungsverbb. vom Typ **II** schlugen bisher fehl. Hergestellt wurden in analoger Weise *Diallylsulfinnaphthalin-1-sulfonylimin* (**IV**) u. *Diallylsulfin-4-methyl-3-nitrobenzolsulfonylimin* (**V**). **IV** konnte nicht isoliert, sondern nur in Form des Umlagerungsprod. gefaßt werden. **V** bildet sich in n. Weise, lagert sich jedoch bei Zimmertemp. ebenfalls in ein Öl um. Beide Umlagerungsprodd. gaben bei der alkal. Hydrolyse die erwarteten Spaltprodukte. Die Umlagerung ist eng verwandt mit der des Allylmethylanilinoxyds (MEISENHEIMER, Ber. dtsch. chem. Ges. **55.** [1922.] 513), die zu O-Allyl-N-methylphenylhydroxylamin führt. — Vff. beschreiben ferner die Wiedergewinnung der Dialkylsulfide aus den zu ihrer Charakterisierung dienenden Sulfiliminen durch Erwärmen mit Sn u. 2 n HCl für den Fall des Dimethyl- u. Di-n-propylsulfids. I wird unter den angewandten Bedingungen zu H_2S u. Allylmercaptan reduziert.

V e r s u c h e: *Diallylsulfintoluol-p-sulfonylimin*, $C_{13}H_{17}O_2NS_2$, F. 72° (Chlf.-PAe. [Kp. 40—60°]), durch 20 Min. langes Schütteln von Diallylsulfid (6 g) u. Chloramin-T (13,6 g) in W. (200 cm³); 15,3 g (Ausbeute). Hydrolyse mit HCl liefert *Toluol-p-sulfonamid*, F. 137°. Umlagerung nach 3—4 Tagen bei Zimmertemp. zu *N-Allyl-N-thioallyl-p-toluolsulfonamid* (**II**), Öl. *N-Allyltoluol-p-sulfonamid* (**VI**), $C_{10}H_{13}O_2NS$, F. 64—65°, aus **II** (9 g) durch Erhitzen (³/₄ Std.) mit 25%ig. NaOH (50 cm³), aus Bzl.-PAe. gelbliche Kristalle; 5,4 g. — *p-Sulfamylbenzoesäure*, $C_7H_7O_4NS$, aus W., F. 283° (Zers.), durch Oxydation von **II** mit $KMnO_4$-Lsg.; *Methylester*, $C_8H_9O_4NS$, F. 181 bis 182° (W.). — *N-Chlor-N-natrium-α-naphthalinsulfonamid* (**III**), $C_{10}H_7O_2NSClNa$, aus Na-α-Naphthalinsulfonat über das entsprechende Dichloramid. — *N-Chlor-N-natrium-4-methyl-3-nitrobenzolsulfonamid*, $C_7H_6O_4N_2ClSNa$, durch Nitrierung von p-Toluolsulfonsäure, Überführung in das Sulfonamid u. dann analog **III**; bes. empfindlich gegen warmes Alkali. — *α-Naphthalinsulfodimethylsulfilimin*, $C_{12}H_{13}O_2NS_2$, F. 102 bis 103° (Essigester), durch Schütteln von Dimethylsulfid u. 10%ig. wss. **III**-Lösung. — *4-Methyl-3-nitrobenzolsulfodimethylsulfilimin*, $C_9H_{12}O_4N_2S_2$, F. 120—121°, aus Chlf.-PAe. (40—60°); analog vorst. Verbindung. — Beim Vers. der Darst. von **IV** analog vorst. Verbb. erfolgte sofort Umlagerung, Hydrolyse des entstandenen Öls mit HCl lieferte unverändertes Ausgangsmaterial zurück, alkal. Hydrolyse ergab H_2S, Diallyldisulfid u. *N-Allyl-α-naphthalinsulfonamid*, $C_{13}H_{13}O_2NS$, F. 81° (wss. A.). — *Diallylsulfin-4-methyl-3-nitrobenzolsulfonylimin* (**V**), $C_{13}H_{16}O_4N_2S_2$, F. 76—77° (Chlf.-PAe.), analog vorst. Verbb.; Hydrolyse mit verd. HCl liefert *4-Methyl-3-nitrobenzolsulfonamid*, F. 142°. **V** lagert sich in 3—4 Tagen bei Zimmertemp. um in *N-Allyl-N-thioallyl-4-methyl-3-nitrobenzolsulfonamid*, $C_{13}H_{16}O_4N_2S$. — *N-Allyl-4-methyl-3-nitrobenzolsulfonamid*, $C_{10}H_{12}O_4N_2S$, F. 70° (wss. A.), durch milde alkal. Hydrolyse vorst. Verbindung. (J. chem. Soc. [London] **1951**. 1877—82. Juli. Leeds, Univ.)

GRALHEER. D 225

Anthony S. F. Ash und **Frederick Challenger**, *Die Isomerisation von Sulfiliminen.* 2. Mitt. (1. vgl. vorst. Ref.) Vff. dehnen ihre Unterss. über die Umlagerung von Sulfiliminen (vgl. vorst. Ref.) auf *Allylbenzylsulfintoluolsulfonylimin* (**I**), *Diallylsulfin-p-acetamidobenzolsulfonylimin* (**II**) u. *Dibenzylsulfintoluolsulfonylimin* (**III**) aus. **I** lagert sich bei Zimmertemp. in einigen Tagen, beim F. rasch um in krist. *N-Allyl-N-thiobenzyltoluolsulfonamid* (**IV**). Bei alkal. Hydrolyse liefert **IV** die erwarteten Spaltprodukte. Bei **II** erfolgt bei Zimmertemp. langsam, bei 100° rasch Bldg. von *N-Allyl-N-thioallyl-p-acetamidobenzolsulfonamid* (**V**). Aus dem Reaktionsprod. wurde durch Kristallisation aus A. *p-Acetamido-N-allylbenzolsulfonamid* (**VI**) gewonnen, ein Zeichen, daß hierbei Hydrolyse oder Alkoholyse stattgefunden hat. **III** ist über Monate stabil. Unter N_2 bei 180—200° erfolgt Zers. unter Wanderung der Benzylgruppe. Isoliert wurden p-Toluolsulfonamid (**VIII**), N-Benzyl-p-toluolsulfonamid (**XI**, $C_{14}H_{15}O_2NS$, F. 115°), Dibenzyldisulfid (**VII**, $C_{14}H_{14}S_2$, F. 69—70°), Stilben u. Spuren von Benzaldehyd. Vff. glauben, daß bei dieser Rk. intermediär Radikale auftreten.

V e r s u c h e: *N-Chlor-N-natrium-p-acetamidobenzolsulfonamid*, $C_8H_8O_3N_2SClNa$, nach der Meth. von TODD, FLETCHER u. TARBELL (J. Amer. chem. Soc. **65**. [1943.] 350), die Temp. darf bei der Rk. nicht unter 10° sinken, bei 0° wird der größte Teil des Sulfonamids unverändert wiedergewonnen. *Diallylsulfin-p-acetamidobenzolsulfonylimin* (**II**), $C_{14}H_{18}O_3N_2S_2$, F. 95° (Chlf.-PAe.), durch Schütteln vorst. Verb. (10%ig. Lsg.) u. Diallylsulfid (7 g); 14 g. Beim 5wöchigen Stehen erfolgt rasch Umlagerung (Bldg. eines Wachses, F. 46,5—49,5°, u. eines klaren Öles, das auch beim Erhitzen von **II** entsteht) zu **V**, $C_{14}H_{18}O_3N_2S_2$. — *N-Allyl-p-acetamidobenzolsulfonamid* (**VI**), $C_{11}H_{14}O_3N_2S$, F. 154—154,5°, aus vorst. Wachs bei Kristallisation aus warmem A., oder aus N-Acetylsulfaniloylchlorid (**IX**) mit Allylamin (**X**) erst bei 0°, dann 10 Min. bei 100°. — *N-Allylsulfanilamid*, $C_9H_{12}O_2N_2S$, F. 104° (Chlf.), durch alkal. Hydrolyse von **V** neben H_2S u. $(C_3H_5S)_2$, (wss. Hydrolyse im N_2-Strom liefert neben vorst. Verbb. noch Acrolein) oder aus **IX** mit **X** in 2 n NaOH, 8 Std. Schütteln, dann 30 Min. bei 100°. — *Dibenzylsulfin-p-toluolsulfonylimin* (**III**), $C_{21}H_{21}O_2NS_2$, F. 192° (Bzl.), nach MANN u. POPE (J. chem. Soc. [London] **1922**. 1022). — *Allylbenzylsulfin-p-toluolsulfonylimin*, $C_{17}H_{19}O_2NS_2$, F. 84—85° (Chlf.-PAe.), aus Allylbenzylsulfid u. Chloramin T (**XII**); 90%; saure Hydrolyse liefert **VIII**. — *N-Allyl-N-thiobenzyl-p-toluolsulfonamid* (**IV**), $C_{17}H_{19}O_2NS_2$, F. 51° (Chlf.-PAe.), aus vorst. Verb. innerhalb 8 Tagen bei Zimmertemp. oder momentan beim Erhitzen auf 90—100°; alkal. Hydrolyse liefert *N-Allyl-p-toluolsulfonamid*, F. 63°, H_2S u. **X**; saure Hydrolyse liefert eine nicht identifizierte *Verb. $C_{17}H_{20}O_2NClS_2$*, F. 76—77°. *Addendum von* **Thomas S. Stevens** u. **John L. Dunn**. — *Benzylphenylsulfin-p-toluolsulfonylimin*, $C_{20}H_{19}O_2NS_2$, F. 145—146° (A.), aus Benzylphenylsulfid (10g) u. **XII** (15 g) in sd. A. (2 Std.); 12 g; alkal. Hydrolyse ergab **VIII**; 24 std. Erhitzen in p-Cymol lieferte **XI**. — *Benzylmethylsulfin-p-toluolsulfonylimin*, $C_{15}H_{17}$-

O_2NS_2, F. 161—162° (A.), aus Benzylmethylsulfid (3,2 g) in Aceton (20 cm³) u. **XII** (8 g) in W. (45 cm³); Erhitzen auf 165—170° lieferte die Verb. prakt. unverändert zurück, bei 200° trat völlige Zers. ein. (J. chem. Soc. [London] **1952.** 2792—96. Juli.) GRALHEER. D 225

Jean Landais, *Kinetische Untersuchung der Einwirkung von Silbernitrat auf das Triäthylmethylchlorid.* Die Rk. von *Triäthylmethylchlorid* (**I**) mit stöchiometr. Mengen $AgNO_3$ (**II**) ist in wss. Aceton bei 0° bei Konzz. zwischen n/10 u. n/100 ungefähr 3. Ordnung. Bei bis zur Löslichkeitsgrenze von **I** steigendem Wasserzusatz wird sie 2. Ordnung, bei sehr kleinen Wasserkonzz. nähert sie sich wieder 3. Ordnung. Bei n/22 Lsg. in 1:21 W.-Aceton-Mischung ist sie zwischen —13,6 bis 0° 3. Ordnung, bei 10° ungefähr 2. Ordnung, bei n/52 Lsgg. in 1:51-Mischungen bei 0° 3., bei 20° 2. Ordnung u. in n/72 Lsgg. in 10:27-Mischungen bei 0 u. 20° 2. Ordnung. Die Aktivierungsenergien ergeben sich für die bimol. (14,3 kcal) u. die trimol. Rk. (14,2 kcal) als identisch. Bei nach 3. Ordnung ablaufenden Verss. bewirkte eine Verdopplung der **II**-Konz. keine Änderung der Reaktionsordnung. Die Reaktionsgeschwindigkeit erhöhte sich, wurde aber nicht verdoppelt. Vf. nimmt daher an, daß Wasserzusatz nicht nur die Ionisierung des $AgNO_3$ beeinflußt, sondern auch durch Solvatisierung der Reaktionspartner oder ähnlich in die Rk. eingreift. (C. R. hebd. Séances Acad. Sci. **238.** 1520—22. 5/4. 1954.) LIEBIG. D 225

F. Oehme, *Zur dielektrometrischen Reaktionskinetik von Veresterungen. Ein Verfahren zur dielektrometrischen Hydroxylzahlbestimmung.* Durch Verfolgen der DK. lassen sich in Veresterungsgemischen von *Essigsäureanhydrid* (**I**) mit Fettalkoholen die Geschwindigkeitskonstante u. der VAN 'T HOFFsche Koeff. bestimmen. Anwendung von Katalysatoren verbietet sich allerdings hierbei aus theoret. u. meßtechn. Gründen. — Nach einer Minimumtitrationsmeth. wird weiter die Hydroxylzahl von Alkoholen dielektrometr. bestimmt. Besonderer Wert ist hierbei auf Vermeidung von Fehlern durch Wassergeh. des Alkohols u. auf Freiheit des zur Titration verwendeten **I** von Essigsäure zu legen. Zur Reinigung von **I** wird eine verschärfte Siedeanalyse unter dielektrometr. Kontrolle empfohlen. (Chem. Techn. **3.** 171—76. 178. Juni 1951. Chemnitz, Techn. Lehranst.) GABRIELE GÜNTHER. D 225

H. B. Hass und **H. Shechter,** *Nitrierung von Cyclopropan in der Dampfphase. Nitrocyclopropan.* Bei der Nitrierung von Alkanen treten zwei Rkk. gleichzeitig auf: a) Substitution von H u. b) von Alkylgruppen durch NO_2 (vgl. C. **1947.** 1837 u. früher). Die Rk. b) könnte über eine intermediäre Additions-Rk. erfolgen. Um die verschied. für diese Rk. bisher vorgeschlagenen Additionsmechanismen bei der Nitrierung von Alkanen zu prüfen, wurden die Verhältnisse beim *Cyclopropan* untersucht. Man erhielt sowohl bei Rk. mit N_2O_4, 2,5 Sek. bei 420—455°, als auch bei Umsetzung mit 68%ig. HNO_3, 1,9 Sek. bei 390—410°, fast ausschließlich *Nitrocyclopropan* (**I**, 15% bzw. 3,6% Ausbeute), daneben trat Zers. u. Oxydation ein, bei 335—390° u. längeren Verweilzeiten war **I** ebenfalls einziges Reaktionsprodukt. Die Additions-Rkk. spielen hier also keine Rolle. — **I** unterscheidet sich von den isomeren Nitropropenen durch seine relative Stabilität gegen Oxydation, Bromaddition u. Einw. von Alkali. Diese Stabilität wird zurückgeführt auf die Unfähigkeit der Bldg. von aci-Nitrotypen. Damit in Einklang steht die Unmöglichkeit der Darst. von Cyclopropanon.

Versuche: *Nitrocyclopropan* (**I**), $Kp._{751}$ 142,6—143,8°; $Kp._{58}$ 66—67,5°, n_D^{20} 1,4395—1,4398; $D.^{20}_4$ 1,1346—1,1358. — *N-Cyclopropylbenzamid* (**II**), F. 100,6 bis 101,0° (W.-A.), aus **I** u. Fe-Pulver in wss. Suspension mit konz. HCl, 10 Std. bei 90—100°, Alkalischmachen, mit Ae. ausziehen u. Behandlung des Ae.-Extraktes mit C_6H_5COCl (**IV**) u. konz. NaOH. — *N-Cyclopropyl-N'-phenylthioharnstoff* (**III**), F. 123,4 bis 124,2° (Bzl.-Cyclohexan), durch katalyt. Hydrierung von **I** in Ggw. von RANEY-Ni bei 40 lbs./sq. in. u. 25—30° u. Behandlung des Reaktionsprod. mit Phenylisocyanat (**V**). — *Cyclopropylamin*, $Kp._{752}$ 48—50, aus Cyclopropancarbonsäure in konz. H_2SO_4 mit HN_3 in Chlf. bei 40°; 32,5% Ausbeute; wird durch **IV** bzw. **V** in **II** bzw. **III** übergeführt. (J. Amer. chem. Soc. **75.** 1382—84. 20/3. 1953. Lafayette, Ind., Purdue Univ., Dep. of Chem., u. Columbus, O., State Univ.) GEHRINGER. D 225

Harold Hart, Frank A. Cassis und **John J. Bordeaux,** *Die Hemmung der Phenolalkylierung durch Äther. Kinetischer Beweis für die Existenz von Phenol-Äther-Komplexen.* (Vgl. HART u. SIMONS, C. **1949.** E. 689.) Vff. untersuchen die Kernalkylierung von *Phenol* (**I**) mit *tert.-Butylchlorid* (**II**) in Ggw. von Dioxan (**III**), Tetrahydrofuran (**IV**) u. p-Xylol (**V**). Die Rk. verläuft infolge des großen Überschusses an **I** formal nach 1. Ordnung, dp/dt = k[**II**]. Ggw. von **III** hemmt die Rk. (bei 14 Mol-% **III** wird k auf 3% seines ursprünglichen Wertes herabgedrückt), die Abnahme der Reaktionsgeschwindigkeit ist der Konz. an **III** proportional; die Versuchsergebnisse lassen auf die Bldg. eines 2:1 (I:III)-Komplexes schließen, das so gebundene I kann sich nicht mehr an der Alkylierung beteiligen. Ähnlich verhält sich **IV**, die Hemmwrkg. ist geringer als bei **III** (14 Mol-% **IV** verringern k auf 13% des ursprünglichen Wertes), es wird ein Komplex 1:1 angenommen. Die Abnahme von k bei Ggw. von **V** wird als ausschließlicher Verdünnungseffekt gedeutet. — Vff. weisen auf die Bedeutung der phenol. Hydroxylgruppe bei der Alkylierungs-Rk. hin, vermutlich wirkt die OH-Gruppe solvatisierend auf das Halogen des Alkylhalogenids. (J. Amer. chem. Soc. **76.** 1639—41. 20/3. 1954. East Lansing, Mich., State Coll., Kedzie Chem. Labor.)

G. WINKLER. D 225

Harold Hart und **Frank A. Cassis,** *Autokatalyse bei aromatischen Alkylierungen. Die Reaktion von Phenolen mit Triphenylmethylchlorid. Phenol* (**I**) u. *o-Kresol* (**III**) reagieren mit *Triphenylmethylchlorid* (**II**) in o-Dichlorbenzol (**IV**) bei 88°. Die Geschwindigkeitskurven verlaufen S-förmig, was auf eine autokatalyt. Rk. hindeutet. Die Eliminierung der Induktionsperiode durch Sättigen von **I** vor der Alkylierung mit HCl u. die gute Übereinstimmung der experimentellen Ergebnisse mit der Geschwindigkeitsgleichung $dp/dt = k_2[I][II] + k_3[I][II][HCl]$ zeigen eindeutig, daß die entstehende HCl autokatalyt. wirkt. Als Reaktionsmechanismus wird angenommen: a) die rasche u. reversible Ionisierung von **II** unter Bldg. eines Carboniumions $II \rightleftharpoons R^+ + Cl^-$, die durch ionisierende Medien (z. B. **I**; Anisol wird ohne Katalysator nur langsam alkyliert, vermutlich wegen seiner geringen ionisierenden Wrkg. auf **II**) oder durch andere, die Ionen stabilisierenden Gruppen begünstigt wird; b) der geschwindigkeitsbestimmende Angriff des Carboniumions auf den aromat. Kern $R^+ + C_6H_5OH \rightarrow RC_6H_4OH + H^+$, der durch ring-aktivierende Substituenten (z. B. OH) gefördert wird; HCl wirkt als Katalysator durch Erleichterung der Rk. a) $II + HCl \rightleftharpoons (C_6H_5)_3C^+Cl^-HCl$. — Die Annahme der Aralkyläther als Intermediärprodd. bei der unkatalysierten Alkylierung von Phenolen (vgl. VAN ALPHEN [1927]) ist nach Vff. nicht stichhaltig, da o-Kresyltrityläther (**V**) in Bzl. mit HCl rasch zu **III** u. **II** gespalten wird. — Vff. diskutieren den Mechanismus für die Bldg. von O-alkylierten Prodd. in Ggw. von Pyridin (SWERN, J. Amer. chem. Soc. **70.** [1948.] 1119.)

Versuche: *p-Triphenylmethylphenol*, F. 280—281° (Bzl.), aus **I** u. **II** [F. 110 bis 111° (Bzl./Pentan)] in **IV** (Kp. 180—181°) bei 88°. — *p-Triphenylmethyl-o-kresol*, F. 185—186° (Bzl.), aus **III** u. **II** wie vorstehend. — *o-Kresol* (**III**), durch Einleiten (15 Min.) von HCl in eine benzol. Lsg. von **V** bei 60°; 92% (Ausbeute) [*p-Nitrobenzoat*, F. 94—95° (A.)], daneben *Triphenylcarbinol* (aus prim. entstandenem **II** durch Behandlung mit Alkali), F. 161—162°; 74,8%. (J. Amer. chem. Soc. **76.** 1634—39. 20/3. 1954. East Lansing, Mich., State Coll., Kedzie Chem. Labor.)

G. WINKLER. D 225

H. Burton und **P. F. G. Praill,** *Katalyse der Acetylierung durch starke Säuren.* 1. Mitt. *Beweis der Existenz von Acetylium (Acetylkation). $(CH_3 \cdot CO)^+$ in Lösung von konzentrierter wässeriger Perchlorsäure in Acetanhydrid.* Vff. untersuchten die Acetylierung von *Anisol* in Acetanhydrid (**I**) u. 72%ig. $HClO_4$ (2,2 Mol H_2O/Mol $HClO_4$) bei 0 u. 15° bei wechselnder Menge CH_3COOH u. **I** sowie verschied. Reaktionsdauer. Sie fanden, daß a) Acetylierung nur stattfindet, wenn **I** im Reaktionsgemisch vorhanden ist, d. h. die Ausgangsmischung mehr als 0,22 Mol **I** enthält; b) die Ausbeute an p-Methoxyacetophenon mit der Menge nicht durch W. verbrauchten **I** steigt; c) Erhöhung der CH_3COOH-Konz. die äußerst heftige Rk. bei kleineren CH_3COOH-Konzz. verlangsamt; d) längere Reaktionsdauer zu höheren Ausbeuten, schließlich jedoch zu teerigen Prodd. führt; e) mehr Keton gebildet werden kann als ursprünglich H^+-Ionen vorhanden waren; f) beim Eintropfen von $HClO_4$ (72%) in Anisol u. **I** geringe Mengen Keton entstehen, obwohl **I** neben W. nicht beständig ist. Auf Grund dieser Ergebnisse nehmen Vff. folgende Reaktionsgleichungen an u. betonen die Bedeutung des schon früher (vgl. MACKENZIE u. WINTER, C. **1949.** II. 632; 633) postulierten Acetylkations $(CH_3CO)^+$ (*Acetyliumion*), wenden sich jedoch gegen die von obengenannten Autoren angenommene Existenz freien Phenols in Ggw. von CH_3CO^+: 1) $H^+(+ ClO_4^-) + (CH_3CO)_2O \rightleftharpoons CH_3CO^+(+ ClO_4^-) + CH_3COOH$; 1a) $H^+ + (CH_3CO)_2O \rightleftharpoons (CH_3CO)_2OH^+ \rightleftharpoons CH_3CO^+ + CH_3COOH$; 1b) $CH_3COOH_2^+ + (CH_3CO)_2O \rightleftharpoons (CH_3CO)_2OH^+ + CH_3COOH \rightleftharpoons CH_3CO^+ + 2\,CH_3COOH$; 2) $R{-}OH + CH_3CO^+ \rightarrow R{-}OCOCH_3 + H^+$. — Der Acetylierungsprozeß wird durch die Reaktionsfolge 1)—2) wiedergegeben [vgl. a)]. Nach 2) liegt das Gleichgewicht von 1) auf der rechten Seite. Rk. 2) erklärt e); für die Existenz von 1a) spricht Rk. c). Rk. 2) ist nach d) geschwindigkeitsbestimmend. Die in acetanhydridfreier Lsg. auftretende Färbung könnte auf Oxoniumsalzbldg. beruhen. Für Mischungen von **I** mit H_2SO_4 halten Vff. das Gleichgewicht $H^+ + (CH_3CO)_2O \rightleftharpoons CH_3CO^+ + CH_3COOH$ für möglich. — *Hydrochinondiacetat*, F. 123° (A.), aus Hydrochinon mit obenst. $HClO_4$–**I**-Essigsäure-

gemisch bei 30—35° während 18 Std., 75—80% (Ausbeute). — *p-Methoxyacetophenon*, $C_9H_{10}O_2$, $Kp._{3,8-4}$ 110—115°, F. 39—40°. *Phenylhydrazon*, F. 135° (A.), gelbe Nadeln. *2.4-Dinitrophenylhydrazon*, F. 223° (A.), hellrote Nadeln. (J. chem. Soc. [London] **1950**. 1203—06. April. London, Univ., King's Coll. of Household and Soc. Sci.)
BEHNE. D 225

W. H. Brunner und **J. Kustatscher,** *Einwirkung aromatischer Diazoniumsalze auf ungesättigte Verbindungen.* In der Erkenntnis, daß die Polarisation der in α.β-Stellung zum Phenylkern befindlichen ungesätt. Bindung ausreichend ist, um eine Umsetzung mit Diazoniumsalzen zu ermöglichen, kuppelten Vff. Styrol (**I**), α.β-Dimethylstyrol (**II**) u. p-Methoxy-α.β-diäthylstyrol [3-Anisylhexen-(3)] mit den Diazoniumverbb. des Anilins, p-Chloranilins, p-Nitranilins u. p-Anisidins zu den entsprechenden Stilbenderivaten. Die Ausbeute nimmt dabei in bezug auf den p-Substituenten des Diazoniumsalzes in der Reihe —Cl, —NO_2, —H, —OCH_3, sowie mit zunehmender Größe des Substituenten an der Doppelbindung ab. Es folgen theoret. Erörterungen über den Reaktionsmechanismus im Zusammenhang mit den Anschauungen von WIZINGER, MEERWEIN sowie DILTHEY u. BLANKENBURG.

Versuche: *p-Methoxy-α.β-diäthylstyrol* [*3-(p-Methoxyphenyl)-hexen-(3)*] (**III**), $C_{13}H_{18}O$, $Kp._{15}$ 127—130°, durch Umsatz von n-Propyl-MgBr mit p-Methoxypropiophenon in Ae. unter Eiskühlung u. 12std. Stehen; 71% (Ausbeute); n_D^{20} 1,5255. — *Stilben*, $Kp._{15}$ 139—141°, durch Versetzen einer Lsg. von **I** in Aceton, in der Na-Acetat suspendiert ist, mit einer aus Anilin bereiteten Diazoniumsalzlsg. bei 0° u. Zugabe von $CuCl_2$, 12 Std. bei 45°, 1 Std. bei 50°; 23%, davon 90% ölige *cis*- u. 10% feste *trans*-Form, *Dibromid*, F. 237°. — *p-Methoxystilben*, F. 132—133°, wie vorst. aus **I** u. diazotiertem Anisidin; 13%. *Dibromid*, F. 177°. — *p-Nitrostilben*, F. 155°, gelbe Kristalle (70% ig. A.) aus **I** u. diazotiertem p-Nitranilin; 32%; *Dibromid*, F. 198°. — *p-Chlorstilben*, F. 127,5—128° (A. oder Eisessig), aus **I** u. diazotiertem p-Chloranilin bei 0° u. Sublimieren im Vakuum bei 70° u. 15 mm; 41%; *Dibromid*, F. 190°. — *2.3-Diphenylbuten-(2)*, F. 102—103° (PAe.), aus **I** u. Benzoldiazoniumchlorid bei 25° u. Chromatographieren in Ae.-Lsg. an Al_2O_3; 13%; *Dibromid*, F. 144°. — *2-Phenyl-3-p-nitrophenylbuten-(2)*, $C_{16}H_{15}O_2N$, F. 116° (Eisessig), aus **II** u. diazotiertem p-Nitranilin bei 15—20°; **36**%. — Bei der Umsetzung von **II** mit diazotiertem p-Anisidin wurde wahrscheinlich eine polymere Form des 2-Phenyl-3-anisylbuten-(2) erhalten. — *Dimethyläther* des *Diäthylstilböstrols*, $Kp._3$ 210°, F. 123° (70% ig. A. u. Bzn.), aus **III** u. diazotiertem p-Anisidin bei 35—40°. (Mh. Chem. **82**. 100—06; S.-B. österr. Akad. Wiss., math.-naturwiss. Kl., Abt. IIb **160**. 100—06. 1951. Innsbruck, Univ., Pharmaz. Chem. Inst.)
H. FRIESE. D 225

Josef Klosa, *Über die Stabilität des „Gammexans“.* Die α-, β- u. γ-*Isomeren* des *Hexachlorcyclohexans*(**I**) erwiesen sich bei Bestrahlung mit UV in CCl_4- bzw. Benzollsg. stabil auch bei Ggw. von Schwermetallen als Katalysatoren, eine gegenseitige Umwandlung der Isomeren wurde nicht beobachtet. Die Bldg. des γ-Isomeren bei der Herst. des **I**-Gemisches erfolgt also wahrscheinlich über höher chlorierte Zwischenstufen. (Arch. Pharmaz. Ber. dtsch. pharmaz. Ges. **286/58**. 216—17. 1953. Berlin-Altglienicke.)
FRESENIUS. D 226

André Étienne und **Maurice Legrand,** *Photochemie linearer Benzochinazoline.* Die ebullioskop. Mol.-Gew.-Best. in Essigsäure von *6.7-Benzochinazolin* (**I**), *4-Oxy-*, *4-Methoxy-6.7-benzochinazolin*(**II**), *3-Methyl-4-keto-3.4-dihydro-6.7-benzochinazolin*(**III**) ergibt das Vorliegen monomerer Formen. Die durch Bestrahlen dieser Verbb. mit Sonnenlicht entstehenden Stoffe sind Dimere vom nebenst. Typus. *1-Methyl-4-keto-1.4-dihydro-6.7-benzochinazolin* zeigt lineare Abhängigkeit des Mol.-Gew. von der Konz. u. doppeltes Mol.-Gew. bei unendlicher Verdünnung, was auf Dipolassoziation zurückgeführt wird. Das bei Bestrahlung entstehende Dimere dieses Stoffes zeigt diese Abhängigkeit nicht mehr, weil durch die Bindung in meso-Stellung 2 Moll. des Monomeren so aneinander gelagert sind, daß die elektrostat. Wechselwrkg. mit anderen Moll. unterdrückt wird. — Photooxydationsverss. von **I**, **II** u. **III** ergeben in CS_2 starke Verharzung, wobei das Harz weder den Charakter eines Photooxydes noch eines Chinons besitzt. In Ae. u. Pyridin erfolgt Dimerisation. — Beim Kochen von **I** mit Maleinimid in Xylol entsteht die Verb. $C_{16}H_{11}O_2N_3$ (**IV**), F. 325—330°, die sich bei 310° langsam unter Rückbldg. der Komponenten zersetzt. — Die UV-Absorption aller Dimeren u. von **IV** liegen in der Nähe derjenigen von Bzl., was die Addition in 9.10-Stellung anzeigt. (C. R. hebd. Séances Acad. Sci. **232**. 1223—25. 19/3. 1951.)
SACKMANN. D 226

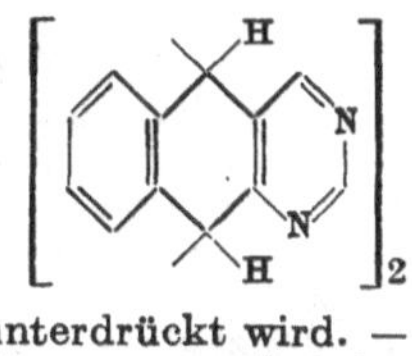

Friedrich Helfferich, *Katalyse durch Ionenaustauscher. Ein Hilfsmittel der präparativen organischen Chemie.* Vf. gibt eine Zusammenfassung über die Anwendung von

Ionenaustauschern als Katalysatoren für Umsetzungen in fl. Phase. — Die Mehrzahl der interessierenden Rkk. wird durch H^+- oder OH^--Ionen katalysiert; erst die Entw. der Kunstharzaustauscher lieferte das für vorliegende Zwecke geeignete Material (hohe Kapazität, große Porenweite). Die Vorteile der Meth. gegenüber der Katalyse in homogener Phase sind: a) die leichte Abtrennbarkeit vom Reaktionsprod. u. Weiterverwendung ohne Regenerierung (kontinuierlich arbeitende Anlagen); b) störende Sekundär- u. Neben-Rkk. werden weitgehend unterdrückt (hohe Reinheit der Reaktionsprodd.); c) gegebenenfalls werden Zwischenprodd. in guter Ausbeute gefaßt; d) mit Austauschern kann in einigen Fällen die Rk. in bestimmte Richtung gelenkt werden; e) bei Säurekatalysen ist die korrodierende Wrkg. bei Verwendung von Austauschern geringer. Als Nachteile erweisen sich der relativ hohe Anschaffungspreis u. die begrenzte chem. u. therm. Beständigkeit des Austauschermaterials. An theoret. Gesichtspunkten werden von Vf. diskutiert: die Abhängigkeit der Rk. von Austauschermenge, Diffusion, Korngröße, Kapazität, Verteilungskoeff. zwischen Lsg. u. Austauscher u. ster. Effekten. — Zur präparativen Anwendung im Laboratoriumsmaßstab dient meistens das einfache „batch"-Verf. (= Zugabe des Austauschers zu den Ausgangssubstanzen, falls erforderlich gelöst in einem inerten Lösungsm., u. Abwarten der Gleichgewichtseinstellung; gegebenenfalls Kochen oder Durchführung der Rk. im Autoklaven). Die einfachste kontinuierliche Anordnung besteht aus einer mit Austauschermaterial gefüllten Kolonne. — Vf. weist auf die zukünftigen Entwicklungsmöglichkeiten der Meth. hin; prinzipiell sollten Austauscherharze bei jeder durch Ionen katalysierten Rk. verwendet werden können. Die Darst. neuer Austauschertypen, die Phosphon- u. Arsonsäuren, tert.-Sulfoniumgruppen, opt.-akt. Zentren oder auch Fermente als „Festionen" enthalten, wird neue Anwendungsmöglichkeiten erschließen. — Es werden tabellar. Beispiele für durch Austauscher katalysierte Hydrolyse-Rkk., Verseifungen, Kondensations- u. Additions-Rkk., Umesterungen, Alkoholysen, Wasseranlagerungs- u. Abspaltungs-, HCl-Abspaltungs-Rkk., Umlagerungen u. HOFMANNsche Abbau-Rkk. gegeben. — 89 Literaturhinweise. (Angew. Chem. **66**. 241—49. 7/5. 1954. Göttingen, Max-Planck-Inst. für physikal. Chem.)

G. WINKLER. D 227

Georges Durr, *Wirkung von Anionenaustauschharzen auf aliphatische Aldehyde.* (Vgl. C. **1954**. 4589.) Bei der Einw. von Anionenaustauschharzen auf aliphat. Aldehyde (5 g Harz auf 100 g Aldehyd) erfolgt Aldolkondensation je zweier Moll. Aldehyd zum entsprechenden ungesätt. Aldehyd. Die Wrkg. des Austauschers hängt nicht nur von seiner Basizität, sondern auch von seinen physikal. Eigg. ab. Im einzelnen wurden untersucht: Die Rk. von Butanal (**I**) in Ggw. von Amberlit IR-4B in bas. Form (**II**, 5 g/100 g **I**) — Ausbeute an 2-Äthylhexen-(2)-al bei 65° 14%, bei 75° 23%, bei 95° 34%, bei 125° 47% —; die Rk. von n-Hexanal mit **II** bei 120—130° — 16% nach 1 Std., nach 6 Std. 60% —; u. die Umsetzung von Acetaldehyd (**III**) in der Bombe bei 90—130°. Bei niederer Temp. überwiegt hier die Aldolbldg., bei 140° entsteht nur Aldehydharz. **III** ohne Katalysator bildet bei 125° nur sehr wenig Aldol. — Amberlit IRA 400 gibt bei der Rk. von **I** keine günstigen Ergebnisse. (C. R. hebd. Séances Acad. Sci. **235**. 1314—16. 24/11. 1952.)

GABRIELE GÜNTHER. D 227

Sydney A. Bernhard und **Louis P. Hammett,** *Spezifische Wirkungen bei der Säurekatalyse durch Ionenaustauschharze.* 1. Mitt. *Hydrolyse von Estern in 70%igem wässerigem Aceton.* Für eine große Zahl von Estern ist in wss. Acetonlsgg. die Hydrolysegeschwindigkeit (v) geringer, wenn als Katalysatoren Austauschharze wirksam sind, als bei der homogenen Säurekatalyse. Für 7 Methylester $RCOOCH_3$ (*Acetat, n-Octanoat, Phenylacetat, α-Naphthylacetat, Chloracetat, Benzoat* u. *Cyclopentancarbonsäureester*) zeigte es sich, daß die Verminderung von v bei der Harzkatalyse der Entropie der gasförmigen Verb. RH parallel geht u. keine Beziehungen zu irgendwelchen anderen Eigg. der Ester zeigt. Zunehmender Vernetzungsgrad des Harzes verursacht ein Absinken von v, in verschied. Maß für die verschied. Ester. Beide Effekte bestätigen die Hypothese von HASKELL u. HAMMET (J. Amer. chem. Soc. **71**. [1949.] 1284), daß die Harzkatalyse einen Entropieverlust im Übergangszustand der Ester verursacht, der von Ester zu Ester verschieden ist. — Eine Reihe weiterer Verss. bewies, daß die Diffusion auf keinen Fall geschwindigkeitsbestimmend ist. (J. Amer. chem. Soc. **75**. 1798—1800. 20/4. 1953. New York, N. Y., Columbia Univ., Dep. of Chem.)

GABRIELE GÜNTHER. D 227

H. Deuel, J. Solms, L. Anyas-Weisz und **G. Huber,** *Über selektive Reaktionen an Ionenaustauschern.* 2. Mitt. *über Ionenaustauscher.* (1. vgl. C. **1951**. I. 2550.) Es zeigte sich, daß die katalyt. Wirksamkeit von Ionenaustauschern auf die Spaltung der Ester- u. Glykosidbindung durchaus spezif. ist. Hochmol. Verbb. werden allg. schwerer gespalten als niedermol., z. B. wird *Maltose* durch *Amberlit IR 20* quantitativ gespalten,

Glykogen gar nicht. Bei der Spaltung an H^+- u. OH^--Ionenaustauschern wird *Polyvinylacetat* als Ester einer niedermol. Säure u. eines hochmol. Alkohols leichter gespalten als *Polygalakturonsäuremethylester*. (Helv. chim. Acta **34.** 1849–53. 15/10. 1951. Zürich, ETH, Agrikulturchem. Inst.) GABRIELE GÜNTHER. D 227

D_2. Präparative organische Chemie. Naturstoffe.

Ng. Ph. Buu-Hoï und **P. Demerseman,** *Halogenierung von gesättigten Verbindungen mit N-Chlor- und N-Bromsuccinimid.* Ebenso wie mit N-Bromacetamid in Ae. (vgl. WOHL [1909]) läßt sich tert.-Butylbromid auch mit N-Bromsuccinimid (I) in CCl_4 in Ggw. von Benzoylperoxyd zu *1.2-Dibromisobutan* bromieren, in beiden Fällen allerdings mit geringer Ausbeute. Bessere Ergebnisse geben Verbb., die Methylengruppen enthalten, so gibt tert.-Amylbromid mit I *2.3-Dibrom-2-methylbutan*, Cyclohexan (III) mit N-Chlorsuccinimid (II) *Cyclohexylchlorid*, mit I das entsprechende *Bromid* in guter Ausbeute; techn. Dekalin läßt sich ebenso halogenieren, für *Cycloheptylchlorid* u. *-bromid* ist das Verf. die beste Darstellungsmethode. Während Essigester sich mit I u. II nur spurenweise halogenieren läßt, geben andere Ester aliphat. Mono- oder Dicarbonsäuren gute Ausbeuten, wobei meist etwas Dihalogenverb. nebenbei entsteht; gleiches gilt für einfache aliphat. Ketone.

V e r s u c h e: *Cyclohexylchlorid*, $C_6H_{11}Cl$, Kp. 142°, n_D^{20} 1,4630, aus III u. II in CCl_4 bei Ggw. von etwas Benzoylperoxyd durch 12 std. Kochen; 42% (Ausbeute). — Ebenso *Cyclohexylbromid*, $C_6H_{11}Br$, $Kp._{13}$ 52°, n_D^{25} 1,4915, aus I; 30%. — Cycloheptan (Kp. 118–120°, aus Suberon nach WOLFF-KISHNER) u. II ergaben *Cycloheptylchlorid*, $C_7H_{13}Cl$, Kp. 172–173°; 30%. — Aus 28 g techn. Dekalin (Isomerengemisch) u. 13,3 g II werden *Monochlordekalin* (wahrscheinlich Isomerengemisch), $C_{10}H_{17}Cl$, $Kp._{20}$ 123–124°; 48%; u. etwas *Dichlordekalin*, $C_{10}H_{16}Cl_2$, $Kp._{20}$ 144–146°; 0,5 g; erhalten. — *Bromodekalin* (wahrscheinlich Isomerengemisch), $C_{10}H_{17}Br$, $Kp._{16}$ 90 bis 92°; 42%. — *2.3-Dibromo-2-methylbutan*, Kp. 170–172°, n_D^{20} 1,5102, aus tert.-Amylbromid; 20%; Identifizierung durch Überführung in *Methylisopropylketon; Semicarbazon*, F. 113°. — *α-Chlorlaurinsäuremethylester*, $C_{13}H_{25}O_2Cl$, $Kp._{19}$ 178–180°, n_D^{23} 1,4515, aus 46 g Laurinsäuremethylester (n_D^{22} 1,4380); 40%; identifiziert durch alkal. Hydrolyse zu *α-Oxylaurinsäure*, F. 74–75°. Neben der Monochlorverb. entstehen 4 g eines *Dichlorlaurinsäuremethylesters*, $C_{13}H_{24}O_2Cl_2$, $Kp._{20}$ 199–201°, n_D^{27} 1,4630. — *α-Chlorpropionsäureäthylester*, Kp. 146–147°, n_D^{20} 1,4182, aus Propionsäureäthylester; 40%; charakterisiert als *Amid*, F. 80–81°. — Analog *α-Brompropionsäureäthylester*, Kp. 158–160°, n_D^{20} 1,4460; 42%. — *α-Chloradipinsäuredimethylester* (IV), $Kp._{15}$ 130–131°, n_D^{21} 1,4420, aus 35 g Adipinsäuredimethylester ($n_D^{22,5}$ 1,4340); 38%; Hydrolyse mit 10%ig. methanol. NaOH bei n. Temp. liefert *α-Oxyadipinsäure*, F. 150–151° (Bzl.), Prismen; mit sd. äthanol. KOH entsteht viel *Δ^α-Dihydromuconsäure*, F. 169° (Ae.), Nadeln. Neben IV werden 3 g *α.x-Dichloradipinsäuredimethylester*, $C_8H_{12}O_4Cl_2$, isoliert; $Kp._{15}$ 144–145°; n_D^{21} 1,4558; seine Konst. wurde nicht näher bestimmt. — *α-Bromadipinsäuredimethylester*, $Kp._{20}$ 146–148°; 30%; identifiziert wie IV. — *Chlormalonsäurediäthylester*, $Kp._{14}$ 115–116°, n_D^{24} 1,4375, aus 32 g Malonsäurediäthylester (n_D^{19} 1,4226) u. 13 g II; 15 g; *Amid*, F. 172–173°; daneben 3 g *Dichlormalonsäurediäthylester*, $Kp._{15}$ 130–132°; n_D^{24} 1,4554. — *x-Chlorheptanon-(2)* (wahrscheinlich Isomerengemisch), $C_7H_{13}OCl$, Kp. 169–170°, n_D^{27} 1,4268, aus 23 g Heptanon-(2) (n_D^{27} 1,4132) u. 13,3 g II; 60%; daneben 3 g *x.x'-Dichlorheptanon-(2)*, $C_7H_{12}OCl_2$, Kp. 192–194°; n_D^{27} 1,4449. (J. org. Chemistry **18.** 649–52. Juni 1953. Paris, Univ., Radium Inst., Dep. of Organ. Chem.) BOLLINGER. 460

J. F. Bunnett, Jean Lovendahl Marks und **Henry Moe,** *Erweiterung der Leuckart-Synthese von tertiären Aminen, ihre Anwendung auf α.β-ungesättigte Carbonylverbindungen einschließend.* Vff. synthetisieren einige gesätt. u. ungesätt. *tert. Amine* durch Umsetzung von Carbonylverbb. mit Dimethylformamid (II) bzw. Formylpiperidin in Ggw. von HCOOH u. $MgCl_2$ in guter Ausbeute. Die Ausbeuteverbesserung gegenüber früheren Arbeiten wird durch längere Reaktionszeit u. durch eine neue Technik bei der Entfernung der niedrigsd. Bestandteile des Reaktionsgemisches erreicht. Überschüssige HCOOH oder Ni-Katalysator verbessern die Ausbeute nicht. Vff. können die Vermutung von STAPLE u. WAGNER (J. org. Chemistry **14.** [1949.] 559) nicht bestätigen, daß das Aminformiat ein besseres Reagens für die Synth. von tert. Aminen ist als die entsprechende Formylverb.; Verss. zur Darst. von Aminen aus 4-[p-Methoxyphenyl]-butanon-(2) u. Dimethylaminformiat bzw. aus Propiophenon u. Piperidinformiat scheiterten. — Die Darst. von *N.N.1-Trimethyl-3-[p-methoxyphenyl]-allylamin* aus p-Methoxybenzalaceton u. II gelang nicht. Bei der Rk. von HBr mit *N.N.1-Trimethyl-3-[p-methoxyphenyl]-propylamin* (I) entsteht *N.N.1-Trimethyl-3-[p-oxyphenyl]-propylamin.*

Versuche: *4-Phenylbutanon-(2)*, aus α-Benzylacetessigsäureäthylester oder durch Hydrierung von Benzalaceton; Reinigung über die Bisulfitverb.; n_D^{25} 1,5100. *Semicarbazon*, F. 142°. *2.4-Dinitrophenylhydrazon*, F. 125—126,3°. — *N.N-Dimethyl-α-äthylbenzylamin*, $Kp._{25}$ 105—106°: Propiophenon, die 4fach mol. Menge **II**, $^1/_6$ Mol $MgCl_2 \cdot 6H_2O$ u. 1 Mol HCOOH werden erhitzt; die flüchtigen Bestandteile werden bis zum Erreichen des Kp. des Amids abgezogen, dann wird 8 Std. gekocht, in Mineralsäure gegossen, unverändertes Keton mit Dampf entfernt, alkalisiert, mit Dampf dest., das Destillat mit NaCl gesätt. u. ausgeäthert; n_D^{25} 1,5002; 79% (Ausbeute). *Pikrat*, F. 165,5—166,6° (A.). — Analog wurden gewonnen: *N-α-Äthylbenzylpiperidin*, $C_{14}H_{21}N$, $Kp._{25}$ 155—157°; n_D^{25} 1,5210; 77%. *Hydrochlorid*, $C_{14}H_{22}NCl$, F. 187—188° (Aceton). — *N.N.1-Trimethyl-3-phenylpropylamin* (**III**), $C_{12}H_{19}N$, $Kp._{14}$ 118—121°; n_D^{23} 1,4985; 60%. *Pikrat*, F. 113,5—114° (A.). — *N-[1-Methyl-3-phenylpropyl]-piperidin*, $Kp._{25}$ 176 bis 177°; n_D^{25} 1,5140; 57%. *Hydrochlorid*, $C_{15}H_{24}NCl$, F. 164,5—165,5° (Aceton). — *N.N.1-Trimethyl-3-[p-methoxyphenyl]-propylamin* (**I**), $Kp._{14}$ 152—154°; n_D^{24} 1,5060; 55%. *Pikrat*, F. 129,5—130,5° (A.). *Hydrochlorid*, F. 169—170° (Aceton). — *N.N-Dimethyl-3-phenylallylamin*, $Kp._{25}$ 125—132°; 55%. *Pikrat*, F. 123,5—124,5° (A.). *Hydrochlorid*, F. 187,5—188,5° (Aceton). — *N.N.1-Trimethyl-3-phenylallylamin*, $C_{12}H_{17}N$, $Kp._{25}$ 139—140°, n_D^{25} 1,5350, aus Benzalaceton u. **II**; 44%. *Pikrat*, $C_{18}H_{20} \cdot O_7N_4$, F. 138—139° (A.); aus den Mutterlaugen etwas **III**-Pikrat. — *N-[1-Methyl-3-phenylallyl]-piperidin*, $Kp._{25}$ 180—187°; 15%. *Pikrat*, $C_{21}H_{24}O_7N_4$, F. 142,5—143,5°. — *N.N.1-Trimethyl-3-[p-oxyphenyl]-propylamin*, $C_{12}H_{19}ON$, $Kp._{14}$ 192—195°, F. 73,5 bis 76°: 30 g **I** werden in 48%ig. HBr 5 Std. erhitzt; 47,3%. *Hydrochlorid*, $C_{12}H_{20}ONCl$, F. 161—162° (absol. A.). (J. Amer. chem. Soc. **75.** 985—87. 20/2. 1953. Portland, Ore., Reed Coll., Dep. of Chem.) ULRICH. 470

Philip E. Wilcox, Charles Heidelberger und **Van R. Potter,** *Chemische Darstellung asymmetrisch markierter Citronensäure.* Die noch nicht bekannte *γ-Chlor-β-carboxy-β-oxybuttersäure* (**I**) wird von Vff. in nicht kristallisierender öliger Form erhalten, ihre Charakterisierung erfolgt durch Analyse des *Dimethylesters*. **I** wird mit Brucin gespalten u. die linksdrehende Form (**Ia**) opt. rein dargestellt. Die Umsetzung von **Ia** mit $Na^{14}CN$ gibt asymm. markierte Citronensäure, die enzymat. zu markierter *α-Ketoglutarsäure* (**II**) abgebaut wird. Die Oxydation von **II** zeigt, daß die entstandene Bernsteinsäure radioakt., das abgespaltene CO_2 nicht radioakt. ist. Damit wurde nachgewiesen, daß beim Abbau von **I** eine **II** entsteht, deren γ-Carboxylgruppe das ^{14}C-Atom enthält. Vff. diskutieren auf Grund dieses Ergebnisses den KREBSschen Citronensäurecyclus (Advances in Enzymol. **3.** [1943.] 191) u. die damit zusammenhängenden Fragen der Stereospezifität von Substraten sowie den Einfl. von asymm. Markierung bei symm. Molekülen.

Versuche: *dl-γ-Chlor-β-carboxy-β-oxybuttersäure* (**I**), aus γ-Chloracetessigsäureäthylester (Darst. nach HAMEL, Bull. Soc. chim. France, Mém. [4] **29.** [1921.] 390) durch Umsetzung mit wasserfreier HCN bei 0° in Ggw. von NaCN u. anschließendem 1std. Erhitzen. Das entstandene Nitril wurde ohne Isolierung mit HCl 24 Std. bei Zimmertemp. verseift; daraus orangefarbener, nicht kristallisierbarer Sirup; 80% (Ausbeute). *Dimethylester*, $C_7H_{11}O_5Cl$, F. 44—45° (Essigester/PAe.), durch mehrstd. Erhitzen von **I** in mit HCl gesätt. absol. Methanol. Die Spaltung von **I** mittels Brucins in wss.-methanol. Lsg. gab nach 11 maligem Umkristallisieren aus verschied. Lösungsmitteln ein Salz, das kein einheitliches Prod. darstellte (nach Analysenwerten ist anzunehmen, daß ein Teil des Cl durch $-OCH_3$ ersetzt ist). Die Zers. von 5 g des Salzes mit warmer 50%ig. H_2SO_4 gab nach Aufarbeiten 0,71 g ölige *L-Säure* (**Ia**); $[\alpha]_D^{25}$ $-44{,}9°$ (c = 15% in W.). — *Na-*$^{14}C_{(1)}$*-Citrat.* **Ia** wurde mit 0,2 g $Na^{14}CN$ in 5 ml W. umgesetzt u. über das Ca-Salz isoliert; 230 mg. Eine hieraus hergestellte wss. Na-Citratlsg. enthielt 14,3 mg Citronensäure/ml; nach Zugabe von 5,6 mg authent. Citronensäure wurde das Gemisch aus markiertem Na-Salz u. zugesetzter Säure in freie Säure übergeführt u. an Silicagel chromatographiert. Die Titration der eluierten Verbb. u. die gleichlaufende Best. der Radioaktivität ergab eine einheitliche Säure mit der erwarteten spezif. Aktivität. — Aliquote Teile der akt. Na-Citratlsg. wurden nach der von Vff. schon benutzten enzymat. Meth. (noch nicht veröffentlicht) mit Hilfe von Rattenleberbrei, dem 0,003 Mol Arsenit zugesetzt waren, in *α-Ketoglutarsäure* (**II**) übergeführt, deren Aktivität am isolierten *Dinitrophenylhydrazon* gemessen wurde. Nach einer Meth. von KREBS (Biochem. J. **32.** [1938.] 108) wurde **II** mit $KMnO_4$ in saurer Lsg. zu *Bernsteinsäure* weiteroxydiert, das entstehende CO_2 in NaOH aufgefangen u. dessen Aktivität nach Überführung in das Ba-Salz gemessen (Tabellen vgl. Original). (J. Amer. chem. Soc. **72.** 5019—24. Nov. 1950. Madison, Wis., Univ. of Wisconsin, Biochem. Dep. u. McArdle Mem. Labor.) SCHÖNEWALD. 480

R. MacDonald und **B. E. Baker,** *Synthese von DDT mit ^{14}C.* Die Meth. von BARRY (Diss. McGill Univ. 1947) zur Herst. von *DDT* wird von Vff. zur Synth. von DDT mit ^{14}C benutzt.

Versuche: *$Ba^{14}CO_3$, $CH_3{}^{14}COONa$* u. *$^{14}C_{(1)}$-Essigsäureanhydrid* wurden nach bekannten Methoden gewonnen. — *$^{14}C_{(CO)}$-p-Chloracetophenon,* aus letztgenannter Verb., Chlorbenzol u. $AlCl_3$ durch 18std. Erhitzen auf 100°. — *$^{14}C_{(1)}$-1-[p-Chlorphenyl]-2.2.2-trichloräthanon,* durch Chlorierung vorst. Verb. bei 210°. — *$^{14}C_{(1)}$-1-[p-Chlorphenyl]-2.2.2-trichloräthanol,* aus vorst. Verb. durch Red. mit Al-Isopropylat in wasserfreiem Isopropylalkohol. — *$^{14}C_{(1)}$-1.1-Bis-[p-chlorphenyl]-2.2.2-trichloräthan,* F. 108—108,7° (korr.), aus vorst. Verb., Chlorbenzol u. H_2SO_4 (99,1%ig) durch 6std. Rühren unter Eiskühlung, Eindampfen bei 60°/1 mm u. Kristallisation aus Alkohol. (Canad. J. Chem. **31.** 517—19. Mai 1953. MacDonald College P. O., Quebec, Can., McGill Univ., Fac. of Agric., Chem. Dep.) J. MATTNER. 480

L. Sverak, O. Suschny und **E. Broda,** *Fortschritte bei der Herstellung radioaktiver Zucker.* Das früher ausgearbeitete Verf. (vgl. Mh. Chem. **83.** [1952.] **1116**) wurde folgendermaßen modifiziert: Für die Photosynth. in Blättern von *Solanum Hendersonii* wurde eine Atmosphäre von 12½% CO_2 aus 12% ^{14}C vom Gesamt-C enthaltenden $BaCO_3$ verwendet. Zur Entsalzung dienten vorgewaschene Ionenaustauscher (Lewatite), zur Chromatographie vorgewaschenes Papier. Die Chromatographie des alkoh., mit Ionenaustauschern gereinigten Blattextraktes (Butanol/Eisessig/W. 4:1:5) lieferte überwiegend *Saccharose* (**I**), daneben Glucose u. Fructose. Ein Teil der eluierten **I** wurde einer zweidimensionalen Papierchromatographie (Butanol/Eisessig/W., darauf W./Phenol/HCN) unterworfen (Abb.), ein zweiter Teil von **I** 30 Min. mit 2nH_2SO_4 unter Trägerzusatz bei 100° hydrolysiert. Im Hydrolysat wurde außer Glucose u. Fructose auch ein Nebenprod. (von der Einw. der H_2SO_4 auf die Zucker?) mit R_F 0,27 gefunden. — Die Elution der Flecke der Chromatogramme wurde durch Durchtropfenlassen von W. durch das in einem Glasrohr befindliche Papier beschleunigt. Das im CO_2-Strom eingedampfte Eluat wurde mit 80%ig. A. aufgenommen u. erlitt dann im Gegensatz zum an der Luft aufbewahrten Trockenrückstand keinen Aktivitätsverlust. Es wurden Glucose mit 135, Fructose mit 110 u. **I** mit 120 mC/mg erhalten. — Vom ^{14}C der Glucose wurden weniger als 0,05% durch den Kationenaustauscher gebunden. (Mh. Chem. **84.** 931—36; S.-B. österr. Akad. Wiss., math.-naturwiss. Kl., Abt. IIb **162.** 931—36; 1953. Wien, Univ., I. Chem. Labor.) WILLENBERG. 480

Oscar R. Sammul, C. A. Hollingsworth und **John H. Wotiz,** *Die Propargylumlagerung.* 5. Mitt. *1-Bromheneikosin-(2) und seine Reaktion mit Lithiumaluminiumhydrid.* (4. vgl. C. **1952.** 6514.) *Eikosin-(1),* erhalten aus n-Octadecylbromid u. Na-Acetylid, wurde mittels $C_2H_5MgBr + HCHO$ (vgl. NEWMAN u. WOTIZ, J. Amer. chem. Soc. **71.** [1949.] 1292) in *Heneikosin-(2)-ol-(1)* (**I**) übergeführt. Bromierung von **I** lieferte *1-Bromheneikosin-(2)* (**II**), das mit $LiAlH_4$ in 60%ig. Ausbeute zu *Heneikosin-(2)* (**III**) red. wurde. Weder **III** noch **II** bzw. **I** zeigten im Infrarotspektr. Absorptionen bei 5,1 μ (der Gruppierung C=C=C entsprechend) oder bei 5,8 μ, wie solche bei früheren analogen Verss. (vgl. z. B. WOTIZ, C. **1952.** 1628) beobachtet wurden, wahrscheinlich auf Grund von Verunreinigungen. Verss., **II** in 3-Bromheneikosadien-(1.2) umzulagern, gelangen nicht. Durch katalyt. Hydrierung von **III** entstand *Heneikosan.*

Versuche: *n-Octadecylbromid,* F. 28—29°, $Kp._1$ 167—173°, $n_D{}^{30}$ 1,4610. — *Eikosin-(1),* $C_{20}H_{38}$, F. 33—34°, $Kp._{1,1}$ 153°, aus vorst. Verb. u. Na-Acetylid in fl. NH_3 (18 Std. bei n. Temp. im Autoklaven); $n_D{}^{40}$ 1,4420; 61% (Ausbeute). — *Heneikosin-(2)-ol-(1)* (**I**), $C_{21}H_{40}O$, F. 65—66° (PAe.), $Kp._{1,6}$ 195°, aus vorst. Verb., $C_2H_5 \cdot MgBr$ u. HCHO in Ae., anschließend Hydrolyse mit NH_4Cl; $n_D{}^{68}$ 1,4480; 52% (roh). — *1-Bromheneikosin-(2)* (**II**), $C_{21}H_{39}Br$, F. 39—40° (PAe.), $Kp._{1,25}$ 208°, aus **I** u. PBr_3 in Ae.-Pyridin; $n_D{}^{43}$ 1,4700; 59% (roh). — *Heneikosin-(2)* (**III**), $C_{21}H_{40}$, F. 35—36°, $Kp._2$ 180°, aus **II** u. $LiAlH_4$ in Ae. (2 Std. Erwärmen, dann Hydrolyse mit gesätt. NH_4Cl-Lsg.); $n_D{}^{40}$ 1,4499; 60%. — *Heneikosan,* F. 39—40°, aus **III** u. H_2 in A. (PtO_2); 93% der theoret. Menge H_2 wurden absorbiert. (J. Amer. chem. Soc. **75.** 4856—57. 5/10. 1953. Pittsburgh, Pa., Univ., Dep. of Chem.) J. ROTHE. 530

Kliem Alexander und **H. V. Towles,** *4.4'-Dichlordibutyläther.* Nach ALEXANDER u. SCHNIEPP (J. Amer. chem. Soc. **70.** [1948.] 1839) aus $POCl_3$ u. Tetrahydrofuran: *4.4'-Dichlordibutyläther,* $C_8H_{16}OCl_2$, $Kp._{0,5}$ 84—86°, $Kp._{10}$ 116—118°, $n_D{}^{25}$ 1,4562, $D.^{25}{}_4$ 1,0690; 52,54% Ausbeute. (Org. Syntheses **30.** 27—29. 1950.) TROFIMOW. 560

E. G. Lindstrom, *Darstellung von normalem und sekundärem Butylhydroperoxyd.* Die Meth. zur Darst. von Alkylhydroperoxyden aus Alkylsulfaten, H_2O_2 u. wss. KOH, die sich für die höheren Homologen nicht mehr anwenden läßt, wurde dadurch verbessert, daß das als Lösungsm. verwendete W. größtenteils durch Methanol ersetzt wurde, wodurch das reagierende Gemisch homogenisiert wird. Auf diese Weise ließen sich *n*- u. *sek.-Butylhydroperoxyd* in Ausbeuten von 20 bzw. 40%, bezogen auf das umgesetzte Butylsulfat, gewinnen. Beide Verbb. sind relativ beständig. — *sek.-Butylhydroperoxyd*, $C_4H_{10}O_2$, aus sek.-Butylsulfat; n_D^{20} 1,4052; $D.^{20}_4$ 0,9094, bildet mit W. ein Azeotrop vom $Kp._{55}$ 30—31°, $Kp._{100}$ 36°, $Kp._{150}$ 47°. — *n-Butylhydroperoxyd*, aus n-Butylsulfat; n_D^{20} 1,4032; $D.^{20}_4$ 0,9078, Azeotrop mit W., $Kp._{100}$ 28—29°. (J. Amer. chem. Soc. **75**. 5123—24. 20/10. 1953. Richmond, Calif., Richmond Labors.) LOHAUS. 560

R. H. Horn, R. B. Miller und **S. N. Slater,** *Die Darstellung einiger 1-Chloralkancarbonsäuren-(1).* Die beste Meth. zur Reindarst. aliphat. 1-Chloralkan-1-carbonsäuren ist die Chlorierung von Alkylmalonsäuren nach STAUDINGER, ANTHES u. SCHNEIDER [1913]; Vff. stellen nach diesem Verf. eine Reihe 1-Chloralkan-1.1-dicarbonsäuren dar; nach Decarboxylierung werden verschied. Derivv. der entstandenen Chlormonocarbonsäuren erhalten.

Versuche: *1-Chlornonandicarbonsäure-(1.1)*, $C_{11}H_{19}O_4Cl$, F. 95—97°, aus Nonandicarbonsäure-(1.1) in absol. Ae. durch Eintropfen von SO_2Cl_2, 3std. Erhitzen u. Kristallisation aus Toluol/PAe.; 67% (Ausbeute). — Analog wurden dargestellt: *1-Chlorpropandicarbonsäure-(1.1)*, $C_5H_7O_4Cl$, F. 101—103°. — *1-Chlorpentandicarbonsäure-(1.1)*, $C_7H_{11}O_4Cl$, F. 94—96°. — *1-Chlorheptandicarbonsäure-(1.1)*, $C_9H_{15}O_4Cl$, F. 118—119,5°. — *1-Chlorundecandicarbonsäure-(1.1)*, $C_{13}H_{23}O_4Cl$, F. 95—96,5°. — Durch Decarboxylierung vorst. Verbb. (1 Std. bei 120—130°) wurden in fast quantitativer Ausbeute erhalten: *1-Chlorpropancarbonsäure-(1)*, $C_4H_7O_2Cl$, $Kp._{13,5}$ 98°, $D.^{25}_{25}$ 1,189, n_D^{25} 1,435. — *1-Chlorpentancarbonsäure-(1)*, $C_6H_{11}O_2Cl$, $Kp._{12}$ 122°, $D.^{25}_{25}$ 1,100, n_D^{25} 1,441. — *1-Chlorheptancarbonsäure-(1)*, $C_8H_{15}O_2Cl$, $Kp._{10}$ 155°, $D.^{25}_{25}$ 1,049, n_D^{25} 1,446. — *1-Chlornonancarbonsäure-(1)*, $C_{10}H_{19}O_2Cl$, F. 23—25°, $Kp._{10}$ 165°. — *1-Chlorundecancarbonsäure-(1)*, $C_{12}H_{23}O_2Cl$, F. 35—38°, $Kp._{10}$ 183—184°. — Die Veresterung vorst. Chlorcarbonsäuren mit A. gibt 61—97% Ausbeuten der entsprechenden Ester: *1-Chlorpropancarbonsäure-(1)-äthylester*, $C_6H_{11}O_2Cl$, $Kp._{12}$ 56—57°, $D.^{25}_{25}$ 1,050, n_D^{25} 1,418. — *1-Chlorpentancarbonsäure-(1)-äthylester*, $C_8H_{15}O_2Cl$, $Kp._{10}$ 77—78°, $D.^{25}_{25}$ 1,007, n_D^{25} 1,426. — *1-Chlorheptancarbonsäure-(1)-äthylester*, $C_{10}H_{19}O_2Cl$, $Kp._{10}$ 132,5—135°; $D.^{25}_{25}$ 0,982, n_D^{25} 1,432. — *1-Chlornonancarbonsäure-(1)-äthylester*, $C_{12}H_{23}O_2Cl$, $Kp._{10}$ 136,5—137,5°, $D.^{25}_{25}$ 0,959, n_D^{25} 1,436. — *1-Chlorundecancarbonsäure-(1)-äthylester*, $C_{14}H_{27}O_2Cl$, $Kp._{15}$ 161—165°, $D.^{25}_{25}$ 0,914, n_D^{25} 1,439. — Weitere Derivv.: *1-Chlorpropancarbonsäure-(1)-amid*, C_4H_8ONCl, F. 17,5—76°. *Anilid*, $C_{10}H_{12}ONCl$, F. 74—76°. — *1-Chlorpentancarbonsäure-(1)-amid*, $C_6H_{12}ONCl$, F. 57,8—58,2°. — *1-Chlorheptancarbonsäure-(1)-amid*, $C_8H_{16}ONCl$, F. 70—71°. — *1-Chlornonancarbonsäure-(1)-amid*, $C_{10}H_{20}ONCl$, F. 74—74,5°. *Anilid*, $C_{16}H_{24}ONCl$, F. 38—40°. — *1-Chlorundecancarbonsäure-(1)-amid*, $C_{12}H_{24}ONCl$, F. 79—79,5°. *Anilid*, $C_{18}H_{28}ONCl$, F. 50—52°. (J. chem. Soc. [London] **1950**. 2900—01. Okt. Dunedin, New Zealand, Otago Univ.; Wellington, New Zealand, Victoria Univ. Coll.) SCHÖNEWALD. 810

Viktor Wolf, *Notiz über die Darstellung der Propiolsäure. Propiolsäure* wird in 78%ig. Ausbeute durch CrO_3-Oxydation von Propargylalkohol (I) in schwefelsaurer Lsg. neben wenig Propargylaldehyd gewonnen; sie ist im Kühlschrank unbegrenzt haltbar, unter den Bedingungen der Veresterung in schwefelsaurer Lsg. erleidet sie Trimerisierung. I konnte weder in neutraler noch in saurer Lsg. in Ggw. von Katalysatoren oxydiert werden, lediglich in alkal. Lsg. trat mit RANEY-Ni geringe Oxydation ein unter Bldg. von Polymerisat bei positiver Aldehydreaktion.

Versuche: *Propiolsäure*, $C_3H_2O_2$, $Kp._9$ 52,5—54,0°, a) aus 96%ig. I in Aceton mit CrO_3, gelöst in H_2SO_4; Reaktionstemp. unter 20°; 78% (Ausbeute), nach 2maliger Dest. 99,7%ig. Säure; b) aus 36%ig. I, zu dem konz. H_2SO_4 (Innentemp. nicht über 12°) u. CrO_3 in schwefelsaurer Lsg. bei 15—20° getropft wurden; der Ätherextrakt roch buttersäureähnlich u. enthielt Polymerisat; $Kp._{10}$ 52—54,8°; 27,8%. — *Trimesinsäuretrimethylester*, $C_{12}H_{12}O_6$, F. 144,5—147°: Propiolsäuremethylester wird wie üblich in Ggw. von konz. H_2SO_4 dargestellt, extrahiert u. dest.; der gelbe Rückstand wird gewaschen u. mit Bzn. ausgekocht; aus dem eingeengten Filtrat weißes Prod., umkrist. aus Methanol. (Chem. Ber. **86**. 735—37. 1953. Hamburg, Univ., Chem. Staatsinst.) FROHLOFF. 810

Norman G. Gaylord, *Säurekatalysierte Veresterung von Milchsäure mit β-Methallylalkohol.* Vf. versucht, den *Milchsäure-β-methallylester* durch Erhitzen der Komponenten in Ggw. von p-Toluolsulfonsäure darzustellen; dabei werden aus einem 6 Mol-Ansatz neben unverändertem β-Methallylalkohol (I) *Isobutyraldehyd* (II) u. der *Isobutylidenätherester der Milchsäure* (III) erhalten. Vf. hält es für möglich, daß durch saure Katalyse I in II umgelagert u. durch Halbacetalbldg. von II mit der Milchsäure u. anschließende Lactonisierung III gebildet wird.

Versuche: *Isobutylidenätherester der Milchsäure* (III), $C_7H_{12}O_3$, Kp.$_{14}$ 71 bis 71,3°; aus 85%ig. Milchsäure u. β-Methallylalkohol (1 : 4) in Bzl. in Ggw. von p-Toluolsulfonsäure durch 68std. Erhitzen; fraktionierte Dest. gibt 380 g II u. 860 g I, sowie nach erneuter Dest. 72% III; $n_D^{24,8}$ 1,4189; $D.^{24,8}_4$ 1,0168. — Aus III mit 2.4-Dinitrophenylhydrazin das *Hydrazon* des *Isobutyraldehyds*; der *p-Phenylphenacylester* ist das *Milchsäurederivat*. (J. Amer. chem. Soc. **72**. 5316—17. Nov. 1950. Brooklyn, N. Y., Polytechn. Inst., Dep. of Chem.) SCHÖNEWALD. 850

George King, *trans-8.9-Epoxy-11-ketoheptadecancarbonsäure-(1) und cis-10.11-Diketoheptadecen-(8)-carbonsäure-(1) sowie einige Beobachtungen an den Ultraviolettabsorptionsspektren dieser und verwandter Verbindungen.* Vf. stellt *trans-8.9-Epoxy-11-ketoheptadecancarbonsäure-(1)* (III) dar (die entsprechende cis-Verb. konnte nicht erhalten werden), um das chem. Verh. dieser möglicherweise bei Autoxydationsprozessen auftretenden Verb. zu untersuchen. Vf. kann zeigen, daß das von ELLIS (C. **1951**. I. 2418) als Epoxyketostearinsäure (F. 112,5°) angesprochene Oxydationsprod. der λ-Ketoölsäure (IV) tatsächlich κ. *λ-Diketoölsäure* (V) ist. III, in organ. Lösungsm. gelöst, absorbiert nur 70% der theoret. Menge HCl, dies wird auf die Ggw. der Carbonylgruppe zurückgeführt u. darauf hingewiesen, daß in solchen Fällen eine Best. der Epoxyverbb. nach dieser Meth. fragwürdig ist. Ferner wird gezeigt, daß III (trotz der Epoxydgruppe) einen positiven Pyrazolintest, der nur —COCH:CH— bzw. —$COCH_2$·CH:CH—-Gruppen anzeigen sollte, liefert. — Der Vgl. der UV-Spektren von *λ-Ketoelaidinsäure*, III, IV, V, *Ölsäureepoxyd, Elaidinsäure, Elaidinsäureepoxyd, Ricinelaidinsäure* (II) u. *Ricinelaidinsäureepoxyd* (I) zeigt, daß nur die Ketosäuren ausgeprägte Absorptionsmaxima u. -minima (zwischen 220 u. 280 mμ) besitzen.

Versuche: *Ricinelaidinsäureepoxyde* [*8.9-Epoxy-11-oxyheptadecancarbonsäuren-(1)*; I], $C_{18}H_{34}O_4$, F. 64—67° (A.). 30 g Ricinelaidinsäure (II) werden mit 1,3 mol. wss. HOCl-Lsg. in die Chlorhydrine übergeführt, mit 1nNaOH HCl abgespalten u. mit Ae.-Hexan die stereoisomeren I erhalten; $[\alpha]_D^{22}$ —22° (A., c = 1,0), dünne stabförmige Platten; 7,5 g (Ausbeute). — *8.9.11-Trioxyheptadecancarbonsäure-(1)*, F. 136—137,5°, aus I durch Hydrolyse mit sd. n-NaOH, wahrscheinlich beide Stereoisomere; 30%. — *Chlordioxystearinsäuren*, $C_{18}H_{35}O_4Cl$, F. 86—91° (Ae.-Hexan). 1std. Schütteln der I-Ae.-Lsg. (6,5 g in 120 ml) mit 10 ml konz. HCl gibt 2,2 g eines Gemisches von *8-Chlor-9.11-dioxy-* u. *9-Chlor-8.11-dioxyheptadecancarbonsäuren-(1)*; daraus durch Behandeln mit 2nNaOH I zurück. — *λ-Ketoelaidinsäureepoxyd* [*trans-8.9-Epoxy-11-ketoheptadecancarbonsäure-(1)*; III], $C_{18}H_{32}O_4$, F. 84° (A.); durch Chromsäure/Eisessig-Oxydation von 10 g I unterhalb 15°; 4 g rhomb. u. hexagonale Platten. *Oxim*, $C_{18}H_{33}O_4N$, F. 78° (A.), lange schmale rhomb. Platten. Reduziert langsam sd. FEHLING-Lsg., gibt mit 3.5-Dinitrobenzoesäure Purpurfärbung; Pyrazolintest mit Phenylhydrazin positiv. Die Dest. von III in Ggw. von 0,1—1nNaOH gibt *Octanon-(2)* (*2.4-Dinitrophenylhydrazon*, F. 61°), das zurückbleibende, nicht näher identifizierte Hydrolyseprod. red. FEHLING-Lsg. u. gibt feste Prodd. mit 2.4-Dinitrophenylhydrazin (III gibt damit nur ein Öl). — *λ-Ketoölsäure* [*cis-11-Ketoheptadecen-(8)-carbonsäure-(1)*; IV], $C_{18}H_{32}O_3$, F. 40° (Hexan), nach ELLIS (l. c.) aus II; lange dünne Platten. Gibt mit alkal.-alkoh. 3.5-Dinitrobenzoesäure eine tiefe Purpurfärbung, 1 μg ist nachweisbar u. der Test daher 100mal empfindlicher als gegenüber Octanol-(2). — *κ. λ-Diketoölsäure* [*cis-10.11-Diketoheptadecen-(8)-carbonsäure*; V], $C_{18}H_{30}O_4$, F. 112,5° (A.), durch Autoxydation von 6 g geschmolzenem, in Filterpapier aufgesaugtem IV an der Luft; 1,5 g hexagonale Platten. *Disemicarbazon*, $C_{20}H_{36}O_4N_6$, F. 212° (Zers.), sehr schwer lösl., kanariengelbes mikrokrist. Pulver. *2.4-Dinitrophenylosazon*, $C_{30}H_{38}O_{10}N_8$, F. 154° (A.-Chlf.), schmale glänzendrote Stäbchen, mit alkoh. NaOH intensiv violett. Reduziert FEHLING-Lsg. beim Erwärmen, mit 2.4-Dinitrobenzoesäure tiefrot, Pyrazolontest rot → blau → grün → gelbbraun; alkal. Lsg. gelb, keine flüchtigen Ketone beim Erhitzen. — *Elaidinsäure*, $C_{18}H_{34}O_2$, F. 44,5°, durch mehrfaches Kristallisieren aus Essigsäure u. Methanol rein erhalten. — *Ricinelaidinsäure* (II), $C_{18}H_{34}O_3$, F. 52°, aus 60 ml Ricinolsäure durch Behandeln mit $HNO_3/NaNO_2$, nach mehrfachem Kristallisieren aus Methanol, Hexan, Methanol; 36 g. — *Ölsäureepoxyd*, F. 59,5°, aus Dioxystearinsäure (F. 132°). — *Elaidinsäureepoxyd*, F. 55,5°, aus Elaidinsäure analog I. — *λ-Ketoelaidinsäure*, $C_{18}H_{32}O_3$, F. 73°, aus II. — Die UV-Spektren der vorst. reinen Verbb. wurden in A. spektrophotometr. bestimmt. (J. chem. Soc. [London] **1950**. 2897—2900. Okt. London, St. Mary's Hosp., Med. School.) SCHÖNEWALD. 850

C. E. Rehberg und **Marion B. Dixon**, *Gemischte Ester der Milch- und Kohlensäure. n-Alkylcarbonate von Milchsäure-n-alkylestern.* (Vgl. C. **1954**. 290.) Es werden 2 Reihen von *Estern* der Zus. $ROCOOCH(CH_3)COOR'$ dargestellt, in denen R = C_2H_5 u. R' = n-Alkyl sowie R=R' = n-Alkyl ist. Die Darst. der Ester u. die Best. ihrer physikal.

Eigg. erfolgt nach dem in einer früheren Arbeit der Vff. (C. **1951.** I. 451) angegebenen Verfahren. Es werden Gleichungen entwickelt, die in jeder Reihe Dampfdruck, Kp., n, D. u. Viscosität η (in cP) mit der Anzahl der C-Atome der einzelnen Glieder in Beziehung setzen.

V e r s u c h e: Folgende *Ester* der Zus. *ROCOOCH(CH$_3$)COOR'* werden dargestellt: *O-Carbäthoxymilchsäure, Äthylester,* D.$^{20}_4$ 1,0742, D.$^{40}_4$ 1,0523, n_D^{20} 1,4112, n_D^{40} 1,4032, η_{20} 4,11, η_{40} 2,45; 72% (Ausbeute). *n-Butylester,* D.$^{20}_4$ 1,0325, D.$^{40}_4$ 1,0138, n_D^{20} 1,4181, n_D^{40} 1,4102, η_{20} 516, η_{40} 2,95; 54%; *n-Hexylester,* D.$^{20}_4$ 1,0021, D.$^{40}_4$ 0,9828, n_D^{20} 1,4242, n_D^{40} 1,4167, η_{20} 7,46, η_{40} 3,79; 80%. *n-Octylester,* D.$^{20}_4$ 0,9846, D.$^{40}_4$ 0,9664, n_D^{20} 1,4281, n_D^{40} 1,4212, η_{20} 8,96, η_{40} 4,61; 49%. *n-Dodecylester,* D.$^{20}_4$ 0,9569, D.$^{40}_4$ 0,9406, n_D^{20} 1,4366, n_D^{40} 1,4295, η_{20} 15,64, η_{40} 7,51; 48%. *n-Hexadecylester,* D.$^{20}_4$ 0,9390, D.$^{40}_4$ 0,9235, n_D^{20} 1,4422, n_D^{40} 1,4352, η_{20} 25,48, η_{40} 11,57; 90%. — *O-Carbo-n-propoxymilchsäure-n-propylester,* D.$^{20}_4$ 1,0338, D.$^{40}_4$ 1,0136, n_D^{20} 1,4189; n_D^{40} 1,4110, η_{20} 5,88, η_{40} 3,20; 70%. — *O-Carbo-n-butoxymilchsäure-n-butylester,* D.$^{20}_4$ 1,0049, D.$^{40}_4$ 0,9864, n_D^{20} 1,4240, n_D^{40} 1,4162, η_{20} 6,51, η_{40} 3,64; 73%. — *O-Carbo-n-amyloxymilchsäure-n-amylester,* D.$^{20}_4$ 0,9848, D.$^{40}_4$ 0,9670, n_D^{20} 1,4290, n_D^{40} 1,4214, η_{20} 8,74, η_{40} 4,57; 67%. — *O-Carbo-n-hexyloxymilchsäure-n-hexylester,* D.$^{20}_4$ 0,9654, D.$^{40}_4$ 0,9483, n_D^{20} 1,4327, n_D^{40} 1,4250, η_{20} 11,59, η_{40} 5,65; 64%. — *O-Carbo-n-decyloxymilchsäure-n-decylester,* D.$^{20}_4$ 0,9315, D.$^{40}_4$ 0,9157, n_D^{20} 1,4440, n_D^{40} 1,4358, η_{20} 25,6, η_{40} 11,68; 25%. (J. org. Chemistry **15.** 973—78. Sept. 1950. Philadelphia, Pa., Eastern Reg. Res. Labor.) REISNER. 880

Pierre Boivinet und **Édouard Calvet,** *Über die Darstellung einer kristallisierten Verbindung aus Triäthanolamin und Natriumaluminat.* Vff. isolieren aus Natriumaluminatlsgg., die 250—350 g Na_2O/Liter bei einem Mol.-Verhältnis Na_2O/Al_2O_3 = 1,3—1,9 enthalten, beim Rühren mit Triäthanolamin oder besser beim Erhitzen auf ca. 100° eine *Verb.* der vermutlichen Zus. $Na\cdot O\cdot Al(OH)\cdot O\cdot NH\cdot(C_2H_4OH)_3$, Plättchen oder Rauten, die dem hexagonalen Syst. anzugehören scheinen u. sich bei ca. 250° zers., ohne vorher zu schmelzen. Die Verb. löst sich in W. unter Hydrolyse, wobei *Hydrargillit,* $Al(OH)_3$, gebildet wird; ebenfalls unter Zers. löst sich die Verb. in CH_3OH, A. u. polaren Lösungsmitteln. (C. R. hebd. Séances Acad. Sci. **230.** 1082—83. 13/3. 1950.) REISNER. 920

L. Velluz und **G. Amiard,** *Direkte Spaltung von* DL-*Threonin.* Vff. diskutieren den Verlauf der Spaltung von DL-*Threonin* (DL-**I**), den sie beim Übersättigen einer wss. Lsg. mit einem opt. Antipoden beobachteten. Graph. Darstellung.

V e r s u c h e: *L-(—)-Threonin* (L-**I**), durch Lösen von 9 g DL-**I** u. 1 g L-**I** in 30 cm³ W. bei 80° u. Kristallisation bei 20°; $[\alpha]_D^{20}$ —26 ± 1° (c = 1% in W.); 2,07 g (Ausbeute). — *D-(+)-Threonin,* aus den Mutterlaugen u. 2,07 g DL-**I** durch Erhitzen auf 80° u. Kristallisation bei 20°; das unreine Prod. wurde in 6 ml W. bei 80° gelöst u. bei 20° krist.; $[\alpha]_D^{20}$ +28 ± 1° (c = 1% in W.); 1,7 g. (Bull. Soc. chim. France, Mém. [5] **20.** 903—04. Sept. 1953. Roussel-Uclaf, Serv. Scient.) SEIDE. 950

S. J. Leach und **H. Lindley,** *Die Struktur des Asparagins.* STEWARD u. THOMPSON (C. **1953.** 3548) schlugen **II** bzw. **III** als Strukturen für das wasserfreie ungeladene *Asparagin* (**I**) bzw. seine Zwitterionform u. für das I-Monohydrat **IV** vor. In Lsg. soll ein Gleichgewicht zwischen der cycl. u. der offenkettigen Form unter Überwiegen

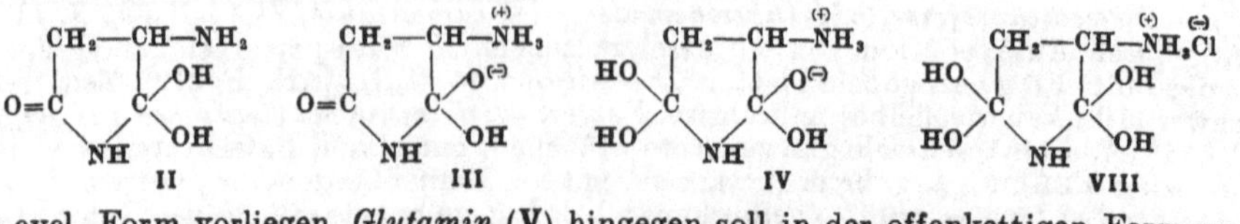

II III IV VIII

der cycl. Form vorliegen. *Glutamin* (**V**) hingegen soll in der offenkettigen Form vorliegen. Vff. bringen gegen diese Ansicht Einwände vor: **I** reagiert in der Carbonamidgruppe nicht mit HNO_2, was nach STEWARD u. THOMPSON auf die cycl. Form zurückzuführen ist, hingegen reagiert aber **I** meßbar mit Säure, Alkali oder Ninhydrin. Diese Rkk. sind aber auf die offenkettige Form zurückzuführen. Viele Gründe für die cycl. Form lassen sich ebenfalls auf *Isoasparagin* (**VI**) anwenden, das ebenfalls ein Hydrat bildet. Die cycl. Struktur des **VI**-Hydrochlorid-Monohydrats wäre analog dem **IV**-Hydrchlorid (**VIII**). Beide Formen müßten also in Lsg. ineinander umwandelbar sein, während sie jedoch chem. unterschiedlich sind. Vff. nehmen daher die möglicherweise durch H-Bindungen modifizierte Form für **I** als die adäquate Struktur an, Unterschiede im Verh. zwischen **I** u. **V** sind weniger auf eine Anomalie von **I** als vielmehr von **V** zurückzuführen, da **V** sehr leicht mit HNO_2 reagiert, während andere Amidgruppen normalerweise unter den Bedingungen der VAN SLYKE-Best. nicht reagieren. **I** wird durch

Säuren ähnlich schnell wie Acetamid hydrolysiert u. gibt n. Werte für die Aktivierungsenergie u. -entropie. Substitution der Aminogruppe in **V** hingegen (z. B. das *Leucylderiv.*) verlangsamt die Hydrolysengeschwindigkeit der Amidgruppe bis in die Größenordnung von **I** u. macht sie gegen HNO_2 unempfindlich, während N-Methylierung der Amidgruppe in **V** die Rk. mit HNO_2 nicht beeinflußt. Schlüssigere Beweise gegen die cycl. Formulierung folgen aus kinet. Unterss. der Hydrolysengeschwindigkeit der Amidgruppe in I-Peptiden. **I** kann in *Asparaginylglycin* (**VII**) keine cycl. Struktur besitzen, während diese beim *Glycyl-* oder *Leucylderiv.* von **I** möglich wäre. Bei zutreffender Ringhypothese müßten Ähnlichkeiten im Verh. der Amidgruppen von **I** u. dem *Glycylderiv.* vorhanden sein im Gegensatz zu Peptiden vom **VII**-Typ, während aber ein gegensätzliches Verh. gefunden wurde. Die Säurehydrolyse der Amidgruppe von L-**I** u. L-**VII** sind beides Rkk. 2. Ordnung mit ähnlichen Geschwindigkeitskonstanten. Das *Glycylderiv.* von I-*Hydrochlorid* wird hingegen in einer Rk. 1. Ordnung hydrolysiert, die Geschwindigkeit ist unabhängig von der H^+-Konz. bei p_H-Werten, bei denen die ion. Form vorliegt, u. viel größer als bei **I** u. **VII**, da die Aktivierungsenergie positiver ist. (Nature [London] **171.** 1062—63. 13/6. 1953. Melbourne, Commonwealth Sci. and Ind. Res. Organizat., Wool Textile Res. Labor., Biochem. Unit.) RUSKE. 950

F. C. Steward und **J. F. Thompson,** *Die Struktur des Asparagins.* Vff. fassen die Einwände, die in vorst. Ref. u. von anderen Vff. gegen die von ihnen vertretene cycl. Struktur des *Asparagins* (**I**) vorgebracht wurden, zusammen u. bemerken zu der Feststellung von LEACH u. LINDLEY, daß I-Hydrochlorid u. *Isoasparagin* (**II**)-Hydrochlorid die gleiche cycl. Struktur besitzen würden, daß bisher nicht genügend Daten zum Vgl. von **I** u. **II** vorliegen würden, daß **I** mit Ninhydrin aber eine braune, **II** hingegen eine blaue Farb-Rk. gibt u. **II** demnach mehr dem *Glutamin* (**III**) als **I** ähnelt. Auch der Unterschied der Rk. von **I** bzw. **III** mit HNO_2 ist von LEACH u. LINDLEY nicht genügend erklärt worden, kann aber durch die Ringstruktur zwanglos erklärt werden. Auch die Hydrolyse von **I** u. **III** läßt sich nicht ohne weiteres vergleichen, da **I** nur hydrolysiert, bei **III** aber unter NH_3-Verlust Cyclisierung eintreten kann. Auch die Infrarotabsorptionsspektren von **I** u. **III** deuten auf eine unterschiedliche Struktur beider Verbindungen. Abschließend weisen Vff. auf das kürzliche Ergebnis von MEISTER (C. **1954.** 5777) hin, daß **I** zwei trennbare Ketoverbb. unterschiedlichen Verh. liefert, bei **III** jedoch bisher nur eine Ketoverb. isoliert werden konnte. (Nature [London] **171.** 1063—64. 13/6. 1953. Ithaca, N. Y., Cornell Univ., Dep. of Bot.) RUSKE. 950

A. W. Toptschijew, N. S. Nametkin und **W. I. Setkin,** *Die Synthese siliciumorganischer Verbindungen aus Chlormethylen und Silicium.* Inhaltlich ident. mit der C. **1953.** 515 referierten Arbeit. (Chem. Techn. **4.** 508—09. Nov. 1952.) G. FROELICH. 980

Erik Larsson, *Die Alkylierung des Tetraäthylorthosilicates mit n-Alkylmagnesiumchloriden.* Vf. führt Alkylierungen von Tetraäthylorthosilicat (**I**) mit den GRIGNARD-Verbb. von Methyl-, n-Propyl-, n-Butyl-, n-Amyl- u. n-Hexylchlorid nach 3 Verff. durch: a) Zu einer äther. Lsg. von RMgCl wird **I** bei Siedetemp. unter Rühren zugetropft; Mol-Verhältnis (N) = 1 : 1 bis 6 : 1; nach dem Zutropfen wird mehrere Std. gekocht; erhalten wird ein Gemisch von $R_nSi(OC_2H_5)_{4-n}$ mit guten Ausbeuten an $R_3SiOC_2H_5$ für N = 6 : 1. — b) Die Lsg. von RMgCl in Ae. wird zu **I** zugegeben; bei N = 1 : 1 erhält man hierbei höhere Ausbeuten an $RSi(OC_2H_5)_3$. Für N $\geq$ 2 : 1 sind die Ausbeuten die gleichen wie nach a). — c) Ein Gemisch von **I** u. Alkylhalogenid wird zu Mg-Spänen in Ae. zugetropft. Eine Tetraalkylierung findet nach den genannten Verff. prakt. nicht statt. — Folgende Alkyläthoxysilane wurden hergestellt: *Methyltriäthoxysilan*, Kp. 141°, D.^{20} 0,8974, n_D^{20} 1,3831. — *Dimethyldiäthoxysilan*, Kp. 113°, D.^{20} 0,8401, n_D^{20} 1,3814. — *n-Propyltriäthoxysilan*, Kp. 170—172°, D.^{20} 0,8916, n_D^{20} 1,3956. — *Di-n-propyldiäthoxysilan*, Kp. 185°, D.^{20} 0,8544, n_D^{20} 1,4100. — *Tri-n-propyläthoxysilan*, Kp. 203°, Kp.$_{13}$ 88°, D.^{20} 0,8166, n_D^{20} 1,4240. — *n-Butyltriäthoxysilan*, Kp. 192°, Kp.$_{16}$ 84°, D.^{20} 0,8883, n_D^{20} 1,4011. — *Di-n-butyldiäthoxysilan*, Kp. 220°, Kp.$_{17}$ 107°, D.^{20} 0,8518, n_D^{20} 1,4181. — *Tri-n-butyläthoxysilan*, Kp. 230°, Kp.$_{17}$ 128°, D.^{20} 0,8223, n_D^{20} 1,4332. — *n-Amyltriäthoxysilan*, Kp.$_{13}$ 95°, D.^{20} 0,8862, n_D^{20} 1,4059. — *Di-n-amyldiäthoxysilan*, Kp.$_{14}$ 128°, D.^{20} 0,8515, n_D^{20} 1,4241. — *Tri-n-amyläthoxysilan*, Kp.$_{13}$ 154°, D.^{20} 0,8262, n_D^{20} 1,4384. — *n-Hexyltriäthoxysilan*, Kp.$_{18}$ 115°, D.^{20} 0,8822, n_D^{20} 1,4100. — *Di-n-hexyldiäthoxysilan*, Kp.$_{19}$ 161°, D.^{20} 0,8523, n_D^{20} 1,4290. — *Tri-n-hexyläthoxysilan*, Kp.$_{20}$ 199°, D.^{20} 0,8283, n_D^{20} 1,4435. (Lunds Univ. Årsskr. [N. F.] Avd. 2 **48.** Nr. 12. 3—8. 1952. Lund, Univ., Chem. Inst., Abt. für organ. Chem.) M. SCHENK. 980

Otto H. Johnson und **Henry E. Fritz,** *Dichlortetrabutyldistannan.* Tetrabutylzinn (**I**) setzte sich mit $SnCl_4$ hauptsächlich zu *Dichlordibutylzinn* (**II**) um, dessen alkoh. Lsg. bei Behandlung mit $NaOC_2H_5$ *Dichlortetrabutyldistannan* (**III**) lieferte. Durch

Einw. von Butyl- oder Phenyl-MgBr entstand aus III I bzw. *Diphenyldibutylzinn.* Cl_2 reagierte mit III wieder zu II, während mit Br_2 *Bromchlordibutylzinn* gebildet wurde. Mit $AgNO_3$ entstand aus III wahrscheinlich *Tetrabutyldistannylendinitrat.* Die Kupplung von III mittels $NaOC_2H_5$ zum Tetrastannanderiv. lieferte ein Prod., das nicht vollständig identifiziert werden konnte.

Versuche: *Dichlordibutylzinn* (II), $(C_4H_9)_2SnCl_2$, F. 40,5°, Kp.$_{0,2}$ 89—91°, a) aus I u. $SnCl_4$, 3 Std. bei 200—215° unter Schütteln; 74% (Ausbeute); b) aus Cl_2 u. III in CCl_4. — *1.2-Dichlortetra-n-butyldistannan* (III), $(C_4H_9)_4Sn_2Cl_2$, F. 115 bis 116° (Aceton), aus II u. $NaOC_2H_5$ in absol. A. unter Rühren; 91%. — *Tetra-n-butyldistannylendinitrat,* $(C_4H_9)_4Sn_2(NO_3)_2$, F. 220—225° (Methanol), aus III u. gesätt. alkoh. $AgNO_3$ in absol. A.; 50%. — *Bromchlordi-n-butylzinn,* $(C_4H_9)_2SnClBr$, F. 34 bis 34,4°, Kp.$_{0,55}$ 104—106°, aus III u. Br_2 in CCl_4 auf dem Dampfbad, Prismen, n_D^{27} 1,5252; 72%. — *Tetra-n-butylzinn* (I), $(C_4H_9)_4Sn$, Kp.$_{0,8}$ 94,5—96°, durch Zutropfen von 0,02 Mol III in Ae. zur äther. Lsg. von n-Butyl-MgBr (aus 0,08 Mol n-Butylbromid) u. 30 Min. Weiterrühren, n_D^{24} 1,4731; 7,2 g. — *Diphenyldi-n-butylzinn,* $(C_6H_5)_2Sn\cdot(n\text{-}C_4H_9)_2$, Kp.$_{0,2}$ 137°, analog vorst. Verb. aus III u. C_6H_5MgBr in Ae.; 74%. (J. org. Chemistry **19.** 74—76. Jan. 1954. Minneapolis, Minn., Univ., School of Chem.)

L. FISCHER. 980

Anton Benning und **Otto Grosskinsky,** *Notiz über neue Methylolbenzole.* Neue *Methylolbenzole* mit mehr als 2 CH_2OH-Gruppen werden durch Red. der entsprechenden Benzolcarbonsäureester mit $LiAlH_4$ dargestellt. *Benzoltricarbonsäure-(1.3.5)-ester* läßt sich auf diese Weise nur schwer reduzieren, was auf die m-Stellung der Carboxylgruppen zueinander zurückgeführt werden muß, da auch der Isophthalsäuredimethylester schwer reduzierbar ist. Die Alkohole sind auch durch Red. an Cu-Cr-Oxyd-Kontakten darzustellen.

Versuche: *1.2.3-Tris-[oxymethyl]-benzol,* $C_9H_{12}O_3$, F. 134—136° (Methanol), aus Hemimellitsäuretrimethylester (F. 100—101°) u. $LiAlH_4$ in Ae.; stark lichtbrechende Oktaeder; 93% (Ausbeute). *Triacetat,* $C_{15}H_{18}O_6$, F. 58°, aus Methanol kantige Prismen. — *1.2.3.4-Tetrakis-[oxymethyl]-benzol,* $C_{10}H_{14}O_4$, F. 129—130°, aus 1.2.3.4-Benzoltetracarbonsäuretetramethylester (F. 130°) über das *Tetraacetat* ($C_{18}H_{22}O_8$, F. 104—105°, Schuppen aus Butanol); rhomboedr. Prismen aus Butanol; 90%. — *1.2.4.5-Tetrakis-[oxymethyl]-benzol,* $C_{10}H_{14}O_4$, F. 191—192°, Nädelchen aus Pyridin oder Butanol oder W., aus Pyromellitsäuretetramethylester (F. 142—144°); 90%. *Tetraacetat,* $C_{18}H_{22}O_8$, F. 97°, Nadeln aus Methanol. — *Pentakis-[oxymethyl]-benzol,* $C_{11}H_{16}O_5$, F. 154—155°, Nädelchen aus Butanol, aus Benzolpentacarbonsäurepentamethylester (F. 148—149°); 88%. *Pentacetat,* $C_{21}H_{26}O_{10}$, F. 93°, Nädelchen aus Butanol. — *1.2.4-Tris-[oxymethyl]-benzol,* $C_9H_{12}O_3$, Kp.$_{0,6}$ 195—200°, aus Trimellitsäuretrimethylester (Kp.$_{14,5}$ 207°). — Red. von Benzoltricarbonsäure-(1.3.5)-(Trimesinsäure)-trimethylester (F. 143—144°) mit $LiAlH_4$ in sd. Ae. liefert nach 3 Std. neben unumgesetzter Verb. *5-Methylolisophthalsäuredimethylester,* $C_{11}H_{12}O_5$, F. 106—107°, Nadeln aus Wasser. *Acetat,* $C_{13}H_{14}O_6$, F. 119°, Nadeln. Nach 30std. Reduktionsdauer erhält man als Hauptprod. *3.5-Bis-[oxymethyl]-benzoesäuremethylester,* $C_{10}H_{12}O_4$, F. 105, aus Butanol flache Nadeln. (Chem. Ber. **87.** 54—57. 1954. Dortmund-Eving, Ges. für Kohlentechnik m. b. H., Labor.)

EBERHARDT. 1070

William S. Emerson und **Robert A. Heimsch,** *Einige auf p-Chlormethylbenzoylchlorid basierende Ester.* Vff. stellen *p-Chlormethylbenzoylchlorid* (I) dar u. benutzen diese vielseitig verwendbare Verb. zur Darst. von Estern u. anderen p-Toluylsäurederivaten. Ein wichtiges Zwischenprod. für viele Derivv. ist der *Methylester* (III) *der p-Chlormethylbenzoesäure,* der sich u. a. auch mit RANEY-Ni zum *1.2-Bis-[p-carbomethoxyphenyl]-äthan* (IV) umsetzen läßt.

Versuche: *p-Chlormethylbenzoylchlorid* (I), $C_8H_6OCl_2$, F. 30—31° (Hexan); aus p-Toluylchlorid durch Chlorierung bei 75—90° u. Dest. bei 150—156°/20 mm; 91—95% (Ausbeute bei 42—50% Umsatz). — *p-Carboxybenzylacetat,* $C_{10}H_{10}O_4$, F. 127,5—128° (Bzl./Hexan), durch Zutropfen von I zu CH_3COONa in Eisessig/Acetanhydrid u. 7std. Erhitzen; 72% (Ausbeute). Hieraus durch Hydrolyse mit 10%ig. NaOH *p-Carboxybenzylalkohol,* $C_8H_8O_3$, F. 171—175° (wss. A.). — *p-Chlormethylbenzoesäure,* F. 199—201° (Bzl.), durch Verseifen von I mit wss. NaOH unterhalb 40°; 98%. — *n-Butyl-p-chlormethylbenzoat* (II), $C_{12}H_{15}O_2Cl$, Kp.$_{0,4}$ 147,5°, aus I u. n-Butanol durch Zutropfen von NaOH in n-Butanol unterhalb 30°; nach Dest. (Kp.$_{20}$ 181—184°) 87%; D.$^{25}_{25}$ 1,109; n_D^{25} 1,5190. — *p-Carbobutoxybenzylbutyrat,* $C_{16}H_{22}O_4$, Kp.$_{18}$ 221—222°, aus II u. Na-Butyrat in Toluol in Ggw. von Triäthylamin; 32%; D.$^{25}_{25}$ 1,1054; n_D^{25} 1,4936. Daneben 35% (wahrscheinlich) *p-Carbobutoxybenzylalkohol,* Kp.$_{18}$ 204—208°, D.$^{25}_{25}$ 1,089, n_D^{25} 1,5070. — *Bis-[p-carbobutoxybenzyl]-adipat,*

$C_{30}H_{38}O_8$, aus II u. Na-Adipat analog vorst. Verb.; 12%; $D.^{25}_{25}$ 1,125; n_D^{25} 1,5172. Daneben das *Monocarbobutoxybenzyladipat*, $C_{18}H_{24}O_6$, F. 47–48° (Bzl. u. Hexan); 6%. — *Methyl-p-chlormethylbenzoat* (III), $C_9H_9O_2Cl$, F. 39–40° (Hexan), aus I u. Methanol analog II; nach Dest. ($Kp._{30}$ 160–165°) 93%. — *Methyl-p-isothiocyanmethylbenzoat*, $C_{10}H_9O_2NS$, $Kp._{0,3}$ 138–139°, aus III u. KCNS in A.; Dest. bei 138 bis 152°/0,5 mm gibt 58% rohe Verb.; $D.^{25}_{25}$ 1,219; n_D^{25} 1,5822. — *1.2-Bis-[carbomethoxyphenyl]-äthan* (IV), F. 118,5–119° (Methanol), aus III u. RANEY-Ni in W.; 17%. Daneben 53% *Methyl-p-toluat*, $Kp._{13}$ 98–104°. — *Diäthyl-p-carbomethoxybenzylmalonat* (V), $Kp._{0,7-0,8}$ 174–184°, aus III u. Malonsäurediäthylester in A. in Ggw. von $NaOC_2H_5$; 66% (bezogen auf umgesetztes III); n_D^{25} 1,4960. Aus einem Ansatz mit veränderten Mol-Verhältnissen *Diäthyl-bis-[p-carbäthoxybenzyl]-malonat*, $C_{27}H_{32}O_8$, F. 82–83°. — *β-[p-Carboxyphenyl]-propionsäure*, F. 286–291° (Eisessig), aus V durch Erhitzen mit wss. KOH. — *Methyl-β-[p-carbomethoxyphenyl]-propionat*, F. 29–31° (Hexan), aus vorst. Verb. u. Methanol in Ggw. von H_2SO_4; 46%. — *2-Äthylhexyl-β-[p-carbo-2-äthylhexoxyphenyl]-propionat*, $C_{26}H_{42}O_4$, aus vorst. Verb. u. 2-Äthylhexanol in Ggw. von p-Toluolsulfonsäure; $D.^{55}_{25}$ 0,983; n_D^{25} 1,4829; 80%. (J. Amer. chem. Soc. **72**. 5152–54. Nov. 1950. Dayton, O., Monsanto Chem. Comp., Centr. Res. Dep.) SCHÖNEWALD. 1210

Magnus Matell, *Stereochemische Untersuchungen über Pflanzenwachstumsregulatoren. 1. Mitt. Optisch-aktive α-[3.4-Dichlorphenoxy]-propionsäure und α-[2.4-Dichlorphenoxy]-propionsäure.* *α-[3.4-Dichlorphenoxy]-propionsäure* (I) u. *α-[2.4-Dichlorphenoxy]-propionsäure* (II) wurden dargestellt u. in ihre opt.-akt. Antipoden gespalten. Opt. Messungen u. die Bldg. von Quasi-Racematen zeigen, daß (+)-I, (+)-II, (−)-α-[1-Naphthoxy]-propionsäure u. (+)-α-[2-Naphthoxy]-propionsäure (vgl. FREDGA u. MATELL, C. **1953**. 9151) wahrscheinlich die gleiche Konfiguration haben. Die wachstumsregulierenden Eigg. dieser Art von Verbb. scheinen von der Konfiguration abhängig zu sein.

Versuche: *α-[3.4-Dichlorphenoxy]-propionsäure* (I), $C_9H_8O_3Cl_2$, F. 129,2 bis 130,8° (PAe.), durch Zugabe von 3.4-Dichlorphenol u. α-Brompropionsäureäthylester zu einer Lsg. von Na in A., nach 2 std. Kochen Verseifung durch 2 n NaOH; Platten; 83% (Ausbeute). (−)-I, F. 119,5–121,0° (Cyclohexan), durch fraktionierte Kristallisation des Brucinsalzes aus A. + W., kleine, glänzende Nadeln; $[\alpha]_D^{25}$ −39,3° (c = 0,996; A.). (+)-I, F. 119,8–121,2 (Cyclohexan), Reinigung über das Strychninsalz in Aceton + W., kleine, glänzende Nadeln; $[\alpha]_D^{25}$ + 39,1° (c = 1,063; absol. A.); + 54,8° (c = 0,966; Aceton); + 3,5° (c = 1,075; Bzl.); + 23,9° (c = 0,984; Chlf.); + 14,6° (c [Säure] = 1,035; Na-Salz in W.). — *α-[2.4-Dichlorphenoxy]-propionsäure* (II), $C_9H_8O_3Cl_2$, F. 117 bis 118° (PAe.), analog I aus 2.4-Dichlorphenol; große Nadeln. (+)-II, F. 122,2–123,2° (PAe.), durch Kristallisation des Chininsalzes aus Aceton + W., dünne Nadeln; $[\alpha]_D^{25}$ + 28,1° (c = 1,004; absol. A.); + 35,2° (c = 1,049; Aceton); −17,1° (c = 1,049; Bzl.); + 21,0° (c = 1,031; Chlf.); −14,1° (c [Säure] = 0,956; Na-Salz in W.). (−)-II, F. 122,5–123,2° (PAe. u. Cyclohexan); $[\alpha]_D^{25}$ −28,5° (c = 0,978; A.). — Die therm. Analysen wurden nach der Kontaktmeth. von KOFLER durchgeführt. Die Molekülverbb. von (+)-α-[2-Naphthoxy]-propionsäure mit (−)-I u. (−)-II hatten die FF. 95 u. 99°. (Ark. Kemi **4**. Nr. 37. 473–78. 1952. Uppsala, Royal Agricult. Coll., Inst. of Organ. Chem.) U. JOHN. 1250

Magnus Matell, *Stereochemische Untersuchungen über Pflanzenwachstumsregulatoren. 2. Mitt. Die Enantiomorphen von α-[2-Naphthylmercapto]-propionsäure und α-[2-Naphthylmethyl]-propionsäure.* (1. vgl. vorst. Ref.) Für Unterss. über den Zusammenhang zwischen Konfiguration u. wachstumsregulierenden Eigg. wurden *α-[2-Naphthylmercapto]-propionsäure* (I) u. *α-[2-Naphthylmethyl]-propionsäure* (II), welche aus 2-Brommethylnaphthalin u. α-Cyanpropionsäureäthylester dargestellt worden war, in ihre opt.-akt. Antipoden gespalten.

Versuche: *α-[2-Naphthylmercapto]-propionsäure* (I), F. 85–87° (Ameisensäure u. Cyclohexan), aus β-Thionaphthol u. α-Brompropionsäure; fast 100% (Ausbeute). (+)-I, $C_{13}H_{12}O_2S$, F. 53–54° (Ameisensäure u. Cyclohexan), durch fraktionierte Kristallisation des (+)-α-Phenyläthylaminsalzes aus 50% ig. A.; Nadeln; $[\alpha]_D^{25}$ + 140,2° (c = 1,069; absol. A.); + 155,3° (c = 1,065; Aceton); + 174,1° (c = 1,004; Bzl.); + 137,2° (c = 1,048; Chlf.); + 195,7° (c [Säure] = 1,027; Na-Salz in W.). (−)-I, F. 52–53,5°, aus der Mutterlauge von (+)-I u. anschließend Kristallisation des (−)-α-Phenyläthylaminsalzes; $[\alpha]_D^{25}$ −139,0° (c = 0,952; absol. A.). — *α-Cyan-[2-naphthyl]-isobuttersäureäthylester*, $Kp._9$ 218–224°, durch Zugabe von α-Cyanpropionsäureäthylester u. dann von 2-Brommethylnaphthalin zu einer Lsg. von Na in A., nach 4 std. Kochen Zugabe von W. u. Abdest. des A.; 72%. — *1-[2-Naphthyl]-propandicarbonsäure-(2.2)*, F. (roh) 164° (unter Decarboxylierung), durch Verseifung vorst.

Verb. mit NaOH; 85%. — *α-[2-Naphthylmethyl]-propionsäure* (**II**), $C_{14}H_{14}O_2$, F. 89,5 bis 90,5° (50%ig. A., Ameisensäure u. PAe.), durch Erwärmen vorst. Verb. auf 170°; Schuppen; 98%. (+)-**II**, F. 84—85° (PAe.), glänzende Platten, u. F. 69° (instabil), rechteckige Platten; über das Cinchonidinsalz aus A. + W.; $[\alpha]_D^{25}$ +24,1° (c = 0,966; A.); +32,0° (c = 0,99; Aceton); +24,4° (c = 0,971; Bzl.); +24,3° (c = 1,042; Chlf.); +35,5° (c[Säure] = 0,908; Na-Salz in W.). (—)-**II**, F. 83—84,5°, aus den Mutterlaugen von (+)-**II** u. über das (+)-α-Phenyläthylaminsalz; $[\alpha]_D^{25}$ —23,1° (c = 0,980; absol A.). (Ark. Kemi **5**. Nr. 16. 187—92. 1953.) U. John. 1250

Magnus Matell, *Stereochemische Untersuchungen über Pflanzenwachstumsregulatoren*. 3. Mitt. *Die sterischen Beziehungen einiger chlorsubstituierter α-Phenoxypropionsäuren*. (2. vgl. vorst. Ref.) Nach der Meth. der Quasi-Racemate wurde festgestellt, daß rechtsdrehende *α-[2.4-Dichlorphenoxy]-propionsäure* (**I**), *α-[3.4-Dichlorphenoxy]-propionsäure* (**II**) u. *α-[2.4.5-Trichlorphenoxy]-propionsäure* (**III**) die gleiche Konfiguration wie (+)-*α-[2-Naphthoxy]-propionsäure* (**IV**) haben. Sie besitzen größere Auxinaktivität als die entsprechenden Antipoden. Die F.-Diagramme folgender Gemische, die im Kofler-Heizmikroskop geschmolzen worden waren, werden angegeben: (+)- u. (—)-**I**, (+)- u. (—)-**II**, (+)- u. (—)-**III**, (+)-**I** u. (—)-**IV**, (—)-**I** u. (—)-**IV**, (—)-**II** u. (+)-**IV**, (—)-**II** u. (—)-**IV**, (+)-**I** u. (—)-**III**, (+)-**I** u. (+)-**III**. Säuren mit entgegengesetzten Vorzeichen bildeten racem. bzw. quasi-racem. Verbindungen. (Ark Kemi **5**. Nr. 33. 341—47. 1953.) U. John. 1250

Magnus Matell und **Sven Larsson**, *Stereochemische Untersuchungen über Pflanzenwachstumsregulatoren*. 4. Mitt. *Die enantiomorphen α-[1-Chlor-2-naphthoxy]-propionsäuren*. (3. vgl. vorst. Ref.) α-[1-Chlor-2-naphthoxy]-propionsäure (**I**) wurde in die opt.-akt. Antipoden gespalten. (+)-**I** bildet mit (—)-*α-[2-Naphthoxy]-propionsäure* (**II**) u. (—)-*α-[2.4.5-Trichlorphenoxy]-propionsäure* (**III**) quasi-racem. Verbb., hat also wahrscheinlich D-Konfiguration. (+)-**I** besitzt stärkere Auxinaktivität als (—)-**I**.

V e r s u c h e: *α-[1-Chlor-2-naphthoxy]-propionsäure* (**I**), $C_{13}H_{11}O_3Cl$, F. 171,5 bis 172,5°, aus Na-1-Chlor-2-naphtholat u. α-Brompropionsäureäthylester u. Verseifung. (+)-**I**, F. 162—162,8° (verd. A.), über das Cinchonidinsalz aus A. + W.; kleine, glänzende Nadeln; $[\alpha]_D^{25}$ +19,0° (c = 0,793; A.); +11,6° (c = 0751; Aceton); +15,8° (c = 0,899; Chlf.); —37,6° (c = 0,806; Bzl.); —151,8° (Na-Salz in W.). (—)-**I**, F. 162—162,8°, aus den Mutterlaugen von (+)-**I** u. über das Morphinsalz; $[\alpha]_D^{25}$ —18,7° (c = 0,834; A.). — Die F.-Diagramme der Gemische (+)- u. (—)-**I**, (+)-**I** u. **II**, (—)-**I** u. **II**, (+)-**I** u. **III**, (—)-**I** u. **III** wurden aufgenommen. (Ark. Kemi **5**. 379—85. 1953.) U. John. 1250

Gennady M. Kosolapoff, *Direkte Halogenierung einiger aromatischer Amine*. Mittels des Dioxan-Brom-Komplexes (**I**) gelang Vf. die Bromierung einiger aromat. Amine ohne vorheriges Schützen der Aminogruppe.

V e r s u c h e: *Dioxan-Brom-Verb.* (**I**), F. 64°, durch Vermischen äquimol. Mengen Dioxan (**II**) u. Br_2. — Die Bromierungen erfolgten entweder durch Eintragen von gepulvertem **I** in das, am besten in **II** gelöste, Amin oder durch Zugeben einer Lsg. von **I** in **II**, dargestellt durch Eintragen der berechneten Menge Br_2 in überschüssiges **II**, zu einer gekühlten u. gerührten Lsg. des Amins in **II** in Ggw. der nötigen Menge wss. Alkalis. Die Bromierung von 9,3 g Anilin mit festem, grobkrist. **I** bei 5—10° lieferte 1,75 g *2.4.6-Tribromanilin* (**III**) u. 4,5 g *p-Bromanilin* (**IV**), F. 66,0—66,5° (verd. A.); **IV**-*Acetylverb.*, F. 165°. Bei Verwendung von feingepulvertem **I** erhöhen sich die Ausbeuten an **IV** auf 50—57% unter wesentlicher Verminderung der an **III**. Die besten Ausbeuten an **IV** wurden durch Zutropfen von 16 g Br_2 in 160 ml **II** während 2 Std. zu 9,3 g Anilin in 30 ml **II** in Ggw. von 5,6 g KOH in 20 cm³ W. bei 5° unter gutem Rühren erhalten; 68% (Ausbeute). — Auf diese Weise wurden dargestellt: *p-Bromdimethylanilin*, F. 55°, aus Dimethylanilin; 80—85%. *2-Brom-4-nitranilin*, F. 104° (A.), aus p-Nitranilin; 40—45%. *2-Brom-4-methylanilin*, F. 25—26° (verd. A.), aus p-Toluidin; 53%. *Acetylverb.*, F. 117—118°. Wird die Bromierung mit gepulvertem **I** durchgeführt, entsteht hauptsächlich *2.6-Dibrom-4-methylanilin*, F. 78—79°. (J. Amer. chem. Soc. **75**. 3596—97. 20/7. 1953. Auburn, Ala., Alabama Polytechn. Inst., Ross Chem. Labor.) Petters. 1310

Alexander R. Surrey, *Neue Amöbicide*. 1. Mitt. *Die Darstellung einiger N-Benzyl-N-oxyalkyldichloracetamide*. Aus im Phenylkern substituierten Benzylchloriden u. Aminoalkoholen oder durch reduktive Alkylierung von Äthanolamin (**I**) mit dem entsprechend substituierten Benzaldehyd wurde eine Reihe von substituierten *N-Benzylaminoalkoholen* dargestellt, diese wurden mit Dichloracetylchlorid oder besser mit Dichloressigsäuremethyl- oder -äthylester N-acyliert. Die Leichtigkeit, mit der diese Acylierung durch Ester vor sich geht, während sek. Amine sonst drast. Bedingungen erfordern, deutet auf eine Beteiligung der OH-Gruppe hin, wahrscheinlich findet prim. O-Acylierung mit nachfolgender O → N-Acylwanderung statt. Analog erfolgte auch die Acylierung mit Dibromessigsäureäthylester. Die erhaltenen substituierten *N-Benzyl-N-oxyalkyldihalogenacetamide* wurden auf ihre amöbicide Wrkg. geprüft; als besonders akt. erwiesen sich *N-[2.4-Dichlorbenzyl]-N-[2-oxyäthyl]-dichloracetamid* (*Win 5047*), das analoge *Dibromacetamid* (*Win 7609*) sowie *N-[4-Butoxybenzyl]-N-[2-oxyäthyl]-dichloracetamid* (*Win 5128*); der Ersatz der 2-Oxyäthyl- durch eine 2- oder 3-Oxypropylgruppe führte zu einer Aktivitätsabnahme.

Versuche (FF. korr.): *N-[2.4-Dichlorbenzyl]-äthanolamin* (**IV**), $C_9H_{11}ONCl_2$, F. 62—62,8° [Skellysolve (Sk.) C], durch Zutropfen von 78,2 g 2.4-Dichlorbenzylchlorid (**II**) zu 80 g **I**, 2std. Rühren, Stehen über Nacht, Gießen in W. u. Extraktion mit Chlf.; 56 g (Ausbeute). *Hydrochlorid*, F. 184,7—186,7°. — *N-[4-Isopropylbenzyl]-äthanolamin*, $C_{12}H_{19}ON$, F. 80,9—83,3° (Sk. C), durch 1std. Erwärmen von 44,3 g 4-Isopropylbenzaldehyd u. 18,3 g **I** im Vakuum auf dem Wasserbad u. Hydrierung in A. (Pd-Kohle, 2 at); 43 g. *Hydrochlorid*, F. 129,4—132,2°. — Analog nachst. Äthanolamine: *N-[2-Chlorbenzyl]-*, $C_9H_{12}ONCl$, Kp.$_{0,8}$ 122—124°. *Hydrochlorid*, F. 135,2—136,9°. — *N-[4-Chlorbenzyl]-*, $C_9H_{12}ONCl$, Kp.$_{0,7}$ 126—131°. *Hydrochlorid*, F. 172,7—173,8°. — *N-[2.6-Dichlorbenzyl]-*, $C_9H_{11}ONCl_2$, F. 57—59°. — *N-[3.4-Dichlorbenzyl]-*, $C_9H_{11}ONCl_2$; *Hydrochlorid*, F. 145,9—148,1°. — *N-[4-Methoxybenzyl]-*, $C_{10}H_{15}O_2N$, F. 38—39° (Sk. B), Kp.$_6$ 139°, n_D^{25} 1,5431. *Hydrochlorid*, F. 112 bis 113,6°. — *N-[4-Äthoxybenzyl]-*, $C_{11}H_{17}O_2N$, F. 63—63,6°. *Hydrochlorid*, F. 103 bis 104,6°. — *N-[4-n-Propoxybenzyl]-*, $C_{12}H_{19}O_2N$, F. 67—68,2°. *Hydrochlorid*, F. 134,2 bis 138,2°. — *N-[4-Isopropoxybenzyl]-*, $C_{12}H_{19}O_2N$, F. 75—76,6°. *Hydrochlorid*, F. 134 bis 135,4°. — *N-[4-Butoxybenzyl]-* (**III**), $C_{13}H_{21}O_2N$, F. 62,8—63,8°. *Hydrochlorid*, F. 146,6—147,5°. — *N-[4-Amyloxybenzyl]-*, $C_{14}H_{23}O_2N$, F. 51,9—55°. *Hydrochlorid*, F. 144—145,5°. — *N-[3.4-Methylendioxybenzyl]-*, $C_{10}H_{13}O_3N$, F. 62,6—64,4°. *Hydrochlorid*, F. 152—152,6°. — *N-[2.4-Dichlorbenzyl]-2-oxypropylamin*, $C_{10}H_{13}ONCl_2$, F. 73,8—75° (Sk. B), aus **II** u. 2-Oxypropylamin. — *N-[3.4-Dichlorbenzyl]-2-oxypropylamin*, F. 54,4—56,4° (Sk. B), analog. — *N-[2.4-Dichlorbenzyl]-3-oxypropylamin*, Kp.$_{0,5}$ 150—155°, aus **II** u. 3-Oxypropylamin; n_D^{25} 1,5600. — *N-[3.4-Dichlorbenzyl]-3-oxypropylamin*, Kp.$_{0,8}$ 155—160°, n_D^{25} 1,5539, analog. — Meth. **A**: *N-[4-Butoxybenzyl]-N-[2-oxyäthyl]-dichloracetamid*, $C_{15}H_{21}O_3NCl_2$, F. 88—88,9° (Ae.-Sk. A), durch Zugabe von Dichloracetylchlorid in $C_2H_4Cl_2$ zu **III** in $C_2H_4Cl_2$ unter Kühlung, Stehen über Nacht, Zugabe von Ae. zur Ausfällung von **III**·HCl, Eindampfen, Aufnehmen in Ae. u. Zugabe von Sk. A bis zur beginnenden Trübung; 48%. — Meth. **B**: *N-[2.4-Dichlorbenzyl]-N-[2-oxyäthyl]-dibromacetamid*, $C_{11}H_{11}O_2NCl_2Br_2$, F. 115—117,2° ($C_2H_4Cl_2$ + Sk.B), durch 3—4std. Erwärmen von **IV** u. Dibromessigsäureäthylester auf 60°, Einrühren in verd. HCl u. Extraktion mit Chlf.; 33%. — Analog nachst. Dichloracetamide: *N-Benzyl-N-[2-oxyäthyl]-*, $C_{11}H_{13}O_2NCl_2$, F. 64,2—64,8° (Bzl.-Sk. A), **A**; 53%. — *N-[2-Chlorbenzyl]-N-[2-oxyäthyl]-*, $C_{11}H_{12}O_2NCl_3$, F. 76,6—79,9° (Bzl.-Sk. A), **A**; 59%. — *N-[4-Chlorbenzyl]-N-[2-oxyäthyl]-*, $C_{11}H_{12}O_2NCl_3$, F. 94,4—97,2° (Ae.-Sk. A), **A**; 60%. — *N-[2.4-Dichlorbenzyl]-N-[2-oxyäthyl]-*, $C_{11}H_{11}O_2NCl_4$, F. 112,4—113,4° (Bzl.-Sk. A), **B**; 65%. — *N-[2.6-Dichlorbenzyl]-N-[2-oxyäthyl]-*, $C_{11}H_{11}O_2NCl_4$, F. 171,1 bis 173,7° (A.), **B**; 55%. — *N-[3.4-Dichlorbenzyl]-N-[2-oxyäthyl]-*, $C_{11}H_{11}O_2NCl_4$, F. 99,4—101,5° (Bzl.-Sk. A), **A**; 61%. — *N-[4-Isopropylbenzyl]-N-[2-oxyäthyl]-*, $C_{14}H_{19}O_2NCl_2$, F. 84,5—85,5° (Ae.-Sk. A), **A**; 47%. — *N-[4-Äthoxybenzyl]-N-[2-oxyäthyl]-*, $C_{13}H_{17}O_3NCl_2$, F. 76,9—79,1° (Ae.-Sk. A), **B**; 81%. — *N-[3.4-Methylendioxybenzyl]-N-[2-oxyäthyl]-*, $C_{12}H_{13}O_4NCl_2$, F. 101,9—103,4° ($C_2H_4Cl_2$-Sk. A), **A**; 30%. — *N-[3.4-Dimethoxybenzyl]-N-[2-oxyäthyl]-*, $C_{13}H_{17}O_4NCl_2$, F. 116,6—117,7° ($C_2H_4Cl_2$), **B**; 25%. — *N-[4-Nitrobenzyl]-N-[2-oxyäthyl]-*, $C_{11}H_{12}O_4N_2Cl_2$, F. 132,2—133,6° (A.), **A**; 64%. — *N-[2.4-Dichlorbenzyl]-N-[2-oxypropyl]-*, $C_{12}H_{13}O_2NCl_4$, F. 135,1—138° ($C_2H_4Cl_2$), **B**; 69%. — *N-[3.4-Dichlorbenzyl]-N-[2-oxypropyl]-*, $C_{12}H_{13}O_2NCl_4$, F. 120 bis 121,8° ($C_2H_4Cl_2$), **B**; 31%. — *N-[2.4-Dichlorbenzyl]-N-[3-oxypropyl]-*, $C_{12}H_{13}O_2NCl_4$, F. 83,7—86,7° (Bzl.-Sk. A), **B**; 58%. — *N-[3.4-Dichlorbenzyl]-N-[3-oxypropyl]-*, $C_{12}H_{13}O_2NCl_4$, F. 91,9—97,5° (Bzl.-Sk. A), **B**; 70%. — *N-[3.4-Dichlorbenzyl]-N-[2-oxyäthyl]-dibromacetamid*, $C_{11}H_{11}O_2NCl_2Br_2$, F. 115,5—128,8°; 38%. (J. Amer. chem. Soc. **76**. 2214—16. 20/4. 1954. Rensselaer, N. Y., Sterling-Winthrop Res. Inst.)

SPAETH. 1320

Albert Funke und **Pierre Kornmann**, *Neuer Versuch einer Synthese in der Chloromycetinreihe.* (Vgl. C. R. hebd. Séances Acad. Sci. **233**. [1951.] 1631.) Durch Umsetzung von 1-Phenyl-2-brompropandiol-(1.3) mit Benzaldehyd wurde das *cycl. Benzalderiv.*, $C_{16}H_{15}O_2Br$, F. 82°, erhalten. Dieses gab mit NH_2CH_3 in C_6H_6 im Einschmelzrohr das Aminobenzalderiv., das mit 3nHCl direkt in *1-Phenyl-2-methylaminopropandiol-(1.3)-hydrochlorid*, $C_{10}H_{16}O_2NCl$, F. 130° (A.), übergeführt wurde. *Freie*

Base, 1-Phenyl-2-methylaminopropandiol-(1.3) (I), $Kp._{0,18}$ 110°. Durch Umsetzung von CH_3NH_2 mit dem Bromhydrin des Zimtalkohols in der Kälte entstand *1-Phenyl-1-methylaminopropandiol-(2.3)*, F. 109—111°, das in saurer Lsg. von H_5JO_6 angegriffen wird, während I unverändert bleibt. Analog I wurde *1-Phenyl-2-dimethylaminopropandiol-(1.3)-hydrochlorid*, $C_{11}H_{18}O_2NCl$, F. 148°, erhalten. *Base*, $Kp._{0,07}$ 110°. (Bull. Soc. chim. France, Mém. [5] **21.** 172. Febr. 1954. Paris, Inst. Pasteur, Labor. de Chim. Thérapeut.) K. MAIER. 1320

Albert Funke und **Pierre Kornmann,** *Die Synthese von 1-Phenyl-2-aminopropandiol-(1.3).* Durch Umsetzung des Benzylidenäthers (I) des 1-Phenyl-2-brompropandiols-(1.3) in C_6H_6 mit fl. NH_3 bei 160° im Rührautoklaven erhält man nach saurer Hydrolyse der Benzylidengruppe u. Extraktion der alkal. gemachten Lsg. mit Äthylacetat einen bas. Rückstand von *trans-1-Phenyl-2-aminopropandiol-(1.3)*, F. 86°; Ausbeute 40% (auf I bezogen). *N-Monoacetylderiv.*, F. 132°. *N.O-Diacetylderiv.*, F. 168°. (Bull. Soc. chim. France, Mém. [5] **21.** 173. Febr. 1954. Paris, Inst. Pasteur, Labor. de Chim. Thérapeut.) K. MAIER. 1320

J. H. Boyer und **D. Straw,** *Azidocarbonylverbindungen.* 3. Mitt. *Die Darstellung und Pyrolyse einiger orthosubstituierter Phenacylazide.* (2. vgl. C. **1954.** 6714.) *o-Nitro-, o-Amino-* (I), *o-Azido-, o-* (II) u. *p-Oxyphenacylazid* (III) werden aus den entsprechenden Halogenverbb., wie früher beschrieben, dargestellt. Bei der Pyrolyse geben **II** u. **III** die entsprechenden *2-Oxybenzoyl-4* (oder *5*)*-oxyphenylimidazole*; **I** dagegen liefert *Indigo.* Ein Mechanismus für diese Rk. wird diskutiert. *o-Carboxyphenacylbromid*, dessen n. *Methylester* sowie der *Pseudoester* **IV** konnten weder mit NaN_3 noch mit HN_3 (bei 0—80° u. mehrwöchiger Reaktionsdauer) zu Aziden umgesetzt werden.

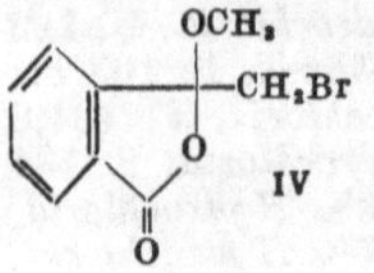

IV

V e r s u c h e: *o-Nitrobenzoylchlorid*, aus der Säure (diese durch Oxydation von o-Nitrotoluol mit $KMnO_4$; 36% [Ausbeute]) mit $SOCl_2$; 86%. Daraus mit Äthoxymagnesiummalonester *o-Nitroacetophenon*; 83%. Dieser wird zu *o-Nitrophenacylbromid* (95%) umgesetzt u. dieses mit Cu-Pulver in H_2SO_4 zu *o-Aminophenacylbromid* red.; 52%. — *o-* bzw. *p-Oxyphenacylchlorid* durch Umlagerung von Chloressigsäurephenylester; 29 bzw. 50%. — *o-Carboxyphenacylbromid*, F. 126—127°, durch Bromierung von o-Acetobenzoesäure (**V**); 83%. Daraus mit gesätt. methanol. HCl *Pseudomethylester* **IV**, F. 59—60°; 63%. — **V**-*Methylester*, $C_{10}H_{10}O_3$, $Kp._{18}$ 152—153°, durch Zugabe von überschüssigem CH_3J zu **V**-Ag-Salz (aus **V** mit $AgNO_3$ in 2nNaOH), Aufnehmen in Ae. u. Dest.; $n_D^{25,5}$ 1,5252; 88%. *Semicarbazon*, $C_{11}H_{13}O_3N_3$, F. 196—197°, aus 50%ig. Methanol Nadeln. — *o-Carbomethoxyphenacylbromid*, $C_{10}H_9O_3Br$, F. 90—92°, durch Bromierung vorst. Esters in Chlf.; aus wss. Methanol Nadeln; 87%. — P h e n a c y l a z i d e: *o-Oxy-* (II), $C_8H_7O_2N_3$, F. 73—74°; 89%. — *p-Oxy-* (III), $C_8H_7O_2N_3$, F. 139—140°; 80%. — *o-Nitro-*, $C_8H_6O_3N_4$, F. 62—62,5°; 81%. — *o-Amino-* (I), $C_8H_8 \cdot ON_4$, F. 66—67°; 90%. Daraus durch Diazotieren u. Behandeln mit NaN_3 in saurer Lsg. *o-Azido-*, $C_8H_6ON_6$, F. 37—38°, aus wss. A. Nadeln; 88%; instabil. — Ebenso aus o-Aminoacetophenon *o-Azidoacetophenon. Dinitrophenylhydrazon*, F. 183—185°. — *2-o-Oxybenzoyl-4* (oder *5*)*-o-oxyphenylimidazol*, $C_{16}H_{12}O_3N_2$, F. 210—211°, aus **II** bei 190—200° in Diphenyläther; gelbe Nadeln; 19%. — Analog aus **III** *2-p-Oxybenzoyl-4*(oder *5*)*-p-oxyphenylimidazol*, $C_{16}H_{12}O_3N_2$, F. 290—292°, gelbes Pulver; 69%. — Pyrolyse von **I** bei 205—215° in Diphenyläther ergibt *Indigo*, F. 390—392° (Aceton); 85%. (J. Amer. chem. Soc. **75.** 2683—84. 5/6. 1953. Ann Arbor, Mich., Univ. of Michigan, Chem. Dep.) W. HOFFMANN. 1340

Henry Gilman und **T. C. Wu,** *Triphenylsilylkalium.* Von den zur Darst. von *Triphenylsilylkalium* (I) beschriebenen Methoden (vgl. BENKESER u. Mitarbeiter, C. **1952.** 3318; **1953.** 5658, u. GILMAN u. WU, C. **1953.** 2107) eignet sich am besten die Spaltung von Hexaphenyldisilan (**II**; F. 368—370°; vgl. GILMAN u. DUNN, C. **1953.** 2107) mit Na-K-Legierung in Äther. Hydrolyse von **I** führt zu *Triphenylsilanol*, F. 150—152° (PAe.); 58% (Ausbeute). **I** wurde ferner aus **II** in Bzl. u. in PAe., aus Triphenyläthoxysilan, aus Triphenylchlorsilan (**III**), aus Tetraphenylsilan (**V**) u. aus 1.1.1-Triphenyl-2.2.2-trimethyldisilan (**IV**) dargestellt; Identifizierung u. Ausbeutebest. erfolgten jeweils durch Umsetzung der erhaltenen **I**-Lsgg. mit Halogenverbindungen. Es wurden so dargestellt: **IV**, F. 107—108° (A.), mit Trimethylchlorsilan. — *Triphenylbenzylsilan*, F. 98—99° (PAe.), mit Benzylchlorid. — *Triphenyl-o-tolylsilan*, F. 188 bis 190° (A.-Bzl.), mit o-Bromtoluol. — *Triphenyl-p-tolylsilan*, F. 138—140° (PAe.), mit p-Jodtoluol. — *1.1.1.2.2-Pentaphenyl-2-chlordisilan*, F. 154—155° (PAe.), bzw. *Oktaphenyltrisilan*, F. 260—262° (Bzl.-A.), mit Diphenyldichlorsilan. — *Triphenylsilyltriphenylzinn*, F. 296—298° (Bzl.-Dioxan), mit Triphenylzinnchlorid. — **V**, F. 233

bis 235°, mit Brombenzol. — *1.1.1-Triphenyl-2.2.2-triäthyldisilan*, F. 98—99°, mit Triäthylchlorsilan. — **II**, mit **III**. — Bei der Umsetzung von **I** mit Phenylhalogeniden C_6H_5X nimmt die Reaktionsgeschwindigkeit ab in der Reihenfolge X = J, Br, Cl, F. — Mit Mg reagieren **II** u. **III** nicht. — Die Meth. der Darst. von **I** aus **II** kann auf andere Arylsilane angewendet werden: *Tri-p-tolylsilylkalium*, aus Hexa-p-tolyldisilan. Rb u. Cs spalten **II** in der gleichen Weise wie Na-K-Legierung zu *Triphenylsilylrubidium* bzw. *Triphenylsilylcäsium*. (J. org. Chemistry **18**. 753—64. Juni 1953. Ames, Io., State Coll., Chem. Labor.) M. SCHENK. 1380

Ralph W. Bost, Louis D. Quin und **Arthur Roe,** *Die Synthese von Dimethylaminoäthylestern aromatischer Phosphonsäuren. Bis-[dimethylaminoäthyl]-phosphonate* werden aus Ag-Salzen aromat. Phosphonsäuren u. 2-Chloräthyldimethylamin erhalten. Die *Phosphonsäuren* sind aus Diazoniumfluoboraten u. PCl_3 zugänglich. Als Nebenprodd. wurden *Diarylphosphinsäuren* isoliert. Die Isolierung der freien Phosphonsäuren erfolgte über die *p-Toluidinsalze*. Starke Phosphonsäuren mit in m-Stellung dirigierenden Gruppen in p-Stellung liefern dabei *Di-p-toluidinsalze*, während schwächere Säuren, die in p-Stellung in o- u. p-Stellung dirigierende Substituenten besitzen, als Gemische von Mono- u. Di-p-toluidinsalzen anfallen. Im Falle der *p-Äthylmercaptobenzolphosphonsäure* (**I**) wurde die freie Säure mit Hilfe eines Kationenaustauschers erhalten.

Versuche (FF. korr.): *p-Chlorbenzolphosphonsäure*, aus dem Diäthylester durch saure Verseifung. — *Benzolphosphonsäure*, aus Benzolphosphonyldichlorid durch Hydrolyse. — *p-Äthylsulfonylbenzolphosphonsäure*, $C_8H_{11}O_5SP$, aus p-Äthylmercaptobenzolphosphonsäure (**I**) u. H_2O_2 in Eisessig, F. 177—178°, Nadeln aus A.–Bzl.; 99,6% (Ausbeute). — Folgende Benzolphosphonsäuren wurden aus den entsprechenden Diazoniumfluoboraten u. PCl_3 in Essigester mit CuCl als Katalysator hergestellt (vgl. DOAK u. FREEDMAN, J. Amer. chem. Soc. **73**. [1951.] 5658) u. mit der doppeltmol. Menge p-Toluidinhydrochlorid bei 60—70° umgesetzt, als *p-Toluidinsalze* isoliert (die Ausbeuten beziehen sich hierauf), gegebenenfalls mit verd. NaOH in die *Di-Na-Salze* übergeführt u. daraus mit einem Kationenaustauscher in Freiheit gesetzt: *p-Fluor-*, $C_6H_6O_3FP$, F. 125—127°; 48,1%. — *3.4-Methylendioxy-*, $C_7H_7O_5P$, F. 160—161°; 36,8%. — **I**, $C_8H_{11}O_3SP$, F. 159—160°. — *p-Nitro-*; 46,1%. *p-Toluidinsalz*, $C_{20}H_{24}O_5N_3P$, F. 217—218° (Zers.). — *p-Methoxy-*; 18%. — *p-Äthoxy-*, 29,3%. — *Benzolphosphonsäure-bis-dimethylaminoäthylester*, $C_{14}H_{25}O_3N_2P$, aus dem Ag-Salz der Säure u. 2-Chloräthyldimethylamin in A. bei 50°, F. 145—147° (Zers.); 38,6%. — In analoger Weise wurden folgende Benzolphosphonsäure-bis-dimethylaminoäthylester hergestellt: *p-Nitro-* (**II**), $C_{14}H_{24}O_5N_3P$, F. 158 bis 159°; 41,2%. — *p-Fluor-*, $C_{14}H_{24}O_3N_2FP$, F. 158—160° (Zers.); 31,8%. — *p-Chlor-*, $C_{14}H_{24}O_3N_2ClP$, F. 185—186° (Zers.); 40,7%. — *p-Methoxy-*, $C_{15}H_{27}O_4N_2P$, F. 160 bis 162° (Zers.); 38,9%. — *3.4-Methylendioxy-*, $C_{15}H_{25}O_5N_2P$, F. 154—156° (Zers.); 16,3%. — *p-Äthylsulfonyl-*, $C_{16}H_{29}O_5N_2SP$, F. 173—175° (Zers.); 29,5%. — *p-Amino-*, $C_{14}H_{26}O_3N_3P$, aus **II** durch Red. mit Pd-Kohle bei 50 lbs./sq.in., F. 180—182° (Zers.); 58,4%. — Als Nebenprodd. bei der Darst. der Phosphonsäuren wurden folgende Phosphinsäuren erhalten: *Bis-[p-fluorphenyl]-*, $C_{12}H_9O_2F_2P$, F. 116—118°; 7,2%. — *Bis-[p-äthoxyphenyl]-*, $C_{16}H_{19}O_4P$, F. 155—159°; 6,1%. — *Bis-[3.4-methylendioxyphenyl]-*, $C_{14}H_{11}O_6P$, F. 234—235° (Zers.); 2,9%. (J. org. Chemistry **18**. 362—66. April 1953. Chapel Hill, N. C., Univ., Venable Chem. Labor.) W. LORENZ. 1380

Paul W. Morgan und **Barbara C. Herr,** *Einige Dicarbonsäuren und Ester, die die Phosphinoxydgruppe enthalten*. Es wird eine Reihe von *Bis-[p-carboxyphenyl]-phosphinoxyden* u. deren *Methylester* beschrieben, die als 3. Substituenten am P-Atom eine Methyl-, Äthyl- oder Phenylgruppe tragen. Die Säuren bilden sich in hohen Ausbeuten aus den entsprechenden Tolylverbb., die in Pyridin–W. durch $KMnO_4$ oxydiert werden. Die Tolylverbb. werden durch alkal. Zers. von Tritolylalkylphosphoniumjodiden erhalten. Verss. zur Herst. von Diarylmethylphosphinoxyden nach GILMAN u. ROBINSON (Recuil Trav. chim. Pays-Bas **48**. [1929.] 328) schlugen fehl; aus Trialkylphosphiten u. Tolyl-MgBr wurde weder ein symm. noch ein unsymm. Phosphinoxyd erhalten, u. Trimethylphosphit (**VIII**) lieferte mit C_6H_5MgBr nur *Triphenylphosphin* u. etwas *Diphenyl*. Zur Erklärung dieser Diskrepanz nehmen Vff. an, daß das von GILMAN u. ROBINSON bei ihrer Darst. von Methyldiphenylphosphinoxyd verwendete **VIII** teilweise zu Dimethylmethanphosphonat isomerisiert war (dieses entsteht leicht durch Umlagerung des ersteren durch Spuren von Alkylhalogenid oder HCl) u. daß bei ihrer Gewinnung von Triphenylphosphinoxyd dieses entweder aus dem dem Triäthylphosphit beigemengten Triäthylphosphat oder durch Luftoxydation von zuerst gebildetem Triphenylphosphin entstanden ist. — *Bis-[p-carboxyphenyl]-phenylphosphinoxyd* (**VII**) ist auch aus dem entsprechenden Sulfid durch $KMnO_4$-Oxydation erhältlich.

Versuche: *Tri-p-tolylphosphin* (I), F. 146°, wurde durch Zugeben von PCl_3 in Ae. zu einer GRIGNARD-Lsg. aus p-Bromtoluol u. Zers. mit NH_4Cl-Lsg. erhalten; aus Aceton Rhomben, aus wss. A. seidige Nadeln; 35% roh (Ausbeute), analog aus **VIII** u. p-Tolyl–MgBr 37,4%; wurde **I** durch Zutropfen der GRIGNARD-Lsg. zu der äther. **VIII**-Lsg. hergestellt, stieg die Ausbeute auf 41,7%, 16% wurden aus Tributylphosphit gewonnen. — *Methyltri-p-tolylphosphoniumjodid* (II), $C_{22}H_{24}JP$, F. 220 bis 220,5°, F. des *Hydrats* <100°, aus **I** u. Methyljodid in Ae.; 94%. — *Methyldi-p-tolylphosphinoxyd* (III), F. 146—147° (Bzl.–PAe.), aus **II** u. 40%ig. wss. KOH u. Erhitzen, bis kein Toluol mehr abdest.; der Rückstand wurde mit Bzl. extrahiert; 80%. — *Bis-[p-carboxyphenyl]-methylphosphinoxyd* (IV), $C_{15}H_{13}O_5P$, F. 285°, **III** wurde in Pyridin–W. (ca. 2:1) mit $KMnO_4$ in der Siedehitze oxydiert, nach 7std. Kochen wurde das Pyridin mit Dampf abdest., vom MnO_2 abfiltriert u. das Filtrat mit H_2SO_4 angesäuert, wobei **IV** als schnell erstarrendes Öl ausfiel; 88%. — *Bis-[p-carbomethoxyphenyl]-methylphosphinoxyd*, $C_{17}H_{17}O_5P$, F. 225,5°, durch 16std. Kochen von 59 g **IV** in Methanol in Ggw. von konz. H_2SO_4; 30 g. — *Diphenylmethanphosphonat* (V), F. 35°, Kp.$_{0,8}$ 151°. Triphenylphosphit wurde 16 Std. mit CH_3J gekocht, die so erhaltene Verb. mit 5%ig. wss. NaOH gekocht, ausgeäthert u. dest.; 66%. — **III** entsteht auch aus 62 g **V** u. der GRIGNARD-Verb. aus p-Bromtoluol; die Ae.-Lsg. wurde fraktioniert u. gab 23 g Bitolyl, 10,5 g Phenol u. 35 g **III**. — *Äthyltri-p-tolylphosphoniumjodid* (VI), $C_{23}H_{26}JP$, F. 187—187,5° wie **I** mit Äthyljodid; 73%. — *Äthyldi-p-tolylphosphinoxyd*, $C_{16}H_{19}OP$, F. 77,5° (n-Heptan), durch Zers. mit KOH wie vorst.; ca. 100%. — *Bis-[p-carboxyphenyl]-äthylphosphinoxyd*, $C_{16}H_{15}O_5P$, F. 265°; 82%. — *Bis-[p-carbomethoxyphenyl]-äthylphosphinoxyd*, $C_{18}H_{19}O_5P$, F. 162° (Bzl.–PAe.); 82%. — *Phenyldi-p-tolylphosphinoxyd* (IX), $C_{20}H_{19}OP$, F. 79,5°, bzw. $C_{20}H_{19}OP \cdot {}^1/_2\, H_2O$, F. 91°. 164 g Dichlorphenylphosphinoxyd wurden mit p-Tolyl–MgBr in Ae. 1 Std. gerührt; es wurde hydrolysiert u. dest.; neben 20 g Toluol, 22 g Bromtoluol u. 90 g Bitolyl wurden 211,5 g eines fluorescierenden Öls, Kp.$_{1,3}$ 245—250°, erhalten; durch mehrmaliges Umkristallisieren wurde daraus **IX** bzw. **IX**$\cdot {}^1/_2\, H_2O$ isoliert. *2* **IX**$\cdot$*ZnCl₂*, $C_{40}H_{38}O_2P_2 \cdot ZnCl_2$, aus 145 g **IX** u. 100 g $ZnCl_2$ in absol. A., F. 227—229°; 66,5 g. — *Bis-[p-carboxyphenyl]-phenylphosphinoxyd* (VII), F. 335°, wie vorst. aus 14,5 g **IX**; 13,9 g; Reinigung über den Methylester. — *Bis-[p-carbomethoxyphenyl]-phenylphosphinoxyd*, $C_{22}H_{19}O_5P$, aus 37 g vorst. Säure, F. 165—166° (Bzl.–PAe.); 18 g. — *Tris-[p-carboxyphenyl]-phosphinoxyd*, $C_{21}H_{15}O_7P$, F. 323—330° (vgl. dagegen MICHAELIS [1901], F. 247°), aus 15 g **I**; 10 g. — *Tris-[p-carbomethoxyphenyl]-phosphinoxyd*, $C_{24}H_{21}O_7P$, F. 123—125° (Bzl.–PAe.), aus 8 g vorst. Säure; 6 g. — *Phenyldi-p-tolylphosphinsulfid*, $C_{20}H_{19}SP$, F. 153,5—154° (Aceton), wie **IX** aus Phenyldichlorphosphinsulfid; 62%; durch $KMnO_4$-Oxydation entstand **VII**. — Alle hergestellten Phosphinoxyde sind gegen oxydierende u. reduzierende Agentien stabil u. lassen sich auch bei hohen Tempp. ohne Zers. destillieren. (J. Amer. chem. Soc. **74.** 4526—29. 20/9. 1952. Wilmington, Del., E. I. du Pont de Nemours & Co., Textile Fibers Dep., Pioneering Res. Labor.) ZIMMER. 1380

Georges Tsatsas, *Einwirkung von Organomagnesiumverbindungen auf β-tert.-Butylzimtsäureäthylester.* Vf. stellt fest, daß bei der Einw. von Methyl-MgJ in der Kälte oder Hitze bzw. von Phenyl-MgBr in der Kälte auf *β-tert.-Butylzimtsäureäthylester* (I) nur ungesätt. Carbinole der Struktur $(C_6H_5)(tert.\text{-}C_4H_9)C{=}CH{-}C(OH)R_2$ mit $R = CH_3$ (II) oder C_6H_5 (III) entstehen. Wird **I** mit C_6H_5MgBr in sd. Ae. umgesetzt, so entsteht neben **III** ein *gesätt. Keton* unbekannter Struktur, das in sd. Bzl. zum Hauptprod. wird; es hat die gleiche Zus. wie **III** u. entsteht sicher aus diesem durch Umlagerung u. nicht durch 1.2- oder 1.4-Addition von C_6H_5MgBr an **I**.

Versuche: **II**, Nadeln, F. 66° (PAe.), aus **I** u. Methyl-MgJ, wird durch $KMnO_4$ zu *Trimethylacetophenon* (IV) u. *α-Oxyisobuttersäure* (V) oxydiert; **IV**-*Oxim*, F. 167°; **V**-*Anilid*, F. 130°. — **III**, F. 69°, aus **I** u. C_6H_5MgBr bei tiefen Tempp. hergestellt, wird durch $KMnO_4$ in der Kälte nur sehr langsam zu **IV** oxydiert, in der Wärme oder mit CrO_3 entsteht noch *Benzophenon*; *Oxim*, F. 140°; bei der Dest. spaltet **III** W. ab u. geht in einen Allen-KW-stoff, $C_{25}H_{24}$, der Struktur $(C_6H_5)(tert.\text{-}C_4H_9)C{=}C{=}C(C_6H_5)_2$ über, Kp.$_{14}$ 229—220°, F. 94°; dieser wird ebenfalls zu **IV** u. *Benzophenon* oxydiert. Aus **I** u. C_6H_5MgBr entsteht, wenn nach der Umsetzung in sd. Ae. dieser durch Bzl. ersetzt u. 3 Std. gekocht wird, in ca. 75%ig. Ausbeute ein *Keton* noch unbekannter Struktur, F. 98°; *Oxim*, F. 171°; *Semicarbazon*, F. 194°. Die CrO_3-Oxydation des Ketons gibt ebenfalls **IV** u. *Benzophenon*. (C. R. hebd. Séances Acad. Sci. **234.** 2083—85. 19/5. 1952.) ZIMMER. 1470

Harold D. Orloff, Alfred J. Kolka, George Calingaert, Margaret E. Griffing und **E. Robert Kerr**, *Die additive Teilchlorierung des Benzolrings.* 2. Mitt. *Die Isomeren von Benzoltetrachlorid.* (1. vgl. C. **1952.** 7164.) Außer dem bereits früher isolierten *α-Benzol-*

tetrachlorid [α-BTC, *α-3.4.5.6-Tetrachlorcyclohexen-(1)*, vgl. l. c.] synthetisierten Vff. 4 weitere Isomere, β, γ-, δ- u. ε-BTC, durch J_2-katalysierte Photochlorierung von Bzl.; die Verbb. wurden mittels Vakuumrektifikation u. Verteilungschromatographie getrennt, gereinigt u. durch ihre FF. bzw. infrarotspektrophotometr. charakterisiert. Durch *cis*- bzw. *trans*-Chlorierung zu bekannten *Benzolhexachloriden* (BHC) wurden die räumlichen Strukturen der BTC festgelegt. Die Atome $C_{(1)}$, $C_{(2)}$, $C_{(3)}$ u. $C_{(6)}$ in den BTC werden als coplanar angenommen, während $C_{(4)}$ u. $C_{(5)}$ über bzw. unterhalb der Ringebene liegen; unter dieser Voraussetzung vermindert sich die Zahl der möglichen BTC-Isomeren auf 6, von denen den erhaltenen folgende Konfigurationen zugeordnet wurden: α-BTC e e p p (→ 89% α-, 11% γ-BHC); β-BTC p e e p oder e p p e (→ 81% α-, 19% ε-BHC); γ-BTC e e e p (→ 39% α-, 40% γ-, 11% δ-BHC); δ-BTC e e e e (→ 70% α-, 13% β-, 17% δ-BHC); ε-BTC e e p e (→ 33% δ-, 40% ε-BHC, 27% andere BHC als α-, β- u. γ-). Die Identifizierung der gebildeten BHC erfolgt infrarotspektrophotometr.; die in geringer Menge entstandenen Isomeren wurden durch Kristallisationsprozeduren angereichert. Durch die Verss. wurden gleichzeitig die früher angenommenen Strukturen der BHC bestätigt. Der Mechanismus der photokatalyt. Cl_2-Addition an eine cycloolefin. Doppelbindung wird ausführlich diskutiert; die Rk. verläuft, wie Vff. zeigten, nach 2 *cis*- u. 2 *trans*-Mechanismen. Die Chlorierung von β-BTC bringt chem. Beweise für eine Ringumwandlung.

V e r s u c h e (FF. korr., Kpp. nach SIWOLOBOFF): Einw. von 0,9—1,0 kg Cl_2 auf 2,2 kg Bzl. (enthaltend 2,5—5,0 g J_2) bei 25—35° → 6680 g schwer flüchtige Extrakte (aus 18 Ansätzen). Nach mehrfacher Dest. wurde *α-Benzoltetrachlorid* (α-BTC; F. 33,2—33,5°, $Kp._{15}$ 126°) durch Rektifikation abgetrennt. Die Trennung der übrigen Isomeren (β-BTC, F. 79,2—79,7°, $Kp._{15}$ 133°; γ-BTC, F. 88,2—88,8°, $Kp._{15}$ 142°; δ-BTC, F. 51,7—52,0°, $Kp._{15}$ 135°; ε-BTC, F. 98,7—99,3°, $Kp._{15}$ 142°) erfolgte durch Verteilungschromatographie an Kieselsäure mit n-Hexan–Nitromethan bzw. (γ- u. ε-BTC) durch fraktionierte Kristallisation aus Hexan; daneben ein *Pentachlorcyclohexen*, $C_6H_5Cl_5$, F. 67—68° (unkorr.). Mengenverhältnisse der entstandenen BTC: ca. 50% α- ≫ γ- ≫ β-, δ, ε-BTC; Reinigung durch Kristallisation aus n-Hexan. Infrarotspektren in CS_2. — Photochlorierung der BTC in CCl_4 (vgl. 1. Mitt.). — α-BTC, bei 98—100° in Abwesenheit von Licht chloriert (CCl_4, im Rohr), gab nach 700 Std. ein Gemisch von α- u. γ-BHC (15 : 1). (J. Amer. chem. Soc. **75**. 4243—49. 5/9. 1953. Detroit, Mich., Ethyl Corp., Res. Labors.) J. ROTHE. 1810

Hugh B. Donahoe und **Calvin A. Vanderwerf**, *trans-2-Chlorcyclopentanol*. Einleiten von Cl_2 in ein gekühltes Gemisch von Harnstoff u. $CaCO_3$ in W. bei 0—15° in 30—40 Minuten; Abfiltrieren von *Monochlorharnstoff*, Zusetzen von Eis, Essigsäure u. Cyclopenten zum Filtrat unter Kühlen u. Rühren. Durch Wasserdampf- u. fraktionierte Dest.: *trans-2-Chlorcyclopentanol*, C_5H_9OCl, $Kp._{15}$ 81—82°, n_D^{25} 1,4770, Ausbeute 52—56%. Die Fraktionen vom $Kp._{15}$ 43—48° u. $Kp._{15}$ 48—81° enthalten ein Gemisch von *1.2-Dichlorcyclopentan*, *cis*- u. *trans-2-Chlorcyclopentanol*. (Org. Syntheses **30**. 24—26. 1950.) TROFIMOW. 1860

Louis M. Soffer, Elizabeth W. Parrotta und **Jewell Di Domenico**, *Die Einwirkung von Lithiumaluminiumhydrid auf Salpetersäure- und Salpetrigsäureester*. Bei der Suche nach einem befriedigendem Verf. zur Denitrierung von Nitrocellulose untersuchen Vff. die Rk. zwischen $LiAlH_4$ (I) u. verschied. Estern der Salpetersäure u. der salpetrigen Säure. Die Rk. führt in ausgezeichneter Ausbeute zu den den jeweiligen Estern zugrunde liegenden *Alkoholen* u. an N-haltigen Stoffen zu *Ammoniak* u. *N_2O*. Allg. entwickeln Nitrate ca. 1—1,5% N_2O u. 84—85% NH_3, während die Nitrite 3—4% N_2O u. 56—60% NH_3 ergeben. Die Red. der Nitrate benötigt 2 Mol **I**, die der Nitrite 1 Mol **I**; gute Ausbeuten werden aber erst erhalten bei Verwendung von 3,3 bzw. 1,8 Mol **I**. NH_3 entsteht prim. bei der Red. u. nicht etwa durch Red. des gebildeten N_2O, denn dieses reagiert mit **I** nicht zu NH_3. Vier Nitrocelluloseproben wurden auch mit **I** behandelt; als Lösungsm. diente Tetrahydrofuran; als Reaktionsprod. wurde eine N_2-freie Cellulose erhalten; diese war aber stark depolymerisiert.

V e r s u c h e: *cis-Cyclohexandiol-(1.2)-dinitrat*, $C_6H_{10}O_6N_2$, $Kp._1$ 106—108°, durch Zugabe eines Gemisches von 19 ml CH_3COOH, 19 ml Acetanhydrid u. 16,8 ml fast wasserfreier HNO_3 zu 11,6 g cis-Cyclohexandiol-(1.2) (**IV**; F. 97—98°) bei 0° u. Gießen in Eiswasser; n_D^{27} 1,4758; $D.^{25}_4$ 1,324; 15 g (Ausbeute). — Ebenso *trans-Cyclohexandiol-(1.2)-dinitrat*, $C_6H_{10}O_6N_2$, $Kp._1$ 92—93°, aus trans-Cyclohexandiol-(1.2) (**III**; F. 101,5 bis 103°); n_D^{27} 1,4732; $D.^{24}_4$ 1,315; 71,8%. — Konfigurationsbest. beider Dinitrate durch elektrolyt. Red. zu den Alkoholen u. Überführung in *cis-Cyclohexandiol-(1.2)-dibenzoat*, F. 62,6—63,6°, bzw. *trans-Cyclohexandiol-(1.2)-dibenzoat*, F. 92—93°. — Ähnlich vorst. wurden folgende N i t r a t e gewonnen: *n-Hexyl-* (**II**), $C_6H_{13}O_3N$, $Kp._1$ 46°; $n_D^{24,5}$

1,4180; n_D^{32} 1,4142; $D.^{24,5}_4$ 0,9745. — *Cyclohexyl-*, Kp.$_{1,0}$ 37°; n_D^{24} 1,4530; $D.^{24}_4$ 1,0908. — *Octyl-(2)-*, Kp.$_1$ 48°; n_D^{27} 1,4222. — Folgende Nitrite wurden untersucht: *n-Hexyl-*, Kp.$_{48}$ 50°; n_D^{23} 1,3927. — *Cyclohexyl-*, Kp.$_{20}$ 41°; n_D^{24} 1,4326. — *Octyl-(2)-*, Kp.$_{20}$ 63°; n_D^{24} 1,4068. — Nach tropfenweiser Zugabe von **II** zu **I** in Ae. unter N_2, $^1/_2$std. Kochen u. Zers. mit W. u. HCl wurde *n-Hexylalkohol* erhalten; Kp. 157°; n_D^{25} 1,4160; 90%. — Ähnlich entstanden folgende Alkohole in 87—98% ig. Ausbeute aus dem entsprechenden Nitrat oder Nitrit: **III**; **IV**; *Cyclohexanol*, Kp. 160°, n_D^{26} 1,4642; *Octanol-(2)*, Kp. 179—180°, n_D^{24} 1,4243. (J. Amer. chem. Soc. **74.** 5301—03. 5/11. 1952. Aberdeen Proving Ground, Md., Ballistic-Res. Labors.) ZIMMER. 1860

Jean Ewing, G. K. Hughes und **E. Ritchie,** *Ein neues Ausgangsmaterial für „l-Quercit" (Viburnit).* Durch Einengen u. Kühlung eines alkoh. Extraktes aus den Blättern der *Stephania hernandifolia Walp.*, Familie der *Menispermaceae*, wurde eine krist. Substanz gewonnen, die mit dem von POWER u. TUTIN [1904] beschriebenen *l-Quercit* ident. ist. — *l-Quercit*, $C_6H_{12}O_5 \cdot H_2O$, F. 181,5°; $[\alpha]_D^{20}$ —40,0° (c = 4%; in W.). *Pentaacetyl-l-quercit*, $C_{16}H_{22}O_{10}$, F. 125,5°, Nadeln aus W.; $[\alpha]_D^{20}$ —22,0° (c = 2%; in Chlf.). *Pentabenzoyl-l-quercit*, $C_{41}H_{32}O_{10}$, F. 158,8°, Nadeln aus A.; $[\alpha]_D^{20}$ —79,0° (c = 2%; in Chlf.). (Austral. J. sci. Res., Ser. A **3.** 514—16. Sept. 1950. Sydney, Univ., Dep. of Organ. Chem.) ROSSOW. 1860

Arthur C. Cope und **Elbert C. Herrick,** *cis-Δ^4-Tetrahydrophthalsäureanhydrid.* Nach KOHLER u. JANSEN (J. Amer. chem. Soc. **60.** [1938.] 2144) aus Maleinsäureanhydrid u. Butadien in Bzl. bei 50° u. 15—25 Min. bei 70—75° (2,5 Std.): *cis-Δ^4-Tetrahydrophthalsäureanhydrid*, F. 99—102°; 93—97% Ausbeute. (Org. Syntheses **30.** 93—95. 1950.) TROFIMOW. 2020

M. Charpentier-Morize, *Untersuchung des durch das Radikal Bicyclohexyl-(1) hervorgerufenen sterischen Effektes.* 1. Mitt. *Darstellung und einige chemische Eigenschaften von Verbindungen, die das Radikal Bicyclohexyl-(1) enthalten.* Vf. synthetisierte eine Reihe von *Bicyclohexyl-(1)-Verbb.* (**Bc**-*Verbb.*), die wegen ihrer ster. Verhältnisse interessant sind (vgl. TCHOUBAR, C. R. hebd. Séances Acad. Sci. **228.** [1949.] 580). **Bc**-*methylketon* (**III**) wurde aus **Bc**-*carbonsäurechlorid* (**I**) durch Malonestersynth. oder durch Umsetzung mit $Cd(CH_3)_2$ bzw. (am ergiebigsten) CH_3MgBr erhalten u. durch die SCHMIDTsche Rk. — Abbau mit HN_3 zu **Bc**-*carbonsäure* (**II**) — identifiziert. **III** lieferte kein Semicarbazon; **III**-*Oxim* gab weder mit H_2SO_4 noch mit PCl_5 eine BECKMANNsche Umlagerung. Bromierung von **III** führte zu **Bc**-*brommethylketon* u. weiter zu **Bc**-*dibrommethylketon.* Ein Vers., **III** mit NaOBr zu oxydieren, verlief negativ; mit CrO_3–Eisessig wurde in der Wärme ein Öl erhalten. **III** konnte mit RANEY-Ni nicht red. werden, Rk. mit $LiAlH_4$ gab wahrscheinlich *1-**Bc**-1-oxyäthan*; Verss. einer MANNICH-Rk. mit Piperidin u. Paraformaldehyd sowie einer Alkylierung mittels β-Chloräthyldiäthylamins waren erfolglos. Red. von **I** mit $LiAlH_4$ führte zu **Bc**-*methanol*, das mit CrO_3 zu **II** oxydiert wurde. **II**-Amid bzw. *N.N-Diäthyl-**Bc**-carbonsäureamid* (aus **I** u. Diäthylamin, extrem langsame Rk.) wurden mit $LiAlH_4$ zu den entsprechenden Aminen red., jedoch mit schlechter Ausbeute. — Aus den Ergebnissen schließt Vf., daß sich **III** in Ggw. elektrophiler Katalysatoren (wie CH_3MgBr) leicht enolisiert; das **III** entsprechende Carbeniat-Enolat-Ion **IV** bildet sich in alkal. Medium nur langsam.

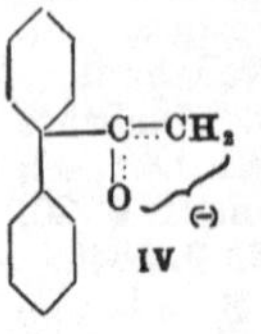

IV

Versuche: *Bicyclohexyl-(1)-methylketon* (**III**), $C_{14}H_{24}O$, Kp.$_{15}$ 158—160°, a) aus **I** u. Äthoxy-Mg-Malonester in A.–Bzl. (3std. Kochen) u. Zers. des gebildeten Ketoesters mittels H_2SO_4-Propionsäure [3std. Kochen, dann Zugabe von 4n H_2SO_4, dann 1std. Kochen; 62% (Ausbeute)]; b) aus **I** u. $Cd(CH_3)_2$ in Bzl. (2 Std. bei 90°; 65%); c) aus **I** u. CH_3MgBr (Molverhältnis ca. 1 : 3), wobei sich CH_4 entwickelt (30 Min. bei 30°, dann 15 Std. bei n. Temp., in Ae.; 84%); n_D^{25} 1,494, $D.^{25}_{25}$ 0,949. *Oxim*, F. 108° (75% ig. A.), aus **III** u. $H_2NOH \cdot HCl$ in Pyridin–absol. A. (7std. Kochen); 45%. — *Bicyclohexyl-(1)-carbonsäure* (**II**), F. 120° (75% ig. A.), aus 1 cm³ **III** u. 0,4 g NaN_3 in Chlf.–H_2SO_4; 0,156 g. — *Bicyclohexyl-(1)-brommethylketon*, $C_{14}H_{23}OBr$, F. 48°, Kp.$_6$ 148—150°, aus **III** u. Br_2 (1 : 2) in absol. Ae.–Chlf. bei n. Temp.; 16%. — *Bicyclohexyl-(1)-dibrommethylketon* (?), $C_{14}H_{22}OBr_2$, F. 90°, wie vorst. mit Br_2-Überschuß. — *1-[Bicyclohexyl-(1)]-1-oxyäthan* (?), aus **III** u. $LiAlH_4$. *Phenylurethan*, F. 98°. — *Bicyclohexyl-(1)-methanol*, $C_{13}H_{24}O$, F. ca. 30°, Kp.$_3$ 141—143°, aus **I** u. $LiAlH_4$ in Ae.; 95%. Oxydation → **II**. *Phenylurethan*, F. 118°. — *1-[Bicyclohexyl-(1)-methoxy]-2-diäthylaminoäthan*, Kp. 160—165°, aus vorst. Verb. durch 11std. Kochen mit Na in Toluol, Zufügen von β-Chloräthyldiäthylamin u. weiteres $2^1/_2$std. Kochen. *Hydrochlorid*, $C_{19}H_{38}ONCl$, F. ca. 124°; 35% (bezogen auf vorst. Verb.). — *[Bicyclohexyl-(1)-methyl]-amin*, aus **II**-Amid (vgl. TCHOUBAR, l. c.) u. $LiAlH_4$ in Tetrahydrofuran.

Hydrochlorid, $C_{13}H_{26}NCl$, F. 230°; 50%. — *N.N-Diäthylbicyclohexyl-(1)-carbonsäureamid*, aus **I** u. Diäthylamin (2 std. Kochen, dann 48 Std. bei n. Temp., in Bzl.); 52%. — Red. mit $LiAlH_4$ in Ae. → [*Bicyclohexyl-(1)-methyl*]-*diäthylamin*. *Hydrochlorid*, $C_{17}H_{34}\cdot NCl$, F. 238°; 18%. (Bull. Soc. chim. France, Mém. [5] **21**. 497—503. April 1954. Paris, Labor. Lévy.) J. ROTHE. 2360

André S. Dreiding und **Arthur J. Tomasewski**, *Synthese, Strukturbeweis und Aromatisierung von 2-Keto-3-carboxy-10-methyl-$\Delta^{1,9,3,4}$-hexahydronaphthalin*. *2-Keto-3-carboxy-10-methyl-$\Delta^{1,9,3,4}$-hexahydronaphthalin* (**II**) wurde aus 2-Methyl-2-formylcyclohexanon (**IX**) durch Kondensation mit Acetessigester erhalten. Die Struktur von **II** wurde bewiesen durch Hydrierung zu *cis*- (**III**) u. *trans-3-Carboxy-10-methyldekalon-(2)* (**IV**). — REFORMATSKI-Rk. von β-[1-Methyl-2-ketocyclohexyl]-propionsäuremethylester (**X**) mit Bromessigester, gefolgt von einer DIECKMANN-Kondensation u. Wasserabspaltung, lieferte *2-Keto-3-carboxy-10-methyl-$\Delta^{1,9}$-oktahydronaphthalin* (**VIII**), dessen Hydrierung ebenfalls zu **III** u. **IV** führte. Bei der Decarboxylierung entstand aus **III** *cis*-, aus **IV** *trans-10-Methyldekalon-(2)*. HNO_3-Oxydation von **III** gab *cis-1-Methylcyclohexan-1.2-diessigsäure*; aus **IV** wurde mit HNO_3 eine Säure vom F. 198—199° erhalten, die wahrscheinlich nicht die entsprechende trans-Säure, sondern (*cis*- oder *trans*-) *β-[1-Methyl-2-carboxycyclohexyl]-propionsäure* ist. — **II** reagiert nicht mit Diazomethan; das Hauptabsorptionsmaximum im UV-Spektr. liegt bei 251 mμ, während der (aus **II** u. Ag_2O in CH_3J-Lsg. zugängliche) *Methylester* sowie *2-Keto-10-methyl-$\Delta^{1,9,3,4}$-hexahydronaphthalin* (**I**) bei 241 mμ absorbieren. Zur Erklärung nehmen Vff. nebenst. Chelatstruktur an. Aromatisierung von **II** mittels konz. HCl in der Kälte führte fast quantitativ zu *3-Carboxy-4-methyl-ar-tetralol-(2)* (**VII**), dessen Struktur durch milde Bromierung (freie o-Stellung) sowie durch Decarboxylierung zu *4-Methyl-ar-tetralol-(2)* (**VI**) bewiesen wurde. Das Wandern der angulären Methylgruppe dabei erfolgt ganz analog in **I** (vgl. z. B. J. Amer. chem. Soc. **75**. [1953.] 3159). Behandlung von **II** mit Acetanhydrid u. H_2SO_4 lieferte neben **VII** das isomere *2-Carboxy-4-methyl-ar-tetralol-(1)* (**V**), das von **VII** durch Behandlung mit heißer HCl-Essigsäure (**V** bleibt unverändert, **VII** wird decarboxyliert) abgetrennt u. bei 250° zu *4-Methyl-ar-tetralol-(1)* abgebaut werden kann. Diese Umlagerung kann ihre Ursache nicht in der H-Brücke von **II** haben, denn die Rk. mit **II**-Methylester hatte unter den gleichen Bedingungen ein ähnliches Ergebnis (→ 41% *Acetat* des *Methylesters* von **VII**, 18% **VI**, 20% **V**). Beim Erhitzen von **II** auf >220° erfolgte „decarboxylierende Aromatisierung" unter Bldg. von **VI**, während **I** bei gleicher Behandlung unverändert bleibt.

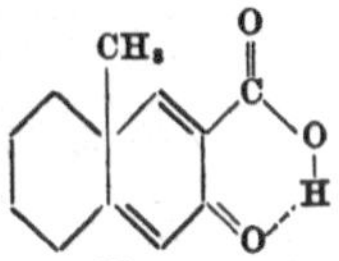

II

Versuche: *2-Keto-3-carboxy-10-methyl-$\Delta^{1,9,3,4}$-hexahydronaphthalin* (**II**), $C_{12}H_{14}O_3$, F. 133—134,5° (Ae.), aus **IX** u. Acetessigester in Essigsäure, dann Zusatz von Piperidin (17 Std. bei n. Temp., dann 80 Std. bei 55°); das entstandene Öl wurde mit C_2H_5ONa-Lsg. behandelt (½ Std. Kochen); UV- u. Infrarotspektren sind angegeben; 19% (Ausbeute); entfärbt Br_2 in Chlf. nicht. *2.4-Dinitrophenylhydrazon* des *Methylesters* von **II**, $C_{19}H_{20}O_6N_4$, F. 179—180°, dunkelrote Nadeln (Methanol), aus **II** in methanol. Lsg. mit 2.4-Dinitrophenylhydrazin in 50%ig. H_2SO_4. — *3-Carboxy-4-methyl-ar-tetralol-(2)* (**VII**), $C_{12}H_{14}O_3$, F. 161—163°, Nadeln (Ae.–PAe.), aus **II** u. konz. HCl (2 Std. Stehenlassen); mit $FeCl_3$ Grünfärbung; 95%. — Umlagerung von **II** mit Acetanhydrid–H_2SO_4 (24 Std. Stehenlassen) → 91% eines Gemisches aus **VII** (abtrennbar durch Kristallisation aus Cyclohexan) u. *2-Carboxy-4-methyl-ar-tetralol-(1)* (**V**). — Ebenso, aber nach 2 std. Kochen des rohen Säuregemisches in Essigsäure–HCl → **V** (14%) u. aus dem Filtrat *4-Methyl-ar-tetralol-(2)* (**VI**; 53%). — *1-Brom-3-carboxy-4-methyl-ar-tetralol-(2)*, $C_{12}H_{13}O_3Br$, F. 212—213°, hellgelbe Prismen (verd. Methanol), aus **VII** u. Br_2 in Chlf.-CCl_4; UV-Spektr. angegeben; 98%. — *2-Keto-3-carbomethoxy-10-methyl-$\Delta^{1,9,3,4}$-hexahydronaphthalin*, Öl, aus **II** u. Ag_2O in CH_3J; UV- u. Infrarotspektren. — Umlagerung vorst. **II**-Methylesters mit Acetanhydrid u. H_2SO_4 (16 Std. bei n. Temp.) → 90% eines *Acetatestergemischs* (F. 80—95°). Hieraus durch Kristallisation (*) aus PAe. *3-Carbomethoxy-4-methyl-ar-tetralol-(2)-acetat*, $C_{15}H_{18}O_4$, F. 103—104°, Bündel dicker Prismen; Infrarotspektr.; 41% (bezogen auf **II**); auch durch Acetylierung nachst. Verbindung. — Verseifung (15 Min. Kochen mit 5%ig. methanol.-wss. NaOH) → *3-Carbomethoxy-4-methyl-ar-tetralol-(2)*, $C_{13}H_{16}O_3$, F. 56—57°, Platten (wss. Methanol); mit $FeCl_3$ Grünfärbung; Infrarotspektr.; 38% (daneben 38% **VII**); auch aus **VII** u. CH_2N_2 (100%). — Aus den Mutterlaugen der Kristallisation (*) wurde nach Verseifen mit 5% wss.-methanol. KOH ein Gemisch von Phenolsäuren erhalten. Hieraus durch Kristallisation aus Cyclohexan **V**, $C_{12}H_{14}O_3$, F. 232—233° (Zers.; flache Nadeln aus Ae.–PAe.); UV-Spektr.; 15% (bezogen auf **II**). Erhitzen unter N_2 (5 Min.) → *4-Methyl-ar-tetralol-(1)*, F. 86—88° (Nadeln aus PAe.). —

Aus den Mutterlaugen von **V** nach 2 std. Erhitzen mit HCl–Essigsäure 18% **VI** neben weiteren 5% **V**. — Umlagerung von **II**-Methylester wie oben, aber direktes Gießen der Acetanhydridlsg. in wss. NaOH, Verseifung u. partielle Decarboxylierung wie oben für **II** beschrieben → 54% **VI** u. 17% **V**. — 15 Min. Stehen von **II** mit konz. HCl, dann Verdünnen mit Essigsäure u. 5 Std. Kochen → 90% **VI** [F. 105—107° (PAe.). *p-Nitrobenzoat*, F. 115—116°]. — Erhitzen von **II** (10 Min. bei 250° unter N_2) → 72% **VI**. — **I** blieb bei der gleichen Behandlung unverändert (UV-Spektr.). — *2-Keto-3-carboxy-10-methyl-$\Delta^{1,9}$-oktahydronaphthalin* (**VIII**), $C_{12}H_{16}O_3 \cdot H_2O$, F. 86—87° (Ae.), aus 50 g *β-[1-Methyl-2-ketocyclohexyl]-propionsäuremethylester* (**X**) [dieser aus der Säure (F. 48 bis 49°) mit Methanol u. H_2SO_4, Kp.$_{0,6}$ 107—110°, n_D^{29} 1,4680; 85%], Bromessigester u. Zn in Bzl. (anfangs 5—10 Min. Erhitzen, dann kommt die Rk. von selbst in Gang, zuletzt 1½ Std. Kochen); UV-Spektr.; gibt mit $FeCl_3$ Blaufärbung; nach 12 std. Stehen bei Raumtemp. → Öl, stabil in verschlossenem Gefäß nach 2 Monaten bei —20°; 21%. Außerdem 63% **X**, Kp.$_{0,3}$ 93—95°, zurück u. 9,8 g höhersd. Fraktionen (Kp.$_{0,07}$ 100—155°), wahrscheinlich das n. REFORMATSKI-Prod., *β-[1-Methyl-2-oxy-2-carbäthoxymethylcyclohexyl]-propionsäuremethylester*; λ_{max} 2,81 u. 5,81 μ (Chlf.). — *2-Keto-10-methyl-$\Delta^{1,9}$-oktahydronaphthalin*, Kp.$_{30}$ 160—170°, aus **VIII** durch kurzes Erhitzen (100°); UV-Spektr.; 90%. *2.4-Dinitrophenylhydrazon*, F. 172—174°, dunkelrote Nadeln (Methanol–Chlf.). — *trans-3-Carboxy-10-methyldekalon-(2)* (**IV**), $C_{12}H_{18}O_3$, F. 129—130° (Zers.; Platten aus Ae.–PAe.), aus **II** durch Hydrierung (in Methanol, Pd-Kohle, 8 Min.); gibt mit $FeCl_3$ Grünblaufärbung; Infrarotspektr.; 11%. Daneben *cis-3-Carboxy-10-methyldekalon-(2)* (**III**), $C_{12}H_{18}O_3$, F. 114—115° (Zers.; Platten aus Ae.–PAe., löslicher als **IV**); gibt positive Rk. mit $FeCl_3$; Infrarotspektr.; 61%. — Hydrierung von **VIII** wie vorst. → 35% **III**, 7% **IV**. — *cis-1-Methylcyclohexan-1.2-diessigsäure*, $C_{11}H_{18}O_4$, F. 190—191°, Knötchen (W.), aus **III** u. konz. HNO_3 (Kochen); 51%. — *Säure $C_{11}H_{18}O_4$* (*trans-1-Methylcyclohexan-1.2-diessigsäure* oder *cis-* bzw. *trans-β-[1-Methyl-2-carboxycyclohexyl]-propionsäure*), F. 198—199°, Nadeln (W.), wie vorst. aus **IV**; 80%. — *cis-10-Methyldekalon-(2)*, F. 45—47°, durch Erhitzen von **III** (5 Min., 120°). *2.4-Dinitrophenylhydrazon*, $C_{17}H_{22}O_4N_4$, F. zunächst 132—133° (hellorangefarbene Nadeln aus Methanol), dann nach Kristallisation aus Ae.–PAe. u. Methanol–Essigester, F. 175—177° (vgl. WOODWARD u. Mitarbeiter, C. **1953**. 6256); 100%. — *trans-10-Methyldekalon-(2)*, wie vorst. aus **IV**. *2.4-Dinitrophenylhydrazon*, $C_{17}H_{22}O_4N_4$, F. 173—175°, orangegelbe Platten (Methanol–Essigester); 76%. (J. org. Chemistry **19**. 241—54. Febr. 1954. Detroit, Mich., Detroit Inst. of Cancer Res., Rollin H. Stevens Mem. Labor.) J. ROTHE. 2700

Charles Dufraisse, André Étienne und **Jean Jolly**, *Peridiphenylnaphthacen*. (Vgl. auch C. R. hebd. Séances Acad. Sci. **200**. [1935.] 1673 u. Bull. Soc. chim. France, Mém. [5] **3**. [1936.] 1894.) *10-Chlor-9.12-diphenylnaphthacen*, $C_{30}H_{19}Cl$, F. 202—203°, aus 10.11-Dichlor-9.12-diphenylnaphthacen (vgl. JOLLY, C. **1951**. II. 370) mit Zn u. Essigsäure; orangefarbene Blättchen, deren Lsgg. grün fluorescieren; λ_{max} 4195, 4470, 4755 u. 5080 Å (Bzl.). — *Diphenyldihydronaphthacen* (**I** oder **II**), $C_{30}H_{22}$, F. 199 bis 200° (Cyclohexan), aus vorst. Verb. u. einer Zn–Cu-Legierung (vgl. STRAUS, Liebigs Ann. Chem. **342**. [1905.] 238). — *9.12-Diphenylnaphthacen*, $C_{30}H_{20}$, F. 242° u. F. 258—259° (Cyclohexan), durch Dehydrieren vorst. Verb. mit Bleiglätte bei 305°; dimorphe gelbe Nadeln oder orangefarbene Prismen, deren Lsgg. stark fluorescieren; λ_{max} 4125, 4380, 4650 u. 4960 Å. Verhält sich wie seine früher (l. c.) beschriebenen Isomeren; das UV-Absorptionsspektr. ist um ca. 30 Å nach längeren Wellenlängen verschoben. — *Photooxyd*, $C_{30}H_{20}O_2$, F. 230 bis 232° (beim schnellen Erhitzen), explodiert bei 155° beim langsamen Erwärmen. (C. R. hebd. Séances Acad. Sci. **233**. 1243—45. 19/11. 1951.) GOLD. 2950

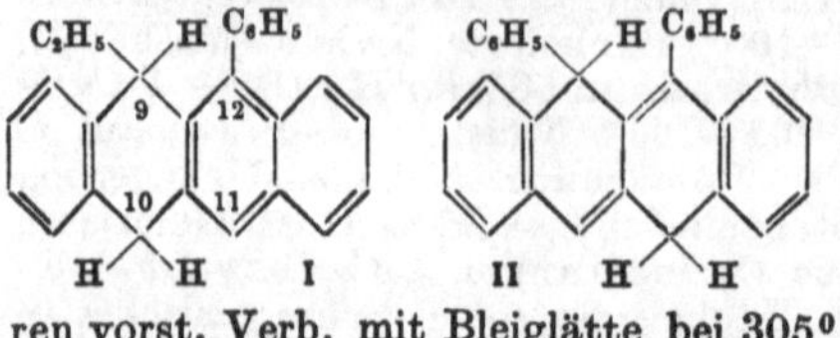

I II

Jean Coillard, Henri Pacheco, Darius Molho und **Charles Mentzer**, *Über eine neue Art der Kondensation von α-Ketosäuren mit Phenolen*. Kondensation von Phenylbrenztraubensäure (**I**) mit Resorcin in Dichloräthan u. bei Ggw. von $AlCl_3$ (1 std. Kochen) führt zu *6-Oxy-3-benzylidencumaranon-(1.2)* ($C_{15}H_{10}O_3$, F. 172°, hellgelbe Kristalle aus 50%ig. A.). Bei der Methylierung werden unter Spaltung des Lactonringes u. Bldg. von *α-[2.4-Dimethoxyphenyl]-zimtsäuremethylester* (F. 108°) 3 Methylgruppen aufgenommen, von denen eine durch alkal. Hydrolyse wieder abgespalten werden kann. Man erhält so *α-[2.4-Dimethoxyphenyl]-zimtsäure*, die auch durch Kondensation von **I** mit dem Dimethyläther des Resorcins zugänglich ist. (C. R. hebd. Séances Acad. Sci. **238**. 1890—92. 10/5. 1954.) J. ROTHE. 3061

Henry Gilman und **Donald L. Esmay,** *Die Spaltung von Heterocyclen mit Raney-Nickel und mit Lithium.* Die von BLICKE u. SHEETS (C. **1950.** II. 1229 u. früher) beschriebene Charakterisierung von Heterocyclen durch Spaltung mit hochakt. RANEY-Ni liefert bei Anwendung auf *Dibenzothiophen* (**I**) kein völlig befriedigendes Ergebnis; aus **I**-*5-Monoxyd* bzw. **I**-*5-Dioxyd* werden mit RANEY-Ni überhaupt keine identifizierbaren Prodd. erhalten, während im Falle von *2-Bromdibenzothiophen* (**II**) außer Desulfurierung auch Debromierung zu *Biphenyl* (**III**) erfolgt. Vorteilhafter ist die Spaltung mit Li in Dioxan oder Ae., die Vff. an **I** bzw. *Dibenzofuran* (**IV**) näher untersuchen. Rk. von **IV** mit Li in Dioxan u. Hydrolyse ergibt *o-Oxybiphenyl*, welches auch das einzige Reaktionsprod. ist beim Vers. der Carbonisierung; diese ist nur in Ae. erfolgreich; es entsteht in guter Ausbeute (beste Meth. der Darst.) *3.4-Benzocumarin.* Die Spaltung von **I** mit Li in Dioxan führt nach versuchter Carbonisierung u. Hydrolyse zu **III** oder *o-Mercaptobiphenyl*, während in Ae. keine Rk. erfolgt. Reaktionsmechanismen werden diskutiert, wobei die Tatsache, daß der früher (vgl. J. Amer. chem. Soc. **47.** [1925.] 2002) entdeckte Farbtest bei den in Dioxan durchgeführten Spaltungen wider Erwarten negativ ist, mit Sekundär-Rkk. zwischen den intermediär postulierten Organolithiumverbb. u. Dioxan erklärt wird. Damit im Einklang steht die Beobachtung, daß Phenyl-Li nach 1std. Kochen in Dioxan obige Farb-Rk. ebenfalls nicht mehr gibt.

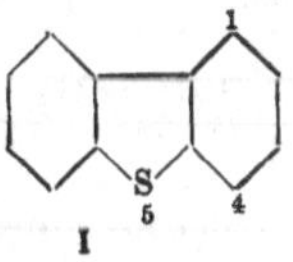

I

V e r s u c h e : Bei ½std. Kochen von **II** in Ggw. von RANEY-Ni in A., Filtrieren u. Einengen wird *Biphenyl* (**III**), F. 70—71° (A.), erhalten; 31,2% (Ausbeute). — Spaltung von **IV** (F. 78—81°) mit Li: a) *o-Oxybiphenyl*, F. 56—57°, bei 12std. Kochen von **IV** in Ggw. von Li in Dioxan mit oder ohne Luftzutritt (N_2-Atmosphäre), Hydrolyse mit W.-Dioxan, Einengen, Ansäuern mit 3nHCl u. Ausäthern; 77,2%; entsteht auch beim Carbonisieren vor der Hydrolyse, Behandeln mit verd. NaOH u. Ausäthern; zusätzlicher Anteil durch Ansäuern der wss. Phase; insgesamt 80,5%; b) *3.4-Benzocumarin* (*2'-Oxydiphenyl-2-carbonsäurelacton*), F. 95—96° (verd. A.), bei 22std. Kochen von **IV** in Ggw. von Li unter N_2 in Ae., Carbonisieren, Hydrolyse u. Behandeln mit Alkali; roh 64,3 bzw. 75,5% (bezogen auf umgesetztes **IV**); rein 47 bzw. 55,2%; daneben 14,9% **IV**. — Spaltung von **I** (F. 98—99°) mit Li: a) bei 12std. Kochen von **I** mit Li in Dioxan unter Luftzutritt, mehrstd. Stehen u. Hydrolyse mit Dioxan-W. werden 30,5% **III** u. 33,2% unverbrauchtes **I** isoliert; b) bei Durchführung vorst. Rk. unter N_2 u. Carbonisieren wird *o-Mercaptobiphenyl*, $C_{12}H_{10}S$, F. 40—41°, erhalten; roh 18,3%, nach Reinigung über das *Na-Salz* 16,1% bzw. 35,8% (bezogen auf umgesetztes **I**); daneben 21,4 bzw. 41,8% **III** u. 48,8% **I**. In Ae. wird **I** nicht durch Li gespalten; nach 36std. Kochen, Carbonisieren u. üblicher Aufarbeitung werden 95,1% **I** zurückgewonnen. (J. Amer. chem. Soc. **75.** 2947—49. 20/6. 1953. Ames, Io., State Coll., Chem. Labor.) W. HOFFMANN. 3071

L. Velluz, G. Amiard und **R. Heymès,** *Spaltung des* DL-*Acetyltryptophans mit Hilfe von* L(+)-*threo-1-*[*p-Nitrophenyl*]*-2-aminopropandiol-*(*1.3*). Vff. stellten fest, daß L(+)-*threo-1-*[*p-Nitrophenyl*]*-2-aminopropandiol-*(*1.3*) (**I**) mit *N-Acetyl-*L*-tryptophan* (**III**) ein in W. schwer lösl. Salz bildet, während das Deriv. des *N-Acetyl-*D*-tryptophans* (**IV**) gelöst bleibt.

V e r s u c h e : L(+)-*threo-1-*[*p-Nitrophenyl*]*-2-aminopropandiol-*(*1.3*) (**I**), F. 162 bis 163° (vgl. CONTROULIS u. Mitarbeiter, J. Amer. chem. Soc. **71.** [1949.] 2463); $[\alpha]_D + 28 \pm 1°$ (c = 1% in 0,05nHCl). — *N-Acetyl-*DL*-tryptophan* (**II**), F. 206—207°, dargestellt nach SNYDER u. SMITH (J. Amer. chem. Soc. **66.** [1944.] 350) — *N-Acetyl-*L*-tryptophan* (**III**), F. 185—187°, aus **I** u. **II** beim Erkalten der bei 80° hergestellten Lsg. u. Zers. des entstandenen Salzes [F. 231—232° (W.), $[\alpha]_D^{20} + 26 \pm 1°$ (c = 1% in W.)] mit 0,5nHCl; $[\alpha]_D^{15} + 25 \pm 1°$ (c = 1% in A.); 90% (Ausbeute). — *N-Acetyl-*D*-tryptophan* (**IV**), F. 185—187°, aus den Mutterlaugen des vorigen Vers. beim Versetzen mit wenig konz. HCl; $[\alpha]_D^{15} + -25 \pm 1°$ (c = 1% in A.); 92%. — L*-Tryptophan*, aus **III** durch Hydrolyse mit HCl; $[\alpha]_D -30 \pm 1°$ (c = 1% in W.); Blättchen; 80%. — D*-Tryptophan*, ebenso aus **IV**; $[\alpha]_D + 30 \pm 1°$ (c = 1% in W.); 80%. (Bull. Soc. chim. France, Mém. [5] **20.** 904. Sept. 1953. Roussel-Uclat, Services Sci.) SEIDE. 3081

H. Bader, J. D. Downer und **P. Driver,** *Neue 5-Aminoglyoxaline als wirksame adrenergische Agentien.* Vff. stellten eine Reihe *5-Aminoglyoxaline* durch Kondensation von Thioiminoäthern mit α-Aminobenzylcyanid bzw. α-Aminocyanessigester dar, um adrenalinähnlich wirkende Stoffe von größerer Stabilität u. geringerer Nebenwrkg. zu erhalten. Vff. zeigen weiter, daß an einem 4.5-disubstituierten *Glyoxalin* die MANNICH-Kondensation in 2-Stellung möglich ist. — Vff. diskutieren die verschied. tautomeren Formen des 5-Aminoglyoxalinringes (bzw. des Hydrochlorids) an

Hand der in den aufgenommenen UV-Spektren (λ_{max}- u. ε-Werte; vgl. Tabelle im Original) festgestellten bathochromen u. hypsochromen Verschiebungen. — Die biol. Eigg. der dargestellten Verbb. werden an anderer Stelle beschrieben.

Versuche: *p-Nitrobenzonitril*, F. 146°, aus p-Nitranilin nach BOGERT u. KOHNSTAMM [1903], verbesserte Reinigung des Cu-Salzkomplexes durch SOXHLET-Extraktion mit CCl_4; 75% (Ausbeute). — *m-Nitrobenzylalkohol*, Kp.$_{0,3-1,5}$ 166—169°; durch MEERWEIN-PONNDORF-Red. mittels $Al(O\text{-iso-}C_3H_7)_3$; n_D^{22} 1,5760; 83%. — *m-Nitrobenzylcyanid*, Kp.$_{1,5}$ 180°; aus m-Nitrobenzylchlorid in A. durch 3std. Erhitzen mit wss.-alkoh. KCN; 84,5%. — Die folgenden Thioiminoätherhydrochloride wurden durch Umsetzen der entsprechenden Nitrile u. Thiole (in Chloroform- oder Ae.-Lsg.) durch Einleiten von trockenem HCl bei 0—5° u. mehrtägiges Stehenlassen bei 0° dargestellt: *Phenylformiminobenzylthioäther·HCl*, $C_{14}H_{14}NClS$, F. 172—174° (Zers.); 94%. — *p-Nitrophenylformiminobenzylthioäther·HCl*, F. 166—170° (Zers.); 60%. — *p-Chlorphenylformiminobenzylthioäther·HCl*, F. 180—184°; 64%. — *3.4-Dimethoxyphenylformiminobenzylthioäther·HCl*, F. 191—193°; 5%. — *3.4-Dimethoxyphenylformiminoäthylthioäther·HCl*, F. 190° (Zers.) (Rk. in überschüssigem Äthanthiol); 94%. — *p-Acetoxyphenylformiminobenzylthioäther·HCl*, $C_{16}H_{16}O_2NClS$, F. 215°; 63,8%. — *Phenylacetiminobenzylthioäther·HCl*, $C_{15}H_{16}NClS$, F. 141° (Zers.); 69%. — *Phenylacetiminoäthylthioäther·HCl*, $C_{10}H_{14}NClS$, F. 117°; 63%. — *p-Nitrophenylacetiminobenzylthioäther·HCl*, $C_{15}H_{15}O_2N_2ClS$, F. 174°; 100%. — *p-Chlorphenylacetiminobenzylthioäther·HCl*, $C_{15}H_{15}NCl_2S$, F. 155—156°; 62%. — *p-Oxyphenylacetiminoäthylthioäther·HCl*, $C_{10}H_{14}ONClS$, F. 171°; 96%. — *p-Methoxyphenylacetiminobenzylthioäther·HCl*, $C_{16}H_{18}ONClS$; 100%. — *m-Nitrophenylacetiminoäthylthioäther·HCl* $C_{10}H_{13}O_2N_2ClS$, F. 142°; 81,8%. — *m-Oxyphenylacetiminoäthylthioäther·HCl*, $C_{10}H_{14}ONClS$, F. 152—153°; 76,2%. — *3.4-Dimethoxyphenylacetiminoäthylthioäther·HCl*, $C_{12}H_{18}O_2NClS$, F. 163°; 49%. — *3.4.5-Trimethoxyphenylacetiminobenzylthioäther,·HCl*, $C_{18}H_{22}O_3NClS$, F. 140—145°; 61%. — *3.4-Methylendioxyphenylacetiminobenzylthioäther·HCl*, $C_{16}H_{16}O_2NClS$, F. 123—125°; 64%. — *α-Naphthylacetiminoäthylthioäther·HCl*, 90%. — *β-Naphthylacetiminoäthylthioäther·HCl*, $C_{14}H_{16}NClS$; 66%. — *α-Phenyl-α-oxyacetiminobenzylthioäther·HCl*, $C_{15}H_{16}ONClS$; 58%. — *Sebacinbis-[iminoäthylthio]-äther·2HCl*, F. ca. 80°; 90%. — Die entsprechenden Glyoxalinhydrochloride wurden durch Kondensation vorst. Thioäther mit entsprechenden α-Aminonitrilen (mehrstd. Erhitzen in Chloroformlsg. in Ggw. von wasserfreiem K_2CO_3) dargestellt: *5-Amino-4-methyl-2-phenylglyoxalin·HCl*, $C_{10}H_{12}N_3Cl$, F. 264 bis 265° (Zers.), Prismen (Methanol/Ae.); 76%. — *5-Amino-4-carbäthoxy-2-phenylglyoxalin·HCl*, F. 218—220° (Zers.), Mikrokristalle (A.); 82%. — *5-Amino-2.4-diphenylglyoxalin·HCl*, $C_{15}H_{14}N_3Cl$, F. 261° (Zers.), schwachcitronengelbe Nadeln (Methanol); 95%. — *5-Amino-4-carbäthoxy-2-[p-nitrophenyl]-glyoxalin·HCl* (**I**), $C_{13}H_{13}O_4N_4Cl·H_2O$, F. 277° (Zers.), gelbe seidige Nadeln (Methanol); 98%. — *5-Amino-4-phenyl-2-[p-nitrophenyl]-glyoxalin·HCl*, (**II**), $C_{15}H_{13}O_2N_4Cl$, F. 268—269° (Zers.), orangegelbe Mikrokristalle (A./Ae.); 67%. — *5-Amino-4-phenyl-2-[p-chlorphenyl]-glyoxalin·HCl*, (**III**), $C_{15}H_{13}N_3Cl_2$, Zers. oberhalb 260°, gelbe Mikrokristalle (Methanol/Ae.); 90%. — *5-Amino-4-carbäthoxy-2-[3'.4'-dimethoxyphenyl]-glyoxalin·HCl*, $C_{14}H_{18}O_4N_3Cl$, F. 233° (Zers.), Nadeln (A.); 66%. — *5-Amino-4-phenyl-2-[3'.4'-dimethoxyphenyl]-glyoxalin·HCl*, $C_{17}H_{18}O_2N_3Cl$, F. 253—254° (Zers.), fahlcitronengelbe Stäbchen (Methanol); 60—70%. — *5-Amino-4-carbäthoxy-2-benzylglyoxalin·HCl*, (**VIII**), $C_{13}H_{16}O_2N_3Cl$, F. 195—196° (Zers.), prismat. Nadeln (Methanol/Ae.); 94%. — *5-Amino-4-phenyl-2-benzylglyoxalin·HCl*, $C_{16}H_{16}N_3Cl$, F. 183—183,5° (Zers.; A.); 80%. — *5-Amino-4-carbäthoxy-2-[p-nitrobenzyl]-glyoxalin·HCl* (**IV**), $C_{13}H_{15}O_4N_4Cl$, F. 226° (Zers.), Mikrokristalle (A./Essigester); 90%. — *5-Amino-4-phenyl-2-[p-nitrobenzyl]-glyoxalin·HCl* (**V**), $C_{16}H_{15}O_2N_4Cl$, F. 232° (Zers.), schwachcitronengelbe Nadeln; Methanol); 80%. — *5-Amino-4-phenyl-2-[p-chlorbenzyl]-glyoxalin·HCl*, $C_{16}H_{15}N_3Cl_2$, F. 225° (Zers.); Mikrokristalle (A./Essigester); 85%. — *5-Amino-4-phenyl-2-[p-oxybenzyl]-glyoxalin·HCl*, $C_{16}H_{16}ON_3Cl$, F. 255° (Zers.), Nadeln (W.); 83%. — *5-Amino-4-phenyl-[m-nitrobenzyl]-glyoxalin·HCl*, (**VI**) $C_{16}H_{15}O_2N_4Cl$, F. 249° (Zers.), schwachgelbe Nadeln (A.); 79%. — *5-Amino-4-phenyl-2-[m-oxybenzyl]-glyoxalin·HCl*, $C_{16}H_{16}N_3Cl$, F. 245° (Zers.), cremefarbige Prismen (A.); 78%. — *5-Amino-4-phenyl-2-[3'.4'-dimethoxybenzyl]-glyoxalin·HCl*, $C_{18}H_{20}O_2N_3Cl$, F. 208—209°, Prismen (A.); 61%. — *5-Amino-4-carbäthoxy-2-[3'.4'-dimethoxybenzyl]-glyoxalin·HCl*, $C_{15}H_{20}O_4N_3Cl$, F. 193 bis 194° (Zers.), Prismen (Methanol/Ae.); 67%. — *5-Amino-4-phenyl-2-[3'.4'-methylendioxybenzyl]-glyoxalin·HCl*, $C_{17}H_{16}O_2N_3Cl$, F. 141—143°, Prismen (A./Ae.); 24%. — *5-Amino-4-phenyl-2-[3'.4'.5'-trimethoxybenzyl]-glyoxalin·HCl*, $C_{19}H_{22}O_3N_3Cl$, F. 218° (Zers.); Nadeln (A.); 71%. — *5-Amino-4-carbäthoxy-2-[α-naphthylmethyl]-glyoxalin·HCl*, $C_{17}H_{14}O_2N_3Cl$, F. 203° (Zers.), Prismen (A./Essigester); 35%. — *5-Amino-4-phe-*

nyl-2-[α-naphthylmethyl]-glyoxalin·HCl, $C_{20}H_{18}N_3Cl$, F. 250° (Zers.), cremefarbige Mikrokristalle (Methanol/Essigester); 82%. — *5-Amino-4-phenyl-2-[β-naphthylmethyl]-glyoxalin·HCl*, $C_{20}H_{18}N_3Cl$, F. 246° (Zers.), bräunliche Prismen (A.); 81%. — *5-Amino-4-phenyl-2-n-heptylglyoxalin·HCl*, $C_{16}H_{24}N_3Cl$, F. 123°, Nadeln (Chlf.); 44%. — *1.8-Bis-[5'-amino-4'-carbäthoxyglyoxalyl-(2')]-octandihydrochlorid*, $C_{20}H_{34}O_4 \cdot N_6Cl_2 \cdot C_2H_5OH$, schäumt bei 120—132°, wird fest u. schm. bei 187°, Prismen (A./Essigester); 44%. — *Glyoxalinbasen*: *5-Amino-2.4-diphenylglyoxalin*, $C_{15}H_{13}N_3$, durch Versetzen von 12 g des Hydrochlorids mit überschüssigem wss. Na_2CO_3; prismat. Nadeln (Bzl.); 9 g. — Analog werden dargestellt: *5-Amino-4-carbäthoxy-2-[3'.4'-dimethoxyphenyl]-glyoxalin*, $C_{14}H_{17}O_4N_3$, F. 198°, Prismen (Essigester). — *5-Amino-4-phenyl-2-[p-chlorphenyl]-glyoxalin*, $C_{15}H_{12}N_3Cl$, F. 286—290° (Zers.), grünlichgelbe Prismen (wss. Methanol). Grüne Fluorescenz in Methanol, A., Essigester. — *5-Amino-4-carbäthoxy-2-phenylglyoxalin*, $C_{12}H_{13}O_2N_3$, F. 219° (Zers.), Prismen (wss. A.). — *5-Amino-4-carbäthoxy-2-[p-nitrophenyl]-glyoxalin*, $C_{12}H_{12}O_4N_4$, F. >280° (Zers.). Die Verb. entsteht statt des erwarteten Methylharnstoffderiv. beim Erhitzen von **I** mit Methylisocyanat in Pyridin; schmale Prismen (Pyridin). — *5-[β-Carboxypropionamido]-4-phenyl-2-[p-nitrophenyl]-glyoxalin*, $C_{19}H_{16}O_5N_4$, F. >300°; aus **II** u. Bernsteinsäureanhydrid in sd. Pyridin; goldgelbe haarartige Nadeln (wss. A.). — *5-[β-Carboxypropionamido]-4-phenyl-2-[p-chlorphenyl]-glyoxalin*, $C_{19}H_{16}O_3N_3Cl$, F. 223° (Zers.), analog aus **III**; schwachgrüngelbe Nadeln (wss. A.). — *5-Amino-4-phenyl-2-[p-aminobenzyl]-glyoxalindihydrochlorid*, $C_{16}H_{18}N_4Cl_2$, Zers. >260°; durch Red. von **V** mit $SnCl_2$ in HCl; Nadeln (Methanol/Essigester). — Analog: *5-Amino-4-phenyl-2-[p-aminophenyl]-glyoxalindihydrochloriddihydrat*, $C_{15}H_{16}N_4Cl_2 \cdot 2H_2O$, F. 258° (Zers.), aus **II**; Prismen (wss. A.). — *5-Amino-4-phenyl-2-[m-aminobenzyl]-glyoxalindihydrochlorid*, $C_{16}H_{18} \cdot N_4Cl_2$, F. 233°, aus **VI**; Mikrokristalle (A./Essigester). — Xanthine: *5-Methylureido-4-carbäthoxy-2-[p-nitrobenzyl]-glyoxalin* (**VII**), $C_{15}H_{17}O_5N_5$, F. 242° (Zers.), aus **IV** u. Methylisocyanat in Pyridin; Nadeln (Pyridin/Methanol). — *8-[p-Nitrobenzyl]-1-methylxanthin*, $C_{13}H_{11}O_4N_5$, F. >300° (Zers.), aus **VII** durch Erhitzen mit wss. NaOH; gelbe Substanz. — *8-[p-Aminobenzyl]-1-methylxanthin·HCl*, $C_{13}H_{14}O_2 \cdot N_5Cl$, F. 349—350° (Zers.), aus **VII** durch Red. wie oben, Erhitzen des Reaktionsprod. mit wss. NaOH u. Behandeln mit alkoh. HCl; glänzende Nadeln (W.). — *5-Phenylureido-4-carbäthoxy-2-benzylglyoxalin*, $C_{20}H_{20}O_3N_4$, F. 186—187°, aus **VIII** u. Phenylisocyanat; haarartige Nadeln (Methanol). — *1-Phenyl-8-benzylxanthin*, $C_{18}H_{14}O_2N_4$, F. 316—318° (Zers.), aus vorst. Verb.; positiver Murexidtest. — Die MANNICH-Rk. mit 5-Amino-4-carbäthoxyglyoxalin, Trioxymethylen u. Diäthylamin in A. gibt *5-Amino-4-carbäthoxy-2-diäthylaminomethylglyoxalindihydrochlorid*, $C_{11}H_{22}O_2N_4Cl_2$, F. 192—193°, Mikrokristalle (alkoh. HCl). Die Verb. wird außerdem nach dem allg. Verf. dargestellt aus Diäthylaminoacetiminoäthylthioätherdihydrochlorid (aus Diäthylaminoacetonitril u. Äthanthiol in Chlf. durch Einleiten von HCl bei 0°) u. α-Aminocyanessigsäureäthylester in Pyridin u. Chlf. durch 17std. Erhitzen. — *5-Amino-2-[p-nitrobenzyl]-glyoxalinhydrochlorid*, $C_{10}H_{11}O_2N_4Cl$, F. 250° (Zers.), durch Kondensation von Aminoacetonitril u. p-Nitrophenylacetiminobenzylthioäther·HCl in Chlf. in Ggw. von Pyridin; gelbe Nadeln (Methanol). — *5-Amino-2-[β-naphthylmethyl]-glyoxalin·HCl*, $C_{14}H_{14}N_3Cl$, F. 154—155° (Zers.), analog, schmale Nadeln (Methanol). (J. chem. Soc. [London] **1950**. 2775—84. Okt. Beecham, Res. Labors. Ltd., u. Brookham Park, Betchworth, Surrey.) SCHÖNEWALD. 3122

Hans Beyer und **Gerhard Wolter**, *Über Thiazole. 11. Mitt. Die Darstellung von 2-Amino-5-phenylazothiazolen und die reduktive Spaltung von Azothiazolen-(2.2') und 2-Phenylazothiazolen durch Phenylhydrazin* (10. vgl. C. **1953.** 2757.) Durch Kupplung der Diazoniumsalze von Anilin, p-Toluidin, p-Nitranilin u. Sulfanilsäureamid (Prontalbin) mit 2-Amino-4-methyl — (bzw. phenyl)-thiazol (**I** bzw, **II**) in schwachsaurem Medium werden die entsprechenden *5-Arylazoderivv.* von I dargestellt. Die Kupplung der Diazoniumsalze mit 2-Aminothiazol (**III**) verläuft erst in ammoniakal. Medium. Die reduktive Spaltung dieser Verbb. mit überschüssigem Phenylhydrazin führt nicht zu den erwarteten 2.5-Diaminothiazolderivv., vielmehr beweist starke H_2S- u. NH_3-Entw. die Spaltung des Thiazolringes. Vff. nehmen an, daß die Stellung der Substituenten die Stabilität des Ringes wesentlich beeinflußt u. versuchen, dies elektronenkinet. zu deuten.

Versuche: *2-Amino-4-methyl-5-phenylazothiazol*, $C_{10}H_{10}N_4S$, F. 184°, aus einer acetatgepufferten Diazoniumsalzlsg. von Anilin bei 0° durch Gießen in eine wss. Lsg. von 2-Amino-4-methylthiazol (**I**; aus dem Hydrochlorid durch Neutralisation mit Na-Acetat); orangefarbene Nadeln aus A.; 90,6% (Ausbeute); löst sich in H_2SO_4 orangerot. *Diacetylderiv.*, $C_{14}H_{14}O_2N_4S$, F. 254—255°, eigelbe Nadeln aus Eisessig; 100%. — *2-Amino-4-methyl-5-[p-tolylazo]-thiazol*, $C_{11}H_{12}N_4S$, F. 189—190°, aus I u. p-Toluidin; rhomb., sepiafarbene Plättchen aus A., dunkelrote Säulen aus Essigester + Aceton; 90,5%; löst sich in konz. H_2SO_4 mit zinnoberroter Farbe. *Diacetylderivv.*, $C_{15}H_{16}O_2N_4S$, F. 251°, gelbe Nadeln aus Eisessig. — *2-Amino-4-methyl-5-[p-nitrophenylazo]-thiazol*, $C_{10}H_9O_2N_5S$, F. 192°, aus I u. Nitranilin; dunkelrote Nadeln aus Pyridin; 93,5%; löst sich in Alkali rot, in H_2SO_4 grün. *Diacetylderiv.*, $C_{14}H_{13}O_4N_5S$, F. 206°, rote Blättchen aus Eisessig. — *[2-Amino-4-methylthiazolyl-(5)]-azobenzolsulfonsäure-(4)-amid*, $C_{10}H_{11}O_2N_5S_2$, F. 202°, aus der Diazoniumsalzlsg. von Prontalbin u. I; kupferrote glänzende Säulen aus Pyridin; 75%. *Diacetylderiv.*, $C_{14}H_{15}O_4N_5S_2$, F. 223°, orangegelbe, würfelartige Kristalle aus Eisessig. — *2-Amino-4-phenyl-5-phenylazothiazol*, $C_{15}H_{12}N_4S$, F. 195°, aus diazotiertem Anilin u. 2-Amino-4-phenylthiazol (II); zinnoberrote, verfilzte Nadelbüschel aus A.; 87,8%; löst sich in H_2SO_4 karmesinrot. *Diacetylderiv.*, $C_{19}H_{16}O_2N_4S$, F. 214°, gelbe, verfilzte Nadelbüschel. — *2-Amino-4-phenyl-5-[p-tolylazo]-thiazol*, $C_{16}H_{14}N_4S$, F. 200°, aus II u. p-Toluidin, rotorange, filzige Nadeln; 71,4%; in konz. H_2SO_4 violett. *Diacetylderiv.*, $C_{20}H_{18}O_2N_4S$, F. 217°, gelbe, filzige Nadeln aus Eisessig. — *2-Amino-4-phenyl-5-[p-nitrophenylazo]-thiazol*, $C_{15}H_{11}O_2N_5S$, F. 254°, aus p-Nitranilin + II; moosgrüne Nadeln aus Essigester; 90,8°; in konz. H_2SO_4 erikafarben. *Monoacetylverb.*, $C_{17}H_{13}O_3N_5S$, F. 293°, dunkelgrün schillernde Kristalle, in Durchsicht rot. — *[2-Amino-4-phenylthiazolyl-(5)]-azobenzolsulfonsäure-(4)-amid*, $C_{15}H_{13}O_2N_5S_2$, F. 255°, aus Prontalbin u. II; aus A. + Aceton rote Nadeln mit grünem Glanz; 75%; in H_2SO_4 rosarot. *Diacetylderiv.*, $C_{19}H_{17}$·$O_4N_5S_2$, F. 293°, zinnoberrote Nadeln aus Eisessig. — *2-Amino-5-[p-tolylazo]-thiazol*, $C_{10}H_{10}N_4S$, F. 205° (bei 180° Sintern), aus diazotiertem p-Toluidin u. einer schwach ammoniakal. 2-Aminothiazol (III)-Lsg.; karminrote Nadeln aus A. + Aceton; 72%; in konz. H_2SO_4 orangerot. *Diacetylderiv.*, $C_{14}H_{14}O_2N_4S$, F. 243°, dunkelbraunes Pulver aus Eisessig. — *[2-Aminothiazolyl-(5)]-azobenzolsulfonsäure-(4)-amid*, $C_9H_9O_2N_5S_2$, F. 223°, aus III u. Sulfanilsäureamid; lehmfarbene Kristalle; 75%; in Alkali rot. *Diacetylderiv.*, $C_{13}H_{13}O_4N_5S_2$, F. 235°, lehmfarbenes, amorphes Pulver aus verd. Essigsäure. — *2-Amino-4-methyl-5-carbäthoxythiazol*, F. 175—176°, durch vorsichtiges Erhitzen von 4,4'-Dimethylazothiazol-(2.2')-dicarbonsäure-(5.5')-diäthylester u. überschüssigem Phenylhydrazin auf 180°; Nadeln aus A. oder Bzl.; 78% oder aus 2-Phenylazo-4-methyl-5-carbäthoxythiazol wie vorst. (bei 170° bildet sich *2-Phenylhydrazino-4-methyl-5-carbäthoxythiazol*, F. 194°, rhomb. Blättchen; 90%) bei 200°; 72%. — *2-Amino-4.5-diphenylthiazol*, F. 186°, aus der 2-Phenylazoverb. bei 200°; 50%. — *2-Amino-4-phenylthiazol*, F. 147°, aus 4.4'-Diphenylazothiazol oder 2-Phenylazo-4-phenylthiazol über die entsprechenden Hydrazoverbb.; 18 bzw. 14%. (Chem. Ber. **85**. 1077—83. 1952. Greifswald, Univ., Inst. für organ. Chem.) LEHWALD. 3142

Hans Beyer, Hans Höhn und **Wolfgang Lässig,** *Über Thiazole.* 12. Mitt. *Synthesen von Thiazolyl-(2)-hydrazinen.* (11. vgl. vorst. Ref.) Bei der systemat. Bearbeitung des Gebietes der Thiazolyl-(2)-hydrazine erhalten Vff. durch Kondensation von α.β-Dichlordiäthyläther (II) mit Benzaldehyd (IX)- bzw. Acetophenonthiosemicarbazon gutkrist. *Benzaldehyd-* bzw. *Acetophenonthiazolyl-(2)-hydrazon.* Verseifung des letzteren liefert *Thiazolyl-(2)-hydrazinhydrochlorid* (I). Die Darst. der freien Base hieraus ist wegen Zers. nicht möglich, das Hydrochlorid läßt sich aber in Na-Acetatlsg. zu verschied. Kondensationen verwenden u. bildet u. a. mit p-Acetamidobenzaldehyd das in der Tuberkulosetherapie interessante *p-Acetamidobenzaldehydthiazolyl-(2)-hydrazon.* Wegen der unbefriedigenden Darstellungsweise von I versuchten Vff., aus II u. 1-Acetylthiosemicarbazid (IV) N'-Acetyl-N-[thiazolyl-(2)]-hydrazin zu gewinnen, jedoch bewirkt die freiwerdende HCl sofortige Verseifung. Mit gleichem Ergebnis verläuft die Kondensation mit 1-Carbobenzoxythiosemicarbazid (III), dagegen kondensiert III mit Chloraceton (V) quantitativ zu *N'-Carbobenzoxy-N-[4-methylthiazolyl-(2)]-hydrazinhydrochlorid,* dessen *freie Base* nach Verseifung mit Na-Acetat isolierbar ist. Reduktionsverss. zur Abspaltung der Carbobenzoxygruppe blieben aber ohne Erfolg. Schließlich gelang Vff. die Synth. von I durch Kondensation von II mit Thiosemicarbazid in 2nHCl. Es bildet sich hier nach Zugabe von Na-Acetat ein Zwischenprod. der Formel $C_3H_6N_3ClS$ (vermutlich $ClCH_2CH{=}N{-}C({=}S){-}NH{-}NH_2$), das sich in wss. Lsg. beim Erwärmen in I umlagern ließ. Bei der Kondensation von IV mit V gewinnen Vff. *N'*-Acetyl-*N-[4-methylthiazolyl-(2)]-hydrazinhydrochlorid,* aus dem durch vorsichtiges, saures Verseifen *[4-Methylthiazolyl-(2)]-hydrazinhydrochlorid* dargestellt werden kann (von MCLEAN u. WILSON (J. chem. Soc. [London] **1937**. 556 als 2-Keto-4-methyl-2.3-dihydrothiazolhydrazon-(2)-hydrochlorid bezeichnet). Aus dieser Verb., die im Gegensatz zu den Angaben der engl. Autoren nicht hygroskop. u. von wohldefiniertem F. ist, läßt sich mit NH_3 die *freie Base* (VI) darstellen, mit starker HCl entsteht aber unter vorübergehender Ringöffnung u. intramol. Umlagerung *2-Amino-5-methyl-1.3.4-thiodiazin.* Zur Charakterisierung von VI kondensieren Vff.

dieses mit Acetophenon bzw. Anisaldehyd zu den entsprechenden *4-Methylthiazolyl-(2)-hydrazonen.* — Analog wird *[4-Phenylthiazolyl-(2)]-hydrazin* (**VII**) u. entsprechend aus **IV** u. Desylchlorid *N'-Acetyl-N-[4.5-diphenylthiazolyl-(2)]-hydrazin* erhalten. Aus beiden Verbb. entstehen durch Rk. mit Benzaldehyd *Benzaldehyd-[4-phenylthiazolyl-(2)]-* u. *-[4.5-diphenylthiazolyl-(2)]-hydrazon.* 2 Mol **VII** reagieren mit 1 Mol Glucose in Ggw. von 1 Mol Hydrazin zu *Glucose-[4-phenylthiazolyl-(2)]-osazon.*

Versuche: *Benzaldehydthiazolyl-(2)-hydrazon,* $C_{10}H_9N_3S$, F. 172°, durch 1std. Erwärmen von Benzaldehydthiosemicarbazon (**IX**) u. **II** in absol. A. auf 68° u. Zufügen von PAe. u. gesätt. Na-Acetatlsg.; aus Bzl. hellgelbe Nadeln; 53% (Ausbeute). *Monoacetylverb.*, $C_{12}H_{11}ON_3S$, F. 151°, blaßgelbe rhomb. Blättchen aus Aceton. — *Acetophenonthiazolyl-(2)-hydrazonhydrochlorid,* $C_{11}H_{11}N_3S \cdot HCl$, F. 195°, aus Acetophenonthiosemicarbazon u. **II** wie vorst.; Prismen aus absol. A., beim Stehen oberflächlich gelb werdend; 64,4%. *Freie Base,* $C_{11}H_{11}N_3S$, F. 155°, aus dem Hydrochlorid u. Na-Acetatlsg.; rosafarbene Prismen (Methanol). *Monoacetylderiv.*, $C_{13}H_{13}$·ON_3S, F. 93°, hellbraune Blättchen (A.). — *Thiazolyl-(2)-hydrazinhydrochlorid* (**I**), F. (roh) 104°, aus vorst. Verb. in verd. HCl durch 3std. Wasserdampfdest.; aus dem Destillierrückstand durch Eindampfen u. Zufügen von A.; läßt sich nicht umlösen; kondensiert mit Benzaldehyd u. Acetophenon zu vorst. Hydrazonen (85%), desgleichen mit p-Acetamidobenzaldehyd zu *p-Acetamidobenzaldehydthiazolyl-(2)-hydrazon,* $C_{12}H_{12}$·ON_4S, F. 244°, gelbe Nadeln; 72%. — *1-Carbobenzoxythiosemicarbazid* (**III**), C_9H_{11}·O_2N_3S, F. 180°, aus Thiosemicarbazid u. Carbobenzoxychlorid in W. u. Zufügen von 10%ig. NaOH unter Kühlen u. Schütteln; Blättchen aus A.; 53%. — *N'-Carbobenzoxy-N-[4-methylthiazolyl-(2)]-hydrazinhydrochlorid,* $C_{12}H_{13}O_2N_3S \cdot HCl$, F. 196°, aus **III** u. **V** in absol. A. durch Erwärmen bis zur klaren Lsg.; 95%. *Freie Base,* $C_{12}H_{13}$·O_2N_3S, F. 154—156°, hellgrüne Prismen (A.). — *Verb. $C_3H_6N_3ClS$*, F. ca. 170° (bei 148° Sintern), durch Zufügen von **II** zu einer Suspension von Thiosemicarbazidhydrochlorid in 2nHCl, Rühren bis zur Lsg. (Temp. nicht über 45°) u. Zufügen von gesätt. Na-Acetatlsg. bis zur beginnenden Trübung; federartige Kristalle durch Lösen in Aceton u. Fällen mit W.; lagert sich in wss. Lsg. zu **I** um. — *1-Acetylthiosemicarbazid* (**IV**), F. 166°, durch 4—5std. Erhitzen von Thiosemicarbazid in Chlf. mit Acetanhydrid; 100%. — *N'-Acetyl-N-[4-methylthiazolyl-(2)]-hydrazinhydrochlorid,* C_6H_9·$ON_3S \cdot HCl$, F. 210° (Zers.), aus **IV** u. **V** in absol. A.; gelbliche Kristalle aus A.; 85 bis 90%. *Freie Base,* $C_6H_9ON_3S$, F. 207—209° (A.). — *[4-Methylthiazolyl-(2)]-hydrazinhydrochlorid,* $C_4H_7N_3S \cdot HCl$, F. 167° (A.), durch 5std. Erwärmen von vorst. Verb. in A. mit etwas konz. HCl bei 50—60° (Essigestergeruch) u. Einengen. *Freie Base* (**VI**), $C_4H_7N_3S$, F. 105°, Nadeln (A.). — *Acetophenon-[4-methylthiazolyl-(2)]-hydrazonhydrochlorid,* $C_{12}H_{13}N_3S \cdot HCl$, F. 149°, durch kurzes Erwärmen von **VI** u. Acetophenon in wss. A.; Stäbchenbüschel aus Butanol. — *Anisaldehyd-[4-methylthiazolyl-(2)]-hydrazonhydrochlorid,* $C_{12}H_{13}ON_3S \cdot HCl$, F. 205—206°, a) aus Anisaldehyd; Kristalle aus Aceton + A. (1:10); färbt sich bei Stehen gelblich. *Freie Base,* $C_{12}H_{13}ON_3S$, F. 185° (Zers.), Nadeln (A.). — *2-Amino-5-methyl-1.3.4-thiodiazinhydrochlorid,* F. 224°, aus **VI** oder dem N'-Acetylderiv. von **VI** durch kurzes Sieden mit konz. HCl. — *N-Acetyl-N'-[4-phenylthiazolyl-(2)]-hydrazinhydrochlorid,* $C_{11}H_{11}ON_3S \cdot HCl$, F. 219° (Zers.), aus ω-Chloracetophenon (**VIII**) u. **IV** in A., Nadeln aus A.; 90%. — *[4-Phenylthiazolyl-(2)]-hydrazin* (**VII**), *Hydrochlorid,* $C_9H_9N_3S \cdot HCl$, F. 113° (bei 110° Sintern), a) aus vorst. Verb. durch Verseifen mit HCl; b) aus **IV** u. **VIII**; prismat. Nadeln (A.); 100%. *Freie Base,* $C_9H_9N_3S$, F. 169°, Nadeln (A.). — *Benzaldehyd-[4-phenylthiazolyl-(2)]-hydrazonhydrochlorid,* $C_{16}H_{13}N_3S \cdot HCl$, F. 219°, aus **VII**·HCl u. Benzaldehyd oder aus **IX** u. **VIII**, lange Nadeln (A.). *Freies Hydrazon,* $C_{16}H_{13}N_3S$, F. 189° (A.). — *Glucose-[4-phenylthiazolyl-(2)]-osazon,* $C_{24}H_{24}O_4N_6S_2$, F. 224°, durch mehrstd. Erwärmen von 2 Mol **VII**, 1 Mol Glucose u. 1 Mol Hydrazinhydrat u. etwas Eisessig auf dem Wasserbad u. Auskochen des Nd. mit HCl; gelbe Nadeln aus Eisessig; $[\alpha]_D^{20} + 0{,}20° \cdot 100/9{,}45 \cdot 0{,}25 = +8{,}5°$ (Pyridin). — *N'-Acetyl-N-[4.5-diphenylthiazolyl-(2)]-hydrazin,* $C_{17}H_{15}ON_3S$, F. 236°, aus Desylchlorid u. **IV** in A. u. Zufügen von W. nach Erwärmen; gelbe Nadeln (A.). — *[4.5-Diphenylthiazolyl-(2)]-hydrazin,* $C_{15}H_{13}N_3S$, F. 181°, aus vorst. Verb. u. konz. HCl wie oben; gelbliche Nadeln (Bzl.). — *Benzaldehyd-[4.5-diphenylthiazolyl-(2)]-hydrazon,* $C_{22}H_{17}N_3S$, F. 245°, a) aus vorst. Verb.; gelbliche Kristalle (Pyridin + W.); b) aus Desylchlorid u. **IX**. (Chem. Ber. **85**. 1122—29. 1952.)

LEHWALD. 3142

Hans Beyer und **Dieter Stehwien,** *Über Thiazole.* 14. Mitt. *Über die Darstellung von 1-[Thiazolyl-(2')]-pyrazolonen-(5) und 4-[Thiazolyl-(4')]-antipyrinen.* (13. vgl. C. **1954**. 7420; 12. vgl. vorst. Ref.) Kondensation mol. Mengen Acetessigester mit 4-Methyl-, 4-Phenyl- u. 4.5-Diphenylthiazolyl-(2)-hydrazin in Ggw. von wenig Eisessig liefert *1-[4'-Methylthiazolyl-(2')]-3-methyl* (**I**)-, *1-[4'-Phenylthiazolyl-(2')]-*

3-methyl (**II**)- u. *1-[4'.5'-Diphenylthiazolyl-(2')]-3-methylpyrazolon-(5)* (**III**) in ca. 80%ig. Ausbeute, wobei zunächst das betreffende *Thiazolyl-(2)-hydrazon* des *Acetessigesters* entsteht, das sek. unter Amidbldg. den Pyrazolonring schließt. Die so dargestellten Verbb. ähneln in ihren Eigg. denen des 1-Phenyl-3-methylpyrazolons-(5), zeigen Doppeltautomerie u. ausgeprägte Mesomerie. Von den 3 möglichen tautomeren Formen, *Methylenform* (**A**), *Enolform* (**B**) u. *Iminform* (**C**) kann die Ggw. von **A** durch Nitrosierung mit HNO_2 in Eisessig zu gelben bis roten *Isonitrosoverbb.* nachgewiesen werden. Für das Vorliegen von **B** sprechen die tiefvioletten $FeCl_3$-Rkk., die jedoch bei **II** u. **III** bald in grünbraun umschlagen. Im Gegensatz zum amphoteren, in Säure u. Alkali lösl. **I**, lösen sich **II** u. **III** schwer; die amphoteren Grenzformen **A** u. **B** werden hier durch Phenylsubstituenten zugunsten von **C** zurückgedrängt. Hierfür spricht auch die Tatsache, daß **II** mit CH_2N_2 oder $(CH_3)_2SO_4$ keinen O-Methyläther, sondern *1-[4'-Phenylthiazolyl-(2')]-2.3-dimethylpyrazolon-(5)* bildet (rote $FeCl_3$-Rk.). Analog dem Antipyrin bildet **II** mit HNO_3 eine blaugrüngefärbte *Nitrosoverb.* u. mit J_2 zunächst unter Entfärbung eine schwarze Fällung. Ferner kann der Thiazolring in Antipyrin durch Kondensation von 4-Chloracetylantipyrin (**IV**) mit Thioharnstoff eingeführt werden. Es entsteht in alkoh. Lsg. zunächst das *Hydrochlorid*, dann mit Na-Acetat *4-[2'-Aminothiazolyl-(4')]-antipyrin* (**VI**). Dieses bildet mit Benzoylchlorid in Pyridin ein *Monobenzoylderiv.*, mit Acetanhydrid in der Hitze ein *Diacetylderiv.* der tautomeren Form **C**. Bei Rk. von **IV** mit Thioacetamid entsteht das nur schwach bas. *4-[2'-Methylthiazolyl-(4')]-antipyrin*, mit 1-Acetylthiosemicarbazid die *β-N-Acetylverb.* von *4-[2'-Hydrazinothiazolyl-(4')]-antipyrin* (**V**), aus der bei vorsichtiger Verseifung das *Hydrochlorid* u. die *freie Hydrazinbase* erhalten werden kann. Beide Verbb. sind instabil u. reagierten weder mit Aldehyden noch mit Ketonen zu Hydrazonen. Bei Rk. von **IV** mit Acetophenonthiosemicarbazon bildet sich das gutkrist. *Acetophenonhydrazon* (**VII**).

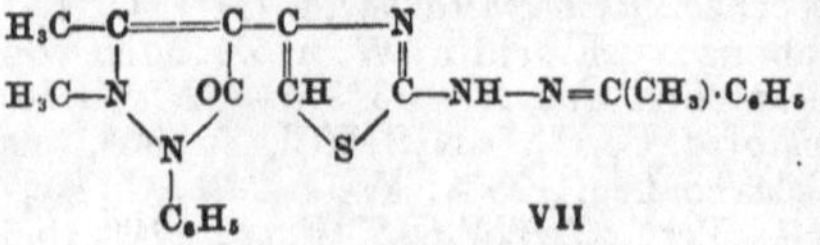

VII

V e r s u c h e: *1-[4'-Methylthiazolyl-(2')]-3-methylpyrazolon-(5)* (**I**), $C_8H_9ON_3S$, F. 190°, durch Erhitzen von Acetessigester u. 4-Methylthiazolyl-(2)-hydrazin mit einigen Tropfen Eisessig bis zur Bldg. von Wassertropfen am Rande der rötlichen Schmelze, Zufügen von Eisessig bis zur homogenen Lsg. u. Kochen, geschmacklose Nadeln aus A.; 80% (Ausbeute); $FeCl_3$-Rk. violett; gibt mit HNO_2 gelbe *Isonitrosoverb.*, die sich in Alkali rot löst. — *1-[4'-Phenylthiazolyl-(2')]-3-methylpyrazolon-(5)* (**II**), $C_{13}H_{11}ON_3S$, F. 196°, durch Kochen von Acetessigester mit 4-Phenylthiazolyl-(2)-hydrazin in wenig Eisessig bis zum Verblassen der zunächst roten Lsg. u. Extrahieren mit Bzl. + PAe., geschmacklose Nadeln aus Bzl.; 83%; $FeCl_3$-Rk. violett, dann grünbraun; bildet mit HNO_2 rote *Isonitrosoverbindung.* — *1-[4'.5'-Diphenylthiazolyl-(2')]-3-methylpyrazolon-(5)* (**III**), $C_{19}H_{15}ON_3S$, F. 198°, aus 4.5-Diphenylthiazolyl-(2)-hydrazin wie **II**, geschmacklose Blättchen aus Bzl. oder A.; 80%; $FeCl_3$-Rk. violett, dann grünbraun; bildet mit HNO_2 rote *Isonitrosoverbindung.* — *1-[4'-Phenylthiazolyl-(2')]-2.3-dimethylpyrazolon-(5)*, $C_{14}H_{13}ON_3S$, F. 110°, a) durch Zufügen äther. CH_2N_2-Lsg. zu einer Suspension von **II** in Ae. bis zur Lsg. u. Abdunsten, Prismen aus A.; in verd. Essigsäurelsg. wird J_2 zunächst entfärbt, bei Überschuß entsteht schwarze H_2O-unlösl. Fällung; b) durch Zutropfen von $(CH_3)_2SO_4$ + CH_3OH zur Lsg. von **II** in CH_3OH + NaOH, Vakuumabdampfen, Aufnehmen in W., Ausschütteln mit Ae. u. Reinigung des aus der äther. Lsg. gewonnenen Nd. mit Aceton, Nadeln (A.). — *4-[2'-Aminothiazolyl-(4')]-antipyrin* (**VI**), $C_{14}H_{14}ON_4S$, F. 235° (Zers.), aus **IV** u. Thioharnstoff durch Kochen in A.; aus dem ausgefallenen *Hydrochlorid* (F. 255° [Zers.], rhomb. Tafeln mit salzigem, bitterem Geschmack aus A.; 92%) durch Aufnehmen in H_2O u. Zufügen von Na-Acetat, Prismen aus Bzl.; färben sich an der Luft grün. — *4-[2'-Benzoylaminothiazolyl-(4')]-antipyrin*, $C_{21}H_{18}O_2N_4S$, F. 125° (A.), aus vorst. Verb. mit Benzoylchlorid in Pyridin u. Zufügen wss. Na-Acetats. — *Diacetylderiv.* von **VI**, $C_{18}H_{18}O_3N_4S$, F. 210°, mit Acetanhydrid, aus A. rhomb. Blättchen. — *4-[2'-Methylthiazolyl-(4')]-antipyrin*, $C_{15}H_{15}ON_3S$, F. 130°, durch ½ std. Kochen von **IV** mit Thioacetamid in A. u. Zufügen von wss. Na-Acetat, derbe Prismen aus Bzl.; 70%. — *4-[2'-Hydrazinothiazolyl-(4')]-antipyrin* (**V**), $C_{14}H_{15}ON_5S$, F. 152° (Zers.), durch Erhitzen von **IV** u. 1-Acetylthiosemicarbazid in absol. A. bis zur klaren Lsg. u. Abkühlung, ausgefallenes *4-[2'-(β-N-Acetylhydrazino)-thiazolyl-(4')]-antipyrinhydrochlorid* (hygroskop. gelbe Kristalle; wenig beständig; 81%; *freie Base*, F. 231—234° [Zers.; A.]; instabil; färbt sich an der Luft violett) 1 Std. Kochen mit konz. HCl in absol. A. u. Zers. des entstandenen *Hydrochlorids* ($C_{14}H_{15}ON_5S \cdot HCl$, F. 212—215° [Zers.], Prismen aus A.; färben sich an der Luft blaugrün) in wss. Lsg. bei 0° mit Na-Acetat, gelbliche Nadeln aus Bzl.; instabil. — *Acetophenonhydrazon* (**VII**), $C_{22}H_{21}$-

ON_5S, F. 216°, aus **IV** u. Acetophenonthiosemicarbazon durch Kochen in A. u. Zers. des gebildeten *Hydrochlorids* (F. 237° [Zers.]; prismat. Kristalle aus A.) mit Na-Acetat, aus A. gelbgrüne Blättchen. (Arch. Pharmaz. Ber. dtsch. pharmaz. Ges. **286/58**. 13—19. Febr. 1953.) LEHWALD. 3142

Hans Beyer, Wolfgang Lässig und **Gerhard Ruhlig**, *Über Thiazole.* 15. Mitt. *Über die Kondensation von Chloraceton mit Thiosemicarbazid und einige Umlagerungen in der Thiazolreihe.* (14. vgl. vorst. Ref.) Von den bei der Kondensation von Chloraceton (**III**) mit Thiosemicarbazid (**IV**) in absol. A. gebildeten 3 verschied. *Hydrochloriden* konnten die von *3-Amino-4-methylthiazolon-(2)-imin* (**I**) u. *S-Acetonylisothiosemicarbazid* (**II**) aufgeklärt werden. **I** kann also als ein drittes Kondensationsprod. neben dem bisher bekannten 2-Amino-5-methyl-1.3.4-thiodiazin (**V**) u. 4-Methylthiazolyl-(2)-hydrazin (**VI**) angesehen werden; im Gegensatz zu dem dreifach acetylierbaren **V** lassen sich in **I** nur 2 Acetylgruppen einführen. Wird **IV**-Hydrochlorid zur Kondensation verwendet, so entsteht fast ausschließlich **I**-*Hydrochlorid*. Allerdings kann **I** auch als desmotrope Form (**VII**) von **VI** aufgefaßt werden, zumal zwischen beiden keine merkliche Misch-F.-Depression besteht u. beide bei der Rk. der Hydrochloride mit $NaNO_2$ [*4-Methylthiazolo-(2.3)*]*-tetrazol* ergeben. Das unterschiedliche chem. Verh. weist beide Hydrochloride als Strukturisomere aus: **I**-Hydrochlorid liefert im Gegensatz zu **VI** mit Laugen eine beständige höherschm. *Base* (F. 136°) ohne Auftreten der für **VI** charakterist. Blaufärbung, u. bei der Umsetzung mit KOCN erfolgt keine Reaktion. **VI**-Hydrochlorid liefert mit KOCN das schwerlösl. *1-[4-Methylthiazolyl-(2)]-semicarbazid*. Bei Annahme der Richtigkeit der Formulierung von **I** sind die folgenden Rkk. als intramol. Umlagerungen anzusehen: Erhitzen mit konz. HCl liefert quantitativ **V**-*Hydrochlorid* (wird auch durch Erhitzen von **VI** mit HCl gebildet); Erwärmen des Hydrochlorids mit Benzaldehyd (**IX**) in A. liefert (unter Umlagerung zu **VI**) *Benzaldehyd-4-methylthiazolyl-(2)-hydrazon* (**X**). Da die Umlagerung der Base **I** mit Eisessig wesentlich langsamer erfolgt, nehmen Vff. die Rk. als Folge einer p_H-abhängigen Hydrolyse der C—N-Bindung in 3.4-Stellung an, so daß sich aus dem eingestellten Hydrolysegleichgewicht jeweils die bei dem Säuregrad schwerer lösl.Verb. abscheidet. Das als Zwischenprod. angenommene **II** konnte hier nicht isoliert werden. Beim Zusatz von Laugen zu **I**-Hydrochlorid deutet die beobachtete Blaufärbung auf die Bldg. von **VI** hin. Nur bei Verwendung schwacher Alkalien kann die freie Base **II** gefaßt werden, deren Konstitutionsbeweis durch Kondensation von Rhodanaceton (**XI**) mit Hydrazinhydrat (**VIII**) geführt wird, bei der je nach Reihenfolge der Zugabe der Reaktionspartner entweder *Rhodanacetonazin* oder *S-Acetonylisothiosemicarbazidhydrazon* entsteht. Letzteres bildet sich auch aus **II** u. **VIII** u. spaltet mit konz. HCl **IV**-*Hydrochlorid* ab. Zur weiteren Stütze des angenommenen Mechanismus kann ferner angeführt werden: Die Rk. von **II** in sd. absol. A. zu **I**; die Rk. mit **IX** zu **X** u. mit konz. HCl zu **V**.

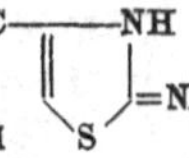

VII

Versuche: *S-Acetonylisothiosemicarbazid* (**II**)*-hydrochlorid*, $C_4H_9ON_3S \cdot HCl$, F. 119—120°, durch kurzes Erhitzen von 1 Mol **IV** u. 1 Mol **III** in absol. A. auf dem Wasserbad u. Kühlen als letzte Kristallfraktion nach 8tägigem Stehen; derbe Prismen aus 80%ig. A.; 27,3% (Ausbeute). Freie Base **II**, $C_4H_9ON_3S$, F. 109° (Chlf.), aus der wss. Lsg. des Hydrochlorids durch Überschichten mit Ae. u. Zusatz 3%ig. Sodalsg.; gelbe Kristalle aus der äther. Lsg.; instabil, verharzt unter Violettfärbung. Als schwererlösl.Verbb. fallen aus der Kondensationslsg. nach 10std. Stehen *3-Amino-4-methylthiazolon-(2)-imin* (**I**)*-hydrochlorid* (ca. 40%) u. dann das Hydrochlorid einer nichtidentifizierten Verb. in gelben Nadelbüscheln aus. — **I**-*Hydrochlorid*, $C_4H_7N_3S \cdot HCl$, F. 169°, durch 2std. Schütteln von **IV**-Hydrochlorid u. **III** in absol. A. u. Erwärmen auf 35°; quadrat. Blättchen aus absol. A.; ca. 75%. **I**, $C_4H_7N_3S$, F. 136° (Chlf.), Blättchen. *Diacetylderiv.*, $C_8H_{11}O_2N_3S$, F. 118°, Blättchen aus verd. Essigsäure. — *2-Amino-5-methyl-1.3.4-thiodiazin* (**V**)*-hydrochlorid*, F. 224° (A.) durch 3 Min. Kochen von **I**-Hydrochlorid in absol. A. mit konz. HCl u. Eindampfen. — *Benzaldehyd-4-methylthiazolyl-(2)-hydrazon* (**X**), F. 190—191° (A.), a) aus **I**-Hydrochlorid u. **IX** in A. (kurzes Aufkochen) b) aus **I** u. **IX** in verd. Essigsäure durch 3std. Stehen oder längeres Erwärmen. — [*4-Methylthiazolo-(2.3)*]*-tetrazol*, $C_4H_4N_4S$, F. 114 bis 115°, a) aus **I**-Hydrochlorid in n-HCl durch Zutropfen von $NaNO_2$-Lsg. unter Kühlung; Blättchen aus W.; 60%; b) aus **VI**-Hydrochlorid in HCl u. $NaNO_2$, Auslaugen des krist. Nd. mit A. u. Erwärmen der gewonnenen, gelben, krist. Substanz (vermutlich *Nitrosoverb.*) mit W.; ca. 25%. — *1-[4-Methylthiazolyl-(2)]-semicarbazid*, $C_5H_8ON_4S$, F. 211—212°, aus **VI**-Hydrochlorid in W. u. überschüssiger KOCN-Lsg.; hellgelbe Kristalldrusen aus wss. A.; 100%. Die analoge Rk. mit **I**-Hydrochlorid verläuft unter Violettfärbung ohne Niederschlagsbildung. — *Rhodanacetonazin* [*NCS*·

CH_2—$(CH_3)C$=N—]₂, $C_8H_{10}N_4S_2$, F. 112—114°, durch Zutropfen alkoh. 98%ig. **VIII**-Lsg. unter Rühren u. Kühlen zu Rhodanaceton (**XI**) in A., dann 2nHCl, hellgelbe Blättchen; 50%. — **II**-*Hydrazon*, $C_4H_{11}N_5S$, F. 178° (Zers.), durch Zutropfen von **XI** in absol. A. zu **VIII** in A. unter Eis–Kochsalz-Kühlung u. Einengen nach 2std. Stehen; hellgelbe spießige Blättchen; entsteht ferner aus **II**-Hydrochlorid durch Zufügen von wenig NaOH, dann **VIII** unter Kühlen; 43,4%; löst sich in kalter konz. HCl unter Abscheidung von **IV**-Hydrochlorid. — Bei 15 Min. Kochen von **II** in A. + konz. HCl u. Eindampfen entsteht **V**-*Hydrochlorid*; 66%. — Erhitzen von **II** in wss. A. mit **IX** u. Zusatz von Na-Acetat liefert 75% **X**. — Kurzes Kochen von **II** in A. mit K-Acetat, Filtrieren der sd. Lsg. u. Kühlen auf 0° ergibt nach Einleiten von HCl **I**-*Hydrochlorid*; 57%. (Chem. Ber. **86**. 764—69. 1953.) LEHWALD. 3142

Hans Beyer und **Wolfgang Lässig**, *Über Thiazole*. 16. Mitt. *Über die Kondensation von 1-Phenylthiosemicarbazid mit α.β-Dichlordiäthyläther*. (15. vgl. vorst. Ref.) Die Synth. von *2-Phenylhydrazinothiazol* (**II**) erfolgt besser als in der 5. Mitt. (C. **1951**. II. 2041) beschrieben über ein bei der Kondensation von 1-Phenylthiosemicarbazid (**IV**) mit α.β-Dichlordiäthyläther (**V**) in alkoh. Lsg. bei 65° als Hydrochlorid anfallendes Zwischenprod., *N^4-[β-Chloräthyliden]-N^1-phenylthiosemicarbazid* (**I**), das auch aus den beiden Ausgangsverbb. durch Erhitzen in konz. HCl erhalten wird, **I** liefert beim Erwärmen in verd. alkoh. Na-Acetatlsg. **II**. Für **I** kamen ursprünglich auch die durch Umlagerung möglichen Formen ClCH=CHN($CSNH_2$)NHC_6H_5 (**Ia**), ClCH=CHN·(C_6H_5)$NHCSNH_2$ (**Ib**) u. ClCH=CHSC(=NH)$NHNHC_6H_5$ (**Ic**) in Betracht. **Ia** u. **Ib** konnten ausgeschlossen werden, da bei deren Ringschluß 3-Phenylaminothiazolon-(2)-imid bzw. 2-Amino-4-phenyl-1.3.4-thiodiazin (**III**) zu erwarten waren. Auch eine direkte Darst. von **III** aus **IV** u. **V** in konz. HCl gelang bisher nicht, es bildete sich vielmehr stets das Hydrochlorid von **I** u., nach 24std. Kochen, *2-Amino-5-[p-aminophenyl]-thiazol*. **Ic** scheidet aus, da sich die aus **I** gewonnene *Acetylverb*. bei der „verzögerten Nitroprussid–Na-Rk." von LYNEN u. REICHERT (C. **1951**. II. 1446) als S-Acetylverb. erwies. — Sofern die Acidität mindestens der einer 2nHCl entspricht, entsteht **I**·HCl auch bei der Kondensation von **IV** mit Chloracetaldehyd, mit dessen Hydrat oder mit Chloracetal. **I**·HCl ist in saurer Lsg. beständig, in neutraler oder schwach alkal. Lsg. erfolgt Ringschluß zu **II**. Bei Kondensation von **V** mit p-Sulfonamidophenylthiosemicarbazid (**VII**) in saurem Medium entsteht das **I** analoge *N^4-[β-Chloräthyliden]-N^1-[p-sulfonamidophenyl]-thiosemicarbazidhydrochlorid*, aus dem beim Ringschluß *2-[p-Sulfonamidophenyl]-hydrazinothiazol* (**VI**) gebildet wird. Oxydation von **VI** mit $FeCl_3$ in verd. Aceton liefert eine hellbraune *Azoverbindung*. **VI** zeigt in vitro deutliche Hemmwrkg. gegenüber Staphylokokken.

Versuche: *N^4-[β-Chloräthyliden]-N^1-phenylthiosemicarbazid* (**I**), *Hydrochloridhydrat*, $C_9H_{10}N_3ClS·HCl·H_2O$, F. 114—116°, a) aus **IV** u. **V** durch 1std. Erwärmen in A. auf 65°, Vakuumeinengen, Aufnehmen in Ae. u. Zufügen von konz. HCl; bräunliche Stäbchen aus A. + wss. HCl; 87% (Ausbeute); b) aus **IV** in konz. HCl (D. 1,9) durch Zufügen von **V** u. kurzes Kochen; 100%; c) wie b) mit Chloracetal statt **V**; 100%; d) wie b) mit Chloracetaldehyd; 100%. *Wasserfreies Hydrochlorid*, $C_9H_{10}N_3·ClS·HCl$, F. 162° (Zers.), durch Erhitzen in Aceton, Nadelbüschel. **I**, $C_9H_{10}N_3ClS$, sintert bei 160°, klare Schmelze bei 183°, rhomb. Platten aus wss. Aceton. *S-Acetylverb.*, $C_{11}H_{12}ON_3ClS$, F. 232° (Zers.), aus verd. A. Nadeln; eine alkoh. Lsg. wird nach Zusatz von Nitroprussid-Na u. wenig KOH langsam violett. — *2-Phenylhydrazinothiazol* (**II**), F. 148°, durch 20 Min. Kochen von **I**·HCl in A. mit wss. Na-Acetatlsg., Gießen in W. u. Ausziehen mit Chlf.; derbe gelbe Kristalle aus Chlf.; aus A. rhomb. Spieße; 63%. — *2-Amino-5-[p-aminophenyl]-thiazoldihydrochlorid*, F. >300°, aus **II** durch kurzes Kochen in A. u. konz. HCl; Nadeln; 100%. — *N^4-[β-Chloräthyliden]-N^1-[p-sulfonamidophenyl]-thiosemicarbazid, Hydrochlorid*, $C_9H_{11}O_2N_4ClS_2·HCl$, F. 192 (Zers.), aus **VII** u. **V** in 2nHCl durch 2std. Rühren; prismat. Kristalle aus HCl + Aceton; 60%. *Freie Base*, $C_9H_{11}O_2N_4ClS_2$, F. 202° (Zers.), rhomb. Plättchen aus wss. Aceton. *S-Acetylderiv.*, $C_{11}H_{13}O_3N_4ClS_2$, F. 185° (Zers.), Blättchen aus wss. Pyridin. — *2-[p-Sulfonamidophenylhydrazino]-thiazol* (**VI**), *Hydrochlorid*, F. 196° (Zers.), durch Kochen vorst. Verb. in Na-Acetatlsg. u. Verdünnen mit W., Aufnehmen des Nd. in sd. verd. HCl u. Zufügen von konz. HCl; Stäbchen. **VI**, $C_9H_{10}O_2N_4S_2$, F. 190° (Zers.), Prismen aus 80%ig. A.; 77%. — *2-[p-Sulfonamidophenylazo]-thiazol*, $C_9H_8O_2N_4S_2$, F. 189° (Zers.), aus **VI**·HCl durch Oxydation mit $FeCl_3$ in verd. Aceton; hellbraune rhomb. Kristalle aus wss. Aceton. (Chem. Ber. **86**. 1342—45. 1953.) LEHWALD. 3142

Hans Beyer und **Wolfgang Schindler**, *Über Thiazole*. 17. Mitt. *Die Darstellung von 1-Thiazolyl-(2)]-semicarbaziden*. (16. vgl. vorst. Ref.) Bei der Kondensation von 2-Thiohydrazodicarbonamid (**II**), $H_2NCSNHNHCONH_2$, mit α.β-Dichlordiäthyläther, Chloraceton, ω-Bromacetophenon, Desylchlorid u. α-Bromacetessigester entstehen *1-[Thiazolyl-(2)]-semicarbazid* (**Ia**), bzw. dessen *4-Methyl* (**Ib**)-, *4-Phenyl* (**Ic**)-, *4.5-Diphenyl* (**Id**) u. *4-Methyl-5-carbäthoxyderiv.* (**Ie**), deren Konst. durch Synth. von **Ib** u. **Ic** aus [4-Methylthiazolyl-(2)]-hydrazinhydrochlorid bzw. [4-Phenylthiazolyl-(2)]-hydrazinhydrobromid u. KOCN gesichert wurde. Bei der Behandlung von **Ia**—**e** mit Acetanhydrid entstehen je nach dem Einfl. des Substituenten die *Mono-* oder *Diacetylverbb.*, die Haftstellen der Acetylgruppen lassen sich nicht genau fixieren. Bei der Behandlung von **Ic** mit konz. HNO_3 bildet sich unter Substitution des p-ständigen H-Atoms u. Oxydation *[4-(p-Nitrophenyl)-thiazolyl-(2)]-azocarbonamid.* Hydrazodicarbonamid konnte nicht mit α-halogenierten Ketoverbb. umgesetzt werden.

Versuche: *1-[Thiazolyl-(2)]-semicarbazid* (**Ia**), *Hydrochlorid*, $C_4H_6ON_4S \cdot HCl$, F. 192—193° (Zers.), aus **II** u. α.β-Dichlordiäthyläther durch 10 Min. Kochen in wss. Lsg., Vakuumeindampfen, Verreiben mit CH_3OH, Stehen u. Abpressen auf Ton; rechteckige Stäbchen aus A.; 70% (Rohausbeute). **Ia**, $C_4H_6ON_4S$, F. 170—171° (Zers.), aus A. Plättchen. *Monoacetylverb.*, *Hydrochlorid*, $C_6H_8O_2N_4S \cdot HCl$, F. 238—240°, aus **Ia**-Hydrochlorid u. Acetanhydrid; Würfel (A.). — *1-[4-Methylthiazolyl-(2)]-semicarbazid* (**Ib**), *Hydrochlorid*, $C_5H_8ON_4S \cdot HCl$, F. 212—213° (Zers.), aus **II** u. Chloraceton; Nadeln aus A. + wenig konz. HCl; 75%. **Ib**, $C_5H_8ON_4S$, F. 210—211° (Zers.), Rhomben (A.). *Monoacetylverb.*, *Hydrochlorid*, $C_7H_{10}O_2N_4S \cdot HCl$, F. 262—265°, aus wss. A. Würfel. — *1-[4-Phenylthiazolyl-(2)]-semicarbazid* (**Ic**), *Hydrobromid*, $C_{10}H_{10}ON_4S \cdot HBr$, F. 219—220° (Zers.), aus **II** u. ω-Bromacetophenon durch Kochen in 50%ig. A. u. Zufügen von W.; Nadeln aus A. + HBr; 80%. **Ic**, $C_{10}H_{10}ON_4S$, F. 206—207° (Zers.), aus A. Nadeln, a) aus dem Hydrobromid; b) aus [4-Phenylthiazolyl-(2)]-hydrazinhydrobromid u. KOCN in wss. Lsg.; 38%. *Monoacetylverb.*, $C_{12}H_{12}O_2N_4S$, F. 231 bis 233°, aus A. Prismen. Diacetylverb., $C_{14}H_{14}O_3N_4S$, F. 215—216, aus A. rhomb. Prismen. — *[4-(p-Nitrophenyl)-thiazolyl-(2)]-azocarbonamid*, $C_{10}H_7O_3N_5S$, F. 201—203° (Zers.), aus **Ic**-Hydrobromid u. kalter konz. HNO_3 (Stickoxydentw.); aus A. rotbraune glänzende Plättchen. — *1-[4.5-Diphenylthiazolyl-(2)]-semicarbazid* (**Id**), $C_{16}H_{14}ON_4S$, F. 215—216° (Zers.), durch ½std. Erwärmen von **II** u. Desylchlorid in 60%ig. A.; glänzende Nadeln aus A.; 70%. *Hydrochlorid*, $C_{16}H_{14}ON_4S \cdot HCl$, F. 212—214° (Zers.), aus A. Nadeln. *Monoacetylverb.*, $C_{18}H_{16}O_2N_4S$, F. 215—217°, Nadeln. *Diacetylverb.*, $C_{20}H_{18}O_3N_4S$, F. 206—208°, aus A. rhomb. Kristalle. — *1-[4-Methyl-5-carbäthoxythiazolyl-(2)]-semicarbazid* (**Ie**), $C_8H_{12}O_3N_4S$, F. 237—239° (Zers.), aus **II** u. α-Bromacetessigester in 50%ig. A. durch Erwärmen; Nadeln aus A.; 70%. *Monoacetylverb.*, $C_{10}H_{14}O_4N_4S$, F. 230—231°, Nadelbüschel (A.). *Diacetylverb.*, $C_{12}H_{16}O_5N_4S$, F. 201 bis 203°, aus A. Nadeln. (Chem. Ber. **86**. 1410—14. 1953.) LEHWALD. 3142

Hans Beyer und **Ulrich Schultz,** *Über Thiazole.* 18. Mitt. *Über die Synthese von 2-[d-gluco-Pentaoxypentyl]-thiazolen.* (17. vgl. vorst. Ref.) Bei 2std. Erhitzen von 1 Mol Acetobromglucose (**III**) mit 2—3 Mol Thioharnstoff (**II**) in A. entstand in über 50%ig. Ausbeute *Tetraacetylisothioharnstoff-S-d-glucosid* (**I**). Verwendung geringerer Mengen **II** ergab **I**-*Hydrobromid* in kleineren Ausbeuten. In Ggw. von Na_2CO_3 als säurebindendem Mittel entstand dagegen *Oktaacetyldiglucosylsulfid* (**IV**). Die Sulfhydrylgruppe des Isothioharnstoffs reagiert also in schwach alkal. Medium mit **III** unter Abspaltung von HBr zu **I**, das anschließend an seiner stark polarisierten C—S-Bindung Hydrolyse zu d-Thioglucose (**VII**) u. Harnstoff erleidet. **VII** reagiert dann mit einem weiteren Mol **III** zu **IV**. — Verss., **I** über die acetylfreie Verb. zum Thiazolderiv. zu kondensieren, führten bei der Verseifung mit katalyt. Mengen $NaOCH_3$ zu einer bisher nicht analysenrein zu erhaltenden hygroskop. Kristallmasse. Auch die Umsetzung von Triacetylglucaldichlorid oder 2-Chlortriacetylglucose mit **II** ergab bisher nur einen halogenfreien nichtkrist. Sirup. — Rechtsdrehendes *2-[d-gluco-Pentaoxypentyl]-4-phenylthiazol* konnte aus Pentaacetyl-d-gluconsäurethioamid (**V**) mit Chloracetophenon in Ggw. von Na-Acetat im Sinne einer HANTZschen Thiazolsynth. u. anschließender Verseifung dargestellt werden, **V** entstand aus dem nach ZEMPLÉN (Ber. dtsch. chem. Ges. **60**. [1927.] 168) dargestellten Pentaacetyl-d-gluconsäurenitril (**VI**) mit H_2S.

Versuche: *Tetraacetylisothioharnstoff-S-d-glucosid* (**I**), *Hydrobromid*, $C_{15}H_{22}O_9N_2S \cdot HBr$, F. 191°, aus äquivalenten Mengen **III** u. **II** in absol. A. durch 2std. Erwärmen auf 50° u. Vakuumeinengen; Nadeln aus A.; 33% (Ausbeute). **I**, $C_{15}H_{22}O_9N_2S$, F. 198°, aus 0,01 Mol **III** u. 0,03 Mol **II** in Aceton durch 1std. Erwärmen auf 40—50°, Filtrieren, Stehen, Abfiltrieren, Aufnehmen des Nd. in absol. A. u. Zufügen von Ae.; NaSeln; 54%. — *Oktaacetyldiglucosylsulfid* (**IV**), $C_{28}H_{38}O_{18}S$, F. 174° (A.), durch Schütteln äquimol. Mengen **III** u. **II** in Ggw. von Na_2CO_3 bis zur Beendigung der CO_2-Entw. (10 Std.), Vakuumeinengen u. Abfiltrieren. — *Pentaacetyl-d-gluconsäurethioamid* (**V**), $C_{16}H_{23}O_{10}NS$, F. 154°, durch Sättigen einer Lsg. von **VI** in A. mit H_2S, dann

Zufügen von konz. NH_4OH, 1½std. Erwärmen unter Einleiten von H_2S, Gießen in Eiswasser u. Abfiltrieren; schräg abgeschnittene Blättchen aus A.; $[\alpha]_D^{20}$ +63° (c = 1 in Chlf.); 67%. — *2-[d-gluco-Pentaacetoxypentyl]-4-phenylthiazol*, $C_{24}H_{27}O_{10}NS$, F. 121°, durch Eintropfen von **V** + Na-Acetat in Eisessig in eine Lsg. von ω-Chloracetophenon in Eisessig unter Rühren, Gießen der klaren Lsg. in Eiswasser, Abfiltrieren, Aufnehmen in sd. A. u. Zufügen von W.; schief abgeschnittene Plättchen aus wss. A.; $[\alpha]_D^{20}$ +154° (c = 1 in Chlf.); 55—65%. — *2-[d-gluco-Pentaoxypentyl]-4-phenylthiazol*, $C_{14}H_{17}O_5NS$, F. 162°, aus vorst. Verb. durch 1std. Erhitzen mit n/10 $NaOCH_3$-Lsg. u. Zufügen von absol. CH_3OH; Nadelbüschel aus A.; $[\alpha]_D^{20}$ +96° (c = 1 in Pyridin); 61%. (Chem. Ber. **87**. 78—81. 1954.) LEHWALD. 3142

Hans Beyer und **Ehrenfried Bulka**, *Über Thiazole.* 19. Mitt. *Über die Bildung von 2-Phenylhydrazinothiazolen und von 2-Amino-4-phenyl-1.3.4-thiodiazinen.* (18. vgl. vorst. Ref.) Kondensation von 1-Phenylthiosemicarbazid (**I**) mit α-Halogenketonen führt in stark saurem Medium zu *Derivv.* des *2-Amino-4-phenyl-1.3.4-thiodiazins* (**II**): Aus **I** u. Monochloraceton bildet sich in konz. HCl quantitativ *2-Amino-5-methyl-4-phenyl-1.3.4-thiodiazin* (**IIa**)-*Hydrochlorid*, aus **I** u. 1-Chlorbutanon-(2), 3-Chlorbutanon-(2) u. ω-Chloracetophenon entstehen die *Hydrochloride* des *5-Äthyl* (**IIb**)-, *5.6-Dimethyl* (**IIc**)- u. *5-Phenylderiv.* (**IId**) von **II**; die *freien Basen* sind im Gegensatz zu den an N^4 unsubstituierten Analoga in W. unlösl. u. beständiger als diese. Zur Charakterisierung wurden die *Diacetylderivv.* dargestellt, die sich von der tautomeren Iminoform ableiten. Verss., **II** selbst durch Kondensation von **I** mit Chloracetaldehyd bzw. α.β-Dichlordiäthyläther zu gewinnen, blieben erfolglos, da hierbei das nichtcyclisierbare $ClCH_2CH{=}N{-}CS{-}NHNHC_6H_5$ entstand. Die Synth. von 2-Amino-4.5.6-triphenyl-1.3.4-thiodiazin aus **I** u. Desylchlorid gelang nicht. Die Synth. der **II** durch Umlagerung der 2-Phenylhydrazinothiazole (benzidinähnliche Umlagerung ist durch die Substitution in 5-Stellung ausgeschlossen) wurde an 2-Phenylhydrazino-4-methyl-5-carbäthoxythiazol mit konz. HCl untersucht, lieferte aber nicht 2-Amino-5-methyl-4-phenyl-6-carbäthoxy-1.3.4-thiodiazin (**III**), sondern *2-Amino-4-methyl-5-[p-aminophenyl]-thiazol*, so daß angenommen werden kann, daß prim. unter Einfl. der HCl Verseifung u. Decarboxylierung zu *2-Phenylhydrazino-4-methylthiazol* u. dann Benzidinumlagerung stattgefunden hat. Die direkte Synth. von **III** aus **I** u. α-Chloracetessigester gelang ebenfalls nicht, es bildete sich vielmehr **IIa**, wahrscheinlich entstand zunächst **III**, das verseift u. decarboxyliert wurde. Auch das aus **I** u. 3-Brombutanon-(2) in alkoh. Lsg. dargestellte *2-Phenylhydrazino-4.5-dimethylthiazol* konnte nicht mit HCl in **IIc** umgelagert werden. Vff. vermuten daher, daß der an der Hydrazinogruppe haftende Phenylkern die Umlagerung verhindert.

V e r s u c h e: *2-Amino-5-methyl-4-phenyl-1.3.4-thiodiazin* (**IIa**), *Hydrochlorid*, $C_{10}H_{11}N_3S \cdot HCl$, F. 220° (Zers.), durch 2std. Kochen von **I** u. Monochloraceton in konz. HCl; sechseckige Blättchen aus verd. HCl + CH_3OH; 85% (Ausbeute). **IIa**, $C_{10}H_{11}N_3S$, F. 136° (Zers.), aus verd. A. gelbbraune Spieße. *Diacetylverb.*, $C_{14}H_{15}O_2N_3S$, F. 138°, dreiseitige Prismen aus Aceton. — *2-Amino-5-äthyl-4-phenyl-1.3.4-thiodiazin* (**IIb**), *Hydrochlorid*, $C_{11}H_{13}N_3S \cdot HCl$, F. 216° (Zers.), aus **I** u. 1-Chlorbutanon-(2) in konz. HCl + wenig W. durch Kochen bis zur Lsg.; rechteckige Blättchen aus verd. HCl + A.; 64%. **IIb**, $C_{11}H_{13}N_3S$, F. 109°, hellgelbe sechseckige Blättchen (verd. CH_3OH). *Diacetylverb.*, $C_{15}H_{17}O_2N_3S$, F. 127°, rautenförmige Kristalle aus verd. Essigsäure. — *2-Amino-5.6-dimethyl-4-phenyl-1.3.4-thiodiazin* (**IIc**), *Hydrochlorid*, $C_{11}H_{13}N_3S \cdot HCl$, F. 232° (Zers.), aus **I** u. 3-Chlorbutanon-(2) wie vorst.; rosafarbene sternchenförmige Kristalle aus verd. HCl + A.; 56%. **IIc**, $C_{11}H_{13}N_3S$, F. 146°, braune Stäbchen aus CH_3OH. *Diacetylverb.*, $C_{15}H_{17}O_2N_3S$, F. 137°, Rauten aus wss. CH_3OH. — *2-Amino-4.5-diphenyl-1.3.4-thiodiazin* (**IId**), *Hydrochlorid*, $C_{15}H_{13}N_3S \cdot HCl$, F. 201° (Zers.), aus **I** u. ω-Chloracetophenon; Nadeln aus verd. HCl + A.; 90%. **IId**, $C_{15}H_{13}N_3S$, F. 146°, braune Rhomben. *Diacetylverb.*, $C_{19}H_{17}O_2N_3S$, F. 149°, dreiseitige Prismen aus Aceton. — *2-Amino-4-methyl-5-[p-aminophenyl]-thiazol*, F. 181°, aus 2-Phenylhydrazino-4-methyl-5-carbäthoxythiazol durch Kochen mit konz. HCl (Lsg. schäumt auf), Eindunsten, Aufnehmen in verd. HCl, Filtrieren, Zufügen von verd. KOH, Abfiltrieren, Kristallisation aus verd. A. u. Reinigen von anhaftenden Harzen durch Lösen in sd. W. + CH_3OH u. Aufkochen; hellbraune Blättchen. *Dihydrochlorid*, $C_{10}H_{11}N_3S \cdot 2\,HCl$, F. 279°, lange Nadeln aus verd. HCl. — *2-Phenylhydrazino-4.5-dimethylthiazolhydrobromid*, $C_{11}H_{13}N_3S \cdot HBr$, F. 137,5° (Zers.), aus 0,05 Mol **I** u. 8 g 3-Brombutanon-(2) durch 1½std. Schütteln in 70%ig. A. u. Stehen in der Kälte; gelbliche Platten; 11,5 g; färbt sich beim Stehen an der Luft grün; löst sich in konz. H_2SO_4 purpurfarben, in A. unter teilweiser Oxydation zur Azoverb., in W. unter Hydrolyse. *Freie Base*, $C_{11}H_{13}N_3S$, F. 170° (Zers.), hellgelbe Blättchen aus W. + A. + Dioxan; wird an der Luft oberflächlich zur roten Azoverb. oxydiert; löst sich in konz.

H_2SO_4 purpurfarben. — *2-Phenylazo-4.5-dimethylthiazol*, $C_{11}H_{11}N_3S$, F. 96°, aus vorst. Verb. durch Kochen in Aceton mit $FeCl_3$ u. Zufügen von W. in der Hitze bis zur Trübung; orangerote Nadeln aus Aceton; löst sich in konz. H_2SO_4 purpurfarben. (Chem. Ber. **87**. 223—27. 1954.) LEHWALD. 3142

Robert Levine und James K. Sneed, *Die relative Reaktionsfähigkeit der isomeren Pyridincarbonsäuremethylester bei der Acylierung verschiedener Ketone. Die Synthese von Pyridinringe enthaltenden β-Diketonen.* Vff. untersuchen die Acylierung von Aceton, Acetophenon u. Pinakolin mit den Methylestern der Pyridincarbonsäuren u. mit Methylbenzoat, die durch Kochen von je 1 Äquivalent Ester u. CH_3ONa mit 2 Äquivalenten Keton in absol. Ae. am Rückfluß erreicht wird. Sie finden, daß die Reaktionsfähigkeit in der Reihe Picolinat–Isonicotinat–Nicotinat u./oder Benzoat abnimmt. Da als geschwindigkeitsbestimmender Schritt der Rk. die Kondensation des Ketonanions mit der polarisierten Form des Esters anzunehmen ist, muß sich der Ester am leichtesten kondensieren, der das am meisten elektrophile Carbonyl-C-Atom enthält. Wie die Betrachtung der Resonanzstrukturen des Pyridinringes ergibt, muß die Polarisierung der Carbonylgruppe des Esters beim Picolinat am leichtesten, beim Nicotinat am schwersten erfolgen, was die angegebene Abstufung der Reaktionsfähigkeit mit dem nucleophilen Ketonanion erklärt. Auch Erhöhung der Reaktionszeiten von 2 auf 6 Std. ist von geringem Einfl. auf die Ausbeuten. In der Literatur beschriebene CLAISEN-Acylierungen von Methylketonen zeigen, daß reaktionsfähige Ester unter milden Bedingungen mit CH_3ONa oder C_2H_5ONa gute Ausbeuten liefern, weniger reaktionsfähige Ester liefern gute Ausbeuten nur unter Verwendung von $NaNH_2$ oder von C_2H_5ONa unter scharfen Reaktionsbedingungen, schlecht reaktionsfähige Ester lassen sich nur mit $NaNH_2$ kondensieren. Damit sind wahrscheinlich 2 Faktoren maßgebend: Der elektrophile Charakter des Carbonyl-C-Atoms des acylierenden Esters u. die Konz. des Ketonanions.

Versuche: *Picolinsäuremethylester*, Kp.$_5$ 95—96°, Kp.$_{10}$ 108—109°; aus Picolinsäure, Thionylchlorid u. $NaOCH_3$ in CH_3OH, Ausfällen des NaCl mit Ae. u. Fraktionieren; 73,3—82% (Ausbeute). — *Nicotinsäuremethylester* (I), Kp.$_{21}$ 108—109°; aus Nicotinsäure, absol. CH_3OH u. konz. H_2SO_4 durch Kochen am Rückfluß; 68,9%. — *Isonicotinsäuremethylester*, Kp.$_5$ 76—77°, Kp.$_{21}$ 103—104°, analog I; 74—83%. — *Pivaloylnicotinoylmethan*, Kp.$_5$ 135—136°, F. 43,5—44,5°; aus I u. Pinakolin, in Ae. u. $NaNH_2$; 59,5%. *Cu-Salz*, $C_{24}H_{28}O_4N_2Cu$, F. 277,5—278,5°. — *Pivaloylbenzoylmethan*, Kp.$_{25}$ 165—166,5°; aus Methylbenzoat u. Pinakolin mit $NaNH_2$; 69,0%. *Cu-Salz*, $C_{26}H_{30}O_4Cu$, F. 203—204°. — Kondensationen mit CH_3ONa: Folgende *β-Diketone* der Zus. $R-CO-CH_2-CO-R'$ werden dargestellt: $R = 2\text{-}C_5H_4N$, $R' = CH_3$, Kp.$_{4,6}$ 114—118°, F. 49—50°; 76—81%. $R = 4\text{-}C_5H_4N$, $R' = CH_3$, Kp.$_5$ 118 bis 120°, F. 66,5—67°; 51—56%. $R = 3\text{-}C_5H_4N$, $R' = CH_3$, Kp.$_5$ 132—134°, F. 82,5 bis 83,5°; 34%. $R = C_6H_5$, $R' = CH_3$, F. 59—60°; 37%. $R = 2\text{-}C_5H_4N$, $R' = C_6H_5$, Kp.$_3$ 184—190°, F. 87—87,5°; 73%. $R = 4\text{-}C_5H_4N$, $R = C_6H_5$, F. 84,5—85,5°; 45 bis 55%. $R = 3\text{-}C_5H_4N$, $R = C_6H_5$, Kp.$_1$ 177—180°, F. 121—121,5°; 30%. $R = R' = C_6H_5$, F. 77—78°; 27—30%. $R = 2\text{-}C_5H_4N$, $R' = C(CH_3)_3$, Kp.$_5$ 134—136°; 74%. $R = 4\text{-}C_5H_4N$, $R' = C(CH_3)_3$, Kp.$_5$ 138—140°; 27%. $R = 3\text{-}C_5H_4N$, $R' = C(CH_3)_3$, Kp.$_5$ 135—136°, F. 43,5—44,5°; 5,6%. $R = C_6H_5$, $R' = C(CH_3)_3$, Kp.$_{25}$ 165—165,5°; 0,3%. (J. Amer. chem. Soc. **73**. 5614—16. Dez. 1951. Pittsburgh, Pa., Univ. of Pittsburgh.) RUSKE. 3231

Muvaffak Seyhan, *Über Äthylenazofarbstoffe der Chinolinreihe.* 2 neue *Äthylenazofarbstoffe der Chinolinreihe* wurden vom Vf. durch Umsetzen der Jodalkylate von Nitrophenylhydrazonen des Chinolinaldehyds-(4) in alkoh. Lsg. mit KOH erhalten. Übereinstimmend mit früheren Beobachtungen von WIZINGER u. CYRIAX in der Acridinreihe (vgl. C. **1946**. I. 919) geben auch diese Farbstoffe je nach der Natur des Lösungsm. auffallend gefärbte Lösungen.

Versuche: *Chinolinaldehyd-(4)* (I): Je 8 g frisch dest. Lepidin u. SeO_2 wurden 1½ Std. auf 135—140° erhitzt; F. 54—56°; 3,8 g (Ausbeute). I-*p-Nitrophenylhydrazon* (II), dunkelgelbe Kristalle aus A., F. 262—263° (Zers.). II-*Jodäthylat*, $C_{18}H_{17}O_2N_4J$, orangerote Kristalle, F. 302—303° (Zers.): 120 mg II wurden in A. mit 2 cm³ C_2H_5J gekocht; 150 mg. — *4-[p-Nitrophenylazomethylen]-1-äthyldihydrochinolin*: Versetzen der alkoh. Lsg. vorst. Verb. mit konz. KOH, sofort Farbumschlag von Gelb nach Tiefviolett; Lsg. eingeengt; Rohprod. liefert aus A. dunkelrote Kristalle, unlösl. in W. u. CCl_4, fast unlösl. in Xylol, Bzl. u. Chlf., schwer lösl. in CH_3OH, A. u. Aceton, etwas besser in Nitrobenzol (dunkelgelb) u. Pyridin (tiefgrün). HCl fällt aus alkoh. Lsg. rote Kristalle des *Hydrochlorids*, $C_{18}H_{16}O_2N_4 \cdot HCl$, F. 307—308° (Zers.). — I-*2.4-Dinitrophenylhydrazon* (III), $C_{16}H_{11}O_4N_5$, aus A. orangerote Kristalle, F. 256° (Zers.). III-*Jodäthylat*, $C_{18}H_{16}O_4N_5J$, rote Kristalle, F. 252° (Zers.): 50 mg III wurden in A. mit 2 cm³ C_2H_5J 2 Std. gekocht; 50 mg. — *1-Äthyl-4-[2.4-dinitrophenylazomethylen]-dihydrochinolin,* dunkelgrüne Kristalle; in Nitrobenzol dunkelgelbe, in Pyridin tief rotviolette Lsg.; in alkoh. KOH Umschlag von Rot nach Rotviolett. HCl fällt dunkelgelbe Kristalle des *Hydrochlorids,* F. 268—269° (Zers.). (Chem. Ber. **86.** 572—74. 1953. Istanbul, Univ., Chem. Inst.) SANDER. 3231

James W. Wilson III, Elvin L. Anderson und **Glenn E. Ullyot,** *Umlagerung von 1-Amino-1-[phthalidyl-(3)]-alkanen. Eine neue Synthese substituierter Isochinoline.* Die in früheren Arbeiten der Vff. (vgl. C. **1952.** 2999 u. früher) beschriebene Synth. der *1-Amino-1-[phthalidyl-(3)]*-alkane (I) wird untersucht u. gefunden, daß die I sich unter neutralen oder alkal. Bedingungen zu *4-Oxy-1.2.3.4-tetrahydroisochinolonen-(1)* (II) umlagern lassen. Die II geben durch Wasserabspaltung mittels H_2SO_4 in *1.2-Dihydroisochinolone-(1)* (III) über. Substituierte III sind präparativ auf anderen Wegen nur schwierig erhältlich, so daß die geschilderte Umlagerung auch präparatives Interesse beanspruchen dürfte. Die Bldg. von II aus I verläuft über die Aufspaltung der Phthalidylgruppierung unter Bldg. eines Carboxylatanions u. ist abhängig von

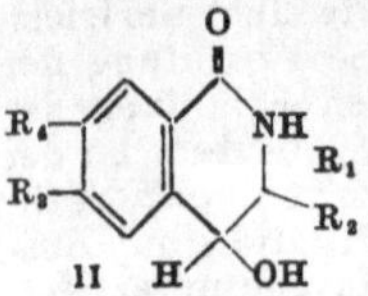

der Reaktionstemp., der Dauer des Erhitzens u. vom Alkaligeh. der Reaktionsmischung. Die I besitzen im allg. zwei Asymmetriezentren u. treten daher in zwei Racemformen auf, die bei 3 der untersuchten I rein erhalten werden konnten. Die gleichen Verhältnisse bestehen bei den II. Die Umlagerung des höherschm. Isomeren von I liefert das tieferschm. Isomere von II u. umgekehrt; das tieferschm. Isomere von I lagert sich schneller um als das höherschmelzende. Beide Isomeren von II geben das gleiche III.

V e r s u c h e: Umlagerung der *1-Amino-1-[phthalidyl-(3)]-alkane* (I) zur *4-Oxy-1.2.3.4-tetrahydroisochinolonen-(1)* (II): Die wss. Lsg. der I-Hydrochloride mit 2 Äquivalenten 40%ig. NaOH-Lsg. behandeln u. 3—6 Std. auf 92—100° erhitzen; nach Abkühlen krist. die II größtenteils aus, weitere Mengen der II werden durch Konzentrieren des Filtrats auf dem Dampfbad erhalten; Umkristallisation aus wss. A., nichtkrist. Prodd. mittels Bzl. oder Chlf. extrahieren u. Abdampfen des Lösungsmittels. Folgende *4-Oxy-1.2.3.4-tetrahydroisochinolone-(1)* (II) wurden dargestellt: $R_1=R_2=R_3=R_4=H$, $C_9H_9O_2N$, F. 163—164°; 91% (Ausbeute). — $R_1=R_3=R_4=H$, $R_2=CH_3$, $C_{10}H_{11}O_2N$, F. 166,5—167,5° neben dem *Isomeren* vom F. 161—163°; 64%. — $R_1=R_3=R_4=H$, $R_2=C_2H_5$, $C_{11}H_{13}O_2N$, F. 184—185,5° neben dem *Isomeren* vom F. 128—130°; 95%. — $R_1=R_2=CH_3$, $R_3=R_4=H$, $C_{11}H_{13}O_2N$, F. 164,5 bis 165,5°; 68%. — $R_1=R_3=R_4=H$, $R_2=n\text{-}C_3H_7$, $C_{12}H_{15}O_2N$, F. 129—130° neben dem *Isomeren* vom F. 55—59°; 89%. — $R_1=R_3=R_4=H$, $R_2=n\text{-}C_4H_9$, $C_{13}H_{17}O_2N$, F. 118—118,5°; 92%. — $R_1=R_3=R_4=H$, $R_2=CH_2{-}CH(CH_3)_2$, $C_{13}H_{17}O_2N$ (im Original irrtümlich $C_{14}H_{19}O_2N$, d. Referent); Öl. — $R_1=R_3=R_4=H$, $R_2=n\text{-}C_5H_{11}$, $C_{14}H_{19}O_2N$, F. 112—112,5°; 78%. — $R_1=R_3=R_4=H$, $R_2=n\text{-}C_6H_{13}$, $C_{15}H_{21}\cdot O_2N$, Öl; 78%. — $R_1=R_3=R_4=H$, $R_2=C_6H_5$, $C_{15}H_{13}O_2N$, F. 172—173,5°; 77%. — $R_1=H$, $R_2=C_2H_5$, $R_3=R_4=CH_3$, $C_{13}H_{17}O_2N$, F. 198—199°; 62%. — $R_1=R_3=H$, $R_2=C_2H_5$, $R_4=NH_2$, $C_{11}H_{14}O_2N_2$, F. 216—217; 40%. — Wasserabspaltung aus

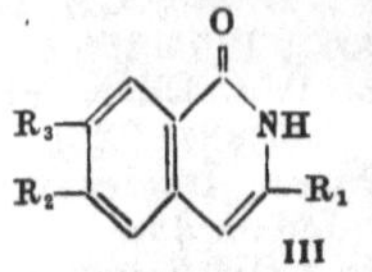

den II unter Bldg. von *1.2-Dihydroisochinolonen-(1)* (III): Die II werden unter Rühren derart zu konz. H_2SO_4 gegeben, daß die Temp. 95° nicht übersteigt; anschließend 3 Std. auf 85—95° erhitzen u. die abgekühlte Lsg. auf Eis geben; Umkristallisation aus Alkohol. Folgende *Isocarbostyrile* (III) werden dargestellt: $R_1=R_2=R_3=H$, C_9H_7ON, F. 211—215°; 94%. — $R_1=CH_3$, $R_2=R_3=H$, $C_{10}H_9ON$, F. 212—214°; 93%. — $R_1=C_2H_5$, $R_2=R_3=H$, $C_{11}H_{11}ON$, F. 144—145°; 93%. — $R_1=n\text{-}C_3H_7$, $R_2=R_3=H$, $C_{12}H_{13}\cdot ON$, F. 129—130°; 70%. — $R_1=n\text{-}C_4H_9$, $R_2=R_3=H$, $C_{13}H_{15}ON$, F. 139,5—140,5°; 83%. — $R_1=CH_2{-}CH(CH_3)_2$, $R_2=R_3=H$, $C_{13}H_{15}ON$, F. 137—138°; 95%. — $R_1=n\text{-}C_5H_{11}$, $R_2=R_3=H$, $C_{14}H_{17}ON$, F. 106,5—108°; 95%. — $R_1=n\text{-}C_6H_{13}$, $R_2=R_3=H$, $C_{15}H_{19}ON$, F. 118—118,5°; 47%. — $R_1=C_6H_5$, $R_2=R_3=H$, $C_{15}H_{11}\cdot ON$, F. 199,5—200°; 60%. — $R_1=C_2H_5$, $R_2=R_3=CH_3$, $C_{13}H_{15}ON$, F. 248—249°; 97%. — $R_1=C_2H_5$, $R_2=H$, $R_3=NH_2$, $C_{11}H_{12}ON_2$, F. 202—203°; 100%. — *Rac. Isomere* von II: *4-Oxy-3-äthyl-1.2.3.4-tetrahydroisochinolon-(1),* aus tiefschm. 1-Amino-1-[phthalidyl-(3)]-propan-Hydrochlorid (IV) durch NaOH-Lsg. u. 5 tägiges Stehen; 83% *hochschm. Form,* F. 183—185,5°; aus hochschm. IV analog 53% *tiefschm. Form,* F. 127—129°. Beide Isomere liefern das gleiche *3-Äthyl-1.2-dihydroisochinolon-(1),* F. 143—145°, in 79% bzw. 77% Ausbeute. — Ferner werden die Ergebnisse von Verss. über den Einfl. von Wärme u. Alkali auf die Umlagerung von I gegeben. (J. org. Chemistry **16.** 800—05. Mai 1951. Philadelphia, Pa., Smith, Kline u. French Labors., Res. Div.) RUSKE. 3231

Werner E. Bachmann, Alexander Ross, André S. Dreiding und **Peter A. S. Smith,** *Die relative Stabilität von cis–trans-Isomeren kondensierter Ringsysteme, die anguläre Methylgruppen enthalten.* Vff. synthetisierten eine Reihe von gesätt. Homophthalimiden [Dekahydroisochinolindionen-(1.3)] in epimeren cis- u. trans-Formen, ausgehend von den entsprechenden Hexahydrohomophthalsäuren: *cis-* (**V**) u. *trans-Dekahydroisochinolindion-(1.3)* (**VI**), *cis-9-Methyl-* (**VII**), *trans-9-Methyl-* (**VIII**), *cis-10-Methyl-* (**IX**) u. *trans-10-Methyldekahydroisochinolindion-(1.3)* (**X**). Von **VII** wurden außerdem die *N-Methyl-* u. *N-Benzylderivv.* (**XI**) hergestellt. Bei der Darst. von **V** müssen hohe Tempp. sowie Berührung mit starken Säuren oder Basen vermieden werden, da sonst Isomerisierung zu **VI** erfolgt. Die Ausgangssäuren für **XI** u. **X** wurden erhalten durch NaOBr-Oxydation von *10-Methyldekalindion-(1.3)* (**I**). Bei der Darst. von **I** isolierten Vff. 2 Isomere (F. 107—110° u. 149—151°), die möglicherweise die cis–trans- oder aber die Keto- u. Enolformen von **I** darstellen (vgl. dagegen CLEMO u. DICKENSON, J. chem. Soc. [London]. **1935.** 737). Die Konfigurationsbest. der *1-Methyl-2-carboxycyclohexan-1-essigsäuren* (**IV**) von LINDSTEAD u. MILLIDGE (J. chem. Soc. [London]. **1936.** 478) wird diskutiert u. bestätigt, u. a. dadurch, daß **X** die auch für die anderen *trans*-Imide charakterist. starke Bande bei 8,55 μ zeigt. Bei der Dehydratisierung der entsprechenden intermediären Amidsäure wurde neben **X** noch eine *Nitrilsäure* erhalten, deren Konst. nicht endgültig bestimmt wurde. — Die Gleichgewichte zwischen den epimeren Imidpaaren wurden als erreicht angesehen, wenn die Infrarotspektren der nach Erhitzen ($1^1/_2$—3 Std. bei 190°) jedes einzelnen der Isomeren mit einem Pd-Katalysator erhaltenen Gemisch prakt. ident. waren. Die Zusammensetzung der Gleichgewichtsgemische wurde mittels der Infrarotspektren ermittelt, wobei folgende Banden als charakterist. angesehen wurden: **VI** u. **X** 8,55 μ, **V** 8,77 μ, **VII** 8,39 μ, **VIII** 7,88 μ; **IX** zeigte keine scharfe Bande. Die Zus. der Gleichgewichtsgemische liegen bei 32% **V** u. 68% **VI**; 71% **VII** u. 29% **VIII**; 60% **IX** u. 40% **X**. Im Falle **V** $\rightleftharpoons$ **VI** wurde das Gleichgewicht ohne Katalysator bei 250° nach 90 Min. erreicht; es liegt bei 40% **V** u. 60% **VI**. Vff. schätzen hieraus für die Rk. **V** → **VI** ΔH auf —2,8 kcal. Mol^{-1}. — Die angulären Methylgruppen verschieben also das Gleichgewicht zugunsten der cis-Isomeren; da dieser Effekt unabhängig von der Stellung der angulären Methylgruppe zur Carbonylgruppe ist, schließen Vff. auf seine ster. Natur. Vff. halten dieses Prinzip auch für anwendbar auf carbocycl. Systeme, bes. auf das des *9-Methyldekalins* (in welchem Falle sie andere Konfigurationen annehmen als HIBBIT u. LINSTEAD, J. chem. Soc. [London]. **1936.** 470), weisen aber auf die Grenzen seiner Anwendbarkeit, bes. in der Steroidreihe, hin.

V e r s u c h e: Darst. der Imide: Die Ausgangssäure wurde in Bzl. mit Acetylchlorid oder Acetanhydrid, das danach zurückbleibende Anhydrid mit wss. NH_3 gekocht. Die ammoniakal. Lsg. wurde dann entweder eingedampft u. pyrolysiert oder neutralisiert, die ausfallende Amidsäure abfiltriert u. durch Pyrolyse oder durch Kochen mit Acetanhydrid in Bzl. cyclisiert. — *trans-Dekahydroisochinolindion-(1.3)* (**VI**), $C_9H_{13}O_2N$, F. 185,5—187°, Nadeln (verd. Methanol), durch Erhitzen von 1,5 g des NH_4-Salzes der trans-Hexahydrohomophthalsäure (trans-**III**) auf 160—180°; 1,38 g (Ausbeute). — *cis-Dekahydroisochinolindion-(1.3)* (**V**), $C_9H_{13}O_2N$, F. 124—126° (verd. Methanol), aus cis-**III**; 78%. — *cis-9-Methyldekahydroisochinolindion-(1.3)* (**VII**), $C_{10}H_{15}O_2N$, F. 120,5—121,5°, Nadeln (A. oder Methanol), aus cis-2-Methyl-2-carboxycyclohexan-1-essigsäure (cis-**II**); 87%. — *trans-9-Methyldekahydroisochinolindion-(1.3)* (**VIII**), $C_{10}H_{15}O_2N$, F. 174—175,5° (Ae.), aus trans-**II**; 71%. — *Mono-N-benzylamid der cis-2-Methyl-2-carboxycyclohexan-1-essigsäure*, $C_{17}H_{23}O_3N$, F. 180—181,5°, Nadeln (verd. Methanol), aus cis-**II**, aber mit Benzylamin statt NH_3; 89%. — *cis-2-Benzyl-9-methyldekahydroisochinolindion-(1.3)* (**XI**), $C_{17}H_{21}O_2N$, F. 72,5 bis 73° (verd. A.) bzw. 59,5—60° (metastabile Form), aus vorst. Amidsäure; 50%. — *cis-2.9-Dimethyldekahydroisochinolindion-(1.3)*, $C_{11}H_{17}O_2N$, F. 72,5—73,5° (verd. Methanol), aus cis-**II** u. Methylamin neben der entsprechenden *Amidsäure* ($C_{11}H_{19}O_3N$, F. 140—141°, aus verd. Methanol). — *4-Carbäthoxy-10-methyldekalindion-(1.3)*, $C_{14}H_{20}O_4$, F. 127—129° (verd. A. oder Ae.–PAe.), aus 55 g 1-Acetyl-2-methylcyclohexen (vgl. RUZICKA u. Mitarbeiter, Helv. chim. Acta **14.** [1931.] 1151), 64 g Malonester, 9,2 g Na u. 150 cm^3 absol. A.; das beim Aufarbeiten nach RUZICKA (l. c.) erhaltene Öl wurde mit 10%ig. Na_2CO_3 extrahiert; 5,0 g. — *10-Methyldekalindion-(1.3)* (**I**), $C_{11}H_{16}O_2$, F. 107—110° (W.), durch Decarboxylierung vorst. Esters; 98%; nach Dest. ($Kp._{0,1-0,3}$ 130—150°) u. Kristallisation aus Bzl.–PAe. lag der F. bei 149—151°. — *cis-* bzw. *trans-1-Methyl-2-carboxycyclohexan-1-essigsäure* (**IV**), $C_{10}H_{16}O_4$, F. 172 bis 174° (cis-**IV**, W.) bzw. 126—140° (trans-**IV**), durch Hypobromitoxydation von 3,42 g vorst. Ketons; 2,0 g cis-**IV**, 0,43 g trans-**IV** aus dem Filtrat durch 24std. Extraktion mit Ae.; 64% (gesamt). — cis-**IV** → trans-**IV** bei $5^1/_2$std. Erhitzen (200°) im

Rohr; 89%. — *cis-10-Methyldekahydroisochinolindion-(1.3)* (**IX**), $C_{10}H_{15}O_2N$, F. 99 bis 100° (Chlf.–PAe.), aus cis-**IV**; 27%. Daneben eine *Nitrilsäure* $C_{10}H_{15}O_2N$, F. 143 bis 144,5° (Chlf.–PAe.); 25%; Infrarotspektr.: Bande bei 4,35 μ. — *trans-10-Methyldekahydroisochinolindion-(1.3)* (**X**), $C_{10}H_{15}O_2N$, F. 144—144,5° (Chlf.–PAe.), aus trans-**IV**; 36%. — Epimerisierungen mit Proben von 45—100 mg u. 3facher Menge 5%ig. Pd-Kohle, danach Auslaugen mit Methanol, Verjagen des Lösungsm. u. Aufnehmen in Chlf.; Infrarotspektren von Chloroformlsgg. (25 mg/cm^{-3}). — Vers. einer Epimerisierung von 250 mg **XI** lieferte 198 mg **XI** zurück, daneben 21,5 mg **VII**. (J. org. Chemistry **19**. 222—40. Febr. 1954. Ann. Arbor, Mich., Univ., Dep. of Chem.)

J. ROTHE. 3231

S. J. Davis und **J. A. Elvidge**, *Heterocyclensynthesen mit Malonylchlorid.* 2. Mitt. *2.2-disubstituierte 6'-Amino-2'.4-diketopyrano-[3'.4':5.6]-1.3-dioxine und einfachere Derivate des 4-Keto-1.3-dioxins.* (1. vgl. C. **1953**. 6482.) Die l. c. beschriebenen 6'-Chlor-2'.4-diketopyrano-[3'.4':5.6]-1.3-dioxine reagieren mit 2 Mol prim. oder sek. Amin unter Ersatz des 6'-Chloratoms durch die Aminogruppe, die erhaltenen *Aminopyronodioxine* absorbieren stark zwischen 3300 u. 3400 Å, sie sind im Gegensatz zu den Ausgangs-Chlorverbb. beständig gegen W. u. Alkohole, sie reagieren nicht bas. [*6'-Anilino-2'.4-diketo-2.2-dimethylpyrano-[3'.4':5.6]-1.3-dioxin* (I) reagiert als Pseudosäure u. gibt mit wss. LiOH, NaOH u. KOH, aber nicht mit NH_4OH, wenig lösl. krist. Metallderivv.]. Das aus 6'-Chlor-2'.4-diketo-2.2-dimethylpyrano-[3'.4':5.6]-1.3-dioxin (II) u. NH_4OH erhaltene Prod. unterscheidet sich von den anderen Aminopyronodioxinen durch sein Spektr. u. ist deswegen wahrscheinlich nicht die 6'-Aminoverb., sondern liegt wahrscheinlich in der tautomeren Iminoform III vor. Durch ein weiteres Mol. prim. oder sek. Amin werden die Aminopyronodioxine im Pyronring gespalten unter Bldg. von *4-Keto-1.3-dioxin-6-acetamid-5-carbonsäureamiden*; die Verbb. dieser Reihe mit gleichen N.N'-Substituenten lassen sich auch direkt aus den Chlorpyronodioxinen mit der entsprechenden Menge Amin erhalten, sie sind beständig gegen kaltes W., verd. wss. oder methanol. HCl u. sd. Alkohole, werden aber durch sd. W. oder kalte NaOH zu *Aceton-1.3-dicarbonsäurediamiden*, durch prim. oder sek. Amine zu *Aceton-1.1.3-tricarbonsäuretriamiden* gespalten, deren Struktur durch Spaltung des *Trimorpholids* (**IV**) bei 100° zu *Malondimorpholid* (**V**) bewiesen wurde. Verss. zur Synth. von **IV** gelangen nicht, so wurde aus Aceton-1.1.3-tricarbonsäuretriäthylester u. Morpholin (**VII**) nur **V** erhalten; die Darst. eines Na- oder Mg-Deriv. von **V**, das mit Malonsäuremonomorpholidchlorid **IV** liefern sollte, gelang ebenfalls nicht, beim Auflösen von Na in geschmolzenem **V** trat vielmehr Selbstkondensation von **V** zu einem hygroskop. enol. Prod. ein, für das die Struktur *Phloroglucindicarbonsäuredimorpholid* angenommen wird.

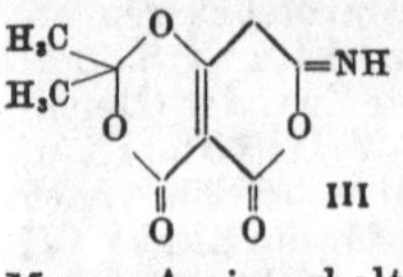

III

Versuche: 2'.4-Diketopyrano-[3'.4':5.6]-1.3-dioxine: *6'-Morpholino-2.2-dimethyl-* (**VIII**), $C_{13}H_{15}O_6N$, F. 182° (Zers.), durch Zufügen von 2 Mol **VII** zu **II** in Chlf. u. Eindampfen unter vermindertem Druck; aus A. Nadeln; 93% (Ausbeute). — *6'-Piperidino-2.2-dimethyl-*, $C_{14}H_{17}O_5N$, F. 151,5° (Zers.), wie vorst. aus **II** u. Piperidin; aus Bzl.–Bzn. Nadeln; 72%. — *6'-Diäthylamino-2.2-dimethyl-*, $C_{13}H_{17}O_5N$, F. 145° (Zers.), aus **II** u. Diäthylamin; aus A. Prismen; 91%. — *6'-Anilino-2.2-dimethyl-* (I), $C_{15}H_{13}O_5N$, F. 192,5° (Zers.; A.), aus **II** u. Anilin; 98%. — *6'-Methylanilino-2.2-dimethyl-*, $C_{16}H_{15}O_5N$, F. 160°, a) aus **II** u. Methylanilin; aus A. Nadeln; 73%; b) durch Lösen von **I** in verd. NaOH, Stehen des ausgefallenen Na-Deriv. mit CH_3J in CH_3OH, Eindampfen u. Entfernen des NaJ mit W.; 66%. — *6'-Benzylamino-2.2-dimethyl-* (**IX**), $C_{16}H_{15}O_5N$, F. 176° (Zers.; A.), aus **II** u. Benzylamin; 98%. — *6'-Amino-2.2-dimethyl-* oder **III**, $C_9H_9O_5N$, F. >300° (Zers.; A.), aus **II** u. NH_4OH (D. 0,88); 38%. — *6'-Morpholino-2.2-diphenyl-*, $C_{23}H_{19}O_6N$, F. 186° (Zers.), aus 6'-Chlor-2'.4-diketo-2.2-diphenylpyrano-[3'.4':5.6]-1.3-dioxin (**XII**) u. **VII** durch Erwärmen in Bzl.; aus Chlf.–Ae. Platten; 70%. — *6'-n-Butylamino-2.2-diphenyl-*, $C_{23}H_{21}O_5N$, F. 167,5°, analog mit n-Butylamin; aus A. Prismen; 85%. — *6'-Benzylamino-2.2-diphenyl-* (**XI**), $C_{26}H_{19}O_5N$, F. 179° (Zers.), aus Dimethylformamid–A. Nadeln; 66%. — *6'-Anilino-2.2-diphenyl-*, $C_{25}H_{17}O_5N$, F. 173° (Zers.), aus Dimethylformamid–A. Nadeln; 85%. — *6'-Morpholino-2-methyl-2-n-propyl-*, $C_{15}H_{19}O_6N$, F. 143° (Zers.; Bzl.–Bzn.), aus 6'-Chlor-2'.4-diketo-2-methyl-2-n-propylpyrano-[3'.4':5.6]-1.3-dioxin u. **VII**; 66%. — *6'-Morpholino-2-methyl-2-phenyl-*, $C_{18}H_{17}O_6N$, F. 186° (Zers.; 1-Nitropropan), aus 6'-Chlor-2'.4-diketo-2-omethyl-2-phenylpyrano-[3'.4':5.6]-1.3-dioxin u. **VII**; 51%. — *6'-Diäthylamino-2-methyl-2-carbäthoxy-*, $C_{15}H_{19}O_7N$, F. 110,5°, aus 6'-Chlor-2'4-diketo-2-methyl-2-carbäthoxypyrano-[3'.4':5.6]-1.3-dioxin u. $(C_2H_5)_2NH$; aus A. Nadeln; 49%. — *6'-Morpholino-2-spirocyclohexan-*, $C_{16}H_{19}O_6N$, F. 191° (Zers.; Bzl.); aus 6'-Chlor-2'.4-diketo-2-spirocyclohexanpyrano-[3'.4':5.6]-1.3-dioxin u. **VII**; 56%. — *4-Oxy-2-keto-6-morpholinopyran-3-carbonsäureäthylester*, $C_{12}H_{15}O_6N$, F. 165°, aus 6-Chlor-4-oxy-2-ketopyran-3-carbonsäureäthylester u. **VII**; aus A. Platten. — *4-Keto-2.2-dimethyl-1.3-dioxin-6-acetomorpholid-5-carbonsäuremorpholid*, $C_{17}H_{24}O_7N_2$, F. 134° (Äthylacetat–Ae.), a) durch 1/2std. Kochen von **VIII** in Chlf. mit **VII** u. Eindampfen; b) durch 5 Min. Kochen von **II** mit 3 Mol **VII** in Bzl.; 81%. 2std. Kochen mit W. ergab unter CO_2-Entw. *Aceton* u. *Aceton-1.3-dicarbonsäuredimorpholid*, $C_{13}H_{20}O_5N_2$, F. 132°, 78%, das auch aus dem Dioxin in W. mit 2nNaOH (68%) u. aus Aceton-1.3-dicarbonsäurediäthylester durch 19std. Erwärmen mit **VII** auf 75° erhalten wurde; 37%. — *4-Keto-2.2-dimethyl-1.3-dioxin-6-acetomorpholid-5-carbonsäurediäthylamid*, $C_{17}H_{26}O_6N_2$, F. 117°, aus **VIII** u. $(C_2H_5)_2 \cdot NH$; aus Bzl.–PAe. Prismen; 52%. — *4-Keto-2.2-dimethyl-1.3-dioxin-6-acetopiperidid-5-carbonsäuremorpholid*, $C_{18}H_{26}O_6N_2$, F. 131,5° (Bzl.–PAe.), analog; 80%. — *4-Keto-2.2-dimethyl-1.3-dioxin-6-acetanilid-5-carbonsäureanilid* (**X**), $C_{21}H_{20}O_5N_2$, F. 100° (Bzn). — *4-Keto-2.2-dimethyl-1.3-dioxin-6-acetobenzylamid-5-carbonsäure-n-butylamid*, $C_{20}H_{26}O_5N_2$, F. 86° (PAe.); 24%. — *4-Keto-2.2-dimethyl-1.3-dioxin-6-acetamid-5-carbonsäuremorpholid*, $C_{13}H_{18}O_6N_2$, F. 223° (Zers.), aus A. Nadeln; 50%. — *4-Keto-2.2-diphenyl-1.3-dioxin-6-acetomorpholid-5-carbonsäuremorpholid* (**VI**), $C_{27}H_{28}O_7N_2$, F. 135° (A.); 73%. — *4-Keto-2.2-diphenyl-1.3-dioxin-6-aceto-n-butylamid-5-carbonsäuremorpholid*, $C_{27}H_{30}O_6 \cdot N_2$, F. 117,5°, aus Bzl.–Bzn. Blättchen; 73%. — *Aceton-1-carbonsäurebenzylamid-3-carbonsäure-n-butylamid*, $C_{16}H_{22}O_3N_2$, F. 139° (W.), durch 1std. Kochen von **IX** u. n-Butylamin in Chlf., Eindampfen u. 2 1/2std. Kochen des erhaltenen Öls in W.; 31%. — *1-Carbomethoxyaceton-1.3-dicarbonsäuredianilid*, $C_{19}H_{18}O_5N_2$, F. 214° (Zers.), a) durch 15 Min. Kochen von **X** in CH_3OH mit CH_3ONa u. Gießen in verd. HCl; 71%; b) durch Erwärmen von 6-Chlor-4-oxy-2-ketopyran-3-carbonsäuremethylester in Chlf. mit Anilin, Schütteln mit W. u. Eindampfen der Chloroformlsg.; 64%. — *Aceton-1.1.3-tricarbonsäuretribenzylamid*, $C_{27}H_{27}O_4N_3$, F. 100° (Bzl.–PAe.), durch 15 1/2std. Stehen von **XI** u. Benzylamin in Dimethylformamid, Eindampfen unter vermindertem Druck u. Digerieren des Rückstands mit PAe.; 81%. — *Aceton-1.1.3-tricarbonsäuretrimorpholid* (**IV**), $C_{18}H_{27}O_7N_3$, F. 181°, a) aus **II** u. **VII** in Chlf., Schütteln mit W., Stehen der Chloroformlsg. mit **VII** u. Eindampfen; aus A. Nadeln; b) ebenso aus **XII**; c) aus **VI** u. **VII** in Dioxan während 15 Min. auf dem Dampfbad u. Eindampfen; mit Ae. wurde *Benzophenon* isoliert. — *Malondimorpholid* (**V**), $C_{11}H_{18}O_4N_2$, F. 137°, a) durch 15std. Erwärmen von **IV** u. **VII** auf dem Dampfbad; b) durch 42std. Erhitzen von Malonsäurediäthylester u. **VII** auf 150°; aus A. Platten; c) durch 22std. Erwärmen von Aceton-1.1.3-tricarbonsäuretriäthylester mit **VII** auf 75° u. Behandlung mit Benzol. — ***Malonsäuremonomorpholidäthylester***, $C_9H_{15}O_4N$, F. 59,5° (PAe.), $Kp._{1,5}$ 135—145°, durch 24std. Erhitzen von Malonester u. **VII** auf 150° u. Abfiltrieren von **V**; 42%. — ***Phloroglucindicarbonsäuredimorpholid***, $C_{16}H_{20}O_7N_2$, F. 227°, durch Erwärmen von Na u. **V** bis zur Auflösung des Na, Behandeln mit W., Ansäuern, Chloroformextraktion, Eindampfen u. Digerieren mit Ae.; aus Dioxan–Ae. blaßgelbes Pulver. (J. chem. Soc. [London] **1953**. 2251—57. Aug. London, South Kensington, Imp. Coll. of Sci. and Technol., Dep. of Organ. Chem.) SPAETH. 3252

Frederick G. Mann und **Ian T. Millar**, *Darstellung und Eigenschaften des Hexahydro-1.4-diphenyl-1.4-azaphosphins. Hexahydro-1.4-diphenyl-1.4-azaphosphin* (**II**) wird aus Bis-[2-bromäthyl]-anilin u. Phenylphosphin-bis-(MgBr) gebildet. **II** wird mit den zusammen mit ihm eine eutrop. Reihe bildenden Verbb. *Hexahydro-1.4-diphenyl-1.4-azarsin* (**I**) (BEEBY u. MANN, C. **1952**. 1007) u. *1.4-Diphenylpiperazin* (**III**) verglichen. **II** bildet als einzige von den in Frage stehenden Verbb. diquaternäre Salze, die aber wenig beständig sind u. sich leicht in die monoquaternären Salze (am P) zurückverwandeln. Beim Behandeln mit Äthylenbromid gibt **II** jedoch analog **I** nur das *symm.-Äthylen-bis-[hexahydro-1.4-diphenyl-1.4-azaphosphonium]-dibromid* u. kein cycl. diquartäres Salz. Beim Kochen mit 30%ig. H_2O_2 in Aceton gibt **II** II-*P-Oxyd*. Bei der analogen Behandlung in Eisessig wird das *Dioxyd* erhalten, das analog dem **III**-Dioxyd mit einem Mol H_2O_2 kristallisiert. Im Gegensatz zu **I** wird **II** nicht von sd. HJ angegriffen, man erhält lediglich in n. Rk **II**-*Hydrojodid*. Mit J_2 in Bzl. bildet **II** ein *Trijodid*. Die UV-Spektren von **I** u. **II** sind recht ähnlich, während das von **III** etwas abweicht.

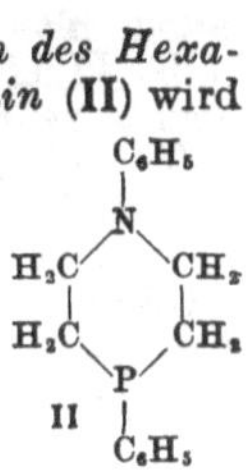

II

Versuche: *Phenylphosphin* (**IV**), Kp. 157—159°, nach MICHAELIS u. KOHLER [1877.]; 54% (Ausbeute). — *Hexahydro-1.4-diphenyl-1.4-azaphosphin* (**II**), $C_{16}H_{18} \cdot NP$, F. 89—90° (A.); zu einer gekühlten, heftig gerührten GRIGNARD-Lsg. aus Brombenzol wurde langsam eine benzol. Lsg. von **IV** zugegeben, 2 1/2 Std. gekocht u. auf 30° abgekühlt, dann wurde wieder unter heftigem Rühren eine Lsg. von Bis-[2-bromäthyl]-

anilin in Bzl. zugetropft, 2 weitere Std. zum Sieden erhitzt, es wurde mit wss. NH_4Cl zers. u. die organ. Fl. ohne Trocknen eingeengt, wobei **II** sich abschied; 55%. *Dihydrochlorid*, $C_{16}H_{18}NP \cdot 2\,HCl$, F. 165—166°. *Monohydrojodid*, $C_{16}H_{18}NP \cdot C_6H_3O_7N_3$, orangefarbene Kristalle, F. 131—132°. *Dibrom-bis-[hexahydro-1.4-diphenyl-1.4-azaphosphin]-palladium*, $C_{32}H_{36}N_2Br_2P_2Pd$, orangegelbe Kristalle, F. 184—185°, aus **II** u. K_2PdBr_4 in sd. C_2H_5OH. **II**-*Monomethobromid*, $C_{17}H_{21}NBrP$, F. 152°, aus **II** u. überschüssigem CH_3Br im Rohr; *Hydrobromid*, $C_{17}H_{21}NBrP \cdot HBr$, F. 279—283 (Methanol), wie vorst. in Ggw. von Methanol u. Erhitzen auf 100°. **II**-*Monomethopikrat*, $C_{23}H_{23}O_7N_4P$, orangerote Kristalle, F. 118° (W.). **II**-*Monoäthobromid*, $C_{18}H_{23}NBrP$, F. 175—176°; *Hydrobromid*, $C_{18}H_{23}NBrP \cdot HBr$, F. 278—284° (Zers., Methanol oder HBr); **II**-*Monomethojodid*, $C_{17}H_{21}NJP$, F. 155—156° (Aceton–PAe.), aus **II** u. CH_3J in der Kälte; beim Erhitzen am Rückfluß bildet sich **II**-*Dimethojodid*, $C_{18}H_{24}NJ_2P$, F. 118° (Methanol-Aceton); daraus **II**-*Dimethopikrat*, $C_{30}H_{28}O_{14}N_7P$, F. 172—174°. **II**-*Dimethotoluol-p-sulfonat*, sehr zersetzlich. — *symm.-Äthylen-bis-[hexahydro-1.4-diphenyl-1.4-azaphosphonium]-dibromid*, $C_{34}H_{40}N_2Br_2P_2 \cdot C_2H_5OH$, F. 273—274° (A.), durch Erhitzen von **II** mit Äthylendibromid im Rohr, 7 Std./130—135°. *Dipikrat*, $C_{46}H_{44}O_{14}N_8P_2$, senffarbene Kristalle, F. 190—191° (A.). Mit Trimethylendibromid gab **II** kein identifizierbares Produkt. — **II**-*Monoxyd*, $C_{16}H_{18}ONP$, F. 145—147° (W.), aus **II** u. 3- oder 30%ig. H_2O_2 in Aceton, entsteht auch aus **II** u. Chloramin–T durch Kochen in A., Einengen u. Versetzen mit KOH_4. **II**-*Hydroxypikrat*, $C_{22}H_{21}O_8N_4P$, gelb, F. 165—167°, aus dem Monoxyd u. Na-Pikrat in wss. Lsg.; **II**-*Hydroxychloridhydrochlorid*, $C_{16}H_{18}ONP \cdot 2\,HCl$, F. 225°, aus dem Monoxyd u. konz. HCl. — **II**-*Dioxyd*, $C_{16}H_{18}O_2NP \cdot H_2O_2 \cdot H_2O$, F. 149° (Zers.), aus **II** u. 30%ig. H_2O_2 in Eisessig. — **II**-*Trijodid*, $C_{16}H_{18}NJ_3P$, braune Kristalle, F. 255—257° (Zers.), bei der Einw. von J_2 in heißem Bzl. auf **II**; daraus mit wss. KOH das Monoxyd. — **II**-*Oxydhydrojodid*, $C_{16}H_{18}ONP \cdot HJ$, F. 257—260°, aus dem Trijodid u. SO_2. — *1.4-Diphenylpiperazin* (**III**)-*Dihydrochlorid*, $C_{16}H_{18}N_2 \cdot 2\,HCl$, F. 222 bis 223° (A. u. wenig konz. HCl), aus einer äther. Lsg. von **III** durch Einleiten von HCl; ist im Gegensatz zu den Angaben von HOFMANN [1858] leicht erhältlich u. stabil. (J. chem. Soc. [London] **1952**. 3039—46. Aug. Cambridge, Univ., Chem. Labor.)

ZIMMER. 3292

Hans Beyer, Günter Henseke und **Walter Liebenow**, *Über Thiazole*. 13. Mitt. *Hydrazone und Osazone einiger Monosaccharide mit 4-Phenyl- und [4.5-Diphenylthiazolyl-(2)]-hydrazin*. (12. vgl. C. **1954**. 7408.) Bei der Rk. von 1 Mol d-Glucose (**I**) mit 1 Mol 4-Phenylthiazolyl-(2)-hydrazin (**II**) findet in neutraler Lsg. keine Rk. statt, in essigsaurer Lsg. bildet sich *d-Glucose-4-phenylthiazolyl-(2)-hydrazon* (**III**), das opt. inakt. ist, also einen offenen Glucoserest besitzt. Vermutlich erfolgt die Umwandlung der Lactolform in die Carbonylform vor der Rk. mit **II** durch die Essigsäure. Schonende Acetylierung von **III** mit Acetanhydrid + Pyridin führt zu einem *Pentaacetat* (**III a**), das in offener Glucoseform vorliegt, da bei Abspaltung des Hydrazinrestes in alkoh. KOH u. anschließender Erwärmung mit Benzaldehyd *Benzaldehyd-4-phenylthiazolyl-(2)-hydrazon* entsteht. Analog bildet **II** mit d-Galaktose (**IV**) *d-Galaktose-4-phenylthiazolyl-(2)-hydrazon* (**V**; schwache Rechtsdrehung in Pyridin). Die unterschiedlichen Bildungsgeschwindigkeiten von **III** u. **V** bieten Möglichkeiten zur Trennung. Die Kondensation von **II** mit d-Fructose (**VI**) in Essigsäure liefert *d-Fructose-4-phenylthiazolyl-(2)-hydrazon* (**VII**) (bisher konnten bei Behandlung von **VI** mit substituierten Hydrazinen nur Osazone bzw. in absol. A. unbeständige Hydrazone dargestellt werden). An Stelle von **VI** läßt sich auch N-[p-Tolyl]-d-isoglucosamin (**VIII**) mit **II** in das beständige, gut kristallisierende *N-[p-Tolyl]-d-isoglucosamin-4-phenylthiazolyl-(2)-hydrazon* verwandeln, das in Pyridin schwache Rechtsdrehung zeigt. Bei Umsetzung von 1 Mol **I** mit 3 Mol **II** in alkoh. Essigsäure entsteht nicht das erwartete Osazon, vielmehr läßt sich aus der Reaktionslsg. nur ein Isomeres von **III** isolieren, dagegen entsteht bei der Rk. von 1 Mol **VI** mit 3 Mol **II** in verd. alkoh. Lsg. in Ggw. von Essigsäure *d-Fructose-4-phenylthiazolyl-(2)-osazon* (**IX**) in mäßiger Ausbeute, ident. mit dem früher dargestellten *d-Glucose-4-phenylthiazolyl-(2)-osazon*. Bei Verwendung von **VIII** statt **VI** fällt **IX** in 77%ig. Ausbeute an. Daneben lassen sich bei dieser Rk. die Spaltprodd. *p-Toluidin* u. *2-Amino-4-phenylthiazol* durch Kondensation mit Salicylaldehyd zu SCHIFFschen Basen nachweisen. Die Darst. von **IX** gelang ebenfalls aus **I** u. **III** durch Rk. mit Anilin. **IX** bildet durch Acetylierung mit Acetanhydrid + Pyridin bei Raumtemp. nicht, wie erwartet, ein Tetra-, sondern ein *Hexaacetat*, vermutlich erfolgt gleichzeitig Acetylierung der N-Atome der beiden durch Mesomerie in Thiazolonderivv. umgewandelten Thiazolkerne. — Bei Umsetzung von 3 Mol 4.5-Diphenylthiazolyl-(2)-hydrazin (**X**) mit 1 Mol **VIII** gewinnt man das gut

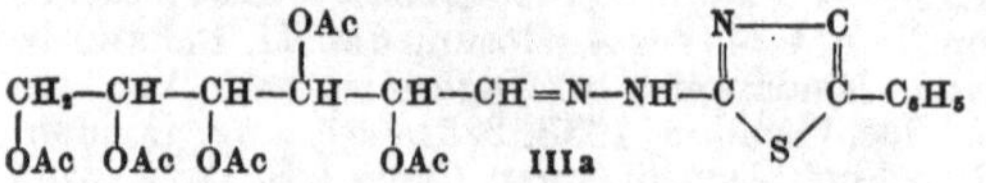

IIIa

kristallisierende *d-Glucose-4.5-diphenylthiazolyl-(2)-osazon*, desgleichen bildet sich aus II u. *N-[p-Tolyl]-α-isogalaktosamin* in mäßiger Ausbeute *d-Galaktose-4-phenylthiazolyl-(2)-osazon*. Allg. bildet II nur mit Ketosen u. VIII Osazone. — Bei Umsetzung von III mit 2 Mol α-Methylphenylhydrazin entsteht *Glucoson-α-methylphenylhydrazon-4-phenylthiazolyl-(2)-hydrazon*, das in Pyridin schwach rechts dreht; die gleiche Verb. entsteht auch bei der Rk. von Fructosemethylphenylhydrazon mit 1 Mol II in Essigsäure. Umgekehrt entsteht aus d-Glucose-α-methylphenylhydrazon mit 2 Mol II nur das mit IX ident. Osazon. Offensichtlich bildet sich zunächst III, u. das abgespaltene Methylphenylhydrazin wirkt dann als Dehydrierungsmittel, wobei es selbst in Monomethylanilin u. NH_3 zerfällt. Bei Umsetzung von III mit Phenylhydrazin entsteht kein Mischosazon, sondern es findet Verdrängung des II-Restes unter Bldg. von d-Glucosephenylosazon statt. Der analoge Austausch wurde auch bei d-Glucosethiosemicarbazon beobachtet.

Versuche: *d-Glucose-4-phenylthiazolyl-(2)-hydrazon* (**III**), $C_{15}H_{19}O_5N_3S$, F. 148°, durch Zufügen von 1,9 g II in A. zu 1,8 g I in 80%ig. CH_3COOH u. Stehen; balkenförmige Kristalle aus A.; 84% roh (Ausbeute). *Pentaacetylverb.* **IIIa**, $C_{25}H_{29}O_{10}N_3S$, F. 210°, aus III, Acetanhydrid + Pyridin durch 48 std. Stehen; Nadeln (A.). — *Benzaldehyd-4-phenylthiazolyl-(2)-hydrazon*, F. 188°, aus **IIIa** u. verd. KOH in A., Ansäuern nach 3 Min. mit CH_3COOH u. Erhitzen nach Zufügen von Benzaldehyd; orangefarbene Kristalle (A.). — *d-Galaktose-4-phenylthiazolyl-(2)-hydrazon* (**V**), $C_{15}H_{19}O_5N_3S$, F. 193°, aus $^1/_{100}$ Mol d-Galaktose (**IV**) u. $^1/_{100}$ Mol II wie III; derbe Prismen aus A. (färben sich an der Luft blaßviolett); 90% roh; in Pyridin schwache Rechtsdrehung. — *d-Fructose-4-phenylthiazolyl-(2)-hydrazon* (**VII**), $C_{15}H_{19}O_5N_3S$, F. 172°, aus VI u. II wie III; rechteckige Blättchen aus A.; 82% roh; in Pyridin schwache Linksdrehung. — *N-[p-Tolyl]-d-isoglucosamin-4-phenylthiazolyl-(2)-hydrazon*, $C_{22}H_{26}O_4N_4S \cdot {}^1/_2 H_2O$, wird bei 130° braun u. zers. sich bei 148°, aus VIII u. II; Nadeln aus A.; 75%; $[\alpha]_D^{20}$ + 8,46° in Pyridin. — *d-Glucose-4.5-diphenylthiazolyl-(2)-hydrazon*, $C_{21}H_{23}O_5N_3S$, F. 183°, aus I u. X; Nadeln aus A.; 69%; dreht in Pyridin schwach links. — Die Trennung von I u. IV erfolgt durch Umsetzung mit II, wobei V bereits nach $^1/_2$ Std. quantitativ ausgefallen ist, während die III-Fällung erst nach Tagen abgeschlossen ist. — Bei Umsetzung von $^1/_{300}$ Mol I u. $^1/_{100}$ Mol II u. 5 Std. Erwärmen in 50%ig. A. in Ggw. von Essigsäure unter CO_2 entsteht nach Einengen im Vakuum nicht das Osazon, sondern ein *Isomeres* von III, $C_{15}H_{19}O_5N_3S$, F. 125°, Blättchen. — *d-Glucose-4-phenylthiazolyl-(2)-osazon* (ident. mit IX), $C_{24}H_{24}O_4N_6S_2$, F. 223°, a) durch 3 std. Erhitzen von $^1/_{100}$ Mol II + $^1/_{300}$ Mol VI in 50%ig. A. + Essigsäure; gelbe Nadeln aus Eisessig; 30% roh; b) aus $^1/_{100}$ Mol VIII u. $^3/_{100}$ Mol II wie unter a); $[\alpha]_D^{23}$ + 8,8 (c = 0,25; Pyridin); 77%. Aus der Mutterlauge durch Alkalisieren, Wasserdampfdest., Zusatz von A. zum Destillat u. Schütteln mit Salicylaldehyd als Nd. die SCHIFF*sche Base des p-Toluidins* (F. 95°, gelbe Nadeln); aus dem Öl des Destillierrückstandes in gleicher Weise die SCHIFF*sche Base* des *2-Amino-4-phenylthiazols* (F. 118°); daneben NH_3. c) Aus $^1/_{300}$ Mol I u. $^1/_{100}$ Mol II, durch Erwärmen in 50%ig. A., CH_3COOH u. Anilin unter CO_2 (3 Std.); 34%. *Hexaacetylverb.*, $C_{36}H_{36}O_{10}N_6S_2$, F. 81—84°, aus IX + Acetanhydrid + Pyridin (2 Tage). — *Glucose-4.5-diphenylthiazolyl-(2)-osazon*, $C_{36}H_{32}O_4N_6S_2$, F. 244°, aus 1 Mol VIII u. 3 Mol X; gelbe Nadeln; 56%. — *d-Galaktose-4-phenylthiazolyl-(2)-osazon*, $C_{24}H_{24}O_4N_6S_2$, F. 230°, durch Erwärmen von 1 g IV mit 1 g p-Toluidin in verd. CH_3COOH u. Zufügen von 3,1 g II in Eisessig + A.; gelbe Nadeln; 20% roh. — *Glucoson-α-methylphenylhydrazon-4-phenylthiazolyl-(2)-hydrazon*, $C_{22}H_{25}O_4N_5S$, F. 204°, durch 1 std. Erwärmen von $^1/_{100}$ Mol III u. $^2/_{100}$ Mol α-Methylphenylhydrazin in A. + Eisessig; gelbe Nadeln aus Pyridin–A. (1:2); $[\alpha]_D^{20}$ + 8,5° (c = 0,25; Pyridin); 34%; ensteht ebenfalls zu 79% bei Behandlung von $^1/_{200}$ Mol Fructoson-α-methylphenylhydrazon mit $^1/_{200}$ Mol wie vorstehend. — Bei 3 std. Rk. von d-Glucose-α-methylphenylhydrazon ($^1/_{200}$ Mol) mit $^1/_{100}$ Mol II in A. + Eisessig unter Erwärmen entsteht IX. — Bei Rk. von III mit Phenylhydrazin in A. + Eisessig entsteht als Nd. II (F. 167°) u. beim Aufkochen der Mutterlauge *d-Glucosephenylosazon* (F. 205°). (Chem. Ber. **86**. 10—18. 1953. Greifswald, Univ., Inst. für organ. Chem.) LEHWALD. 3400

K. S. Dodgson, *Die Lage der Glucuronsäureverknüpfung am Resacetophenon*. Das bei der Verfütterung von *Resacetophenon* (I) an Kaninchen erhaltene Glykosid wird auf die Lage der glykosid. Bindung am Resorcinkern untersucht. Es wird in Analogie zu früheren Ergebnissen (bei Cl-substituierten Brenzcatechinen u. Resorcinen) festgestellt, daß auch im vorliegenden Falle die glykosid. Bindung an dem Hydroxyl angreift, das am weitesten vom ungleichwertigen Substituenten (hier Acetylrest) entfernt steht, d. h. es liegt *4-[β-d-Glucuronosido]-2-oxyacetophenon* vor.

Versuche: *4-[β-d-Glucuronosido]-2-oxyacetophenon* (*Monohydrat*), F. 175—176° (Zers.), $[\alpha]_D^{22}$ —99° (0,714% in W.), aus Kaninchenurin nach oraler Gabe von I; 35%

(Ausbeute). Gibt mit $FeCl_3$ tiefpurpurrote Färbung u. mit *2.6-Dichlorchinonimid* in Ggw. von Na_2CO_3 intensiv blaue. — Der Beweis der *Stellung der Glucuronsäure* wird durch partielle Methylierung mit CH_2N_2 nach DODGSON u. WILLIAMS (C. **1950.** II. 1841) u. nachfolgende Hydrolyse mit 2 n HCl zu 4-Oxy-2-methoxyacetophenon, F. 137 bis 138°, p-Toluolsulfonat, F. 121,5°, erbracht. (Biochem. J. **47.** XI—XII. Aug. 1950. Cardiff, Physiol. Inst.) SCHÖNEWALD. 3400

R. U. Lemieux und **G. Huber,** *Eine chemische Synthese der Saccharose. Saccharoseoctaacetat* (I), F. 89—90° (A.), $[\alpha]_D^{25}$ + 60° (c = 1 in Chlf.), wurde durch 104 std. Erhitzung von Tri-O-acetyl-D-glucosan ⟨1.5⟩α⟨1.2⟩ mit entwässerter siruposer 1.3.4.6-Tetra-O-acetyl-D-fructofuranose auf 100°. Entacetylierung, papierchromatograph. Fraktionierung (Butanol/A./W. 5:1:4, Whatmann 3 MM), Acetylierung der saccharosehaltigen Fraktion, Chromatographie an Magnesol/Celite (5:1) u. Elution der I-haltigen Zone mit Aceton hergestellt; es gab ein dem authent. I entsprechendes Infrarotspektr.; 5,5% (Ausbeute). — *Saccharose*, F. 187°, wurde durch Entacetylierung von I erhalten; $[\alpha]_D$ + 66,5° (W.). — Es wird vermutet, daß bei der Bldg. von I das Ion II als Zwischenprod. auftritt. (J. Amer. chem. Soc. **75.** 4118. 20/8. 1953. Saskatoon, Saskatchewan, Can., Nat. Res. Council, Prairie Regional Labor.)

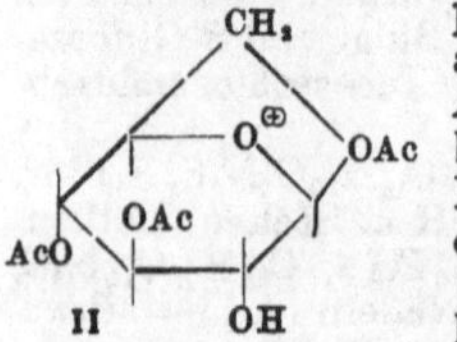

II

WILLENBERG. 3400

Frank S. H. Head und **G. Hughes,** *Die Oxydation von Cellobiose durch Perjodat. Cellobiose* (I) als Modellsubstanz für das Ende einer Cellulosekette wurde bei 20° mit $NaJO_4$ im Dunklen oxydiert. Die Rk. verlief in den ersten Stunden schnell, im 2. Stadium (3 Wochen) langsamer u. im letzten äußerst langsam. In den ersten beiden Stadien wurden aus 1 Mol I unter Verbrauch von ca. 11 Mol $NaJO_4$ ca. 9 Mol Ameisensäure, 2 Formaldehyd u. 1 CO_2 gebildet. Im 3. Stadium entsteht sehr langsam CO_2.

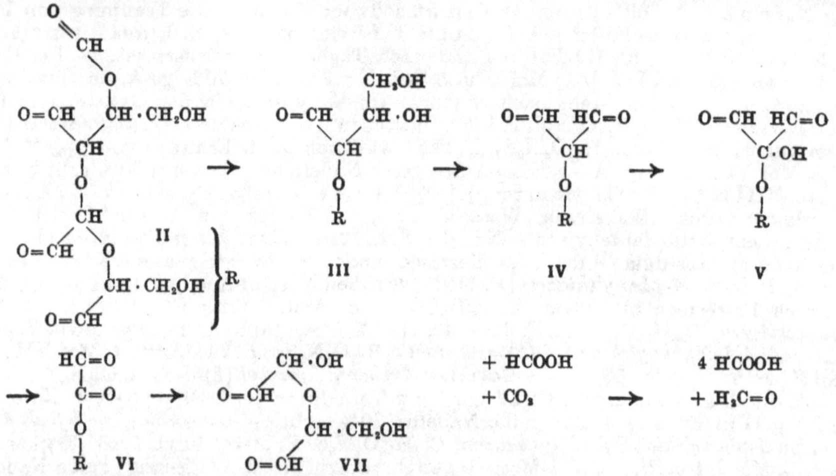

Aus den Messungen des zeitlichen Verlaufes des $NaJO_4$-Verbrauchs u. der Bldg. der Reaktionsprodd. wird gefolgert, daß die Rk. mit dem Verbrauch von 2 Mol $NaJO_4$ beginnt, wobei in jedem Pyranosering eine C—C-Bindung gesprengt wird. Darauf dürfte — noch im 1. Stadium — der *Ameisensäureester* (II) unter Verbrauch von 2 weiteren $NaJO_4$ u. Bldg. von 2 Ameisensäure entstehen. Die Bldg. von Formaldehyd u. CO_2 wird erst im 2. Stadium relativ stark. Dabei dürfte die Oxydation gemäß der Gleichung $C_{10}H_{14}O_9$ (II) $+ 7\ JO_4^- + 2\ H_2O = 7\ HCOOH + CO_2 + 7\ JO_3^-$ verlaufen, wobei die Zwischenprodd. **III, IV, V, VI** u. **VII** auftreten u. die Hydrolyse von **II** u. **III** geschwindigkeitsbestimmend ist. — Nach diesen Ergebnissen wird angenommen, daß die JO_4-Oxydation von Cellulose stufenweise von den Endgruppen aus vor sich geht. (J. chem. Soc. [London] **1954.** 603—06. Febr. Didsbury, Manchester, Shirley Inst., British Cotton Res. Association.) WILLENBERG. 3400

J. H. Priesthoff und **C. V. Banks,** *Eine neue Reinigungsmethode von α.β.γ.δ-Tetraphenylporphin.* Die Darst. von *α.β.γ.δ-Tetraphenylporphin* (I) erfolgt durch Rk. von Pyrrol u. Benzaldehyd über das Zn-Komplexsalz, die Isolierung hieraus in reiner Form nach einer neuen Methode. — *Zn-Tetraphenylporphin* (**II**) (vgl. BALL u. Mitarbeiter, J. Amer. chem. Soc. **68**. [1946.] 2278), aus 5 cm³ Pyrrol, 10 cm³ Benzaldehyd, 10 cm³ Pyridin u. 5 g Zn-Acetat im Bombenrohr bei 200° in 48 Stunden. Das entstandene Reaktionsgemisch wird in Chlf. gelöst u. mit 6nHCl versetzt, 2 Std. kräftig gerührt u. mit NH_3 neutralisiert; Abtrennung von W. u. Chromatographie der Chloroformlsg. an Al_2O_3; die freie Porphyrinbase **I** bildet eine rötlich purpurfarbene Zone, die teerigen Nebenprodd. verbleiben in der obersten Zone. Nicht aufgespaltenes **II** verbleibt als purpurfarbene Zone zwischen **I** u. den teerigen Nebenprodd. u. kann durch wiederholte Elution mit Aceton wiedergewonnen werden. Die Chloroformlsg. von **I** wird eingeengt u. an Magnesol chromatographiert. Es werden 4 Zonen erhalten, eine tannengrüne, lichtgrüne, braune u. dunkelgrüne. Die letzte enthält reines **I**. Die anderen Zonen enthalten neben geringen Mengen **I** Tetraphenylchlorin. (J. Amer. chem. Soc. **76**. 937 bis 939. 5/2. 1954. Ames, Io., Iowa State Coll. Inst. for Atomic Res. and Dep. of Chem.) BRATFISCH. 3550

Yves-René Naves, Robert Wahl, Pierre Ardizio und **Claude Favre**, *Untersuchungen über flüchtige Pflanzenstoffe*. 126. Mitt. *Über die Reagentien, die Mechanismen und die Produkte der Cyclisierungen der Pseudojonone*. (125. vgl. C. **1954**. 6010.) Ausführliche Wiedergabe der C. **1953**. 5016 referierten Arbeit; vgl. auch 124. Mitt. (C. **1954**. 4164). (Bull. Soc. chim. France, Mém. [5] **20**. 873—91. Sept. 1953. Vernier-Genf, L. Givaudan & Cie., S. A., Labor. de Réch.) SPAETH. 3600

Richard B. Turner, *Acylierung von 17-Oxy-20-ketosteroiden*. Die bisher nicht gelungene Acetylierung der tert. OH-Gruppen von 17-Oxy-20-ketosteroiden konnte Vf. durch Umsetzung der Ketole mit Säurechloriden oder Anhydriden in Ggw. von p-Toluolsulfonsäuren in guter Ausbeute durchführen. 3β.17α-Dioxyallopregnan-20-on-3-monoacetat (L-Monoacetat; **I**) wurde quantitativ in *3β.17α-Diacetoxyallopregnan-20-on* (**II**) übergeführt, das nach milder Verseifung u. partieller Hydrierung das Ausgangsprod. zurücklieferte. Die Red. von **II** wie auch von **I** mit $LiAlH_4$ führten zu REICHSTEINs *Verb. O*, die als *3.20-Diacetat* (**III**) isoliert wurde. 3β.17β-Dioxyallopregnan-20-on-3-monoacetat (Iso-L-Monoacetat; **IV**) wurde zum *Iso-L-Diacetat* acetyliert. Auf analogem Weg wurde **I** in das *17α-Propionat* u. die freie Base von **I** in das *3β.17α-Dipropionat* (**V**) übergeführt. Im Gegensatz zu diesen quantitativ verlaufenden Acylierungen konnten 17α-Oxyprogesteron, Verb. S (11-Desoxocortison) u. Cortison nur in 50%ig. Ausbeute in die Acylderivv. übergeführt werden. Das aus 17α-Oxypregnenolon (3β.17α-Dioxy-Δ^5-pregnen-20-on-3-monoacetat) erhaltene Diacetat wurde 1. zum *17α-Acetoxypregnenolon* (**VI**) verseift u. nach OPPENAUER zum *17α-Acetoxyprogesteron* (**VII**) oxydiert u. 2. katalyt. hydriert u. mit CrO_3 zu **II** oxydiert.

Versuche (FF. korr.): *3β.17α-Diacetoxyallopregnan-20-on* (*L-Diacetat*; **II**), $C_{25}H_{38}O_5$, F. 197,5—198,5° (Aceton–PAe.). 100 mg **I** wurde mit 100 mg p-Toluolsulfonsäure in 5 cm³ Essigsäure u. 1 cm³ Essigsäureanhydrid 3 Std. bei Raumtemp. stehengelassen, mit W. verd. u. mit Ae. extrahiert; 103 mg (Ausbeute); $[\alpha]_D$ —9,3° (c = 1,59 in Dioxan). Aus 180 mg **II** in 10 cm³ 80%ig. wss. Methanol, das 1% NaOH enthielt, wurden 120 mg **I** (F. 188—189,5°) erhalten. **II** als auch **I** wurden in Ae. durch Rühren mit $LiAlH_4$ zu **III** reduziert. — *3β.17β-Diacetoxyallopregnan-20-on* (*Iso-L-Diacetat*), F. 226—227°, aus 52,3 mg **IV** mit 50 mg p-Toluolsulfonsäure in 2 cm³ Essigsäureanhydrid durch 12std. Stehen; 52,8 mg. — *3β.17α-Dipropionoxyallopregnan-20-on* (*L-Dipropionat*) (**V**), $C_{27}H_{42}O_5$, F. 124—125° (Aceton + PAe.), aus 200 mg des freien Diols, 200 mg p-Toluolsulfonsäure in 10 cm³ Propionsäure u. 2 cm³ Propionylchlorid; 200 mg; $[\alpha]_D$ —10° (c = 1,22 in Dioxan). — *3β.17α-Dioxyallopregnan-20-on-3-acetat-17-propionat*, $C_{26}H_{40}O_5$, F. 172,5—173,5° (Aceton–PAe.), aus **I** analog **V**; $[\alpha]_D$ —10,5° (c = 1,31 in Dioxan). — *17α-Acetoxyprogesteron* (**VII**), $C_{23}H_{32}O_4$, F. 243—244,5° (Methylendichlorid–Methanol), aus 200 mg 17α-Oxyprogesteron, 200 mg p-Toluolsulfonsäure in 10 cm³ Essigsäure u. 2 cm³ Essigsäureanhydrid; 110 mg; $[\alpha]_D$ + 56° (c = 1,28 in Dioxan). — *Verbindung S-Diacetat*, $C_{25}H_{34}O_6$, F. 220—221° (Aceton–PAe.); $[\alpha]_D$ + 49,5° (c = 1,21 in Dioxan). Verseifung mit 1%ig. methanol. NaOH (15 Min.) u. partielle Acetylierung gaben das 21-Monoacetat. — *Cortisondiacetat*, $C_{25}H_{32}O_7$, F. 223,5 bis 224,5° (Methanol), $[\alpha]_D$ + 113° (c = 1,15). — *17α-Oxypregnenolondiacetat*, $C_{25}H_{36}O_5$, F. 180—181° (Aceton–PAe.); $[\alpha]_D$ —64,9° (c = 1,19 in Dioxan). Durch Hydrierung in Essigsäure in Ggw. von Pt-Oxyd u. anschließende CrO_3-Oxydation wurde **II** gewonnen. — *17α-Acetoxypregnenolon* (**VI**), $C_{23}H_{34}O_4$, F. 230—231,5° (verd. Methanol u. Aceton–PAe.), aus 100 mg voriger Verb. in 5 cm³ Methanol mit 0,2 cm³ Acetylchlorid durch 8std. Stehen bei Raumtemp.; 76,2 mg; $[\alpha]_D$ —68,0° (c = 1,12 in Dioxan). Durch OPPENAUER Oxydation wurde **VI** in **VII** übergeführt. (J. Amer. chem. Soc. **75**. 3489—92. 20/7. 1953. Houston, Tex., Dep. of Chem. Rice Inst.) SCHORRE. 3700

David K. Fukushima und **T. F. Gallagher,** *Die Einwirkung von alkoholischer Kalilauge auf Δ^{16}-20-Ketosteroide.* Bei der Einw. von Alkali in Alkoholen auf Δ^{16}-20-Ketosteroide werden unter Addition von 1 Mol A. (Methanol u. A.) an die Doppelbindung *16-Alkoxyderivv.* gebildet. Mit Hilfe der Meth. der mol. Rotationsdifferenzen konnte der Alkoxygruppe α-Konfiguration, der $C_{(17)}$ Acetylgruppe β-Konfiguration zuerteilt werden. Es zeigte sich, daß die Rk. reversibel ist u. zu einem Gleichgewicht führt, das von beiden Seiten her erreicht werden kann. — Zum Konstitutionsbeweis wurde aus 3β-Acetoxy-16α-methoxy-Δ^{5}-pregnen-20-on (**I a**) *16-Methoxyandrostan-3β.17β-diol* (**II**) dargestellt.

Versuche (FF. korr): *3β-Acetoxy-16α-methoxy-Δ^{5}-pregnen-20-on* (**I a**), $C_{24}H_{36}O_4$, F. 158,5—159,5°, durch 1std. Kochen von *3β-Acetoxy-$\Delta^{5.16}$-pregnadien-20-on* (**III**) in 3%ig. methanol. KOH unter N_2; das aus Ae. umkrist. Reaktionsprod. lieferte jedoch keinen scharfen F. (165—180°); nach Acetylierung mit Acetanhydrid in Pyridin u. Chromatographie an säurebehandeltem Al_2O_3 (eluiert mit Bzl.–PAe. 1:10) aus Methanol bzw. PAe. Nadeln; $[\alpha]_D^{25}$ —28,5° (in Chlf.); $[\alpha]_D^{32}$ —28,2° (in 95%ig. A.). Im Vorlauf (eluiert mit Bzl.–PAe. 1:19) wurde **III** (F. 171,5—173°) zurückerhalten. Durch Erhitzen von **I a** in 8%ig. wss.-methanol. (1:1) KOH konnte **III** neben **I a** spektroskop. nachgewiesen u. in Substanz isoliert werden. — *3β-Acetoxy-16α-äthoxy-Δ^{5}-pregnen-20-on* (**I b**), $C_{25}H_{38}O_4$, F. 144—144,5°, durch 2std. Stehenlassen von **III** in 3%ig. äthanol. KOH bei Raumtemp.; nach Acetylierung wie oben u. Chromatographie an Silicagel (eluiert mit Ae.–PAe. 1:1) aus PAe. Prismen; $[\alpha]_D^{23}$ —30,6° (in Chlf.). **I b** absorbiert nicht im UV, zeigt mit **I a** F.-Depression u. unterscheidet sich auch im Infrarotspektr. von **I a.** — *3β-Acetoxy-16α-methoxyallopregnan-20-on,* $C_{24}H_{38}O_4$, F. 122 bis 123,5°, durch Hydrierung von **I a** in Eisessig mit Pt-Katalysator nach ADAMS u. 2std. Oxydation des Reduktionsprod. mit CrO_3 (2%) in Eisessig bei Raumtemp.; aus PAe. Kristalle; $[\alpha]_D^{28}$ +29,3° (in Chlf.); $[\alpha]_D^{28}$ +26,7° (95%ig. A.). — *16α-Methoxyandrostan-3β.17β-diol* (**II**), $C_{20}H_{34}O_3$, F. 198,5—199,5°, durch insgesamt 7tägiges Stehenlassen der vorigen Verb. in Bzl. mit Perbenzoesäure (in 2 Portionen zugesetzt) bei Raumtemp.; nach GIRARD-Trennung (Reagens T) u. 45 Min. Kochen mit 3%ig. methanol. KOH aus Aceton Nadeln; $[\alpha]_D^{28}$ —16,8° (in 95%ig. A.). — *16α-Methoxyprogesteron,* $C_{22}H_{32}O_3$, F. 134—135,5°, durch 4std. Stehenlassen von 16-Dehydroprogesteron in 3%ig. methanol. KOH; nach Chromatographie an Silicagel (eluiert mit Ae.–PAe. 17:3) aus Aceton–PAe. Nadeln; $[\alpha]_D^{32}$ +106° (in 95%ig. A.); ε_{2410} = 16600 (in Methanol); $E_{1\,cm}^{1\%}$ 482. Im Vorlauf (eluiert mit Ae.–PAe. 3:1) konnte Ausgangsmaterial [F. 190—192°; $[\alpha]_D^{32}$ +133° (in 95%ig. A.); ε_{2410} =25200 (in Methanol); $E_{1\,cm}^{1\%}$ 808] zurückerhalten werden. (J. Amer. chem. Soc. **73.** 196—201. Jan. 1951. New York, N. Y., Sloan-Kettering Inst. for Cancer-Res.) FRUHSTORFER. 3700

B. Belleau und **T. F. Gallagher,** *Die Überführung von Δ^{4}-Cholesten-3-on in Cholesterin.* Vff. beschreiben eine Darst. von Cholesterin (I) durch Red. des Δ^{4}-Cholesten-3-on-enolacetats mit $LiBH_4$ in 85% Ausbeute. Die Meth. kann zur Darst. von markiertem I verwendet werden. Der Reaktionsmechanismus der $LiBH_4$-Red. wird diskutiert.

Versuche (FF. korr.): 500 mg Cholestenon-enolacetat wurden mit 1 g $LiBH_4$ in wss. A. bei 5° 2 Std. stehengelassen; nach Einengen im Vakuum mit verd. HCl ansäuern, ausäthern u. den Ätherextrakt 2 Std. in A. unter Zusatz einiger Tropfen konz. HCl kochen; nach Eindampfen wurde mit Digitonin gefällt, das Digitonid mit Pyridin zers. u. das Prod. (385 mg = 85%; F. 138—145°) an Silicagel chromatographiert (eluiert mit Ae.–PAe. 1:3); aus A. 317 mg reines **I**, F. 146—148°, das in jeder Hinsicht (Infrarotspektr., Misch-F., Drehung) mit authent. **I** ident. war. Aus den Filtraten der Digitonidfällung wurde ein Öl erhalten, das nach Al_2O_3-Chromatographie 17 mg einer amorphen Fraktion (eluiert mit PAe.) lieferte, in der ca. 6,5 mg *$\Delta^{3.5}$-Cholestadien* (λ_{max} 235 mμ) vorhanden waren, außerdem 32 mg (= 7,4%) einer krist. Fraktion (eluiert mit Ae.–PAe. 1:4), die nach Sublimation u. Umkrist. aus Aceton (Nadeln, F. 140 bis 142°) in jeder Hinsicht (Infrarotspektr., Misch-F., Drehung) mit *3α-Cholesterin* ident. waren. Läßt man $LiBH_4$ auf Cholestenon-enolacetat in Pyridin bei Raumtemp. einwirken, so läßt sich nur das Ausgangsmaterial isolieren. Unter ähnlichen Bedingungen wird dagegen 17β-Oxyätiocholan-3-on in nahezu quantitativer Ausbeute zu den 3α- u. 3β-Diolen reduziert. — **I,** durch Umsetzung von Cholestenon in Ae. mit tert. Butyl-MgCl (20 Min. Kochen) u. Versetzen der Reaktionsmischung mit $LiBH_4$ in 80% wss. A. (30 Min. bei Raumtemp.); nach Aufarbeitung **I** (F. 146—148°) in 37%ig. Ausbeute zurückerhalten. (J. Amer. chem. Soc. **73.** 4458—60. Sept. 1951. New York, N. Y., Sloan-Kettering Inst. for Cancer Res.) FRUHSTORFER. 3700

Louis F. Fieser und **Jean Rigaudy,** *Die Einwirkung von Methylmagnesiumjodid auf α-Oxidocholesterin und 6-Ketocholestanol.* Bei der Umsetzung von α-Oxidochole-

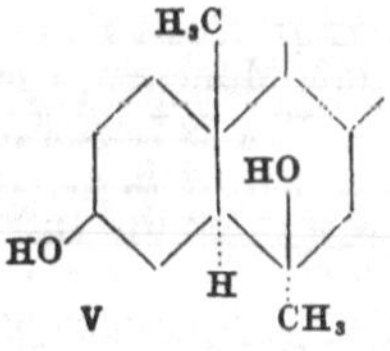

V

sterin (I) mit Methyl–MgJ wurde *6β-Methylcholestan-3β.5α-diol* (II) erhalten, das durch Wasserabspaltung in saurem Medium (anomale Rk.) in Übereinstimmung mit den Befunden von USCHAKOW u. MADAJEWA (C. **1939**. II. 4488) in *6-Methylcholesterin* (VI) übergeführt werden konnte. Die Wasserabspaltung mit $SOCl_2$ in Pyridin lieferte dagegen das n. Prod. *6β-Methyl-Δ⁴-cholesten-3β-ol* zu 54% u. **VI** nur zu 5%. Bei der Einw. von Methyl–MgJ auf 6-Ketocholestanol (IV) entsteht das zu **II** isomere *6α-Methylcholestan-3β.6β-diol* (V), das in n. Rk. unter Wasserabspaltung **VI** liefert. — Die Bldg. von *6α-Methylcholestan-3β.5α-diol* bei der Ringöffnung von **I** mit CH_3MgJ ist auf Grund der molaren Rotationsdifferenzen unwahrscheinlich.

Versuche (FF. korr., Drehungen in Dioxan): *6β-Methylcholestan-3β.5α-diol* (II), F. 182—183° (A.), durch 5- bzw. 7std. Kochen von **I** mit Methyl–MgJ in Bzl.; $[\alpha]_D^{25}$ —1,5°; 40% (Ausbeute). *3-Acetat* (**II a**), F. 167—168°, durch 1std. Erwärmen von **II** mit Pyridin–Acetanhydrid auf dem Dampfbad u. mehrstd. Stehenlassen bei Raumtemp.; aus Methanol; $[\alpha]_D^{25}$ —14,6°. — *6-Methylcholesterin* (VI), F. 138,5—140,5°, durch 2std. Kochen von **II** mit Acetanhydrid; nach Abkühlen Versetzen mit einigen Tropfen konz. H_2SO_4, Stehenlassen für 3 Tage u. Verseifung des entstandenen *Acetats* (**VI a**; aus Methanol, F. 115,5—116,5°; $[\alpha]_D^{25}$ —47,7°; 40%); aus Methanol Nadeln; $[\alpha]_D^{25}$ —36,8°. — **VI a**, durch Behandeln des 3-Acetats (**V a**) von **V** mit $SOCl_2$ in Pyridin bei 0° (20 Min.); 76%. Mit vorst. erhaltenem **VI a** keine F.-Depression. — *6α-Methylcholestan-3β.6β-diol* (V), $C_{28}H_{50}O_2$, F. 193—194°, durch 45 Min. Kochen von **IV** mit CH_3MgJ in Ae. u. nach Zusatz von Bzl. u. Abdest. des Ae. weiteres 5std. Kochen; Blättchen; $[\alpha]_D^{25}$ +20°; Misch-F. mit **II** ca. 155°. *3-Acetat* (**V a**), $C_{30}H_{52}O_3$, F. 166°, $[\alpha]_D^{25}$ +5,9° (Methanol), Misch-F. mit **II a** 136—145°. Die Behandlung von **V a** mit Acetanhydrid–H_2SO_4 lieferte in 40—50%ig. Ausbeute **II a**, F. u. Misch-F. 115,5 bis 116,5°. — *6β-Methyl-Δ⁴-cholesten-3β-olacetat* (III), $C_{30}H_{50}O_2$, F. 115—116°, durch Behandlung von **II a** mit $SOCl_2$ in Pyridin bei 0°; aus Methanol; $[\alpha]_D^{22}$ —25°; Misch-F. mit **VI a** 91—93°; aus den Pyridin-Mutterlaugen des Ansatzes geringe Mengen **VI a**, F. u. Misch-F. 115,5—116,5° (Depression mit **III**). Die Wasserabspaltung gelang nicht mit $POCl_3$ in Pyridin unter verschied. Bedingungen. — *Freier Alkohol*, $C_{28}H_{48}O$, F. 95—96°, durch 30 Min. Kochen von **III** mit n. alkoh. KOH; $[\alpha]_D^{22}$ +16,6°. Beim Vers., **III** (mit H_2SO_4 in Acetanhydrid) zu isomerisieren, wurden keine definierten Prodd. erhalten. Mit wenig HCl in Methanol bei Raumtemp. wurde eine *Verb. vom F. 91—93°* erhalten, die weder mit dem Ausgangsmaterial noch mit **VI a** ident. ist. (J. Amer. chem. Soc. **73**. 4660—62. Okt. 1951. Cambridge, Mass., Harvard Univ., Chemical Labor.) FRUHSTORFER. 3700

Alfred Bertho und **Horst Baumgart**, *Über 3-β-Dimethylaminocholestene*. Vff. setzen die aus Δ⁷-Cholesten-3β-ol (I) u. Cholesterin erhaltenen p-Toluolsulfosäureester mit Dimethylamin zu *3β-Dimethylamino-Δ⁷-cholesten* (III) bzw. *3β-Dimethylamino-Δ⁵-cholesten* (IV) um. Als Nebenprodd. wurden *Cholestadiene* erhalten. Der erst bei 200° durchführbare HOFMANNsche Abbau der quartären Base aus **III** führte zu einem Dien, das trotz der Verschiedenheit der opt. Drehung mit dem aus der Mutterlauge von **III** erhaltenen Dien ident. sein dürfte; aus **IV** wurde unter den gleichen Bedingungen Δ³·⁵-Cholestadien erhalten. Bei dem Vers., **III** in Eisessig mit Pt/H_2 zu β-Dimethylaminocholestan zu hydrieren, wurde eine Isomerisierung, vermutlich zu *3β-Dimethylamino-Δ⁸·¹⁴-cholesten*, festgestellt.

Versuche: *Δ⁷-Cholestenyltosylat*, $C_{34}H_{52}O_3S$, F. 146—146,5° (Aceton), aus **I** in Pyridin mit p-Toluolsulfochlorid durch 24std. Stehen bei 30°; $[\alpha]_D^{18}$ —3,15° ± 0,5° (Chlf.); 88% (Ausbeute). — *3β-Dimethylamino-Δ⁷-cholesten* (III), $C_{29}H_{51}N$, aus vorst. Verb. mit Dimethylamin in Ggw. von p-Toluolsulfonsäure durch 3½std. Erhitzen auf 130°; $[\alpha]_D^{19}$ +17° ± 0,5° (Chlf.); 72%. *Hydrochlorid*, $C_{29}H_{52}NCl$, F. 264—265° (Zers.; Methanol-Ae.). *Jodmethylat* (II), $C_{30}H_{54}NJ \cdot 1/2 H_2O$, F. 284—286° (Zers.; A.). — *3β-Piperidino-Δ⁷-cholesten*, $C_{23}H_{55}N$, F. 103,5—104,5°, analog **III**; $[\alpha]_D^{18}$ +19° ± 2° (Chlf.). — *3β-Dimethylamino-Δ⁵-cholesten* (IV), F. 152,5—153° (Aceton), aus Δ⁵-Cholestenyltosylat analog **III**; $[\alpha]_D^{21}$ —32,7° ± 1,0° (Chlf.). *Jodmethylat* (V), F. 308—309° (Zers.). — *Δ²·⁷-Cholestadien*, $C_{27}H_{44}$, F. 74—74,5° (Methanol–Ae.), aus **II** durch HOFMANNschen Abbau bei 200—205°; $[\alpha]_D^{20}$ —6° ± 2° (Chlf.); 24%; u. durch Einengen der Mutterlaugen von **III**; F. u. Misch-F. 70—71°; $[\alpha]_D^{19}$ +18,5 ± 2°. — *Δ³·⁵-Cholestadien*, F. 82,5 bis 83°, aus **V** durch HOFMANNschen Abbau; aus Methanol–Ae. feine Nadeln, $[\alpha]_D^{14}$ —130° ± 3°. — *3β-Dimethylamino-Δ⁸·¹⁴-cholesten*, $C_{29}H_{51}N$, F. 78—78,5° (Aceton). **III** in Eisessig wurde in Ggw. von Pt-Oxyd 69 Std. mit H_2 geschüttelt ohne nachweislichen Verbrauch von H_2; nach Abdampfen des Eisessigs wurde in Ae. aufgenommen u. eingeengt u. mit **III** angeimpft; $[\alpha]_D^{20}$ $+26^0 \pm 3^0$; 83%. (Liebigs Ann. Chem. **581.** 140—48. 1953. München, Univ., Chem. Labor.) SCHORRE. 3700

Harris Rosenkrantz und **Leonard Zablow,** *Vergleich der Infrarotabsorptionsspektren von Steroiden, die auf festen Filmen oder Suspensionen und in Lösungen erhalten werden.* Es wurden die Infrarotspektren (zwischen ca. 8 u. 12 μ) von *Androstan, Δ^5-Androsten-3β-ol, Dehydroepiandrosteron, Δ^4-Androsten-3.17-dion, Desoxycorticosteron* u. *Corticosteron* in folgenden Zuständen aufgenommen: geschmolzen als Film, in Mineralölsuspension, als Film aus Chloroformlsg. u. in CS_2-Lösung. In den Fällen, bei denen H-Bindung eintrat, wurden im Bereich zwischen 9 u. 10 μ Veränderungen der Spektren beobachtet. Trotz dieser Veränderungen waren die Spektren im Bereich zwischen 8 u. 9 μ u. 10—13 μ prakt. identisch. In festen Filmen u. Suspensionen fand H-Bindung statt; in geschmolzenen Filmen von Steroiden mit relativ niedrigem F. u. mit weniger als 4 C-Atomen traten keine Strukturveränderungen auf. Die Vorbereitung unbekannter Verbb. für die Aufnahme von Infrarotspektren zu Vergleichszwecken mit bekannten Verbb. sollte auf gleiche Weise wie bei diesen vorgenommen werden. Die Schmelztechnik hat den Vorteil, daß ein vollständiges Spektr. mit 1—2 mg Substanz aufgenommen werden kann. Infrarotunterss. von Lsgg. ermöglichen die Analyse von Mikromengen von Steroiden nur, wenn eine Mikrozelle vorhanden ist; CS_2 ist bes. als Lösungsm. für C_{19}-Steroide geeignet. Allg. anwendbar ist als Technik die Herst. eines Films aus Lsgg.; für ein vollständiges Spektr. sind 0,5—2 mg Substanz notwendig. (Analytic. Chem. **25.** 1025—28. Juli 1953. Shrewsbury, Mass., Worcester Found. for Exper. Biology, u. Worcester, Mass., Nat. Inst. of Mental Health Cooperative Res. Stat.) K. F. MÜLLER. 3750

R. V. Brooks, W. Klyne und **E. Miller,** *Die Chromatographie der Steroidbenzoate.* Vff. konnten zeigen, daß sich die *Benzoate* OH-epimerer Steroide gut chromatograph. trennen lassen. Verwendet wurde Al_2O_3 mit der Aktivität II—III (BROCKMANN & SCHODDER), als Elutionsmittel Benzin (Kp. 60—80°)-Benzolgemische mit steigendem Benzolgehalt. — Gute Trennung wurde erzielt a) bei 20-Epimeren (*Allopregnan-, Pregnan-* u. *Δ^5-Pregnen-3β.20-diole*; das 20β-Isomere wird zuerst eluiert); b) bei 3-Epimeren (*Androsteron* [zuerst eluiert] u. *Isoandrosteron*); c) bei 17-Epimeren (*Δ^5-Androsten-3β.17-diole,* als *3-Acetat-17-benzoate*; das 17α-Isomere wird zuerst eluiert). Eine teilweise Trennung wurde bei den 5-Epimeren *Androstan-3β-ol-17-on* u. *Ätiocholan-3β-ol-17-on* erreicht. Nicht getrennt wurden 5-Allo- u. Δ^5-Verbb. wie *Androstan-* u. *Δ^5-Androsten-3β-ol-17-on.* Folgende *Benzoate* wurden dargestellt (FF. korr., Drehungen in Chlf. bei 20—25°): *Ätiocholan-3β-ol-17-on-benzoat,* F. 243°, $[\alpha]_D$ $+79°$. —*$\Delta^{5.16}$-Pregnadien-3β-ol-20-on-benzoat,* F. 171—172°, $[\alpha]_D$ —9°. — *Pregnan-3β.20α-dioldibenzoat,* F. 168—169°, $[\alpha]_D$ $+23°$. — *Pregnan-3β.20β-dioldibenzoat,* harzig. (Biochem. J. **49.** LXXII Okt. 1951. London, Postgraduate Medical School.) FRUHSTORFER. 3750

A. L. Wilds, Ruth H. Zeitschel, Reid E. Sutton und **James A. Johnson jr.,** *Derivate des 16.17-Dioxyequilenans. Das Desoxyequileninanaloge des Östriols.* Aus dem leicht zugänglichen 14.15-Dehydroequilen-16-on erhielten Vff. durch SeO_2-Oxydation oder durch Nitrosierung mit nachfolgender Hydrolyse das *16.17-Diketo-14.15-dehydroequilenan* (**II**). **II** wurde zu *17β-Oxy-14.15-dehydroequilen-16-on* (**III**) hydriert, dessen Konfiguration durch Desulfurierung des *17-Acetoxy-14.15-dehydroequilen-16-onäthylenmercaptol* (**I**-Acetat) mit altem RANEY-Ni (→ *trans-17β-Acetoxyequilenan*) bewiesen wurde; bei Anwendung von frischem RANEY-Ni wird auch Ring A reduziert. Bei Behandlung des nicht acetylierten *Äthylenmercaptols* (**I**) mit altem RANEY-Ni wurde gleichzeitig die OH-Gruppe oxydiert, es entstand *14.15-Dehydroequilen-17-on* neben wenig *Equilen-17-on* (**IV**). Weitere Hydrierung von **III** gab *trans-16β.17β-Dioxyequilenan* (**Va**) neben *cis-16β.17β-* (**Vc**) u. Spuren *trans-16α.17β-* (**Vb**) u. *cis-16α.17β-Dioxyequilenan* (**Vd**); die Isomeren wurden chromatograph. u. durch Kristallisation der Diacetate getrennt. Der beste Weg zu **Vb**, welches Östriolkonfiguration besitzt, ist die $LiAlH_4$-Red. von **III**, die hauptsächlich *16α.17β-Dioxy-14.15-dehydroequilenan* liefert. Hieraus erhält man mit Pd u. H_2 **Vb** neben wenig **Va**. Die Konfigurationen der Diole **V** wurden festgelegt durch Dehydratisierung mittels $KHSO_4$ (→ *cis-* oder *trans-***IV**, je nach cis- oder trans-Verknüpfung der Ringe C u. D) bzw. durch Bldg. der Acetonide der 16β.17β-Diole.

Versuche: (FF. korr.) *β-1-Naphthyläthylbromid,* $C_{12}H_{11}Br$, nach NEWMAN (J. org. Chemistry **9.** [1944.] 525) aus dem Alkohol u. HBr, aber ohne Zusatz von 80%ig H_2SO_4; 90% (Ausbeute). — *14.15-Dehydroequilen-16-on,* im wesentlichen nach WILDS u. BECK (C. **1945.** II. 659) über *1-Keto-2-methyl-1.2.3.4-tetrahydrophenanthren-2-essigsäure* (F. 149—151°, mit frischem $NaNH_2$ in Toluol, aber ohne Erhitzen auf 55° vor Zugabe des Bromesters; 76—82%; Ausbeute des Methylketons in der nächsten

Stufe 90%). — *16.17-Diketo-14.15-dehydroequilenan* (**II**), F. 204,2—205,4° (Bzl.–A.), aus vorst. Verb. a) über das Oximinoderiv. (l. c.; 83—87%); b) mit SeO_2 in Dioxan (3std. Kochen unter N_2; 93%). — *17β-Oxy-14.15-dehydroequilen-16-on* (**III**), $C_{18}H_{16}O_2$, F. 210—211° (Aceton oder Methanol), durch Hydrierung vorst. Verb. (Pd-Kohle in Essigsäure, 5 Std.). *Acetat*, $C_{20}H_{18}O_3$, F. 176—176,5°, Nadeln (Methanol–Aceton). — *17β-Oxy-14.15-dehydroequilen-16-on-äthylenmercaptol* (**I**), $C_{20}H_{20}OS_2$, F. 222—223° (Vakuum; prismat. Nadeln aus A.–Aceton), aus **III** u. Äthandithiol in Ae. (Durchleiten von HCl, Kühlung, 15 Min.); 75%. *Acetat*, $C_{22}H_{22}O_2S_2$, F. 189,2—189,9° (Vakuum; Prismen aus A.–Aceton). — Desulfurierung von 200 mg **I** (mit 10 Wochen altem RANEY-Ni in wss. Dioxan, 4½std. Kochen) → 27 mg *14.15-Dehydroequilen-17-on* [$C_{18}H_{16}O$, F. 135—136° (Methanol)] u. aus dem Filtrat 4 mg *trans-Equilen-17-on* [*trans*-**IV**; F. 190,5—191,5° (Vakuum; Methanol)]; daneben wurden aus dem Filtrat 9 mg eines *Semicarbazon*-Gemisches (F. 237—240° [Zers.]) isoliert. — Desulfurierung von 50 mg **I**-Acetat (mit 4 Wochen altem RANEY-Ni in wss. Dioxan, 5²/₃ Std. Kochen) → 9 mg *trans-17β-Acetoxyequilenan*, F. 165—168° (Methanol–A.); UV-Spektr. angegeben. — *trans-17β-Oxyequilenan*, $C_{18}H_{20}O$, F. 115,5—116° (Methanol), aus 45 mg trans-**IV** u. $LiAlH_4$; 40 mg roh; gereinigt über das *Acetat*, $C_{20}H_{22}O_2$, F. 169,5—170,5° (A.). — Hydrierung von 1,0 g **III** (RANEY-Ni in Dioxan, Zusatz von Triäthylamin, 9—22 Std.) → 207—276 mg *trans-16β.17β-Dioxyequilenan* [**Va**, F. 225—230°. *Diacetat*, $C_{22}H_{24}O_4$, F. 172—174° (A.)]; aus dem Restmaterial wurden in einem Ansatz 10 mg *trans-16α.17β-Dioxyequilenan* (**Vb**), F. 172—174,5°, isoliert, ferner nach Acetylieren u. Chromatographie an Al_2O_3 (PAe.–Bzl.) die *Diacetate* von *cis-16α.17β-* (**Vd**) [$C_{22}H_{24}O_4$, F. 81—82,5° (Methanol); 36 mg] u. von *cis-16β.17β-Dioxyequilenan* (**Vc**) [$C_{22}H_{24}O_4$, F. 116,5—118,5° (PAe.); 101 mg] sowie 8 mg eines *Diacetatgemisches* (F. 145 bis 148°) mit hydriertem Ring A (UV-Spektr.). — Hydrierung von 1,0 g **II** (RANEY-Ni in Dioxan, Zusatz von Triäthylamin) → 50—127 mg **Va** neben 5 mg des „Dekahydroderiv. **XII**" (l. c.; F. 141—142,5°; UV-Spektr.). — *16.17-Dioxy-14.15-dehydroequilenan*, $C_{18}H_{18}O_2$, F. 164—165,5° (Bzl.–PAe. oder Ae.; der F. schwankte zwischen 151,5 bis 153,5 u. 164—167,5°), aus **III** a) mit $LiAlH_4$ (100 mg → 103 mg roh); b) mit 2%ig. Na-Amalgam in A.–Essigsäure (200 mg → 65 mg roh; daneben ein anderes Prod., F. 102—105 g; 84 mg); UV-Spektrum. *Diacetat*, $C_{22}H_{22}O_4$, F. 157,2—157,8° (Methanol). — Hydrierung (30%ig. Pd-Kohle in A., 1½ Std.) → **Vb** (235 mg **III** → 230 mg roh). *Diacetat*, $C_{22}H_{24}O_4$, F. 191,6—192,4° (Vakuum; Platten aus Cyclohexan); aus den Filtraten 67 mg *Diacetat* von **Va**. — Ähnliche Red. von **III**-Acetat (zuerst mit $LiAlH_4$, dann mit Pd wie vorst.) → 52% **Vb**, isoliert als *Diacetat*. — Isomere des *16.17-Dioxyequilenans* (**V**, vgl. oben), aus den *Diacetaten* durch Hydrolyse mit 0,05—0,15n. wss.-alkoh. NaOH (60°, 30—100 Min.): **Va**, $C_{18}H_{20}O_2$, F. 233,5—234° (Vakuum; A.). — **Vb**, F. 181,2—182° (Bzl. oder Cyclohexan–Aceton). — **Vc**, F. 99,8—100,4° (PAe.–A. oder Cyclohexan–Bzl.). — **Vd**, polymorph, zunächst F. 65—68°, dann Festwerden, dann F. 126—129° (Nadeln aus Bzl.–Cyclohexan). — Dehydrierung von **V** zu *Equilenon-17-on* (**IV**)-Isomeren: 30 mg **Va**, verrieben mit 2,0 g $KHSO_4$, dann 2 Std. auf 100°, dann 3 Std. auf 200° erhitzt → 54% *trans*-**IV**, F. 190—191,5° (Vakuum; A.). Analog **Vb** → *trans*-**IV**; **Vc** → *cis*-**IV** (F. 100,5—101,5°, aus Methanol). — *Acetonid* von **Va**, $C_{21}H_{24}O_2$, F. 199—200° (Vakuum; A.); 78%. — *Acetonid* von **Vc**, F. 158—159° (80%ig. A.); 1 mg **Vc** → 1 mg. — **Vb** lieferte kein Acetonid. (J. org. Chemistry **19.** 255—65. Febr. 1954. Madison, Wis., Univ., Dep. of Chem.) J. ROTHE. 3750

William R. Nes und **Erich Mosettig**, *Die Isomerisierung von $\Delta^{7.22}$-Ergostadienol mit Kupferchromoxyd.* Die Isomerisierung von $\Delta^{7,22}$-Ergostadienol (**I**, α-Dihydroergosterin) mit Cu-Cr-Oxyd (**A**; nach ADKINS, BURGOYNE u. SCHNEIDER, C. **1951.** I. 3321) in Ggw. von H_2 liefert in 54%ig. Ausbeute das $\Delta^{8.14.22}$-Ergostadienol (**II**), als Nebenprod. wird wahrscheinlich die 3α-Oxyverb. erhalten. **II** läßt sich zu $\Delta^{8.14}$-*Ergostenol* hydrieren. Die Hydrierung von Ergosterin (**III**) gibt in 17%ig. Ausbeute **II**. Bei der Hydrierung von $\Delta^{7.9,11.22}$-Ergostatrienol (**IV**, Ergosterin D) oder **III** in Ggw. von **A** bzw. von **IV**-Acetat (**IVa**) mit RANEY-Ni wird lediglich die $\Delta^{9,11}$-Doppelbindung red. u. **I** bzw. Δ^{7}-*Ergostenylacetat* erhalten.

V e r s u c h e (opt. Drehungen in Chlf. in ca. 1%ig. Lsg. bei 20°, Fehler ±2°): $\Delta^{8.14.22}$-*Ergostadienol* (**II**), $C_{28}H_{46}O$, F. 129—130° (Trübung bei 115°), a) aus **I** in Xylol u. **A** unter 500 lbs./sq.in. H_2 (4 Std. bei 150°); nach Digitoninfällung aus Methanol Nadeln; $[\alpha]_D$ —14°; 51% (Ausbeute); aus den Mutterlaugen weitere 3% als lange flache Prismen; daneben (aus dem Filtrat der Digitoninfällung) 19% *Nadeln vom F. 172—175°* (A.–W.). *Acetat*, $C_{30}H_{48}O_2$, F. 120—122°, glänzende Tafeln aus Äthylacetat–Methanol; $[\alpha]_D$ —24°. b) Aus **III** in Äthylacetat u. PtO_2 unter H_2 (50 Min.); 17%, neben 74% **I**. — $\Delta^{8.14}$-*Ergostenol*, F. 132—133°, aus 0,20 g **II** in Toluol u. RANEY-Ni unter H_2 (8 Std.); feine Nadeln aus Methanol–W.; 152 mg. — $\Delta^{7,22}$-*Ergosta-*

dienol (I), F. 178—179°, a) aus **IV** in Toluol u. **A** unter H_2 (3 Std. bei 120° u. 2800 lbs./sq.in.); 73%. *Acetat*, F. 156—158°, glänzende Flocken aus A.; $[\alpha]_D$ —14°. b) Aus **III** in Methylcyclohexan u. **A** unter 3000 lbs./sq.in. H_2 (5,5 Std. bei 150 u. 180°); glänzende Tafeln aus Methanol; $[\alpha]_D$ —21°; 68%. — *Δ^7-Ergostenylacetat*, F. 151—154°, aus **IV**-Acetat in Xylol u. RANEY-Ni unter H_2 (1 Äquivalent Aufnahme), anschließend in Isooctan u. RANEY-Ni bis zur Aufnahme eines 2. Äquivalents H_2; glänzende Tafeln aus Äthylacetat–Methanol; $[\alpha]_D$ —4°; 80%. (J. org. Chemistry **18**. 276—81. März 1953. Bethesda, Md., Federal Sec. Agency, Publ. Health Serv., Nat. Inst. of Health, Nat. Inst. of Arthritis and Metabolic Diseases.) H.-J. KOCH. 3750

Miyoshi Ikawa und **Esmond E. Snell**, *Benzolanaloge des Pyridoxals. Die Reaktionen von 4-Nitrosalicylaldehyd mit Aminosäuren.* 4-Nitrosalicylaldehyd (I) ähnelt hinsichtlich seiner Rkk. mit verschied. Aminosäuren dem *Pyridoxal* (II). I katalysiert wie II die Dehydratisierung von Serin, die Entschwefelung von Cystein (**VII**) u. die Spaltung von Threonin zu *Glykokoll*. Zum Unterschied von II, das mit Glutaminsäure Transaminierung unter Bldg. von *α-Ketoglutarsäure* (III) u. *Pyridoxamin* eingeht, desaminiert I diese Aminosäure oxydativ zu III, NH_3 u. einem aromat. Amin. Wie die Rkk. von II werden auch diejenigen von I durch Metallionen katalysiert. Von verschied. substituierten Salicylaldehyden besaß nur I die katalyt. Wirkung. Salicylaldehyd (**IV**) selbst u. p-Nitrobenzaldehyd waren ebenfalls inaktiv. Demnach sind die o-Oxygruppe u. eine stark elektronenanziehende Gruppe in 4- oder 6-Stellung von **IV** Voraussetzung für diese Reaktionen. I zeigt gegenüber Mikroorganismen eine starke wachstumshemmende Wirkung. Diese wurde in den untersuchten Fällen nicht durch Vitamin B_6 aufgehoben.

Versuche: *Rkk. zwischen Glutaminsäure* (**V**) *u. verschied. Aldehyden*: I u. L-**V** (sd. Wasserbad) zeigten bei p_H 4—5 in Ggw. von $KAl(SO_4)_2$ starke, ohne $KAl(SO_4)_2$ schwache III-Bldg., bei p_H 11,7—12,3 mit u. ohne $KAl(SO_4)_2$ starke III-Bldg., 6-Nitrosalicylaldehyd u. L-**V** mit $KAl(SO_4)_2$ nur bei p_H 4—5 starke III-Bildung. Quantitative Best. der Rk. zwischen I u. **V**, Serin (**VI**) u. Cystein (**VII**). I + L-**V** (100°): bei p_H 1,9, 4,0, 8,2, 11,8 mit $KAl(SO_4)_2$ 0,0, 9,3, 1,0, 2,3%, ohne 0,0, 0,2, 0,8, 1,9% III; I + DL-**VI** (100°): bei p_H 1,9, 4,1, 8,6, 11,8 mit Salz 0,0 7,2, 0,6 7,1%, ohne 0,0, 0,1, 0,2, 7,6% *Brenztraubensäure* (**VIII**); I + L-**VII** (100°): bei p_H 1,9, 4,0, 8,6, 11,8 mit Salz 0,0, 29,1, 40,1, 11,7%, ohne 0,3, 1,2, 25,7, 11,7% **VIII**; 4-Nitrobenzaldehyd + DL-**VI** (100°): bei p_H 4,0, 11,8 mit Salz 0,25, 0,4%, ohne 0,0, 0,25. — Rk. von I mit überschüssigem **V**, **VI** u. **VII**: Beim Erhitzen äquivalenter Mengen auf 100° (Luft, O_2, N_2) bei p_H 4,0 in Ggw. von $KAl(SO_4)_2$ entsteht je Mol gebildete Ketosäure etwas mehr als 1 Mol NH_3. — *2-[2-Oxy-4-nitrophenyl]-thiazolidin-4-carbonsäure* (**IX**), *Dihydrat*, $C_{10}H_{10}O_5N_2S \cdot 2\,H_2O$, F. 160° (Zers., korr.); aus 84 mg I u. 160 mg L-**VII**-HCl in 25 cm³ Acetatpuffer (p_H 4,0) durch 1std. Erhitzen auf 100° unter Wasserzusatz bis zur vollständigen Lsg.; seidige Nadeln (W.); 98 mg. (J. Amer. chem. Soc. **76**. 653—55. 5/2. 1954. Austin, Tex., Univ. of Texas, Biochem. Inst. and Dep. of Chem., Clayton Foundation for Res.)

K. MAIER. 3800

D. E. Metzler, Joanne Olivard und **Esmond E. Snell**, *Transaminierung von Pyridoxamin und Aminosäuren mit Glyoxylsäure.* Pyridoxamin (I) erleidet in wss. Lsg. bei p_H 5 u. 79—100° mit Glyoxylsäure rasch Transaminierung unter Bldg. von *Pyridoxal* (**Ia**) u. *Glykokoll* (II). Die Rk. wird durch Al-Salze katalysiert. Wichtige Neben-Rkk. hierbei sind: 1. Die Rk. von Na-Glyoxylat (**III**) mit **II**, wobei braune Prodd. u. *β-Oxyasparaginsäure* entstehen; 2. die Rk. von **Ia** mit **II** u. Alaun, wobei zum Teil ein **Ia**-, *Al-* u. *β-Pyridoxylserin*-haltiges *Metallchelat* gebildet wird. Viele α-Aminosäuren (**IV**) unterliegen bei p_H 4—10 u. 100° mit **III** der direkten Transaminierung unter Bldg. von **II** u. der entsprechenden *α-Ketosäuren* (**V**). Die Rkk. werden durch Al-, Fe(III)- u. Cu(II)-Salze katalysiert. Die Gleichgewichtslage begünstigt stark die Umwandlung von **III** → **II**. Hieraus erklärt sich wahrscheinlich die Tatsache, daß enzymat. Transaminierung zwischen **II** u. **IV** stattfindet, dagegen nicht zwischen **II** u. **V**. Bei Transaminierungs-Rkk. mit **II** tritt eine positive freie Energieänderung (ca. 2 kcal bei 79°) auf, die wahrscheinlich auch für biol. Rkk. bedeutsam ist. Die Umaminierungs-Rk. wurde zur präparativen Herst. von *α-Ketoglutarsäure* u. *Na-α-Ketoisocapronat* herangezogen.

Versuche: *Na-Glyoxylatmonohydrat*, $C_2H_3O_4Na$; 11 g Weinsäure in 10 cm³ W. mit 13,8 g H_5JO_6 in 30 cm³ W. unterhalb 5° oxydieren, die Glyoxylsäure mit Ae. extrahieren, die Extrakte im Vakuum auf 15 cm³ einengen, mit 15 cm³ W. verdünnen, bei p_H 5—6 u. 0° mit gleicher Menge Aceton fällen; Kristalle (W. + Aceton); 75%. — Darst. von *α-Ketosäuren* durch Transaminierung mit **III**: *α-Ketoglutarsäure*; 0,025 Mol **III**, 0,025 Mol Glutaminsäure u. 0,025 Mol $KAl(SO_4)_2$ in 500 cm W. lösen, bei p_H 5,0 10 Min. auf 100° erhitzen, bei p_H 1 mit Ae. extrahieren, den Ae.-Rückstand (Vakuum) in sd. CH_3NO_2 aufnehmen u. kühlen; 1. Kristallisat *α-Pyrrolidoncarbonsäure*; 0,52 g; 2. (Einengen im Vakuum) *α-Ketoglutarsäure*, F. 110—111°; 1,01 g (27%). — *Na-α-Ketoisocapronat*; 0,05 Mol **III**, 0,055 Mol DL-Leucin u. 0,001 Mol $KAl(SO_4)_2$ in 1 Liter W. lösen, bei p_H 5,0 nach Durchleiten von N_2 1,5 Std. auf 100° erhitzen, bei p_H 4,5 im Vakuum auf 270 cm³ einengen, bei p_H 1,0 mit 8·150 cm³ Ae. extrahieren, die Ketosäure dest. ($Kp._{10}$ 85—88°) u. in das Na-Salz überführen; 19%. (J. Amer. chem. Soc. **76.** 644—48. 5/2. 1954. Austin, Tex., Univ. of Texas, Biochem. Inst. and Dep. of Chem., Clayton Foundat. for Res.) K. MAIER. 3800

Maurice D. Sutherland, *Die Struktur des Ocimens.* Für den aus Ocimum basilicum gewonnenen KW-stoff *Ocimen* wurde bisher im allg. Formel **II** als richtig angesehen. Vf. zeigt auf Grund des Befundes, daß bei der Ozonolyse von aus Tagetes glandulifera gewonnenem, mit vorst. ident. Ocimen ($Kp._{10}$ 63°, $D.^{25}_4$ 0,7947, n_D^{25} 1,4836) ca. 96% *Aceton*, das nur aus einer Isopropylidengruppe gebildet werden kann, entstehen, daß die Formel **I** als zutreffend anzusehen ist. Eine geringe Verunreinigung von **I** durch einige % von **II** kann nicht völlig ausgeschlossen werden. Vf. schlägt vor, den Namen Ocimen allein für den KW-stoff **I** zu benutzen. (J. Amer. chem. Soc. **74.** 2688. 20/5. 1952. Brisbane, Australien, Univ. of Queensland, Dep. of Chem.) LÜTTKE. 3950

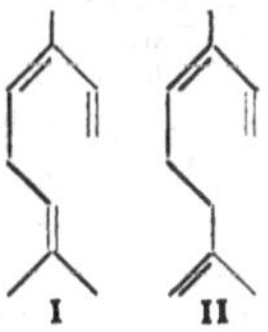

I II

D_3. Makromolekulare Chemie.

Melvin Cutler und **George E. Kimball,** *Einfluß der Adsorption auf Messungen der Viscositäten sehr verdünnter Polymerisatlösungen.* Die spezif. Viscositäten (η_{sp}) von Polymerisatlsgg. (wie z. B. Polyvinylalkohol in W.) mit sehr geringen Konzz. (c) wurden mit einem COX-WOLFENDEN-Viscosimeter (Proc. Roy. Soc. [London], Ser. A **175.** [1934.] 475) gemessen. Der Befund, daß die η_{sp}/c-Kurven die c-Achse bei $c > 0$ schneiden, wird auf Adsorption von Makromoll. an der Oberfläche des Viscosimeters zurückgeführt. Diese Annahme konnte durch Viscositätsmessungen an Polyacrylsäure (**I**)-Lsgg. nach der Spülung des Viscosimeters mit verd. Na_3PO_4-Lsg. bestätigt werden. Dabei trat infolge Abstoßung negativ geladener **I**-Moll. durch bereits adsorbierte Phosphationen geringere Adsorption u. damit Verschiebung der η_{sp}/c-Kurven nach links ein. (J. Polymer Sci. **7.** 445—47. Okt. 1951. New York, N. Y., Columbia Univ., Dep. of Chem.) SCHÄFF. 4000

Robert Ginell, *Eine Gleichgewichtstheorie der Linearassoziation mit zwei Konstanten.* (Vgl. auch GINELL, J. Colloid Sci. **5.** [1950.] 99.) Eine Theorie der Linearassoziation unter Gleichgewichtsbedingungen u. mit 2 Konstanten, wobei das Wachsen u. der Abbau von Hochpolymeren gleichzeitig betrachtet werden, wurde entwickelt. Die Wahl geeigneter Geschwindigkeitskonstanten wird erörtert. (J. Polymer Sci. **7.** 413—20. Okt. 1951. Brooklyn, N. Y., Coll., Dep. of Chem.) SCHÄFF. 4000

H. Tracy Hall, *Molekulargewicht von Polytrifluorchloräthylen mittels Lichtstreuung.* An Lsgg. von *Polytrifluorchloräthylen* (**I**, Typ Kel-F-240) in Mesitylen (Viscositätszahl 0,59) wurden bei 145° Lichtstreuungsmessungen (Trübung als Funktion der Konz.) durchgeführt. Dabei wurde ein Mol.-Gew. von $3{,}6 \cdot 10^5$ im Gegensatz zum osmot. von KAUFMAN u. MUTHANA (C. **1953.** 5191) bestimmten Mol.-Gew. von 56000 ermittelt. Diese Unterschiede sind vielleicht auf das Vorhandensein einer sehr breiten Mol.-Gew.-Verteilung oder einer Verteilung mit 2 Maxima oder auf ein hohes Ausmaß an Makromol.-Assoziation in Lsg. zurückzuführen. (An den höhermol. **I**-Typen Kel-F-270 bzw. 300 konnten wegen der ungenügenden Löslichkeit dieser Prodd. keine Lichtstreuungsmessungen durchgeführt werden.) (J. Polymer Sci. **7.** 443—45. Okt. 1951. Schenectady, N. Y., General Electric Co., Res. Labor.) SCHÄFF. 4010

A. V. Tobolsky und **J. R. McLoughlin,** *Viscoelastische Eigenschaften von Polyisobutylen.* 5. Mitt. *Der Übergangsbereich.* (4. vgl. J. Polymer Sci. **7.** [1951.] 221.) Die Erweiterung der Zeitskala für viscoelast. Daten auf Grund experimenteller Befunde bei verschied Tempp. wird erörtert. Die Funktion $\varkappa$(T) (vgl. ANDREWS u. Mitarbeiter, J. Polymer Sci. **3.** [1948.] 669) wurde mit der von FERRY (C. **1951.** I. 2297) bzw. von FOX u. FLORY (C. **1949.** I. 873) für andere viscoelast. Daten verwendeten Funktion α(T) verglichen. Dabei wurde gefunden, daß $\varkappa$(T) für Polyisobutylen (**I**) (innerhalb der experimentellen Fehlergrenzen) ident. mit α(T) ist, das von FOX u. FLORY aus Viscositätsmessungen erhalten wurde. Die vollständige, zusammengesetzte Relaxationskurve für **I**, $E_{r,T}$(t), wurde aus Daten von BROWN u. TOBOLSKY (C. **1952.** 377) u. ANDREWS u. TOBOLSKY (4. Mitt.) konstruiert. Sie hat 3 Bereiche: einen kautschukartigen, einen Übergangs- u. einen glasartigen Bereich. Diese Schlußfolgerung wurde durch den Vgl. mit Daten an Polymethacrylsäuremethylester bestätigt. Der kautschukartige Bereich ist vom Mol.-Gew. abhängig, während der Übergangsbereich vom Mol.-Gew. u. von dem Vorhandensein eines geringfügigen Vernetzungsgrades unabhängig ist. Für die Relaxationskurve werden einfache, empir. Funktionen u. die entsprechenden Verteilungen der Relaxationszeiten angegeben. (J. Polymer Sci. **8.** 543—53. Mai 1952. Princeton, N. J., Univ., Frick Chem. Labor.) SCHÄFF. 4010

Carl D. Thurmond und **Bruno H. Zimm,** *Größe und Gestalt von Molekülen in künstlich verzweigtem Polystyrol.* (Vgl. ZIMM, C. **1948.** E. 64.) Vff. fraktionierten ein Divinylbenzol–Styrol-Mischpolymerisat, bestimmten durch Lichtstreuungs- u. Viscositätsmessungen die Beziehungen zwischen Mol.-Größe, Viscositätszahl [η] u. Gewichtsmittel-Mol.-Gew. M, verglichen diese Beziehungen mit denen bei reinem Polystyrol (I) u. deuteten die Befunde auf Grund der bekannten Theorien verzweigter Polymerer von FLORY (C. **1947.** E. 544) u. STOCKMAYER (C. **1946.** I. 309). Die Kurve log [η]/log M zeigt deutlich den Effekt der Verzweigung, bes. bei Verwendung eines idealen Lösungsm. (dabei ist die Neigung der Kurve für unverzweigte Polymere 0,5, während statist. Verzweigung die Neigung bis auf 0 fallen läßt, wenn ca. 2 Verzweigungseinheiten pro Mol. eingeführt werden). Die [η]-Werte der höhermol. Fraktionen sind niedrig im Vgl. zu denen von reinem **I.** Das durch Lichtstreuung bestimmte mittlere Quadrat des Radius des Mol.-Gew. zeigt ähnliche Effekte, wenn auch Komplikationen auftreten. Die Ergebnisse zeigen jedenfalls die Möglichkeit der halbquantitativen Best. der Verzweigung nach dieser Methode. (J. Polymer Sci. **8.** 477—94. Mai 1952. Berkeley, Calif., Univ., Dep. of Chem.) SCHÄFF. 4010

Harold C. Beachell, Peter Fotis und **Janet Hucks,** *Untersuchung des oxydativen Abbaus von Polyvinylformal.* Der oxydative Abbau von *Polyvinylformal* (**I,** Formvar E) bei hohen Tempp. (150° u. mehr) wurde mit Hilfe der Ultrarotanalyse, des Gewichtsverlusts, der Verfärbung u. der chem. Analyse verfolgt. Dabei finden in erster Linie Vernetzungs- u. Oxydations-Rkk. u. weniger Depolymerisations-Rkk. statt. Es bilden sich CO- u. Äthylengruppen unter Verlust von CH- u. Formalgruppen. Für die Spaltung der Formalringe wird ein Radikalmechanismus angenommen, der auch die Abspaltung von CH_2O u. W. aus dem Makromol. u. die Bldg. von CO- u. Äthylengruppen, die die Verfärbung hervorrufen, erklärt. Vff. verglichen ferner die Stabilität von **I**-Verbb. verschied. Zuss. u. erörterten den Einfl. restlicher Acetat- u. Alkoholgruppen auf die Zersetzungsgeschwindigkeit. Mehrere Beschleuniger (z. B. Cu) u. Inhibitoren (z. B. Pyridin) für den Zersetzungsvorgang werden angegeben. (J. Polymer Sci. **7.** 353—76. Okt. 1951. Delaware, Univ., Dep. of Chem.) SCHÄFF. 4010

Ivan Harris und **R. G. J. Miller,** *Molekulargewichtsverteilung in Polymethacrylsäuremethylestern.* Mittels der Meth. von MOREY u. TAMBLYN (C. **1946.** I. 903) wurde die Mol.-Gew.-Verteilung einer Reihe von *Polymethacrylsäuremethylestern* (handelsübliche u. Versuchsprodd. für Spritzguß) untersucht. Es wird gezeigt, daß die Zunahme der Polymerisationsgeschwindigkeit während der Polymerisation von Methacrylsäuremethylester (der NORRISH-SMITH-Effekt) eine Verbreiterung der Verteilung bei Prodd. mit hohem Umsatz verursacht; das Vorhandensein mehrerer Maxima konnte jedoch nicht beobachtet werden. Die Befunde bei der Unters. von Versuchsprodd. mit niedrigem Umsatz lassen auf Rekombination wachsender Ketten als bevorzugte Abbruch-Rk. u. nicht auf Disproportionierung schließen. (J. Polymer Sci. **7.** 377—92. Okt. 1951. Welwyn Garden City, Herts., England, Imp. Chem. Ind. Ltd., Plastics Div.) SCHÄFF. 4010

D. I. McGilvray, *Die Entdeckung und Bestimmung von „Endgruppen" in O-Methylcellulosen.* Cellulose (**I**) aus Baumwolle u. gebleichtem Holzschliff wurde methyliert u. die *Methylcellulose* (**II**) in einen in Chlf./PAe. lösl. u. einen unlösl. Teil getrennt. Ersterer wurde mit Ameisensäure (**III**) schonend hydrolysiert u. die Methylglucoside gebildet. Durch Extraktion ihrer wss. Lsg. mit PAe. wurde ein an Pentamethylglucose angereicherter Extrakt erhalten u. aus seinem Hydrolysat papierchromatograph. die *2.3.4.6-Tetramethyl-D-glucose* (**IV**) von der *2.3.6-Trimethyl-D-glucose* (**V**) getrennt. Das aus der Ausbeute an **IV** bestimmte Mol.-Gew. wurde zu dem viscosimetr. u. osmot. bestimmten Mol.-Gew. in Beziehung gesetzt. Es ergab sich, daß auch unter Luftabschluß eine zum Teil wesentliche Depolymerisation bei der Methylierung stattfindet. Je sorgfältiger O_2 ferngehalten wird, desto geringer ist dieser Abbau. Die unter sorgfältigstem O_2-Ausschluß erhaltene (dabei in erhöhter Menge anfallende) unlösl. **II** zeigt prakt. keine Depolymerisation gegenüber der nativen **I.** Es ist anzunehmen, daß bei jeder Spaltung einer β-glucosid. Bindung eine nicht reduzierende Endgruppe entsteht. Differenzen von osmot. u. viscosimetr. bestimmtem Mol.-Gew. lassen die Möglichkeit einer geringen Verzweigung (maximal 1 Verzweigung pro Kette) zu. Eine von HAWORTH (Chem. and Ind. **17.** [1939.] 917) angenommene Ringbldg. der **I**-Ketten bei der Methylierung ist wegen des Auftretens von **IV** unwahrscheinlich.

Versuche: Baumwolle wurde 17 Std. mit A. u. 12 Std. mit Ae. im SOXHLET entwachst. In den äthanol. Extrakten wurden papierchromatograph. Mannose, Glucose, Galaktose u. höhere Polysaccharide gefunden. — *Methylcellulose* (II), durch 5malige Methylierung von 20 g entwachster gemahlener amerikan. Baumwolle mit Dimethylsulfat in 30%ig. wss. NaOH/Dioxan unter mit alkal. Pyrogallol gewaschenem N_2; 22 g Ausbeute an roher II mit 41,3% OCH_3;] diese in 1 Liter Chlf. lösen, mit 1 Liter PAe. verdünnen u. 5,4 g unlösl. II abzentrifugieren (39,6% OCH_3); durch Fällen mit PAe. 15,7 g lösl. II (43,7% OCH_3) vom Polymerisationsgrad P (viscosimetr.) 256. — 8,0 g lösl. II 5 Std. mit 90%ig. III auf dem sd. Wasserbad bis zur konstanten Drehung hydrolysieren, III verdampfen u. den entwässerten Sirup (8,65 g) durch 16std. Kochen mit 2—3%ig. methanol. HCl zu den Methylglucosiden verarbeiten; Sirup; 9,1 g. 2malige 3std. Extraktion der wss. Lsg. dieser Methylglucoside mit PAe. (Kp. 38—41°) gab 0,5148 u. 0,4955 g Extrakt; beide Fraktionen gaben nach 16std. Hydrolyse auf dem sd. Wasserbad mit 2n H_2SO_4, Entsalzung u. Papierchromatographie *2.3.4.6-Tetra-O-methyl-D-glucose* (IV) u. *2.3.6-Tri-O-methyl-D-glucose* (V). Oxydation mit Hypojodit ergab die Anwesenheit von 38,4 mg IV entsprechend einem Endgruppenpolymerisationsgrad $P_E = 245$. — Gebleichter Holzschliff ergab bei entsprechender Behandlung P_E 244 (vgl. Tabelle). — Bei der Analyse einer bekannten Mischung von IV u. V (1 : 1500) nach vorst. Meth. wurden für IV 106% erhalten. — Nach Hydrolyse u. Papierchromatographie von 1,0 g reiner V (wie bei II) wurden 0,955 g wiedergefunden. — Die Identität der Methylzucker im „Endgruppenkonzentrat" mit authent. IV u. V wurde durch die Infrarotspektren bewiesen. — An ägypt. Baumwolle wurden weitere Methylierungen (im Dunkeln) vorgenommen: Beim 3. Vers. wurde zum Sättigen der NaOH in der Hitze während u. nach der Methylierung mit alkal. Na-Anthrachinon-2-sulfonatlsg. gewaschener N_2 verwendet. Die Endgruppenbest. ergab P_E 495, bei einem ähnlichen Vers. 540. — Beim 5. Vers. wurde zusätzlich zu den obigen Maßnahmen das Reaktionsgefäß mit der Baumwolle 4mal evakuiert u. mit N_2 gefüllt; P_E 880. — Bei einem mit höchstmöglichem O_2-Ausschluß angestellten Vers. hatte die unlösl. II-Fraktion nach 6 Methylierungen (43,0% OCH_3) P_E 2340 u. nach 7 Methylierungen (42,9% OCH_3) P_E 2040. — 3 Tabellen. (J. chem. Soc. [London] **1953**. 2577—82. Sept. Urmston, nr. Manchester, Brit. Rayon Res. Assoc.) WILLENBERG. 4050

A. Elliott, *Infrarotdichroismus in synthetischen Polypeptiden.* Unter Bezugnahme auf die Infrarotabsorptionsunterss. von FRASER u. PRICE (vgl. C. **1953**. 4541) an Peptiden, die eine Amidgruppe enthalten, berichtet Vf. zunächst über Unterss. über die Beziehung zwischen der C=O-Valenzbindung u. dem Übergangsmoment der C=O-Bande an *Acetanilid* als Modellverbindung. Aus den Unterss. geht hervor, daß das Übergangsmoment der Bande mit der C=O-Bindung einen Winkel von 23° bildet. Das Übergangsmoment ist in der Ebene der Amidgruppe u. gegenüber der C=O-Bindung nach der Richtung der Verbindungslinie der N- u. O-Atome verschoben. Weitere Hinweise über Infrarotdichroismus der C=O- u. NH-Banden ergaben Unterss. an *Nylon 66*. Es wurden dichroit. Verhältnisse von 3,1 u. 4,1 für die 1640 cm^{-1}-C=O-Bande u. die 3310 cm^{-1}-Bande erhalten. Hieraus geht hervor, daß die Übergangsmomente dieser Banden nicht parallel sind, obwohl die entsprechenden Valenzbindungen in der Amidgruppe als parallel zu erwarten sind. Wenn man annimmt, daß das NH-Übergangsmoment entlang der Valenzbindung liegt, daß die C=O-Bindung senkrecht zur Kettenachse angeordnet ist, u. wenn man ferner die Valenzwinkel der Amidgruppe von COREY u. PAULING (vgl. Proc. Roy Soc. [London], Ser. B **141**. [1953.] 10) zugrunde legt, dann zeigen die dichroit. Verhältnisse, daß das C=O-Übergangsmoment gegen die Valenzbindung in dem erwarteten Sinne geneigt ist, aber nur einen Winkel von 12° bildet. (Nature [London] **172**. 359—60. 22/8. 1953. Maidenhead, Courtaulds Ltd., Res. Labor.) GOTTFRIED. 4070

J. T. Davies, *Grenflächenpotentiale.* 2. Mitt. *Die Molekülorientierung der ω-substituierten Fettsäuren und der Polyaminosäuren.* (1. vgl. C. **1954**. 2771.) Nach dem l. c. beschriebenen Verf. werden die Grenzflächenpotentiale in ihrer Abhängigkeit vom Mol.-Platzbedarf für *ω-Brompalmitinsäure* u. *ω-Oxyheptadecansäure* sowie für folgende ω-Aminosäuren untersucht: *Polylysin, Copolymerisat aus Lysin* u. *Glutaminsäure* bzw. *γ-Methyl-l-glutaminsäure* mit *dl-Phenylalanin* u. *Polyleucin.* Die Monofilme wurden an der Grenzfläche Luft–W. oder Luft–PAe. (Kp. $> 120°$) gespreitet. Dabei wird bei den polaren u. nichtpolaren Polyaminosäuren angenommen, daß das Gerüst der Peptidbindungen stets in der Grenzfläche liegt, während die Seitenketten, je nach ihrer Polarität, der Natur der nichtwss. Phase u. der Größe des Filmdrucks eine Lage oberhalb bzw. auf der Wasseroberfläche oder in das W. eintauchend einnehmen können. Somit können die Polyaminosäuren als bequeme Modellsubstanzen dienen, um über die Spezifität von Proteinen u. ihr Verh. an Grenzflächen näheren Aufschluß zu erhalten. (Trans. Faraday Soc. **49.** 949—55. Aug. 1953. London, King's Coll.) Hentschel. 4070

M. F. Perutz, *Polarisationsdichroismus, Formdoppelbrechung und Molekülorientierung in kristallinen Hämoglobinen. Oxyhämoglobin* oder *Methämoglobin* vom *Pferd* (I) krist. in der Raumgruppe C 2 mit Z = 2. Die Moll., deren äußere Form durch ein Ellipsoid mit den Achsen 54·54·65 Å dargestellt werden kann, liegen alle auf Gitterpunkten. Messungen des dichroit. Verhältnisses (D.V.) an frischen Kristallen zeigten einen Wert von 2,6 für n. zu (0 0 1) einfallendem Licht mit der Richtung größter Absorption parallel [0 1 0]. Für Licht parallel [0 1 0] wurde das gleiche D.V. gemessen, wobei die Richtung geringster Absorption mit [1 0 0] einen Winkel von 10° bildet. Die für $\lambda = 5800$ Å gemessenen absol. Absorptionskoeffizienten sind $K_1 = K_2 =$ 690 u. $K_3 = 260$, woraus der mittlere Koeff. $K_m = 550$ folgt. Da die feuchten Kristalle 63,5% I enthalten, ist $K_m = 450$. Diese Diskrepanz beruht wahrscheinlich auf Fehlern bei der Messung der Kristalldicke; berücksichtigt man diesen Fehler, dann ist $K_1 = K_2 = 565$ u. $K_3 = 210$. — *Oxyhämoglobin* oder *Methämoglobin vom Mensch* (II) krist. in der Raumgruppe P $4_1 2_1$ mit Z = 4. Die Moll. liegen in speziellen Lagen auf den zweizähligen Achsen, wobei ihre A-Achsen mit den vierzähligen Achsen einen kleinen Winkel bilden. Sind alle Moll. mit K_3 parallel zu den vierzähligen Achsen orientiert, dann sollte das D.V. auch 2,6 sein. Gemessen wurde jedoch 1,9, woraus geschlossen werden kann, daß K_3 mit der vierzähligen Achse einen Winkel von 25 ± 4^0 bildet. Da nun K_3 mit A einen Winkel von 10° bildet, erhält man 2 mögliche Orientierungen des Mol., u. zwar A: [0 0 1] = —15 oder + 35°. *Reduziertes Hämoglobin vom Mensch* (III) hat die Raumgruppe P 2_1 u. Z = 2. Die Moll. liegen in allg. Lagen; die Zelle ist jedoch angenähert raumzentriert, die Moll. selbst mit A || [1 0 0] u. B || [0 1 0] orientiert. Die Kristalle zeigen negativen Dichroismus u. ein mittleres D.V. von $4,5 \pm 0,2$ mit der Richtung niedrigster Absorption angenähert parallel [1 0 0]. Das D.V. von **III** ist demnach um einen Faktor von 1,7 größer als das D.V. von I, dessen Moll. streng parallel liegen. Da vermutet wurde, daß **III** ein wirklich höheres D.V. als **II** hat, wurden die D.V. von aus **III** dargestellten Oxy-, Carboxy- u. Methämoglobin gemessen; gefunden wurden die Werte 2,6; 2,5 u. 2,7, demnach die gleichen Werte wie der von I. Mit D.V. = 2,6 u. geringster Absorption || [1 0 0] erhält man als Orientierung das Mol. K_3 || [1 0 0] u. A: [1 0 0] = 10°. — Reduziert man I bei p_H 7, dann steigt das D.V. von 2,6 auf 3,6. Messungen an *Metmyoglobin* ergaben Dichroismus von negativem einachsigem Typ mit einem D.V. von 1,7. Nach Red. steigt dieser Wert auf 2,4. Messung des D.V. von Additionsverbb. von II mit Azid u. Imidazol hatten das gleiche D.V. wie **II**. — Die Doppelbrechung von feuchtem I ändert sich mit dem Suspensionsmedium. Die Messungen wurden in 2- u. 4-mol. $(NH_4)_2SO_4$-Lsgg. durchgeführt. Bei Erhöhung der Konz. der $(NH_4)_2SO_4$-Lsg. steigt (für Na-Licht) $n_\gamma - n_\alpha$ von 0,0063 auf 0,0071, 2 V von 69 auf 78°, während $n_\beta - n_\alpha$ von 0,0020 auf 0,0028 zunimmt. Das wahre Brechungsindexellipsoid hat dasselbe Vorzeichen u. die gleiche Orientierung wie das Absorptionsellipsoid, d. h. n_α ist parallel zu K_3, der Achse niedrigster Absorption. Die Formdoppelbrechung ist einachsig u. positiv mit der opt. Achse des Brechungsindexellipsoids angenähert parallel zu der langen Achse des Hämoglobinmoleküls. (Acta crystallogr. [Copenhagen] **6.** 859—64. 10/11. 1953. Cambridge, Univ., Cavendish Labor. and Molteno Inst., Med. Res. Counc. Unit for the Study of the Mol. Structure of Biol. Syst.) Gottfried. 4070

W. L. Bragg und **A. B. Pippard,** *Die Formdoppelbrechung von Makromolekülen.* Unter Bezugnahme auf die Messungen der Doppelbrechung von Hämoglobin in Salzlsgg. von Perutz (vgl. vorst. Ref.), wobei Änderungen der Doppelbrechung bei Ersatz des W. in dem Hämoglobinkristall durch eine Salzlsg. beobachtet worden war, berechneten Vff. den Einfl. dieser Substitution in der Doppelbrechung. Größenordnungsmäßig besteht Übereinstimmung zwischen den berechneten u. beobachteten Werten. Die opt. Daten führen jedoch auf ein längeres Mol. hin, als aus Röntgenunterss. hergeleitet worden war. (Acta crystallogr. [Copenhagen] **6.** 865—67. 10/11. 1953. Cambridge, Cavendish Labor.) Gottfried. 4070

U. W. Arndt und **D. P. Riley,** *Strukturen von Insulin mit S—S-Bindungen zwischen den Ketten.* Vff. nehmen auf die von Robinson (vgl. C. **1954.** 3477) vorgeschlagene Struktur des *Insulins* Bezug, mit der sie nicht in allen Punkten übereinstimmen. Gegenüber Robinson nehmen sie eine S—S-Bindung in der Kette zwischen dem siebenten u. elften Rest der A-Kette an. Hierdurch ist es möglich, Moll. zu betrachten, die weniger S—S-Brücken in der Kette enthalten; dies gestattet die Anwendung beider Typen von α-Schrauben (α_1 u. α_2 bzw. A u. B). Ist Prolin eine der ersten 3 Reste einer Polypeptidkette, mit Anfang am Aminoende, dann ist der einzige Typ einer α-Schraube, welche die Bldg. aller H-Bindungen erlaubt, α_2. Ähnlich ist, wenn Prolin in der Mitte einer α-Schraube auftritt, die begünstigte Konfiguration in Richtung des Carboxylendes der Kette α_2. In einem solchen Fall kann die α_2-Schraube auf der Aminoseite ungestört nur für weitere 3 Reste verlaufen. Hierauf entsteht ein regelloses Gebiet infolge ster. Hinderung u. wenigstens einer H-Bindung; der Schraubentyp ist dann nicht mehr eindeutig definiert. Das regellose Gebiet kann als Scharnier wirken u. eine Änderung in Richtung der Schraubenachse erlauben. In der B-Kette des Insulins liegt der Prolinrest nahe dem Carboxylende der Kette u. bestimmt daher nicht notwendigerweise die Konfiguration in dem Hauptteil der Schraube. Um ein Mol. vom Mol.-Gew. 11550 aufzubauen, müssen die 2 A (α_1)- u. 2 B (α_2)-Ketten durch 4 S—S-Bindungen querverbunden sein, u. zwar der Reste 6 u. 20 in α_1 u. 7 u. 19 in den α_2-Schrauben. Auf Grund ihrer Unterss. halten Vff. eine cycl., geschlossene Anordnung für notwendig. Vff. besprechen 3 verschied. Strukturmöglichkeiten. In all diesen hypothet. Strukturen liegen die 4 Schrauben gegeneinander geneigt, wobei der Winkel zwischen den Achsen benachbarter Schrauben ca. 5° ist. Zwischen den 4 Schrauben befinden sich 4 S—S-Brücken. Während dieses Mol. keine wahre Symmetrie besitzt, hat es die Form abgestumpften tetragonalen Sphenoids; die Länge ist die der längeren B-Kette, 45 Å, der Durchmesser roh 25 Å. Der mittlere Abstand zwischen den Achsen benachbarter Schrauben ist ca. 11 Å. (Nature [London] **172.** 245—46. 8/8. 1953. London, Royal Inst.) Gottfried. 4070

Rosalind E. Franklin und **R. G. Gosling,** *Nachweis der 2-Kettenschraube in der Kristallstruktur von Natriumdesoxyribonucleat.* Vff. nehmen Bezug auf die von Watson u. Crick (vgl. Nature [London] **171.** [1953.] 737) vorgeschlagene Struktur von *Na-Desoxyribonucleat,* in der 2 coaxiale Ketten auftreten, die durch eine zweizählige Achse auseinander hervorgehen. Vff. hatten früher (vgl. Nature [London] **171.** [1953. 740) festgestellt, daß diese Struktur mit den Hauptmerkmalen ihrer Röntgendiagramme, ihrer Struktur B (regellose Form des Salzes mit hohem Feuchtigkeitsgeh.), in Übereinstimmung steht. Eine erneute Unters. ergab jedoch einige Diskrepanzen. Vff. nehmen jetzt eine kompaktere Schraubenstruktur an, in der die P-Atome auf einer Schraube mit dem Radius 8,5 Å liegen: Wenn ein solches 2-Kettenschraubenmol. in der Struktur B vorliegt, dann muß es auch die Struktur A (kristalline, bei 75% Feuchtigkeit erhaltene Form) repräsentieren, da die Umwandlung A $\leftrightarrows$ B leicht reversibel ist. Die Unters. der Struktur A mittels Patterson-Funktionen ergab eine flächenzentriert monokline Zelle mit a = 22,0 Å; b = 39,8 Å; c = 28,1 Å; $\beta = 96\frac{1}{2}°$. Ist die Zelle wirklich monoklin, dann kann die Raumgruppe nur C 2 sein. Mit einer gemessenen D. von 1,47 u. ca. 8 H_2O pro Nucleotid erhält man 23 Nucleotide pro Gitterpunkt, was in guter Übereinstimmung mit der Annahme steht, daß die primitive Elementarzelle 11 Nucleotide auf jeder der zwei Ketten enthält. Struktur A u. B enthält zwei coaxiale Schraubenketten, die in entgegengesetzten Richtungen verlaufen. Bei der Umwandlung von B nach A nimmt die Anzahl der Reste pro Gang zu, während die Höhe der Schraube von 34 auf 28 Å abnimmt. In A liegen die Phosphatgruppen auf einer Schraube vom Radius 9 Å mit einem Abstand von ca. ½ C zwischen den Phosphatgruppen der zwei coaxialen Ketten. Die vertikale Komponente des Interbasenabstandes nimmt von 3,4 Å in B auf 2,55 Å in der Struktur A ab. Hieraus folgt, daß in der Struktur A die Basisebenen nicht senkrecht zur Faserachse sein können. (Nature [London] **172.** 156—57. 25/7. 1953. London, King's Coll., Wheatstone Phys. Labor.) Gottfried. 4090

Friedrich Konrad Beilsteins Handbuch der organischen Chemie. Hrsg. u. bearb. von **Friedrich Richter** 4. Aufl. Erg.-Werk 2. Bd. 23. Berlin, Göttingen, Heidelberg: Springer. 1954. Die Literatur von 1920—1929 umfassend. Bd. 23. Als Ergänzung des 23. Bandes des Hauptwerkes. (XXXI + 535 S.) DM 206,—.

S. Ja. Frenkel, Fortschritte auf dem Gebiet der Untersuchungen über den Bau der Stärke. Übersetz. aus dem Russ. von **R. Moritz** u. **G. Feldmann.** Berlin: Akademie-Verl. 1953. (63 S.) DM-Ost 5,50.

W. W. Korschak, Allgemeine Methoden zur Darstellung von makromolekularen Verbindungen. „Methoden in der makromolekularen Chemie", Band I. Moskau: Ausg. der Akad. der Wiss. der UdSSR. 1953. (668 S.) 47 Rbl. 10 Kop. [russ.].

E. Biologische Chemie. Physiologie. Medizin.

E_1. Allgemeine Biologie und Biochemie.

P. W. Wilson und **R. H. Burris,** *Biologische Stickstoffbindung.* Übersichtsbericht (bis Dez. 1952). *N*-bindende Organismen (Bakterien, Blau- u. Grünalgen, excisierte Knöllchen); Physiologie derselben; Mechanismus der *N*-Fixierung. — 105 Literaturangaben. (Annu. Rev. Microbiol. **7.** 415—32. 1953. Madison, Wis., Univ. of Wisconsin, Dep. of Bacteriol. u. Dep. of Biochem.) K. Maier. 4100

Orville Wyss und **Felix L. Haas,** *Genetik der Mikroorganismen.* Übersichtsbericht (bis Dezember 1952). Methoden, Ursprung der Variation (Adaptation, Resistenz), Mutationsprozeß (spontane u. induzierte Mutation, Bestrahlungswirkungen, chem. Mutagene: $MnCl_2$ u. Beeinflussung von dessen Wrkg. durch anorgan. Salzlsgg., CH_2O, aliphat. monofunktionelle Lostverbb. u. verwandte Verbb., Beeinflussung der Mutationsrate durch O_2), geschlechtliche Rekombination bei Bakterien, Cytologie, Mutationsstudien (Bakterien, Algen, Hefen, Fungi). — 202 Literaturangaben. (Annu. Rev. Microbiol. 7. 47—82. 1953. Austin, Tex., Univ. of Texas, Labors. of Bacteriol. and Genetics.) K. MAIER. 4130

B. Wesley Catlin, *Reaktion von Escherichia coli auf Ferroionen.* 1. Mitt. *Einfluß der Temperatur auf die mutagene Wirkung von Fe^{2+} auf einen streptomycingewöhnten Stamm.* Züchtungsverss. mit dem streptomycingewöhnten Stamm B/Sd-4 von *Escherichia coli* in Nährbrühen mit $5 \cdot 10^{-5}$ mol. Fe^{2+}- u. Fe^{3+}-Gehh. bei den Tempp. 1 u. 37° zeigen folgende Ergebnisse: Zusätze von Fe^{3+}-Lsgg. führten zu mehr als 50% überlebenden Organismen u. zu nur geringer Steigerung der Zellenvermehrung in Kolonien auf streptomycinfreien Nährböden. Höhere Konzz. an Fe^{3+} bewirken leicht Agglutination der Zellen, während $3-5 \cdot 10^{-5}$ mol. Lsgg. von Fe^{2+} die Zahl der lebenden Zellen rapid reduzieren u. eine bedeutende Steigerung der Mutation zu streptomycinunabhängigen Zellen zur Folge haben. Diese ist bei 1° größer als bei 37°. Werden die Zellen einem Temperaturschock unterworfen, indem die Temp. während des Vers. mit Fe^{2+} von 1 auf 37° plötzlich erhöht wurde, wird ein enormes Ansteigen der mutagenen Wrkg. beobachtet. Parallelverss. mit Zellsuspensionen in W. oder Fe^{3+}-Lsgg. zeigen diesen Effekt nicht. Ein umgekehrter Temperaturschock (von 37 auf 1°) zeigte gegenüber der Temperaturerhöhung keinen wesentlichen Unterschied in der Zahl der Überlebenden, jedoch nur $^1/_{22}$ des obigen mutagenen Effektes. Nicht frische Fe^{2+}-Lsgg. zeigen eine verminderte Fähigkeit, auf die Zellen einzuwirken. Bei länger andauernder Einw. der Fe^{2+}-Lsgg. wird nach einem Maximum ein Abfallen der Reversionshäufigkeit beobachtet. Zusatz von H_2O_2 oder KCN zeigt keine merkliche Steigerung des Auftretens von Mutanten gegenüber Fe^{2+} allein. Unterss. mit ^{35}S-haltigen Nährmedien an Stamm B ergaben, daß die ^{35}S-Aufnahme bei Fe^{2+}-behandelten Zellen viel stärker gehemmt wird als bei Fe^{3+}-behandelten. Temperaturänderungen von 1 zu 37° während der Fe^{2+}-Behandlung zeigen die stärkste Synthesehemmung. (J. Bacteriol. **65.** 413—21. April 1953. Cold Spring Harbor, N. Y., Carnegie Inst. of Washington, Dep. of Genetics.)
ENDRASS. 4130

B. Wesley Catlin, *Reaktion von Escherichia coli auf Ferroionen.* 2. Mitt. *Einfluß von Stickstoff und Sauerstoff auf die mutagene und letale Wirkung von Fe^{2+} bei einem streptomycinabhängigen Stamm.* (1. vgl. vorst. Ref.) Verss. über den Einfl. von O_2 u. N_2 auf die Reversion des *Escherichia coli*-Stammes B/Sd-4 durch Fe^{2+} zeigen, daß bei 1° die letale Wrkg. u. Reversionshäufigkeit größer war als bei 37°, gleichgültig, ob N_2 oder O_2 gegenwärtig war; wurde aber die Temp. von 1 auf 37° während des Vers. bei Ggw. von O_2 geändert, wurden beide Effekte erheblich gesteigert, bei Ggw. von N_2 aber vermindert. Der Anteil der überlebenden Organismen ist in diesem Fall am Ende des Vers. bei 37° beträchtlich höher als vor der Temperatursteigerung. (J. Bacteriol. **65.** 422—27. April 1953. Milwaukee, Wis., Marquette Univ., School of Med., Dep. of Microbiol. and Immunol.) ENDRASS. 4130

K. J. Poppen, D. M. Green und **H. T. Wrenn,** *Histochemische Lokalisation von Kalium und Glykogen.* Ausfällungen des zelleigenen *K* im Herzgewebe durch Kobaltnitrit ergaben eine Konzentrierung des *K* an der Kernmembran, speziell bei den Kernpolen, der PURKINJEschen Zellen, sowie im Cytoplasma der Muskelfibrillen. Hämatoxylingegenfärbungen zeigten, daß diese Stellen auch reich an Glykogen sind. Die gleichen Verhältnisse wurden in der Leber gefunden. (J. Histochem. Cytochem. **1.** 160—73. Mai 1953. San Francisco, Univ., School of Med., Dep. of Pathol., u. Veterans Admin. Hosp., Dep. of Pathol.) SPEYER. 4150

John Naeslund und **Karl-Erik Swenson,** *Untersuchungen über das p_H maligner Tumoren bei Mäusen und Menschen nach Zuführung von Glucose.* Mit einer spitzen Glaselektrode u. einer Kalomelelektrode mit Polyäthylenspitze wurden bei Mäusen mit experimentellen Malignomen nach peroralen u. intraperitonealen Glucose (I)-Gaben, desgleichen bei 5 Frauen mit Genitalcarcinom nach 24 Std. I per os u. anschließend I intravenös, p_H-Bestimmungen durchgeführt. Sie ergaben danach bei Mäusen für mehrere Std. eine Senkung von p_H 7,65 auf ~7,2 im gesunden, von 6,9 auf 6,6 im Tumorgewebe. Ähnliche Werte fanden sich bei den Frauen. (Acta obstetr. gynecol. scand. **52.** 359—67. 1953. Uppsala, Univ., Dep. of Obstetr. and Gynecol.)
BROSEMANN. 4160

E. A. Balasz und **J. von Euler,** *Der Hyaluronidasegehalt von nekrotischem Tumor- und Testisgewebe.* Viscosimetr. wurden auf Sterilität kontrollierte Gewebsextrakte auf *Hyaluronidase*-Wirksamkeit geprüft. Asept. Autolyse steigerte die Ausbeute an nicht dialysabler u. hitzeinstabiler Fermentaktivität. WALKER-Rattencarcinosarkom war wirksamer als Testisgewebe, nekrot. Teile jeweils aktiver als lebende. EHRLICHs Mäusecarcinom war völlig unwirksam. (Cancer Res. **12.** 326—29. Mai 1952. Stockholm, Karolinska Inst., Dep. of Exp. Histology.) GIBIAN. 4160

Richard J. Winzler, *Die Plasmaproteine bei der Krebskrankheit.* Literaturübersicht. In der Fülle der gefundenen Verschiebungen ist keine einzige für die Carcinomatose spezifisch. — 350 Literaturangaben. (Advances Cancer Res. **1.** 503—48. 1953. Chicago, Ill., Univ., Dep. of Biol. Chem.) WRBA. 4160

W. U. Gardner, *Hormonale Aspekte der experimentellen Tumorigenese.* Die Grundlage aller bekannten Wirkungen dieser Art liegt in der Störung des Hormongleichgewichtes; ob Hormone selbst oder nur Metaboliten cancerogen wirken, ist eine unentschiedene Frage. Bes. ausgeführt werden die Wechselwirkungen zwischen Hypophyse, Sexualdrüsen u. Leberinaktivierung der Steroide. Viele Tumoren können aus gestörtem Hormongleichgewicht abgeleitet werden, andere Tumoren können durch experimentelle Störung des Hormonhaushaltes (z. B. Parabiose, Transplantation von Gonaden usw.) erzeugt werden. (Advances Cancer Res. **1.** 173—232. 1953. New Haven, Conn., Yale Univ., School of Med.) WRBA. 4160

W. P. Komissarenko, *Einige Daten über die Rolle der Steroidhormone in der Krebspathogenese der Vorsteherdrüse.* Der Androgengeh. im Harn von Patienten mit Prostatacarcinom (37 Patienten) schwankt zwischen 2 u. 6 mg/Liter (Mittel 3,1 mg) u. ist somit deutlich höher als im Harn gesunder Versuchspersonen (1,5—4 mg/Liter; Mittel 2,4 mg). (Медичний Журнал [Киев] [Mediz. J. (Kiew)] **21.** Nr. 2. 16—21. 1951. Bogomolitz-Inst. für klin. Physiol. der Akad. der Wiss. der UkrSSR, Labor. zur Erforschung der Reaktivität des Organismus.) RENTZ. 4160

Robert P. Geyer, Jean E. Bryant, Virgil R. Bleisch, Elizabeth M. Peirce und **Frederick J. Stare,** *Effekt von Dosis und Hormonen auf die Tumorbildung bei Ratten nach intravenöser Applikation von emulgiertem 9.10-Dimethyl-1.2-benzanthracen.* 5,2 mg *9.10-Dimethyl-1.2-benzanthracen* (I) pro 100 g Körpergewicht erzeugen innerhalb 19 Wochen zu 90% Tumoren, 1,25 mg I pro 100 g rufen innerhalb von 47 Wochen in 80% Tumoren hervor. Gleichzeitige Applikation von 0,6 mg *Östradiol* oder *Diäthylstilböstrol* bewirkt einen Anstieg der Tumorrate auf 100% innerhalb von 16 Wochen, erhöht die Zahl der Tumoren beim einzelnen Tier u. bewirkt fast ausschließlich Mammaadenocarcinome. (Cancer Res. **13.** 503—06. Juli 1953. Boston, Mass., Harvard School, Dep. of Nutrit.) WRBA. 4160

K. Aderhold, *Über die Messung der Fluorochromausscheidung im Harn nach intravenöser Atebrinverabfolgung als Methode der Früh- und Differentialdiagnostik der malignen Tumoren.* Es wurde die Frage geprüft, ob durch Messung der *Atebrin*-Ausscheidung im Harn maligne Tumoren frühzeitig erkannt bzw. differentialdiagnost. gesichert werden können. Die Patienten erhielten 0,1 g *Atebrinmethansulfonat* intravenös. Anschließend wurde stündlich für 6 Std., dann nach 24, 48 u. 72 Std. Harn entnommen u. untersucht: 5 ml Harn wurden mit 0,1 n NaOH alkalisiert u. mit 10 ml Ae. ausgeschüttelt. Nach Abtrennung wurde der Ae. mit 5 ml 0,1 n HCl versetzt. Die grünlichgefärbte reine Lsg. wurde dann fluorometr. mit dem PULFRICH-Photometer bei 420 mμ auf ihren *Atebrin*-Geh. untersucht. — Es zeigte sich, daß außer bei Tumoren auch bei verschied. anderen Erkrankungen veränderte Ausscheidungskurven zustandekommen, so daß die Meth. eine spezif. Krebsdiagnostik nicht ermöglicht. Außerdem ist für das Zustandekommen einer verdächtigen Ausscheidungskurve ein bestimmtes Mindestvol. des Tumors notwendig, so daß die Meth. auch für eine Frühdiagnostik des Krebses nicht brauchbar erscheint. (Zbl. Chirurg. **78.** 1282—87. 1953. Jena, Univ., Chirurg. Klin.) DAUTZENBERG. 4160

Harvey M. Levy, Grace Montanez, Edward A. Murphy und **Max S. Dunn,** *Die Wirkung von Äthionin auf Tumorwachstum und Leberaminosäuren der Ratte.* Die Zufuhr von DL-*Äthionin* hemmt das Wachstum zweier transplantabler Rattensarkome, es fördert die Nekrotisierung u. Rückbildungsneigung. Die freien Aminosäuren in der Leber steigen bei tumortragenden u. tumorfreien Kontrolltieren an. (Cancer Res. **13.** 507—12. Juli 1953. Los Angeles, Calif., Univ. of California, Chem. Labor.) WRBA. 4160

Glenn H. Richmond und **Grant D. Beardsley,** *Komplikation einer Stickstofflostbehandlung durch akutes Nierenversagen infolge Harnsäurekristallisation.* Nach Injektion von 32 mg *N-Lost* wegen Lymphosarkoms kam es infolge der Harnsäurevermehrung im Blut zu deren Auskristallisation in den abführenden Harnwegen mit Obstruktion. Zur Vermeidung dieser Komplikation bei dieser Therapie werden reichliche Alkaligaben empfohlen. (Ann. intern. Med. **39.** 1327—32. Dez. 1953. Tacoma, Wash., Madigan Army Hosp., Gen. Med. Sect.) BROSEMANN. 4160

A. A. Stankewitsch, *Die Behandlung des Gebärmutterhalses mit radioaktivem ^{60}Co.* In Al-Folie eingehüllte Körner von ^{60}Co werden in innen verzinnte Cu-Filter oder rostfreien Stahl (0,5 mm Wandstärke) hermet. eingeschlossen u. bei Collumcarcinom 6—8 mal je 45 Std. mit 2—3 Tagen Abstand bis zu einer Gesamtdosis von 9000 bis 13000 r (in 2 cm von der mittleren Uterusachse) angewandt. Die Ergebnisse sind befriedigend. Die Wrkg. entspricht der des Ra, mit dem auch die Dosierung tabellar. verglichen wird. (Вестник Рентгенологии и Радиологии [Nachr. Röntgenol. Radiol.] **1953.** Nr. 6. 64—66. Nov./Dez. Onkolog. Inst. der Akad. der Med. Wiss. der UdSSR, Gynäkol. Abt.) R. K. MÜLLER. 4160

Friedrich Dessauer, Quantenbiologie. Einführung in einen neuen Wissenszweig. Berlin, Göttingen, Heidelberg: Springer-Verlag. 1954. (IV + 178 S. m. Abb.) DM 18,60.

E_2. Enzymologie. Gärung.

Edmond Pongratz, *Die Rolle des Kupfers in der Reaktion von „Nadi" und Modelle nichtproteinischer Oxydasen und Katalasen.* Bei Verss. über die NADI-Rk. (Rk. eines Gemisches von *α-Naphthol* u. *Dimethyl-p-phenylendiamin* mit tier. Geweben unter Bldg. von *Indophenolblau*) mit Enzymen von Aspergillus niger wurden letztere auch durch die verschiedensten anorgan. Kationen u. Anionen ersetzt. Nur bei Substitution durch zweiwertige Ionen von Cu trat dieselbe Indophenolfärbung ein, so daß Cu^{2+} eine spezif. Rolle bei der NADI-Rk. spielt u. diese keinen spezif. Test auf Cytochromoxydase darstellt. Durch Zusatz von Komplexbildnern, wie NH_3, Pyridin, Cholin, Guanin, Nicotinsäure, Barbitursäure, Alkaloide, Baktericide, Fungicide u. vielen anderen, bilden sich An- oder Einlagerungsverbb., durch deren erhöhte Redoxpotentiale eine Zunahme der Oxydationswrkg., d. h. eine Aktivierung der Rk. eintritt. Die Geschwindigkeit der NADI-Rk. bei derartigen Cu-Komplexen steigt mit abnehmendem p_H an u. hat ein Maximum bei 80—90°. Es wird vermutet, daß solche aktivierende Moll., wie Guanin, Xanthin, Adenin, Tyrosin, als makromol. Fragmente auch bei den natürlichen Enzymen eine Rolle spielen, u. es werden Modelle für die natürlichen enzymat. Oxydase-, Peroxydase- u. Katalasewirkungen auf Grund derartiger Cu-Einlagerungskomplexe entwickelt, deren Wirkungen mit denen der Zellfermente weitgehend ident. sind. Bei der Klassifizierung der oxydierenden Fermente spielt im übrigen das Redoxpotential eine Hauptrolle, u. zwar zwischen dem Metall, dem Aktivierungskomplex, dem Protein u. dem oxydierendem Stoff. (Helv. chim. Acta **33.** 410—17. 15/3. 1950, Genève, Univ., Inst. de botan. générale.) GERDA SCHULZE. 4210

Ototaka Higashi, *Eine Zählkammermethode der Peroxydasereaktion für Erythrocyten. Eine neue Technik für die histochemische Untersuchung der Peroxydaseaktivität von Erythrocyten.* Die Reagentien A: $MgSO_4$ 1 g, 1%ig. *NaCl* 10 cm³; B: 0,05%ig. $CuSO_4$ 1 cm³, 0,05%ig. *Essigsäure* 1 cm³, 0,05%ig. *Glycerin* 1 cm³, 0,01%ig. *H_2O-lösl. Eosin* 1 cm³, 0,01%ig. *Harnstoff*, 2%ig. *NaCl* 5 cm³; C: *Benzidin*-Lsg. 5 cm³, 3%ig. H_2O_2 1:100 1 cm³ wurden mit Blut im Verhältnis Blut:A:B:C = 1:10:100:1000 vermischt. 5 Min. in einer Pipette geschüttelt erreichte die Rk. nach 20 Min. ihr Maximum u. behielt sie unter Zimmertemp. einige Tage. In der Zählkammer zeigten peroxydasepositive Erythrocyten blaue Granula im Plasma, desgleichen peroxydasepositive Leukocyten in Plasma oder Zellkern. (Tohoku J. exp. Med. **57.** 367—73. 25/4. 1953. Sendai, Tohoku Univ., Fac. of Med., Pediatric Dep. [Orig.: engl.]) BROSEMANN. 4210

Charles Yanofsky, *Röntgenstrahlenwirkungen auf die Bildung von Lactase bei einem lysogenen und einem empfindlichen Stamm von Escherichia coli.* Vf. untersucht die Wrkg. von Röntgenstrahlen auf die adaptive *Lactase* (*β-D-Galaktosidase*)-Bldg. bei den Stämmen K 12 u. W-1485 von *Escherichia coli.* Zellen dieser Stämme wurden Röntgenbestrahlungen von 5000, 10000 u. 20000 r ausgesetzt, dann bei 37° in 0,05 mol. Phosphatpufferlsg. mit u. ohne *Lactose* (1,2 millimol.) incubiert. In gleichen Zeitabständen wurden Proben entnommen u. ihre *Lactase*-Aktivität nach LEDERBERG (J. Bacteriol. **60.** [1950.] 381) mit einer 0,003 mol. *o-Nitrophenyl-β-D-galaktosid*-Lsg. in Na-Phosphatpuffer nach Hydrolyse photometr. bestimmt. Die Verss. ergaben einen merklichen Einfl. der Röntgenbestrahlung auf die Lebensfähigkeit der Stämme, jedoch nur einen geringen Effekt auf die Fähigkeit der adaptiven *Lactase*-Bildung. Der Stamm K 12 entsendet in das Medium *Lactase,* wenn er nach der Bestrahlung mit *Lactose* incubiert wird. Dies ist auf Lysis von Zellen zurückzuführen, in denen durch die Bestrahlung das Entstehen von *Phagen* ausgelöst wurde. Die Ergebnisse führen zu der Ansicht, daß Bldg. von *Lactase* u. Entstehen lysogener *Phagen* gleichzeitig in derselben

Zelle auftreten können. (J. Bacteriol. **65.** 383—87. April 1953. New Haven, Conn., Yale Univ., Osborn botan. Labor., Dep. of Microbiol.) ENDRASS. 4210

C. E. Jensen, *Hyaluronsäure und Hyaluronidase.* Allg. Ausführungen über Geschichte, Zus., Eigg., Nachw., Herst., Best. u. physiol. Bedeutung von *Hyaluronsäure* u. *Hyaluronidase* mit 75 Literaturangaben. (Kem. Maanedsbl. nord. Handelsbl. kem. Ind. **34.** 3—8. 1953. Kopenhagen, Univ., Chem.-physikal. Inst.) KRAFT. 4210

Arden Howell jr. und **Robert J. Fitzgerald** (unter Mitarbeit von **William C. Murphy III**), *Die Bildung von saurer Phosphatase durch bestimmte Actinomyceten.* 10 Stämme von Actinomyces israeli oder ähnliche Organismen u. 2 Stämme von Actinomyces naeslundi zeigen mit Dinatrium-p-nitrophenylphosphat als Substrat die Bldg. von *saurer Phosphatase.* Bei beiden Gruppen zeigt sich eine Veränderung der optimalen Wasserstoffionenkonz. mit der Temperatur. Es werden eindeutige Unterschiede bei den sauren Phosphatasen von A. israeli u. A. naeslundi festgestellt. (J. Bacteriol. **66.** 437—42. Okt. 1953. Bethesda, Nat. Inst. of Health, Nat. Inst. of Dental Res.) LINGENS. 4210

C. J. Tandler, *Die Anwendung von Kobaltacetat zum histochemischen Nachweis von saurer Phosphatase.* Nach Acetonfixierung, Wässerung u. 10 Min. Lagerung in 1%ig. Kobaltacetat-Lsg. (I) werden Gewebe (1 mm dick) für 12 Std. in eine frische Lsg. von 1% I + 0,2% Na-β-Glycerophosphat, p_H 6,0—6,5, übertragen. An den Orten der *sauren Phosphatase* fällt in den Zellen blaues Co-Orthophosphat aus. Bei mkr. Schnitten (20—40 μ) kann der Farbkontrast durch Bldg. von schwarzem Kobaltsulfid nach Behandeln mit H_2S-haltigem W. verstärkt werden. (J. Histochem. Cytochem. **1.** 151—53. Mai 1953. Llavallol, Argentinien, Inst. Fitotécnico S. Catalina.) SPEYER. 4210

A. W. Kotelnikowa, *Untersuchung der Phosphatase- und Apyraseaktivität in Extrakten von Kartoffelknollen.* In Kartoffelextrakten (mit W. oder 0,01 mol. KCN) u. in den durch Fällung mit $(NH_4)_2SO_4$ erhaltenen Fraktionen kann keine *Phosphomutase* (I) nachgewiesen werden, da die Ggw. von *Apyrase* (II) stört. Im Autolysat können nach der Extraktion mit W. weder I noch II festgestellt werden. Werden die Kartoffelknollenextrakte so behandelt, daß die II-Aktivität abgeschwächt wird oder verschwindet, so ist nach dem Hexokinasetest ebenfalls keine I-Aktivität nachweisbar. Hieraus ist zu schließen, daß in den Kartoffelextrakten keine I der *Adenosindiphosphorsäure* vorhanden ist, u. daß beide labilen Phosphate von *Adenosintriphosphorsäure* durch II abgespalten werden (ohne Beteiligung von I). Das Fehlen von I u. die Ggw. von II in den Kartoffelknollen beweisen den im Vgl. zu tier. Gewebe verschied. Umsatz der Adenosinphosphorsäuren. Beim Fraktionieren der Kartoffelextrakte mit $(NH_4)_2SO_4$ geht II vorwiegend in die Fraktion der Sättigung 0,3—0,6 über. Bei langer Dialyse gegen W. werden die Kartoffelextrakte fast völlig von Adenylase befreit, während die II-Aktivität erhalten bleibt. Die Adenylase ist im Globulin-Nd. der Dialyse nachweisbar. (Биохимия [Biochemie] **18.** 661—67. Nov./Dez. 1953. Moskau, Labor. für physiol. Chem. der Akad. der Wiss. der UdSSR.) LEBTAG. 4210

Sheila M. McGregor und **H. E. Street,** *Die Kohlenhydraternährung der Tomatenwurzel.* 4. Mitt. *Die Beschaffenheit und Verteilung der sauren Phosphatasen.* (3. vgl. STREET u. MCGREGOR, C. **1952.** 7998.) Mit Na-Glycerophosphat als Substrat wurde die *Phosphatase* (I)-Aktivität von jüngerem u. älterem Wurzelgewebe von Tomaten nach der GOMORI-Meth. untersucht. Es wurde das Vork. von drei I festgestellt: *saure Orthophosphatase* (II) im Cytoplasma, akt. im p_H-Bereich von 4,3—5,2, durch Fluorid hemmbar, eine durch Fluorid nicht hemmbare saure Orthophosphatase in den Nuclei u. eine saure Pyrophosphatase im Cytoplasma, die im Apex eine andere Verteilung als II aufwies. Etwas geringer waren die Aktivitäten gegenüber Glucose-1-phosphat. Mit Thiaminpyrophosphat fiel die GOMORI-Rk. in den Nuclei negativ aus, war jedoch in den stellaren Meristemen stark positiv. Die Ggw. von I in Zellen, die Zellwandmaterial aufbauen, deutet auf die Beteiligung von I an diesen Vorgängen hin. Weitere Zusammenhänge mit dem Kohlenhydratstoffwechsel werden diskutiert. (Ann. Botany [N. S.] **17.** 385—93. Juli 1953. Manchester, Univ., Dep. of Botany.) KATHEN. 4210

G. A. Kritski, *Untersuchung des Reaktionsmechanismus der enzymatischen Überführung von Pentosegruppen.* Mit Hilfe von *Nucleosidophosphorylase* (I) aus der Leber von weißen Ratten wurde die enzymat. Übertragung der Pentose (II) vom Nucleosid auf die freie Nucleinbase untersucht. Mit Hilfe von markiertem Phosphat (III) wurde gezeigt, daß I, ebenso wie Amylophosphorylase, mit anorgan. III unter Bldg. eines labil gebundenen III in Rk. tritt, dessen Geh. im Ferment durch lange Dialyse oder ca. 20fache Umfällung mit $(NH_2)_2SO_4$ sehr stark vermindert werden kann. Bei der I-Fällung mit Trichloressigsäure erfolgt eine sofortige u. prakt. völlige Abspaltung des labil gebundenen III von I. Außer dem labil gebundenen III enthält die prosthet. Gruppe der aus der Leber als elektrophoret. homogenes Eiweiß erhaltenen I „A“ noch 1,8 γ Ribose je mg Fermenteiweiß. I ist nicht fähig, den II-Rest von einem III-Rest direkt auf einen anderen III-Rest ohne Ggw. von Nucleinbase zu übertragen. Es ist anzunehmen, daß an der durch das Leberferment verursachten Transpentosidierung ein an das Ferment gebundenes III beteiligt ist. (Биохимия [Biochemie] **18.** 709—17. Nov./Dez. 1953. Moskau, Bach-Inst. für Biochem. der Akad. der med. Wiss. der UdSSR.) LEBTAG. 4210

E. K. Narayanan, P. Devi und **P. S. Menon,** *Möglicherweise in der Pathogenese eine Rolle spielende V. cholerae-Enzyme.* In *V. cholerae*-Kulturen wurde die Ggw. verschied. Enzyme untersucht. In allen 7 untersuchten Stämmen fand sich *Kollagenase* (I), in 2 *Elastinase* (II). I u. II fanden sich in choleragenen wie nichtcholeragenen *Vibrio*-Kulturen. *Mucinase* (III) wurde von allen nichtcholeragenen Vibrionen, *V. metchnikovi* ausgenommen, gebildet. III-Aktivität fand sich in den Filtraten, in denen das Virusrezeptor-zerstörende Enzym nach BURNET inaktiviert worden war. III-haltige Vibriofiltrate wirkten auch auf denaturiertes *Ovomucin. Lipase* wurde von choleragenen wie nichtcholeragenen Vibrionen gebildet. Zur Zeit ist keine Aussage möglich, wieweit *Vibrio*-Enzyme eine Rolle bei der Pathogenese der Cholera spielen. (Indian J. med. Res. **41.** 295—99. Juli 1953. Kasauli, Central Res. Inst.) K. MAIER. 4210

P. Van Duijn, *Versuche zur Inaktivierung des Dopa-Faktors. Dopaoxydase* (I) ist p_H- u. temperaturabhängig, aber widerstandsfähig gegen chem. Beeinflussung. I ist Cu-haltig u. besitzt Ähnlichkeit mit Polyphenoloxydasen, speziell mit *Tyrosinase* (II). Gegen eine Identität beider Enzyme spricht, daß I im Gegensatz zu II nicht gegen A. u. Aceton empfindlich ist. (J. Histochem. Cytochem. **1.** 143—50. Mai 1953. Leiden, Univ., Dep. of Biochem., Pathol. Labor.) SPEYER. 4210

H. Kumagai und **S. Ebashi,** *Hochgereinigte Cholinacetylase.* (Vorl. Mitt.) Als „Cholinacetylase“ (I) bezeichnen Vff. ein Enzym, das die Rk. Acetyl–Coenzym A + Cholin → Acetylcholin + Coenzym A katalysiert. Auf folgendem Wege wird I von dem „acetataktivierenden“ Syst. getrennt: 1 g durch Ausfrieren getrocknetes, pulverisiertes Meerschweinchengehirn + 10 cm^3 $^1/_{50}$ mol. Phosphat (II) 20 Min. Zentrifugieren, mit $CH_3 \cdot COOH$ bis p_H 4,5 ansäuern, >5 Std. auf 0° kühlen, neutralisieren (p_H 6,8), $(NH_4)_2SO_4$ zufügen (150 g·Liter $^{-1}$, dann Rückstand verwerfen, dann bis zur Endkonz. 350 g·Liter^{-1}), Lsg. abgießen, Rückstand mit II auf 1 cm^3 auffüllen u. gegen II dialysieren, ansäuern (p_H 5,0), 30 Min. auf 0° kühlen, Rückstand verwerfen, neutralisieren (p_H 6,8). Die so erhaltene I hat fast vollständig die Kraft, Acetylcholin zu liefern, verloren, gewinnt sie jedoch nach Zugabe von Nierenextrakt oder Escherichia coli u. anderen Organismen zurück. Die Meth. ist auch auf frische Gehirnpräpp. anwendbar. (Nature [London] **173.** 871—72. 8/5. 1954. Bunkyo-ku, Tokyo, Univ., Dep. of Pharmacol.) J. ROTHE. 4210

Toshio Nakajima, *Untersuchung der Cholinesteraseaktivität in der Flüssigkeit von Cantharidinblasen.* Auf der Innenseite des mittleren Oberarms wurden mittels Auflage von Ung. fortius vesicans V.P.J. *Cantharidin*-Blasen erzeugt. Die *Cholinesterase* (I) darin war ausschließlich pseudo-I. Das Aktivitätsverhältnis der Blasen-I zur Serum-I war bei n. Individuen stets 0,662 (140,24/212,95), ungeachtet der erhöhten oder verminderten Aktivität beider; beide standen in enger Beziehung. Blasen-I hydrolysierte Acetyl-β-methylcholin nicht. Serum-I-Best. hat Wert als Erkennungsmittel lokaler (Krankheits-)Zustände. — 22 Tabellen, 22 Literaturangaben. (Jap. J. Dermatol. Urol. **63.** 446—57. Sept. 1953. Tokyo, Nihon Univ. [Orig.: japan., Auszug: engl.]) SCHULER. 4210

Katsue Okano, *Experimentelle Untersuchungen über das Verhalten der Cholinesteraseaktivität bei Salvarsan-anaphylaktoider Reaktion bei Kaninchen.* Die relative Schwierigkeit, durch *Salvarsan* Anaphylaxie bei Kaninchen hervorzurufen, wurde benutzt, um hier nach AMMONS-Meth. das Verh. der *Serumcholinesterase* zu untersuchen. Bei gesunden Kaninchen zeigten aufeinanderfolgende Blutproben Zunahme (mit Schwankungen) der Cholinesterase (I)-Aktivität, nach Salvarsaninjektion entsprechende Abnahme; bei Erzeugung von Anaphylaxie nahm die I erheblich ab, mit verstärkter Fluktuationsamplitude. Nach 48 Std. Rückkehr zur Norm. Die Symptome bei Salvarsan-anaphylakt. Rk. können parasympath. Symptomen zugeschrieben werden. — 12 Tabellen, 23 Literaturangaben. (Jap. J. Dermatol. Urol. **63.** 432—45. Sept. 1953. Tokyo, Nihon Univ. [Orig.: japan., Auszug: engl.]) SCHULER. 4210

L. Milani, *Veränderungen im Cholinesterasegehalt des Kaninchenserums nach Östrogengaben.* Bei Uterusmyom, im Intermenstruum u. während der Gravidität ist der *Cholinesterase* (I)-Geh. des Serums leicht vermindert, was als Folge der Follikulinisierung angesehen werden muß. Beim Kaninchen kann dieser Effekt durch Injektion natürlicher oder synthet. Follikelhormone reproduziert werden. Durchschnittlich beträgt die Abnahme des **I**, gemessen an der Acetylcholinspaltung, ein Drittel des Ausgangswertes. (Boll. Soc. ital. Biol. sperim. **29.** 106—08. Jan. 1953. Cagliari, Univ., Ist. di Clin. Ostetrica.) P. G. Scheurlen. 4210

J. Meyer und **J. Malgras**, *Beitrag zur Untersuchung der Lipasen in tuberkulösem Serum.* Vff. gelang die Charakterisierung einer den *Phytolipasen* zugehörigen bakteriellen Lipase im Serum Tuberkulosekranker durch Behandeln der Blutplasmafraktion mit Olivenöl bei einem p_H von 8,5. Die sich bildende Ölsäure wird mit 0,1nNaOH wieder bis p_H 8,5 potentiometr. titriert u. die lipolyt. Wirksamkeit entsprechend in Ölsäureeinheiten (cm^3 0,1nNaOH, bezogen auf 10 cm^3 Serum) angegeben. (Bull. Acad. nat. Méd. **137** ([3] **117**). 292—94. 1953. Strasbourg, Fac. de Pharm., Labor. de Microbiol.) Rutkowski. 4210

E_3. Mikrobiologie. Bakteriologie. Immunologie.

Vernon H. Cheldelin und **Tsoo E. King**, *Die Ernährung der Mikroorganismen.* Übersichtsbericht (bis Januar 1953). Neue Wachstumsfaktoren: *Liposäure* (= *Thioctsäure, Pyruvatoxydationsfaktor, Protogen, Acetatersatzfaktor*), *Coenzym III, N-Glucosylglycin, Lyxoflavin* u. andere; *Pantothensäure, Citrovorumfaktor, Vitamin* B_{12} u. andere; *C*-Quellen; *Aminosäuren* u. *Amide*; *Antimetabolite.* — 239 Literaturangaben. (Annu. Rev. Microbiol. **7.** 113—42. 1953. Corvallis, Oregon State Coll., Dep. of Chem. and Sci. Res. Inst.) K. Maier. 4310

M. R. Raghavendra Rao und **J. L. Stokes**, *Ernährung der Essigsäurebakterien.* Unter den Essigsäurebakterien zeigen verschied. mit NH_4-N Wachstum, so z. B. viele Stämme von *Acetobacter suboxydans* (A. s.) u. *Acetobacter melanogenum* (A. m.), jedoch nur unter den Bedingungen, daß das Nährmedium die erforderlichen Wuchsfaktoren u. geeignete C-Quellen enthält. Den meisten Stämmen von A. s. genügten *Pantothensäure, Nicotinsäure* u. *p-Aminobenzoesäure*, A. m. benötigt zusätzlich *Thiamin.* Geeignete C-Quellen für diese Stämme sind *Glucose, Arabinose, Mannit, Sorbit* u. *Glycerin.* Nicht genügen *Ae.*, *Brenztraubensäure* u. *Milchsäure.* Stehen nur diese 3 zur Verfügung, als N-Quellen NH_4 u. hydrolysiertes Casein, wird ein bisher nicht identifizierter Faktor benötigt, der in Extrakten von Hefe u. anderem biol. Material enthalten ist. Er ist wasserlösl., dialysierbar, verträgt Behandlung im Autoklaven bei 121° für 1 Std. in 0,1nH_2SO_4 u. 0,1nNaOH u. kann bei p_H 2 mit Ae. nicht extrahiert werden. Andere neue u. bis jetzt nicht identifizierte Faktoren, die in Hefeautolysaten vorkommen, werden von allen Stämmen *Acetobacter gluconicum* u. *Acetobacter rancens* sowie von einigen A. s. u. A. m. benötigt. (J. Bacteriol. **65.** 405—12. April 1953. Bloomington, Ind., Univ., Dep. of Bacteriol.) Endrass. 4310

Cyril N. Hinshelwood, *Reaktionsweise im Bakterienstoffwechsel.* Die räumliche Stellung von Proteinen u. Nucleinsäuren in der Zelle bestimmt den Grad der Synth. beider Substanzen in der Weise, daß die eine Substanz das Ausmaß der Synth. der anderen steuert. Diese Beziehung ist im Ruhezustand bei konstanten Umweltbedingungen für Bakterienpopulationen im Gleichgewicht. Der Eintritt der Teilung hängt vom Erreichen eines krit. Wertes bestimmter Substanzen ab. Der Geh. an Desoxyribonucleinsäure ist in Zellen verschied. Größe der gleichen Art gleich groß. Die stoffliche Synth. für Wachstumsvorgänge geht auf dem rationellsten Wege, der die größte Ausbreitung bei gleichen Verhältnissen ermöglicht, vor sich. Daher wird eine „automat." Anpassungs-Rk. an die Einführung neuer Medien erfolgen, sie bietet die Grundlage für die Entw. des „Trainingsphänomens" u. für die Ausbildung von Resistenz gegen Antibiotica. (Rend. Ist. super. Sanità **16.** 5—23. 1953. Oxford, Univ.) Wrba. 4320

Victor J. Cabelli und **M. J. Pickett**, *Die Bedeutung des Milchzuckerabbaus und seine Beziehung zur Resistenz von Klebsiella pneumoniae.* Lactose-positive Stämme von Klebsiella pneumoniae sind widerstandsfähiger gegenüber Brillantgrün, haben eine größere Wachstumsrate u. wachsen besser bei extremem p_H-Wert als Lactose-negative Stämme. Die Beziehung erstreckt sich auch auf den Widerstand gegenüber Antibioticis u. in geringerem Umfange auf die Pathogenität. Lactose-negative Stämme zeigen bei wachsender Brillantgrünresistenz 2 Fälle: Meistens keine Korrelation zu den anderen Größen; im selteneren Falle parallel Zunahme der Fähigkeit, Milchzucker abzubauen, größere Wachstumsrate u. größere Toleranz gegenüber p_H-Änderung. (J. Bacteriol. **66.** 443—47. Okt. 1953. Los Angeles, Calif., Univ. of California, Dep. of Bacteriol.) Lingens. 4320

E. R. Stadtman und **Thressa C. Stadtman**, *Der Stoffwechsel der Mikroorganismen.* Übersichtsbericht (bis Februar 1953). *Fettsäuren* (**I**): *Acetat* (**II**)-Oxydation, **II**-Aktivierung, II-Synth., *Propionsäure, Butyrat*-Oxydation, höhere I; *Pyruvat* (III)-Stoffwechsel: III-*Oxydasefaktor, Lipothiamid,* Enzymstudien, *Acetoin*-Bldg., *Acetaldehyd*-Oxydation; C_1-*Verbb.*: *Formiat*- u. CH_2O-Stoffwechsel, *Ameisensäurehydrogenlyase*; *N-Verbb.*: *Arginin*-Stoffwechsel, *Prolin*-Synth., *Pyridoxalphosphat*-abhängige Rkk., *Methionin, Lysin, Histidin, aromat. Aminosäuren, Cystin, Cystein* (IV) u. IV-*Sulfinsäure,* Aminosäureoxydation, *Kreatinin*-Abbau, *Peptide*; *Steroidoxydationen.* — 234 Literaturangaben. (Annu. Rev. Microbiol. **7.** 143—78. 1953. Bethesda, Md., Nat. Heart Inst., Labor. of Cell. Physiol.) K. Maier. 4320

Werner K. Maas und **Henry J. Vogel,** *α-Ketoisovaleriansäure, ein Vorprodukt der Pantothensäure bei Escherichia coli.* Eine aus einer UV-bestrahlten Kultur von *Aerobacter aerogenes* isolierte Mutante zeigt auf Zugabe von *Valin* (I), *α-Ketoisovaleriansäure* (II), Salzen der *α-Keto-β.β-dimethyl-γ-oxybuttersäure* (III), *Pantosäure* (IV) u. *Pantothensäure* (V) langsames Wachstum. Celluläre Suspensionen einer wilden Type von *Escherichia coli* synthetisieren bei Ggw. von *Glucose* IV, ebenso der zwischen II u. I blockierte Stamm 4237. Der Stamm 4211, blockiert von II, bildet keine IV, es sei denn, daß II oder III zugeführt wird. Der V-benötigende Stamm 99-4 spricht nicht auf I oder II an, jedoch auf III u. IV. Beide Verbb. können V als Wuchsfaktor ersetzen. Wachstumshemmung von *E. coli* durch *Salicylat* wird nicht nur von IV, sondern auch von II u. III aufgehoben. Auf Grund dieser Ergebnisse verläuft die Biosynth. von IV nach dem Schema: $\xrightarrow{48-62}$ *α.β-Dioxyvaleriansäure* $\xrightarrow{42-11}$ II $\left\langle \begin{array}{l} \xrightarrow{99-4} \text{III} \longrightarrow \text{IV} \\ \xrightarrow[42-37]{} \text{I} \end{array} \right.$ (Die Bezeichnung der Stämme ist an den Stellen eingefügt, an denen für sie die Synth. blockiert ist.). II ist somit gemeinsame Vorstufe von I u. IV. (J. Bacteriol. **65.** 388—93. April 1953. New York, N. Y., Cornell Univ., Med. Coll., Tubercul. Res. Labor., US-Public Health Serv.) Endrass. 4320

W. R. Sistrom und **R. Y. Stanier,** *Der Mechanismus der Oxydation von Brenzcatechin durch Mycobacterium butyricum.* Zellfreie Extrakte von Mycobacterium butyricum oxydieren *Brenzcatechin* zu *β-Ketoadipinsäure* (Isolierung der β-Ketoadipinsäure). Durch vergleichende manometr. Messungen wird gezeigt, daß der Sauerstoffverbrauch von Extrakten u. intakten Zellen in Ggw. von Brenzcatechin gleich ist. Daraus wird gefolgert, daß nur dieser Mechanismus der Brenzcatechinoxydation bei Mycobacterium butyricum vorliegt. (J. Bacteriol. **66.** 404—06. Okt. 1953. Berkeley, Calif., Univ. of California, Dep. of Bact.) Lingens. 4320

Leo J. Denault, Robert C. Cleverdon und **Walter L. Kulp,** *Verwendbare Stickstoffverbindungen für Alcaligenes faecalis.* 2 Vorratsstämme u. 2 frisch isolierte Stämme von Alcaligenes faecalis unterscheiden sich in der Verwendbarkeit von Stickstoffverbindungen. Von 18 Aminosäuren, 12 aliphat. Aminen, 4 Amiden, 5 organ. Stickstoffverbb. u. 3 anorgan. Stickstoffverbb. rufen bei allen 4 Stämmen *Asparaginsäure, Asparagin, Histidin* u. *Glutathion* Wachstum, festgestellt durch Trübungsmessung u. End-p_H-Wert von nahezu 8, hervor. 1 Vorratsstamm wächst in Ggw. von *Glutamin, Glutaminsäure, Cystin, Cystein, Acetamid* u. *Prolin.* Die 2 frisch isolierten Stämme wachsen außerdem mit *Arginin, Lysin, Tyrosin, Serin, Harnstoff, Putrescin* u. *Cadaverin.* Die Mehrzahl der aliphat. Amine erweisen sich als toxisch. (J. Bacteriol. **66.** 465—67. Okt. 1953. Storrs, Univ. of Connecticut, Dep. of Bacteriol.) Lingens. 4320

H. Jeener und **R. Jeener,** *Cytologische Untersuchungen an Thermobacterium acidophilus R 26 beim Fehlen von Desoxyribonucleosiden oder Uracil.* (Exp. Cell Res. **3.** 675—80. Dez. 1952. Brüssel, Univ., Labor. of Animal Physiol. — C. **1953.** 1190.) Plambeck. 4320

Ss. A. Konowalow, *Ein wirksames Antisepticum gegenüber säurebildenden Bakterien.* In Verss. mit Kulturen säurebildender Bakterien stellt Vf. fest, daß *Natriumpentachlorphenolat* (I) im Vgl. zu anderen Polychlorphenolaten u. zu den in der Gärungsindustrie benutzten Antisepticis (Formalin, SO_2, $CuSO_4$ u. Chlorkalk) am wirksamsten ist. I unterdrückt die Lebenstätigkeit der Milchsäure- u. Essigsäurebakterien bereits in Konzz. von 0,001—0,003%. I-Konzz. über 0,01% heben prakt. die Vermehrungsfähigkeit der Bakterien auf, wobei der Säuregrad der Medien unverändert bleibt. I ist als Desinfektionsmittel für Grünmalz verwendbar, dessen schädliche bakterielle Mikroflora durch Behandlung mit 0,1—0,2%ig. I-Lsgg. in 30 Min. ohne Einbuße der amylolyt. Eigg. vernichtet wird. Zur Desinfektion der Malzmilch benötigt man 0,01 bis 0,03%ig. I-Lösungen. (Микробиология [Mikrobiologie] **22.** 559—65. Sept./Okt. 1953. Moskau, Allunions Wiss. Forschungsinst. für die Alkoholind.) Rentz. 4330

V. C. Barry, M. L. Conalty, J. M. Denneny, E. E. Gaffney und **F. Winder,** *Der Einfluß der Bestandteile des Mediums auf die Wachstumshemmung von M. tuberculosis durch Isoniazid.* Unterss. über den Zerfall von *Isoniazid* (I) bei Incubation in fl. syn-

thet. Kulturmedien. Im Bereich p_H 5—9 nimmt der Zerfallsgrad von I mit wachsendem p_H zu, bei p_H 7 ist er weitgehend abhängig vom Geh. an *Asparagin* u. *Mg-Citrat* im betreffenden Medium. Es findet kein Zerfall der *Isonicotinsäure* statt, dagegen ein Verlust des *Hydrazin*-Anteils. *Tween* (**II**), *$Fe^{3+}NH_4$-Citrat*, *$FeCl_3$*, *Serum*, *Albumin-Fraktion V* vom Rind in Konzz., wie sie bei Medien nach DUBOIS vorliegen, beeinflussen den Zerfallsgrad nicht. **II** bringt die fortschreitende **I**-Inaktivierung zum Stehen, durch den **II** + **I**-Effekt werden die Bacillen für das Wachstum unfähig gemacht, bevor ein merklicher Zerfall von **I** eingetreten ist. Ferrisalze verhalten sich ähnlich wie **II**, *Serum*, *Rinderalbumin-Fraktion V*, die das Wachstum **I**-resistenter Stämme fördern, steigern die **I**-Inaktivierung bei Ggw. von **II**. (Irish J. med. Sci. [6] **1954**. 97—105. März. Dublin, Labors. of the Med. Res. Council of Ireland.)
DOSSMANN. 4330

T. F. Probey, *Versuch, einen penicillinresistenten Stamm von Treponema pallidum in der Experimentalsyphilis zu erzeugen.* Es gelang nicht, den NICHOLS-Stamm von T. pallidum bei der Experimentalsyphilis von Ratten mit einer einzigen großen Dosis von 44000 E./kg *Penicillin G* in jeder von 3 Rattenpassagen penicillinresistent zu machen. (Amer. J. Syphilis, Gonorrhea, vener. Diseases **37**. 369—73. Juli 1953. Bethesda, Md., Labor. of Biol. Control., Nat. Microbiol. Inst., Nat. Inst. of Health, Public Health Serv.)
GERDA SCHULZE. 4340

Robert Keller und **Harry E. Morton**, *Empfindlichkeit von Kazan-, Nichols- und Reiter-Stämmen von Treponema und pleuropneumoniaähnlichen Organismen gegenüber dem Antibioticum Erythromycin (Ilotycin).* Die kultivierbaren Stämme von Treponema zeigen hohe Empfindlichkeit gegenüber *Erythromycin* (**I**), so daß vorgeschlagen wird, mit **I** klin. Verss. in der Behandlung der Syphilis durchzuführen. Die geprüften pleuropneumoniaähnlichen Organismen verhielten sich dagegen hoch resistent gegenüber **I**. (Amer. J. Syphilis, Gonorrhea, vener. Diseases **37**. 379—82. Juli 1953. Philadelphia, Pa., Univ. of Pennsylvania, School of Med., Dep. of Microbiol. and Inst. for the Study of Veneral Diseases; United States Public Health Serv. cooperating.)
GERDA SCHULZE. 4340

Morton Klein und **Sonia E. Schorr**, *Die Rolle bakterieller Resistenz im antibiotischen Synergismus und Antagonismus.* In mehreren in vitro-Versuchsreihen wird die Wirksamkeit gepaarter Kombinationen der Antibiotica *Penicillin* (**I**), *Streptomycin*, *Aureomycin*, *Chloromycetin* u. *Terramycin* auf 11 grampositive u. -negative Bakterienarten untersucht. Das Wachstum wurde turbidimetr. nach 8, 24 u. 48 Std. gemessen. Zur Auswertung der Ergebnisse werden die Begriffe Synergismus (**A**) u. Antagonismus (**D**) mit den Zwischenstufen additiver Effekt (**B**) u. Interferenz (**C**) näher charakterisiert. **A** liegt vor, wenn der kombinierte Effekt der beiden Drogen größer ist als der, der sich bei Verdoppelung der Prüfkonz. eines jeden der Kombinationsteilnehmer allein ergeben würde. **B** stellt die Hemmung der 2 Drogen dar, die größer ist als die einer allein, aber kleiner als im Fall **A**. — **C** ist gegeben, wenn der kombinierte Effekt nicht größer ist als der einer jeden Droge allein. — **D** ist der kombinierte Effekt, wenn er kleiner ist als der einer Droge allein. — **B** u. **C** sind Übergangsstufen von **A** nach **D**. Der kombinierte Effekt desselben Drogenpaares kann sich in Abhängigkeit vom Bakterienstamm vom Synergismus ändern. Maßgebend dafür, ob **A** oder **D** erwartet werden kann, ist die Geschwindigkeit, mit welcher das Bakterium gegen jedes der beiden Antibiotica allein resistent wird. Erfolgt dies schnell, wird häufig **A** niemals **D** beobachtet u. umgekehrt. Vff. wählten die Konzz. der einzelnen Antibiotica in der Kombination so, daß eins allein nur Teilhemmung bewirkt. Wird mit Konzz. vollständiger Hemmung gearbeitet, wird häufig dort **D** beobachtet, wo bei niedrigerer Konz. **A** auftritt. Bemerkenswert ist, daß einem anfänglichen **D A** folgen kann [**I**-Sulfonamide (**II**)]. Da **I** am wirksamsten ist bei Zellteilung, wirken **II** zunächst antagonist., da sie die Vermehrung hemmen. Wird **I** jedoch vor **II** zugesetzt, tritt kein **D** auf. Auf Grund der Ergebnisse werden die klin. Indikationen für eine kombinierte Therapie diskutiert. (J. Bacteriol. **65**. 454—65. April 1953. Philadelphia, Pa., Temple Univ., School of Med., Dep. of Microbiol.)
ENDRASS. 4340

N. P. Jefimowa und **L. W. Kalugina**, *Einfluß des narkotischen Schlafes und chemischer Faktoren der Nervenerregung auf die Immunitätsausbildung bei Diphtherie.* *Chloralhydrat* u. *Medinal*, die als Schlafmittel auf verschied. Teile des Gehirns wirken, setzen die Antitoxinbldg. bei der Diphtherieimmunisierung herab, bes. in der ersten Immunisierungsperiode, aber auch bei Revaccination. *Veronal* erhöht dagegen deutlich den Antitoxintiter gegenüber der Kontrolle. *Acetylcholin* wirkt ebenfalls aktivierend (auch bei narkot. Hemmung), Adrenalin dagegen hemmend auf die Immunisierung. (Журнал Микробиологии, Эпидемиологии и Иммунобиологии [J. Mikrobiol.,

Epidemiol., Immunobiol.] **1953.** Nr. 12. 21–27. Dez. Molotow, Wiss. Forschungsinst. für Vaccine u. Seren.) R. K. Müller. 4370

N. I. Germanow, *Die Antikörperbildung unter den Bedingungen der Hemmung des Nervensystems.* Mit Paratyphus B-Bakterien, Tetanusanatoxin oder Suspension von Hammelerythrocyten als Antigen wird in Verss. an Kaninchen eine 2–2½fache Herabsetzung der Antikörperbldg. durch *Urethan* (I, 1g /kg) oder *Chloralhydrat* (0,45), eine noch stärkere Erniedrigung des Agglutinintiters durch *Veronal* (0,225) festgestellt. Die stärkste Wrkg. tritt etwa nach 8 Std. künstlichen Schlafs ein. I wirkt bei prim. Infektion schwach, wesentlich stärker bei Revaccination. Bei intracutaner Injektion von Antigen + *Novocain* (II) wird die Agglutininbldg. vermindert, bei Einführung in die Randvenen des Ohrs nicht, bei täglich wiederholter II-Zufuhr (intravenös, bis 5 cm^3 0,5% ig. Lsg.) nur wenig. Somit setzt sowohl die Hemmung des zentralen Nervensyst. als auch die des peripheren Nervensyst. die Antigenbldg. herab. (Журнал Микробиологии, Эпидемиологии и Иммунобиологии [J. Mikrobiol., Epidemiol., Immunobiol.] **1953.** Nr. 12. 33. Dez. Kuibyschew, Med. Inst., Lehrstuhl für Mikrobiol.) R. K. Müller. 4370

D. G. Manolow und **I. I. Miljan,** *Der Einfluß des narkotischen Schlafes auf die komplementäre Aktivität des Blutserums.* Bei Kaninchen, Katzen u. Hunden wird der *Komplementtiter* im Wachzustand, im Tiefschlaf durch *Luminal* (I, 0,15–0,2 g/kg), nach dem Wiedererwachen u. 4–5 Tage später bestimmt. In allen Fällen wird eine erhebliche Abnahme des Komplementgeh. im Serum während des narkot. Schlafs, maximal am Ende der Narkose, festgestellt; nach 5 Tagen Rückkehr zur Norm. Ein direkter Einfl. des I wird dadurch ausgeschlossen, daß Zusatz von I zum n. Serum den Titer nicht verändert. Für den Mechanismus wird der durch Ausschaltung der Gehirnrinde verursachte Ausfall der troph. Impulse aus dem zentralen Nervensyst. an die inneren Organe, bes. die Leber, verantwortlich gemacht. (Журнал Микробиологии, Эпидемиологии и Иммунобиологии [J. Mikrobiol., Epidemiol., Immunobiol.] **1953.** Nr. 12. 34–36. Dez. Stawropol, Inst. für Epidemiol. u. Mikrobiol.) R. K. Müller. 4370

Harold E. Pearson, *Biochemische Aspekte des Viruswachstums.* Übersichtsbericht (bis Januar 1953). *Psittacosis*-Gruppe, *Vaccinia, Herpes, Influenza, Mumps, Poliomyelitis, Encephalomyelitis, Mäuseencephalomyelitis, Tabakmosaikvirus* u. andere. — 139 Literaturangaben. (Annu. Rev. Microbiol. **7.** 179–96. 1953. Los Angeles, Calif., Univ. of Southern California, School of Med., Dep. of Publ. Health, and Los Angeles County Hosp., Labor. Div.) K. Maier. 4374

R. Walter Schlesinger, *Entwicklungsstadien der Viren.* Übersichtsbericht (bis Januar 1953). Anhaltspunkte für die symbiont. Existenz von Virus (I)-Vorstufen (Prophagen), exogene Infektion (Adsorption, „Verschwinden" der infizierenden I-Partikel, Latenzphase), genet. Aspekte der I-Entw., Zwischenformen (spezif. biol. Eigg., außer der Infektiosität u. deren Beziehung zur Entw.: Toxizität, I-Hämagglutinine, I-Antigene), Wirtszelle u. I-Entw., physikal. Charakterisierung von Intermediärformen der I-Entw., I-Entw. u. Zellpartikel, chem. Charakterisierung biol. Funktionen, I-Entw. u. Wirtszellenstoffwechsel. — 197 Literaturangaben. (Annu. Rev. Microbiol. **7.** 83–112. 1953. New York, N. Y., Publ. Health Res. Inst. of the City, Div. of Infectious Diseases.) K. Maier. 4374

G. M. Boschjan, *Neue experimentelle Tatsachen über die Natur der Viren und Mikroben und ihre Bedeutung für Theorie und Praxis.* Das filtrierbare Virus der infektiösen Anämie der Pferde kann sich über eine zunächst filtrierbare aggregierte körnige Form in sichtbare polymorphe Mikroben (Kokken u. Stäbchen) umwandeln, die eine andere chem. Zus. u. neue Eigg. aufweisen. Aus den Mikrobenkulturen ließen sich *Antigene* gewinnen, die für serol. Rkk. bei der Viruskrankheit geeignet sind. Auch sind die aus den Mikroben hergestellten Vaccine prophylakt. u. therapeut. wirksam. Auch die Viren der Schweinepest, der Vogelpseudopest, der Schafpocken usw. ließen sich in Mikroben umwandeln, deren genet. Zusammenhang mit den entsprechenden Viren einwandfrei nachweisbar war. Schließlich gelang es auch, aus bakterienfiltriertem 3 Jahre alten Diphtherietoxin durch wiederholte Überimpfungen Diphtheriekulturen zu gewinnen, die mit dem Ausgangsstamm in jeder Hinsicht ident. waren. Auch verfügten die aus den Kulturen hergestellten Vaccinen bei den entsprechenden Erkrankungen über immunogene Eigenschaften. (Ветеринария [Tierheilkunde] **30.** Nr. 10. 24–35. Okt. 1953.) Rentz. 4374

Gustav Sommer, *Über die Katzenkratzkrankheit.* Es wird Diagnose u. Therapie der in Deutschland wenig bekannten Virus-Katzenkratzkrankheit — im allg. eine regionale, subakute Lymphadenitis mit Absceßbldg. — beschrieben. Das Virus scheint zur Gruppe der Myagawellen zu gehören. (Zbl. Chirurg. **78.** 890–96. 1953. Köln, Chirurg. u. Poliklin.) SCHÖNBERG. 4374

Silvio Barei, *Das Chloromycetin bei der Kultur von Virus aphthosus auf Gewebe in vitro.* Nach Verss. mit Rinderzungengewebekulturen (Meth. FRENKEL, Amer. J. Vet. Res. **11.** [1950.] 371. **12.** [1951.] 187) ist zur Abtötung des Aphthosavirus eine *Chloromycetin*-Konz. von 0,5 mg/ml notwendig. – 15 Literaturangaben. (Clinica veterin. **77.** 33–38. Febr. 1954. Ist. Zooprofilattico Sperimentale delle Provincie Lombarde.) PATZSCH. 4374

E. Fauré-Fremiet, *Morphologie der Protozoen.* Übersichtsbericht (bis Jan. 1953). Cytolog. Aspekte des Protozoenaufbaues (Chromosomen: Geh. des Mikro- u. Makronucleus an *Ribonucleinsäure* u. *Desoxyribonucleinsäure*; Cytoplasma: submkr. *Globular-* u. *Fadenproteine*, *Ribonucleoprotein*-Mikrosomen, *Glykogen*-Partikel, *phospholipid*haltige Pigmentgranula; autoreproduzierende Partikel u. Symbionten; Cilien u. Geißeln; Cytoskelett u. Cuticula. – 166 Literaturangaben. (Annu. Rev. Microbiol. **7.** 1–18. 1953. Paris, Coll. de France, Labor. d'Embryogenie comparée.) K. MAIER. 4380

E_4. Pflanzenchemie. Pflanzenphysiologie. Pflanzenpathologie.

A. K. Minina, *Veränderungen des Gehaltes an organischen Säuren in den Blättern und Knollen der Kartoffel.* Die Kartoffelblätter enthalten fast immer mehr *Äpfelsäure* (I) als *Citronensäure* (II), die Knollen dagegen mehr **II.** Mit dem Blattalter nehmen **I** u. **II** zu. In der 1. Lagerperiode (November–März) nimmt **II** in den Knollen ab; **I** bleibt unverändert. Im Frühjahr nimmt **II** zu, während der **I**-Geh. auf den halben Wert absinkt. Der **II**-Geh. der Blätter nimmt im Laufe von 24 Std. in der Hellperiode ab, in der Dunkelperiode zu. Der **I**-Geh. bleibt unverändert. Bei langer Dunkelhaltung wird der Geh. an **II** u. bes. an **I** vermindert. Bei Versorgung der Pflanze mit *Nitrat* ist der Geh. an **I** u. **II** in Blatt u. Knollen 1,4–4,5 mal höher als bei Versorgung mit *Ammoniumsalzen.* (Биохимия [Biochemie] **18.** 718–24. Nov./Dez. 1953. Moskau, Bach-Inst. für Biochem. der Akad. der med. Wiss. der UdSSR.) LEBTAG. 4420

G. K. Hughes und **E. Ritchie,** *Alkaloidsynthesen unter physiologischen Bedingungen und ihre Beziehung zur Alkaloidbiogenese.* Vff. versuchen, eine möglichst vollständige Zusammenstellung von Alkaloidsynthesen bei „physiol. Bedingungen" zu geben. Es werden Synthesen der verschiedensten Alkaloide beschrieben, die mit reaktionsfreudigen Komponenten bei Tempp. um 20° u. im p_H-Bereich des Neutralpunktes in wss. Lsg. verlaufen, u. mit 53 Literaturstellen belegt. (Rev. pure appl. Chem. **2.** 125–38. Sept. 1952. Sidney, Univ.) NEZEL. 4420

K. Bowden und **Léo Marion,** *Biogenese von Alkaloiden.* 4. Mitt. *Die Bildung von Gramin aus Tryptophan in der Gerste.* (3. vgl. C. **1953.** 220.) Zur Prüfung, ob Tryptophan als eine Vorstufe des Gramins angesehen werden kann, wurde Gerste mit einer Nährlsg. behandelt, die Tryptophan enthielt, das in β-Stellung durch ^{14}C markiert war. Das aus den Blättern isolierte *Gramin,* $C_{11}H_{14}N_2$, F. 133°, besaß auch nach wiederholten Reinigungsoperationen Radioaktivität. Abbauverss. des Alkaloids ergaben, daß nur 1 C-Atom im Gramin markiert war, u. daß die Stellung dieses markierten C-Atoms der Stellung im Tryptophan entsprach, so daß Tryptophan als Vorstufe des Gramins in der Gerste angesehen werden kann.

Versuche: *Äthyldimethylaminpikrat,* F. 204–205° (Methanol), aus Gramin in absol. A. u. C_2H_5J über das *Äthojodid,* Spaltung mit äthanol. KOH unter Luftdurchleiten (7 Std.) u. Zusatz von Pikrinsäure in Methanol. Daneben durch Zugabe von W. zum Reaktionsgemisch *3-Äthoxymethylindol,* Kp. 50–80°, aus PAe. Nadeln vom F. 67,5° [nach MADINAVEITIA (J. chem. Soc. [London] **1937.** 1927), F. 93–94°]. – *Indol-3-carbonsäure* (I) aus Gramin durch Zugeben auf feste KOH unter Schmelzen, Zugabe von W., Extrahieren mit Ae., Ansäuern der wss. Phase mit konz. H_2SO_4 u. Ae.-Extraktion; fahlgelbes Prod. vom F. 159° [Zers.; nach Waschen F. 209° (Zers.)]. *S-Benzylisothiuroniumsalz,* $C_{17}H_{17}O_2N_3S$, F. 157,5° (Zers.). Decarboxylierung von I bei 190–220° gibt Indol; Pikrat, F. 187,5° (aus Methanol Platten). (Canad. J. Chem. **29.** 1037–42. Dez. 1951. Ottawa, Can., Nat. Res. Council, Div. of Chem.) NEZEL. 4420

K. Bowden und **Léo Marion,** *Die Biogenese von Alkaloiden.* 5. Mitt. *Radioautographien von Gerstenblättern, die mit $^{14}C_{(\beta)}$-Tryptophan ernährt worden waren.* (4. vgl. vorst. Ref.) Die Blätter von Gerstenpflanzen, die in einer $^{14}C_{(\beta)}$-Tryptophan enthaltenden Nährlsg. aufgewachsen waren, wurden nach verschied. Wachstumsintervallen im Dunkeln zwischen Röntgenfilm gelegt. Dabei zeigte sich, daß zunächst am Grunde des Blattes radioakt. Substanzen auftreten, u. daß später auch in der Blattspitze solche auftreten. Nach

Extraktion der verschied. Gerstenblattzonen u. Kristallisation dieser Extrakte mit nicht markierten Tryptophan- u. Graminlsgg. zeigte sich, daß der Blattgrund hauptsächlich Tryptophan enthielt, während das Gramin sich in der Blattspitze befand. In gesonderten Verss. wurde gefunden, daß markiertes Gramin selbst nicht in die Blattspitze wandert u. sich dort ansammelt. Danach erscheint die Blattspitze als die Bildungsstätte des Gramins. Bis zum 11. Wachstumstage nimmt der Gramingeh. in der Blattspitze zu, bleibt dann etwa einen Monat konstant u. nimmt danach ab. (Canad. J. Chem. **29.** 1043—45. Dez. 1951.) NEZEL. 4420

B. Belderok, *Östrogene Stoffe in Gräsern und im Klee.* Vf. gibt an Hand von 26 Literaturangaben eine Übersicht über die Ggw. von östrogenen Substanzen in Pflanzen. Es handelt sich um Isoflavone wie z. B. das *Genistein* (*5.7.4'-Trioxyisoflavon*) im Klee oder das *Genistin* (*5.4'-Dioxy-7-glucosidoisoflavon*) im Sojabohnenmehl. Die chem. u. physiol. Wirkungen dieser Substanzen in der Pflanze werden diskutiert. Die östrogene Aktivität in Futtermitteln, bes. in Gräsern u. Klee, kann schädlich (Veränderungen in den Geschlechtsorganen bei Schafen) oder günstig (größere Milcherträge bei Kühen) sein. (Voeding **15.** 120—26. 15/3. 1954. Wageningen, Landbouwschool, Labor. voor Physiol. der Dieren.) PATZSCH. 4420

J. Klosa, *Über den Einfluß einiger Tuberkulostatica auf die Keimung von Samen.* Die Keimung von Erbsensamen u. Weizenkörnern wird in Verdünnungen von 1 : 5000 bis 8000 von *p-Aminosalicylsäure, Isonicotinsäurehydrazid* u. *Pyrazinamid* gehemmt, stärkere Konzz. bewirken irreparable Schädigungen. (Pharmazie **8.** 837. Okt. 1953. Berlin-Altglienicke.) DOSSMANN. 4455

C. J. P. Spruit, *Redoxpotentiale bezüglich der Funktionen von Licht und CO_2 bei der Photosynthese von Chlorella.* Zur gleichzeitigen Messung von Gasaustausch, Redoxpotential u. p_H sind spezielle WARBURG-Manometer entwickelt worden. Es wurden $^1/_{15}$ mol. Phosphatpuffer nach SÖRENSEN, Phthalatpuffer oder Gemische von Phthalat u. Phosphat benutzt. Belichtung erfolgte durch zwei PHILIPS SO 1000 Natrium-Lampen. Ultrarotstrahlung wurde durch 1 cm Schicht 5%ig. Kupfersulfatlsg. ausgefiltert. Maximale Lichtintensität: $4 \cdot 10^4$ erg/cm^2·sec. Das Potential wird durch drei Systeme beeinflußt: 1. Atmungssyst., 2. Stoffwechselvorgang, welcher bei Dunkelheit u. Abwesenheit von O_2 vor sich geht, 3. Vorgang, welcher mit der Photosynth. verknüpft ist. Die Einflüsse der drei Faktoren sind von ihrer verschied. Empfindlichkeit gegenüber O_2, p_H u. enzymat. Giften abhängig. Bei Beginn der Belichtung ist ein ausgesprochener Einschaltvorgang zu beobachten, nach 15 Min. ist das Potential konstant. O_2 u. H_2O_2 sind an der Errichtung dieses Potentials nicht beteiligt. Unter Ausschluß von CO_2 ist das Redoxpotential bei Belichtung p_H-unabhängig u. fällt nach kurzer Zeit ab. Ggw. von CO_2 während der Beleuchtung führt zu einem positiveren Potential. Erklärung durch Annahme, daß die durch das Licht erzeugten reduzierenden Verbb. durch Rkk. mit CO_2 beseitigt werden. Es wurde keine Reduktionsfähigkeit für CO_2 bei Dunkelheit (nach Vorbelichtung bei Abwesenheit von CO_2) beobachtet. Es gibt keine Beziehung der Potentiale zum photosynthet. Lichtsättigungswert. (Acta bot. neerl. **1.** 551—79. 1953. Wageningen, Netherlands, Agric. Univ., Labor. for Plantphysiol. Res.) ZAESCHMAR. 4460

H. O. Askew und **R. J. Monk,** *Bormangel und Boraufnahme der Hopfenpflanze.* Ein geringer B-Geh. in jungen Pflanzentrieben deutet auf B-Bedürftigkeit hin. Etwa 20‰ B in der Trockensubstanz ist bei gesunden Pflanzen normal. Sichere Grenzwerte für B-Bedürftigkeit können aber infolge der Einflüsse, die Klima u. Bodenbeschaffenheit auf die B-Aufnahme haben, nicht aufgestellt werden. Bei einem Geh. von wasserlösl. B von 0,5‰ im Boden stehen den Pflanzen 3 lbs. B/acre zur Verfügung. Infolge der langen Hopfenkultur (80 Jahre) können aber nach 50 Jahren B-Mangelerscheinungen auftreten. Eine B-Gabe von ½ oz. je Hügel reicht zur Behebung der B-Mangelerscheinungen aus. (New Zealand J. Sci. Technol. Sect. A **35.** 279—300. Dez. 1953. Nelson, New Zealand, Cawthron Inst.) LENHARD. 4470

E_5. Tierchemie. Tierphysiologie. Tierpathologie.

Flaminio Fidanza, Ancel Keys und **Joseph T. Anderson,** *Dichte des Körperfetts vom Menschen und anderen Säugetieren.* Die D. des Körperfetts vom Menschen beträgt bei 37° 0,9000 g/cm³, der Ausdehnungskoeff. zwischen 15 u. 37° $9{,}2 \cdot 10^{-4}$ cm³/g/Grad. Die D. der untersuchten tier. Fette ist etwas höher u. hat einen mittleren Wert von 0,9212. Zwischen Körperfett u. subcutanem Fett besteht kein Unterschied bei Mensch, Hund, Ratte, Kaninchen, Meerschweinchen, ganz im Gegensatz zum Stier, Schwein u. Lamm, wo auch die Ausdehnungskoeffizienten höhere Werte aufweisen. (J. appl. Physiol. **6.** 252—56. Okt. 1953. Minneapolis, Minn., Univ., Labor. of Physiol. Hyg.) RODERICH KÖNIG. 4520

A. Christomanos, *Ein violetter Farbstoff aus der mediterranen Meduse Rhizostoma pulmo.* (Vorl. Mitt.). Vf. extrahierte mit dest. W. bei 2—4° einen violetten Farbstoff (I) aus den Fühlfäden u. Randkörpern von *Rhizostoma pulmo.* I ist amorph, unlösl. in organ. Lösungsmitteln u. gibt mit $SbCl_3$ in Chlf. Blaufärbung. Zwischen p_H 1,4 u. 10,0 ist die violette Farbe beständig; darüber u. darunter erfolgt Rosafärbung, UV-Maxima: 6157, 5750, 5250 Å. Beim Erwärmen der Lsg. auf 50° bildet sich unter Braungelbfärbung ein Nd. denaturierter Proteine. Ein Papierchromatogramm der Hydrolyseprodd. (Entwickler Phenol–Pyridin) zeigte *Leucin, Isoleucin, Phenylalanin, Tyrosin, Valin, Methionin, Arginin, Lysin,* (?), *Alanin, Glykokoll, Serin, Threonin* (?), *Asparaginsäure, Glutaminsäure, Glucosamin* (?) u. eine nicht identifizierte Aminosäure. Vf. nimmt an, daß I ein konjugiertes Protein mit carotinartiger prosthet. Gruppe ist. (Nature [London] **173.** 875—76. 8/5. 1954. St. George, Limni, Euboea Island, Griechenland, Sea Animals Biochem. Res. Labor.) J. ROTHE. 4520

Tor Pettersson, Gustaf Östling und **Ruben Gordin,** *Alkalibeständige Wachstumsfaktoren für Lactobacillus leichmannii in der menschlichen Leber.* Es wurden Leberextrakte aus menschlicher Leber bis 48 Std. post mortem durch 48std. Extraktion des Pulvers mit W. auf dem Wasserbade bei 35—38° hergestellt. Diese enthalten einen bei p_H 10 beständigen Wachstumsfaktor für Lactobacillus leichmannii. Der Geh. an diesem, chem. nicht näher gek. Wachstumsfaktor in Leberextrakten von 49 an anderen als an Leberkrankheiten gestorbenen Patienten wird mit dem von 7 an Leberkrankheiten gestorbenen verglichen. Dabei wurden nur geringe Unterschiede auch in den verschied. Altersklassen (0—80 Jahre) gefunden. (Acta med. scand. **148.** 219—24. 23/3. 1954. Helsingfors, Univ., Med. Clinic u. Medica Ltd.) GENEST. 4520

D. A. H. Du Toit, *Die Produktion von androgenem Hormon im Eierstock. Progesteron* (I) kann unter gewissen Umständen androgene Aktivität entfalten. Es ist aber wahrscheinlich, daß die androgene Funktion des n. Ovars nicht auf der Wrkg. von I beruht, sondern durch ein *Testosteron*-ähnliches Hormon bedingt wird. Wahrscheinlich können die normalerweise androgene Stoffe produzierenden Ovarzellen unter bestimmten Umständen hyperakt. werden, ohne daß histol. Veränderungen erkennbar sind. (South African med. J. **27.** 1045—48. 21/11. 1953. Kaapstad.) HANS THIELE. 4559

D. Carlos Cuervo Muñoz, *Chemische und funktionelle Korrelation einiger Hormone.* Allg. Überblick über die physiol. Wrkg. der Sexualhormone. (Med. españ. **30** (**16**). 388—95. Nov. 1953. Salamanca, Fac. de Med., Cátedra de Fisiol. Especial.)
P. G. SCHEURLEN. 4559

Otto Weller, *Untersuchungen über die Wirkung des Choriongonadotropins. Choriongonadotropin* (I) hat einen deutlichen wachstumsfördernden Einfl. auf genitalunterentwickelte hypophysäre Zwergwuchsformen. I ist mit den *Hypophysengonadotropinen* nicht vollkommen identisch. Es entfaltet seine Wrkg. bes. auf die LEYDIG-Zellen des Hodens u. veranlaßt diese zur Bldg. von *Testosteron.* Dieser Effekt läßt sich auch an der $C_{(17)}$-*Ketosteroid*-Ausscheidung im Harn nachweisen u. messen. Bei Kastraten bleibt diese Ausscheidung niedrig, da die Stimulierung der Nebennierenrinde nicht unmittelbar durch I erfolgt, sondern über eine solche der Hoden. I veranlaßt auch eine Verminderung der Ausscheidung von *N, Cholesterin* u. *P*, was als Zeichen erhöhter Retention zum Zwecke des Stoffansatzes gedeutet wird, der sich in einer Zunahme der Muskelmasse u. durch Knochenveränderungen bemerkbar macht. (Aerztl. Forsch. **7.** I/280—84. 10/6. 1953. Gießen, Justus-Liebig-Hochschule, Med. Poliklinik.)
L. BERGER. 4559

Robert van Noenen und **Hans-Erich Levens,** *Die Wirksamkeit der 7-Methyl-bisdehydrodoisynolsäure auf den Blutzuckerspiegel.* Nach oraler Verabreichung von 1 mg *Fenocyclin* (I; *7-Methyl-bis-dehydrodoisynolsäure*) sinkt beim kastrierten Kaninchen der Blutzuckerwert zunächst unter den Nüchternwert um durchschnittlich 11,6% ab, dann steigt er im Laufe von 3—4 Std. um ca. 20% über den Nüchternwert an u. geht dann wieder zur Norm zurück. Als Ursache des Absinkens wird die cholinerg. Wrkg. von I angenommen, die dann durch die Gegenregulation mit Adrenalin abgelöst wird. (Aerztl. Forsch. **7.** I/271—73. 10/6. 1953. Köln, Univ.-Frauenklinik.) L. BERGER. 4559

Floyd R. Skelton, *Die Erzeugung von Hypertension, Nephrosklerose und Herzschädigungen durch Methylandrostendiolbehandlung bei der Ratte.* Es wird über Verss. an einseitig nephrektomierten weiblichen Ratten berichtet, die 1%ig. NaCl-Lsg. als Tränk-Fl. erhielten. Es erfolgte subcutane Injektion von *Methylandrostendiol*, MAD (I; 2,5 mg/Tag) u. *Desoxycorticosteronacetat,* DCA (II; 0,5 mg/Tag). I allein verursacht eine leichte Hypertension, I u. II zusammen ließen deutlich anatom. Veränderungen in den Nieren u. im Herz erkennen. Werden I u. II in täglichen Dosen von 10 bzw. 2 mg 6 Wochen lang gegeben, so wird von den behandelten Tieren mehr Salz aufgenommen, u. der Blut-

druck steigt an. Bei der Autopsie zeigen die mit II behandelten Tiere eine Nieren- u. Herzhypertrophie, Nephrosklerose, glomerulare Hyalinose u. Herzschädigungen. Bei den mit I behandelten Tieren war die Nierenhypertrophie stärker ausgeprägt, ebenso die Herz- u. Nierenschädigung. Außerdem führte I zu einer deutlichen Nebennierenrindennekrose. Obwohl I u. II gewisse Ähnlichkeiten zeigen, bestehen doch in ihrem Wirkungsmechanismus grundsätzliche Unterschiede. (Endocrinology **53**. 492—505. Nov. 1953. Montreal, Can., Ayerst, McKenna and Harrison Ltd., Res. and Biol. Labors).
RODERICH KÖNIG. 4559

U. Borell, I. Fernström und **A. Westman,** *Hormonaler Einfluß auf die Uterusarterien. Arteriographische Beobachtung beim Menschen.* Bei n. Cyclus fanden sich die Uterusarterien während der Proliferations- u. Sekretionsphase gleich weit. Bei sek. Amenorrhoe weiteten sie sich unter dem Einfl. von *Östradiolmonobenzoat.* Die Dichte der intramuralen Gefäße schwankte in den einzelnen Cyclusphasen. (Acta obstetr. gynecol. scand. **32**. 271—84. 1953. Stockholm, Karolinska Sjukhuset.)
BROSEMANN. 4559

Paolo Larizza und **Giuseppe Chirico,** *Morphologische und funktionelle Änderungen an Gonaden und Hypophyse des erwachsenen Meerschweinchens nach hohen Dosen Androstendiol.* 3. Mitt. *Hypophyse.* (2. vgl. C. **1953**. 5201.) Histochem. wurden die Hypophysen von ausgewachsenen Meerschweinchen nach 18—25tägiger Behandlung mit 10—50 mg täglich *Androstendiolpropionat* untersucht. Es kommt dabei zu einer Vermehrung der eosinophilen Zellen u. der Kolloidsubstanz, während die beweglichen u. die farblosen Zellen der Hypophyse abnehmen. (Arch. Scienze med. **96** (**78**). 125—36. Aug. 1953. Pavia, Univ., Ist. di Clin. Med. Gen.) P. G. SCHEURLEN. 4559

Eduardo F. Peña, *Verhinderung des Abortes.* Bei der Behandlung von Patientinnen, die verschiedentlich Fehlgeburten hatten, erwies sich eine *Stilböstroltherapie* mit *Vitamin-B*-Faktoren u. *Vitamin C* (DESPLEX-Tabletten, Stilböstrol 25 mg, Thiaminhydrochlorid 2 mg, Riboflavin 2 mg, Pyridoxinhydrochlorid 1 mg, Ascorbinsäure 50 mg, Calciumpantothenat 10 mg, Niacinamid 50 mg, Folsäure 0,25 mg, Vitamin B_{12} 0,5 mg) (GRANT CHEMICAL COMPANY INC.) erfolgreich. Bei 200 Schwangerschaften gefährdeter Patientinnen waren nur zwei Aborte zu verzeichnen. (Amer. J. Surgery **87**. 95—96. Jan. 1954. Miami, Fla.) W. LORENZ. 4559

Michael Praetorius, *Östrogenbehandlung des Strahlenulcus der Harnblase.* Das durch Röntgenbestrahlung des Genitalkrebses bei Frauen auftretende Strahlenulcus der Harnblase reagiert gut auf Behandlung mit *Stilben–Spuman*-Styli, die direkt in die Blase eingeführt werden. Dosis: 2—3 mal wöchentlich 1 Stäbchen. (Med. Klin. **48**. 817—18. 5/6. 1953. München, Urolog. Krankenhaus.) L. BERGER. 4559

Gerd Fabian, *Über akute coronare Insuffizienz und Lungenödem als mögliche Folge einer peroralen Follikelhormonintoxikation.* Ausführlicher Bericht einer akuten Intoxikation durch 31 Tabletten *Farmacyrol forte* (I) mit je 0,5 mg *Dienöstroldiacetat,* was einer Gesamtdosis von 155000 I.E. entspricht. Die Folge war neben einem Abortus das Auftreten einer akuten coronaren Insuffizienz u. eines Lungenödems. Es wird die Vermutung ausgesprochen, daß durch die hohen Gaben von I eine direkte Schädigung des Myocards verursacht u. die Capillarpermeabilität gesteigert wurde. Daneben dürften noch konstitutionelle oder dispositionelle Faktoren maßgebend gewesen sein. (Aerztl. Forsch. **7**. I/285—89. 10/6. 1953. Magdeburg-Sudenburg, Gustav-Ricker-Krankenhaus, Med. Klinik.) L. BERGER. 4559

Carlo Serra, *Erste klinische Ergebnisse der Anwendung des Dehydroisoandrosterons im Gebiet der Neurologie und Psychiatrie.* An 19 männlichen u. 6 weiblichen Personen mit verschied. psychot. oder neurot. Störungen (Depressionen, Psychasthenie, Debilität, schizoide Phasen) wandte Vf. *Dehydroisoandrosteron* mit gutem Erfolg an. Dosierung: insgesamt 10—24 Injektionen von je 10—20 mg. Keine Geschlechtsunterschiede im Therapieerfolg. (Minerva med. [Torino] **44** I. 1731—34. 27/6. 1953. Milano, Nuovo Ospedale Maggiore, Reparto Neurodeliri.) P. G. SCHEURLEN. 4559

C. L. Anderson, *Wirkungen von Testosteron auf Hühnchen.* Die Verfütterung von *Testosteron* (6—8 Wochen) hatte keine Wrkg. auf Gewicht u. Futterumwandlung. Alle mit I gefütterten Küken entwickelten hellrote hähnchenähnliche Kämme u. Kehllappen. (Poultry Sci. **32**. 883—84. Sept. 1953. Corwallis, Ore., Oregon State Coll., Agric. Exp. Stat.) PATZSCH. 4559

R. George Jaap und **Hamish Robertson,** *Die Hühnchenkammreaktion auf Androgen bei braunen Inzucht-Leghornhühnern.* Der Hahnenkammtest wurde mit den genannten Hühnerstämmen u. *Testosteronpropionat* (I) durchgeführt. 6 von den 7 untersuchten Stämmen gaben bei 0,5 mg I/cm^3 eine Kammgewichtszunahme von 8,9 mg, die weniger durch die absol. I-Menge als durch die Konz. beeinflußt wird. Auch die ursprüngliche

Kammgröße spielt eine Rolle. (Endocrinology **53**. 512—19. Nov. 1953. Edinburgh, Scotland, Poultry Res. Centre.) RODERICH KÖNIG. 4559

Joseph W. Goldzieher, *Die Bestimmung von Östrogengemischen durch Differentialfluorometrie.* Vf. teilt zunächst eine Reinigungsmeth. für die zur quantitativen fluorometr. Best. von Östrogenen notwendigen Lösungsmittel mit u. beschreibt einen App. für die Vakuumdest. der zur Reinigung verwendeten H_2SO_4. Weiterhin werden die Bedingungen genannt, unter denen Östrogengemische analysiert werden können. Bei 470 mμ haben *Östron* (I) u. *Östradiol-3.17β* (II) die gleiche Fluorescenz, während bei 440 mμ II eine 10mal stärkere Fluorescenz hat als I oder *Östrol.* Die Fluorescenzspektren der Östrogene sowie verschied. Eichkurven werden in Abbildungen veranschaulicht. Die Auswahl geeigneter Filter wird diskutiert. (Endocrinology **53**. 527—35. Nov. 1953. New York City, N. Y., St. Clare's Hosp., Res. Dep.) RODERICH KÖNIG. 4559

Kihei Tanioku, *Wirkungen von ACTH und Cortison auf physiologische und immunbiologische Erscheinungen der Haut.* Zur Erklärung der Wrkg. von *ACTH* (I) u. *Cortison* (II) auf verschied. Hautkrankheiten wurde im Vgl. zu „*Restamin*", einem japan. Antihistaminicum vom Aminoäthertyp, die Wirkungen auf physiol. Hautfunktionen (z. B. Hauttemp., SH-Geh.), Gefäßwirkungen (z. B. Capillardurchlässigkeit), biochem. Kennzeichen (Ca- u. K-Geh. usw.), Tuberkulintest, Granulombldg., Nucleinsäurestoffwechsel, Cholinesterase im Serum usw. geprüft. Die Hormone scheinen die Verhältnisse des „Terrains" zu verändern u. einen Einfl. auf die Faktoren entzündlicher Hautveränderungen auszuüben, u. zwar stärker als Restamin. Dies hat antiallerg. Wirkungen u. ruft direkte Rkk. auf der Haut hervor, während I u. II indirekt wirken mit Hilfe von Stoffwechselprodd., die durch sie in den Geweben zur Erzeugung gebracht werden. — 103 Literaturangaben. (Jap. J. Dermatol. Urol. **63**. 403—31. Sept. 1953. Tokyo Univ. [Orig.: japan., Auszug: engl.]) SCHULER. 4560

Tung-Yue Wang, Kuang-Mei Hsieh und **Hermann T. Blumenthal,** *Die Wirkung des Wachstumshormons auf den Nucleinsäuregehalt des sich entwickelnden Hühnerembryos.* Bericht über Unterss. am Hühnerembryo u. Eidotter von n. u. mit Wachstumshormon (I; *Lot k-4080 R,* ARMOUR & CO.) behandelten Hühnereiern. Es wurde der Gesamtgeh. an *Desoxypentosenucleinsäure* (II) u. *Pentosenucleinsäure* (III) bestimmt. Die Anwendung von I bewirkt eine geringe Zunahme des Gesamt-III-Geh. u. der III-Konz. während der letzten Stadien der Embyrogenese. Die Konz. an II wird durch I nicht wesentlich beeinflußt. Im Eidotter wurde keine Nucleinsäure gefunden. (Endocrinology **53**. 520—26. Nov. 1953. St. Louis, Miss., Univ., School of Med., Dep. of Pathol., u. Jewish Hosp., Res. Labors.) RODERICH KÖNIG. 4560

H. W. Bansi und **W. Keussen,** *Nachweis antidiuretischer Substanzen im Serum Fettleibiger.* An Ratten wurde die Harnausscheidung nach Gabe von 5,0 cm^3 W./kg Körpergewicht durch Magensonde u. intraperitonealer Verabreichung von 3,0 cm^3 des zu untersuchenden Serums quantitativ untersucht. Serum einer weiblichen Adipösen verursachte eine starke Ausscheidungshemmung (Kontrollen, welche mit Serum von Gesunden behandelt waren, schieden 23,1 cm^3 Urin aus, mit Adipösenserum dagegen nur 1,0 cm^3), auch Schwangerenserum bewirkte hochgradige Diuresehemmung. Als mögliche diuresehemmenden Substanzen werden *Vasopressin, Steroidhormone* der Nebenniere u. *Somatotropin* der Adenohypophyse aufgeführt. (Klin. Wschr. **31**. 978—79. 1/11. 1953. Hamburg, I. Inn. Abt. des Allg. Krankenhauses St. Georg.) WOLFGANG ALBRECHT. 4560

Raúl Valery Salvatierra, *Die 17-Ketosteroide bei Wachstumsstörungen hypophysärer Genese. Dissertation.* Die Ausscheidung der *17-Ketosteroide* (I) im Urin kann als Maßstab für die hormonale Aktivität des Hypophysenvorderlappens gewertet werden. Erniedrigte I-Werte wurden gefunden bei: Infantilismus, Infantilismus mit Zwergwuchs, Dystrophia adiposogenitalis, Magersucht oder Kachexia hypophysalis u. Eunuchoidismus. Normale Werte wurden bei: Rachit. Zwergwuchs, Akromegalie u. Achondorplasie gemessen, n. bis leicht erhöhte bei durch Achondroplasie bedingtem Zwergwuchs, Mongolismus u. plethoraler Fettleibigkeit. In einigen Fällen wird die Differentialdiagnose erleichtert, u. a. bei mechan. u. hypophysärem *Kryptorchismus.* Bei Polyurie bzw. Oligóurie schwanken die I-Werte in Abhängigkeit von der Diurese. (Arch. venezolanos Nutric. **4**. 29—84. Juni 1953. Madrid, Cons. Sup. de Inv. Científ., Inst. de patolog. Méd. y Inst. de Endocrinolog. Exp.) HANS THIELE. 4561

Edward H. Kass und **Maxwell Finland,** *Nebennierenrindenhormone bei Infektion und Immunität.* Übersichtsbericht (bis Dez. 1952). Einige Aspekte der n. physiol. Funktion der Nebennierenrinde; Rindenhormone u. deren Beziehung zu Infektionen; Wrkg. von *Corticotropin* (*ACTH*) u. *Cortison* (I) auf die Toxizität; Wrkg. von *ACTH* u. I auf Immunitäts- u. Überempfindlichkeits-Rkk.; Wrkg. von *ACTH* u. I auf Entzündung

u. Wiederherst.; direkte Wirkungen von *ACTH* u. I auf Zellen; bei verminderter Infektionsresistenz beteiligte Mechanismen; Beziehung von Wachstumshormon zu *ACTH* u. I; Beziehung zwischen Adrenalektomie u. *ACTH* sowie I. — 313 Literaturangaben. (Annu. Rev. Microbiol. **7.** 361—88. 1953. Boston, Mass., Thorndike Mem. Labor., Boston City Hosp. and Harvard Med. School, Dep. of Med.) K. MAIER. 4561

G. Bickel, *Die Cortisondauerbehandlung. Indikationen und Behandlungsschema.* Das *Cortison* wird heute mit Erfolg zur Behandlung verschied. Krankheiten eingesetzt. Es sollte aber grundsätzlich den schweren Fällen, die eine Dauerbehandlung nötig machen, vorbehalten bleiben. (Schweiz. med. Wschr. **83.** 1151—56. 28/11. 1953. Genève, Univ., Clin. méd.) H. P. FIEDLER. 4561

I. Tentori, G. Toschi und **G. Vivaldi,** *Der Effekt des experimentellenHyperthyreoidismus auf die Muskelschädigungen bei Vitamin-E-Mangel der Ratte.* Bei *Vitamin-E*-freier Diät entstehen bei der Ratte Muskelveränderungen (Degeneration u. Atrophie einzelner Fasern), die durch gleichzeitige Fütterung von Schilddrüsensubstanz (0,5% als Pulver) noch verstärkt werden können. (Boll. Soc. ital. Biol. sperim. **29.** 90—91. Jan. 1953. Roma, Ist. Superiore di Sanità.) P. G. SCHEURLEN. 4562

U. Hagemann, *Beitrag zum Schilddrüsenwirkbild nach Methylthiouracilzufuhr beim Meerschweinchen unter besonderer Berücksichtigung des graviden und insulinisierten Tieres.* Meerschweinchen wurde fortgesetzt 0,1 g *Methylthiouracil* (I) in Tablettenform zugeführt. Die ersten histolog. Veränderungen konnten bei einzelnen Tieren nach 4 Tagen nachgewiesen werden. Das Maximum der Veränderung der Schilddrüse zeigte sich zwischen dem 18. u. 27. Behandlungstag, was auch durch weitere Behandlung nicht wesentlich geändert wird. Die hormonale Ausgangslage modifiziert das Ergebnis. Bes. empfindlich sind fetale Schilddrüsen, so daß es häufig zu nicht lebensfähigen Kümmerformen kam. Ob hier eine tox. Wrkg. oder ein echter Eingriff durch I in das hormonale Syst. vorliegt, läßt sich noch nicht entscheiden. Mit *Insulin* vorbehandelte Tiere zeigten, ebenso wie die graviden, verzögerten Wirkungseintritt. (Z. ges. inn. Med. Grenzgebiete **8.** 666—68. 15/7. 1953. Greifswald, Univ., Patholog. Inst.) L. BERGER. 4562

Tokuyoshi Abe, *Untersuchungen über die diabetogene chemische Substanz.* Injektion von *K-Äthylenxanthat* erzeugte bei allen Kaninchen anfängliche, bei 50% der Kaninchen dauernde Hypoglykämie. Von 13 Chinolinderivv. bewirkten *5-Aminooxin* u. *8-Oxychinolin* Änderung des Blutzuckers mit Zerstörung der LANGERHANSschen Inseln. Histochem. konnte kein Glykogen im Gewebe hypoglykäm. Tiere nachgewiesen werden. Die Beziehung zwischen diabetogenem Verh. u. chem. Struktur zeigt, daß die Oxygruppe wesentlich für Zerstörung des Inselgewebes ist. Vermehrung der Oxy- u. Carboxylgruppen vermindern Toxizität der Verbindung. (Folia endocrinol. japon. **29.** 267. 20/1. 1954. Kyoto, Univ., School of Med., Dep. of Pathol. [Orig.: engl.]) GENEST. 4564

Tatuo Saito, *Insulinsensibilität beim Diabetes mellitus.* (Tohoku J. exp. Med. **57.** 393—401. 25/4. 1953. Sendai, Tohoku Univ., Med. Clinic. [Orig.: engl.]) BROSEMANN. 4564

Tatuo Saito, *Die Wirkung der Diätbehandlung auf die Insulinsensibilität beim Diabetes mellitus.* (Tohoku J. exp. Med. **57.** 403—07. 25/4. 1953. Sendai, Tohoku Univ., Med. Clinic. [Orig.: engl.]) BROSEMANN. 4564

William P. Blackmore, Vernon E. Wilson und **Theodore R. Sherrod,** *Die Wirkung von Histamin auf die Nierenhämodynamik.* Es werden Unterss. an nicht anästhesierten, weiblichen Hunden beschrieben, denen intravenös 2,5 µg *Histamin* (I)/kg Körpergewicht/Min., 2 Std. lang, verabreicht worden waren. Die Glomerularfiltration blieb während des Vers. ziemlich konstant u. nahm nach Beendigung etwas zu. Eine merkliche Zunahme der Nierendurchblutung wurde während u. ca. 1 Std. nach dem Vers. festgestellt. Weiterhin wurde eine Abnahme des mittleren arteriellen Blutdrucks beobachtet, der jedoch nie unter 75 mm Hg abnahm. I zeigte bei allen Verss. eine antidiuret. Wirkung. (J. Pharmacol. exp. Therapeut. **109.** 206—13. Okt. 1953. Chicago, Ill., Univ., Coll. of Med., Dep. of Pharmacol.) RODERICH KÖNIG. 4569

Albert Zipser, H. Benaim Pinto und **A. Stone Freedberg,** *Verteilung und Umsatz von Rubidium (^{86}Rb)-Carbonat in menschlichem Blut und Harn.* Versuchspersonen wurden 26 µC ^{86}*Rb* als 13%ig. Rb_2CO_3-Lsg. intravenös injiziert u. der Verbleib des Isotops im Blut bestimmt. Es erfolgte zunächst schnelle Clearance, bis nach 1 Std. noch ca. 7,4% der zugeführten Menge im Gesamtblutvol. vorhanden waren. Der ^{86}Rb-Geh. stieg am 2. Tage wieder auf 13—14% der verabfolgten Menge an u. blieb so zwei Wochen konstant. Im gleichen Zeitintervall fiel der Geh. im Plasma von 6,9 auf 0,5%, während er

in den roten Blutzellen von 2,7% (nach 40 Min.) auf 11,2% (nach 2 Tagen) anstieg u. sich 14 Tage auf dieser Höhe hielt. Die Ausscheidung mit dem Harn betrug am 1. Tage 3,8% u. lag nach dem 4. Tag konstant bei 0,5—0,8% (14% in 12 Tagen). Auch in vitro wurde $^{86}Rb_2CO_3$ schnell von roten Blutkörperchen aufgenommen, woraus es durch Dialyse nur zu weniger als 15% entfernt werden konnte, obwohl es im Hämolysat nicht mit der gefällten Proteinfraktion verbunden war. (J. appl. Physiol. **5**. 317—22. Jan. 1953. Boston, Mass., Harvard Med. School, Dep. of Med., Beth Israel Hosp.)
DU MONT. 4572

Hazel C. Murray und **M. M. Rosenberg,** *Untersuchungen über den Gehalt an Blutzucker und Glykogen bei Küken.* Die n. Zuckerkonz. des venösen Blutes bei ausgewachsenen Hühnern wurde zu 182,5 mg-% gefunden. In einer Fastenperiode sinkt der Geh. u. stellt sich nach 3 Std. auf einen signifikant niedrigeren Geh. ein. Der *Glykogen* (**I**)-Geh. in der Leber wurde bei 12 Hühnchen zu 6,07% festgestellt. Der **I**-Geh. des Brustmuskels von 6 Wochen alten Hähnchen, die 16 Std. gehungert hatten, betrug 0,05%. Die Unterschenkelmuskel derselben Tiere enthielten prakt. kein **I** (0,01%). Wurden Hähnchen, die 16 Std. gehungert hatten, mit geschrotetem gelbem Mais gefüttert, dann enthielten die Brustmuskeln im Durchschnitt 0,33% **I**, die Unterschenkelmuskeln 0,23%. Vergleichbare Durchschnittswerte einer ähnlich gefütterten Gruppe, die aber noch Zucker erhielt, waren 0,32% **I** für Brustmuskel u. 0,24% für Unterschenkelmuskel. (Poultry Sci. **32**. 805—11. Sept. 1953. Honolulu, Univ. of Hawaii, Dep. of Foods and Nutrit. and Poultry Husbandry.) PATZSCH. 4574

Z. Stary, F. Bursa und **S. G. Anhegger-Lisie,** *Über die Kohlenhydratgruppe des Fibrinogens. Fibrinogen* (**I**) enthält prosthet. Kohlenhydrat (**II**), dessen Menge beim Menschen durchschnittlich 2,36% beträgt. **II** besteht aus *Hexosen* (ca. 1,32%) u. *Glucosamin* (1,04%). Bei Rinder-**I** besteht der Hexoseanteil vor allem aus *Galaktosamin.* Bei einem Mol.-Gew. von 500000 entspricht die im **I** enthaltene **II**-Menge ca. 67 im **I**-Mol. eingebauten Glucosamin- u. Monosaccharidresten mit einem Gesamt-Mol.-Gew. von ca. 11000. Die Art der Bindung von **II** an **I** ist unbekannt. (Hoppe-Seyler's Z. physiol. Chem. **295**. 29—31. 26/11. 1953. Istanbul, Univ., Biochem. Inst.)
BRATFISCH. 4574

Nikša Allegretti und **Stojanka Buta,** *Die Cystein- und Cystinwirkung auf die durch Thrombin ausgelöste Fibrinogengerinnung.* Vff. ließen auf eine *Thrombin* (**I**)-Lsg. (ROCHE) bei 37° *Cystein* (**II**) einwirken u. entnahmen diesem Gemisch zu verschied. Zeitpunkten Proben, die zu Fibrinogen (**III**)-Lsgg. zugesetzt wurden. **II** verkürzte die **III**-Gerinnungszeit unabhängig von der Einwirkungsdauer auf **I**. Mit *Cystin* (**IV**) wurde in ähnlichen Verss. eine Verlängerung der Gerinnungszeit beobachtet. Läßt man **II** dagegen auf **III** einwirken, so wird die Gerinnungszeit verkürzt, nimmt jedoch immer mehr zu, je länger der Kontakt von **II** u. **III** besteht. Tauscht man in diesen Verss. **II** gegen **IV** aus, so tritt stets eine Verlängerung der Gerinnungszeit ein, die unabhängig von der Kontaktdauer zwischen **III** u. **IV** ist. Es wird daher angenommen, daß **II** in Ggw. von **III** u. O_2 zu **IV** oxydiert wird, was durch Verss., in denen **II** u. **III** in N_2-Atmosphäre einwirkten, bei denen keine Abhängigkeit von der Kontaktdauer zu beobachten war, erhärtet wurde. Dafür spricht ferner die Entfärbung von Methylenblau in THUNBERG-Röhrchen, durch ein Syst. aus **II**, **III** u. O_2 (keine Entfärbung jedoch durch **IV**, **III** u. O_2). Wie **II** wirken auch *Glutathion* oder *2.3-Dithioglycerin* (*BAL*) auf die Gerinnungszeit von **III**. — Die Prothrombinzeit wurde durch kleine **II**-Konzz. verkürzt, durch höhere verlängert. (Arhiv Kemiju [Arch. Chim.] **21**. 189—203. 1949, ausg. Sept. 1950. Zagreb, Physiol. Inst. der Med. Fak. der Univ.) RENTZ. 4574

Paul Matis, *Marcumar (3-[1'-Phenylpropyl]-4-oxycumarin), ein neues Superdicumarol.* Vergleichende Unterss. verschied. *Dicumarin*-Präpp. in bezug auf ihre Initialdosis, Wirkungsdauer u. Tagesdosis ließen dem Vf. das *Marcumar* (**I**) als bes. günstig erscheinen. Er fand kleine Anfangsdosis, lang dauernde, gleichmäßige Einstellung u. geringe Blutungsneigung. Bedenken gegen die lang anhaltende gerinnungshemmende Wrkg. sind unbegründet, da sie sofort durch Gaben von *Vitamin K* unterbrochen werden kann. **I** war von sehr guter Verträglichkeit u. zeigte nur geringe Nebenerscheinungen. Vf. empfiehlt zur Vermeidung der Blutungsgefahr die gleichzeitige Anwendung des *Rutin* zur Capillarabdichtung. (Aerztl. Forsch. **7**. I/298—302. 10/6. 1953. Tübingen, Univ., Chirurg. Klinik u. Poliklinik.) L. BERGER. 4574

W. L. Niccum, R. L. Jackson und **Genevieve Stearns,** *Die Verwendung von Ferri- und Ferroeisen zur Verhütung hypochromer Anämie bei Kindern.* 115 n. ausgetragene Kinder erhielten Fe^{3+} als Ferriammoniumcitrat u. 37 Fe^{2+} als $FeSO_4$, wobei Fe^{2+} in gleicher Dosis wesentlich höhere *Hämoglobin* (**I**)-Werte ermöglichte. Kleine tägliche *Fe*-Dosen (5—10 mg) reichten bei allen n. Kindern zur Aufrechterhaltung eines konstanten I-Spiegels aus. Bei solchen mit schweren Infektionen entwickelte sich keine ausgeprägte Anämie (I-Werte > 10 mg/100 cm³). Bei zu früh geborenen Kindern konnten durch eine Transfusion im Alter von 15—20 Wochen u. anschließend *Fe*-Gaben von 10 mg täglich n. I-Spiegel erzielt werden. (A. M. A. Amer. J. Diseases Children **86**. 553—67. Nov. 1953. Iowa City, State Univ. of Iowa, Coll. of Med., Dep. of Pediatrics.) K. MAIER. 4575

R. Kretschmer und **A. Kretschmer,** *Zur intravenösen Kobalttherapie.* Bericht über gute Erfahrungen mit dem Präp. *Vitaferri cum Cobalto* (**I**; WEISS & CO, Döbeln/Sa.) enthaltend pro Ampulle 5 mg Co als Co-Äthylen-bis-iminodiessigsäure u. 35 mg Fe als Ferrisaccharat. Nach vorbereitenden in vitro- u. Tierverss. klin. Verss. an 26 Patienten mit Infekt- u. Tumoranämien; Dosierung 1 Ampulle/Tag, Gesamtdosis Co^{2+} 80 bis 195 mg, Fe^{3+} 560—1995 mg. 4 Fälle sprachen nicht an; gute Verträglichkeit von **I**; der Wert der **I** + **II**-Kombination wird diskutiert. (Dtsch. Gesundheitswes. **8.** 1456—61. 26/11. 1953. Berlin, Zentralinst. für Bahnärztlichen Dienst der Deutschen Reichsbahn.) DOSSMANN. 4575

Luigi Musajo, Carlo A. Benassi und **Anna Parpajola,** *Die Isolierung von Kynurenin und 3-Oxykynurenin aus pathologischem menschlichem Urin.* Bei 21, sämtlich an Leukämie leidenden, unter 198 untersuchten Patienten konnten chromatograph. *Kynurenin* (**I**) u. *3-Oxykynurenin* (**II**) im Urin nachgewiesen werden. Nur bei 1 dieser Fälle konnte aus 9 Liter Urin 40 mg **I** (als Sulfat) u. 16 mg **II** in Substanz isoliert werden. (Ricerca sci. **23.** 1407—09. Aug. 1953. Padua, Univ., Ist. di Chim. farmaceut.) K. FABER. 4577

Dino Spisni und **Vittorio Cappa,** *Fütterung und Gehalt an Indoxylstoffen im Urin von Rindern.* Vff. stellten fest, daß, wenn Rinder von einem größtenteils aus Heu zu einem aus Wiesengräsern u. vorzugsweise aus Gramineen bestehenden Futter übergehen, die Konz. an *Indican* (**I**) im Urin deutlich abnahm. Gehen dagegen die Rinder von einem größtenteils aus Heu bestehenden Trockenfutter oder von einem vorzugsweise aus Gramineen bestehenden Grünfutter zu einem Grünfutter, das bevorzugt aus Leguminosen bestand, über, dann nahm die **I**-Konz. zu. (Clinica veterin. **77.** 65—73. März 1954. Univ. Cattolica del S. Cuore, Fac. di Agric., Ist. di Anatom. e Fisiol.) PATZSCH. 4585

Gennard Matrone, Virginia B. Weldon, W. W. G. Smart jr., F. W. Sherwood, F. H. Smith und **G. H. Wise,** *Wirkungen der Phosphatdüngung und der Mineralsalzergänzung auf den Nährwert von Sojabohnenfutter.* Phosphatdüngung verdoppelt den Ertrag an Sojabohnen (**I**) u. bringt Pflanzen hervor, die eine hohe Konz. an Ca u. P, aber einen niedrigeren %-Satz an Blättern (gewichtsmäßig) aufweisen als die Pflanzen, die auf einem nicht mit Phosphat gedüngten Boden gewachsen sind. Meerschweinchen, deren Futter **I** von nicht gedüngten Böden enthielt, hatten geringe Gewichtszunahmen u. hatten einen niedrigeren Geh. an anorgan. P im Blutserum, u. ihre Knochen waren leichter zerbrechlich als bei den Tieren, deren Futter P-gedüngte **I** enthielt. Eine Ergänzung des Futters mit $CaHPO_4$ beseitigte nicht nur diese Unterschiede, sondern brachte sogar größere Gewichtszunahmen bei den Tieren, die mit nicht gedüngten **I** gefüttert wurden, als bei den mit gedüngten **I** gefütterten Tieren. Angaben über die verdaulichen Nährstoffe u. spektrograph. Analysen von 8 anderen Elementen konnten die zuletzt beobachteten Unterschiede nicht erklären. P-Konz. u. ein noch nicht identifizierter Faktor waren die hauptsächlichsten Unterschiede, die bei **I** bei verschied. Düngung mit Phosphat gefunden wurden. (J. Nutrit. **52.** 127—36. 11/1. 1954. Raleigh, N. C., North Carolina Agric. Exp. Stat., Dep. of Animal Ind.; Ithaca, N. Y., US Plant, Soil and Nutrit. Labor.) PATZSCH. 4585

W. Tj. Binnerts, *Wenig oder viel Molybdän in der Nahrung.* Die Funktion des Mo im Stoffwechsel der Mikroorganismen, Pflanzen u. Tiere scheint mit den Red.-Oxydationsfermenten verknüpft zu sein. Bei Mo-Defizit wird eine ungenügende Wrkg. dieser Enzyme beobachtet. Diskussion der Bedeutung des Mo, der benötigten Mengen bei der menschlichen Ernährung u. der Toxizität bei Mensch u. nicht wiederkäuenden Tieren. — 35 Literaturangaben. (Voeding **15.** 111—16. 15/3. 1954. Wageningen, Landbouwschool, Labor. voor Physiol. der Dieren.) PATZSCH. 4585

Robert J. Lillie, J. R. Sizemore und **H. R. Bird,** *Noch nicht identifizierte Faktoren bei der Geflügelernährung.* 1. Mitt. *Entwicklung eines Kükenversuchs.* Ausführliche Beschreibung u. Entw. einer biol. Versuchsanordnung zur Best. eines noch nicht identifizierten Wachstumsfaktors in Futtermitteln. New Hampshire-Hähnchen scheinen auf Ggw. des Faktors (im Fischmehl) empfindlicher zu reagieren als Hühnchen. Fischmehl, Fischwasser (fish solubles), Leberfraktion Nr. 2, Fleisch- u. Knochenabfälle, Holz-, Bierhefe, getrocknete Zellen von Torula utilis, Hansenula suaveolus u. Bacillus subtilis, getrockneter Abwasserschlamm u. getrocknete Geflügelinnereien unterstützen das Wachstum. Getrocknete Molkenprodd., eine Leberfraktion mit der Bezeichnung „Biopar C“ u. getrocknete Zellen von Streptomyces olivaceus hatten einen geringen Effekt. (Poultry Sci. **32.** 855–62. Sept. 1953. Beltsville, Md., Bur. of Animal Ind., US Dep. of Agric.) PATZSCH. 4585

H. Menge, C. A. Denton, J. R. Sizemore, R. J. Lillie und **H. R. Bird,** *Noch nicht identifizierte Faktoren bei der Geflügelernährung. 2. Mitt. Eigenschaften und vorläufige Fraktionierung eines Wachstumsfaktors in eingedickten Fischwässern („fish solubles“).* (1. vgl. vorst. Ref.) Ausführliche Beschreibung der Gewinnung von Fraktionen aus „fish solubles“. Der „fish solubles“-Faktor ist lösl. in W., Phenol, 50-, 60- u. 80%ig. A. u. 70%ig. Methanol, aber unlösl. in Äther. Der Faktor ist dialysabel u. stabil beim Autoklavieren bei einem p_H 2,0–11,0. Vorläufige Unterss. unter Anwendung eines Phenol-W.-Syst. zeigten, daß dieses Syst. für Gegenstromverteilungsverss. geeignet ist. Konzentrate, die bei 0,04–0,055% Zugabe zum Futter akt. sind, wurden erhalten. *l-Lyxoflavin* verhindert eine Wachstumsreaktion. Der Faktor unterscheidet sich von *l*-Lyxoflavin u. Aminosäuren. (Poultry Sci. **32.** 863–67. Sept. 1953. Beltsville, Md., Bur. of Animal Ind., US Dep. of Agric.) PATZSCH. 4585

H. J. Almquist und **J. B. Merritt,** *Der Wert der Ergänzungen durch Antibiotica für Wachstum und Futterumwandlung im Futter für wachsende Puter.* Allg. Betrachtungen. (Poultry Sci. **32.** 878–80. Sept. 1953. Modesto, Calif., Grange Comp.) PATZSCH. 4585

A. Eisenstark und **P. Sanford,** *Die Wirkung der Antibiotica auf die Intestinalflora von Geflügel. 1. Mitt. Keimzahlen bei Küken, die mit verschiedenen Mengen Aurofac gefüttert wurden. Aurofac* (I; LEDERLE LABOR.) enthält per pound 1,8 g *Aureomycin* u. 1,8 mg *Vitamin* B_{12}. Die Keimzählungen (Anaerobier, Aerobier, Milchsäurebakterien, Enterokokken, coliforme Typen, Hefen) wurden im Darminhalt von 6 Gruppen 8 Wochen alter Küken gemacht, die mit verschied. Mengen **I** (0, 1, 2, 4, 5 u. 10 lbs. **I**/t Futter) gefüttert wurden. Mit den benutzten Keimzählungsmethoden wurde keine signifikante Veränderung der Intestinalflora bei den Tieren festgestellt, die mit Aureomycin gefüttert wurden. (Poultry Sci. **32.** 837–39. Sept. 1953. Manhattan, Kans., Kansas State Coll., Dep. of Bacteriol. and Poultry Sci.) PATZSCH. 4585

J. F. Elam, R. L. Jacobs und **J. R. Couch,** *Die Wirkung einer verlängerten Verfütterung von Antibioticis auf die Leistung von Legehennen.* (Vgl. C. **1952.** 713.) Die verlängerte Verfütterung von Antibioticis führt zu einem Anwachsen der Eiproduktion u. wirkt günstig auf die Brutfähigkeit. Die parenterale Anwendung der Antibiotica, in W. gelöst, vermindert die Brutfähigkeit der Eier u. erniedrigt die Zahl der Eier, die typ. Vitamin-B_{12}-Mangelsymptome (beobachtet an den Embryonen) zeigen. Die parenterale Anwendung von inaktiviertem *Penicillin* in W. u. in Öl erhöht die Eiproduktion u. die Brutfähigkeit. Es ist möglich, daß die verlängerte Verfütterung des Antibioticums im Intestinaltrakt eine Flora erzeugt, die vorteilhafter für die Eiproduktion u. Brutfähigkeit ist. (Poultry Sci. **32.** 792–95. Sept. 1953. Texas, Coll. Stat., Agric. and Mechan. Coll. Syst., Dep. of Biochem. and Poultry Husbandry.) PATZSCH. 4585

S. J. Slinger, W. F. Pepper, A. M. Morphet und **E. V. Evans,** *Wirkung des Penicillins auf den Niacinbedarf von Putern und eine Übertragungswirkung des Penicillins von Muttertieren auf die Brut.* In Ggw. von *Penicillin* (**I**) betrug der *Niacin* (**II**)-Bedarf von Putern für das Wachstumsoptimum u. für die Verhütung einer Perosis ca. 16,7 bis 21,7 mg/pound. Eine beträchtlich höhere **II**-Menge war bei Fehlen von **I** erforderlich. Weder **I** noch **II** allein scheinen das Auftreten einer Perosis zu beeinflussen. Eine **I** + **II**-Kombination jedoch gibt einen vollständigen Schutz. Küken von Hennen, die **I** erhalten hatten, wogen im Alter von 8 Wochen weniger als diejenigen, deren Mütter kein **I** erhalten hatten. (Poultry Sci. **32.** 754–62. Sept. 1953. Guelph, Can., Ontario Agric. Coll., Dep. of Poultry Husbandry and Nutrit.) PATZSCH. 4585

H. L. Jones und **G. F. Combs,** *Wirkung des Aureomycinhydrochlorids auf die Ausnutzung des anorganischen Stickstoffs beim Küken. Ammoniumcitrat* (**I**), zweibas. *Ammoniumphosphat* (**II**) wie auch *Harnstoff* können von Küken als N-Quelle nicht ausgenutzt werden, auch wenn *Aureomycin-HCl* (**III**) in Mengen von 10 oder 20‰ zugefüttert werden. Nichtsdestoweniger kann **III** die Wachstumsdepression u. schlechte Futterausnutzung, die durch Zugabe von **I** oder **II** zum Futter mit 15% Protein hervorgerufen werden, überwinden helfen. (Poultry Sci. **32.** 873–75. Sept. 1953. Univ. of Maryland, Dep. of Poultry Husbandry.) PATZSCH. 4585

C. H. Hill, R. L. Borchers, C. W. Ackerson und **F. E. Mussehl,** *Untersuchungen über die Stimulierung des Kükenwachstums durch Alfalfasaft, Casein und Aureomycin. Alfalfasaft* (**I**) u. *Rohcasein* (**II**) stimulieren das Kükenwachstum. In Ggw. entweder von I oder von II ist die Wachstums-Rk. auf *Aureomycin* (III) zurückgegangen oder eliminiert. Wenn Glucose an Stelle von Getreide gegeben wird, wirken weder I noch III allein auf das Wachstum. Eine Kombination von beiden jedoch erhöht die Wachstumsrate. (Poultry Sci. **32.** 775—79. Sept. 1952. Lincoln, Univ. of Nebraska, Dep. of Agric. Chem. and Poultry Husbandry.) PATZSCH. 4585

R. L. Jacobs, J. F. Elam, J. H. Quisenberry und **J. R. Couch,** *Getrocknetes Alfalfablättermehl als eine Quelle von Vitaminen und noch nicht identifizierten Faktoren für das geschlechtsreife Huhn.* Die Zugabe von 5% getrocknetes *Alfalfa*-Blättermehl (I) zu einem nur pflanzliches Protein enthaltenden Futter mit *Vitamin* B_{12} (II) erhöht die Brutfähigkeit. Die Fruchtbarkeit wurde in Ggw. wie auch beim Fehlen von II durch I-Zugabe gesteigert. Vff. schließen daraus, daß I einen noch nicht identifizierten Faktor enthält, der für die Brutfähigkeit u. Fruchtbarkeit notwendig ist. I erhöht in Ggw. von II den Geh. an Folsäure u. Citrovorusfaktor im Eigelb, verminderte jedoch den Anstieg des Geh. an Pantothensäure. Die Zahl der Embryonen mit II-Defizitsymptomen wurde durch I-Zugabe nicht erniedrigt. Die Blutgerinnungszeit von Eintagsküken war stark red., wenn I zum Hennenfutter zugefügt war. (Poultry Sci. **32.** 812—16. Sept. 1953. Texas, Coll. Stat., Agric. Exp. Stat., Agric. and Mechan. Coll. Syst., Dep. of Biochem. and Nutrit. and Poultry Husbandry.) PATZSCH. 4585

F. Bölönyi und **S. Orsós,** *Untersuchung der antirachitischen Wirkung der Eierschale auf die Zähne der Ratte.* Die antirachit. Wrkg. der Eierschale wurde in Anlehnung an die Unterss. von KROMPECHER u. Mitarbeiter an den Schneidezähnen ausgewachsener Ratten, die eine rachitogene Diät (I) nach MCCOLLUM, I + Eierschale bzw. n. Nahrung + Eierschale erhielten, getestet. Bei den Tieren, die I + Eierschale bekamen, waren die meisten histopathol. Anzeichen der Rachitis nicht feststellbar. Das histolog. Bild ihrer Schneidezähne entsprach annähernd dem n. Ratten. In der Pulpahöhle des rachit. Zahns wurden starke Blutanfüllung u. Hämorrhagien festgestellt, eine Erscheinung, die bisher als klin. Zeichen einer Rachitis noch nicht beschrieben wurde. Die Schneidezähne lassen einen rachit. Zustand anscheinend besser erkennen, als dies am Knochen möglich ist. (Acta morphol. Acad. Sci. hung. **4.** 45—50. 1954. Debrecen, Univ. Méd., Inst. d'Anat., d'Histol. et d'Embryol.) K. MAIER. 4585

B. March und **J. Biely,** *Die Wirkung der Ascorbinsäure auf die Wachstumsrate von Küken. Penicillin* (III) hat eine merkliche Sparwrkg. auf die Versorgung von Küken mit diätet. *Folsäure* (IV). *Ascorbin* (I)- u. *p-Aminobenzoesäure* (II) stimulieren das Wachstum von Küken, die mit einem an IV mangelnden Futter gefüttert wurden. I u./oder II in Verbindung mit III stimulieren das Wachstum von Küken, die mit IV-armem Futter gefüttert wurden, stärker als die Vitamine oder das Antibioticum allein. In einem „kompletten" Kükenfutter, das nicht durch *Aureomycin* (V) verbessert war, stimulierte eine Kombination von I + V das Wachstum. Eine Kombination von II + V war jedoch ohne Wirkung. (Poultry Sci. **32.** 768—74. Sept. 1953. Vancouver, Can., Univ. of Brit. Columbia, Poultry Nutrit. Labor.) PATZSCH. 4585

Alfredo Planchart, *Die biologische Bedeutung der Vitamine. Allgemeine Beobachtungen über einige Vitamine, die als Coenzyme angesehen werden.* Viele Vitamine sind Coenzyme, die in verschied. Rkk. des allg. Eiweiß-, Fett- u. Kohlenhydratstoffwechsels wirksam werden. Vf. diskutiert u. a. die biol. Bedeut. von *Coenzym A, PABA, Folsäure* u. der B_{12}*-Gruppe.* Auf neuere Wachstumsfaktoren, wie z. B. den *Citrovorumfaktor,* u. ihre Beziehung zu Coenzymen, wird hingewiesen. — 59 Literaturzitate. (Arch. venezolanos Nutric. **4.** 5—28. Juni 1953. Caracas, Inst. Nac. de Nutric.) HANS THIELE. 4587

Jun-ichi Yoshida, *Untersuchung über den Vitamin-*B_2*-Stoffwechsel in jugendlichem Alter.* Bei Säuglingen u. Kindern wurde der *Vitamin-*B_2 (I)-Geh. in Blut, Cerebrospinal-Fl. u. Urin unter dem Einfl. verschied. Krankheiten (von denen ihn einige erhöhen, andere erniedrigen oder unverändert lassen) ermittelt. — Bei Albinoratten wurde der Geh. der Organe an I bestimmt. Nach intravenöser Injektion von I stellt sich der höchste I-Spiegel nach 15—30, bei subcutaner Injektion nach 30—60 Min. ein. Der Einfl. einiger Infektionskrankheiten auf Veränderung des I-Geh. in Organen u. Blut der Ratten wird untersucht. Es wird vermutet, daß eine I-Zerstörung im Stoffwechsel weitgehend von einer Leberschädigung bedingt wird. (J. Kyoto prefect. med. Univ. **52.** 648—72. Febr. 1953. Kyoto Pref. Med. Univ., Dep. of Paediatrics. [Orig.: japan., Auszug: engl.]) SPITALER. 4587

Paul Chevallier, *Die gute Wirksamkeit der sehr hohen Vitamin-*B_{12}*-Gaben.* Vf. weist im Rahmen einer Übersicht über die Entw. des *Vitamin* B_{12} (I) auf die guten Erfolge hin, die er in Fällen von BIERMERschen Anämien mit intramuskulär ca. 1000 γ I alle 2 Tage erzielen konnte. In einzelnen Fällen scheint eine einmalige Injektion von 1000 γ I bereits lang andauernde Wrkg. zu haben. Nebenerscheinungen wurden nicht beobachtet. (Semaine Hôpitaux Paris **29.** 1953—57. 14/6. 1953. Paris.) KRUSEN. 4587

Gerd Graefe, *Chemische Konstitution und biologische Bedeutung der Inosite.* Übersicht mit 45 Literaturangaben. (Arzneimittel-Forsch. **3.** 304—09. Juni 1953. Hamburg, Deutsche Maizena-Werke G. m. b. H.) KRUSEN. 4587

Pekka Brummer und **Maija Yli-Pohja,** *Über die Bedeutung der peptischen Verdauung.* 21 Personen mit Achlorhydrie (A) u. 10 Personen mit vorhergehender unvollständiger Magensekretion (B) wurden nach Verabfolgung von Gelatine dem *Glycin* (**I**)-Test nach CHRISTENSEN u. SHWACHMAN (J. clin. Invest. **28.** [1949.] 318) unterworfen u. mit Kontrollpersonen mit n. gastr. Säuresekretion (C) verglichen. Zwischen Gruppe A u. C kein merklicher Unterschied der I–Zeit-Kurve. In Gruppe B hingegen größerer I-Anstieg in den ersten 2 Std. der Verdauung. (Acta med. scand. **148.** 239—44. 23/3. 1954. Turku, Univ., Med. Clin.) GENEST. 4594

H. Kraut, E. A. Müller und **H. Müller-Wecker,** *Die Abhängigkeit des Muskeltrainings und des Eiweißansatzes von der Eiweißaufnahme und vom Eiweißbestand des Körpers.* Bei voll gedecktem Calorienbedarf wurden 2 gut ernährte Versuchspersonen 3 Monate mit 2 g/kg/Tag Protein ernährt u. einem systemat. Training etwa der Hälfte aller Körpermuskeln unterworfen. In dieser Zeit verdoppelten die Muskeln ihre Kräfte, u. aus der N-Bilanz errechnete sich der Ansatz von 8,3 kg eiweißhaltigem Gewebe. Die Versuchspersonen konnten nachfolgende 80 Tage mit 1 g/kg/Tag Eiweißaufnahme die Muskulatur u. den Eiweißbestand um ca. $1\frac{1}{2}$ kg vermehren. In anschließenden 49 Tagen mit 0,8 g/kg/Tag Eiweißaufnahme war N-Gleichgewicht u. Gleichbleiben von Körpergewicht u. -kräften zu beobachten; das N-Minimum liegt also bei hohem Eiweißbestand des Körpers höher als bei geringerem Eiweißbestand. Der Gegensatz zu früheren Verss., wo bei wesentlich niedrigerem Eiweißbestand auch mit 1 g/kg/Tag Protein die Erhaltung der Muskelkräfte nicht gelang, läßt sich nach Ansicht der Vff. ebenfalls durch den hohen Eiweißbestand erklären. (Biochem. Z. **324.** 280—94. 1953. Dortmund, Max-Planck-Inst. für Arbeitsphysiol., Ernährungsphysiol. u. Physiol. Abt.) NEHRING. 4595

H. K. Gräfe, *Eine Ernährungsbilanz für Schwerstarbeiter.* Es wurde die Ernährungsbilanz für einen Schwerstarbeiter unter Zugrundelegung von 4200 Calorien/Tag gegenüber einer ausgewählten gemischten Durchschnittskost hinsichtlich Eiweiß, Fett, Kohlenhydraten, Ca, P, Fe, Vitaminen A, B_1, B_2, C u. Nicotinsäureamid aufgestellt, wobei sich ergab, daß die für notwendig erachteten Einzelwerte meist überschritten wurden. Eine Unterschreitung der Normwerte ergab sich bei Kohlenhydraten, die aber durch die erhöhten Fett- u. Eiweißwerte ausgeglichen wird. Unter den Versuchsbedingungen wurde lediglich ein Ca-Defizit registriert. (Pharmazie **8.** 821—26. Okt. 1953. Potsdam-Rehbrücke, Inst. für Ernährungsforschung.) DOSSMANN. 4595

G. O. Schlütz, *Geht die* L-*Glutaminsäure im Tierkörper über die* L-*Pyrrolidoncarbonsäure in* L-*Prolin über?* Verss. an Kaninchen zeigen, daß oral zugeführte L-*Pyrrolidoncarbonsäure* (**I**) durch den Magensaft zu L-*Glutaminsäure* (**II**) hydrolysiert wird. In großen Mengen verabfolgte **I**, die auch teilweise resorbiert wird, wird ebenso wie übermäßig zugeführte **II** als **I** über die Galle ausgeschieden. Ein wesentlicher Teil der aus **I** gebildeten **II** wird im Intermediärstoffwechsel verwertet, jedoch findet keine Prolinsynth. statt, da, wie Verss. zeigen, parenteral zugeführte **I** als körperfremd im Harn ausgeschieden wird. Die irrige Annahme einer Prolinbldg. aus **I** wird durch die quantitative Rückgewinnung von **II**-Hydrochlorid aus dem Harn widerlegt; das opt. Verh. erhärtet die Herkunft aus der dem Tierkörper zugeführten **I**. (Biochem. Z. **324.** 295—300. 1953. Freiburg/Br., Diagnost. Inst.) NEHRING. 4596

Jens Alslev, *Vergleichende Untersuchungen über den intermediären Galaktose- und Dextrosestoffwechsel bei Gesunden und Leberkranken.* Bei Leberkranken (Lebercirrhose, ikter. Hepatitis, Verschlußikterus) zeigen die Blutglucosekurven bei doppelter Glucosebelastung u. die Blutgalaktosekurven bei einfacher Galaktosebelastung einen anderen Verlauf als bei Gesunden. Die Milchsäure- u. Brenztraubensäurenüchternwerte sind höher als n. u. bei beiden Zuckern sehr ähnlich, im Gegensatz zu dem unterschiedlichen Verh. bei Stoffwechselgesunden. (Z. ges. exp. Med. **121.** 1—11. 1953. Kiel, Univ., Med. Klinik.) HEYNS. 4596

E. B. Skwirskaja und **O. P. Tschepinoga,** *Umsatz der Nucleinsäuren in den Geweben des Gehirns und der Leber im Verlauf der Ontogenese.* Unters. des Gehirns u. der Leber von 16—20 u. 26—29 Tage alten Kaninchenembryonen, von neugeborenen Kaninchen sowie von 9—10 Tage alten Tieren ergab eine ständige Zunahme der Trockensubstanz bei gleichzeitiger Abnahme der Proteinsubstanz in diesen Geweben. Der Geh. des Gehirns u. der Leber an *Ribonucleinsäure* (**I**) u. *Desoxyribonucleinsäure* (**II**) ist in den frühen Entwicklungsstadien sehr hoch, nimmt mit dem Wachstum der Embryonen allmählich ab u. entspricht 30 Tage nach der Geburt dem der erwachsenen

Tiere. Verss. mit subcutan injiziertem $Na_2H^{32}PO_4$ ergaben ein intensives Eindringen von P in I u. vor allem in II der Leber während der embryonalen Periode, im Gegensatz zu der Zeit nach der Geburt. Im Gehirn erfolgt dieser Prozeß in allen Entwicklungsstadien gleichmäßig. Die Aufnahme von P in die säurelösl. Fraktion sinkt nach der Geburt stark ab. Die Dynamik der Aktivität der *Ribonuclease* u. *Desoxyribonuclease* in der Leber entspricht in allen Entwicklungsstadien den Veränderungen von I bzw. II. Im Gehirn ist eine Desoxyribonucleaseaktivität während der ersten 16 Tage des embryonalen Lebens nicht feststellbar, zeigt dann aber während der folgenden 6 Tage u. ferner am 9.—10. Tage der postnatalen Entw. einen starken Anstieg. (Доклады Академии Наук СССР [Ber. Akad. Wiss. UdSSR] [N. S.] **92.** 1007—10. 11/10. 1953. Biochem. Inst. der Akad. der Wiss. der UdSSR.) RENTZ. 4596

T. K. Wadhwani, *Über den Austauschmechanismus im Knochen.* (Vgl. Current Sci. **20.** [1951.] 293.) Zusammenfassende Besprechung einer Anzahl von Befunden, aus denen abgeleitet wird, daß theoret. alle Anionen der Knochensalze durch *Fluorid* ersetzbar sind u. die Einteilung in labile u. nichtlabile Anteile in vitro nicht nachweisbar ist. (Current Sci. **22.** 229—30. Aug. 1953. Indian Inst. of Sci). SCHWAIBOLD. 4596

Ernest Bueding und **Harry Most,** *Würmer: Stoffwechsel, Ernährung und Chemotherapie.* Übersichtsbericht (bis Febr. 1953). Stoffwechsel (*Kohlenhydrate, Lipide, Proteine* u. *Aminosäuren,* Bldg. flüchtiger Säuren, biol. Oxydationen); Ernährung; Chemotherapie. — 187 Literaturangaben. (Annu. Rev. Microbiol. **7.** 295—326. 1953. Cleveland, O., Western Reserve Univ., School of Med., Dep. of Pharmacol.; New York, N. Y., Univ. Coll. of Med., Dep. of Preventive Med.) K. MAIER. 4596

F. D. Collins, *Rhodopsin und Indicatorgelb.* Bei Belichtung von *Rhodopsin* (I) (*Sehpurpur*) wird *Retinen* (II) gebildet. Frühere Unterss. ergaben, daß *Indicatorgelb* (III) eine Verb. aus II u. einem freien *Amin* (z. B. NH_2-Gruppe von Aminosäuren oder Eiweiß) darstellt. Entweder kombiniert sich II mit irgendeiner freien NH_2-Gruppe, wobei III keine direkte Rolle in der Chemie des Sehens zukäme, oder die in III vorhandene C—N-Bindung ist auch in I zugegen. Durch Blockierung der freien NH_2-Gruppen mit 10mol. *HCHO* bei p_H 9 kann zwischen beiden Möglichkeiten unterschieden werden. Bei der 1. Möglichkeit wären nicht mehr als 10% II als III vorhanden, während im 2. Falle die III-Menge annähernd 100% betragen würde. Eine Lsg. von I (10mol. HCHO, p_H 9) wurde hergestellt, die Extinktion bei 500 mμ gemessen, die Lsg. gebleicht u. Absorptionskurve u. Extinktion bei 500 mμ in Abständen (während 60 Min.) gemessen. Der Unterschied der Extinktion vor u. nach Bestrahlung (0,760—0,032 = 0,728) ergab die vorhandene I-Menge. Bei einem Extinktionskoeff. von 48000 (C_{20}-Mol.) wäre die Gesamt-II-Konz. $15{,}2 \cdot 10^{-6}$ molar. Die Absorptionskurve entsprach am Ende weitgehend II, die Anfangskurve der alkal. Form von III. Aus der Differenz der Extinktion zu einem bestimmten Zeitpunkt u. dem Endwert wurde III in 2 Verss. zu 40 u. 49% des Gesamt-II bestimmt. Hiernach dürfte III beim Sehvorgang eine Rolle spielen. Die enge Beziehung zwischen I u. II wurde nachgewiesen. II-*Methylamin,* ein Analogon der sauren Form von III, ergab bei Behandlung mit $SbCl_3$ in Chlf. eine Absorptionsbande bei 505 mμ, die sich innerhalb 10 Min. nach 497 verschob. I zeigte unter gleichen Bedingungen eine solche bei 503 → 496 mμ. Die alkal. Form von III ist eine SCHIFFsche Base, jedoch läßt sich bis zur Klärung der Konst. der sauren nur aussagen, daß in I eine *C—N*-Bindung vorhanden sein muß. (Nature [London] **171.** 469—72. 14/3. 1953. Liverpool, Univ., Dep. of Biochem.) K. MAIER. 4598

Alex Heusner, Die Chemie der Hormone. Leipzig: J. A. Barth. 1954. (VIII + 165 S.) = Zwanglose Abhandlung aus dem Gebiete der inneren Sekretion. Bd. 10. DM-Ost 20,40.)

E₆. Pharmakologie. Therapie. Toxikologie. Hygiene.

B. Hellström, *Die Reaktion der Lunge bei der Bronchographie mit wasserlöslichem Kontrastmittel bei Ratten. Ein Vergleich zwischen zwei Kontrastmitteln.* Nach Befunden an Rattenverss. erwies sich die Lungen-Rk. nach Injektion von *Umbradil-Viscös* (ASTRA) als kurz andauernd. Die Carboxymethylcellulose ist zwar nach längerer Zeit in minimalen Mengen, jedoch ohne Fremdkörper-Rk., feststellbar. Diese histopatholog. Verträglichkeit ist mit *Joduron B* (CILAG) nicht beobachtet worden. Es kann lokale, aber ernsthafte u. irreversible Veränderungen in der Lunge um die Carboxymethylcellulosekomponente hervorrufen. (Acta radiologica [Stockholm] **40.** 371—82. Okt. 1953. Stockholm, Karolinska Sjukhuset, Dep. of Pediatrics.) W. LORENZ. 4601

Dogan M. Perese, William C. Kite, Arthur J. Bedell und **Eldridge Campbell,** *Komplikationen nach Cerebralangiographie.* In einer Reihe von 234 aufeinanderfolgenden angiograph. Unterss. mit *Jodopyracet* (*Diodrast;* I) traten verschiedentlich Komplikationen ein. Dabei war ein Todesfall zu verzeichnen, der auf eine übermäßige Anwendung von I zurückzuführen war, während bei 6 weiteren Patienten der Tod wahrscheinlich durch fortgeschrittene Krankheit eintrat. Als weitere Komplikationen, die zum Teil auf die Angiographie mit I zurückzuführen sind, waren vereinzelt dauernde u. vorübergehende Hemiplegie oder Hemiparese u. kontralaterale sensorielle Veränderungen vorübergehender Natur zu verzeichnen. Vff. fordern die Entw. eines Kontrastmittels, das sicherer als I gehandhabt werden kann. (A. M. A. Arch. Neurol. Psychiatry **71.** 105—15. Jan. 1954. Buffalo, Dep. of Surg, Albany Med. Coll.) W. LORENZ. 4601.

S. M. Tenney, F. G. Carpenter und **H. Rahn,** *Gasübergänge in ein Schwefelhexafluorid-Pneumoperitoneum.* Wird bei einer Katze ein Pneumoperitoneum mit anfänglich 500 cm^3 N_2 hergestellt, so nimmt das Vol. linear in den ersten 8 Tagen um ca. 30 cm^3/Tag ab. Völlige Leerung wird innerhalb 23 Tagen erreicht. Wird SF_6 an Stelle von N_2 genommen, so verdoppelt sich das Gesamtvol. innerhalb von 9 Tagen, da N_2 rascher eindiffundiert, als SF_6 entweichen kann. Ist das maximale Vol. erreicht, so nimmt es langsam ab u. erreicht den ursprünglichen Stand nach ca. 30 Tagen. Hiernach verhält es sich analog, wie bei N_2 beschrieben. SF_6 verschwindet aus dem Peritoneum exponentiell, beim Hunde schneller als bei der Katze. (J. appl. Physiol. **6.** 201—08. Okt. 1953. Rochester, N. Y., Univ., Dep. od Med. and Physiol. u. School of Med. and Dent.) RODERICH KÖNIG. 4606

Egon Hannig, *Über den Intensivsüßstoff 1-Propoxy-2-amino-4-nitrobenzol und sein Acetylderivat.* Die mittlere akute letale Dosis von *1-Propoxy-2-amino-4-nitrobenzol* (I) bzw. seines *Acetylderiv.* (II) betrug bei peroraler Verabreichung bei Ratten 1330 (2570), bei Mäusen 630 (910) u. bei Goldhamstern 750 (1580) mg/kg. Der Tod trat durch Atemlähmung ein. Im chron. Vers. erhielten Ratten 2 Monate lang täglich 20% der DL_{50} von I u. II mit Schlundsonde. Sektionsbefunde ergaben keine Unterschiede gegenüber Kontrolltieren. Tiere, die I erhielten, hatten 0,01% Eiweiß im Harn. I u. II werden teils über die Niere, teils durch den Darm wieder ausgeschieden. Bei den Versuchstieren war spektroskop. keine Hämoglobinbldg. nachzuweisen, ebenso keine gesteigerte Diurese u. Temperatursenkung. Auffallend ist die durch II verursachte Kälteempfindung der Mundschleimhaut, die bei Rachenaffektionen katarrhal. Charakters angenehm empfunden wird. (Arzneimittel-Forsch. **3.** 310—13. Juni 1953. Halle/S., Univ., Pharmakol. Inst.) KRUSEN. 4607

P. P. Hopf, *Vergleich der Aktivität von Phenylquecksilberverbindungen.* Untersucht wurden: *Phenyl-Hg-acetat, Phenyl-Hg-dinaphthylmethandisulfonat, Phenyl-Hg-tri-Na-äthylendiamintetraacetat* u. *Phenyl-Hg-8-oxychinolin.* Ermittelt wurde die Löslichkeit der 4 Prodd. in W. bei 20° (in g/Liter) zu: 4,7; 200; 540 u. 0,03. Bestimmt wurde weiter die fungicide Wrkg. gegenüber Aspergillus niger, Venturia inaequalis u. Fusarium bulbogenum sowie die Toxizität gegenüber Mäusen. (Manufact. Chemist **24.** 444—45. Okt. 1953.) BOYE. 4607

Jack Orloff, Lewis Aronow und **Robert W. Berliner** (unter Mitarbeit von **Harriette Coburn** und **Anne Marsh**), *Der Transport von Priscolin durch die Nierenkanäle. Priscolin* (I) wird durch die Zellen der Nierenkanälchen nach einem Mechanismus ausgeschieden, der sich wesentlich von dem, wie er z. B. bei p-Aminohippursäure beobachtet wird, unterscheidet. N-Methylnicotinamid red. die Nierendurchblutung, nicht aber den Transport von I. Die Verss. wurden an Hunden durchgeführt. (J. Pharmacol. exp. Therapeut. **109.** 214—17. Okt. 1953. Bethesda, Md., Nat. Inst. of Health, Nat. Heart Inst., Labor. of Chem. Pharmacol. u. Labor. of Kidney and Electrolyte Metabolism.) RODERICH KÖNIG. 4607

Wolfdietrich Eichler, *Die Phänologie der Kontaktintoxikationen im Drosophilatest.* Vf. unterscheidet bei der Intoxikation 4 verschied. Phasen: Latenz-, Excitations-, Anästhesie- u. adynam. Phase u. schildert ihren Verlauf an DDT, HCC, E 605 u. OET. — 20 Literaturangaben. (Z. angew. Entomol. **34.** 346—56. März 1953. Leipzig, Univ., Parasitolog. Inst.) GRIMME. 4607

M. N. Guruswami und **Maynard B. Chenoweth,** *Umkehr der Druckreaktion bei der Carotisabklemmung durch Fluoracetat–Fluorid-Gemische.* Durch Anwendung eines Gemisches aus gleichen Teilen einer 10%ig. *Na-Fluoracetat-* u. 5%ig. *NaF*-Lsg. wurde am Carotissinus des Hundes bei der Abklemmung eine Umkehrung der Druckwrkg. in einen depressor. Effekt festgestellt. Diese Wrkg. wird mit den Präpp. allein oder irgendeiner anderen Kombination nicht erreicht. Glycerinmonoacetat (3 ml/kg, intramuskulär) erwies sich bei diesem Phänomen als antagonist. wirksame Substanz. (J. Pharmacol. exp. Therapeut. **109.** 136—38. Okt. 1953. Ann Arbor, Mich., Univ., Dep. of Pharmacol.) RODERICH KÖNIG. 4607

Nilkanth M. Phatak und **Norman A. David** (unter Mitarbeit von **T. T. Nitta**), *Wirkungen von Hydergin (CCK 179) auf die Toleranzänderung gegenüber der Morphium- und l-Isomethadonhyperglykämie bei Kaninchen.* Durch intravenöse Injektion von *Morphiumsulfat* (**I**; 15 mg/kg) u. *l-Isomethadonhydrochlorid* (**II**; 5 mg/kg) wurde bei Kaninchen eine Hyperglykämie hervorgerufen. Bei längerer Anwendung von **I** u. **II** wurde der Effekt geringer oder verschwand u. zeigte an, daß eine gewisse Toleranz erreicht war. Bei darauffolgender höherer Dosierung entstand wieder erneut eine Hyperglykämie. *Hydergin (CCK 179)*, ein Gemisch aus gleichen Teilen der Salze von Dihydroergocornin, Dihydroergocristin u. Dihydroergokryptin, besitzt die Fähigkeit (Dosis: 0,1 mg/kg), den durch **I** oder **II** bewirkten Anstieg des Blutzuckergeh. zu blockieren, beeinflußt aber nicht die Ausbldg. einer Toleranz. (J. Pharmacol. exp. Therapeut. **109**. 139—47. Okt. 1953. Portland, Ore., Univ., Med. School, Dep. of Pharmacol. u. Dental School.) RODERICH KÖNIG. 4607

J. H. Gaddum, C. O. Hebb, Ann Silver und **A. A. B. Swan,** *5-Oxytryptamin. Pharmakologische Wirkung und Abbau in durchströmten Lungen.* In der isolierten durchströmten Katzenlunge verursacht *5-Oxytryptamin* (**I**) eine Vaso- u. Bronchoconstriction, die durch *Dihydroergotamin* oder *Lysergsäurediäthylamid* aufgehoben werden kann. Das I-Plasmaäquivalent (durch Acetonextraktion bestimmt u. am Rattenuterus getestet) sinkt während der Perfusion ab. Damit ließ sich eine direkte Wrkg. von **I** auf die Lungen feststellen, die in Abhängigkeit von der Durchströmungsgeschwindigkeit steht. (Quart. J. exp. Physiol. **38**. 255—62. 1953. Edinburgh, Univ., Dep. Physiol. and Pharmacol.) JORDAN. 4607

K. H. Ginzel und **S. R. Kottegoda,** *Eine Untersuchung über die Gefäßwirkung von 5-Oxytryptamin, Tryptamin, Adrenalin und Noradrenalin.* Es wurde die Wrkg. der Substanzen auf die Nierengefäße (A), die Pulmonalgefäße (B), die Durchströmung der Hinterextremität (C) von Katzen oder Hunden u. des Kaninchenohres (D) bestimmt. Hierbei erwies sich *5-Oxytryptamin* (**I**) von stärkerer constrictor. Wrkg. auf B u. D als *Adrenalin* (**II**) oder *Noradrenalin* (**III**). **II** u. **III** sind dagegen stärker constrictor. an C u. A als **I**. **I** war 2—50mal wirksamer als *Tryptamin.* Lysergsäurediäthylamid ist ein starker Antagonist gegen **I**, aber nur schwach gegen **II** u. **III**; *Ergotamin* u. *Tolazolin* sind kaum wirksam. *Paredrin* konnte den I-Effekt nicht steigern. (Quart. J. exp. Physiol. **38**. 225—31. 1953. Oxford, Univ., Dep. Pharmacol.) JORDAN. 4607

Archie W. Miller jr. und **P. S. Larson,** *Beobachtungen über den Abbau von Nicotin durch Gewebestückchen.* Die Fähigkeit, *Nicotin* (**I**) zu entgiften, besitzen Gewebestückchen der Organe folgender Tiere: Hund u. Katze: Leber, Lunge, Niere, Milz, Skelettmuskel, Dünndarm, Aorta; Kaninchen: analog, jedoch ohne Milz; Maus: Leber, Niere u. Lunge. Keine entgiftende Wrkg. hatte das Gehirn bei den 4 Tierarten, ebenso die Milz bei Kaninchen u. Maus, sowie der Skelettmuskel u. das Zwerchfell bei der Maus. Die Leber entgiftet **I** schneller als irgend ein anderes Organ, wobei jedoch verschied. Tierarten ein unterschiedliches Verh. zeigen, eine Erscheinung, die sich noch nicht zufriedenstellend erklären läßt. (J. Pharmacol. exp. Therapeut. **109**. 218 bis 222. Okt. 1953. Richmond, Va., Med. Coll., Dep. of Pharmacol.) RODERICH KÖNIG. 4607

W.-D. Erdmann und **H. F. Henne,** *Der Einfluß von Genußgiften auf die Gallenentleerung.* Am Hund wurde die direkte Wrkg. von *Coffein* (**I**), *Nicotin* (**II**), *Isophen* (**III**; *Phenylmethylaminopropan*) u. A. auf Gallenentleerung u. Darmmotilität geprüft. **II** u. **III** hemmen die Darmmotilität u. lösen den Tonus des Sphincter Oddi, A. führt zur Sperrung der Gallenentleerung, während **I** wechselnde Wrkg. zeigte, welche mit der jeweiligen vegetativen Tonuslage in Zusammenhang gebracht wird. — Kurze Diskussion der Befunde. (Klin. Wschr. **31**. 989—92. 1/11. 1953. Göttingen, Univ., Pharmakol. Inst.) WOLFGANG ALBRECHT. 4607

C. Baldissera-Nordio, *Neue Untersuchungen über die Anämie nach Allium cepa.* 1. Mitt. *Wirkung des Vitamin B_{12} bei der Anämie nach Zwiebeln.* Beim Hund, Ziege, Huhn u. Kaninchen kann durch Fütterung einer an Zwiebeln reichen Diät eine Anämie erzeugt werden. Nach einer 35 Tage dauernden Zwischendiät nimmt der Hämoglobinspiegel um 35,4% u. die Erythrocytenzahl um 57,8% ab. Durch *Vitamin B_{12}* können diese Veränderungen des erythropoet. Syst. gehemmt werden, bes. wenn die Zufuhr der Zwiebeln sistiert wird. Das weiße Blutbild erfährt keine Veränderungen. (Boll. Soc. ital. Biol. sperim. **29**. 12—14. Jan. 1953. Milano, Univ., Ist. di Zootecnica Generale.) P. G. SCHEURLEN. 4608

C. Baldissera-Nordio, *Neue Untersuchungen über die Anämie nach Allium cepa.* 2. Mitt. *Blutbildveränderungen beim Hund durch verschiedene Mengen Zwiebeln.* (1. vgl vorst. Ref.) An Hunden wurden die Blutbildveränderungen nach mehrwöchiger Zuführung von 2 bis 8 g/kg gekochter Zwiebeln zu einer bestimmten Diät untersucht. Bei Dosen von 4 bis

8 g/kg kommt es zu einer Senkung des Hämoglobinspiegels u. der Erythrocytenzahl, während die Leukocyten unregelmäßig reagieren. Die Anämie ist hyperchrom. (Boll. Soc. ital. Biol. sperim. **29.** 14—15. Jan. 1953. Milano, Univ., Ist. di Zootecnica Generale). P. G. SCHEURLEN. 4608

Hans-Joachim Neumark, *Zur Frage der Hemmung der Blutkörperchensenkungsgeschwindigkeit durch Conteben.* Bei Nachprüfung der Ergebnisse von HECKNER (vgl. Z. exp. Med. **116.** [1950.] 327) fand Vf. bei den blutsenkungsgehemmten Fällen nur bei 8% vollständige Umwandlung der Erythrocyten (I) zu Stechapfelformen u. vollständige Aufhebung der Agglomeration. Bei 50% der Fälle war eine teilweise Schädigung der **I** eingetreten. Bei den restlichen 42% blieben die **I** u. ihre Agglomeration völlig unbeeinflußt. (Z. Tuberkulose **102.** 303—07. 1953. Heiligenhafen, Landeskrankenhaus, Tuberkuloseabt.) RUTKOWSKI. 4610

A. Witte, *Tierexperimentelle Untersuchungen über die tuberkulostatische Wirksamkeit des Paratebins.* Bericht über Verss. an 4 Gruppen von insgesamt 54 Kaninchen nach Infektion mit Tuberkelbacillen Stamm K 221. Behandlung 25 Tage nach der Infektion mit *Dihydrostreptomycin* (**I**), 20 mg/kg; mit *Paratebin* (**II**; CHEMIE GRÜNENTHAL GMBH, Stolberg/Rheinland), 20 mg/kg, 1 Ampulle enthält $4 \cdot 10^5$ I.E. *Oxyprocain-Penicillin* (**III**)-*G*, 10^6 I.E. I-Sulfat = 1,0 g I-Base; mit *Novocain* (**IV**) + **III** + **I**, 20 mg/kg, 1 Ampulle enthält $4 \cdot 10^5$ I.E. **IV** + **III**-G, 10^6 I.E. I-Sulfat; ferner unbehandelte Kontrollen. Nach dem patholog. u. anatom. Befund gleicht der tuberkulostat. Effekt von **II** der **I**-Wrkg., ohne diese zu übertreffen. (Tuberkulosearzt **8.** 35—38. Jan. 1954. Mammolshöhe/Taunus, Landeskinderheilstätte.) DOSSMANN. 4610

C. R. Harington, P. D'Arcy Hart und **R. J. W. Rees,** *p-Aminosalicylsäureverbindung mit verstärkter tuberkulostatischer Wirkung.* Vorl. Mitt. über Verss. in vitro u. Tierverss. mit *4-Thioureidosalicylsäure-* (**I**), *4-[N^2-Methyl]-* (**Ia**), *4-[N^2-n-Propyl]-* (**Ib**) u. *4-[N^2-Phenyl]-thioureidosalicylsäure* (**Ic**), *4-[4'-Formylbenzamido]-salicylsäurethiosemicarbazon* (**II**), *4-[N^2-(4'-Formylphenyl)-ureido]-salicylsäure-4'-thiosemicarbazon* (**III**) u. *4-[N^2-(4'-Formylphenyl)-thioureido]-salicylsäure-4'-thiosemicarbazon* (**IV**). **Ia, Ib** u. **Ic** zeigen in vitro keine besseren tuberkulostat. Wirkungen als p-Aminosalicylsäure (PAS). Bei kleiner Bakterieneinsaat (0,0008 mg/ml) u. langer Incubationsdauer trifft dies auch für **II, III** u. **IV** zu. Verkürzung der Incubationsdauer auf die Hälfte u. 10fache Einsaat zeigten jedoch deutliche Überlegenheit von **IV** gegenüber PAS. Bei längerer Incubationsdauer macht sich die vergleichsweise leichtere Zersetzlichkeit von **IV** bemerkbar. Auch bei Verss. an Mäusen war **IV** (30 mg/Tag per os) dem PAS, aber nicht dem Streptomycin überlegen. Die Toxizität von **IV** ist geringer als die der bisher verwendeten Thiosemicarbazone. (Lancet **264.** 929—30. 9/5. 1953. London, Nat. Inst. for Med. Res.) L. BERGER. 4610

Wilhelm Föllmer und **Ilse Mayer,** *Über den Einfluß von PAS, Streptomycin und Cholin auf die bestehende Schwangerschaft.* Nach eingehender Klarstellung u. Erörterung der pharmakol., physiol. u. tox. Wirkungen der Sulfonamide, der *PAS* (**I**), des *Streptomycins* (**II**) u. des *Cholins* (**III**) auf den n. u. schwangeren Organismus werden die Verss. der Vff. beschrieben. Weibliche Ratten erhielten während der gesamten Dauer der Schwangerschaft eines der genannten Mittel in die Rückenhaut injiziert. Es wurden die Gewichtszunahme, die Wurfgröße, die Anzahl der Fehlgeburten, das Geburtsgewicht u. die Größen- u. Gewichtszunahme des Wurfes festgestellt. **I** bewirkte 8 Fehlgeburten (die Kontrolltiere hatten keine), die Größen- u. Gewichtszunahme blieb erheblich hinter der der Kontrolltiere zurück. **II** zeigte keine Schädigung der Versuchstiere. **III** bewirkte nur unklare Erscheinungen, die noch nicht zu endgültigen Schlüssen führten. (Aerztl. Forsch. **7.** I/274—80. 10/6. 1953. Frankfurt/M., Univ.-Frauenklinik.) L. BERGER. 4610

Paul von Gerzanits, *Örtliche Behandlung des tuberkulösen Empyems mit Isonicotinsäurehydrazid (Rimifon „Roche", Neoteben „Bayer").* Bericht über 10 Fälle mit tuberkulösen Empyemen, die auf *Streptomycin, PAS* u. *Conteben* nicht angesprochen hatten; bei Ausschaltung jeder anderen Behandlung nur lokale Behandlung der Pleurahöhle mit 0,5%ig. isoton. *INH* (**I**)-Durchspülung. Die Kranken reagieren mit Schüttelfrost, Fieber u. Blutdrucksenkung; in 8 Fällen heilten die Empyeme in 4—7 Wochen ab, 2 Versager. Die Meth. erwies sich ebenso erfolgreich bei 15 Pleuraexsudaten u. 5 Pneumothoraxkomplikationen, die mit einer einmaligen **I**-Instillation abheilten. (Tuberkulosearzt **8.** 15—20. Jan. 1954. Putaendo, Chile, Sanatorium.) DOSSMANN. 4610

G. Losano, C. Palenzona, G. Rona und **G. Pautassi,** *Beobachtungen an 70 mit Isonicotinsäurehydrazid behandelten Fällen von Lungentuberkulose.* Nach 2—4 monatiger Behandlung mit *Isonicotinsäurehydrazid* (**I**) von 70 Patienten mit chron. oder progressiver Lungentuberkulose wurden folgende Befunde gemacht: Das Fieber sank bei

68%, stieg jedoch bei 36% wieder auf den Anfangswert. Husten und Auswurf schwanden bei 74%; 20% Rückfälle. Der Erregernachweis im Sputum wurde bei 39% negativ. Der Blutdruck war bei 41% gesteigert, bei 32% gesenkt. Erythrocyten u. *Hämoglobin* waren bei 70% vermehrt. Bei 55% verminderte sich die Blutsenkung. Der *Harnstoff*-Spiegel im Blut sank bei 54%. Zusammenfassend konnte bei 53% eine klin.-röntgenolog., bei 16% nur eine klin. Besserung festgestellt werden, während bei 17% schwere Rückfälle u. bei 8% keine Veränderung des Zustandes eintraten. 6% kamen während der I-Behandlung ad exitum. Völlige Ausheilung konnte durch I in keinem Fall erzielt werden. (Minerva Med. [Torino] **44** I. 786—93. 24/3. 1953. Turin, Ospedale Sanat. „S. Luigi Gonzaga".) SPEYER. 4610

Gerhard Walther und **Karl-August Winter,** *Über die Blutungsneigung als Nebenwirkung der Isoniazidbehandlung.* Veranlaßt durch das Auftreten einer schweren hämorrhag. Diathese bei einem Lungenkranken unter *Isoniazid* (I), stellten Vff. bei 12 von 60 Fällen Zeichen vermehrter Blutungsneigung bei alleiniger I-Behandlung fest, die in 2 Fällen zum Absetzen von I zwang. Bei Auftreten dieser Erscheinung Verabreichung von *Haemocoavit* (DEUTSCHE NOVOCILLIN-GES., München-Pasing). Wurde I in Kombination mit anderen Mitteln verabreicht, dann trat schwerere Blutungsneigung nicht mehr auf. (Tuberkulosearzt **8.** 20—23. Jan. 1954. Halle/Saale, Univ., I. Med. Klinik.) DOSSMANN. 4610

Je. I. Schtschutzkaja, *Ergebnisse der gleichzeitigen Anwendung von Streptomycin und p-Aminosalicylsäure bei Lungentuberkulose.* Die Kombination von *Streptomycin* (I, 500000 E./Tag) mit *p-Aminosalicylsäure* (II, 8—12 g/Tag) zeigt bei infiltrativen u. nicht zu weit fortgeschrittenen fibrös-caseösen Formen der Lungentuberkulose im Infiltrationsstadium günstige Wirkungen, nicht aber bei fortgeschrittener chron. fibrös-caseöser u. disseminierter Tuberkulose bei dekompensierten Patienten. Dabei beeinflußt I + II Komplikationen durch Kehlkopf-, Darmtuberkulose usw. mehr als den eigentlichen Lungenprozeß. Die intrapleurale Zufuhr von I + II ist bei serösen, abacillären chron. Pleuritiden unwirksam. Im Vgl. zu I allein zeigt die Kombination I + II eine Zunahme der bei einmaliger Anwendung gebesserten Fälle von 55 auf 78%. (Клиническая Медицина [Klin. Med.] **31** (**34**). Nr. 12. 24—27. Dez. 1953. Nowosibirsk, Wiss. Gebiets-Forsch.-Inst. für Tuberkulose.) R. K. MÜLLER. 4611

Åke B. V. Rydén, *Der Wert der Antibiotica in der Behandlung der weiblichen Genitaltuberkulose. Streptomycin* u. *Isonicotinoylhydrazin* erwiesen sich *PAS* u. *Conteben* überlegen, konnten in ihrer Wrkg. bei Kombination mit diesen auch nicht gesteigert werden. (Acta obstetr. gynacol. scand. **52.** 368—80. 1953. Stockholm, Karolinska Sjukhuset.) BROSEMANN. 4611

R. Je. Karziwadse, *Kohlenhydrat- und antitoxische Funktionen der Leber bei Behandlung von Lungentuberkulose mit Streptomycin und PAS.* Die von der Leber ausgehende Stoffwechselstörung bei infiltrativen disseminierten u. miliaren Formen der Lungentuberkulose wird durch *Streptomycin* (I, maximal 1 g/Tag), in geringerem Ausmaß u. weniger beständig durch *PAS* (II, 8—12 g/Tag) behoben. Die Kombination I + II (500000 E. bzw. 6—8 g/Tag) zeigt auch in schweren Fällen verstärkte therapeut. Wrkg. auf die Glykämiekurve u. die Hippursäuresynth., wobei die Erholung des Nervengewebes als Grundlage angenommen wird. (Клиническая Медицина [Klin. Med.] **31** (**34**). Nr. 12. 42—45. Dez. 1953. Tiflis, Wiss. Tuberkuloseforsch.-Inst. des Gesundheitsminist. der Georg SSR.) R. K. MÜLLER. 4611

Bent Erik Jakobsen, *Der Übergang von Streptomycin von der Mutter auf das Kind.* Durch Verss. wurde erwiesen, daß *Streptomycin* sowohl in der Frühperiode der Schwangerschaft als auch später in therapeut. wirksamen Mengen von der Mutter auf die Frucht übergeht. (Ugeskr. Laeger **115.** 1181—83. 30/7. 1953. Marselisborg, Krankenh.) KRAFT. 4611

R. R. Willcox, *Ein Vergleich von Terramycin, Streptomycin und Penicillin in der abortiven Behandlung von nichtspezifischer Urethritis.* 223 Patienten wurden mit Einzelinjektionen von 150000 E. *Procain-Penicillin G,* 47 Patienten mit Einzelinjektionen von 0,2—1,0 g *Streptomycin* u. 181 Patienten partiell mit ingesamt 2 g *Terramycin* behandelt mit dem Ergebnis, daß diese Mengen zur abortiven Behandlung der unspezif. Urethritis nicht ausreichten. (Amer. J. Syphilis, Gonorrhea, vener. Diseases **37.** 383—86. Juli 1953. London, St. Mary's Hosp., u. Windsor, England, King Edward VI Hosp.) GERDA SCHULZE. 4611

G. R. Gable, M. J. Romansky und **S. R. Taggart,** *Behandlung von Gonorrhöe mit Erythromycin.* Bei Sensibilitätsprüfungen von 11 frisch isolierten Neisseria gonorrhoeae-Stämmen gegenüber *Erythromycin* (I) waren **4** Stämme gegenüber weniger als 0,1, **4** weitere gegenüber 0,2, 1 gegenüber 0,3 u. 2 gegenüber 0,4 μg/ml I sensitiv. Von den oral mit I behandelten Patienten konnten 96% bei Gaben von 2 g (in einmaliger oder auch geteilter Dosis) geheilt werden, 50% mit 1,0 g, 23,3% mit 0,5 u. 25% mit 0,3 g I. Teilweise aufgetretene leichte bis mäßige Nebenerscheinungen verschwanden nach 24 Stunden. Diejenigen Fälle, die auf die Behandlung mit I nicht ansprachen, wurden mit einer intramuskulären Injektion von 600000 E. *Procain-Penicillin* geheilt. (Amer. J. Syphilis, Gonorrhea, vener. Diseases **37.** 377—78. Juli 1953. Washington, D. C., George Washington Univ., School of Med., Bur. of Ven. Diseases, Dep. of Public Health and the Dep. of Med.) GERDA SCHULZE. 4611

E. W. Thomas, C. R. Rein, S. E. Landy und **D. K. Kitchen,** *Ergebnisse über die Behandlung von Frühsyphilis mit einer einzelnen Injektion von Procain-Penicillin G in Öl und Aluminiummonostearat.* 50 Patienten mit seronegativer bzw. seropositiver prim. Syphilis (p.S.) u. 124 Patienten mit sek. Syphilis (s.S.) erhielten je eine einmalige Injektion von *PAM* (*Procain-Penicillin G* in Öl, welches 26% Aluminiummonostearat enthielt). Bei der Behandlung von p.S. erwies sich eine Dosis von 1200000 E. PAM als ausreichend, während für die Behandlung der s.S. eine Dosis von 2400000 E. vorgeschlagen wird. Klin. u. serolog. Nachunterss. im Zeitraum von 9 Monaten bis zu 5 Jahren machten im 1. Falle bei nur 1 Patienten infolge Reinfektion eine Nachbehandlung mit einer Injektion von 4800000 E. PAM erforderlich, während bei p.S. 13,7% der Patienten nachbehandelt werden mußten; davon erwiesen sich 4 Patienten als seroresistent. (Amer. J. Syphilis, Gonorrhea, vener. Diseases **37.** 374—76. Juli 1953. New York, N. Y., Univ. Hosp., Skin and Cancer Unit, Univ. Post-Graduate Med. School, Dep. of Dermatol. and Syphilology.) GERDA SCHULZE. 4611

Kenneth C. Watson, *Reaktion auf Chloramphenicol in der Typhusbehandlung. Chloramphenicol* (I), das Mittel der Wahl bei Typhus, versagte in einigen Fällen. Beschreibung von 6 Fällen. Trotz I-Gaben konnte aus dem Blut *S. typhi* isoliert werden. (South African med. J. **27.** 1054—57. 21/11. 1953. Natal Provincial Administ.) HANS THIELE. 4611

A. H. El Ramli, *Chloramphenicol bei Typhus und Paratyphus. Neue Behandlungsrichtlinien. Chloramphenicol* (I) verschied. Herstellerfirmen wurde bei Typhus u. Paratyphus mit gutem Erfolg bei 398 Patienten in einer neuen Dosierung verabreicht: 12stündlich 12,5 mg/kg Körpergewicht. Bei nur 3 Tage nach der Entfieberung fortgeführter Behandlung mit I betrugen die Rückfälle 26,3%, bei 12 Tagen aber nur 3,9%. Die rectale Anwendung ergab keine Unterschiede der Wrkg. gegenüber oraler, ebenso nicht die Verwendung von I verschied. Herkunft. (Lancet **264.** 927—28. 9/5. 1953. Cairo Abbassia Fever Hosp.) L. BERGER. 4611

A. W. El Borolossy, *Chloramphenicolbestimmung im Serum nach rectaler Anwendung.* Die Serumkonz. von *Chloramphenicol* (I) steigt nach rectaler Verabreichung von 25 mg/kg Körpergewicht in der 1. Std. rasch an, fällt in der 2. Std. wieder ab, hält sich aber bis zur 12. Std. im Durchschnitt bei Werten von ca. 21 µg/ml. Das genügt in den meisten Fällen, um eine ausreichende inhibitor. Wrkg. auf die Enteritisbakterien zu entfalten. Es besteht kein wesentlicher Unterschied zur Verabreichung per os. (Lancet **264.** 928—29. 9/5. 1953. Cairo, Abbassia Fac. of Med.) L. BERGER. 4611

W. L. Troitzki, M. A. Tumanjan und **E. K. Dshikidse,** *Experimentelle Untersuchung einer kombinierten Methode der Immuno- und Chemotherapie bei Dysenterie.* An Affen (Macacus rhesus), die teils Dysenteriebacillenträger (FLEXNER-Bacillen), teils künstlich mit Dysenterie infiziert sind, wird mit gutem Erfolg eine kombinierte Therapie versucht; sie verbindet akt. Immunisierung mit der Chemotherapie durch zwei Antibiotica, von denen das eine aus dem Darm gut in das Blut resorbiert wird, das andere eine maximale Konz. im Darm gewährleistet. Das Behandlungsschema sieht vor: *Lävomycetin* + *Streptomycin* am 1.—7., 12.—15. u. 21.—24. Tag, *Dysenterieimmunogenvaccine* am 3.—5., 13. u. 14. u. 22. u. 23. Tag. Die Meth. bietet eine rasche Reinigungsmöglichkeit des Organismus von Dysenteriebacillen; die einzelnen beobachteten Fälle von Wiederaufleben der Bacillenausscheidung werden ausschließlich auf Wiederinfektion zurückgeführt. (Журнал Микробиологии, Эпидемиологии и Иммунобиологии [J. Mikrobiol., Epidemiol., Immunobiol.] **1953.** Nr. 12. 37—43. Dez. Suchum, Gamaleja-Inst. für Epidemiol. u. Mikrobiol. u. Med.-Biol. Stat. der Akad. der Med. Wiss. der UdSSR.) R. K. MÜLLER. 4611

W. F. Gresin, *Penicillintherapie bei Schweinerotlauf.* Durch einmalige Zufuhr von 500 ME *Penicillin* (I) je 1 kg Körpergewicht als wss. Lsg. mit 10000—20000 ME/ml wurde im Blut des Schweines 3 Std. lang ein optimaler I-Spiegel erreicht, bei 10facher Dosis nur eine doppelte Dauer. Durch Verd. mit Blut, Rotlaufserum, Milch, Eigelb u. Eiklar, mit 3%ig. wss. Pyramidon-Lsg. oder 0,5%ig. Novocain-Lsg. konnte keine Verlängerung der I-Wrkg. erzielt werden, dagegen durch Injektionen von I als wss.

Lsg. mit 100000 ME/ml, in 5% ig. NaCl-Lsg. oder als Ölemulsion. Eine 3 malige I-Injektion in Abständen von 10–12 Std. in 5% ig. NaCl-Lsg. (1000–2000 ME/kg) bewirkte eine 30–36 std. optimale I-Menge im Gewebe, führte zur Heilung des Rotlaufes u. verhinderte Rezidive. (Ветеринария [Tierheilkunde] **30.** Nr. 7. 28–31. Juli 1953. Allunions Wiss. Forsch.-Inst. zum Studium der Giftpilze.) LEBTAG. 4611

G. Robel, *Terramycin intrapleural.* Vf. berichtet über intrapleurale *Terramycin*-applikation, ihre Verträglichkeit u. den Erfolg bei 3 spezif. tuberkulösen Pleuraempyemen. (Schweiz. med. Wschr. **83.** 1166–67. 28/11. 1953. Heiligenhafen, Holstein, Landeskrankenhaus.) H. P. FIEDLER. 4611

Harry Shpuntoff und **William Shpuntoff,** *Prolongierte Aktivität von lokal appliziertem Oxytetracycline (Terramycin) bei Vincent's Infektion.* (Vorläufige Mitt.) Verss. in vitro ergaben, daß *Oxytetracycline (Terramycin)-Hydrochlorid* (I) in *Eugenol* (II) lösl. ist (10 mμ/100 ml) u. in dieser Lsg. seine Aktivität zu 100% auch nach 3 Tage langer Aufbewahrung bei 37° behält. Ebenso bleibt die Aktivität (zu 95%) in Ggw. von $ZnCl_2$ erhalten. Klin. Unterss. der Wirksamkeit von I in II bzw. $ZnCl_2$ bei VINCENTS Infektion der Mundhöhle (nekrot. Gingivitis) waren erfolgreich. (J. Amer. Dental Assoc. **48.** 169–77 Febr. 1954. Jackson Heights, N. Y.) KLESSE. 4611

Sigvard Kaae und **Poul V. Marcussen,** *Die Wirkung von Aureomycin, Chloromycetin und Terramycin auf Pemphigus vulgaris während der Behandlung mit ACTH.* (Ugeskr. Laeger **115.** 1175–78. 30/7. 1953. Kopenhagen, Finsen-Inst., Dermatolog. Abt. — C. **1953.** 6926.) KRAFT. 4611

William D. Gray, Ronald T. Hill, Robert Winne und **Raymond W. Cunningham,** *Aureomycinresorption und -verteilung im Magen-Darmtrakt des Hundes.* Bericht über Verss. an Hunden, denen *Aureomycin* (I) oral in Dosen von 5, 10 u. 25 mg/kg gegeben wurde. 4 Std. nach der Verabreichung wurden aus dem Magen-Darmtrakt der Tiere 58,6% nicht resorbiertes I wiedergewonnen. 2 u. 4 Std. nach oraler Gabe von 25 mg I/kg ist I ziemlich gleichmäßig im Magen-Darmtrakt des Hundes verteilt. Nach 6 Std. wurde kein I im Magen gefunden, sehr wenig im Dünndarm, dagegen befanden sich im Dickdarm ca. 58% der angewandten Dosis. I wird vom Magen, Dünn- u. Dickdarm des Hundes resorbiert. Bei Hunden, die die obengenannten Dosen erhalten hatten, wurden innerhalb von 48 Std. ca. 2–58% der Gesamtdosis in den Fäces wiedergefunden. Fast das gesamte I wird in den ersten 24 Std. ausgeschieden. (J. Pharmacol. exp. Therapeut. **109.** 223–32. Okt. 1953. Pearl River, N. Y., America Cyanamid Comp., Lederle Labors. Div.) RODERICH KÖNIG. 4611

R. Beiersdorf und **W. Ahrens,** *Untersuchungen über die antibakteriellen und pharmakodynamischen Eigenschaften des neuen Antibioticums Xanthocillin.* Bericht über bakteriolog. Empfindlichkeitsteste mit 12 verschied. Bakterienarten sowie Tierverss. an Mäusen u. Meerschweinchen mit *Xanthocillin* (I), das aus Penicillium notatum WESTLING gewonnen wird, bestehend aus 2 Komponenten I *X* u. I *Y* mit der Summenformel $C_{18}H_{14}O_2N_2$; I ist unlösl. in W., Bzn., Bzl., Chlf., lösl. bis zu 1% in A., Ae. u. NaOH. Zers. bei 200°, enthält einen Benzolring, zwei phenol. Gruppen, die beiden N sind vermutlich heterocycl. gebunden. Hemmwrkg. in vitro wird als polyvalent angegeben. Tierverss. mit I in 1% ig. NaOH, p_H 10,5; die Toxizität von I entspricht etwa derjenigen von *Gramicidin S* oder *Tyrothricin.* Wegen des breiten Wirkungsspektrums von I wird seine Eignung zur lokalen Behandlung von Mischinfektionen betont. Bei der klin. Erprobung an 20 000 Fällen wurde keine Resistenzentw. festgstellt. Nach den in vitro-Verss. wird bei Kombination von I mit *Penicillin* u. *Sulfonamiden* Wirkungssteigerung der Komponenten erwartet. (Pharmazie **8.** 796–801. Okt. 1953. Dresden, Arzneimittelwerk u. TH, Hygien. Inst.) DOSSMANN. 4611

H. W. Lagrèze, *Untersuchungen über die Resorption der p-Aminosalicylsäure nach Hyaluronidase.* Durch *Hyaluronidase*-Verwendung können mit der subcutanen PAS-Applikation nahezu die gleichen Verhältnisse wie sonst mit intravenöser Anwendung erzielt werden. (Arzneimittel-Forsch. **3.** 139–40. März 1953. Frankfurt/M., Univ., I. Med. Klinik.) GIBIAN. 4614

David T. Maclay, *Methedrin (Desoxyephedrin) in der Neurosebehandlung: 25 Fälle. Methedrin* wurde (intravenös u. per os, Höchstdosis 30 mg) in 25 Neurosefällen, die auf andere Methoden schlecht ansprachen, als Euphorians gegeben. In 11 Fällen — vorwiegend Angstzuständen u. Depressionen — wurden günstige Ergebnisse erzielt. (South African med. J. **27.** 1061–63. 21/11. 1953. Hornchurch, Essex, St. George's Hospital.) HANS THIELE. 4622

A. v. Lutzki und **W. Hügin,** *Der Mindestbedarf für die neuzeitliche Anästhesie.* Kurze Besprechung der wichtigsten Narkosemittel u. -hilfsmittel (N_2O, Ae., Barbiturate, Atropin, Morphin, Cocain, Procain, Relaxantien, Blutersatzmittel, O_2, CO_2) sowie der wichtigsten zur Durchführung der Narkose notwendigen Geräte. (Zbl. Chirurg. **78.** 1377—90. 1953. Basel, Univ., Chirurg. Klinik.) DAUTZENBERG. 4627

A. Cognasso, G. Passera und **G. Gazzera,** *Nierenfunktion und Anästhesie mit Thiobarbituraten.* Prüfung der Nierenfunktion (Harnstoff, Kreatininclearance, Rest-N-Spiegel u. gewöhnliche Urinproben) bei 10 Geisteskranken, die mit Narkose behandelt wurden. Es fand sich gelegentlich eine passagere Nierenfunktionseinschränkung. (Giorn. ital. Anestesiol. **20.** 26—29. Jan. 1954. Genova, Univ., Ist. di Anatomia chirurg.) P. G. SCHEURLEN. 4627

Giorgio Damia, *Über ein neues Mittel zur Narkoseeinleitung, besonders bei Eingriffen in Lokalanästhesie: das Dilaudidatropin.* Es wird die günstige Wrkg. des *Dilaudid-Atropin-forte* (KNOLL) bei Lokalanästhesie u. bei Narkoseeinleitung besprochen. (Minerva Anestesiol. **20.** 108—09. März 1954. Milano, Univ., Ist. di Patol. Chirurg.) P. G. SCHEURLEN. 4627

J. C. Whyte, *Calciumgluconat zur Herbeiführung der Wehen.* Bericht über 200 Fälle, bei denen mit *Ca-Gluconat* = *Ca*-SANDOZ u. *Pitocin* die Wehen erfolgreich eingeleitet u. in 1/3 der Fälle künstliche Blasensprünge herbeigeführt wurden. (Canad. med. Assoc. J. **70.** 261—62. März 1954. Ottawa, Ontario, Can., Queen's Univ., Dep. of Obstetr. and Gynaecol.) DOSSMANN. 4628

D. Taverner, *Die Wirkung von d-Tubocurarin auf langsame Potentialänderungen, abgeleitet von den Rückenmarkhintersträngen der Katze.* (Acta physiol. scand., Suppl. **29.** Nr. 106. 65—72. 1952. Stockholm, Karolinska Inst., Dep. of Physiol., Leeds, General Infirmary, Dep. of Med.) ZEMKE. 4628

C. G. Bernhard, J. A. B. Gray und **L. Widén,** *Der Unterschied im Verhalten monosynaptischer Extensor- und monosynaptischer Flexorreflexe unter d-Tubocurarin und Adrenalin.* (Acta physiol. scand., Suppl. **29.** Nr. 106. 73—78. 1952. Stockholm, Karolinska Inst., Dep. of Physiol., London, Nat. Inst. for Med. Res.) ZEMKE. 4628

T. A. Fuller und **G. G. Harrison,** *Laudolissin, klinische Erprobung eines neuen Muskelrelaxans. Laudolissin* (**I**; *Dekamethylen-bis-[1.2.3.4-tetrahydro-6.7-dimethoxy-1-(3'.4'-dimethoxybenzyl)-2-methylisochinolinium]-bis-methosulfat*) zeigt *D-tubocurarin*-ähnliche Wrkg. bei dem Vorteil lang andauernder Wirksamkeit. Es wird durch *Neostigmin* antagonisiert. Nachteil: langsames Einsetzen der Wirkung. Vff. stützen sich auf an 62 Fällen gewonnene Ergebnisse. Der Wert des **I** für die endotracheale Intubation ist gering. (South African med. J. **27.** 1059—61. 21/11. 1953. Cape Town, Groote Schuur Hosp., Dep. of Anaesth.) HANS THIELE. 4628

Helmut Köhler, *Myorelaxin (Bernsteinsäure-bis-[cholinesterbromid]) in der Narkosepraxis.* Bei 150 Narkosen wurde als kurz wirkendes Relaxans *Myorelaxin* (*Succinyl-bis-[cholinbromid]*); CHEM. FABRIK VON HEYDEN, Radebeul bei Dresden) erprobt. Es wurde teils zur Intubation, teils für die ganze Dauer der Narkose — in fraktionierten kleinen Dosen oder als Dauertropfinfusion — verwendet. Die Ergebnisse entsprechen den mit anderen Succinylpräpp. erzielten. (Zbl. Chirurg. **78.** 1407—11. 1953. Erfurt, Städt. Krankenanstalten, Chirurg. Klinik.) DAUTZENBERG. 4628

R. Götze, *Erfahrungen mit dem Muskelrelaxans My 301.* Bei 150 Eingriffen der Bauchchirurgie wurde *My 301* (*Guajacolglycerinäther*) als Relaxans verwendet u. gute Entspannung erzielt. Bei elektrocardiograph. Unterss. in 30 Fällen vor u. nach der Applikation von *My 301* wurden keine patholog. Veränderungen festgestellt. (Zbl. Chirurg. **78.** 1412—16. 1953. Hamburg-Langenhorn, Allg. Krankenhaus Heidberg.) DAUTZENBERG. 4628

P. Winckelmann, *Erfahrungen mit dem Muskelrelaxans My 301 bei gynäkologischen Operationen und Narkoseuntersuchungen.* Mit *My 301* (*Guajacolglycerinäther*) wurde bei 55 gynäkolog. Operationen keine ausreichende Entspannung der Bauchmuskulatur erreicht (bei N_2O u. Ae. als Narkoticum); bei 8 von 30 Narkoseunterss. war die Entspannung nach *My 301* einwandfrei. Nebenwirkungen wurden nicht beobachtet. (Zbl. Gynäkol. **75.** 1299—1303. 1953. Heidberg, A. K., Geburtshilfl.-gynäkol. Abt.) DAUTZENBERG. 4628

Andreas Flach und **Günter Voß,** *Erfahrungen mit dem Guajakolglycerinäther als „Muskelrelaxans".* Kurzer Bericht über Erfahrungen mit *My 301* BRUNNENGRÄBER (*Guajacolglycerinäther*) bei 400 Narkosen ohne Intubation in der Abdominalchirurgie sowie bei der Reposition von Frakturen u. Luxationen. Mit durchschnittlich 4—5 g (80—100 ml) wurde gute Muskelerschlaffung bei geringem Narkosemittelverbrauch (Ae., N_2O) erzielt. Komplikationen (Hämoglobinurie, Thrombophlebitis) traten nicht auf. (Zbl. Chirurg. **78.** 1287—89. 1953. Neumünster, Friedrich-Ebert-Krankenhaus.) DAUTZENBERG. 4628

Hans Mücher (unter Mitarbeit von **Erika Mücher**), *Über den Einfluß des Tonophosphans auf die Konzentrationsleistung und den Inhalt freier Phantasie- und Vorstellungstätigkeit.* Sowohl einmalige wie auch langanhaltende *Tonophosphan*-Gaben (*Na-Salz der dimethylaminomethylphenylphosphonigen Säure*; HOECHST) führten zu einer signifikanten Verbesserung der Konzentrationsleistung u. Vermehrung emotioneller positiver Inhalte der Probanden. (Med. Mschr. **8.** 172—76. März 1954. Marburg a. d. Lahn, Univ., Inst. für Psychologie.) JORDAN. 4630

S. A. Weisman, S. J. Weisman und **E. J. Prescott,** *Analeptische Wirkung von Aranthol bei Vasomotorendepression durch Chinidin. Aranthol* (**I**) (*EA-83, 2-Methylamino-6-oxy-6-methylheptan*) erwies an narkotisierten Hunden einen Blutdruckanstieg, Anstieg des Pulsdruckes u. des Schlagvolumens. Im EKG wurde T vergrößert u. QT leicht verlängert. Als tox. Zeichen wurden Extrasystolen beobachtet (Dosis von mehr als 10 mg/kg). Die *Chinidin*-Wrkg. (Druck- u. Frequenzabfall, Atmungseinschränkung) wurde durch **I** u. bes. durch **I**+ *Metrazol*, weniger gut durch **I** + *Theophyllin* (*TA20*) aufgehoben. (Amer. Heart J. **47.** 84—94. Jan. 1954. Los Angeles, Calif., Univ. of Southern Calif., Dep. of Pharmacol. and Dep. of Med.) JORDAN. 4630

Lewis C. Mills, John H. Moyer und **James M. Skelton,** *Die Wirkung von Norepinephrin und Epinephrin auf die Hämodynamik der Niere. Norepinephrin* (**I**) erzeugt bei normotonen Patienten eine Verminderung des renalen Plasmastroms mit geringem Abfall der Glomerulusfiltratmenge u. steigert den renalen Gefäßwiderstand signifikant. Dabei steigt der Blutdruck an. Die p-Aminohippursäureclearence änderte sich bei Anwendung von **I** oder Epinephrin nicht. Diese Änderungen werden als Folge einer Widerstandssteigerung der afferenten u. efferenten Arteriolen angesehen. Bei Hunden wurde dagegen ein Schwund der Zahl der akt. Nephronen bzw. ein Gefäßschwund beobachtet, so daß hier offenbar grundsätzliche Unterschiede zur Menschenniere vorliegen. Wurde durch Ganglionblocker (Hexamethonium) eine Drucksenkung + Einschränkung der Glomerulusfiltration erzielt, so war der Effekt von **I** unterschiedlich, besserte aber mit der Normalisierung des Blutdrucks die vorher verminderte renale Leistung der Glomerulusfiltration. Da damit der renale vasoconstrictor. Effekt von **I** wegfällt, ergibt sich die Möglichkeit, **I** bei schwerer Hypotension u. Anurie therapeut. anzuwenden. (Amer. J. med. Sci. **226.** 653—63. Dez. 1953. Houston, Tex., Univ. Coll. of Med. and Card. Clin. Jefferson Davis Hosp., Dep. of Pharmacol. and Medic.) JORDAN. 4630

Gösta Ekehorn, *Behandlung eines Falles von schwerer Hypertension nach der endokrinologischen Methode von Dr. S. A. Borgström.* Das Prinzip der Meth. von BORGSTRÖM besteht in einer therapeut. Kombination von östro- oder androgenen Hormonen zusammen mit Ca-Gaben. Vf. berichtet über die Wrkg. dieser Therapie bei sich selbst, wobei es sich um einen essentiellen Hochdruck „cerebromentaler" Pathogenese handelt, dessen „neuro-hormo-vegetative Mechanismen" ausführlich erörtert werden. Verwendet wurden im wesentlichen *Östromenin*, MERCK + Ca, SANDOZ; Barbiturate oder Opiate konnten dabei weitgehend entbehrt werden. Die Wrkg. war ausgezeichnet. (Acta med. scand., Suppl. **148.** Nr. 289. 1—50. 1954. Stockholm.) JORDAN. 4630

R. Thiel, *Arterielle Durchblutungsstörungen des Sehnerven und der Netzhaut. Diagnose und Therapie.* In dieser Übersichtsarbeit werden die pathogenet. u. differentialdiagnost. Merkmale arterieller Durchblutungsstörungen der Retina u. des Nervus opticus sowie die sich daraus ergebenden Therapiefragen in toto erörtert. (Dtsch. med. Wschr. **79.** 329—36. 19/2. 1954. Frankfurt/M., Universitätsklinik für Augenkrankheiten.) JORDAN. 4630

Günther Wolff, *Über das Verhalten des Blutzuckers nach Strophanthininjektionen.* 1. Mitt. Nach Injektion von 0,25 mg *Strophanthin* wurden sowohl ansteigende wie abfallende Blutzuckerwerte ohne Geschlechts- oder Alterssignifikanz festgestellt, die aber bis auf Einzelwerte alle im Bereich der physiolog. Blutzuckerbreite lagen u. bes. bei Asthenikern deutlich feststellbar waren. Eine hypothet. Deutung wird versucht. Weitere Unterss. darüber, ob es sich um unspezif. Strophanthineffekte handelt u. welche Rolle dabei der Injektionsvorgang als solcher spielt, sind geplant. (Med. Mschr. **8.** 178—83. März 1954.) JORDAN. 4630

John W. Keyes, Ellet H. Drake, Thomas N. James und **F. Janney Smith,** *Die Überlebensrate nach Herzinfarkten mit und ohne langfristige Therapie mit Antikoagulantien.* Die langfristige Anwendung von Antikoagulantien (*Dicumarol*) bessert die Prognose des Herzinfarktes, wie eine Erfahrung von 2 Jahren zeigte. Die Hypoprothrombinämie nach Dicumarol ist eine gefährliche Komplikation, deren Verhinderung genaue Prothrombinspiegelkontrollen voraussetzt. Gelegentlich kann

Vitamin K_1 als Antidot für die Hypoprothrombinämie Verwendung finden. Hämaturie, Epistaxis, Melaena u. Hämatemesis sowie Hämorrhagien sind öfter beobachtete unangenehme Nebenerscheinungen. (Amer. J. med. Sci. **226.** 607—10. Dez. 1953. Detroit, Mich., Henry Ford Hosp., Cardio-Res. Div.) JORDAN. 4630

W. R. Livesay und **John H. Moyer**, *Die hämodynamischen Nierenwirkungen einer Xanthinverbindung, Diäthylaminoäthyltheophyllinhydrochlorid* (*Parephyllin*). Es wird über Verss. mit einem neuen Theophyllinderiv., *Diäthylaminoäthyltheophyllinhydrochlorid* (*Parephyllin*; *R-3588*; I; RIKER LABORS., INC.) berichtet. Intravenöse Injektion beim Menschen vermindert anfänglich die Glomerularfiltration u. den Nierenplasmadurchfluß. Beim Hunde treten keine Veränderungen auf. Das Urinvol. nimmt beim Hunde zu, wird jedoch geringer beim gesunden Menschen u. Herzkranken. Bei gesunden Menschen u. beim Hunde wurde eine Zunahme der Na-Ausscheidung beobachtet. Personen mit Herzschaden zeigten jedoch eine Abnahme. I hat gegenüber anderen Theophyllinderivv. gewisse Vorteile, da es auch ohne Schmerzwrkg. intramuskulär angewandt werden kann. Es wirkt allerdings nicht im gleichen Maße wie Aminophyllin auf die Zunahme der Wasser- u. Na-Ausscheidung. (J. Pharmacol. exp. Therapeut. **109.** 123—35. Okt. 1953. Houston, Tex., Baylor Univ., Dep. of Pharmacol. and Med. u. Jefferson Davis Hosp., Cardiac Clin.) RODERICH KÖNIG. 4634

M. Clark Silverthorne und **John H. Moyer**, *Die diuretische Wirkung von Parephyllin* (*R-3588*), *Neohydrin und Mercuhydrin allein und die ihrer Kombination. Parephyllin* (*R-3588*), *7-Diäthylaminoäthyltheophyllin*, das auch bei per oraler Gabe gut verträglich war, zeigte bei Kranken keine bessere diuret. Wrkg. als Aminophyllin. Bei gleichzeitiger Gabe mit einem Quecksilberdiureticum wie *Neohydrin* oder *Mercuhydrin*, konnte mit beiden Purinkörpern keine signifikante Steigerung der allein auf Hg zurückzuführenden Diurese erzielt werden. Neohydrin ergab auch per os eine gute Wrkg., die 50% derjenigen des parenteral gegebenen Mercuhydrins betrug. (Amer. J. med. Sci. **227.** 83—93. Jan. 1954. Houston, Tex., Baylor Univ., Dep. of Pharmacol. and Med.) CARSTENS. 4634

Toji Miwa, *Untersuchung über Gardenia florida L.* (*Fructus Gardeniae*) *als Heilmittel bei Ikterus.* 1. Mitt. *Wirkung eines Extraktes von Fructus Gardeniae auf die Gallensekretion von Kaninchen.* Die Früchte von Gardenia florida L., die in der chines. Medizin als Spezificum gegen katarrhal. Ikterus Anwendung finden (Rezepturbeispiele!) wurden in Form einer Lsg. des wss. oder alkoh. Extraktes in physiol. NaCl-Lsg. Kaninchen mit Gallenfistel intravenös injiziert. Dabei zeigte sich nach 15—30 Min. eine geringe Steigerung der Gallensekretion für 1 Std. u. mehr. (Jap. J. Pharmacol. **2.** 102—08. März 1953. Gifu, Univ., Fac. of Med., Dep. of Pharmac.) v. GIZYCKI. 4640

Toji Miwa, *Untersuchung über Gardenia florida L.* (*Fructus Gardeniae*) *als Heilmittel bei Ikterus.* 2. Mitt. *Über die Wirkung des Extraktes von Fructus Gardeniae auf den Bilirubingehalt des Blutes bei Kaninchen mit abgebundener Gallenblase.* (1. vgl. vorst. Ref.) Stündliche Messungen des Bilirubingeh. im Blut von Kaninchen, deren Gallenblase abgebunden war, zeigten einen Anstieg von 0,29 mg-% (1 Std. nach Ligatur) auf 1,54 mg-% (6 Std. nach Ligatur). Intravenöse Injektionen eines alkoh. Extraktes der Früchte von Gardeniae florida L., gelöst in physiolog. NaCl-Lsg., verringerten bei längerer Beobachtungszeit (24—48 Std.) dieses Ansteigen des Bilirubingeh. merklich. (Jap. J. Pharmacol. **2.** 139—43. März 1953. Gifu, Univ., Fac. of Med., Dep. of Pharmac.) v. GIZYCKI. 4640

Herman I. Chinn, Lawrence J. Milch und **Alois J. Dugi**, *Vergleich verschiedener Mittel gegen Luftkrankheit.* Verss. am Menschen ergaben, daß *Scopolamin* (**I**; 1,0 mg) einen stärkeren Schutz gegen die Luftkrankheit gewährleistet als *Postafen* (**II**; 25 mg) oder *Phenergan* (**III**; 25 mg). **II** u. **III** führen allerdings zu einem verminderten Auftreten der Erkrankung, wobei **II** wenigstens 24 Std. nach oraler Applikation noch eine Schutzwrkg. ausübt. Die beobachteten Neben-Rkk. waren gering, bei **I** wurde lediglich ein häufigeres Auftreten von Trockenheit im Mund festgestellt. (J. appl. Physiol. **6.** 257—59. Okt. 1953. Randolph Field, Tex., USAF School of Aviation Med., Dep. of Pharmacol., Biochem. u. Radiol.) RODERICH. KÖNIG. 4646

Richard J. Porter, *Amöbiasis.* Übersichtsbericht (bis Jan. 1953.). Züchtung; Physiologie der Trophozoiten; Cystenbldg.; Werte; Virulenz; erworbene Immunität; Chemotherapie; Laboratoriumsdiagnose; Epidemiologie u. Kontrolle. — 160 Literaturangaben. (Annu. Rev. Microbiol. **7.** 273—94. 1953. Ann Arbor, Mich., Univ. of Michigan, School of Publ. Health, Dep. of Trop. Diseases.) K. MAIER. 4649

Peter Riethe, *Über Erfahrungen mit „Para-Muc, Ad-Muc und Placenta-Serol" bei der Behandlung von Paradentopathien.* An 112 Patienten wurden mit der Kombination *Para-Muc* + *Ad-Muc* (MERZ & Co.) auch bei hartnäckigen Zahnfleisch- u. Zahnbettentzündungen gute Heilerfolge erzielt, die auf die Wrkg. von Placentaauszügen zurückgeführt werden (Para-Muc = Gemisch aus Hexylresorcin, Chlorcarvacrol u. Myrrhentinktur; Ad-Muc = Gemisch aus Kamillenextrakt, Myrrhentinktur, Vitamin C, Gesamtauszug der Frischplacenta u. Geschmackskorrigentien auf Serol-Salbengrundlage). Unterss. über die Wrkg. von *Placenta-Serol* (enthält Auszug aus Frischplacenta mit Hormonen, Vitamine, bes. E, Fermente, Aminosäuren, Lipoide u. Spurenelemente im gleichen Verhältnis wie in der Placenta) bei Schwangerschaftsgingivitis können trotz günstiger Erfolge nicht als gesichert angesehen werden. Beschreibung von 3 Fällen, Literaturhinweise. (Zahnärztl. Rdsch. **63.** 128—32. 5/3. 1954. Mainz, Univ., Klinik u. Poliklinik für Zahn-, Mund-u. Kieferkrankheiten.) KLESSE. 4655

John W. Hein, *Gegenwärtiger Stand des Wertes von Chlorophyllderivaten als therapeutische Mittel in der Zahnheilkunde.* Nach den derzeitigen Erfahrungen kann die Verwendung von *Chlorophyll* (I)-Präpp. als Mittel gegen Entzündungen der Mundschleimhaut u. zur Cariesprophylaxe noch nicht empfohlen werden. Es bestehen zu große chem., physikal. u. biol. Unterschiede zwischen den verschied. I-Präpp., womit die (in der Literatur vorliegende) unterschiedliche Beurteilung der I-Wrkg. erklärt wird. Die desodorierende Wrkg. von wasserlösl. I-Derivv. wird hervorgehoben. (J. Amer. Dental Assoc. **48.** 14. Jan. 1954. Rochester, N. Y., Univ. of Rochester, School of Med. and Dent., Dep. of Dent. and dental Res.) KLESSE. 4655

Robert G. Kesel, Joseph F. O'Donnell und **Donald A. Wallace,** *Wirkung von nichtständiger Zahnpflege mit Gemischen aus zweibasischem Ammoniumphosphat und Harnstoff auf die Anzahl der Lactobacillen im menschlichen Speichel.* Auch bei nichtständigem Gebrauch von Zahnpulvern mit einem Geh. von 5% $(NH_4)H_2PO_4$ (I) + 3% *Harnstoff* (II) wird eine Herabsetzung der Anzahl der Lactobacillen im Speichel erzielt, die wenigstens 140 Min. anhält, während die Anzahl nach Leitungswasser ansteigt, bzw. nach Verwendung eines NaH_2PO_4-haltigen Zahnpulvers vorübergehend ansteigt u. dann während der Versuchszeit auf den Ausgangswert zurückgeht. Auf Grund dieser Befunde wird in I + II eine Möglichkeit gesehen, die Cariesaktivität zu hemmen, bzw. andere diesbzgl. Maßnahmen zu unterstützen. (J. Amer. Dental Assoc. **48.** 8—13. Jan. 1954. Chicago, Ill., Univ. of Illinois, Coll. of Dent., Dep. of Applied Materia Medica and Therapeutics.) KLESSE. 4655

F. Grosse-Brockhoff, *Die Häufigkeit von Herzerkrankungen im Verlauf des rheumatischen Fiebers und die medikamentöse Behandlung der Carditis rheumatica und verwandter Krankheiten.* Obschon noch kein „spezif." rheumat. Therapeuticum bekannt ist, wird die führende Rolle einzelner Therapeutica speziell im Hinblick auf die Behandlung der rheumat. Carditiden nach einheitlichem Kriterium besprochen. Dabei wird festgestellt, daß *Salicylsäure* (I) die exsudative Phase günstig beeinflußt, eine gewisse Entzündungshemmung besitzt, das Auftreten der Carditis aber nicht sicher verhüten kann. *Pyramidon* u. *Irgapyrin* (II) haben noch eine günstigere Entzündungshemmung als I, können auch die Carditis offenbar etwas öfter als I verhindern. *Butazolidin* ist wegen seiner stärkeren Nebenwirkungen (Hämoglobinschwund, Agranulocytose, allerg. Schäden) weniger günstig u. entspricht etwa II. *Cortison* u. ACTH zeigen die beste Hemmung der entzündlichen Vorgänge u. die stärkste antihyperergische Wirkung. Aber auch sie verhindern nicht mit Sicherheit Carditis bzw. Rezidiv. Die Nebenwirkungen sind hier hormonale Störungen, Hypertension mit Ödemneigung u. vor allem eine Vorschubleistung für sept. Infekte. Eine frühzeitige antirheumat. Behandlung ist in allen Fällen die erste Forderung. — Ausführliche Literaturhinweise. (Dtsch. med. Wschr. **79.** 15—22. 1/1. 1954. Bonn, Univ., Med. Klinik.) JORDAN. 4670

Alfred Goldman und **William T. Hill,** *Chronische Veränderung der Bronchien und Lungen, hervorgerufen durch Einatmen von Schwefelsäuredämpfen.* Die Erkrankung eines 40 Jahre alten Mannes durch Einatmen von Dämpfen, die beim Mischen von rauchender H_2SO_4 mit W. entstanden, wird beschrieben. (A. M. A. Arch. ind. Hyg. occupat. Med. **8.** 205—11. Sept. 1953.) REPPEL. 4675

Wilhelm Doerr, *Pneumonokoniose durch Getreidestaub.* Ausführlicher Bericht u. Diskussion eines Falles von histolog. gesicherter Getreidestaubpneumonokoniose bei einer 64 jährigen Bäuerin. — 45 Literaturangaben. (Virchow's Arch. pathol. Anatom. Physiol. klin. Med. **324.** 263—84. 1953. Berlin-Charlottenburg, Freie Univ., Pathol. Inst.) KRUSEN. 4681

Francesco Bellucci-Sessa, Malattie causate da tetracloroetano. Roma: Ed. Inail. 1953. (24 S.)
Nicola Indolfa, Malattie causate da cloro e composti. Roma: Ed. Inail. 1953. (36 S.)

F. Pharmazie. Desinfektion.

Herrmann v. Czetsch-Lindenwald, *Zur Nomenklatur des DAB. 7.* Vf. weist auf die Nomenklatur der galen. Zubereitungen des DAB. 6 hin u. fordert für das DAB. 7 eine genaue latein. Nomenklatur mit präziser u. auch erläuternder Übersetzung, um auch dem Gesetzgeber klare Entscheidungen zu ermöglichen. (Pharmaz. Ind. **15.** 380—82. Nov. 1953. Wolfsberg, Kärnten, Österreich.) H. P. Fiedler. 4750

K. Münzel und **W. Kägi,** *Die Beurteilung von Gleitmitteln zur Tablettenfabrikation.* Die zur Tablettenfabrikation verwendeten Hilfsstoffe sind Gleitmittel bzw. Antiadhäsionsmittel. Es wird über Verss. der Tablettierung von Milchzucker, Phenacetin u. NaCl (**I**) unter Verwendung 9 verschied. Hilfsstoffe bei Schüttel- u. Preßgranulaten berichtet. **I** gleitet so gut, daß der Zusatz üblicher Gleitmittel die Gleitfähigkeit verschlechtert. Sie ist bei Schüttelgranulaten allg. besser als bei Preßgranulaten. Carbowax 6000 u. Talk besitzen die beste Gleitwirkung. Stearinsäure (**II**) u. festes Paraffin wirken als Antiadhäsionsmittel. **II** verteilt sich nach Auftragen in Lsg. auf dem Granulat ganz uneinheitlich. (Pharmac. Acta Helvetiae **29.** 53—70. Febr. 1954. Beilage zu: Schweiz. Apotheker-Ztg. Zürich, ETH, Pharmazeut. Inst.) Fresenius. 4766

R. A. Anderson, *Äthylenoxyd. Seine Verwendung bei der Herstellung nichtionisierter Emulgatoren.* Beschreibung der Herst. u. Eigg. von Äthylenoxyd, Polyäthylenglykolen („Carbowaxes") u. deren Estern sowie von Sorbitestern mit tabellar. Übersicht von Zus. u. Eigg. dieser in Großbritanien unter dem Namen „Crill-", in den USA als „Arlacel", „Span" u. „Tween" bekannten Stoffe. — Vorteile dieser nicht ionisierten Emulgatoren sind: Stabilität gegenüber wechselndem p_H-Wert u. gegen Elektrolyte sowie ihre weitreichende Verträglichkeit mit Arzneimitteln. (Australas. J. Pharmacy [N. S.] **34.** 630—31. 30/7. 1953.) Spitaler. 4786

A. Denoel, *Cellulosederivate und ihre Anwendung in der praktischen Pharmazie.* Von *Methyl-, Äthyl-, Methyläthyl-, Carboxymethyl-* u. *oxydierter Cellulose werden* Herstellungsmethoden, Eigg., Herst. u. Verh. von Lsgg. gegen Wärme, p_H-Veränderungen u. Fällungsmittel, Verträglichkeit mit anderen Stoffen sowie ihre eigene medikamentöse Wrkg. u. ihre Anwendbarkeit in der Pharmazie als Urstoffe oder Ersatzmittel beschrieben. Es werden Rezeptbeispiele u. die synonymen Bezeichnungen angegeben. Abschließend wird eine allg. Rk. zur Identifizierung von Cellulosederivv. (Blaugrünfärbung mit Anthron u. 60%ig. H_2SO_4) beschrieben. (Farmaco [Pavia], Ediz. prat. **8.** 454—67. Sept. 1953.) Schulenburg. 4786

E. H. Hamann, *Geruch- und Geschmackkorrigentien für pharmazeutische Präparate.* Erörterung des Begriffes „flavour." Ausführungen über Aufgabe u. Anwendungsbereich von Geruch u. Geschmack beeinflussenden Zusätzen mit Eingehen auf die in Frage kommenden Substanzen. Hinweise auf ihre Veränderung während der Verarbeitung u. Lagerung z. B. durch Oxydation, Red., Verseifung; Einfl. von p_H, Feuchtigkeit, Viscosität usw. (Perfum. essent. Oil Rec. **44.** 251—53. Juli 1953. Fritzsche Brothers, Inc., Flavour. Res. Labor.) Spitaler. 4786

Wm. R. Keithler, *Hustensirup.* Übersichtsbericht. Ausführungen über Eigg. u. Wirkungsweise der wichtigsten als Hustenmittel gebräuchlichen Stoffe. (Drug Cosmet. Ind. **73.** 468—69. 564—65. Okt. 1953. Lucky Heart Laboratories, Inc.) Spitaler. 4790

A. Fayaud und **S. Rivera,** *Über die Hydrierung von Lanolin.* Vff. hydrieren gelbes u. unangenehm riechendes Lanolin unter Anwendung von Raney-Ni u. anderen Katalysatoren (Ni, Cu, Ni–Cu, Cr) bei 330° u. 180—350 at mittels H_2 u. erreichen in kurzer Zeit eine vollständige Hydrierung. Das hydrierte Lanolin ist farblos, geruchlos u. für kosmet. u. pharmazeut. Zwecke bes. gut geeignet. Eigg. des gewöhnlichen u. (in Klammern) die des hydrierten Lanolins: n_D^{60} 1,47 (1,572), $[\alpha]_D$ +10° (+30°), SZ. 0,51 (0,3), VZ. 91—98 (3,5), AZ. 18—20 (106,4), JZ. 27—30 (12—13), Unverseifbares 49% (95—96%), freie Fettsäuren 0,2% (0,15%), F. 42—44° (49—50°). (Ind. Parfumerie **8.** 379—80. Okt. 1953.) Löffler. 4792

Jaime Costas-Durieux, Russell Weller und **Charles P. Bailey,** *Ersatz des Pericards. Versuche mit Vinyon HH Staple bei Hunden.* Pericardersatz aus *Vinyon HH Staple* (copolymeres Vinylchlorid u. -acetat; American Viscose Corp., Marcus Hook, Pa.), wurde von Hunden bis 6 Monate ohne nachteilige Wrkg. vertragen. (J. int. Coll. Surgeons **20.** 682—86. Dez. 1953. Ponce, Puerto Rico; Philadelphia, Pa., Hahnemann Med. Coll. and Hosp.) Krusen. 4796

—, *Neue Arzneimittel. Biomydrin* (Nepera Chemical Co. Inc., Yonkers): Nasentropfen, p_H 6,2, mit Neomycinsulfat 0,1 (%), Gramicidin 0,005, Thonzylaminhydrochlorid 1, Phenylephrinhydrochlorid 0,25 u. Thonzoniumbromid 0,05. — *Codem-*

piral (BURROUGHS WELLCOME & CO. INC., Tuckahoe): Kapseln mit Codeinphosphat 1/2 (grain), Phenobarbital 1/4, Phenacetin 2,5, Acetylsalicylsäure 3,5. — *G–B–S* (G. F. HARVEY CO., Saratoga Springs): Tabletten mit oxydierten Gallensalzen 1,5 (grain), Atropinmethylnitrat 1/60, Gallensalzen 1,5, Phenobarbital 1/8. — *Gericin* (BENYA DRUG CO., Wernersville), Polyvitaminpräparat. — *Glyotol* (U. S. STANDARD PRODUCTS CO., Woodworth): Tabletten mit 0,5 g Mephenesin. — *Harviglobin* (G. F. HARVEY CO., Saratoga): Anämiemittel mit Fe, Leber u. Vitamin B. — *Neosone ophthalmic ointment* (UPJOHN CO., Kalamazoo): Im g Cortisonacetat 15 (mg) u. Neomycinsulfat 5. — *Sedesin* (OTIS LABORATORIES INC., New York): Tabletten mit 0,5 (g) Mephenesin u. 0,03 Mephobarbital. — *Tensodin* (BILHUBER-KNOLL CORP., Orange): Tabletten mit Ethaverin (Papaverinderiv.) 1/2 (grain), Theophyllin-Ca-Salicylat 3, Phenobarbital 1/4. — *Theridol Kapseals* (PARKE, DAVIS & CO., Detroit): Polyvitaminpräparat. — *Tosanon* (ORGANON INC., Orange): Hustenmittel, 5 cm^3 enthalten Mephenesin 75 (mg), Dihydrocodeinonbitartrat 1,67, K-Citrat 400, Pyrilaminmaleat 7,5. — *Tyotocin Ear Drops* (SHARP & DOHME INC., Philadelphia, Pa.), Tyrothricin 0,05 (%), Benzocain 1,25, Antipyrin 5, Hexylresorcin 0,1 in Propylenglykol u. Glycerin. — *Tyrophyll Troche* (U. S. STANDARD PRODUCTS CO., Woodsworth): Tyrothricin 2 (mg), Benzocain 7,5, Carbamid 7,5, Chlorophyllin 2. Halstabletten. (J. Amer. pharmac. Assoc., pract. Pharmacy Edit. **14.** 11—12. Jan. 1953.)
HOTZEL. 4800

S. J. Hopkins, *Sympathicomimetische Amine und ihre Antagonisten.* (Vgl. C. **1953.** 7600.) Übersicht über Entw. u. Pharmakologie der sympathicomimet. Amine (Adrenalin-Gruppe) sowie der adrenolyt. wirkenden Substanzen, wie *2-[Diäthylaminomethyl]-benzodioxan, 2-[Piperidinomethyl]-benzodioxan, Benzylimidazolin, 2-N-p-tolyl-N-[m-oxyphenyl]-aminomethylimidazolin* u. *N.N-Dibenzyl-β-chloräthylamin (Dibenamin).* Die Adrenolytica spielen bei der Diagnostik der *Phäochromocytome* eine wichtige Rolle. (Pharmac. J. **171** ([4] **117**). 47—49. 18/7. 1953. Cambridge, Mass., Addenbrooke's Hosp.)
RUTKOWSKI. 4806

C. H. Brieskorn, *Vorkommen und Bedeutung der Triterpene mit besonderer Berücksichtigung der pentacyclischen Triterpensäuren.* Übersicht über Vork., Chemie u. pharmakol. Verh. der Triterpene. — 91 Literaturangaben. (Planta med. [Stuttgart] **2.** 35—44. April 1954. Istanbul, Univ., Inst. für galen. Pharmazie.) BARZ. 4806

Heinz Öppinger und **Heinz Schaefer,** *Über die Technologie und Verfahrenstechnik der Herstellung von Antibioticis.* Die einzelnen Stufen der Herst. von *Penicillin,* die Reinigung von *Streptomycin* u. *Aureomycin* u. dabei verwendete App. werden besprochen. — 43 Literaturangaben. (Chemie-Ing.-Techn. **24.** 277—83. Mai 1952. Frankfurt/M. Farbwerke Hoechst.) KRUSEN. 4810

V. F. Davey und **Marvin Johnson,** *Penicillingewinnung mit Maismaische bei fortlaufender Kohlenhydratzugabe.* An Stelle von Lactose (I) wurden die schneller assimilierbaren Zucker Glucose (II) u. Saccharose (III) als Kohlenhydratquelle bei der Gewinnung von *Penicillin* mit Maismaische als Medium dadurch mit Erfolg verwendet, daß **II** oder **III** in geringer Menge nach u. nach zugesetzt wurden. Es wurde mit 30-Liter-Stahlgärbottichen u. *Penicillium chrysogenum* W 49—133 gearbeitet. Die optimale Zuckerzufuhr betrug für **II** 0,042 %/Std. (3% insgesamt), für **III** 0,070 %/Std. (5% insgesamt) u. für **I** 0,034 %/Std. (2,4% insgesamt). Als optimale Ausbeuten an Penicillin ergaben sich für **II** 1520 E./ml, für **III** 1410 E./ml u. für **I** 1470 E./ml. (Appl. Microbiol. **1.** 208—11. Juli 1953. Madison, Wis., Univ. of Wisconsin, Coll. of Agric., Dep. of Biochem.) SPITALER. 4810

Kenneth S. Seal, *Herstellung intrapleuraler Injektionslösungen. Trägerstoffe für Streptomycin und Dihydrostreptomycin.* Als geeigneter Trägerstoff für Instillationslsgg. von Streptomycin u. Dihydrostreptomycin wird *Natriumcarboxymethylcellulose* (HERKULES POWDER CO.) gefunden. Es besitzt hinsichtlich p_H u. Viscosität optimale Eigg. (p_H 7,8—8,0; 7,18—6 cP.) u. behält diese auch bei Sterilisation im Autoklaven bei 120°. Hinweise für die Herst. steriler Lösungen. (Pharmac. J. **170** ([4] **160**). 475—77. 27/6. 1953. Mexborough, Montagu Hospital.) WALLIS. 4810

M. Nicol, *Herstellung therapeutischer Seren.* Nach einem Hinweis auf die Bedeutung u. den Wirkungsmechanismus therapeut. Seren beschreibt Vf. ihre industrielle Herst., ihre Wertbest., ihre Nebenwirkungen u. die erreichbare Immunisierung. Abriß über die Geschichte, Arbeitsweise u. Bedeutung des PASTEUR-Instituts in Garches. (Produits pharmac. **9.** 24—29. Jan. 1954. Garches, Annexe de l'Inst. Pasteur.)
SCHULENBURG. 4812

Isaac Feldman und **Jean R. Havill,** *Über die Anwesenheit von Citrat in Handelspräparaten von kristallisiertem Rinderserumalbumin.* Unterss. über die Diffusibilität von Be in Ggw. von kristallisiertem Rinderserumalbumin (I) (Fa. ARMOUR) führten

Vff. zur Feststellung, daß I mit einer stark komplexbildenden Verb. verunreinigt ist, die nach weiteren Unterss. anscheinend Citrat ist. Die Konz. des Citrats in I beträgt wenigstens 0,5 Mol/Mol Protein. (Science [Washington] **116.** 691—92. 19/12. 1952. New York, N. Y., Rochester Univ., School of Med. and Dent., Dep. of Radiation Biol.) Nehring. 4812

Fritz Strache, *Die Stabilisierung von Blutkonserven.* Berichtet wird über allg. Veränderungen der Blutkonserven bei der Lagerung, chem. Veränderungen, Entw. der Stabilisatorlsg. u. über den Einfl. des p_H-Wertes auf die Haltbarkeit der Konserven. (Dtsch. Apotheker-Ztg. **92.** Nr. 24. Beibl. Krankenhaus-Apotheke **1952.** 5—7. Hamburg, Krankenhaus Barmbeck.) Boye. 4812

A. Müller, *Über die moderne Desinfektion mittels quaternärer Ammoniumverbindungen.* Allg. Ausführungen. — 8 Literaturhinweise. (Schweiz. Brauerei-Rdsch. **63.** 151—54. Sept. 1952. Oberwinterthur, J. Stahel-Keller Akt.-Ges.) Winiker. 4832

Wilhelm F. Cellbrot, *Einfache Methode zur Bestimmung der Quellungskapazität quellbarer Substanzen.* Eine für das Apothekenlabor. geeignete billige Meth. zur Best. der Quellungskapazität von Stoffen wie Celluloseäther, Gelatine, Traganth usw., beruhend auf der Messung der Schichthöhe der pulverisierten Substanz vor u. nach der Quellung. Die Meth. liefert allerdings nur relative Ergebnisse. (Dtsch. Apotheker-Ztg. **93.** 679—80. 10/9. 1953. München-Pasing.) Wallis. 4880

C. Ferrato und **M. Gennaro Soffietti,** *Über den Nachweis einiger Spasmolytica.* Beschreibung einiger Umsetzungen, die neben verschied. Farb-Rkk. zur Charakterisierung solcher Spasmolytica geeignet sind, die Aminoäthanolderivv. oder verwandte Verbb. darstellen. Im einzelnen handelt es sich um folgende Substanzen u. deren Derivv.: *Diphenylessigsäurediäthylaminoäthylester-Hydrochlorid* (*Patrovina, Trasentin, Adiphenin*) F. 112—114°, Pikrat F. 147—149°, Styphnat F. 136—138°. *Diarylalkylcarbonsäuredialkylaminoäthylester-Hydrochlorid* (*Deamin*) F. 143—144°, Pikrat F. 89—90°, Styphnat F. 122—123°, Chloroplatinat F. 169—170° (Zers.). *Propylphenylessigsäurediäthylaminoäthylester-Hydrochlorid* (*Propivane*) F. 108—109°. *1-Phenylcyclopentancarbonsäurediäthylaminoäthylester-Hydrochlorid* (*Parpanit*) F. 145—146°, Pikrat F. 78—80°, Styphnat F. 121—123°, Chloroplatinat F. 136—138°. *Tropasäure-[3-diäthylamino-2.2-dimethyl]-propylesterphosphat* (*Syntropan*) F. 143°. Die UV-Spektren der genannten Verbb. stimmen weitgehend miteinander überein (λ_{max} 260, λ_{min} 245 mμ), so daß hierdurch keine Unterscheidung möglich ist. (Boll. chim. farmac. **91.** 351—58. Sept. 1952. Torino, Univ., Ist. di Chim. Farmaceut e Tossicol.) Ippen. 4880

Yves-René Naves, *Menthofuranbestimmung in Pfefferminzölen (Mentha piperita L.) mittels Infrarotspektrometrie.* Mittels Infrarotspektrometrie hann der *Menthofuran* (**I**)-Geh. in Pfefferminzölen mit großer Genauigkeit bestimmt werden. Zugesetztes **I** (2—25%) wird mit einer Abweichung von $\pm$0,2—0,5% wiedergefunden. (C. R. hebd. Séances Acad. Sci. **237.** 704—05. 5/10. 1953.) H. P. Fiedler. 4880

S. Börngen, K. Gebler und **F. Hauschild,** *Thiouracile im Nachtrag zum DAB 6.* Inhaltlich ident. mit der C. **1954.** 3754 referierten Arbeit. (Pharmazie **8.** 836—37. Okt. 1953. Leipzig, Univ., Pharmakol. Inst.) K. Herrmann. 4880

Giorgio Serchi, Pietro Michi und **Gianfranco Rapi,** *Trennung von Pyrrolkernverbindungen. Chromatographische Analyse handelsüblicher Chlorophylle für den pharmazeutischen Gebrauch.* Kurze Zusammenfassung der analyt. Arbeiten über *Chlorophylle* (**I**), *Xanthophylle* (**II**) u. *Carotine* (**III**). Vff. berichten dann über eigene Verss. zur chromatograph. Unters. von Spinatblätterextrakten unter Benutzung der Rundfiltertechnik nach Berlingozzi u. Serchi (C. **1953.** 4091). Chromatographiert wurden ein Totalextrakt, **Ia** u. **b, IIa** u. **b**, sowie andere Carotinoide, sämtliche aus Extrakten durch Säulenchromatographie gewonnen, auf Whatman-Papier Nr. 1 u. auf gepreßtem Filterpapier mit verschied. Entwicklersystemen. Die einzelnen Ringzonen wurden durch ihre verschiedenfarbigen Fluorescenzen im Woodschen Licht u. ihre R_F-Werte identifiziert. Der Gesamtextrakt zeigte mindestens 8 Komponenten, **I, II, III**, eine orangefarbene fluorescierende u. 2 rot fluorescierende Substanzen, die nicht identifiziert wurden. — 159 Literaturangaben. (Chimica [Milano] [N. S.] **8** (**29**). 79—87. April 1953. Cagliari, Italia, Univ., Ist. die Chimica farmac., Laborr. sci. della ditta F. I. R. M. A.) Endrass. 4880

Erich Nick, *Über eine Mikrobestimmungsmethode für Gerbstoffe mit Hilfe von Hautpulver.* Beschreibung einer für die Unters. von Drogen geeigneten Gerbstoffmikrobestimmungsmeth. unter Verwendung von Hautpulver, die wiederholbare Werte liefert u. sowohl für Catechin- als auch für Gallusgerbstoffe verwendet werden kann. Beleganalysen. (Pharmaz. Ind. **15.** 382—84. Nov. 1953. Karlsruhe, TH, Botan. Inst.) H. P. Fiedler. 4880

Walter Engel, England, *Chirurgische Bandagen,* bestehend aus einer plast. synthet. Substanz, z. B. Polyvinylchlorid, der ein Medikament, z. B. Methylsalicylat, u. Dibutylphthalat als Plastifizierungsmittel zugesetzt wird. (**F. P. 997 009** vom 6/10. 1949, ausg. 31/12. 1951. E. Priorr. 13/12. 1948 u. 7/9. 1949.) Oppermann. 4795

Roche Products Ltd., Welwyn Garden City, Hertfordshire, England, *Bis-(N-disubst.-aminoalkyl)-sulfiddialkylhalogenide* wirken teils *neuro-muskulär blockierend,* teils *ganglien-blockierend.* — *4-Thiaheptan-1.7-bis-(triäthylammoniumjodid).* Aus Chlorpropyltriäthylammoniumjodid u. Na_2S in sd. verd. Alkohol, F. 250°. — Analog: *5-Thianonan-1.9-bis-(trimethylammoniumbromid),* F. 232—233°. — *2.4-Dimethyl-3-thiapentan-1.5-bis-(trimethylammoniumjodid),* F. 230°.— *3-Thiapentan-1.5-bis-(trimethylammoniumjodid),* F. 300°. (**E. P. 698 506** vom 8/12. 1950, ausg. 14/10. 1953.) Langer. 4807

Aladar Skita, Baden-Baden, und **Hubert Jaeschke,** Seelze/Hann., *Iso-1.2-Diaryläthanol-(1)-amine-(2)* sind *Oberflächenanaesthetica.* — *Stereomeres racem. Iso-1.2-Diphenyläthanol-(1)-N-butylamin-(2).* Man setzt 1.2-Diphenyläthanol-(1)-N-butylamin-(2) mit PCl_5 in Chlf. zu *1.2-Diphenyl-N-butylamin-(2)-chlor-(1)-äthanhydrochlorid* (F. 204 bis 206°) um u. erhitzt mit W. im Rohr auf 100—110°, F. 65°; *Hydrochlorid,* F. 181°; *Glykolat,* F. 90—91°. — Analog: *racem. Iso-1.2-Diphenyläthanol-(1)-N-äthylamin-(2),* F. 77°. (**D. B. P. 907 650** Kl. 12q vom 15/11. 1941, ausg. 29/3. 1954.) Langer. 4807

Chemie Grünenthal G. m. b. H. (Erfinder: **Erich Jansen** und **Heinrich Mückter**), Stolberg/Rhld., *N.N'-Di-(3-oxy-4-carboxyphenyl)-methylendiamin.* Aus p-Aminosalicylsäure u. CH_2O in wss. Aceton, F. 158—159°. — *Tuberkulostaticum.* (**D. B. P. 909 098** Kl. 12q vom 15/9. 1951, ausg. 12/4. 1954.) Langer. 4807

Soc. des Usines Chimiques Rhône-Poulenc, Paris, Frankreich, *Herstellung von N-Bis-(δ-diäthylaminopropyl)-3-pyridylsulfonamid.* Man läßt 3-Pyridylsulfonylchlorid mit Bis-(δ-diäthylaminopropyl)-amin reagieren, Öl, $Kp._{0,2}$ 187°. — *Therapeuticum.* (**E. P. 658 909** vom 23/6. 1949, ausg. 17/10. 1951.) Lüttgen. 4807

Sandoz Akt.-Ges., Basel, Schweiz, *Herstellung des neuen 3'-Amino-1-methyl-3-oxy-1.2.3.4-tetrahydro-5.6-benzochinolin-7-carbonsäurelactams,* F. 226—228°, dad. gek., daß man 4-Aminonaphthostyril mit Epichlorhydrin durch Kochen kondensiert. Das erhaltene 4-[2'-Oxy-3'-chlorpropyl-(1')-amino]-naphthostyril, F. 190—191°, wird am Aminostickstoff durch Erhitzen mit CH_3Br u. Na-Acetat methyliert, u. das entstandene 4-[2'-Oxy-3'-chlorpropyl-(1')-methylamino]-naphthostyril, F. 150—151°, wird durch Kochen mit Cyclohexanol u. Diäthylanilin cyclisiert. — Die Lactamverb. dient als *Zwischenprod.* bei der Synth. von *pharmazeut.* wirksamen Prodd., welche in Aufbau u. Wrkg. der Lysergsäure als Bestandteil der natürlichen Mutterkronalkaloide ähnlich sind. (**Oe. P. 174 914** vom 25/10. 1951, ausg. 26/5. 1953. Schwz. Prior. 26/10. 1950.) M. F. Müller. 4807

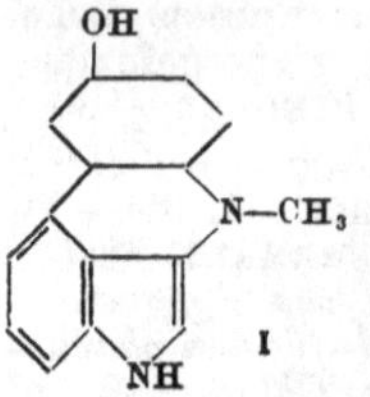

I

Sandoz Akt.-Ges., Basel, Schweiz, *Herstellung des neuen 6-Methyl-8-oxyergolin* aus 3'-Amino-1-methyl-3-oxy-1.2.3.4-tetrahydro-5.6-benzochinolin-7-carbonsäurelactam durch Red., z. B. mit Na-Metall u. einem aliphat. Alkohol, bei erhöhter Temperatur. Die erhaltene Ergolinverb. I zeigt in seinem Bau u. seiner *pharmazeut.* Wrkg. eine große Ähnlichkeit mit der Lysergsäure, einem Bestandteil der natürlichen Mutterkornalkaloide, F. 254 bis 256°. (**Oe. P. 174 916** vom 25/10. 1951, ausg. 26/5. 1953. Schwz. Prior. 26/10. 1950.) M. F. Müller. 4807

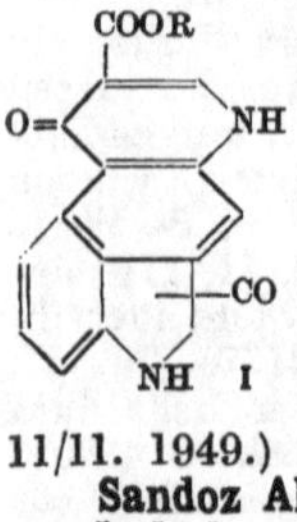

I

Sandoz Akt.-Ges., Basel, Schweiz, *Darstellung von racemischen Dihydro-norlysergsäuren,* dad. gek., daß man Verbb. der allg. Formel I, worin R eine Alkylgruppe ist, stufenweise reduziert. — Genannt sind z. B. D.L-Dihydro-nor-lysergsäuremethylester, F. 204—206°, D.L-Dihydro-nor-lysergsäure, F. über 350°. — N-Acetyl-D.L-dihydro-nor-lysergsäuremethylester, F. 280—282°. — D.L-Dihydro-nor-isolysergsäure-I-methylester, F. 161—162°, D.L-Dihydro-nor-isolysergsäure-I, F. über 350°. — N-Acetyl-D.L-dihydro-nor-isolysergsäure-I-methylester, F. 205 bis 206°. D.L-Dihydro-nor-isolysergsäure-II-methylester, F. 151—152°. — N-Acetyl-D.L-dihydro-nor-isolysergsäure-II-methylester, F. 247 bis 250°. (**Oe. P. 175 018** vom 6/11. 1950, ausg. 26/5. 1953. Schwz. Prior. 11/11. 1949.) M. F. Müller. 4807

Sandoz Akt.-Ges., Basel, Schweiz, *Herstellung des neuen 4-Amino-5-keto-1.3.4.5-tetrahydrobenz-(cd)-indol,* dad. gek., daß man 5-Keto-1.3.4.5-tetrahydro-benz(cd)-indol mit nitrosierenden Mitteln, z. B. Amylnitrit in Ggw. von Na- oder K-Alkoholat, u. danach mit reduzierenden Mitteln, z. B. Zn u. Säure, behandelt. Aus dem 4-Nitroso-5-keto-1.3.4.5-tetrahydrobenz-(cd)-indol entsteht dabei *4-Amino-5-keto-1.3.4.5-tetrahydrobenz-(cd)-indol* (*Hydrochlorid,* F. 146°, *Acetyl*-Verb. F. 207—209°), *Zwischenprod.*

bei der Synth. von *pharmazeut.* wirksamen Prodd., welche in Aufbau u. Wrkg. der Lysergsäure ähnlich sind. (**Oe. P. 174 920** vom 25/10. 1951, ausg. 26/5. 1953. Schwz. Prior. 26/10. 1950.) M. F. Müller. 4807

Soc. des Usines Chimiques Rhône-Poulenc, Paris, Frankreich, *Herstellung von 6-Propyl-2-thiouracil,* F. 215–216°. Man läßt S-Methylisothioharnstoff mit einem β-Oxycapronsäureester in Ggw. starken Alkalis, z. B. C_2H_5ONa, durch Stehen bei n. Temp. reagieren u. entmethyliert das gebildete 6-Propyl-2-methylthiouracil durch Erhitzen mit mindestens der theoret. notwendigen Menge eines sauren Alkalisulfids. — *Therapeuticum.* (**E. P. 666 629** vom 14/12. 1949, ausg. 13/2. 1952. F. Prior. 20/12. 1948.) Lüttgen. 4807

Eastman Kodak Co., übert. von: **K. C. D. Hickman** und **J. G. Baxter,** Rochester, N. Y., V. St. A., *Gewinnung von fettlöslichen Vitaminkonzentraten,* welche oxydationsbeständig sind. Man geht aus von vitaminhaltigem Fischöl u. setzt diesem ein natürliches pflanzliches oder tier. Öl zu, welches natürliche Schutzstoffe zum Haltbarmachen enthält. Das Gemisch wird einer Hochvakuumdest. unterworfen, u. dabei wird eine Fraktion gewonnen, welche das Vitaminkonzentrat u. die Schutzsubstanz enthält. (**Can. P. 483 393** vom 24/6. 1939, ausg. 20/5. 1952. A. Prior. 15/10. 1938.) M. F. Müller. 4809

H. Schoppe & Schultz (Erfinder: **Heinrich Schoppe**), Hamburg, *Gewinnung von Carotin und Vitamin E* aus Möhren durch weitgehendes Zerkleinern u. Emulgieren der Pulpe mit Butter oder dgl. bei ca. 50°. Die Emulsion wird dann gegebenenfalls unter Ultraschalleinw. in eine vitaminhaltige Fettphase, die Zellbestandteile u. die wss. Fl. getrennt. Zur Verbesserung von Butter, Margarine oder dergleichen. (**E. P. 700 509** vom 20/10. 1950, ausg. 2/12. 1953. D. Prior. 31/10. 1949.) K. Heinze. 4809

Adolf Christian Joseph Opfermann, Bergisch-Gladbach, *Pantothenaldehyd* (I) u. Acetale. I: Man setzt α-Oxy-β.β-dimethyl-γ-butyrolacton (II) mit NH_3 u. dann mit Acrolein um. Kp.$_1$ 135–140°. — I-*Dimethylacetal,* aus II, NH_3 u. Acroleindimethylacetal, Kp.$_{10}$ 155–160°. (**E. P. 693 801** vom 20/8. 1951, ausg. 8/7. 1953. Oe. Prior. 23/8. 1950.) Langer. 4809

National Research Development Corp., London, England, *Pantothensäure-2'-phosphat* (I). *Pantolacton-2-diphenylphosphat* (II). Man setzt Chlorphosphonsäurediphenylester mit Pantolacton in Pyridin bei 0° um, F. 70°. — *Pantolacton-2-phosphat* (III), aus II, H_2 u. Pt-Oxyd in Eisessig, F. 130–140°. — I: Beim Erhitzen von III mit β-Alaninbenzylester auf 100°, Verseifen mit $Ba(OH)_2$ u. Hydrieren mit H_2 u. Pd-Oxyd. I bewirkt *Kontraktion des Ileums.* (**E. P. 695 483** vom 4/12. 1950, ausg. 12/8. 1953.) Langer. 4809

Merck & Co., Inc., Rahway, N. J., V. St. A., *Reinigen von Vitamin B_{12}* u. ähnlich wirkenden Vitaminen durch Adsorption der Wirkstoffe aus wss. Lsgg. an Entfärbungsharze mit polaren Substituenten, wie Phenol-, Formaldehyd- oder Aminformaldehydharze (Duolite S-30). Anschließend wird mit einer gegebenenfalls angesäuerten W.-Aceton-Lsg. eluiert. Die sauren Eluate können zwecks Ausbeutesteigerung an reinem Vitamin B_{12} mit Cyaniden behandelt werden. Als Ausgangslsgg. sind außer Fermentations-Fll. von Mycobacterium zmegmatis, Pseudomonas Lumichroma u. Alternaria-Arten sowie Rückstände aus der Streptomycingewinnung geeignet. (**E. P. 699 385** vom 14/9. 1951, ausg. 4/11. 1953. A. Prior. 21/9. 1950.) K. Heinze. 4809

Schering Corp., übert. von: **Gerhard A. Fleischer** und **Erwin Schwenk,** Bloomfield, N. J., V. St. A., *Trennung von Hormonen und hormonähnlichen Stoffen der Hypophyse.* Man behandelt eine Suspension aus Hypophysenmaterial im sauren Medium mit $CHCl_3$, rührt bis zur Gelierung, trennt das Gel ab u. extrahiert mit einem Alkohol-W.-Gemisch im alkal. Medium. Den Extrakt behandelt man mit Aceton bei einem p_H-Wert von ca. 6 unter Vergrößerung der Acetonkonz., um die lactogenen u. corticotropen Hormone auszufällen. Der Nd. wird mit Aceton u. verd. Mineralsäure extrahiert; der feste Rückstand wird unter Erhöhung des p_H-Wertes auf 7,5 mit 1%ig. NaCl-Lsg. extrahiert u. der Nd. abgetrennt. Der p_H-Wert der Lsg. wird auf 6,5 erniedrigt, die Salzkonz. auf 4% erhöht u. der aus corticotropem Hormon bestehende Nd. abgetrennt. Der p_H-Wert der Lsg. wird auf 5,5 verringert, die Salzkonz. auf 15% erhöht u. der aus lactogenem Hormon gebildete Nd. abgetrennt. (**Can. P. 487 829** vom 17/11. 1941, ausg. 4/11. 1952. A. Prior. 6/11. 1940.) Wittholz. 4809

Schering Corp., übert. von: **Gerhard A. Fleischer** und **Erwin Schwenk,** Bloomfield, N. J., V. St. A., *Isolierung lactogener Hormone.* Material aus Hypophyse-Vorderlappen wird mit 95%ig. A. unter Säurezusatz bis zum p_H-Wert 5,5 behandelt u. das Prolactin durch Erhöhung des p_H-Wertes ausgefällt. Die Reinigung erfolgt durch Behandlung des Nd. mit 95%ig. A. bei einem p_H-Wert von 4, der nach einiger Zeit auf 4,5 erhöht wird, worauf der entstandene Nd. abgetrennt wird. Sodann wird der p_H-Wert auf 4,7 erhöht u. aus der Lsg. nach Abtrennen des Nd. durch weitere Erhöhung des p_H-Wertes das Prolactin ausgefällt. (**Can. P. 487 830** vom 13/1. 1942, ausg. 4/11. 1952. A. Prior. 31/1. 1941.) WITTHOLZ. 4809

Research Corp., V. St. A., *Herstellung von Zwischenprodukten für die Synthese von Dehydrocorticosteron.* Man löst 3.9-Epoxy-11-keto-24.24-diphenyl-Δ^{23}-cholen in $CHCl_3$, gibt Essigsäureanhydrid hinzu u. leitet unter Tiefkühlung trocknen HBr ein. Dabei entsteht *3-(α)-Acetoxy-11-keto-12-brom-24.24-diphenyl-Δ^{23}-cholen* (I), F. 178 bis 179°. Diese Verb., F. 176—177°, wird in CCl_4 gelöst, in die sd. Lsg. N-Brombernsteinsäureimid eingetragen u. 10 Min. gekocht. Danach wird auf Raumtemp. abgekühlt u. Ba-Acetat u. Eisessig zugegeben. Beim Aufarbeiten erhält man ein Gemisch von *3-(α)-Acetoxy-11-keto-12-brom-24.24-diphenyl-$\Delta^{20,22,23}$-choladien* (II) mit ca. 20—25% an unverändertem I. Die rohe Verb. II, F. 171—172°, wird mit CrO_3 in Eisessiglsg. oxydiert unter Bldg. von *3-(α)-Acetoxy-11.20-diketo-12-bromopregnan,* F. 186,5—188°. Durch Behandlung mit Zn-Staub u. Eisessig auf dem Wasserbad entsteht daraus *3-(α)-Acetoxy-11.20-diketopregnan,* F. 133—135°. — Die Verb. I wird in CCl_4 gelöst u. mit Brombernsteinsäureimid 20 Min. lang erhitzt. Es entsteht dabei *3-(α)-Acetoxy-11-keto-12.21-dibrom-24.24-dipehnyl-$\Delta^{20,22,23}$-choladien.* Vgl. Can. PP. 472 174; C. **1951.** II. 2358 u. 472 177; C. **1951.** II. 2358. (**F. P. 1 008 143** vom 9/1. 1950, ausg. 14/5. 1952.) M. F. MÜLLER. 4809

Bristol Laboratories, Inc., V. St. A. (Erfinder: **Stephen B. Binkley** und **Murray A. Kaplan**), *Herstellung von kristallisierten Penicillinsalzen.* Man gibt eine Lsg. von Procainhydrochlorid (I) in W. zu einer Lsg. von Penicillin G–Natrium (II) in W., oder man extrahiert die wss. Lsg. von II mit einem organ. Lösungsm. (z. B. Ae., Amylacetat, Methylamylacetat, Methylisobutylketon), versetzt diese Lsg. mit einem anderen Lösungsm. (z. B. Aceton, A., Propanol, Butanol) u. fügt dann eine Lsg. von I in einem organ. Lösungsm. (z. B. Ae.) hinzu. (**F. P. 1 012 732** vom 12/10. 1948, ausg. 16/7. 1952.) OPPERMANN. 4811

Biochemie Ges. m. b. H., Innsbruck (Erfinder: **Richard Brunner** und **Josef Moser,** Kundl, Tirol), *Herstellung kristallisierter, in Wasser schwer löslicher Penicillinsalze organischer Basen.* Basensalze des Penicillins werden in einem wss. oder vorwiegend wss. Reaktionsmedium mit solchen Basensalzen anorgan. oder organ. Säuren umgesetzt, deren Base von derjenigen des angewendeten Basensalzes des Penicillins verschieden ist, u. welche Basensalze des Penicillins bilden, die im Reaktionsmedium schwerer lösl. sind als die Basensalze des Penicillins, von welchen ausgegangen wird. — Triäthylaminpenicillin (I) wird in W. gelöst u. p-Aminobenzoyldiäthylaminoäthanolhydrochlorid in W. gelöst zugesetzt. Das gebildete *p-Aminobenzoyldiäthylaminoäthanolpenicillin* (II) wird abfiltriert. — Aus I u. Chininmonosulfat entsteht *Chininpenicillin.* Ebenso liefert II mit Chininmonosulfat das Chininpenicillin. — II u. 2-Äthoxy-6.9-diaminoacridinlactat („Rivanol") bilden „*Rivanolpenicillin*". (**Oe. P. 175 338** vom 13/3. 1951, ausg. 25/6. 1953.) M. F. MÜLLER. 4811

Chas. Pfizer & Co., Inc., übert. von: **Ray A. Patelski,** Manhasset, N. Y., und **Peter P. Regna,** West New York, N. J., V. St. A., *4-Aminosalicylsaures Streptomycin.* Aus Streptomycinsulfat, 4-Aminosalicylsäure u. $Ba(OH)_2$. — *Tuberkulosemittel.* (**A. P. 2 646 427** vom 14/5. 1949, ausg. 21/7. 1953.) LANGER. 4811

Parke, Davis & Co., Detroit, Mich., V. St. A., *Aminopropandiole* entstehen durch Verseifung entsprechender Oxazolinderivate. — *Zwischenprodd. für Antibiotica.* — *dl-threo-2-Dichlormethyl-4-(p-nitrophenyl)-oxymethyl-Δ^2-oxazolin* (I). Aus *dl*-threo-2-Amino-1-(p-nitrophenyl)-propan-1.3-diol, Dichloracetiminoäthylätherhydrochlorid u. Pyridin, F. 163—164°. Beim Erwärmen mit verd. HCl entsteht *dl-threo-2-Dichloracetamido-1-(p-nitrophenyl)-propan-1.3-diol* (II), F. 153—154°. — Analog: *d*-I, F. 143 bis 144°. — *d*-(—)-II, F. 152—153°. — *dl-erythro-2-Dichlormethyl-4-(p-nitrophenyl)-oxymethyl-Δ^2-oxazolin,* F. 167—168 — *dl-erythro-2-Dichloracetamido-1-(p-nitrophenyl)-propan-1.3-diol,* F. 170—172°. — *d-threo-2-Dichlormethyl-5-(p-nitrophenyl)-4-oxymethyl-Δ^2-oxazolin* (III). Aus *d-(—)-threo-2-Amino-1-(p-nitrophenyl)-propan-1.3-diol,* Dichloracetiminoäthyläther u. Pyridin, F. 132—133°. Gibt mit verd. HCl d-II, F. 151°. — Analog: dl-III, F. 128—129°. Gibt mit verd. NH_3 dl-II. (**E. P. 698 544** vom 14/12. 1949, ausg. 21/10. 1953.) LANGER. 4811

Parke, Davis & Co., Detroit, Mich., V. St. A., *Aminopropanolderivate* der Formel I dienen als *Zwischenprodd. für Chloramphenicol.* — *dl-erythro-2-Dichloracetamido-1-(p-nitrophenyl)-3-chlorpropan-1-ol* (II). Durch Red. von *dl-α-Dichloracetamido-β-chlor-p-nitropropiophenon* (I) mit Al-Isopropylat, F.

I

133—134°. — I: Aus α-Dichloracetamido-β-oxy-p-nitropropiophenon u. sd. $SOCl_2$, F. 137—140°. — *d*-II analog aus *l*-I: F. 101°. — II: Bei Erwärmen von *dl-erythro-2-Dichlormethyl-4-(p-nitrophenyloxymethyl)-Δ²-oxazolin* (III; F. 167—168°) mit HCl in Dioxan. — *l*-III (F. 142°) gibt analog *l*-II: F. 114—116°. — *d*-III gibt *d*-II. — *dl-threo-2-Dichloracetamido-1-(p-nitrophenyl)-3-chlorpropan-1-ol* (V). Aus *dl-threo-2-Dichlormethyl-4-(p-nitrophenyloxymethyl)-Δ²-oxazolin* (IV; F. 160—161°) u. HCl in Dioxan; F. 135—136°. — *l*-IV (F. 141°) gibt analog *l*-V: F. 130—131°. — *d*-IV (F. 141—142°) gibt *d*-V: F. 130—131°. — V: Durch Umlagerung von II mit warmer konz. H_2SO_4. — Analog: *d*-V (F. 130—131°) aus *l*-II. — *l*-V aus *d*-II. — *d*-V: Aus *d-threo-2-Dichlormethyl-4-chlormethyl-5-(p-nitrophenyl)-Δ²-oxazolin* (VI) u. HCl in Dioxan. — Analog V aus *dl*-VI. (**E. P. 698 559** vom 12/2. 1951, ausg. 21/10. 1953. F. Priorr. 25/2., 16/6., 29/6., 3/7. u. 4/12. 1950.) Langer. 4811

Parke, Davis & Co., Detroit, Mich., V. St. A., *Diastereoisomere Aminonitrophenylpropan-Derivate* dienen als *Zwischenprodd. für Chloramphenicol.* — *dl-threo-2-Dichloracetamido-1-(p-nitrophenyl)-1-chlor-3-acetoxypropan* (I). Aus dl-threo- oder erythro-2-Dichloracetamido-1-(p-nitrophenyl)-3-acetoxypropan-1-ol u. $SOCl_2$, F. 116—118°. — Analog: *dl-threo-2-Dichloracetamido-1-(p-nitrophenyl)-1-chlor-3-carbäthoxypropan*, F. 116—117°. — *d*-I, F. 101—102°. — *dl-threo-2-Dichloracetamido-1-(p-nitrophenyl)-1-chlor-3-(3'-carboxypropionoxy)-propan*, F. 150°. — *d-threo-Dichloracetamido-1-(p-nitrophenyl)-1-chlor-3-benzoyloxypropan*, F. 109—110°. (**E. P. 698 562** vom 12/2. 1951, ausg. 21/10. 1953. F. Priorr. 21/7. u. 28/10. 1950.) Langer. 4811

Soc. Gibone Anstalt, Großherzogtum Liechtenstein (Erfinder: **Adrien Schoch**), *Herstellung eines hämostatischen Mittels.* Man behandelt den Brei von Organen aus Parenchymgewebe (Brägen, Lunge, Leber oder Nieren vom Rind) bei 0° mit Aceton oder einem anderen Keton von niedrigem Mol.-Gew. u. anschließend mit PAe., Bzn., Bzl., Chlf., CCl_4 oder dgl., um W., Fette u. Lipoide zu entfernen u. Albumin zu fällen. Das erhaltene Pulver behandelt man ebenfalls bei 0° mit einem Gemisch von A. u. W. oder mit Methylpropylbutylalkohol, wobei die Lipoproteide aufgespalten u. die gebildeten hämostat. wirkenden Phosphatide sich im A. lösen. Die bei niedriger Temp. eingedampfte A.-Lsg. ergibt ein gelblichweißes, in W. lösl. Pulver. Man kann obigen Brei vor der Acetonbehandlung einer Mazeration durch die in ihm enthaltenen proteolyt. Fermente unterwerfen, wodurch zumindestens schon ein Teil der Lipoproteide aufgespalten wird. (**F. P. 1 041 552** vom 2/6. 1949, ausg. 26/10. 1953. Schwz. Prior. 11/6. 1948.) Oppermann. 4813

Leo-Werke G. m. b. H., Frankfurt/M. (Erfinder: **Georg Mylius**, Dresden), *Neutralisieren von Seifen für die Zahnpastenherstellung.* Man verwendet hierzu polymere Acrylsäureester, die mit Alkali wasserlösl. Verbb. geben. (**D. B. P. 909 023** Kl. 23e vom 13/12. 1940, ausg. 12/4. 1954.) Lüttgen. 4823

Raoul Th. Rhein, Frankreich, *Zahnpflegemittel*, zweckmäßig in Papillenform, enthaltend oxydative Lsgg. in sterilem organ. Medium u. metall. Fermente, die sich von Fe, Cu, Mn, Zn, Ag u. den Seltenen Erden ableiten, in Verbb. mit NH_4-Acetat, anderen NH_4-Salzen oder Aminen. Als Fixativ wird ein Dipenten vorgeschlagen. Auch Kolloide oder albuminoide Stoffe können zugesetzt werden. (**F. P. 997 488** vom 15/9. 1949, ausg. 7/1. 1952.) Wittholz. 4823

Michael Szarka, Österreich, *Zahnpflegemittel.* Den üblichen Bestandteilen derartiger Mittel werden geringe Mengen, ca. 2,5%, chlorierter KW-stoffe, wie Trichloräthylen oder Chlf., zugesetzt, wodurch besondere Reinigung erzielt wird. (**F. P. 970 913** vom 30/8. 1948, ausg. 10/1. 1951. Oe. Prior. 11/3. 1948.) Wittholz. 4823

Edmund Weidner, Berlin, *Herstellung eines Gemisches aus Hexamethylentetraminrhodanid und Ammonsulfat* durch Rk. von Hexamethylentetramin mit NH_4CNS in organ. Lösungsmitteln, dad. gek., daß man die Rk. durch konz. H_2SO_4 bewirkt. — *Desinfektionsmittel.* (**D. B. P. 812 912** Kl. 12o vom 1/1. 1949, ausg. 25/2. 1954.) Müller-Meiningen. 4833

Imperial Chemical Industries Ltd., London, England, *Baktericide.* Durch Rk. von Hexamethylen-bis-dicyandiamid mit p-Chloranilin erhält man *1.6-Di-(N_1.N_1'-p-chlorphenyldiguanido-N_5.N_5')-hexan* (I), $Cl\cdot C_6H_4\cdot NH\cdot C(:NH)\cdot NH\cdot C(:NH)\cdot NH-(CH_2)_6-NH\cdot C(:NH)\cdot NH\cdot C(:NH)\cdot NH\cdot C_6H_4\cdot Cl$; *Dihydrochlorid*, F. 258—260°. I erhält man auch durch Rk. von p-Chlorphenyldicyandiamid mit Hexamethylendiamin. — Analog werden dargestellt: *1.6-Di-(N_1.N_1'-p-tolyldiguanido-N_5.N_5')-hexan*; *Dihydrochlorid*, F. 263—264°. — *1.3-Di-(N_1.N_1'-p-chlorphenyldiguanido-N_5.N_5')-propan*; *Dihydrochlorid*, F. 222°. — *1.4-Di-(N_1.N_1'-p-chlorphenyldiguanido-N_5.N_5')-butan*; *Dihydrochlorid*, F. 254°. — *1.5-Di-(N_1.N_1'-p-chlorphenyldiguanido-*

$N_5.N_5'$)-*pentan*; *Dihydrochlorid*, F. 250°. — *1.7-Di-*($N_1.N_1'$-*p-chlorphenyldiguanido*-$N_5.N_5'$)-*heptan*; *Dihydrochlorid*, F. 254°. (**E. P. 705 838** vom 5/2. 1951, ausg. 17/3. 1954. **Belg. P. 508 989** vom 5/2. 1952, ausg. 17/7. 1953.) BRÖSAMLE. 4833

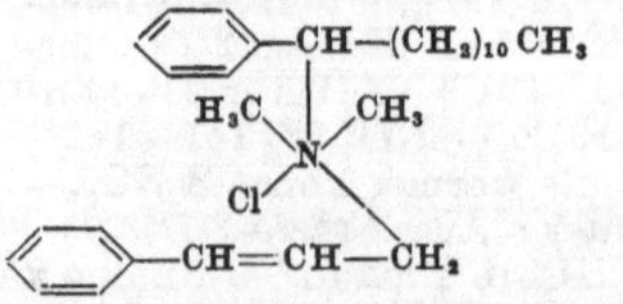

Sharp & Dohme, Inc., Philadelphia, Pa., V. St. A., *Antiseptisch und keimtötend wirkende quaternäre Ammoniumverbindung* nebenst. Formel. 1 (Mol) α-Aminododecylbenzol wird mit 5 HCOOH u. 2,2 36 % ig. CH_2O methyliert u. das gebildete tert. Amin mit Cinnamylchlorid quaternisiert, F. 83—84°. (**Schwz. P. 294 173** vom 9/10. 1950, ausg. 16/1. 1954. KRAUSS. 4833

Walther Zimmermann, Die pharmazeutische Vorprüfung in Fragen und Antworten. 4. verb. Aufl. bearb. von **Walter Lang**. Stuttgart: Dt. Apotheker-Verl. 1954. (VIII + 197 S.) DM 8,50.

G. Analyse. Laboratorium.

Thomas D. Chisnall, *Uhrglas zum Schutz gegen Verspritzen*. Vf. beschreibt ein Uhrglas, das einen guten Schutz gegen Verspritzen von Fll. oder festen Stoffen bei heftigen chem. Rkk., die durch Zusatz eines Reagenses (z. B. Säure zu alkal. Schmelzen bei der Si-Best. nach HAWLEY) ausgelöst werden, bietet, u. zwar dadurch, daß es in der Mitte eine nach innen gezogene Öffnung aufweist, deren Ende ähnlich wie das Glasröhrchen in dem üblichen Destillieraufsatz etwas nach oben gebogen ist u. durch die der Zusatz des Reagenses erfolgt. (Chem. and Ind. **1953**. 293. 28/3. Hampshire, Hythe, Ashford Crescent.) NIEMITZ. 5010

Charles S. Stokes und **Murray Hauptschein**, *Regelung der Kühlung in Destilliervorlagen*. Anwendung von Wechselstrom in einem einfachen Gerät mit Relais u. Gummiabschluß der Druckluftleitung bei der Regelung der Kühlung einer Destilliervorlage mit fl. Luft. (Analytic. Chem. **24**. 1526. Sept. 1952. Philadelphia, Pa., Temple Univ., Res. Inst.) DEUTSCH. 5038

Frederic E. Holmes, *Gerät zur unmittelbaren Ablesung des manometrischen spezifischen Gewichtes*. Glasgerät mit 4,2 cm³ Fassungsvermögen, entwickelt zur Best. der D. von *Urin*. Zwei U-förmig gebogene gleiche Glasrohre mit weitem Aufnahmeteil u. engem Steigrohr von ca. 1 m Länge. Sie münden in ein Glasgefäß, das an ein Rohr mit regelbarer Absaugung angeschlossen ist. Als Vergleichs-Fl. dient Wasser. (Analytic. Chem. **24**. 1527—28. Sept. 1952. Cincinnati, O., Christ Hosp.) DEUTSCH. 5042

James W. Jensen, *Torsionspendel verbesserter Bauart zur Messung der Dämpfungskapazität*. In der beschriebenen App. wird eine Filmkamera benutzt, die Geschwindigkeiten von 1 in./Std. bis 60 in./Sek. zur opt. Aufzeichnung der Amplitude der frei schwingenden Probe zuläßt. Als Beispiel wurden die Dämpfungskapazitäten hoch dämpfender *Cu–Mn*-Legierungen bei verschied. elast. Spannungen gemessen. (Rev. sci. Instruments **23**. 397—401. Aug. 1952. Rolla, Miss., U. S. Bur. of Mines.) DEUTSCH. 5060

A. J. Goss, *Ein optisches Goniometer zur Untersuchung langer Metalleinkristalle*. Beschreibung des Goniometers. In einem Anhang werden für einige Metalle geeignete Ätzmittel angegeben: *Bi* läßt sich nicht bes. gut mittels gleicher Voll. konz. HNO_3 u. W. ätzen; Ätzzeit 25 Sek.; *Cd*: konz. HCl in 10 Min.; *In*: Eintauchen in konz. HCl u. Zugabe von genügend $KClO_3$; Ätzzeit 5 Min.; *Pb*: 2 Teile konz. HNO_3, 3 Teile Essigsäure u. 20 Teile W.; Ätzzeit 2½ Stunden. *Sn*: wie In; Ätzzeit 10 Min.; Zn: Kochen während 20 Min. mit gesätt. KOH-Lsg. oder während 40 Min. mit gesätt. NaOH-Lösung. Bei einigen Metallen wird Ätzen durch Verdampfen der Oberflächenschicht des Metalls unter gewissen Temperatur- u. Druckbedingungen vorgeschlagen. (J. sci. Instruments **30**. 283—85. Aug. 1953. Southampton, Univ., Phys. Labor.) GOTTFRIED. 5060

R. Consden und **Winifred M. Stanier**, *Ein einfacher Papierelektrophoreseapparat*. Vff. beschreiben mit Hilfe einer Skizze einen App., bestehend aus einer rechteckigen Schale (Abtropfschale eines Kühlschranks) im Ausmaß von ca. 35×20×5 cm u. 2 dicht daran gestellten, ca. gleich hohen Elektrolytgefäßen zur Aufnahme des Elektrolyten u. der Elektroden. In der Schale sind für die Halterung des Papiers geeignete Rahmen aus Glasstäben befestigt. Nach dem Einbringen des Streifens wird die Schale mit *Chlorbenzol* gefüllt. Es hat etwa dieselbe D. wie feuchtes Filtrierpapier, so daß dieses die vorgesehene Lage beibehält. Außerdem dient es zur Vermeidung der Verdampfung des Elektrolyten u. zur Kühlung. Der Flüssigkeitsspiegel des Elektrolyten in den beiden Gefäßen muß dieselbe Höhe haben wie der Papierstreifen, da sonst Gefahr eines Zweitflusses besteht. Es folgen noch Angaben über Strom- u. andere

Bedingungen, die bereits in einer früheren Mitt. (C. **1954.** 5137) beschrieben sind, sowie über die geeigneten Papiersorten. (Nature [London] **170.** 1069–70. 20/12. 1952. Taplow, Maidenhead, Canad. Red Cross Memor. Hosp.) Endrass. 5062

W. Lautsch, G. Manecke und **W. Broser,** *Herstellung und Anwendung von Ionenaustauscherpapier.* Durch alkal. Behandlung der Cellulose mit Chloressigsäure nach Chowdury (Biochem. Z. **148.** [1924.] 76) wurde ein *Celluloseglykolsäureäther,* durch Sulfalkylierung mit Butansulton (vgl. C. **1950.** I. 517) *Cellulosebutansulfonsäure,* u. durch Veresterung der Cellulose mit p-Toluolsulfochlorid u. Behandlung des Esters mit tert. Aminen nach Karrer u. Wehrli (Angew. Chem. **39.** [1926.] 1509) ein *Cellulose-Pyridinium*-Papier gewonnen. Die 3 Papiersorten enthielten auf je 20 bis 30 Glucoseeinheiten eine dieser ion. Gruppen. Mit verschied. Puffergemischen wurden auf *Glykolsäurepapier* verschied. Aminosäuren chromatographiert. Die erhaltenen unterschiedlichen Werte sind auf die Vorbehandlung des Papiers zurückzuführen. Bei der elektrophoret. Trennung wird an solchen Papieren der elektro-osmot. Effekt wirksam, er hat an anion. Papier kathod. Richtung, ist außer von der angelegten Spannung von der Anzahl u. der Art der gebundenen ion. Gruppen abhängig. Er hat eine auswaschende Wrkg. u. kann durch Variation der angelegten Spannung die Wanderung des Ions beschleunigen, die Wanderung unterbinden oder Wanderung zur ladungsgleichen Elektrode erzwingen. Unter geeigneten Umständen wird die Trennwrkg. verbessert. In Abbildungen werden an *dl-Leucin* u. *dl-Lysin* die Unterschiede zwischen n., carboxyliertem u. sulfoniertem Papier gezeigt. (Z. Naturforsch. **8b.** 232–36. Mai 1953. Berlin-Dahlem, Freie Univ., Inst. für organ. Chem., u. KWI-Inst. für physikal. u. Elektrochem.) Endrass. 5062

G. Zimmermann, *Zur Kenntnis und Kritik der R_F-Werte in der Papierchromatographie.* Unter Auswertung der Ergebnisse fremder u. eigener Arbeiten beleuchtet Vf. den Wert oder Unwert der R_F-Werte für die Identifizierung einer Substanz. Schon das Messen der durchwanderten Strecken bringt wegen der von der Kreisform abweichenden Gestalt Unsicherheiten. Unter den Faktoren, von denen die R_F-Werte außerdem noch beeinflußt werden, sind die Entwicklerphase, die Papiersorte, Faserrichtung, Entwicklungsart, die durchwanderte Weglänge, der Abstand der Startlinie vom Niveau der Entwickler-Fl., die Stoffkonz., die Begleitstoffe u. die Temp. zu nennen. Diese Abhängigkeit läßt sich annähernd durch die Formel $R_F = f(EP, v, T)$ wiedergeben, worin EP = Entwicklerphase, v = Geschwindigkeit der Entw. u. T = Temperatur. Auch das sogenannte „Mitlaufenlassen" verleitet häufig zu Irrtümern, da die gelösten Substanzen ihre R_F-Werte gegenseitig beeinflussen. Es ist daher zu empfehlen, die „Indicatorsubstanz" in einem gleichartigen Gemisch mitzuchromatographieren. Zur Charakterisierung einer Substanz sollte man weitere Möglichkeiten, wie Farbe, Farb-Rkk. u. charakterist. Fleckenformen, zusätzlich zur R_F-Best. ausschöpfen. (Z. analyt. Chem. **138.** 321–32. 1953. Rostock, Univ., Chem. Inst., Organ. Abt.) Endrass. 5062

T. V. Parke und **W. W. Davis,** *Automatische Spektrophotometrie von Papierstreifenchromatogrammen.* Es wird ein selbstgebautes Vorsatzgerät zum selbstaufzeichnenden „Cary"-Spektrophotometer beschrieben, mit dem auf Papierstreifen getrennte Substanzgemische mit einer vorbestimmten Wellenlänge geprüft werden können. Das Gerät wurde zur Identifizierung von *Antibioticis, Alkaloiden* u. von 4 wasserlösl. *Vitaminen* verwendet. (Analytic. Chem. **24.** 2019–20. Dez. 1952. Indianapolis, Ind., Lilly Res. Labor.) Brinckmann. 5062

P. Coheur, *Die direkte Analyse in der Metallurgie.* Es wird ein Gitterspektrograph beschrieben, mit dessen Hilfe Metallanalysen von Fe, Messing u. Zn mit den Konzentrationsbereichen von 0,001–40% durchgeführt werden können. Die Fehlergrenze liegt bei ca. 1%. Ein neueres Gerät ist mit Geiger-Zählern ausgerüstet, die bes. im UV-Gebiet empfindlich sind. Ein drittes Gerät, das dem zuerst beschriebenen sehr ähnelt, wird in Frankreich von der Compagnie Radion Cinéma hergestellt. (Ind. chim. belge **17.** 116–18. 1952. Liège, Univ.) J. Fischer. 5063

Erik Hulthén, *Spektroskopische Intensitätsmodulation.* Behandlung der Intensitätsmodulation in Spektren durch Aufteilung des spektroskop. Strahles in interferierende Anteile u. der sich daraus für die Trennung von Linien, die von dem Spektrographen ohne Intensitätsmodulation nicht aufgelöst werden können, ergebenden Möglichkeiten. Diskussion der Theorie u. Beschreibung von Arbeitsweise u. Ausführung eines ersten „Gitterinterferometers". (Ark. Fysik **4.** Nr. 23. 399–406. 1952. Stockholm, Univ., Phys. Dep.) Eichhoff. 5063

Simone Robin, *Methode zur Fokussierung eines Monochromators mit festen Spalten und Abständen im fernen Ultraviolett.* Die in geometr. Darst. vorgeschlagene Fokussie-

rungsmeth. für ein Gitter in Rowland-Anordnung im Sinne einer Drehung des Gesamtsyst. an Stelle einer Gitterdrehung hat die Vorteile: Feste Ein- u. Austrittsspalte u. Abstände sowie feste Richtung des monochromat. Strahls für einen weiten Spektralbereich von kleinen Wellenlängen bis 3000 Å sowie große Streulichtfreiheit. (J. Physique Radium **14**. 551—52. Okt. 1953. Sorbonne, Labor. de Phys.-Enseign.)
Rudolph. 5063

Georges Déjardin und **René Falgon**, *Anordnung zur spektralen Untersuchung schwacher Luminescenzen im nahen Infrarot.* Die Anordnung besteht aus einem lichtstarken Spektrographen in Verbindung mit einem Bildwandler unter Verwendung einer Bildwandlertriode mit einer Spannung von 12000 Volt. Der Bildschirm besteht aus Cu-aktiviertem ZnSe. Die ganze Anordnung kann zwecks Reduzierung der bei der Messung schwacher Infrarotintensitäten störenden therm. Emission der Photokathode über lange Zeit auf einer Temp. von —40 bis —45° gehalten werden. Es wurden Probeaufnahmen mit direktem oder gestreutem Licht von Ar-, Ar—Hg-, Ar—He- u. anderen Lampen im Gebiet 8000—11500 Å gemacht. (C. R. hebd. Séances Acad. Sci. **234**. 200—02. 7/1. 1952.) Rudolph. 5063

Lennart Lundin, *Ein verbessertes registrierendes Mikrophotometer.* Beschreibung eines verbesserten Mikrophotometers, welches bei automat. Registrierung mit Spiegelgalvanometer u. Photopapier den Abstand der Spektrallinien auf 1 μ (auf der Platte) zu messen gestattet. Diese Genauigkeit wird durch feste, mechan. Kopplung von Platten u. Papierbewegung, deren Geschwindigkeitsverhältnis von 1:3 bis 1:200 veränderlich ist, erreicht. Auf die Spektralplatte wird mit einem Spaltprojektor ein helles Spaltbild in die Emulsionsebene projiziert, über welchem zur Einstellung ein Mikroskop, zur Messung ein mit dem Spiegelgalvanometer verbundener Photomultiplier (RCA 931 A) angeordnet werden kann. Die erzielbare Auflösung beträgt 0,01 mm. (Ark. Fysik **4**. Nr. 22. 391—98. 1952. Stockholm, Nobel Inst. of Phys.)
Eichhoff. 5064

D. M. W. Anderson und **C. T. Greenwood**, *Ein einfaches Elektrometer für potentiometrische Titrationen in kleinem Bereich.* Vff. beschreiben ein einfaches Elektrometer als Nullinstrument für die differential-potentiometr. Titration nach Gilbert u. Marriott (C. **1949**. I. 1122). Die Aufnahme von z. B. $2 \cdot 10^{-6}$ Mol J_2 pro mg Polysaccharid kann angezeigt werden. (Chem. and Ind. **1953**. 476. 16/5. Edinburgh, Univ., Chem. Dep.) Moslé. 5066

K. G. Stone und **H. G. Scholten**, *Der dead stop-Endpunkt.* Vff. führen dead stop-Titrationen mit Systemen aus, die J_2, $Ce(SO_4)_2$, $KMnO_4$, $FeSO_4$, $NaVO_3$, $Ti_2(SO_4)_3$, $Na_2S_2O_3$ u. H_2O_2 enthalten, u. messen Stromstärke u. Elektrodenpotentiale. Sie kommen zu dem Schluß, daß der dead stop-Endpunkt nicht entsprechend der Annahme von Foulk u. Bawden (J. Amer. chem. Soc. **48**. [1926.] 2045) durch Desorption von H_2 u. O_2 an den Elektroden erklärt werden muß, sondern daß er wenigstens zu einem Teil auf einem elektrochem. Vorgang beruht, der in einer Oxydation an der Anode u. einer Red. an der Kathode besteht. Danach kann jede Titration als dead stop-Titration ausgeführt werden, bei der ein Übergang von einem Redoxpaar zu einem Einzelprozeß oder umgekehrt stattfinden kann. Es werden Angaben über die günstigsten anzulegenden Potentiale gemacht. (Analytic. Chem. **24**. 671—74. April 1952. East Lansing, Mich., Michigan State Coll., Kedzie Chem. Labor.) R. Levi. 5066

Robert L. Pecsok, *Dead stop-Endpunkt.* (Vgl. vorst. Ref.) Vf. zitiert eine Anzahl von Arbeiten anderer Autoren zu dem gleichen Thema. (Analytic. Chem. **24**. 2010. Dez. 1952. Los Angeles, Calif., Univ. of California.) R. Levi. 5066

Robert B. Fischer und **Dale J. Fisher**, *Tonfrequenzleitfähigkeitsmesser.* Ausführliche Beschreibung eines Gerätes zur Leitfähigkeitsmessung bei Titrationen. An die Reihenschaltung von Zelle u. einem Ohmschen Widerstand wird die Speisespannung (10—15 Volt, 60 Hz oder 1 kHz) gelegt. Die beiden gleichgerichteten Teilspannungen steuern den Innenwiderstand der zwei Röhrensysteme eines Kathodendifferenzverstärkers, zwischen deren Anoden das Anzeigegalvanometer geschaltet ist. Die Anzeige ist eine lineare Funktion des Zellenwiderstandes oder der Leitfähigkeit. Das Gerät soll sich für automat. Leitfähigkeitsmessungen u. in der Regeltechnik bes. bewährt haben. (Analytic. Chem. **24**. 1458—60. Sept. 1952. Bloomington, Ind., Indiana Univ.)
Deutsch. 5066

a) Elemente und anorganische Verbindungen.

David Tung-Whei Chow und **Rex J. Robinson**, *Polarographische Bestimmung von Nitrit.* Das Auftreten von katalyt. Nitrit- u. Nitratwellen in Ggw. von Molybdat wird zur quantitativen Best. dieser Anionen einzeln u. im Gemisch verwendet. Hierzu wird als Grundlsg. 0,1 mol. H_2SO_4, 0,2 mol. Na_2SO_4, $8,75 \cdot 10^{-5}$ mol. Na_2MoO_4 verwendet. Nach Zugabe von ca. 10^{-4} mol. $NaNO_2$ bildet sich auf der $Mo^{6+} \rightarrow Mo^{5+}$-Stufe (bei —0,15 V gegen die gesätt. Kalomelelektrode) die der NO^{2-}-Konz. nicht linear proportionale katalyt. Welle, weshalb eine Eichkurve notwendig wird. Ihre Entstehung verdankt diese Welle im Falle des Nitrits der Rückoxydation des Mo^{5+}, im Falle des Nitrats ebenfalls der Rückbldg. des Depolarisators aus dem bei negativeren Potentialen entstehenden Mo^{3+}. Zusätzlich sind noch Maxima u. Minima ungeklärter Herkunft zu beobachten. Unter Verwendung von 0,1 mol. HCl, 0,2 mol. NaCl, $8,87 \cdot 10^{-3}$ mol. Na_2MoO_4 als Grundlsg. vergrößert sich die katalyt. Welle beträchtlich, so daß geringere Nitritmengen nachgewiesen werden können. Im Gemisch mit Nitrat bestimmt man zunächst die positivere Nitritwelle, oxydiert danach mit H_2O_2 u. bestimmt nun die Gesamtnitratkonz., wonach sich der ursprüngliche Nitratgeh. als Differenz ergibt. Auch in Abwesenheit von Molybdat ist Nitrit in der restlichen Grundlsg. bestimmbar, da bei —1,25 V gegen die gesätt. Kalomelelektrode noch eine konzentrationsabhängige Stufe entsteht, deren Ursache noch nicht sicher bekannt ist. (Analytic. Chem. **25.** 1493—96. Okt. 1953. Seattle, Wash., Univ. of Washington, Chem. and Oceanograph. Labor.) Berg. G 243

G. Brunisholz und **J. Michod,** *Über die volumetrische Bestimmung des Fluors.* Infolge der Unzuverlässigkeit u. Schwierigkeit der F-Best. nach der $Th(NO_3)_4$-Meth. greifen Vff. auf die Best. des F mittels Ce-Salzen zurück. Die Titration geht in einer 50%ig. Methanollsg. unter Verwendung von *$CeCl_3$* (**I**) als Titrierlsg. u. *Murexid* (**II**) als Indicator vor sich. Die zu analysierende Lsg., die F^- u. SiF_6^{2-} enthalten kann, wird zunächst zur Überführung der SiF_6^{2-} in Alkalifluorid leicht alkal. gemacht. Sodann stellt man den p_H-Wert auf 5—6 ein, fügt Methanol hinzu, weiterhin **II** als Indicator u. titriert mit 0,05 n Lsg. von **I**. CeF_3 fällt aus. Am Äquivalenzpunkt schlägt **II** von rosaviolett nach rosa-orange um. Der Farbumschlag ist klar zu erkennen. Die Probelsg. darf in einem Vol. von höchstens 50 cm^3 nur 1—2 mg F enthalten. Außerhalb dieses Bereiches werden die Werte unzuverlässig. Die zur Überführung von SiF_6^{2-} in F^- erforderliche NaOH muß carbonatfrei sein; jeder Überschuß an HCl ist zu vermeiden, da sonst die Werte zu niedrig ausfallen. Alle Ionen, die mit Ce zu Komplexen zusammentreten (CO_3^{2-}, SO_4^{2-}, PO_4^{3-} usw.), stören. Auch das dest. W. muß frei von CO_2 sein; ebenso ist die Verwendung eines Puffers aus gleichen Gründen unmöglich. — Die Titration der Probelsg. mit **I** hat langsam aus einer Mikrobürette (5 oder 10 cm^3) zu erfolgen; man vgl. die Färbung der Titrierlsg. mit einer Standardlsg. aus $CoCl_2$. Die Probelsg. **III** nimmt nach u. nach den Farbton der Vergleichlsg. an u. schlägt am Endpunkt in Rosaorange um. — In 2 Tabellen werden die Analysenergebnisse einer NaF- u. einer Na_2SiF_6-Lsg. wiedergegeben, die die Wiederholbarkeit u. gute Genauigkeit der Meth. beweisen. Da Vff., entgegen der Annahme anderer Autoren, festgestellt haben, daß die Rk. zwischen Ce u. F stöchiometr. verläuft, bedarf es keinen empir. Faktors oder einer Eichkurve. — Die Meth. eignet sich vor allem zur Best. des F im Destillat der $HClO_4$-Dest. nach Willard u. Winter. (Helv. chim. Acta **37.** 598—602. 15/3. 1954. Lausanne, Univ., Labor. de Chim. minérale et analyt.) Noack. G 246

Jacques Lafuma, *Die colorimetrische Bestimmung kleiner Mengen Silicium durch kinetische Messung.* Es wird der Best. die Bldg. eines Komplexsalzes von gelber Farbe zugrunde gelegt, welches entsteht, wenn SiO_2 in saurer Lsg. mit Ammoniummolybdat versetzt wird. Si kann in Ggw. von P bestimmt werden, wenn man den p_H-Wert auf 2,8 hält u. den zeitlichen Verlauf der Rk. beachtet. (Rev. Matér. Conctruct. Trav. publ., Édit. C **1953.** 275—81. Okt.) K. Seidel. G 261

S. T. Payne, *Die Bestimmung von Arsenspuren in Germaniumdioxyd und -tetrachlorid.* Da die Gutzeitsche As-Probe in Ggw. von Ge unbefriedigende Ergebnisse zeigt, entwickelt Vf. ein Extraktionsverf. für As mit *Diäthylammoniumdiäthyldithiocarbamat* (**I**) aus einer komplexen Ge-Oxalatlösung. Die As-Best. erfolgt dann nach der von How modifizierten Gutzeitschen As-Rk., wobei H_2 elektrolyt. entwickelt wird. Der App. mit Zn-plattierter Pt-Kathode u. einer Pt-Anode wird beschrieben. Zur Best. löst man 5 g GeO_2 bzw. 5 ml $GeCl_4$ in einer Lsg. von 17 g Oxalsäure/200 ml W. u. 7 ml konz. NH_4OH, red. nach Zugabe von 50 ml konz. HCl bei 50° mit 2 ml 20%ig. KJ-Lsg., gibt 0,5 ml 5%ig. $K_2S_2O_5$-Lsg. zu, extrahiert nach dem Sättigen der wss. Lsg. mit 2 ml Chlf., 2 mal mit je 5 ml einer Lsg. von 0,25 g **I** in 100 ml Chlf. u. wäscht mit 5 ml Chlf. nach. Die Chlorformextrakte werden mit 4 ml einer Mischung aus 25 ml konz. HNO_3, 25 ml 60%ig. $HClO_4$ u. 50 ml konz. H_2SO_4 abgeraucht, nach dem Abkühlen u. Verdünnen auf 40 ml mit festem NaOH eben alkal. gemacht, dann nach Zugabe von 1 ml Säuremischung mit 0,5 ml 5%ig. $K_2S_2O_5$-Lsg. über Nacht red. u. nach Verkochen von SO_2 in dem App. elektrolysiert. Das gebildete AsH_3 wird in einer mit 0,25% ig. alkoh. $HgCl_2$-Lsg. imprägnierten Baumwollschnur fixiert u. zur Entw. der Färbung in eine Lsg. von 2 g $AgNO_3$ in 100 ml 10% ig. NH_4OH getaucht. Der As-Geh. ergibt sich aus der Länge der Färbung. Die Eichung erfolgt in gleicher Weise. Das Verf. erlaubt sie Best. von 0,10 µg As/g GeO_2 bei ausreichender Genauigkeit. (Analyst **77.** 278—87. Juni 1952. Wembley, Middlesex, Johnson, Matthey & Co. Ltd., Res. Labor.) WEITBRECHT. G 265

H. W. Berkhout, *Über die Bestimmung von Kalium mit Kalignost.* Man versetzt die zu untersuchende Lsg. mit 100 cm^3 dest. W., 1 Tropfen Phenolphthaleinlsg., 10 cm^3 40% ig. Komplexonlsg. u. tropfenweise mit 30% ig. NaOH-Lsg. bis zur Rotfärbung, kocht die Lsg., versetzt mit 5 cm^3 25% ig. HCHO-Lsg. u. tropfenweise unter Umrühren mit 10 cm^3 3% ig. Kalignost (I; Tetraphenylbornatrium)-Lsg., kühlt ab, filtriert den Nd. ab, wäscht ihn mit dest. W., trocknet ihn 30 Min. bei 120° u. wägt. Das Gewicht des Nd., multipliziert mit 0,1314, ergibt den K-Gehalt. Beleganalysen beweisen die Brauchbarkeit des Verf. (bis 20 mg K_2O) in Ggw. von NH_4Cl oder $Ca(H_2PO_4)_2$ in Mengen bis zu 100 mg. (Chem. Weekbl. **48.** 909—10. 22/11. 1952. Maastricht, Rijkslandbouwproefstation.) WESLY. G 275

W. C. Coppins und **J. W. Price,** *Photometrische Bestimmung von Verunreinigungen im Zinn.* Vff. beschreiben in Einzelheiten ein Verf. für die photometr. Best. von Pb, Cu, Bi, Fe, Ni, Co, Al, Zn, Cd, S in Zinn. (Metallurgia [Manchester] **48.** 149—56. Sept. 1953. Greenford, Middlesex, Tin Res. Inst.) K. STEIN G 327

George Norwitz und **Irwin Norwitz,** *Verwendung von Perchlorsäure zur Beseitigung von Fehlern bei der elektrolytischen Bestimmung von Blei als Bleidioxyd.* Chloride, Bromide, As, Sb, Sn u. reduzierende organ. Substanzen stören die elektrolyt. Abscheidung von Pb als PbO_2. Durch Abrauchen mit $HClO_4$ u. NHO_3 werden diese Bestandteile ausgeschieden. Beschreibung des Verf. u. Genauigkeit. (Metallurgia [Manchester] **46.** 318. Dez. 1952. Philadelphia, Pa., Labor. of George Norwitz.) K. STEIN. G 328

S. Vivarelli und **D. Cozzi,** *Die polarographische Bestimmung von Niob in Gegenwart von Tantal unter besonderer Berücksichtigung der Niobit- und Tantalitanalysen.* Vff. nützen die Tatsache aus, daß Nb in stark salzsaurer Lsg. eine polarograph. Reduktionsstufe gibt, während unter gleichen Bedingungen Ta nicht reduzierbar ist. — Die polarograph. Best. von Nb wird in einer 10nHCl-sauren 20% Äthylenglykol enthaltenden Lsg. durchgeführt. Die Red. ist reversibel bei einem Potential von —0,395 V (gesätt. Kalomelelektrode) u. führt von Nb^{5+} zu Nb^{4+}. — Pb^{2+}-, Sn^{2+}-, Sn_4^{+}-, As^{3+}-, Sb^{3+}-, V^{3+}-, W^{6+}-, U^{6+}-Ionen werden bei etwa gleichem Potential red. u. müssen vorher auf chem. Wege abgetrennt werden. Ferner wird die Nb-Best. noch von größeren Mengen Fe^{3+}, Mo^{6+}, Cu^{2+} u. Ti^{4+} gestört. Sind solche anwesend, so müssen auch diese vorher abgetrennt werden. (Chim. e Ind. [Milano] **35.** 637—38. Sept. 1953. Firenze, Univ., Ist. Chim. Anal.) MARSEN. G 332

Maurice Codell, James J. Mikula und **George Norwitz,** *Polarographische Bestimmung von Molybdän in Titanlegierungen.* Diese Meth. basiert auf der katalyt. Red. von Perchloration in Ggw. von Mo^{6+}, welches durch Ätherextraktion aus der in einem Gemisch der starken Säuren gelösten Legierung isoliert wird. Störendes Fe^{3+} wird durch Ammoniakfällung aus der salzsauren Lsg. des Extraktionsrückstandes vor dem Polarographieren (gelatinehaltige Lsg. der Perchlorate als Medium) entfernt. Für die Auswertung ist eine Eichkurve erforderlich. Die üblichen polarograph. Bedingungen werden eingehalten. (Analytic. Chem. **25.** 1441—43. Okt. 1953. Philadelphia, Pa., Frankford-Arsenal, Pitman-Dunn Labors.) BERG. G 336

J. Varetto und **L. Lacomble,** *Messungen des Sauerstoffgehaltes von Stählen. Vergleichende Untersuchung von Ergebnissen nach der Vakuumreduktionsschmelzung und nach dem Gotta-Prozeß.* Es werden Bestimmungen des Sauerstoffgeh. von Stahl nach dem GOTTA-Prozeß u. nach der Vakuumschmelzmeth. diskutiert. Dabei wird der Einfl. der Oxydschichten festgestellt u. werden die notwendigen experimentellen Vorkehrungen, die vergleichbare Ergebnisse sichern, berücksichtigt. — Z. B. wird durch Best. des O_2-Geh. in 9 mm-Drähten nach stufenweisem Abnehmen von 0,5 mm gefunden, daß die O-reiche Oberflächenschicht nicht größer als 0,5 mm ist. Dieses zeigt die Wichtigkeit der richtigen Probenahme an. Ein Vgl. der beiden Methoden an $1^1/_4$ mm-Drähten, die im Durchmesser auf 1,1 mm red. wurden, ergibt für den GOTTA-Prozeß 0,026, 0,026 u. 0,025% O bei 11, 17 u. 17% Streuung, für die Vakuumschmelzmeth. 0,021, 0,021 u. 0,022% bei 12, 18 u. 19% Streuung. Die Differenz zwischen beiden Methoden wird durch Gasadsorption an Metallteilen, Graphit u. im Quarzrohr bei der Vakuumschmelzmeth. erklärt. Zur Vermeidung der Luftoxydation werden die Proben zweckmäßig unter Öl aufbewahrt. (Iron Coal Trades Rev. **163.** 919—21. 26/10. 1951.) KLEFFNER. G 354

Eugenia H. Ramos und **Ariel H. Guerrero,** *Untersuchung der Persulfat-Silbernitrat-Methode zur Manganbestimmung in Stählen. (Katalytische Rolle des Ions Ag^+. Silberverbindungen mit Wertigkeit über eins.)* Bei der Oxydation von Mn^{2+} zu Mn^{7+} mittels $K_2S_2O_8$ (I) wirkt Ag^+ als Katalysator. Es wird die „Katalyseschwelle" für Ag^+ bestimmt, wobei sich als Nachweisgrenze für Ag^+ 3, als Grenzkonz. $3 \cdot 10^{-5}$ (mit doppeltdest. W.) ergibt. Aus konz. Lsgg. von **I** u. $AgNO_3$ entsteht ein instabiler dunkler Nd., der sich unter O_2-Verlust in eine stabile Verb. (**II**) umwandelt; diese wird als Peroxyd vom Ozontyp im Gemisch mit AgO identifiziert: 22% $Ag_2S_2O_8$ + 78% AgO; die Best. erfolgt, indem man 0,1—0,5 g **II** in 6 cm³ W. + 8 g KJ löst, sofort 1 cm³ konz. Essigsäure zusetzt, bis zu völliger Auflsg. schüttelt u. mit 0,1 n $Na_2S_2O_3$-Lsg. gegen Stärke titriert. **II** wird, in konz. HNO_3 (2 g/50 cm³) gelöst, zur Oxydation von Mn^{2+} bei der Mn-Best. in Stählen verwendet unter Titration mit Na_3AsO_3-Lsg., die gegen einen Stahl von ähnlichem Mn-Geh. eingestellt ist. (An. Asoc. quím. argent. **40.** 235—45. Dez. 1952. Buenos Aires, Univ., Cátedra de Quím. analít. cualitat.)
R. K. MÜLLER. G 354

J. P. Mehlig und **B. J. Newby,** *Spektrophotometrische Bestimmung von Nickel im Stahl mit Kaliumdithiooxalat.* Der zunächst als Dimethylglyoxim-Ni gefällte Nd. wird zur spektrophotometr. Best. mit untengenanntem Reagens umgesetzt. Erforderliche Lsg.: 5,4% ig. wss. Lsg. von NH_4Cl, 33,3% ig. klare wss. Lsg. von Weinsäure, filtrierte Lsg. von 10% Dimethylglyoxim in A., Lsg. von 20 mg Kaliumdithiooxalat in 20 cm³ H_2O. Diese Lsg. muß jedesmal frisch bereitet werden; sie ist nur 1 Std. haltbar. Standard-Ni-Lsg.: 49,6388 g $Ni(NO_3)_2 \cdot 6\,H_2O$ unter Zusatz von 2 cm³ 6 mol. HCl in 2 Liter W.; 9,9 cm³ dieser Lsg. auf 1000 cm³ verd., ergeben eine Lsg., die 0,05 mg Ni/cm³ enthält. Die Prüfung der Rk. mit der Standard-Ni-Lsg. ergibt Gültigkeit des BEERschen Gesetzes im Bereich von 1—7 mg Ni/Liter. Zur Ausführung der Rk. werden 3 cm³ der Reagenslsg. in eine 50 cm³-Meßflasche gegeben u. ca. 0,04 cm³ 6 n HCl mit W. aufgefüllt u. geschüttelt. Absorptionsmaximum bei 500 mμ. Bei der Anwendung des Verf. auf die Stahlanalyse wird bei Stählen mit <1% Ni mit 3 g Einwaage, bei Stählen mit 1—3% Ni mit 1 g Einwaage, bei Stählen mit 3—6% Ni mit 0,5 g Einwaage u. bei Stählen mit noch höheren Ni-Gehh. mit 0,25 g Einwaage gearbeitet. Abscheidung des Ni in bekannter Weise mit Dimethylglyoxim. Auflösung des Nd. in konz. HNO_3 u. nach nochmaliger Zugabe von konz. HNO_3 fast bis zur Trockne verdampft, dann nach mehrfacher Zugabe von W. schließlich die HNO_3 völlig verdampft. (Chemist-Analyst **41.** 28—31. Juni 1952. Corvallis, Ore., Oregon State Coll.)
WERNER. G 356

James B. Lear und **M. G. Mellon,** *Absorptiometrische Bestimmung von Nickel mit β-Mercaptopropionsäure.* Eine abgemessene Menge einer Ni-Lsg., die nicht mehr als 0,5 mg Ni in 50 ml enthalten soll, wird in einen 100 ml-Meßkolben gegeben, dazu fügt man 10 ml 1% ig. β-Mercaptopropionsäurelsg., verd. auf ca. 90 ml, stellt p_H 9,1 ein, füllt auf 100 ml auf, mischt gut durch u. mißt die Absorption bei 330 oder 410 mμ. Fe, Cu, Pb u. Mn stören, da sie bei p_H 9 Hydroxyd-Ndd. bilden u. müssen entfernt werden. 1 ml der 1% ig. Reagenslsg. entspricht 1 mg Ni, die entstehende Farbe ist 3 Std. beständig u. folgt dem BEERschen Gesetz von 0,5—10‰ bei 330 mμ u. von 5—40‰ bei 410 mμ. (Analytic. Chem. **25.** 1411—12. Sept. 1953. Lafayette, Ind., Purdue Univ.)
FRETZDORFF. G 356

Gilbert H. Ayres und **Eugene W. Berg,** *Trennung des Palladiums von Platin, Iridium und Rhodium mit Dimethylglyoxim.* (Vgl. C. **1953.** 265.) Die Pd (≦0,1 g/250 ml Lsg.), Pt, Ir u. Rh enthaltende 3% ig. HCl-saure Lsg. wird mit einer Lsg. von 1% *Dimethylglyoxim* (**I**) in 95% ig. A. mit 10% Überschuß unter Rühren bei Zimmertemp. zur Fällung des Pd versetzt. Nach 1 Std. wird durch einen Glasfiltertiegel abgesaugt u. mit kalter 3% ig. HCl gewaschen. Die Lsg. wurde auf quantitative Fällung des Pd u. der Pd-I-Komplex auf mitgerissenes Pt, Ir u. Rh spektrograph. untersucht. Die Trennung gelingt quantitativ. Unter diesen Versuchsbedingungen beträgt die Löslichkeit des Pd-I-Komplexes $1 \cdot 10^{-6}$ Mol/Liter. (Analytic. Chem. **25.** 980—81. Juni 1953.)
MOSLÉ. G 362

H. A. Sloman und **C. A. Harvey,** *Grundlegende Reaktionen in der Vakuumschmelzmethode und ihre Anwendung auf die Bestimmung von O_2, N_2 und H_2 in Mo, Th, Ti, U, V und Zr.* Bei der Anwendung des bekannten Verf. auf die O_2-, N_2- u. H_2-Bestimmungen im Mo, Th, Ti, U, V u. Zr werden die günstigsten Bedingungen u. der Verlauf für die grundlegenden Rkk. des Verf., wie sie aus prakt. Ergebnissen abgeleitet u. thermodynam. berechnet werden, erörtert. Die Ergebnisse zeigen, daß eine Beziehung zwischen den Gasgehh. u. den Verff. der Vorbereitung oder der nachfolgenden Behandlungen der verschied. Metalle bestehen. Auch werden Angaben über den Einfl. der gasförmigen Elemente auf die Metalleigg. gemacht. In einem Anhang von **O. Kuba-**

schewski werden detailierte Ableitungen der thermodynam. Werte, wie sie in der Arbeit benutzt wurden, angegeben. (J. Inst. Metals **80.** 391—407. März 1952. Teddington, Nat. Phys. Labor., Metallurgy Div.) Hochstein. 5280

b) Organische Verbindungen.

K. L. Basu, *Bestimmung der Ungesättigtheit in Fettsäuren.* HClO besitzt die Fähigkeit, sich an die Doppelbindung ungesätt. Fettsäuren u. ihre Ester anzulagern, eine Eig., die zur quantitativen Best. herangezogen werden kann. Vf. berichtet über Verss., bei denen HClO aus *Chloramin T* (**I**) dargestellt wurde. Genaue Einhaltung der Arbeitsbedingungen ist notwendig. Durch Zusatz von Na-Acetat wird eine gleichzeitige Substitutions-Rk. weitgehend vermieden. Innerhalb von 30 Min. wird HClO (angewandt mit 100—250% Überschuß) vollständig absorbiert. Die erhaltenen Werte für die JZ. stimmen mit denen nach der Meth. von Wijs überein. Durch Zugabe von ZnO kann der Überschuß an HClO bei der Best. stark ungesätt. Fettsäuren von 250 auf 150% red. werden. Eine neben der Carboxylgruppe liegende Doppelbindung wird schneller mit HClO abgesätt. als mit der Lsg. nach Wijs. I-Lsg. verhält sich analog bei konjugierten u. isolierten Doppelbindungen. (Indian Soap J. **18.** 259—67. März 1953.) Roderich König. 5360

Helmut Zahn und **Adolf Räuchle,** *Über einen papierchromatographischen Nachweis von Methylolverbindungen.* Vff. chromatographierten mit dem Entwicklergemisch n-Propanol–W. 80:20 in aufsteigender Technik auf Whatman-Papier Nr. 1 *Dimethylolharnstoff* (**I**), *Saligenin* (**II**), *N-Oxymethylacetamid* (**III**), *Hexamethylolmelamin* (**IV**) u. eine handelsübliche Lsg. von *Harnstoff–Formaldehyd-Vorkondensat* (**V**). Die Substanzen **I**—**IV** wurden nach Literaturangaben rein krist. dargestellt. Die Flecken wurden durch Besprühen der lufttrockenen Chromatogramme mit fuchsinschwefliger Säure u. anschließendes Bedampfen in noch feuchtem Zustand mit HCl sichtbar gemacht. **I, III** u. **V** zeichneten sich nach dem Einbringen in einen Trockenschrank mit 105—110° Wärme als rotviolette, scharfe Flecken ab, **II** als hellblauer. Leichter reproduzierbar ist das Verf., wenn die mit dem Schiffschen Reagens besprühten u. luftgetrockneten Chromatogramme mit einer gesätt. NH_4Cl-Lsg. besprüht, bei 30° getrocknet u. anschließend bei 110° im Trockenschrank entwickelt werden. Es wurden folgende R_F-Werte erhalten: **I** 0,47, **II** 0,93, **III** 0,69 u. **IV** 0,60. (Z. analyt. Chem. **138.** 357—59. 1953. Heidelberg, Univ., Chem. Inst.) Endrass. 5362

Daniel Bourdon, *Über das Maß der Alkalität pflanzlicher Aschen.* Die Alkalität pflanzlicher Aschen ist ein indirektes Maß für organ. Säuren. Vf. vermutet, daß K unter gewissen Umständen von Na in einigen Kulturpflanzen ersetzt werden kann. Die quantitative Best. der lösl. Alkalien erfolgt durch Ausziehen mit warmem W. (50°) u. titrieren mit 0,04 n HCl gegen Bromkresolgrün. Sie entsprechen K_2O u. Na_2O, frei oder gebunden als Carbonate oder sek. u. tert. Alkaliphosphate. Zur Best. der totalen Alkalität wird die Asche mit kochendem W. u. Säure behandelt. Die unlösl. Alkalität entspricht der Differenz zwischen totaler u. lösl. Alkalität. Sie ist die Summe der Basen CaO u. MgO, die in der Asche als Carbonate oder Phosphate vorkommen, mit Ausnahme der Basen, welche die erste Säurestufe der H_3PO_4 binden. Die Alkalität der Aschen umfaßt alle Carbonate u. Oxyde u. $^2/_3$ der Basen, die an H_3PO_4 gebunden sind. Die Phosphate verfälschen das Bild der anorgan. Säuren gebundenen Alkalien. Um diesen Fehler zu eliminieren, sind die Phosphate quantitativ zu bestimmen u. $^2/_3$ davon, ausgedrückt als Milliäquivalente, von den Alkalien abzuziehen, oder als Ca-Phosphate auszufällen. Bei zu starkem Auswaschen der Aschen erfolgt Hydrolyse der Erdalkalicarbonate, was die Menge der lösl. Alkalien verfälscht. (Ann. Falsificat. Fraudes **45.** 185—90. Mai/Juni 1952.) Benischke. 5364

G. J. Janz und **N. E. Duncan,** *Bestimmung von Acrylonitril in farbigen Lösungen.* Die Standardmeth. zur Best. von Acrylonitril beruht auf der Cyanäthylierung von *Dodecylmercaptan* (**I**) in Ggw. bas. Katalysatoren. Da in farbigen Lsgg. der Überschuß von **I** nicht jodometr. zurücktitriert werden kann, wird die Rücktitration des **I** potentiometr. mit 0,1 n $AgNO_3$-Lsg. in Isopropanol/A. ausgeführt. Zur Best. des Endpunktes der Titration wird die Kalomelelektrode durch eine Ag-Elektrode ersetzt. Der Vgl. der jodometr. mit der potentiometr. Meth. liefert gute Übereinstimmung. (Analytic. Chem. **25.** 1410—11. Sept. 1953. Troy, N. Y., Rensselaer Polytechnic. Inst., Dep. of Chem.) Fretzdorff. G 810

Mary M. Agarwal und **Frank Spagnolo,** *Spektrophotometrische Bestimmung von Phthalsäure in Phthalsäureanhydrid.* Zur Best. von *Phthalsäure* (**I**) in *Phthalsäureanhydrid* (**II**) behandelt man die zu untersuchende Probe in einem Filtertiegel mehrmals mit 20 ml Chlf. u. saugt die Chloroformlsgg. ab. Hierbei löst sich **II**, u. **I** bleibt auf der

Filterplatte zurück. In der Chloroformlsg. kann, wenn notwendig, II nach geeigneter Verdünnung absorptiometr. bei 291 bzw. 300 mμ bestimmt werden. I wird durch sd. 0,1 n NaOH, 3 mal je 10 ml, in Lsg. gebracht. Die vereinigten alkal. Lsgg. bringt man mit 3 n HCl auf p_H 2, verd. mit 0,1 n HCl auf genau 100 ml u. mißt in geeigneter Verdünnung dieser Lsg. die Absorption bei 276 mμ. (Analytic. Chem. **25.** 1412 bis 13. Sept. 1953. Brooklyn, N. Y., Res. Labor., National Lead Co.)

Fretzdorff. G 1220

C. E. Dalgliesh, *Der Nachweis und die Unterscheidung von 3.4- und 2.5-Dioxyphenylverbindungen, die dem Tyrosin verwandt sind.* Das Verh. von Dioxyphenylverbb. (*3.4-* u. *2.5-Dioxyphenylalanin, -äthylamin, -brenztraubensäure, -essigsäure, 2.3-Dioxyphenylalanin, 3.4-Dioxy-2-* u. *-5-methylphenylalanin, Adrenalin, Noradrenalin*) gegenüber Folin-Denis- u. Folin-Reagens, Millon-Reagens u. Pauly-Reagens wurde untersucht. Die 2.5-Verbb. geben sofort nach Besprühen mit Folin-Denis-Reagens eine Blaufärbung, die bei den 3.4-Verbb. erst nach anschließendem Besprühen mit wss.-alkoh. NH_3-Lsg. auftritt. Besprühen mit Pauly-Reagens (diazotierte Sulfanilsäure, verd. mit A.) u. alkoh. NH_3 erzeugt bei den 3.4-Verbb. (mit Ausnahme der Brenztraubensäurederivv.) eine rosa oder magentarote Farbe, während in der 2.5-Reihe die gelbe Färbung braunrosa oder grün wird. (J. chem. Soc. [London] **1952.** 3943–45. Okt. Mill Hill, London, Nat. Inst. for Med. Res.) K. F. Müller. G 1350

M. Struszyński und **Z. Bellen,** *Bestimmung der Chinolinsäure in roher Chinolinsäure.* Der Geh. an Chinolinsäure (I) im Rohprod. läßt sich durch gravimetr. Best. des mit Cu-Salzen gebildeten Komplexsalzes $C_5H_3(COOH)N-COO-Cu-COO-NC_5H_3(COOH)$ ermitteln. In einem 50 cm³-Kolben werden 0,25 (= a) g Probe mit 10 cm³ 15%ig. H_2SO_4 auf nicht über 70° erhitzt. Nach Zugabe von 5 cm³ 5%ig. $CuSO_4$-Lsg. wird auf dem Wasserbad 2 Std. auf 70° weitererhitzt u. 12 Std. bei gewöhnlicher Temp. stehengelassen. Der Nd. wird durch Glasfilter G4 filtriert, 3 mal mit einigen cm³ A. gewaschen, 2 Std. (bis zur Gewichtskonstanz) bei 105–110° getrocknet u. gewogen (b g). Der Geh. an I beträgt x% = b·84,5/a. (Przemysł chem. **9** (**32**). 371–72. Juli 1953. Warszawa, Inst. Chem. ogóln., Zakł. analit.)

R. K. Müller. G 3231

R. Johanson, *Neues spezifisches Reagens auf Ketozucker.* 300 mg *Anthron* werden in 10 ml Eisessig gelöst u. 20 ml A., 3 ml H_3PO_4 (D. 1,60) u. 1 ml W. zugegeben. Wird ein Papierchromatogramm mit dieser Lsg. besprüht, so geben nach 5–6 minütigem Trocknen bei 108° *Ketohexosen* u. die entsprechenden Di- u. Polysaccharide leuchtend gelbe Flecke, *Ketoxylose* ein leuchtendes Purpur u. *D-Glucoheptulose* sowie *D-Mannoheptulose* ein Orangegelb. Im UV erschienen die Flecke der Ketosen braun; die Aldosen können dabei hellblau fluorescieren. Die Rk. findet bei den Furanose- u. Pyranoseformen von Ketohexosen statt. *Fructose, Fructose-6-phosphat, Sorbose, Saccharose, Turanose, Melezitose, Raffinose* u. *Inulin* sprechen stark an. Mit Aldosen, wie Arabinose, Rhamnose, Ribose, Xylose, Galaktose, Glucose, Mannose, Cellobiose, Lactose, Trehalose u. Dextrin sowie Zuckeralkoholen, wie Mannit u. Sorbit, u. Zuckersäuren einschließlich Galakturonsäure u. Glucuronsäure wurde keine Farb-Rk. beobachtet, auch nicht mit Verbb., wie Inosit, Ascorbinsäure, Ketoglutarsäure u. Harnsäure. Harnstoff gibt einen gut zu unterscheidenden grauen Fleck. Bei Hexoketosen scheint die Farbintensität nur von der Konz. der Ketohexoseeinheiten abzuhängen (gleiche Farbtiefe bei 50 mg Sorbose, 50 mg Fructose, 95 mg Saccharose u. 140 mg Raffinose). Die Rk. spricht noch auf 5 γ Monoketose an. (Nature [London] **172.** 956–57. 21/11. 1953. Canberra, A. C. T., Commonwealth Sci. and Ind. Res. Organizat., Div. of Plant Ind.) Willenberg. G 3400

Roy L. Whistler, Leslie Hough und **J. W. Hylin,** *Bestimmung von d-Glucose in Maissirupen mit Hilfe von Glucosedehydrogenase.* Für die quantitative Best. von d-Glucose (I) in einer Mischung anderer reduzierender Zucker kann, z. B. in Maissirupen, Glucosedehydrogenase (II), die gewöhnlich auch die α- in β-I umwandelnde Mutarotase sowie Katalase enthält, verwandt werden. II katalysiert die Oxydation von β-I in Ggw. von Sauerstoff. Es wird H_2O_2 u. d-Gluconolacton gebildet. Letzteres wird mit 0,01 n NaOH bei 50–60° titriert. In Ggw. eines Puffers von p_H 5,6 wird die Oxydation beschleunigt u. ist bei 30° in 2 Std. vollständig. Die Best. ist spezif. u. einfach auszuführen. II kann aus Kulturfiltraten von Aspergillus niger u. Penicillium notatum dargestellt werden. (Analytic. Chem. **25.** 1215–16. Aug. 1953. Lafayette, Ind., Purdue Univ., Dep. of Biochem.) Benischke. G 3400

c) Bestandteile von Pflanzen und Tieren.

P. F. Ceccaldi, *Die Histochemie; Methoden — Möglichkeiten.* (Rev. gén. Sci. pures appl. Bull. Soc. philomath. **60.** 24–38. 1953.) Rosdorff. 5661

Newton B. Everett und **Barbara S. Simmons**, *Beobachtungen über die histochemische Reduktion photographischer Emulsionen bei Autoradiographie.* Es wird über Fixierungsmethoden von Gewebsschnitten für die Autoradiographie berichtet u. darauf hingewiesen, daß auch chem. Substanzen allein eine den β-Strahlen gleiche Red. der photograph. Emulsion herbeiführen können. (Anatom. Rec. **117.** 25. Sept. 1953.) Huber. 5661

Robley C. Williams, *Gefriertrocknungsmethode für die Elektronenmikroskopie.* (Sitzungsbericht.) Schilderung des Verf. der Gefriertrocknung von biol. Material durch Aufsprühen auf eine gekühlte, mit einem Film bedeckte Metallunterlage (vgl. Ergebnisse mit diesem Verf. an Natriumdesoxyribonucleat, C. **1954.** 334). (J. appl. Physics **24.** 115. Jan. 1953. Berkeley, Calif., Univ. of California, Virus Labor.) Wiedemann. 5661

E. P. Samuel, *Imprägnierung und Entwicklung bei der Silberfärbung.* Paraffinschnitte wurden mit gepufferter $AgNO_3$-Lsg. bei wechselndem p_H sowie unterschiedlicher Ag-Konz. behandelt (Imprägnierung). Es zeigte sich eine Beziehung zwischen p_H, Ag-Konz. u. Zeitdauer der Einwirkung. Man kann also durch Differenzierung des Entwicklers unterschiedliche Färbeergebnisse erzielen. (J. Anatomy **87.** 268—77. Juli 1953. Manchester, Univ., Dep. of Anatomy.) Plambeck. 5661

E. P. Samuel, *Der Mechanismus der Silberfärbung.* (Vgl. vorst. Ref.) Bei der Silberfärbung entstehen zwei Arten von Ag: 1. metall. u. 2. durch den Entwickler reduzierbares Silber. Menge u. Art hängen von den Eigg. des Gewebes, der Lsg. (p_H), der Ag-Konz. u. der Zeitdauer der Einw. ab. Die Ag-Keime haben katalyt. Bedeutung. Außerdem bestehen komplexe Beziehungen zwischen den Keimzentren, dem reduzierbaren Silber, dem Entwickler u. dem Gewebe. (J. Anatomy **87.** 278—87. Juli 1953.) Plambeck. 5661

d) Medizinische und toxikologische Analyse.

M. Péronnet und **J. Hugonnet**, *Neue colorimetrische Methode zur Bestimmung von Glucose in biologischen Flüssigkeiten.* Das zu untersuchende biol. Material (1,5—2 ml) wird zentrifugiert u. mit dem 4fachen Vol. 95%ig. A. versetzt, filtriert oder 10 Min. zentrifugiert. Von dem Filtrat werden 5 ml (= 1 ml Material) im 50 ml-Kolben unter jedesmaligem Umschütteln mit 1,5 ml dest. W., 2,5 ml 95%ig. A., 0,5 ml wss. 5%ig. NaOH u. 0,5 ml einer 1%ig. Lsg. von *o-Dinitrobenzol* (**I**) in 95%ig. A. versetzt. Der lose bedeckte Kolben kommt für 10 Min. in ein kräftig sd. Wasserbad. Sodann wird das Gemisch sofort in ein Meßglas gegeben u. mit in kleinen Anteilen zugefügtem A. auf 15 ml aufgefüllt. Die eingetretene Färbung wird im Laufe der nächsten Std. colorimetr. bestimmt. (Ann. pharmac. franç. **9.** 397—407. Juni 1951. Val-de-Grâce, École d'Application.) v. Gizycki. 5725

Walter Stricks und **I. M. Kolthoff**, *Amperometrische Titration von oxydiertem Glutathion in Gegenwart von Cystin. Polarographische Bestimmung von Cystin und oxydiertem Glutathion in einem Gemisch.* Aus einer polarograph. Unters. der Kinetik der alkal. Spaltung von *oxydiertem Glutathion* (GSSG) u. von *Cystin* (**I**) ergab sich, daß das reaktive Verh. beider Verbb. in alkal. Medium zur Grundlage einer amperometr. mercurimetr. Titration von GSSG in Ggw. großer **I**-Konzz. u. einer polarograph. Best. von **I** in Ggw. großer Konzz. von GSSG gemacht werden kann. Es konnten die Bedingungen ermittelt werden, unter denen eine quantitative hydrolyt. Spaltung von GSSG nach der Gleichung $2\,GSSG + 3\,OH^- \rightleftarrows 3\,GS^- + GSOOH + H_2O$ stattfindet, während **I** nicht angegriffen wird, indem das red. Glutathion (GS^-) mit Hg entfernt wird. Bei einer gegebenen Alkalinität wird das gebildete GS^- durch amperometr. Titration mit $HgCl_2$ unter Verwendung einer rotierenden Pt-Drahtelektrode als Indicatorelektrode bestimmt. In einer weiteren Probe kann die Summe GSSG + **I** durch amperometr. Titration in ammoniakal. Medium bei p_H 9 mit $CuCl_2$ bestimmt werden. — Bei der direkten polarograph. Best. von **I** in Ggw. größerer Mengen GSSG wird das alkal. Gemisch **I** + GSSG mit $HgCl_2$ versetzt. Das Hg-Glutathionat $Hg(GS)_2$ u. das überschüssige $HgCl_2$ werden in essigsaurer Lsg. mit Thionalid gefällt, dessen Überschuß wiederum mit o-Dichlorbenzol entfernt wird. Dann wird **I** polarograph. bestimmt. — Eine weitere polarograph. Best. von GSSG u. **I** nebeneinander beruht darauf, daß capillarakt. Substanzen in geeigneter Konz. die **I**-Stufe nach negativeren Potentialen verschieben, während die GSSG-Stufe nicht beeinflußt wird. Bei Zusatz von Thymol in verd. Essigsäure können gut definierte GSSG- u. **I**-Stufen nebeneinander erhalten werden. — Diese Methoden finden erfolgreiche Anwendung auf die quantitative Best. von Disulfidgruppen enthaltenden Peptiden u. von **I** in Lsgg. partiell hydrolysierter Proteine, bes. in n. u. patholog. Blutserum. — B e s t. v o n G S S G i n G g w.

von I: Durch 40 ml einer Lsg., die je 0,1 mol. in bezug auf $NaNO_3$ u. NH_4OH sowie 0,06—0,02 mol. in bezug auf NaOH ist, leitet man N_2, der durch 2 0,1 mol. NH_4OH enthaltende Flaschen geleitet wurde. Die luftfreie Lsg. wird dann mit der Probe versetzt, die $2 \cdot 10^{-5}$ bis 10^{-4} mol. GSSG enthalten soll. Unter Verwendung einer rotierenden Pt-Elektrode wird langsam mit 0,001 mol. $HgCl_2$-Lsg. bei einem Potential von —0,3 bis —0,4 V gegenüber der Kalomelelektrode titriert. 1 ml 0,001 mol. $HgCl_2$-Lsg. entspricht 0,816 mg GSSG. Die Genauigkeit der Best. beträgt ±3%. — Best. von I in Ggw. von GSSG: 0,2 ml 5 mol. $NaNO_3$-Lsg. u. 0,1—0,15 ml 2 mol. NaOH werden in einer polarograph. Zelle mit 9 ml W. versetzt; durch N_2-Einleiten wird die Lsg. (25°) luftfrei gemacht. Dann gibt man (unter N_2-Durchleiten) so viel Probelsg. hinzu, daß die Lsg. in bezug auf GSSG 0,001 mol. ist; bei wesentlich höheren Konzz. sind Blindverss. notwendig. Dann versetzt man mit einem bekannten Vol. 0,05 mol. $HgCl_2$-Lsg. (ca. 6—8% Überschuß). Das GSSG kann in dem Gemisch wie oben beschrieben bestimmt werden. Nach weiterem 5 minütigem N_2-Durchleiten wird das Hg durch Zugabe von 0,6 ml einer frisch bereiteten 2%ig. Lsg. von Thionalid in Eisessig gefällt. Unter weiterem N_2-Durchleiten gibt man hierauf 5 ml o-Dichlorbenzol zur Lsg. u. rührt 5 Min. heftig. Dann führt man die Hg-Tropfelektrode ein u. polarographiert zwischen —0,7 u. —1,2 Volt. — Best. von GSSG u. I nebeneinander: Man gibt in die polarograph. Zelle 2 ml 1 mol. Essigsäure, 2 ml 1 mol. KCl-Lsg. u. so viel Probe, daß die Gesamtdisulfidkonz. $5 \cdot 10^{-4}$ bis $1,5 \cdot 10^{-3}$ mol. ist, u. ergänzt mit W. auf 20 ml. Zur luftfrei gemachten Lsg. (25°) gibt man 0,6—0,7 ml gesätt. Thymollsg. ($5,66 \cdot 10^{-3}$ mol. bei 20°), leitet 1 Min. N_2 durch die Lsg. u. mißt die Diffusionsströme bei —0,5 bzw. —0,9 Volt. (Analytic. Chem. **25**. 1050—57. Juli 1953. Minneapolis, Minn., Univ. of Minnesota.) K. F. Müller. 5728

A. A. Kapralow, *Die Bestimmung der Gallenfarbstoffe im Harn mit Hilfe von Bariumchlorid.* Als zuverlässige u. einfache Meth. zur Best. der *Gallenfarbstoffe* (I) im Harn wird folgende empfohlen: Man versetzt 5—10 cm^3 filtrierten Harn im Zentrifugierrohr mit 3—5 cm^3 10%ig. *$BaCl_2$* (II)-Lsg., mischt gut durch, läßt einige Min. stehen oder zentrifugiert (2—3 Min.) bis zur Bldg. eines Nd.; wenn dieser gelb ist, sind I vorhanden, um so mehr, je ausgeprägter die Gelbfärbung ist. Empfindlichkeit 1:1000. Es wird angenommen, daß es sich bei dem Nd. um ein Prod. der Adsorption von I an II handelt. (Ветеринария [Tierheilkunde] **30**. Nr. 12. 45. Dez. 1953.)
R. K. Müller. 5732

Donald W. Bolin, Richard P. King und **Earle W. Klosterman**, *Eine vereinfachte Methode zur Bestimmung von Chromoxyd (Cr_2O_3), wenn es als Indicatorsubstanz benutzt wird.* Cr_2O_3-Best. erfolgt in Proben von *Futtermitteln* oder *Fäces* photometr. bei 440 mμ nach Oxydation mit einem Reagens aus Na-Molybdat, H_2SO_4 u. $HClO_4$. (Science [Washington] **116**. 634—35. 5/12. 1952. Fargo, N. D., Agric. Coll.) Fresenius. 5734

K. Gemeinhardt und **G. F. Rangnick**, *Zum Nachweis von Wismut in biologischem Material.* Vf. berichtet über die Anwendung der Meth. von Gettler u. Kaye (J. Labor. clin. Med. **35**. [1950.] 146) zur Best. von Bi in Sektionsmaterial (Leber, Niere). Es wird beobachtet, daß die hier verwandte Cu-Spirale nicht (durch Erhitzen u. Abkühlen in Methanol) oxydfrei gemacht werden darf, da sonst beim Schütteln mit Na_2SO_3/HNO_3 $Cu(NO_3)_2$ gebildet wird, welches ebenfalls eine Braunfärbung u. Fällung mit dem Chinin-KJ-Reagens ergibt. Hinweis auf die Notwendigkeit von Blindversuchen. Es konnten so in 10—20 g Leber noch 0,467 mg%, in 10 g Niere 0,833 mg% Bi festgestellt werden. — Beleganalysen. (Z. analyt. Chem. **136**. 348—50 1952. Berlin, Freie Univ., Inst. für Pharmazie u. Lebensmittelchem.) v. Pilinszky. 5756

David Lester, Leon A. Greenberg und **George R. Tiernan**, *Fahren unter Alkoholeinfluß. Die Bedeutung von chemischen Tests bei verdächtigen Fällen.* Auf Grund ihrer Erfahrungen kommen Vff. zu der Ansicht, daß die A.-Best. in der Atemluft gut die aufgenommene A.-Menge zu ermitteln ermöglicht, so daß Fehlurteile weitgehend ausgeschlossen werden können. (Quart. J. Stud. Alcohol **14**. 614—19. Dez. 1953. New Haven, Conn., Yale Univ., Labor. of Appl. Physiol.; Court of Common Pleas.)
Krusen. 5762

D. W. Penner, *Der Blutalkoholgehalt als gerichtlicher Test zum Nachweis der Alkoholaufnahme.* Wiedergabe eines Vortrages, in dem Vf. seine Ansicht begründet, nach der die Blutalkoholbest. die bisher zuverlässigste Meth. zum Nachw. einer Aufnahme von A. ist. (Canad. med. Assoc. J. **70**. 18—22. Jan. 1954. Winnipeg, Univ. of Manitoba, Gen. Hosp.) Krusen. 5762

Max-Planck-Institut für Eisenforschung, Düsseldorf. Flammenspektralanalytische Untersuchung der Ferritzusammensetzung in Stählen. Köln u. Opladen: Westdt. Verl. 1953. (34 S. m. 15 Abb.) = Forschungsberichte des Wirtschafts- u. Verkehrsministeriums Nordrhein-Westfalen Nr. 50. DM 8,60.

H. Angewandte Chemie.

I. Allgemeine chemische Technologie.

S. R. Tailby und **M. A. Saleh**, *Wärmeübergang von leuchtenden Gasflammen in vertikale wassergekühlte Rohre.* Die Unterss. beim Wärmeübergang der leuchtenden Flammen des städt. Leuchtgases erstrecken sich auf 4 Variable: die Länge des wassergekühlten Rohres, den Gasdruck, den Brennerdurchmesser u. den Abstand des Brenners vom unteren Ende des Rohres. Die Einw. der Variablen auf die angesaugte Luftmenge, Flammenhöhe, konvektiven Wärmeübergang, Flammentemp. u. -emission u. therm. Wirkungsgrad sind in Kurven u. Gleichungen dargestellt. (Trans. Instn. chem. Engr. **31.** 36—49. 1953. London, Battersea Polytechn. Chem. Engng. Labor.)

MIETHING. 5816

Shigeru Miyamoto und **Tsunetaka Sasaki**, *Elektrolytische Regenerierung von Ionenaustauschharzen.* Unter geeigneten elektrolyt. Bedingungen lassen sich Anionaustauscher (I) u. Kationaustauscher (II) bis nahezu 100% regenerieren. Die Stromausbeute (Leistung) ist bestimmt durch die Strommenge, nicht die Stromdichte. Die Regenerationsleistung steigt bei Anschluß von **I** an die Kathode u. **II** an die Anode mit Wasserdurchfluß zwischen den Elektroden. Sie nimmt ab mit steigender Ionenwertigkeit. Andere als Pt-Elektroden verursachen Lösung der Elektrode bzw. Korrosion. (J. chem. Soc. Japan, pure Chem. Sect. [Nippon Kagaku Zassi] **73.** 926—28. Dez. 1952. Fukuoka, Kyushu Univ. [Orig.: japan.]) SCHULER. 5826

E. Riedel, *Die Bedeutung der Siebböden in der Siebtechnik.* 1. Mitt. *Lochbleche.* Betrachtungen zu den Formen der einzelnen Sieböffnungen in der Siebtechnik u. deren Einfl. auf die Ergebnisse des Siebvorganges mit bes. eingehender Beschreibung der *Conidur*-Siebbleche u. ihrer Wirkungsweise. (Erdöl u. Kohle **5.** 171—73. März 1952.)

GERHARD GÜNTHER. 5828

S. A. Wrobel, *Fähigkeit und Beständigkeit von Flotationsschäumen. Beherrschende Faktoren.* Die Beständigkeit von Flotationsschaum hängt ab von der Konz. des Flotationsmittels (I), der Größe der Luftblasen, der Affinität eines I-Mol. zu W., der Viscosität des **I**, dem Kp. des **I**, der Temp. des Syst., dem Grade der Adsorption von I-Moll. in der Luft—W.-Zwischenphase, der Art des gebildeten Zwischenphasenfilms, dem Unterschied in der Gleichgewichtsoberflächenspannung zwischen Lösungsm. u. **I**, der Größe der nichtpolaren Gruppe u. dem Querschnitt des Moleküls. Die Schaumfähigkeit von **I** hängt ab von der Struktur der I-Moll., der Verteilung der elektr. Felder in den Moll., der Löslichkeit in W., dem Grade der Adsorption in der Luft—W.-Zwischenphase, der Oberflächenaktivität, der Gleichgewichtsoberflächenspannung u. der Viscosität des **I**. Die Größe der Einflüsse dieser einzelnen Faktoren wird erörtert. (Mine Quarry Engng. **19.** 363—67. Okt. 1953.) WESLY. 5828

C. E. Schwartz und **J. M. Smith**, *Strömungsverteilung in Füllkörperbetten.* Vff. untersuchten die Geschwindigkeitsverteilung über den Querschnitt bei Strömung von Luft in Füllkörperbetten. Als experimentelle Methoden wurden angewandt: Einsatz von Manschetten zur Aufteilung der Strömung in verschied. radial angeordnete Bereiche; Pitotrohre zur Messung der Strömungsgeschwindigkeit an definierten Punkten; Heizdrahtanemometer für den gleichen Zweck. Die Verss. wurden in Rohren von 2—4 Zoll Durchmesser ausgeführt. Die Strömungsgeschwindigkeit steigt von der Wand nach der Achse zu zuerst steil an, erreicht ihr Maximum etwa einen Korn- bzw. Pillendurchmesser von der Wand entfernt u. fällt dann etwa in Form einer Kurve 3. Grades bis zur Achse auf einen Wert von 50—80% des Maximums. Dies gilt für ein Verhältnis Rohrdurchmesser : Pillendurchmesser bis 30. Diese Unterss. haben Bedeutung für die Technik von katalyt. Reaktoren u. von Füllkörperwärmeaustauschern. (Ind. Engng. Chem. **45.** 1209—18. Juni 1953. Lafayette, Ind., Purdue Univ.)

GERHARD GÜNTHER. 5844

D. B. Pall, *Abtrennung von Fluidkatalysatorstaub aus strömenden Gasen durch Filtration.* Vf. beschreibt ein Verf. zur Abtrennung von Stauben aus strömenden Gasen durch Filtration, bei dem Filter aus porösem rostfreiem Stahl verwendet werden. Das Verf. wird bereits techn. zur Rückgewinnung von Katalysatorstauben von gewissen Fluidprozessen angewendet. Die Feststoffentfernung ist 100%ig. Bei automat. Gegenstromreinigung (blowback) können die Filter jahrelang ohne Anstieg des Filterwiderstandes benutzt werden. Vf. beschreibt die Bedingungen, die zur Aufrechterhaltung des kontinuierlichen automat. Betriebes eingehalten werden müssen. Unterlagen für die Planung von halbtechn. Anlagen sowie techn. Projekten werden mitgeteilt. (Ind. Engng. Chem. **45.** 1197—1202. Juni 1953. Glen Cove, N. Y., Micro Metallic Corp.)

GERHARD GÜNTHER. 5850

P. F. Pasqua, *Metastabiles Fließen von Freon-12.* Das Fließen von gesätt. u. unterkühltem fl. *Freon–12* (**I**, *Difluordichlormethan*) durch kleine Düsen u. kurze Rohre wurde untersucht. Experimentelle Befunde u. photograph. Aufnahmen zeigen, daß das Fließen von **I** nicht in einem stabilen Gleichgewichtszustand erfolgt, sondern daß ein metastabiler Zustand auftritt, der für die großen Abweichungen, die man bei einer therm. Gleichgewichtsanalyse erhält, verantwortlich zu machen ist. (Refrigerating Engng. **61.** 1084 A—1088 A. 1131 A. Okt. 1953. Tennessee, Univ., Mechan. Engng. Dep.) SCHÄFF. 5858

Paul F. Deisler jr. und **Richard H. Wilhelm,** *Diffusion in Schüttungen poröser Feststoffe.* Vff. führten Unterss. aus über die Diffusion in einem durchströmten Füllkörperbett innerhalb u. zwischen den Füllkörpern. Zur Messung wird ein Verf. benutzt, das den Vorteil hat, daß mehrere Mechanismuskonstanten gleichzeitig gemessen werden können. Die Gasströmung wird in ihrer Zus. (N_2 u. H_2) period. verändert, u. die durch Diffusion bedingte Verformung dieses „Schwingungsvorganges" wird empir. ermittelt. Als Füllkörper wurden NORTON Alundum-Katalysatorträger (Porenvol. 43%, innere Oberfläche 2,1 m^2/g) u. Glasperlen (unporös) verwendet. Der Raum zwischen den Füllkörpern betrug 42 bzw. 41% des Gesamtvolumens. Experimentelle Variable waren die gesamte Strömungsgeschwindigkeit sowie Form u. Amplitude der Zusammensetzungsperiode. Die Ergebnisse wurden mathemat. ausgewertet u. führten zu folgenden Schlußfolgerungen: Die Diffusionskonstante innerhalb der porösen Körper betrug nur 3% der n. Molekulardiffusionskonstante. Die Adsorption der Gase lag unterhalb der Erfassungsgrenze. Die axiale Diffusion zwischen den Füllkörpern war bei REYNOLDSschen Zahlen zwischen 4 u. 50 erheblich größer als bei mol. Diffusion. (Ind. Engng. Chem. **45.** 1219—27. Juni 1953. Princeton, N. J., Univ.) GERHARD GÜNTHER. 5862

Heinz Theile, *Über die Verhinderung der Nebelbildung bei Kondensation von Dämpfen aus Gasströmen.* Die unerwünschte, kondensationshemmende Nebelbldg. bei der Kondensation von Dämpfen aus Gasen (vgl. auch HAUSEN, C. **1950.** I. 594) untersucht Vf. an den Gemischen Hexan–N_2 (**I**) u. Furfurol–N_2 (**II**). Bei einem auf mehrere 100° erhitzten **I** setzt die Nebelbldg. nur dann ein, wenn zwischen Heizofen u. Kühler (—50°) das Gemisch Gelegenheit findet, sich schon langsam abzukühlen oder wenn infolge chem. Rkk. im Ofen (Zusätze von O_2 oder Allylbromid [**III**]) Fremdkörper (Kondensationskeime) im Dampf-Gas-Gemisch enthalten sind. Im Fall von **II** erfolgt die Nebelbldg. erst nach vorheriger Erwärmung auf mindestens 300° bzw. bei Verwendung von Rohfurfurol bereits bei 200°. Hochgespannte elektr. Felder haben keinen Einfluß. Verhindert werden kann die Nebelbldg. durch Herausfiltrieren der Keime durch Einfügen von Watte oder Quarzwollefiltern oder durch langsame Kondensation, d. h. Angleichung des schnellen Wärmetransports an den langsameren Stofftransport (Diffusion) zur Kühlwand. Eine Drehbandkolonne als Nebelabscheider läßt sich nur bedingt gebrauchen. Die Nebelbldg. kann ferner dadurch verhindert werden, daß der zu schnelle Temperaturabfall durch eine Zusatzwärme aus dem Inneren des Kühlers verzögert wird. Eine dementsprechende App. vgl. Original. (Erdöl u. Kohle **5.** 407—12. Juli 1952. Hannover, Inst. für Erdölforsch.) LEHWALD. 5864

Armand Alfred Eckstein, Niederrhein, Frankreich, *Dichtungsmasse aus Kolophonium.* Man schm. (1300 g) Kolophonium, gibt (150) rohes Leinöl u. (100) Paraffin zu. Die M. kann als Schmelze auf Gewebe aufgebracht werden u. dient so oder ohne Gewebe als Dichtungsmittel z. B. bei Installationsarbeiten. (**F. P. 1 028 010** vom 5/9. 1950, ausg. 19/5. 1953.) PANKOW. 5813

Comp. de Produits Chimiques et Électrométallurgiques Alais, Froges et Camargue, Frankreich, *Entsalzen von Elektrolyten mittels Ionenaustauschern.* Industriewässer, Brackwasser, Zuckerrohsäfte u. ähnliche Fll. werden zusammen mit starken organ. Basen, wie sek. oder tert. in W. unlösl., gegebenenfalls alkylierten Aminen mit längerer C-Atomkette (mindestens 7), hydroaromat. oder hydroheterocycl. Aminen, gegebenenfalls mit ihren Lsgg. in einem mit W. nicht mischbaren Lösungsm., z. B. Toluol, durch eine Schicht eines Kationenaustauschers geführt u. die Mischung in Florentinerflaschen abgezogen, um die sich nicht mischenden Fll. zu trennen. Als Austauschharz kann z. B. ein sulfoniertes Phenol–Formaldehyd-Harz verwendet werden. (**F. P. 1 012 190** vom 29/6. 1949, ausg. 7/7. 1952.) WITTHOLZ. 5827

Solvay & Cie., Brüssel, Belgien, *Fällen von Bestandteilen aus Lösungen.* Auf einen Strahl mit dem zu fällenden Stoff werden feine Strahlen einer Hilfs-Fl. gerichtet, welche den zu fällenden Stoff nicht löst u. sich mit dem Lösungsm. nicht mischt. Die heiße Hilfs-Fl. verdampft das Lösungsm., das abgesaugt wird, u. der in feinen Tropfen ausfallende Nd. wird auf einer Rampe innerhalb des Behälters gewaschen. Die Hilfs-Fl. wird im Kreislauf wiederverwendet. — Zeichnung. (**Schwz. P. 264 590** vom 21/6. 1947, ausg. 16/1. 1950. Belg. Prior. 5/7. 1946.) HOLM. 5829

Johann Hoffmann, Wien, Österreich, *Filtrierverfahren* für Maischen u. Feststoff-Fl.-Gemische mittels Filterpressen, indem in einer 1. Filtrierstufe ohne Bewegung, d. h. ohne Zusammenpressen der Filterplatten u. in einer 2. Stufe mit Auseinanderpressen der Filterplatten gearbeitet wird; in beiden Stufen kann der Filtriervorgang durch Anlegen eines Unterdrucks unterstützt werden. — Vorrichtung. (**E. P. 695 605** vom 2/8. 1951, ausg. 12/8. 1953. Oe. Prior. 5/8. 1950.) DEMMLER. 5831

Standard Oil Development Co., Elizabeth, N. J., V. St. A., *Trennen von Gasen* durch Verwendung verflüssigter, fester Adsorptionsmittel zur Fraktionierung der Bestandteile eines Gasgemisches in einem Adsorptionsturm mit Hilfe des Gegenstromverfahrens. Man läßt das Adsorbens dem Gasstrom entgegenfließen. Die hieraus aufgenommenen, schwereren Bestandteile fließen nun mit dem Adsorptionsmittel einem Dampfstrom entgegen, durch den die schwereren Teile zusammen mit mitgerissenen adsorbierten Gasen in Freiheit gesetzt werden. — Zeichnung. (**E. P. 667 618** vom 23/2. 1950, ausg. 5/3. 1952. A. Prior. 11/5. 1949.) NEBELSIEK. 5849

Soc. Pease, Anthony Equipment Co., V. St. A., *Reinigung von Abgasen.* Zur Entfernung von festen Teilchen oder Flüssigkeitströpfchen erhöht man die Geschwindigkeit des Gases mittels Venturidüse auf mehr als 60 m/Sek. u. spritzt von der engsten Stelle der Düse Wasch-Fl. in das Gas ein. — Vorrichtungen. (**F. P. 1 030 607** vom 24/8. 1950, ausg. 16/6. 1953.) OPPERMANN. 5851

Atlantic Refining Co., Philadelphia, Pa., V. St. A., *Destillation.* Die zu destillierende Fl. läßt man heiß in Form eines dünnen Filmes an Leit- oder Führungsstäben im geschlossenen Gefäß abwärtsfließen. Dabei herrscht in dem Raum ein Druck, der unter dem der Fl. liegt, so daß ständig Fl. verdampft u. sich an der Kondensationsfläche niederschlägt. — Zeichnung. (**E. P. 634 381** vom 7/1. 1947, ausg. 22/3. 1950. A. Prior. 29/1. 1945.) NEBELSIEK. 5865

Lummus Co., New York, N. Y., V. St. A., und **John Oswald Farrer,** London, England, *Wasserdampfdestillation.* Bei der Durchführung der Wasserdampfdest. unter Vakuum wird ein Teil des Kondensates aus der Rücklaufzone entnommen u. abgekühlt, worauf der größere Teil des Kondensates in diese zurückgeführt u. der kleinere Teil zum Kondensieren der entweichenden Dämpfe von leichtersd. Bestandteilen des Destillationsgutes benutzt wird, so daß nur Wasserdampf aus der Destillationsapp. entweicht. — Zeichnung. (**E. P. 679 430** vom 6/11. 1950, ausg. 17/9. 1952.) LÜTTGEN. 5865

Jean Spiltoir, Belgien, *Molekulardestillation von Flüssigkeiten.* Man dest. alle Fraktionen der betreffenden Fl. gleichzeitig im Verlaufe eines einzigen Arbeitsganges u. fängt die Destillate u. den Rückstand getrennt auf. — Vorrichtung. (**F. P. 1 024 864** vom 23/9. 1950, ausg. 8/4. 1953. Belg. Prior. 30/9. 1949.) OPPERMANN. 5865

General Electric Co., New York, übert. von: **William A. Roceo,** Scotia, N. Y., V. St. A., *Gewinnung von Einkristallen.* Man stellt sich eine Mulde aus Graphit bestimmter Form (nach unten spitz zulaufend) u. Dicke der Wände her u. erhitzt das eingebrachte Metall über seinen Schmelzpunkt. Dann senkt man schnell die Temp. um 50—150° unter den F., u. zwar so lange, bis sich ein Einkristall gebildet hat. — Zeichnung. (**A. P. 2 594 998** vom 23/2. 1950, ausg. 29/4. 1952.) NEBELSIEK. 5869

Morris Katz, Ottawa, Ontario, Can., *$AgMnO_4$-imprägnierte Metalloxyde als Oxydationskatalysatoren.* In wss. Lsg. eines Ag-Salzes, z. B. $AgNO_3$, aufgeschlämmte, feinverteilte anorgan. Oxyde, wie ZnO, Fe_2O_3, MoO_3, Co_2O_3, TiO_2, CuO, MnO_2, CeO_2, Sb_2O_3, NiO, SnO_2, Pb_3O_4, SiO_2, ZrO_2, CdO, V_2O_5, Al_2O_3 oder Chrysotilasbest, Talkum, Kaolin, werden zur Ausfällung von $AgMnO_4$ in der M. mit $KMnO_4$ oder $NaMnO_4$-Lsg. versetzt, nach Herunterkühlen auf 0—5° das W. abfiltriert u. gegebenenfalls noch die M. unter Druck abgepreßt, granuliert u. getrocknet. Katalysator besteht z. B. aus 25—40 (Mol-%) $KMnO_4$ (I) neben ZnO, 30—50 I neben MoO_3, 50—67 I neben Sb_2O_3 oder 50—67 I neben Pb_3O_4. Schon bei 0—60°, auch in Ggw. von Wasserdampf, erfolgt die vollständige Oxydation CO-haltiger Gase. (**A. P. 2 657 182** vom 6/7. 1950, ausg. 27/10. 1953. Can. Prior. u. E. Prior. 31/3. 1949.) MATTHAES. 5899

Fritz Ullmanns Encyklopädie der technischen Chemie. Hrsg. von **Wilhelm Foerst.** 3. völlig neugestaltete Aufl. Bd. 4. München, Berlin: Urban & Schwarzenberg. 1953. 4. Arzneimittel bis Calcium. (XI + 842 S. m. 268 Abb.) DM 108,—.

III. Elektrotechnik.

Siemens-Schuckertwerke Akt.-Ges., Berlin und Erlangen, Deutschland, *Elektrische Isolierung.* Zur Verbesserung der Isolation elektr. leitender Teile durch Glasseide wird diese in Räumen mit getrockneter Luft sofort nach dem Verspinnen mit einer wasserfreien Lsg. von stark polymerisiertem *Polyorganosiloxan* (**I**) getränkt u. im Ofen getrocknet. Die Lsg. oder ein fl. **I** kann auch gleich als Schlichte beim Verspinnen verwandt werden. (**Schwz. P. 283 890** vom 20/12. 1949, ausg. 16/10. 1952. D. Prior. 8/11. 1948.) B. SCHMIDT. 5957

British Dielectric Research Ltd., England, *Isolierende Fasermasse.* Man imprägniert Glasfasern mit geringeren Mengen Polytetrafluoräthylen mit oder ohne weiteres Bindemittel u. erhitzt die M., gegebenenfalls unter Pressen. 0,5 g Glasfasern von 1,5 mm Länge werden in 500 cm^3 W. verteilt u. 0,4 cm^3 10%ig. Cetylpyridiniumbromid zugegeben. Man trennt die Fasern ab, wäscht, verteilt erneut in 500 cm^3 W., gibt 0,25 cm^3 einer wss. 57%ig. Suspension von Polytetrafluoräthylen zu, filtriert u. erhitzt kurz auf 380°. Als zusätzliche Bindemittel kann man Äthylsilicat, Butyltitanat oder koll. $Al(OH)_3$ nehmen. (**F. P. 1 031 164** vom 18/1. 1951, ausg. 22/6. 1953. E. Prior. 1/2. 1950.) PANKOW. 5957

Établissements P. Barnier & Cie., Drôme, Frankreich, *Biegsame Isolierhülle für elektrische Leiter* aus einem inneren Rohr aus einer plast. M. wie Polyvinylchlorid, die von einer Hohllitze aus Natur- u. Kunstfasern umgeben ist. Letztere ist mit einem Isolierfirnis imprägniert oder überzogen. (**F. P. 1 036 872** vom 8/5. 1951, ausg. 11/9. 1953.) PANKOW. 5957

Aktiebolaget Fullmänen, Stockholm, Schweden, *Elektroden für galvanische Elemente, besonders Akkumulatoren*, bestehen aus nichtmetall. Faserstoffen, die nichtleitend sein müssen u. an der Rk. nicht teilnehmen. Sie sind mit einem nicht an der Rk. teilnehmenden Metall überzogen. Jede einzelne Faser soll mit einer Schicht aus akt. Material überzogen sein. (**Finn. P. 26 271** vom 13/9. 1949, Auszug veröff. 30/4. 1953. Schwz. Prior. 14/9. 1948.) JÜRGEN SCHMIDT. 5971

Pelham Salisbury-Rowswell, London, England, *Herstellung von stabförmigen Elektroden für Akkumulatoren.* Die Elektrode ist von einem Kautschukmantel umgeben, in den schraubenlinienförmige Schlitze eingeschnitten sind, die ein Ausweiten u. Zusammenziehen des Mantels im Gebrauch zulassen. — Vorrichtung. (**Schwz. P. 292 914** vom 23/9. 1950, ausg. 16/11. 1953. E. Prior. 24/9. 1949.) LAASS. 5971

Badische Anilin- & Soda-Fabrik, Deutschland, *Negative Sammlerelektrode.* Die bes. widerstandsfähige Elektrode besteht aus Ferronickel u. wird durch Fritten von durch die therm. Zers. der Carbonyle von Fe u. Ni erhaltenen Metallpulver hergestellt. Eines der Metalle kann auch als Oxydpulver vorliegen, wobei dann in H_2 zu fritten ist. Auch die Hydroxyde von Fe u. Ni können gemischt u. zunächst bei ca. 400° u. dann bei ca. 1000° unter Red. gefrittet werden. (**F. P. 1 032 184** vom 7/2. 1951, ausg. 30/6. 1953. D. Prior. 20/4. 1950.) B. SCHMIDT. 5971

International Standard Electric Corp., New York, V. St. A., *Hochhitzebeständiger Metallkörper, insbesondere nichtemittierende Elektrode für Hochleistungselektronenröhre* Steuerelektroden für Hochleistungselektronenröhren, z. B. die Gitter, die auch noch bei Tempp. von 1000° u. drüber mechan. widerstandsfähig u. starr, sowie nichtemittierend bleiben müssen u. deshalb auf dem hochschm. metall. Träger aus Ta, Nb, Mo oder W noch einen hochschm. Überzug aus C oder einem Metall der Pt-Gruppe haben, verlieren nach längerer Betriebszeit diese guten Eigg., offenbar weil der C in die inneren Teile des Metallkörpers eindringt, wodurch das Trägermetall zerbröckelt u./oder auf diesem unbedeckte Stellen entstehen, an denen sich hochemittierendes Material von der Kathode abscheiden kann. Diese Mängel sollen durch eine besondere harte, im wesentlichen nicht poröse *Schutzschicht* zwischen dem Träger u. dem äußeren Überzug beseitigt werden, die aus einer Mischung oder Legierung des Carbids des Trägermetalls mit den Carbiden von Si, Ti oder Zr besteht, wobei diese Carbide direkt auf dem Träger gebildet werden. Diese Carbidschutzschicht dringt auch bei erhöhten Tempp. nicht in das Trägermetall ein, noch läßt sie das Eindringen darüberliegender Schichten zu. Bei ihrer Herst. wird auf den metall. Träger aus Ta, Nb, Mo oder W zunächst ein Überzug von feinverteiltem SiO_2, TiO_2 oder ZrO_2 aufgebracht, der Oxydüberzug gesintert u. auf diesen ein Überzug aus C in so ausreichender Menge aufgetragen, daß letzterer die zur Red. des Oxydes zum Carbid notwendige stöchiometr. C-Menge übersteigt. Dann wird das metall. Gebilde bei mindestens 1700° im Vakuum oder in einer inerten oder reduzierenden Atmosphäre gebrannt, bis das Oxyd u. die Oberfläche des Metallträgers in die betreffenden Carbide umgewandelt sind, u. schließlich die Carbidoberfläche mit C oder einem Metall der Pt-Gruppe überzogen. — Verschied. Verff., bes.

elektrophoret., zum Aufbringen der Oxyd- u. C- bzw. Pt-Schichten sind im einzelnen angegeben. — Die Schutzschicht eignet sich auch für Metallgebilde, die in Brennkraftmaschinen erhöhten Tempp. ausgesetzt sind. (**Oe. P. 171 727** vom 18/1. 1950, ausg. 25/6. 1952. A. Prior. 24/1. 1949.) R. KLEIN. 5975

Siemens & Halske G. m. b. H., Wien, *Erdalkalioxydemissionsmasse*, bes. für Elektronenröhren, in deren Ba-Anteil wenigstens eine der drei Ba-Isotopen mit den At.-Geww. 135, 136, 137 mit einem Mindestanteil von 7 (%) (für At.-Gew. 135) bzw. 9 (für At.-Gew. 136) bzw. 12 (für At.-Gew. 137) enthalten ist; analog in deren Sr-Anteil wenigstens eine der Sr-Isotopen mit dem At.-Gew. 86 u. 87 mit einem Mindestanteil von 11 (%) (für At.-Gew. 86) bzw. 8 (für At.-Gew. 87) vorhanden ist. (**Oe. P. 177 483** vom 17/5. 1951, ausg. 10/2. 1954.) WITTHOLZ. 5975

Westinghouse Brake & Signal Co. Ltd., London, England, *Trockengleichrichter*. Ein prakt. aus TiO_2 bestehender Halbleiterkörper wird in Ggw. von O_2 der Wrkg. eines Halogens ausgesetzt u. mit einer prakt. aus Tl bestehenden Gegenelektrode versehen. (**E. PP. 676 809** u. **676 810** vom 11/1. 1950, ausg. 6/8. 1952.) KESSEL. 5977

Sprague Electric Co., übert. von: **Odvar Ness**, Williamstown, und **Kermit N. Lambert**, North Adams, Mass., V. St. A., *Elektrolytkondensator*. Eine der Zuleitungen enthält eine auf Übertemp. des Elektrolyten ansprechende Schmelzsicherung (z. B. aus einer Pb-, Bi-, Cd-, Sn- oder In-Legierung mit einem E. zwischen 90 u. 160°), in die die z. B. aus Al oder Cd bestehenden verkupferten u. verzinnten Zuleitungsenden eingebettet sind. (**A. P. 2 636 076** vom 13/9. 1950, ausg. 21/4. 1953.) KESSEL. 5983

IV. Wasser. Abwasser.

John R. Baylis, *Korrosionsuntersuchungen*. Ungeschützte Gußeisenrohre werden von natürlichem W., das leicht $CaCO_3$ löst, angegriffen. In Leitungswasser korrodiert Gußeisen nicht in dem Maße wie Flußeisen oder Stahl. Oft kann eine chem. Behandlung u. eine Filtration eines natürlichen W. den Angriff auf das Fe vergrößern. Kohleteerüberzüge schützen die Fe-Rohre trotz Blasenbldg. in rohem Lake Michiganwasser 30—50 Jahre. Eine chem. Behandlung u. eine Filtration dieses W. vergrößert die Korrosion. Ungeschützte Rohre in Lake Michigan, die ohne Teerüberzug 70—100 Jahre standgehalten haben, waren mit einer dünnen Schicht von $CaCO_3$ überzogen. Gesund aussehende Teerüberzüge haben of zahlreiche Poren, die mit Korrosionsprodd. gefüllt sind, so daß eine weitere Korrosion verhindert wurde. Die meisten Wässer sollten so behandelt werden, daß sie mit $CaCO_3$ gesätt. sind. Schützende Überzüge sollten mehrere hundert Jahre haltbar sein. Zementmörtelüberzüge versprechen einen haltbareren Schutz als Teerüberzüge zu geben. (J. New England Water Works Assoc. **67**. 38—73. März 1953. Chicago, Ill., Water Purificat., Bur. of Water, Dep. of Water and Sewers.) J. FISCHER. 6010

D. N. Parham und **C. W. Tod**, *Verdichtete Phosphate bei der Behandlung korrodierender Wässer*. Geschichte, Wirkungsweise u. prakt. Erfolge bei der Korrosionsverhütung, bes. in Rohrleitungen durch glasige (verdichtete) Phosphate wie $Na_4P_2O_7$, $Na_5P_3O_{10}$, polymere Na-Metaphosphate mit Mol.-Gew. von ca. 1200, MADDRAL- u. KURROL-Salz bis zu 100000, NaCa-, ZnCa- u. Zn-Metaphosphat. Laboratoriumsverss. wurden zur Unters. der Wrkg. in Ggw. von Chloriden durchgeführt a) durch Feststellung der Phosphatmenge, die den galvan. Strom eines Elementes Fe—Cu in Na_2SO_4–$CaSO_4$-Lsg. verhindert, b) am Verh. blankpolierter Fe-Platten in belüftetem fließenden Leitungswasser mit verschied. Phosphatgehalt. Die kettenförmigen Phosphate mit 2—65 Gliedern haben ungefähr gleiche Wrkg., $Na_3P_3O_9$ mit ringförmiger Struktur keine. Reine Na-Metaphosphate wirkten sicher bei 30 mg/Liter, bei Anwesenheit von 6 mg Ca^{2+} bei 22 mg, Na–Ca-Doppelphosphate bei 9 mg, welche Konz. sich beim Durchfließen der gekörnten Phosphate einstellte. Die im Betrieb tatsächlich benötigten Mengen sind kleiner, 2—5 mg/Liter. Unterbrechung der Phosphatzuführung bewirkt Zerstörung des Schutzfilms, mit steigendem p_H über 7,5 fällt die Schutzwirkung. (Chem. and Ind. **1953**. 628—31. 27/6. Oldbury, Birmingham, Albright & Wilson Ltd.) MÜHLMEISTER. 6010

—, *Entsalzung von Salzwasser*. 1. Mitt. *Mögliche Trennungsprozesse und -phänomene*. Besprechung der verschied. phys., chem. u. bes. elektr. Prozesse, die für die Entsalzung von Meerwasser möglicherweise in Frage kommen bzw. zeitweise bereits erprobt u. benutzt werden, wie Verdampfung, Kristallisation, Sublimation, Adsorption, Diffusion, Ultraschall, Osmose, Unmischbarkeit von Fll., Ionenaustausch, Hydratation, Fällung, Elektrolyse, Strömungspotential, elektrostat. Effekte, elektromagnet. Effekt u. Hochfrequenzströme. (Chem. Process Engng. **34**. 108—12. April 1953.) NIEMITZ. 6014

J. Bombí Llopis, *Industrielle Wasserreinigung.* 3. Mitt. (2. vgl. C. **1954.** 3771.) Nach einem geschichtlichen Überblick über die Zeolithe werden die neuesten Reinigungsmethoden mit Ionenaustauschern einer näheren Betrachtung unterzogen u. vom Vf. die Grundlagen, auf denen diese Reinigung fußt, die Permutite, die Regenerierung der Zeolithe, die Rkk. während der Reinigung sowie die Regenerierungs-Rkk. dieser Wasseraustauscher erörtert. (Ion [Madrid] **13.** 522—25. Sept. 1953.) PISTOR. 6020

William C. Lacy, *Entfernung radioaktiver Körper aus Wasser durch Flockung. Wirksamkeit hängt von der Verunreinigung ab.* Mit Radioisotopen versetztes Leitungswasser wurde mit Mischungen von 50—170 mg $FeCl_3$ + 50—400 mg $CaCO_3$/Liter (I) bzw. 40—200 mg $Al_2(SO_4)_3 \cdot 18\,H_2O$ + 40—200 mg $CaCO_3$/Liter (II) geschüttelt u. nach dem Absetzen die klare Lsg. ebenso wie das ursprüngliche Muster mit GEIGER-MÜLLER-Zähler geprüft. Untersucht wurden ^{141}Ce, ^{144}Pr, ^{140}Ba—^{140}La u. ^{60}Co als Chloride, ^{95}Zr—^{95}Nb als Oxalate u. ^{131}J als Na-Jodid, sowie 2 Gemische von Spaltprodd. der Erdalkalien, Seltenen Erden u. anderen. Ergebnisse in 2 Tabellen, über 98% wurden nur bei ^{141}Ce, ^{144}Pr, ^{95}Zr—^{95}Nb durch I niedergeschlagen, ^{131}J zu 63% von 100/200 mg I/Liter, die meisten weniger. Im allg. wirkt I besser als II, ihre höheren Konzz. hatten kaum Einfluß. (Water Sewage Works **100.** 410—11. Okt. 1953. Fort Belvoir, Va., Health Physics Div., Oak Ridge Labor.) MÜHLMEISTER. 6024

E. Rohrer, *Ozon und seine Verwendung zur Wasseraufbereitung.* An Hand der Literatur u. der Ergebnisse eigner Verss. behandelt Vf. die Eigg. des O_3 u. die Möglichkeiten seiner Verwendung bei der Wasseraufbereitung. — 88 Literaturhinweise. (Schweiz. Brauerei-Rdsch. **63.** 135—42. Aug. 155—63. Sept. 1952. Zürich, Schweizer. Brauereien, Versuchsstat.) WINIKER. 6026

P. A. Akolsin, W. Ss. Sokolow und **W. W. Gluschenko,** *Anlage für die Desorptionsentfernung von Sauerstoff aus Wasser.* Vff. beschreiben eine Anlage zur Entfernung von O_2 aus dem Kesselspeisewasser mit einer Leistung von 40 t/Stunde. O_2 diffundiert in ein sauerstofffreies Gas (Luft-N_2) bei intensivem Durchmischen von W. u. Gas. Das mit O_2 angereicherte Gas durchläuft einen mit auf 500° erhitzter Holzkohle gefüllten Ofen u. wird wieder verwendet. Der Holzkohlenverbrauch beträgt für 1 t W. ca. 3,2 g. Der O_2-Geh. des W. geht im Durchschnitt von 6,73 auf 0,03 mg/Liter bei 40° zurück. (Текстильная Промышленность [Textil-Ind.] **13.** Nr. 8. 29—32. Aug. 1953.) STSCHERBINA. 6030

Ludwig Popp, *Methodik von Färbungs- und Salzungsversuchen.* Zur Feststellung von „Kurzschluß" zwischen Abwasser u. Trinkwasser unerläßlich. Die Methoden, die angewandten Chemikalien u. die zu beachtenden Vorsichtsmaßnahmen, sowie 4 Beispiele werden beschrieben. (Desinfekt. u. Gesundheitswes. **45.** 122—25. Okt./Nov. 1953. Braunschweig, Med. Untersuchungsamt.) MÜHLMEISTER. 6036

Ernst Nolte, *Molkereiabwässer.* Entstehung u. Eigg., *BSB*-Werte für die Beurteilung des Verunreinigungsgrades, entscheidend. Reinigung durch Faulbecken, Tropfkörper nach $FeSO_4$-Zugabe (Ferrobion-Verf.) oder Belebtschlamm. Chem. Fällungsverff. haben sich nicht bewährt, da sie den Milchzucker nicht beseitigen. (Desinfekt. u. Gesundheitswes. **45.** 118—21. Okt./Nov. 1953. Hildesheim.) MÜHLMEISTER. 6036

Ludwig Popp, *Selbstreinigung der Gewässer im Hinblick auf die Bedrohung der Flußbäder durch Abwasser.* Wenn auch die Selbstreinigung der Gewässer die mit dem Abwasser eingebrachten Schmutzstoffe beseitigen kann, stellt sie keinen zuverlässigen Schutz gegen die Verseuchung mit Krankheitserregern dar. Freibäder in abwasserbelasteten Flüssen sind hygien. immer bedenklich u. nur dann freizugeben, wenn die Gewässer nach ihrem biol. Gepräge mindestens der β-mesosaproben Stufe des Saprobiensyst. von KOLKWITZ u. MARSSON zugeordnet werden können. (Desinfekt. u. Gesundheitswes. **45.** 27—32. Okt./Nov. 1953. Braunschweig, Med. Untersuchungsamt.) MÜHLMEISTER. 6038

Dietrich Kehr, *Technik der biologischen Abwasserreinigung.* Organ. Stoffe des Abwassers werden durch Adsorption an der Oberfläche u. Oxydation im Innern der Bakterien abgebaut. Übersicht über Bau u. Arbeitsweise, Vor- u. Nachteile der Füll- u. Tauchkörper, schwach- u. hochbelasteten, offenen u. geschlossenen, 1 oder mehrstufigen Tropfkörper, Turm- oder Zellentropfkörper, Belebungsverff. in 1, 2 u. mehr Stufen. Die Entw. geht zu immer stärkeren Belastungen bis zu 3500 g *BSB*/m^3/Tag Körpermaterial bzw. 1400 g *BSB*/m^3 Beckeninhalt über, wobei der Gesamtwirkungsgrad von 90—95% auf 70—80% zurückgeht. (Desinfekt. u. Gesundheitswes. **45.** 79—85. Okt./Nov. 1953. Hannover, TH.) MÜHLMEISTER. 6044

Jack L. Lambert, Paul Arthur und **Thomas E. Moore,** *Bestimmung von Spuren Selen in Wasser.* Da bereits 0,5‰ Se in W. wegen der Giftigkeit u. kumulierenden

Wrkg. im Körper als tox. wirksam angesehen werden muß, entwickeln Vff. eine Meth. zur quantitativen Best. von Se in Trinkwasser, die ohne voraufgehende Konzentrierung durchgeführt werden kann. Man pipettiert 20 ml der Wasserprobe in einen Scheidetrichter, fügt 4,0 ml 12n H_2SO_4 u. 4 Tropfen gesätt. Bromwasser hinzu (Bldg. von H_2SO_3) u. läßt 2—3 Min. einen CO_2-Strom mit mäßiger Geschwindigkeit durch die Lsg. perlen. Nach erneuter Zugabe von Bromwasser, bis extrahierendes CCl_4 sich braun färbt, extrahiert man unter ständigem Durchleiten von CO_2 3mal mit je ca. 5 ml CCl_4 den Überschuß an Br u. das aus ursprünglich vorhandenen Jodiden gebildete J u. pipettiert dann 10 ml der Lsg. in ein Reagensrohr (25 · 200 mm) aus Borsilicatglas. (Bei Abwesenheit von J^- fällt die Vorbehandlung mit Bromwasser fort u. werden nur 2,0 ml 12n H_2SO_4 zugegeben.) Man setzt 1,0 ml gesätt. KBr-Lsg. u. 1,0 ml Zonit (stabilisierte 1%ig. Lsg.-NaOCl) zu, verschließt das Rohr lose mit einem Glasstopfen u. erhitzt 1 Std. in einem mäßig sd. Wasserbad. Dann fügt man 1,0 ml gesätt. $NaNO_2$-Lsg. zur Entfernung von Br-Resten zu, leitet mit mäßiger Geschwindigkeit 10 Min. CO_2 ein, gibt 1,0 ml gesätt. Harnstofflsg. zur Zerstörung des HNO_2-Überschusses zu, spült die Gefäßwände durch vorsichtige Steigerung des CO_2-Stromes für einige Sek. ab u. leitet nach Zusatz von 1,0 ml gesätt. Weinsäurelsg., 1,0 ml 85%ig. H_3PO_4, 1,0 ml 12n H_2SO_4 u. 2,0 ml 90%ig. Ameisensäure nochmals für 10 Min. CO_2-Gas ein. Für die quantitative Best. von Se mit einem Quarzspektrophotometer (Beckman Modell DU) u. 1 cm breiten passenden Corex-Zellen u. mit dest. W. in den Vergleichszellen stehen 2 Methoden zur Verfügung: a) Zu der wie oben bereiteten Lsg. setzt man 1,0 ml 5,00%ig. CdJ_2-Lsg. hinzu, leitet mit sehr geringer Geschwindigkeit 5 Min. lang CO_2 ein u. mißt die Durchlässigkeit bei 352 mμ oder b) man photometriert nach Zusatz von 1 ml CdJ_2-Stärkelsg. u. Behandlung mit CO_2 wie vorher bei 615 mμ. Mit dieser Lsg. kann man aber auch visuell gegen geeichte Lsgg. von Ni·$(NH_4)_2(SO_4)_2$ u. K_2CrO_4 in NH_4OH, deren Färbungen der Se-haltigen CdJ_2-Stärkelsg. entsprechen, colorimetrieren. Auch die Durchführung als Tüpfelanalyse ist möglich. Die Best. bei 352 mμ eignet sich für Se-Gehh. von $1 \cdot 10^{-5}$—$5 \cdot 10^{-4}$%, die bei 615 mμ für solche von $1 \cdot 10^{-5}$—$1,4 \cdot 10^{-4}$%. Die beschriebenen Verff. sind befriedigend genau bei Wässern mit niedrigen Gehh. an organ. Substanzen u. n. Gehh. an gelösten anorgan. Substanzen, bes. Fe. Stark getrübtes oder gefärbtes W. mit höherem Geh. organ. Substanz oder mit störenden oxydierenden oder reduzierenden Stoffen, wie Industrieabwasser behandelt man wie oben bis zur Zugabe von KBr u. Zonit, dest. das $SeBr_4$ u. Br_2 in eine Vorlage mit 2 ml 12n H_2SO_4 u. führt die Best. im Destillat wie angegeben zu Ende. (Analytic. Chem. **23**. 1101—06. Aug. 1951. Stillwater, Okla., Oklahoma Agricult. u. Mechan. Coll.) Schlegel. 6054

V. Anorganische Industrie.

E. S. Shanley, *Selbsterhitzung von Vorratsbehältern für Wasserstoffsuperoxyd.* In Vorratsbehältern von H_2O_2 wird im allg. die Selbsterhitzung bis zum Gleichgewicht zwischen Zersetzungswärme u. Wärmeabgabe an die Umgebung nur eine geringe Temperaturerhöhung bewirken. In Ggw. von Verunreinigungen kann die Selbsterhitzung jedoch steigen u. zu lebhafter O_2-Entw. u. Dampfbldg. führen. Das Wärmegleichgewicht wird für Al-Tanks in der Größe von 30—500000 US-Gallonen Fassungsvermögen für 90%ig. u. 50%ig. H_2O_2 graph. dargestellt. Tanks sollen immer so aufgestellt werden, daß die umgebende Luft frei beweglich ist. Sie sollen nicht wärmeisoliert werden, jede Verunreinigung ist zu vermeiden. In gemäßigtem Klima sind Tanks zwischen 5000—25000 Gallonen noch verhältnismäßig sicher, wenn freie Luftbewegung möglich ist. (Ind. Engng. Chem. **45**. 1520—24. Juli 1953. Buffalo, N. Y., Buffalo Electro-Chemical Co. Inc.) Fresenius. H 241

D. Montgomery, *Borverbindungen — ihre Chemie und Vielseitigkeit.* Kurzer Überblick über die Eigg. u. techn. Bedeutung von B-Verbb., bes. der Borsäure u. ihrer Derivate. (Chem. Products chem. News [N. S.] **15**. 427—29. Dez. 1952.) Winiker. H 258

T. Adamski und **M. Grylicki,** *Darstellung von Bariumchlorid aus Calciumchlorid und Bariumsulfat.* Entsprechend der Meth. von Schreve wurde $BaCl_2$ durch Zusammenschmelzen von $BaSO_4$ mit einem stöchiometr. Überschuß von $CaCl_2$ in einer erhitzten Kugelmühle dargestellt. Nach 3std. Reaktionsdauer wurden bis zu 96% $BaCl_2$ aus 600 g Reaktionsmasse gewonnen. Vf. ersetzte das Extraktionsgemisch von Schreve (Äthylenglykol u. Methanol) durch W., wodurch die Ausbeute an $BaCl_2$ auf 52% fiel, bei Anwendung von $Ca(OH)_2$-Lsg. als Extraktionsmittel konnte jedoch die Ausbeute wieder auf 80% gesteigert werden. (Przemysł chem. **7** (**30**). 500—02. Juli/Aug. 1951.) v. Wilpert. H 285

Yvonne Stourdzé Visconti, *Die Bedeutung der Tone der Montmorillonitgruppe in der modernen Technologie.* Vf. erörtert die Unterschiede der Kaolinit- u. Montmorillonittone u. die Anwendung letzterer zur Farb- u. Stabilitätsverbesserung von Ölen, als Katalysator in Crackprozessen usw. (Rev. Quím. ind. **20.** Nr. 234. 12–15. Okt. 1951.)
R. K. Müller. 6148

Pittsburgh Consolidation Coal Co., Pittsburgh, Pa., V. St. A., *Herstellung von H_2.* Ein gasförmiger KW-stoff u. Dampf werden im Gleichstrom in einer granuliertes SrO enthaltenden Reaktionszone bei 1500–2100° F u. wenigstens 1 at in innige Berührung gebracht, wobei die Menge SrO genügt, um das entstandene CO_2 vollständig zu absorbieren. Bei 1865—2100° F soll die empir. Beziehung $p = 1 + 4{,}9 \cdot 10^{-2}$ (t = 1865) maßgebend sein (p = Reaktionsdruck in at, t = Temp. in der Reaktionszone). (**E. P. 673 049** vom 7/9. 1950, ausg. 28/5. 1952. A. Prior. 19/9. 1949.)
Demmler. H 238

Laporte Chemicals Ltd., Luton, England, *Herstellung von H_2O_2* durch Autoxydation eines Anthrachinhydrons. Nach Entfernung des gebildeten H_2O_2 wird das Anthrachinon wieder zu Anthrachinhydron red., wobei die Komponente des Lösungsgemisches, welche das Lösungsm. für das Anthrachinhydron darstellt, ein aliphat. Ester eines Cyclohexanols oder eines Alkylcyclohexanols ist. (**E. P. 695 779** vom 23/2. 1951, ausg. 19/8. 1953.)
Demmler. H 241

Union Carbide & Carbon Corp., übert. von: **Gerhard A. Cook,** Snyder, N. Y., V. St. A., *Wiedergewinnung von H_2O_2* aus wss. Lsgg., die H_2O_2 u. mit H_2O_2 zu organ. Peroxyden vereinigte reaktionsfähige Aldehyde enthalten, indem man ein diese organ. Peroxyde in Form eines Metallperoxydes fällendes Erdalkalihydroxyd, z. B. $Ca(OH)_2$, zusetzt; das Metallperoxyd von der Lsg. abtrennt u. das H_2O_2 durch Behandlung mit einer Säure, z. B. CO_2, aus dem Metallperoxyd freisetzt. (**A. P. 2 614 907** vom 27/5. 1948, ausg. 21/10. 1952.)
Demmler. H 241

Directie von de Staatsmijnen in Limburg, Heerlen, Holland, *Herstellung von Hydroxylaminmonosulfonaten oder Hydroxylaminsulfat* durch Einw. von SO_2 auf ein Nitrit u. ein Bisulfit in folgenden 4 Stufen: a) Die gekühlte Nitrit- u. Bisulfitlsg. wird im Gegenstrom mit einem NO_2 enthaltenden SO_2 im Kreislauf behandelt, b) die Zufuhr neuer Mischung wird unterbrochen u. der Kreislauf bis zur Beendigung der Rk. des Nitrites durchgeführt, c) die Zufuhr von SO_2 wird abgestellt u. ein inertes Gas, z. B. Luft, zur Entfernung des SO_2-Überschusses eingeleitet, d) die Fl. wird aus dem Reaktionsgefäß in einen Kessel geleitet, in dem die Hydroxylamindisulfonate durch Hydrolyse bei Tempp. > 5° in die entsprechenden Hydroxylaminmonosulfonate u./oder Hydroxylaminsulfate übergeführt werden. (**E. P. 663 456** vom 31/10. 1949, ausg. 19/12. 1951. Holl. Prior. 1/11. 1948.)
Demmler. H 243

Deutsche Bergin Akt.-Ges., Deutschland, *Konzentrierung von Wasserstoffsäuren der Halogene.* Man dest. die Säure, z. B. wss. HCl, in einer Rektifizierkolonne zunächst bei n. Druck u. erhält gasförmige Säure u. ein azeotropes Gemisch (I) mit konstantem Siedepunkt. In einer 2. Kolonne zerlegt man **I** bei red. Druck in W. u. eine Säure (**II**) mit einer Konz., die höher ist als die Konz. von **I** bei n. Druck. **II** wird dann wieder bei n. Druck in W. u. gasförmige Säure zerlegt usw. Das Verf. kann kontinuierlich u. im Kreislauf durchgeführt werden. Zweckmäßig verwendet man hierbei Rektifizierkolonnen aus Porzellan. (**F. P. 1 040 338** vom 3/8. 1951, ausg. 14/10. 1953.) Heyne. H 245

John Conrad Arnold, London, England, *Herstellung von F oder F-haltigen Stoffen* u. dgl. in einer der Einw. von F oder F-Säuren ausgesetzte Flächen aufweisenden Vorr., wobei wenigstens einige dieser Flächen von einem selbsterhärtenden Kupferphosphat-Zement u./oder einem selbsterhärtenden thermoplast. Aluminiumphosphat-Zement gebildet werden. (**E. P. 691 733** vom 11/3. 1949, ausg. 20/5. 1953.)
Demmler. H 246

Morton Salt Co., Chicago, V. St. A., *Herstellung von wasserfreiem Chlorwasserstoff.* Wss. HCl wird etwa der Mitte eines Turmes, durch den sich von oben nach unten großstückiges, entwässertes $CaCl_2$ bewegt, zugeführt; am unteren Ende des Turmes wird bei ca. 125° eine wss. $CaCl_2$-Lsg. u. am oberen Ende ein im wesentlichen wasserfreier HCl abgezogen. (**E. P. 648 706** vom 26/11. 1947, ausg. 10/1. 1951. A. Prior. 10/12. 1940.)
Demmler. H 247

Novadel-Agene Corp., Belleville, N. J., V. St. A., *Chlordioxyd* wird hergestellt, indem man in einer Reaktionskammer eine gasförmige Mischung von NO_2 u. einem Verdünnungsgas mit einer in Form eines dünnen Films fließenden wss. Lsg. eines Chlorates in Kontakt bringt. (**E. P. 673 769** vom 23/3. 1950, ausg. 11/6. 1952. A. Prior. 1/4. 1949.)
Demmler. H 247

Mo och Domsjö Aktiebolag, übert. von: **Sven Ulf Ekman,** Ornskoldsvik, Schweden, *Herstellung von ClO_2.* Das durch die Rk. $2\ MeClO_3 + SO_2 \rightarrow 2\ ClO_2 + Me_2SO_4$ gebildete

u. bei der Reaktionstemp. auskristallisierte Sulfat wird durch Sedimentation, Filtration oder Zentrifugieren von der Reaktionslsg. getrennt, die über einen Lösekessel, in dem ihr Chlorat entsprechend der verbrauchten Menge zugesetzt wird, in das Reaktionsgefäß zurückgeführt wird; die Konz. an Chlorat beträgt 3 Mol/Liter. (**A. P. 2 620 260** vom 8/1. 1948, ausg. 2/12. 1952. Schwed. Prior. 14/1. 1947.) DEMMLER. H 247

Deutsche Gold- und Silberscheideanstalt, vormals Roessler (Erfinder: **Ernst Wagner**), Frankfurt/M., *Herstellung von festem Chlorit* durch kontinuierliche Absorption des ClO_2 oder ClO_2-haltiger Gase in einem geeigneten Absorptionsgefäß, in dem eine mit dem entsprechenden Chlorit gesätt., Alkali u. Reduktionsmittel enthaltende Lauge umgepumpt wird, wobei die Lauge nachgesätt. wird, daß stets ein geringer Alkaliüberschuß vorhanden ist. Als alkal. Stoffe werden Alkali- bzw. Erdalkalioxyd bzw. Hydroxyd u. als Reduktionsmittel H_2O_2 empfohlen, am zweckmäßigsten jedoch Na_2O_2, welche beide Eigg. vereinigt. (**D. P. [DDR] 2149** Kl. 12i vom 28/12. 1950, ausg. 26/11. 1952 [Ausschließungspatent].) WITTHOLZ. H 247

Marie P. P. Gloess, Frankreich, *Abtrennen von Jod aus Mutterlaugen,* welche bei der Verarbeitung von Meeresalgen auf J anfallen. Die vernebelten Laugen werden mit heißen Gasen, z. B. Luft oder Wasserdampf, behandelt u. das freigewordene J abgezogen. (**F. P. 984 500** vom 6/10. 1943, ausg. 6/7. 1951.) WITTHOLZ. H 249

Soc. An. des Manufactures des Glaces et Produits Chimiques de Saint-Gobain, Chauny & Cirey, Frankreich, *Extrahieren und Konzentrieren von SO_2.* Das SO_2-haltige Gasgemisch wird durch bas. Be-Salzlsgg., bes. bas. Be-Sulfatlsgg., gegebenenfalls in Verbindung mit Al-Salzlsgg., zweckmäßig unter Druck durchgeleitet. Die Absorption erfolgt bei Zimmertemp.; SO_2 wird aus den Lsgg. durch Erhitzen in Freiheit gesetzt. (**F. P. 974 179** vom 16/10. 1939, ausg. 19/2. 1951.) WITTHOLZ. H 253

United Chemical & Metallurgical Works National Co., Prag, Tschechoslowakei, *Zerlegung von Abfallschwefelsäure in SO_2.* Die keine oder nur wenig organ. Substanzen enthaltende Abfallsäure oder Mischungen mit ihr werden vorzugsweise in Nebelform in die heiße Zone eines Röstofens für die Herst. von SO_2 geleitet. (**E. P. 642 128** vom 25/6. 1947, ausg. 30/8. 1950. D. Prior. 26/10. 1940.) DEMMLER. H 253

VEB Farbenfabrik Wolfen, Kr. Bitterfeld (Erfinder: **Erik Reissmann** und **Erhard Meier**), *Gewinnung von Sulfiten aus verdünnten SO_2-haltigen Gasen* unter Verwendung einer gering konz. alkal. Absorptionsflüssigkeit. Die erhaltenen Sulfit–Bisulfit-Lsgg. werden, gegebenenfalls nach Reinigung u. Klärung, zur Wiederbelebung über feste Adsorbentien, wie OH-Ionenaustauscher oder bas. Kohlen, geführt, die durch alkal. Lsgg. derart regeneriert werden, daß die Regenerier-Fl., zweckmäßig unter Nachgeben von Alkali, wiederholt verwendet wird. (**D. P. [DDR] 2 303** Kl. 12i vom 19/5. 1942, ausg. 20/12. 1952 [Wirtschaftspatent].) WITTHOLZ. H 253

Henkel & Cie. G. m. b. H., Düsseldorf (Erfinder: **Willi Manchot,** Hubbelrath), *Herstellung von kristallisierten Alkalimetasilicathydraten* (**I**). Schmelze der **I** läßt man in Ggw. von ca. 1—5% an wasserlösl. Silicaten, bes. des Mg oder Al, erstarren. Bes. setzt man diese Silicate in Form von wss., durch Fällung hergestellten Pasten zu. (**D. B. P. 903 929** Kl. 12i vom 6/1. 1952, ausg. 11/2. 1954.) ZÜRN. H 261

Österreichische Stickstoffwerke Akt.-Ges., Linz, Österreich, *Metallsalze und andere Metallverbindungen.* Diese werden durch Umsetzung des betreffenden Metalls in Form seines fl. Amalgams mit gasförmigen Reaktionspartnern erhalten, wobei das Amalgam der Einw. des Gases unter weitestgehender u. andauernder Zerstörung der Amalgamoberfläche, z. B. durch Rühren, bei niederen, unter 100° liegenden Tempp. ausgesetzt wird. Auf diese Weise kann Na_2O_2 aus NaHg u. O_2, Ca-Oxalat aus CaHg u. CO_2, Zn-Hyposulfit aus ZnHg u. SO_2 erhalten werden. (**Oe. P. 175 237** vom 31/10. 1951, ausg. 25/6. 1953.) WITTHOLZ. H 270

Herbert Vohrer, Frankfurt/M., *Dialyse kolloide Verunreinigungen enthaltender Alkalilaugen.* Die Reinigung hochprozent. Ätzalkalilaugen von Verunreinigungen organ. koll. Natur, wie sie z. B. bei der Herst. von *Viscosekunstseide* anfallen, erfolgt unter Anwendung von *hochpolymeren Polyvinylalkoholen* als Baustoff für die Dialysiermembranen. Die Quellbarkeit derselben wird z. B. durch Erhitzen gemindert u. ihre mechan. Festigkeit erhöht. Hohe Beständigkeit der Alkohole gegenüber Ätzalkali. (**D. B. P. 903 930** Kl. 12l vom 26/11. 1937, ausg. 11/2. 1954.) KARST. H 272

A/S Norduco, Oslo, übert. von: **Jacob Rielland** und **Hakon Harang,** Heroya, Norwegen, *Extraktion von Kalium* aus wss. Lsgg. von K-Verbb., z. B. aus Seewasser, indem man der wss. Lsg. ein hoch nitriertes Diphenylamin in festem Zustande sowie Kalk zusetzt, das unlösl. K-Salz dieses Amins niederschlägt u. abtrennt. Zwecks

Rückgewinnung u. Wiederverwendung des Amins wird das unlösl. K-Salz mit Mineralsäure behandelt. (**A. P. 2 617 710** vom 1/7. 1949, ausg. 11/11. 1952. N. Prior. 5/7. 1948.) DEMMLER. H 275

Steirische Magnesit-Industrie-Akt.-Ges., Wien (Erfinder: **Hermann Suida**), *Herstellung reiner Magnesiumsalze.* Mg-haltige Mineralstoffe, wie Magnesit, Dolomit oder Mg-haltige Industrieabfälle, werden in der Hitze mit $(NH_4)_2SO_4$ behandelt, wodurch Mg als $MgSO_4$ in Lsg. geht. Nach Abfiltrieren der festen Bestandteile wird die Lsg. fast bis zur Sättigungsgrenze konz., wobei das $CaSO_4$ krist. ausfällt. Die hiervon gereinigte Lsg. enthält kalkfreies $MgSO_4$ u. kann gegebenenfalls auf andere Mg-Salze weiterverarbeitet werden. (**Oe. P. 178 091** vom 13/9. 1952, ausg. 10/4. 1954.) WITTHOLZ. H 282

Robert W. McAllister, Carlisle, Mass., V. St. A., *Herstellung von $CaCO_3$* aus Kalkstaub, Kalksteinstaub u. CO_2 enthaltenden Kalkofengasen, indem diese in einer Reaktionszone im Gleichstrom mit fein verteiltem W. behandelt werden, wobei sich zunächst $Ca(OH)_2$ u. dann mit CO_2 $CaCO_3$ bildet, das aus dem Gasstrom mittels Zyklonen abgeschieden wird. (**A. P. 2 617 711** vom 30/4. 1949, ausg. 11/11. 1952.) DEMMLER. H 283

Rheinpreußen Akt.-Ges. für Bergbau und Chemie, Homberg/Ndrh. (Erfinder: **Helmut Wiedmann,** Burgstall, **Friedrich Josten,** Utford, und **Wilhelm Haferkamp,** Oberhausen), *Herstellung von $Al(OH)_3$* mit bes. niedrigem Schüttgewicht durch Zers. von Al-Alkoholaten mit 3—4 Mol W./Mol Alkoholat. Die Mischung der Bestandteile erreicht man durch Zerstäuben mittels Düsen. (**D. B. P. 903 691** Kl. 12 m vom 11/2. 1943, ausg. 8/2. 1954. **Zusatz zu D. B. P. 883 744; C. 1954. 1804.**) NEBELSIEK. H 294

Union Carbide & Carbon Corp., New York (Erfinder: **John Nelson Burdick,** Kenmore, und **Robert Allison Jones,** Buffalo), N. Y., V. St. A., *Herstellung von eine Ti-Verbindung enthaltenden Korundkristallen,* bei der die pulverisierten Bestandteile, bestehend aus einem Gemisch (**I**) aus Al_2O_3 u. einer Ti-Verb., durch eine Flamme geschickt werden, wodurch **I** schmelzfl. gemacht wird u. allmählich einen Korundeinkristall wachsender Größe bildet. Dabei wird das Erhitzen schwankend durchgeführt, wodurch der Kristall symm. zur Längsachse aus abwechselnden, dünnen, konvexen Schichten aufgebaut wird, deren Unterschied in einer verschied. Verteilung der Ti-Verb. beruht. (**D. B. P. 897 844** Kl. 12 m vom 21/12. 1950, ausg. 1/2. 1954. A. Prior. 21/12. 1949.) NEBELSIEK. H 321

VEB Elektrochemisches Kombinat Bitterfeld (Erfinder: **Oskar Mayer**), *Niob- bzw. Tantalsäure.* Tantal- bzw. Niob-haltige Erze werden unter Zuschlag von Fe durch Red. mit C auf Nb- bzw. Ta-reiche Eisenlegierungen verarbeitet. Diese werden mit Säuren behandelt; das ungelöst zurückbleibende Ta- u. Nb-Carbid wird zu den Oxyden bzw. Säuren oxydiert. (**D. P. [DDR] 2 289** Kl. 12 m vom 21/12. 1937, ausg. 13/4. 1953 [Wirtschaftspatent].) WITTHOLZ. H 332

Reginald S. Dean, übert. von: **Abraham L. Vox,** Washington, D. C., V. St. A., *Gewinnung von $MnCO_3$.* Man extrahiert ein gebrochenes MnO_3-haltiges Erz mit einer ca. 140 (g/Liter) NH_3 u. 38,5 CO_2 enthaltenden Lsg. in Ggw. von 0,1—3% eines Reduktionsmittels, z. B. eines lösl. Sulfides, eines Hydroxylamin- oder Ferrosalzes, bei 10 bis 30°, trennt die Mn-haltige Lsg. vom Rückstand ab, fügt CO_2 hinzu, vermindert den NH_3-Geh. auf <12 Mol/Liter u. erhitzt die Lsg. ca. 30 Min. auf 60°. Man trennt das ausgefällte $MnCO_3$ ab u. verwendet unter Zufuhr von NH_3 u. CO_2 die Lsg. zur neuen Extraktion. (**A. P. 2 621 107** vom 10/9. 1949, ausg. 9/12. 1952.) NEBELSIEK. H 350

United Steel Co. Ltd., Sheffield, England, *Ferrioxyd durch Hydrolyse von Ferrichlorid.* Dampfförmiges $FeCl_3$, das durch Behandlung eines Eisenoxyd enthaltenden Eisenerzes mit HCl gewonnen worden ist, wird der Hydrolyse an der Oberfläche von Teilchen aus feuerfestem Material, z. B. Ferrioxyd, Manganoxyd, feuerfeste Ziegel, Kaolin, Talk, welche in Form einer oder mehrerer heißer Wirbelbettschichten vorliegen, unterworfen. Das feuerfeste Material wird kontinuierlich durch den Reaktionsbehälter geführt u. ein Teil dieses Materials mit dem darauf abgesetzten Ferrioxyd aus dem Reaktionsbehälter abgezogen, während der restliche, im Kreislauf verbleibende Teil des feuerfesten Materials wieder aufgeheizt u. in den Reaktionsbehälter zurückgeführt wird. (**Oe. P. 177 137** vom 30/11. 1951, ausg. 28/12. 1953. E. Prior. 4/12. 1950.) WITTHOLZ. H 354

Soc. An. Carbonisation et Charbons Actifs, Frankreich, *Herstellung von Bleicherden.* Tonbrei oder Schlicker wird anfangs bei 30—45° mit verd. Säuren, Mineral- oder organ. Säuren, behandelt, dann 4—5 Std. zum Sieden erhitzt u. nach dem Abkühlen durch Filterpressen filtriert. Der Filterkuchen wird zunächst mit angesäuertem, dann mit säurefreiem W. gewaschen. Nach 4std. Waschen besitzt die Bleicherde einen

p_H-Wert von 2,5—3,0 u. ein Entfärbungsvermögen von 75—80. Nach 6-, 8- u. 10std. Waschen steigt der p_H-Wert bis auf 4,8, jedoch sinkt das Entfärbungsvermögen auf ca. 76. (**F. P. 982 482** vom 29/6. 1943, ausg. 11/6. 1951.) WITTHOLZ. 6157

VI. Silicatchemie. Baustoffe.

Kozo Ishino, *Untersuchung der Stromverteilung in einem elektrischen Glaswannenofen an einem Modell.* Mit Hilfe einer Modellwanne, deren Stirnseiten in 90 rechteckige Segmente mit getrennten Stromzuführungen geteilt sind, wurde (außer der Temp.) der Stromweg u. die Spannungsverteilung ermittelt u. in Tabellen u. Diagrammen dargestellt. (J. ceram. Assoc., Japan [Yogyo Kyokai Shi] **61.** 373—78. 1953. Nagoya, Technol. Inst. [Orig.: japan.]) SCHULER. 6172

Ja. A. Schkolnikow und **W. N. Kudrjaschowa,** *Herstellung eines Musters beim Pressen von Glaserzeugnissen.* Mit Hilfe eines Gemisches von 40% Bitumen Nr. 5 u. 60% Bzn. bzw. 60% Bitumen Nr. 3 u. 40% Bzn. oder 70% Asphaltlack Nr. 350 u. 30% Bzn. wird das Muster auf die Preßform aus Gußeisen aufgetragen. Die besten Ergebnisse erzielt man mit dem Aspahltlack. Die nicht von der Schutzfarbe bedeckten Stellen werden mit 20%ig. HNO_3 40—60 Min. geätzt. Durch Anwendung von 5—50%ig. HNO_3 u. 5—40 Min. Ätzdauer wird eine Ätztiefe von 0,01—0,15 mm erreicht. Beim Pressen der Glaserzeugnisse erhält man ein mattes Muster. (Легкая Промышленность [Leicht-Ind.] **12.** Nr. 10. 33—34. Okt. 1952.) LEBTAG. 6188

Ernest M. Hommel, *Neuerungen beim Emaillieren von Stahl in den Vereinigten Staaten.* Überblick unter besonderer Berücksichtigung der grundfreien Emaillierung, der Ti-haltigen Emails, Leuchtemails u. von Auftragsverff., wie der Anwendung des elektrostat. Spritzens. (Foundry Trade J. **96.** 19—24. 7/1. 1954.) MARKHOFF. 6212

Franz Kirnbauer, *Geschichte der Wiener Porzellanmanufaktur und ihre Beziehung zur Entwicklung der technischen Verwendung des Kaolins.* (Bl. Technikgeschichte [Wien] **1952.** Nr. 14. 8—37.) P. ECKERT. 6214

Franz Kirnbauer, *150 Jahre Kaolingewinnung in Kriechbaum bei Schwertberg.* (Bl. Technikgeschichte [Wien] **1952.** Nr. 14. 1—7.) P. ECKERT. 6216

D. Dixon, *Zerstörung feuerfester Steine durch Schlackenangriff. Ursachen und Auswirkungen.* Es werden die verschied. Möglichkeiten des Angriffs der Schlacken auf tonerdehaltige feuerfeste Steine aufgezeigt. (Chem. Process Engng. **35.** 121—23. April 1954.) K. SEIDEL. 6218

Léon Blondiau und **Yvan Blondiau,** *Der Einfluß des Calciumsulfates auf das Abbinden der Gipsschlacken- und Hüttenzemente.* Es werden an Hand von Lösungsverss. die Vorgänge bei der Hydratation der verschied. Zemente beschrieben, welche Hochofenschlacke enthalten. Daraus geht hervor, daß die Hydratation in 2 Abschnitten vor sich geht; das $CaSO_4$ übt zunächst eine verzögernde Wrkg. durch Bldg. eines Monocalciumsulfoaluminates, sodann eine beschleunigende Wrkg. durch Bldg. eines Tricalciumsulfoaluminates aus. (Rev. Matér. Construct. Trav. publ., Édit. C **1953.** 165 bis 174. Juni. Silicates ind. **18.** 379—82. Nov. 411—16. Dez. 1953.) K. SEIDEL. 6222

Shizuo Ban und **Kiyoshi Okada,** *Das Kriechen von bewehrtem Beton.* Es wurde an Hand von Betonunterss. gezeigt, daß das WHITNEYsche Gesetz über das Kriechen von unbewehrtem Beton auch für bewehrten Beton angewendet werden kann, wenn die Bewehrung gering ist. Bei einem hohen Grad der Bewehrung treten jedoch Abweichungen von diesem Gesetz auf. (Mem. Engng., Kyoto Vac. Univ. **15.** 126 bis 141. April 1953.) K. SEIDEL. 6224

N. Stutterheim und **J. H. P. van Aardt,** *Die Korrosion von Betonabwässerkanälen und einige Abhilfemaßnahmen.* Nach einer Beschreibung der auftretenden Schäden an Betonrohren, die durch den Angriff von Sulfaten durch die Wrkg. von Bakterien hervorgerufen werden, sind Verss. beschrieben, welche die Zerstörungserscheinungen im Labor. rekonstruieren. Es wird vorgeschlagen, den SO_3-Geh. der Abwässer zu kontrollieren u. wenn möglich zu neutralisieren. Bei Neuverlegung sind Betone zu verwenden, welche Kalkstein oder Dolomit als Zuschlagstoff enthalten. (South African ind. Chemist **7.** 185—95. Okt. 1953.) K. SEIDEL. 6224

F. O. Anderegg, *Ausblühungen.* Infolge Auflösung leichtlösl. Bestandteile des Mörtels oder anderer Bauteile durch Regenwasser werden diese an die Oberfläche gebracht u. bleiben nach Verdunstung des W. als meist harmlose Ausscheidungen zurück. Ab u. zu treten aber hierdurch Schädigungen auf, wenn die Ausblühungen zerstörend wirken. Es werden hierfür Beispiele aus aller Welt angegeben. (ASTM Bull. **1952.** Nr. 185. 39—45. Okt. Somerville, N. J.) K. SEIDEL. 6226

M. S. Badollet, *Erzeugung und Verwendung von Asbestfasern.* Beschreibung der verschied. Asbestsorten u. ihrer Verwendung. (Canad. Mining metallurg. Bull. **46.** 477—79. Aug. 1953. Manville, N J., Johns Manville Corp.) K. SEIDEL. 6234

R. W. Grimshaw und **A. L. Roberts,** *Die quantitative Bestimmung einiger Mineralien in keramischen Materialien durch thermische Mittel.* Zur Best. von bestimmten Mineralien in keram. Rohstoffen verwendeten Vff. die Änderung physikal. u. chem. Eigg. mit der Temperatur. Apparativ werden die einzelnen Thermoeffekte mit Hilfe eines Thermoelementes registriert. Um reproduzierbare Analysenergebnisse zu erhalten, ist es notwendig, die Testbedingungen streng einzuhalten. Unterschiedliche Erhitzungsgeschwindigkeit, Körnung, Verunreinigungen, Änderungen der spezif. Wärme in der Probe usw. verfälschen die quantitative Best. erheblich. Diese Störungen lassen sich weitgehend dadurch ausschalten, daß für den Test eine Mischung von 25% der Probe u. 75% geglühtem Al_2O_3 verwendet wird. Als Bezugssubstanz dient ebenfalls inertes Al_2O_3. Unter diesen Bedingungen beträgt die Analysengenauigkeit $\pm 1\%$. Diese Meth. ist anwendbar für die Mineralien Kaolinit, Halloysit, Livesit, Montmorillonit, Calcit, Magnesit, Quarz, Al-Oxydhydrate, Eisenoxyd. (Trans. Brit. ceram. Soc. **52.** 50—67. Jan. 1953. London, Meeting of R. M. Section.) LINK. 6248

K. E. Clare und **P. T. Sherwood,** *Die Bestimmung des Zementgehaltes von Boden–Zement-Mischungen.* 1. Mitt. *Eine Laboratoriumsmethode.* Es werden die Schwierigkeiten beschrieben, welche bei der Best. auftreten, wenn schwere Lehmböden vorliegen. Es wurden die besten Ergebnisse erzielt, wenn der Säureauszug, welcher die Ca^{2+}-Ionen enthielt, von der Mischung durch Zentrifugieren getrennt wurde. Es wird eine Meth. der Best. des SO_3-Geh. vorgeschlagen, welche bes. dann zu empfehlen ist, wenn der Boden viel $CaCO_3$ u. kein SO_3 enthält. (J. appl. Chem. **1.** 551—55. Dez. 1951. Harmondsworth, Middlesex, Road Res. Labor.) K. SEIDEL. 6252

K. E. Clare und **P. T. Sherwood,** *Die Bestimmung des Zementgehaltes von Boden–Zement-Mischungen.* 2. Mitt. *Schnellbetriebsmethoden.* (1. vgl. vorst. Ref.) Es werden 2 Schnellmethoden mitgeteilt, um den Zementgeh. einer Boden–Zement-Mischung festzustellen: Die Best. des p_H-Wertes der Prüfsubstanz in einer Pufferlsg. u. die Ermittlung des Cl^+-Geh. der Mischung, sofern Zement verwandt wird, der $CaCl_2$ enthält. (J. appl. Chem. **1.** 556—60. Dez. 1951.) K. SEIDEL. 6252

Kodak Ltd., London, England, übert. von: **Kuan-Han Sun,** Rochester, N. Y., V. St. A., *Optische Fluorphosphatgläser.* Fluorphosphatgläser nach E. P. 649 511, welche im wesentlichen aus P, O, F, Ba u. Al bestehen, können außerdem noch Alkalifluoride enthalten, die jedoch, ausgedrückt in Molekularverhältnissen, den Betrag an BaF_2 nicht übersteigen u. in Mengen von weniger als 7 (Gew.-%) in dem Glase enthalten sein sollen. BeF_2 soll unter 12 u. SiO_2, soweit überhaupt vorhanden, unter 27 in dem Glase vorliegen. Das Verhältnis F: P. soll wenigstens 0,23 betragen u. liegt zweckmäßig zwischen 1,0 u. 6,5. Widerstandsfähige Gläser werden erhalten durch Erschmelzen eines Glasversatzes aus 19,0 (Gewichtsteilen) $Al(PO_3)_3$, 0,5 MgF_2, 0,5 CaF_2, 1,0 ZnF_2, 0,5 SrF_2, 31,0 BaF_2, 0,5 LaF_3 u. 47,0 ThF_4; F: P = 4,8. — Diagramme. (**E. P. 649 512** vom 29/1. 1947, ausg. 31/1. 1951. A. Prior. 29/1. 1946. **Zusatz zu E. P. 649 511; C. 1953. 9715.**) HANS HOFFMANN. 6201

Kodak Ltd., London, England, übert. von: **Kuan-Han Sun,** Rochester, N. Y., V. St. A., *Eisenfreie Fluorphosphatgläser.* Fluorphosphatgläser nach E. P. 649 511 sollen im zu erschmelzenden Glasversatz noch Ti enthalten, zweckmäßig wenigstens 2 Mol-% TiO_2. — Beispiel für einen Glasversatz: 38 (Gew.-%) NaF, 4 TiO_2 u. 58 $Al(PO_3)_3$. Das Glas hat n_D 1,4820 u. ν 53,1. — Diagramm. (**E. P. 649 513** vom 29/1. 1947, ausg. 31/1. 1951. A. Prior. 9/8. 1946. **Zusatz zu E. P. 649 511; C. 1953. 9715.**) HANS HOFFMANN 6201

Kodak Ltd., London, England, übert. von: **Kuan-Han Sun,** Pittsburgh, Pa., V. St. A., *Optisches Fluorphosphatglas.* Fluorphosphatgläser nach E. P. 649 511, welche F, O, P, Pb, Al u. Na oder Ba enthalten, werden aus Mischungen erschmolzen, die 10—50 (Mol-%) PbO oder PbF_2, 15—40 $Al(PO_3)_3$ u. 25—70 NaF oder BaF_2 enthalten. Beispiel für einen Glasversatz: 59,6 NaF, 16,2 PbO u. 24,2 $Al(PO_3)_3$; die entsprechenden Gew.-% liegen bei 20, 29 u. 51. Das erschmolzene Glas hat n_D 1,5138 u. ν 54,8. — Diagramm. (**E. P. 649 733** vom 25/3. 1948, ausg. 31/1. 1951. A. Prior. 26/3. 1947. **Zusatz zu E. P. 649 511; C. 1953. 9715.**) HANS HOFFMANN. 6201

Kodak Ltd., London, England, übert. von: **Kuan-Han Sun,** Pittsburgh, Pa., und **Thomas Elmer Callear,** Rochester, N. Y., V. St. A., *Optisches Fluorphosphatglas,* Fluorphosphatgläser nach E. P. 649 511, welche P, O, F, Ba, Al oder Cd enthalten, werden aus entsprechenden Gemischen erschmolzen, in denen 10—35 Mol-% CdF_2

u. 0—27 Gew.-% SiO_2 enthalten sind u. deren Mol-Verhältnis F : P über 0,4, jedoch nicht über 6,5 liegt. — Beispiel für einen Glasversatz: 15 (Mol-%) CdF_2, 63 BaF_2 u. 22 $Al(PO_3)_3$; die entsprechenden Gew.-% liegen bei 11,8, 57,8 u. 30,4. Das Glas hat n_D 1,5766 u. ν 66,1. — Diagramme. (**E. P. 649 734** vom 25/3. 1948, ausg. 31/1. 1951. A. Prior. 26/3. 1947. **Zusatz zu E. P. 649 511; C. 1953. 9715.**) HANS HOFFMANN. 6201

Robert Bosch G. m. b. H., Stuttgart (Erfinder: **Otto Bürger**, Stuttgart, und **Oscar Freund**, Ditzingen), *Herstellen eines zwischen blank zu haltende und gegeneinander zu isolierende Metallteile einzubringenden Glasflusses.* Man verwendet einen von leicht reduktionsfähigen Metalloxyden freien Emailversatz, z. B. einen üblichen Emailversatz, bei dem die Anteile an Schwermetalloxyden durch Erdalkalioxyde ausgetauscht sind. Derartige Emails finden bes. bei der Zündkerzen- u. Vakuumröhrenherst. Anwendung. (**D. B. P. 880 831** Kl. 48c vom 12/8. 1942, ausg. 25/6. 1953.) MARKHOFF. 6213

Farbenfabriken Bayer (Erfinder: **Otto Schneider**), Leverkusen, *Fritte zur Herstellung getrübter Emails* enthält ZnS oder ZnS bildende Stoffe, gegebenenfalls noch Zn u. Alkalititansilicat. Durch das Einschmelzen dieser Verbb. in das Email erhält man transparente Fritten, die keine Gelbfärbung zeigen. (**D. B. P. 883 693** Kl. 48c vom 26/6. 1943, ausg. 20/7. 1953.) MARKHOFF. 6213

Maurice Henri Paul Junien, Tunis, *Behandlung von Tonen und kalkartigen Stoffen*, die durch enthaltende koll. Stoffe viel W. angespeichert haben, zur Herst. von Zementen u. keram. industriellen Gegenständen. Das Rohmaterial wird möglichst fein zerkleinert. Das enthaltene W. wird durch Osmose mittels Wasserdampf bei einer Temp. zwischen 40 u. 65° entfernt. Die M. wird dann unter fortschreitender Ersetzung des Dampfes durch ein heißes Gas getrocknet. (**F. P. 1 012 823** vom 14/2. 1950, ausg. 17/7. 1952.) BEWERSDORF. 6217

Société d'Application de la Céramique à l'Industrie, Seine, Frankreich, *Herstellung hochfeuerfester Körper* aus einer Mischung von Al_2O_3 u. SiC. Man wählt 30 (%) Korngrößen $<100\ \mu$ u. 70 zwischen 500 u. 1000 μ. Die Gesamtzus. besteht aus 2 Mol/g Al_2O_3 krist. u. 1 Mol/g SiC. Als Bindemittel zur Formung der Körper werden 10 einer Suspension aus 50 W. mit 45 Dextrin u. 5 CaF_2 verwendet. Die hergestellten Formkörper werden bei 1800° in oxydierender Atmosphäre gebrannt. Dabei gehen folgende Rkk. in dem Körper vor sich: $SiC + O_2 = SiO + CO$. — $2\ SiO + O_2 + 3\ Al_2O_3 = 2\ SiO_2, 3\ Al_2O_3$. Die erhaltenen Körper sind fest u. widerstandsfähig. (**F. P. 1 035 260** vom 10/4. 1951, ausg. 20/8. 1953.) BEWERSDORF. 6219

Eugen Wiest, Untereichen über Illertissen, und **Rudolf Schuh**, München, *Hochporöse Leichttonsteine und feuerfeste Formkörper.* Schaum aus Eiweiß oder seinen Abfallprodd. wird in Ton oder keram. Massen eingebracht u. diese Schaumtonmassen der Preßverformung unterworfen. Man kann den Schaum zusammen mit den Tonmassen in die formgebende Maschine geben, z. B. unter Druck zuführen. (**D. B. P. 881 628** Kl. 80b vom 26/6. 1951, ausg. 2/7. 1953. **Zusatz zu D. B. P. 866 024; C. 1954. 4012.**) REINHART. 6219

General Motors Corp., Detroit, Mich., V. St. A., *Zündkerzenisolatoren.* Durch Formen u. nachfolgendes Brennen eines tonerdereichen, kieselsäurearmen, feingemahlenen Gemisches, dessen Verhältnis des Gesamttonerdegeh. zum Gesamtkieselsäuregeh. wesentlich größer ist als im Mullit, werden keram. Körper, bes. Zündkerzensteine, erhalten, die aus einer dichten M. bestehen, welche aus Korund, Mullit u. nur ganz unwesentlichen Mengen glasiger Bestandteile zusammengesetzt ist. Die Bestandteile werden so fein gemahlen, daß sie durch ein Sieb hindurchgehen, das 16900 Maschen je cm^2 besitzt. Sie werden, wie im Hauptpatent angegeben ist, mit Harzen oder ähnlichen thermoplast. Stoffen gemischt u. unter Druck geformt. Das Brennen erfolgt bei Seger-Kegel 30—35. (**D. B. P. 890 922** Kl. 80b vom 27/6. 1936, ausg. 24/9. 1953. A. Priorr. 27/6. 1935 u. 22/5. 1936. **Zusatz zu D. R. P. 763 264; C. 1953. 5904.**) REINHART. 6221

General Motors Corp., Detroit, Mich., V. St. A., *Zündkerzenisolator.* Ein Gemisch aus Tonerde u. 1—15% Zirkonsilicat wird zu Zündkerzensteinen geformt, die bei ca. 1600—1750° gebrannt werden. Die Prodd. sollen Erzeugnissen aus geschmolzener Al_2O_3 überlegen sein. Sie sind porenfrei, unempfindlich gegen Temperaturschwankungen, elektr. widerstandsfähig bei hohen Tempp. auch gegen Kriech- u. Hochfrequenzströme u. haben eine gute Wärmeausdehnung. Die Zündkerzensteine sind für Kraftfahrzeugmotoren auch mit sehr hoher Kompression geeignet. (**D. B. P. 897 671** Kl. 80b vom 13/12. 1935, ausg. 23/11. 1953. **Zusatz zu D. R. P. 763 264; C. 1953. 5904.**) REINHART. 6221

Westvaco Chlorine Products Corp., New York, N. Y., V. St. A., *Verbesserung der Eigenschaften von Magnesiazement.* Um das Schrumpfen von aus Magnesiazementmischungen hergestellten Formlingen nach dem Erhärten zu verringern, wird dem MgO neben $MgCl_2$ u. W. noch ein wasserlösl. Salz einer Phosphorsäure zugesetzt, welche weniger H_2O-Moleküle enthält als H_3PO_4. In erster Linie kommen folgende Salze in Frage: $Na_4P_2O_7$, $Na_5P_3O_{10}$, $Na_6P_4O_{13}$, $Na_{14}P_8O_{27}$, $Na_2H_2P_2O_7$ u. $(NaPO_3)_n$. (**E. P. 638 926** vom 8/8. 1947, ausg. 21/6. 1950. A. Prior. 1/9. 1945.) HANS HOFFMANN. 6223

Anton Koch, Kirchbichl, Tirol, Österreich, *Brennen von mineralischen Massen, besonders von Zement.* Zur Erleichterung des Sinterns beim Brennen von mineral. Massen, bes. Zement, werden als Flußmittel neben CaF_2 noch $CaSO_4$ enthaltende Stoffe in solchen Mengen verwendet, daß der chem. reine Anteil beider Verbb. etwa im Verhältnis der Mol-Gewichte derselben steht oder von dem dem Eutektikum entsprechenden Verhältnis (1 Mol CaF_2 : 1 Mol $CaSO_4$) nach beiden Richtungen nicht mehr als um 25% abweicht. (**D. B. P. 880 108** Kl. 80b vom 15/12. 1950, ausg. 18/6. 1953. Oe. Prior. 17/12. 1949.) HANS HOFFMANN. 6223

Raymond Combe, Seine, Frankreich, *Herstellung von Betonkörpern unter Härtung im Autoklaven.* Man zerkleinert mittels Naßvermahlung 20 (%) Zementklinker u. 80 SiO_2-reichen Sand. Die erhaltene Paste wird gründlich durchgemischt, u. man formt entsprechende Körper. Diese werden 15 Std. unter Dampfeinw. bei einem Druck von 8 kg/cm² gehärtet u. anschließend 28 Tage unter Lufteinw. getrocknet. Sie weisen eine Druckfestigkeit von 900 kg/cm² auf. Benutzt man die Paste als Bindemittelmörtel unter Zugabe weiterer Zuschlagsstoffe u. formt in üblicherweise Körper unter Rütteln, die dann gleichfalls im Autoklaven behandelt werden, so kann man Druckfestigkeiten von 300—1000 kg/cm² erzielen. (**F. P. 1 034 242** vom 21/3. 1951, ausg. 21/7. 1953.) BEWERSDORF. 6225

Badische Anilin- & Soda-Fabrik Akt.-Ges., Ludwigshafen/Rh. (Erfinder: **Fritz Rausch,** Limburgerhof/Pfalz, und **Fritz Graf,** Ludwigshafen/Rh.), *Schutz von Betonoberflächen gegen den Angriff von Auftausalzen.* Die Betonoberfläche wird gleichzeitig bzw. vor oder nach der Zugabe der Auftausalze mit mehrwertigen Alkoholen oder mit Destillationsrückständen solcher Alkohole behandelt, z. B. mit Butandiol-(1.4), Butandiol-(1.3), Butantriolen, Trimethylolpropan, Hexantriolen u. dgl., bes. mit den bei der Dest. dieser Alkohole zurückbleibenden schwerflüchtigen Rückständen. (**D. B. P. 903 797** Kl. 80b vom 4/1. 1952, ausg. 11/2. 1954.) HANS HOFFMANN. 6225

Canadian Gypsum Co. Ltd., übert. von: **Manoel C. Dailey** und **Joseph R. Parsons,** Windsor, Nova Scotia, Canada, *Durchlässige Gips-Gießform.* Aus calciniertem $CaSO_4$ wird mit W. ein Brei gefertigt u. ein mit $CaSO_4$ verträgliches Schaummittel zugesetzt. Durch Rühren werden Luftblasen im $CaSO_4$-Brei erzeugt u. dann der Brei in einen mit Muster versehenen Formkasten gebracht, wobei der zwischen Brei u. Muster befindliche Schaum gebrochen wird. Nach dem Erstarren wird die Form getrocknet. (**Can. P. 487 208** vom 21/4. 1947, ausg. 14/10. 1952. A. Prior. 18/1. 1947.) WITTHOLZ. 6227

Gustaf Bristol Heijmer, Schweden, *Mörtelsmischung.* Er enthält bis zu 2% wasserlösl. Cellulosederivv., wie Äthyl- oder Methylcellulose, oder Salze der Celluloseglykolsäure neben anorgan. Füllstoffen verschied. Korngröße, wie Kreide, Kieselgur, Sand u. W., ferner gegebenenfalls Zement, auch Polyvinylacetat- oder Bitumenemulsionen, schließlich können Fasern (Asbest, Torf, Karton, Haare, Glaswolle) zugegeben werden, wobei die Fasern mit $CaCl_2$ behandelt sein können. — Man nimmt z. B. 10—20 (Gewichtsteile) einer wss. Äthylcelluloselsg. mit 1 Äthylcellulose auf 25 W., 10—30 Kreide, 20—25 Sand verschied. Korngröße, 2—15 Zement. Verwendung zum Überziehen von Wänden, als Hilfsmittel bei Fliesen. (**F. P. 1 029 888** vom 19/12. 1950, ausg. 8/6.1953.) PANKOW. 6227

Emilienne Crosnier, Seine, Frankreich, *Herstellung von abbindefähigem Mörtel aus eisenhaltigen Rückständen der chemischen oder metallurgischen Industrie.* Z. B. vermischt man solche Abfälle oder Stäube in der Kälte trocken mit 5—25% Al- oder Ca-Doppelsilicaten. Dann fügt man ca. das halbe Vol. dieser Stoffe W. hinzu u. vermischt innig. Die M. kann unter hohem Druck während mehrerer Min. zu Körpern geformt werden, die zwar sofort transportabel sind, sich aber weiter verfestigen. (**F. P. 1 033 511** vom 7/3. 1951, ausg. 13/7. 1953.) BEWERSDORF. 6227

Torfoleum-Werke Eduard Dyckerhoff, Poggenhagen über Wunstorf (Erfinder: **Werner Liehr,** Steinhude über Wunstorf), *Faserstoffleichtbauplatte.* Diese besteht aus Faserstoffen u. einem anorgan. Bindemittel, bes. Gips, das in Schaumform auf die Faserstoffe aufgebracht ist. Es wird ein Gips- oder dgl. Schaum verwendet, der vor dem Einsetzen des Abbindens zerfallen ist. (**D. B. P. 873 073** Kl. 80b vom 1/5. 1943, ausg. 9/4. 1953.) HANS HOFFMANN. 6229

Dolomitwerke G. m. b. H., Wülfrath/Rhld. (Erfinder: **Friedrich Buntenbach**, Letmathe), *Dolomitsteine.* Durch den Zusatz der sonst außer W. als Bindemittel verwendeten Stoffe, z. B. Öl, Teer, Tannin, Goudron, zu Sinterdolomit in Mengen, die unter 3% liegen, gelingt es beim Pressen unter Anwendung von Drucken, wie sie beim Trockenpressen üblich sind, durch Verbesserung der Gleiteigg. der Einzelkörner gegeneinander einen dichten Preßling zu erzielen. Es können die sonst bei der Herst. solcher Steine benutzten Korngrößen verwendet werden. (**D. B. P. 874 268** Kl. 80b vom 9/12. 1944, ausg. 23/4. 1953.) REINHART. 6229

Reinhard Ernst Vogel, Leutkirch, Allgäu, *Herstellung rissefreier poröser Bausteine aus Braunkohlenfilterasche.* Braunkohlenfilterasche von koll. Feinheit mit einem Verhältnis von $CaO : Fe_2O_3 + MgO = 1,5-3$ wird nach Zusatz von 5—10% BaO verformt, worauf die Formlinge an der Luft oder mit Wasserdampf gehärtet werden. Der Asche können noch 5—15% Al_2O_3 oder $Al(OH)_3$ oder Abfälle von gebranntem Ton zugesetzt werden. BaO kann durch äquivalente Mengen Na(OH) ersetzt werden. (**D. B. P. 882 975** Kl. 80b vom 28/4. 1951, ausg. 13/7. 1953.) HANS HOFFMANN. 6229

Titan Co., Inc., New York (Erfinder: **Warren Barnett Blumenthal**, Niagara Falls), N. Y., V. St. A., *Schleifmittel.* Aus einer Schmelze von teilweise reduziertem Titanoxyd u. ZrO_2 läßt sich ein hartes Schleifkorn bilden, das einen hohen O_2-Geh. besitzt. In der M. soll der O_2-Geh. größer als 15% u. kleiner als 98% der Menge sein, die im Falle nicht erfolgter Red. vorhanden wäre. Die Verschleißfestigkeit der geschmolzenen Titanoxyd–ZrO_2-Verb. scheint in höherem Grade von dem O_2-Geh. abzuhängen als von dem Verhältnis des Titanoxyds zu Zirkonoxyd, da eine hervorragende Härte bei Erzeugnissen erreicht wurde, die in der Ausgangsmischung hinsichtlich des Oxydverhältnisses der Komponenten zwischen 1 : 9 u. 9 : 1 schwanken. Bes. hohe Verschleißfestigkeit wird erreicht, wenn das Oxydverhältnis des Gemisches zwischen 1 : 3 u. 3 : 1 liegt. (**D. B. P. 873 070** Kl. 80b vom 30/3. 1951, ausg. 9/4. 1953. A. Prior. 30/3. 1950.) REINHART. 6239

Electro Refractories & Abrasives Corp., Del., übert. von: **Norman P. Robie**, Hamburg, N. Y., V. St. A., *Schleif- bzw. Schneidscheiben.* Eine M. aus $PbCl_2$, PbF_2, $PbSO_4$ oder PbFCl bzw. deren Mischung, Phenol- (A-Zustand) bzw. Alkydharz, Schleifmittel (Al_2O_3, Korund, Kryolith, Schmirgel, Diamant oder SiC) in verschied. Körnung u. Kresol, Furfurylalkohol oder Furfurol wird bei 182° verpreßt. (**A. P. 2 638 413** vom 10/8. 1949, ausg. 12/5. 1953.) SALZMANN. 6239

Hermann Salmang, Die physikalischen und chemischen Grundlagen der Keramik. 3. verb. Aufl. Berlin, Göttingen, Heidelberg: Springer. 1954. (VII + 335 S. m. 120 Abb.) DM 28,50.

VII. Agrikulturchemie. Schädlingsbekämpfung.

M. A. Lugo-López, M. B. Martinez und **A. R. Riera**, *Morphologische und physikochemische Eigenschaften verschiedener tropischer Böden des östlichen Zentral-Puerto Rico.* Vorläufiger Bericht über Unterss. an den wichtigsten Böden des östlichen Zentral-Puerto Rico. Bestimmt wurden organ. Substanz, p_H, N. Gesamtaustauschkapazität, Durchdringbarkeit für W., Gesamt- u. Luftporosität. — 12 Literaturhinweise (J. Agric. Univ. Puerto Rico **36.** 167—78. April 1952. Rio Piedras, Agric. Exp. Stat., Univ. of Puerto Rico.) GRIMME. 6300

C. Antoniani, L. Federico und **G. Cerutti**, *Beitrag zur Kenntnis der chemischen Fruchtbarkeit von Waldböden.* 3. Mitt. *Rhythmus der Phosphatumsetzung und chemische Zusammensetzung einiger Waldböden.* Die Unterss. wurden bei 50 verschied. Waldböden durchgeführt. Die Rk. schwankte zwischen neutral (21 Böden), schwach alkal. (7 Böden) u. schwach sauer (21 Böden). Nur 1 Boden war ausgesprochen sauer. Der CaO-Geh. lag durchweg unter 200‰, der Geh. an organ. Substanz u. Humuskolloiden lag bei 29 Böden unter 50‰, 18 enthielten 50—15‰, 3 über 150‰. Gesamt-P_2O_5 lag mit einer Ausnahme über 0,5‰ (bis zu 20‰), die P_2O_5-Löslichkeit in H_2CO_3 betrug bei 46% der Böden weniger als 1 mg/l kg, bei ca. 50% der Böden war sie ausreichend. Der Rhythmus der Phosphatumsetzung in den an Humuskolloiden reichen Böden war beschleunigt. (Agric. ital. **52** ([N. S.] **7**). 135—42. Juli 1952.) GRIMME. 6304

I. W. Swetschnikow, *Der Einfluß organisch-mineralischer granulierter Düngemittel auf den Ernteertrag von Futterrüben.* (Vgl. C. **1954.** 634.) Die Wrkg. von organ.-mineral. granuliertem *Superphosphat* (I) ist bei Futterrüben beträchtlich höher als die von pulverförmigem oder fabrikmäßig granuliertem **I.** Als optimale Gabe von **I**, das zusammen mit den Samen ausgestreut wurde, ergab sich eine Menge von 8,5 kg P_2O_5/ha. Zum Ausstreuen mit der Saat empfiehlt sich die Anwendung von Körnern von 2 bis

3 mm, zum breitwürfigen Unterbringen durch Pflug oder Kultivator die von 5 bis 10 mm Durchmesser. Für das breitwürfige Ausstreuen u. Unterpflügen stellt man Humus–I-Körner 3 : 1 her, zum Ausstreuen in die Reihen 1 : 1. (Земледелие [Ackerbau] **1953.** Nr. 7. 59—65. Dez. Swerdlowsk, Gebiets-Versuchsstation für Tierzucht.) A. JACOB. 6304

J. Chausson und **M. Ollagnier,** *Phosphathaltiger Mineraldünger bei der Erdnuß in Casamance.* Zusammenfassende Ausführungen über 3jährige Verss. mit Mineraldünger verschied. Zus. in den Erdnußkulturen von Sefa. Unter Heranziehung des Blatt-Testes wird, gemessen am Ertrag, ermittelt, daß Gaben von Stickstoff u. Kalium einen geringen, von Phosphat aber einen stark ertragserhöhenden Einfl. ausüben. Vorschlag der Verwendung von maximal 15 kg P_2O_5/ha, wo bei Heranziehung von Superphosphat (granuliert) gegebenenfalls mit 10—12 kg P_2O_5/ha auszukommen ist. (Oléagineux **8.** 549—54. Aug./Sept. 1953.) TÄUFEL. 6304

J. Renouleau, *Studie über Verabfolgung von Düngemitteln in den Erdnußkulturen von Nigeria.* Unter Hinweis auf die weitverbreitete Phosphorarmut der Böden in den Erdnußkulturen von Nordnigeria wird zur Steigerung der Erträge auf Grund der vorliegenden systemat. Verss. die Anwendung von einfachem Superphosphat (in Pastillen-, Pillen- oder Granulatform) vorgeschlagen; anzuwendende Menge 12—15 kg P_2O_5/ha. (Oléagineux **8.** 773—78. Nov. 1953. Niangoloko, Haute-Volta.) TÄUFEL. 6304

W. Pissemskaja, *Erfahrungen bei der Einbringung von granulierten Düngemitteln bei Baumwolle.* (Vgl. C. **1954.** 2033.) Die Anwendung von granuliertem *Superphosphat* (I) als Kopfdünger zu Baumwolle in Form mineral. Körner von 5—7 mm oder organ.-mineral. Körner (I: Schafsmist 1 : 1) von 10—12 mm bewirkt eine Erhöhung der Erträge von Baumwolle sowie eine beträchtliche Einsparung von Düngern. Verss. mit niedrigen Gaben granulierter Dünger haben gezeigt, daß die Pflanze wesentlich höhere Nährstoffmengen aufnehmen kann, als durch die Düngung zugeführt werden. Vf. behandelt ausführlich die Wrkg. von I bei verschied. Art der Einbringung, bei verschied. Mengen u. verschied. Böden. (Агробиология [Agrobiologie] **1953.** Nr. 6. 17—28. Nov./Dez.) A. JACOB. 6304

W. Pissemskaja, *Zeiten und Methoden der Einbringung der Düngung bei Baumwolle in Aserbaidshan.* In den Niederungen Aserbaidshans erzielt man die besten Baumwollerträge, wenn 40—50% der P-Düngung beim Pflügen, weitere 15—20% bei der Aussaat direkt in die Reihen u. die restlichen 35—40% als Kopfdüngung zugegeben werden. Granuliertes *Superphosphat* (I) zeigt gute Wrkg., wenn es bei frühzeitiger Aussaat mit dem Saatgut ausgestreut wird. Bei der N-Düngung ist es zweckmäßig, 20—25% der Gesamtgabe vor der Saat, den Rest als Kopfdüngung zu geben. Sehr vorteilhaft ist die nesterweise Einbringung von I in der Tiefe der stärksten Verbreitung der Wurzeln. (Хлопководство [Baumwoll-Wirtsch.] **3.** Nr. 9. 26—35. Sept. 1953.) M. GORDIENKO. 6304

N. P. Iwanowski, *Glaserit als Kalidüngemittel für Tabak.* Auf grauen Skelettwaldböden des östlichen Grusiens hatten K_2SO_4 (I) u. *Glaserit* (II) eine gleich günstige Wrkg. auf Menge u. Qualität der Tabakernte. Auf podsoligen Böden der feuchten Subtropen waren bei Anwendung von II Ertrag u. Qualität von Tabak besser als bei Anwendung von I. (Земледелие [Ackerbau] **1953.** Nr. 6. 65—67. Nov. Allunions Wiss. Mikojan-Forschungs-Inst. für Tabak u. Machorka.) A. JACOB. 6304

I. A. Nakaidse, *Die Wirksamkeit einer schichtenweisen Einbringung von Mineraldüngern bei Mais.* Auf podsoligen Böden gibt mineral. Volldüngung mit 90 kg N, 90 kg P_2O_5 u. 60 kg K_2O eine starke Erhöhung des Kornertrags von Mais. Am besten wird der Dünger in die Reihen in zwei Schichten eingebracht, die Hälfte 15—18 cm, die andere Hälfte 5—7 cm tief. Das reihenweise Unterbringen der Dünger beschleunigt den Verlauf der Entw. des Maises, so daß die Vollreife 7—10 Tage früher eintritt als ohne Düngung oder bei breitwürfigem Ausstreuen des Düngers. (Земледелие [Ackerbau] **1953.** Nr. 6. 109—10. Nov.) A. JACOB. 6304

L. I. Korablewa und **S. A. Prochorowa,** *Die Wirksamkeit von Düngemitteln bei Überschwemmungsböden.* Bei der Unters. der Marschböden am Moskwafluß wurde ein hoher Geh. an *N* u. P_2O_5 u. eine geringe Menge an pflanzenaufnehmbarem K_2O festgestellt. Die Rk. dieser Böden war neutral oder schwach alkal., der Geh. an adsorbierten Basen beträchtlich. Feldverss. mit Kartoffeln u. Futterrüben zeigten eine starke Wrkg. der K-Düngung, während P- u. N-Düngung ohne wesentliche Wrkg. blieben. Die Ertragssteigerung durch K_2O machte 4—6 t je ha aus; günstig wirkten bes. Mg-haltige Düngemittel, bei denen Erträge von 30,3 t/ha (bei gleichzeitiger starker K-Düngung) erzielt wurden. (Почвоведение [Bodenkunde] **1953.** Nr. 10.

27—36. Okt. Agrikulturchem. Labor. für das Bodenkundl. Inst. der Akad. der Wiss. der UdSSR.) A. JACOB. 6304

C. W. Bingemann, J. E. Varner und **W. P. Martin,** *Der Einfluß von Gaben organischer Substanzen auf die Zersetzung eines organischen Bodens.* Die Fruchtbarkeit eines Bodens wird maßgeblich vom Abbau seiner organ. Substanz beeinflußt. Zur Feststellung der optimalen Humusbilanz wurde Moorboden (p_H 4,9; N 2,5%) im Laboratoriumsvers. mit C-haltigen Substanzen [Glucose, Alfalfa (I) u. unlösl. Fraktion von I] behandelt, bei 28° bebrütet u. die CO_2-Abgabe des Bodens nach 46 u. 70 Tagen gemessen. Das CO_2 wurde in NaOH absorbiert u. als $BaCO_3$ gefällt. Zur Best. der Herkunft der CO_2 wurde das C-haltige Material mit ^{14}C markiert u. die Radioaktivität des ausgeschiedenen CO_2 gemessen. Keine der angewandten C-Verbb. bzw. C-Substrate konnte den C-Verlust des Bodens verhindern. Durch Zugabe von 0,6 u. 1,2 g Glucose/100 g Boden wurde die Zers. des bodeneigenen C anfänglich verlangsamt, später beschleunigt, da die Mikroflora zuerst die leichter zersetzliche Glucose abbaut, sich vermehrt u. dann den Boden-C in erhöhtem Maße angreift. I hatte umgekehrte Wirkung. Die C-Bilanz wurde anfänglich negativ, später positiv beeinflußt. Die unlösl. Fraktion von I hatte einen größeren Abbau des Bodenhumus zur Folge als I selbst. (Proc. Soil. Sci. Soc. America **17.** 34—38. Jan. 1953. Ohio Agric. Exp. Stat. u. Ohio State Univ.) LENHARD. 6304

Josef Faldner, *Die Verwertung der Ablaugen der Strohzellstofferzeugung.* Behandelt wird die Verwendung von Ablaugen für Düngezwecke. (Wbl. Papierfabrikat. **82.** 111—13. Ende Febr. 1954.) P. ECKERT. 6304

F. F. Ssidorow, *Der Einfluß von Azotobakterin auf den Ernteertrag von Kartoffeln.* Die Anwendung von *Azotobakterin* (I) bewirkt eine beträchtliche Steigerung der Kartoffelerträge auf podsoligen mittleren Lehmböden. Die Knollenbldg. der Kartoffeln tritt früher ein, was von Bedeutung für die Erzeugung einer früher reifenden Kartoffel ist. Die Kartoffelsorten reagieren verschieden auf den Zusatz von I. (Доклады Всесоюзной ордена Ленина Академии Сельскохозяйственных Наук имени В. И. Ленина. [Ber. Allunions landwirtsch. (Lenin-Orden) Lenin-Akad.] **19.** Nr. 1. 25—27. 1954. Allunions Wiss. Forsch.-Inst. für Pflanzenbau.) A. JACOB. 6304

G. N. Blinkow, *Die Wirksamkeit der Stickstoffbindung durch Azotobacter sibirischer Böden.* In den sibir. Böden wird nur eine Art von *Azotobacter* (I), nämlich Azotobacter chroococcum, angetroffen. Die in den verschied. Bodentypen enthaltenen Stämme dieser Art unterscheiden sich in ihren morpholog. Kennzeichen nur durch einige Einzelheiten. Auf den n. Nährmedien binden die typ. sibir. Stämme von I auf 1 g Saccharose 9,7—11,2 mg N, was der von WINOGRADSKY festgestellten Produktivität von I entspricht. Auf sauren u. stark alkal. Böden ist die N-Bindung des typ. I wesentlich niedriger. Einige Arten von I zeigen eine starke Widerstandsfähigkeit gegen erhöhte Acidität u. Alkalität des Substrates. Da die Böden, die morpholog. u. psysiol. verschied. Arten von I enthalten, zu verschied. Bodentypen gehören u. in die Böden mit typ. I eingestreut sind, unterliegt es keinem Zweifel, daß die verschied. I-Arten einen örtlichen Ursprung haben u. daß auf ihre Entstehung nicht die gewöhnlichen ökolog. Faktoren, sondern irgendwelche spezif. Besonderheiten der Böden Einfl. haben, auf denen sie sich gegenwärtig befinden. (Микробиология [Mikrobiologie] **22.** 663—68. Nov./Dez. 1953. Tomsk, Pädagog. Inst.) A. JACOB. 6306

H. W. Crittenden, *Verminderung von Nematodenbefall an Gartengewächsen durch Bodenbehandlung, Fruchtwechsel und Anbaupflanzen.* Vf. berichtet über Bodenbehandlung gegen Nematoden mit *DD* (Dichlorpropen + Dichlorpropan) u. *Iscobrome D* (Äthylendibromid). Die Mittel werden mit einer Düngerlauge 5 in. tief in den Boden gebracht (Sept. u. April); Anwendungsmengen von 20 gal/acre DD oder 25 gal/acre Iscobrome D geben genügend Schutz bei verseuchten Böden. Außerdem wird Fruchtwechsel auf resistente Pflanzenarten empfohlen. (Trans. Peninsula horticult. Soc. **41.** 65—70. 1951. Delaware Agricult. Exp. Stat., Dep. of Plant Pathol.) GOEBEL. 6312

D. W. McCallum, *Bodensterilisierung mit Chlorpikrin.* Die Sterilisierung des Bodens in Gewächshäusern (bes. bei mehrere Jahre aufeinanderfolgendem Anbau von Tomaten) kann durch Begasen mit 3 cm³ Chlorpikrin (I) je square foot in 6—8 in. Tiefe erfolgen. Da I ein stark wirkendes Haut- u. Atemgift ist, sind Schutzmaßnahmen (Atemmaske) zu treffen. (New Zealand J. Agric. **86.** 237. 239—40. März 1953. Blenheim, Dep. of Agric.) RANG. 6312

J. E. Senaratne, *Vorversuche zur Bekämpfung des Wasserfarns (Salvinia).* Wiederholte Spritzungen mit 2.4 D (Butylester) u. 2.4.5 T (Butylester) hatten ermutigende Ergebnisse. (Trop. Agriculturist **108.** 49—50. Jan./März 1952.) GRIMME. 6312

Lawrence J. King, *Keimung und chemische Bekämpfung von Setaria Faberii Herrm.* Bei Verss. in Petrischalen mit Samen von Setaria Faberii Herrm. erreicht man selten eine Keimung von über 20—34%. Im Ackerboden selbst kann die Keimung durch gewisse Bodenbestandteile bedeutend intensiviert werden. Vergleichende Verss. zur Bekämpfung des schädlichen Grases wurden durchgeführt mit *Crag Herbicid 1* [Na-2-(2.4-dichlorphenoxy)-äthylsulfat], *Chlor-IPC* [O-Isopropyl-N-(3-chlorphenyl)-carbamat], Dichloralharnstoff u. *CMU.* Hierbei wirkte letzteres am besten, schon bei einer Konz. von 2,5 lb./l acre. — 51 Literaturzitate. (Contr. Boyce Thompson Inst. **16.** 469—87. Juli/Sept. 1952. Yonkers, N. Y., Thompson Inst. for Plant Research u. New York, N. Y., Carbade & Carbon Chem. Co.) Grimme. 6312

W. P. Cass Smith, M. Hardie und **B. N. Lowe,** *Weitere Bekämpfungsversuche von Alternaria solani bei Kartoffeln.* Die Ausbreitung von Alternaria solani wird durch zweimaliges Spritzen der Kartoffelpflanzen im Abstand von 10—14 Tagen mit *Dithane Z. 78* (I; Konz. 2 lb./100 gallons W.) erfolgreich bekämpft. I kann mit DDT u. den meisten anderen Insekticiden gleichzeitig angewendet werden. (J. Agric. Western Australia **3.** 59—60. 63—64. Jan./Febr. 1954.) Rang. 6312

D. Boubals und **A. Vergnes,** *Versuche mit organischen Fungiciden bei der Rebenmehltaubekämpfung.* Spritzungen mit den neuen Mitteln *S* (N-Trichlormethylthiotetrahydrophthalimid) u. *D* (Zn-Äthylen-bis-dithiocarbamat) waren sehr erfolgreich. S übertraf sowohl Bordeauxbrühe als auch D, letzteres ist wirkungsmäßig Bordeauxbrühe ziemlich gleich. (Ann. Inst. nat. Rech. agronom., Sér. C **4.** 209—25. April/Mai/Juni 1953. Montpellier, Labor. de Recherches viticoles, École Nat. d'Agriculture.) Grimme. 6312

M. Gaudineau und **C. M. Messiaen,** *Rebenmehltau und neue Bekämpfungsmittel.* An erster Stelle bei der Bekämpfung stehen immer noch die altbewährten Cu-Fungicide. Aber auch mit Zn-Äthylen-bis-dithiocarbamat (300 g/l hl) u. N-Trichlormethylthiotetrahydrophthalimid (500 g/l hl) wurden gute Erfolge erzielt. — 26 Literaturhinweise. (Ann. Inst. nat. Rech. agronom., Sér. C **4.** 185—208. April/Mai/Juni 1953. Pont-de-la-Maye, Stat. de Pathologie végétale.) Grimme. 6312

W. E. Ripper, R. M. Greenslade und **G. S. Hartley,** *Selektive Insekticide und biologische Bekämpfung.* An Hand der Literatur (25 Hinweise) u. der Ergebnisse eigener Unterss. behandeln Vff. die Wirkungsweise selektiver Insekticide u. ihre Auswrkg. auf die Vernichtung von Schadinsekten durch Nutzinsekten. (J. econ. Entomol. **44.** 448—59. Aug. 1951. Cambridge, England, Pest Control Limited.) Liebner. 6312

A. D. Lowe, *Weizengefährdung durch BHC und Lindane.* Verss. haben gezeigt, daß BHC bzw. Lindane die Keimfähigkeit des Weizens gefährden, wenn das Saatgut u. das Insekticid mit der Drillmaschine gesät werden. (New Zealand J. Agric. **86.** 305—06. April 1953. Ashburton, Entomol. Res. Stat. Dep. of Scientific u. Industr. Res.) W. Lorenz. 6312

R. Vasseur und **D. Schvester,** *Methoden zur Bekämpfung von Xyloborus dispar F. Col. Scolitidae.* Als Bekämpfungsmittel gegen den Schädling bewährten sich DDT u. HCH in Petroleumemulsion. (Ann. Inst. nat. Rech. agronom., Sér. C **4.** 167—72. April/Mai/Juni 1953. Saint-Genis-Laval (Rhône), Labor. du Pou de San José.) Grimme. 6312

B. C. Basu, P. Balarama Menon und **C. M. Sen Gupta,** *Untersuchungen über Viehräudemilben in Indien.* Zur Bekämpfung von Sarcoptes scabi eignen sich DDT, Gammexan u. Derris sowie Tabak–Kalk-Brühe. Bei Demodex folliculorum bewährten sich Waschungen mit 2%ig. DDT-Lösung. Intravenöse oder intraperitoneale Injektionen mit Seewasser oder NaCl-Lsg. hatten keinen Erfolg. (Indian J. veterin. Sci. animal Husbandry **22.** 143—49. Juni 1952. Izatnager, Indian Veterinary Res. Inst.) Grimme. 6312

Robert J. Norton, *Vererbung der DDT-Toleranz bei der Hausfliege.* Vf. stellte fest, daß sowohl im Puppen- als auch im Adultenstadium die Anfälligkeit gegen Intoxikation auch bei als resistent geltenden Stämmen langsam, aber sicher zunimmt. Die Toleranz steigt aber nach einer gewissen Ruhezeit wieder an. — 23 Literaturhinweise. (Contr. Boyce Thompson Inst. **17.** 105—26. Jan./März 1953. Amherst, Mass., Crop Protection Inst. at Boyce Thompson Inst.) Grimme. 6312

B. N. Lal und **S. B. Srivastava,** *Bekämpfung von Fliegenbrut im Kompost.* 1. Mitt. *Wirkung von Chemikalien auf Fliegenbrut.* Bei Verss. zur Bekämpfung der Fliegenbrut in Kompost durch Behandlung mit Kalk (I), Borax (II), Chlorkalk, DDT bzw. Gammexan zeigte II die stärkste, I die schwächste Wirkung. (Indian J. agric. Sci. **20.** 239—50. Juni 1950. Lucknow, United Provinces, Dep. of Agric., Compost Scheme.) Rang. 6312

Salvatore Sozio, *Der Kampf gegen die Wüstenheuschrecke in Somaliland.* Bei der Bekämpfung bewährten sich vor allem *Gammexan, DNOC* u. *Aldrin.* (Riv. Agric. subtrop. trop. **47.** 356—85. Juli/Sept. 1953. Mogadiscio.) GRIMME. 6312

T. R. Subramaniam, T. S. Muthukrishnan und **K. R. Nagaraja Rao,** *Die Bekämpfung von Alcidodes bubo Fabr., eines Schädlings von Sesbania grandiflora in Südindien.* Zur Bekämpfung des Schädlings eignen sich *DDT-* u. *BHC*-Mittel sowie *Parathion, Pestox III, Toxaphen* u. *Intox-8* (Chlordanpräp.). (Madras agric. J. **40.** 527—31. Dez. 1953. Coimbatore, Agric. Res. Inst.) RANG. 6312

L. P. Ditman, Howard Stier und **A. O. Saulsbury,** *Bekämpfung der Erbsenblattlaus in Vergangenheit und Gegenwart.* Bei Feldverss. erwies sich *Malathion* gegen Nectaphora destructor als hochwirksam, ohne die Qualität von Konservenerbsen zu mindern. Die Anwendung des Präp. sichert weit höhere Erträge, als sie früher durch Bekämpfung des Schädlings mit *Nicotin, Rotenon* oder *DDT* möglich war. (Canning Trade **76.** Nr. 31. 7—8. 13. 22/2. 1954. Maryland Agric. Exp. Stat., Nat. Canners Assoc., Statist. Div., u. Ridgely, Maryland, Saulbury Bros., Inc.) RANG. 6312

K. D. Jacob, W. H. Arniger, J. H. Caro und **W. M. Hoffman,** *Bericht über Phosphorsäure. Beziehung zwischen der Teilchengröße von Calciummetaphosphat und seiner Citratlöslichkeit und Düngewirkung.* Bei der Best. der Citratlöslichkeit des P_2O_5 von glasigem Ca-Metaphosphat (I) wurde festgestellt, daß dieselbe von der Teilchengröße des I abhängig ist. Besonders ist zu beachten, daß die durch kontinuierliches Schütteln mit Citratlsg. erhaltenen Werte nicht mehr mit der tatsächlichen Düngewrkg. übereinstimmen. (J. Assoc. off. agric. Chemists **34.** 624—40. 15/8. 1951. Beltsville, Md., Div. of Fertilizer and Agricult. Lime.) GRIMME. 6322

A. Ch. Batalin und **Je. Ju. Perelman,** *Die quantitative Bestimmung der Summe der Alkalimetalle im Boden.* Ein bestimmtes Vol. des Bodenauszugs wird in einer Pt- oder Pyrexglasschale eingedampft u. zur Entfernung der freien Säuren schwach geglüht. Dem Rückstand setzt man einen 10fachen Überschuß an Oxalsäure (I) zu, nimmt mit W. auf u. verdampft auf dem Wasserbad zur Trockne. Zur vollständigen Umwandlung der Alkaliverbb. in Carbonate genügt ein zweimaliges Eindampfen, wobei man beim 2. Eindampfen I nicht zuzusetzen braucht. Der trockne Rückstand wird bis zur vollständigen Zers. der Oxalate geglüht. Nach dem Abkühlen wird er mit einer gesätt. Lsg. von $(NH_4)_2CO_3$ verrührt u. in Anwesenheit von NH_3 auf dem Wasserbad zur Trockne verdampft. Der erhaltene trockne Rückstand wird mit sd. W. aufgenommen, abfiltriert u. mit W. ausgewaschen, das Filtrat zur Trockne eingedampft u. 20—30 Min. auf freier Flamme geglüht, in W. gelöst u. 3—4 mal mit sd. W. ausgewaschen. Das Filtrat wird mit H_2SO_4 unter Anwendung von Methylorange titriert, um die Summe der *Alkalimetalle* zu bestimmen. (Почвоведение [Bodenkunde] **1953.** Nr. 11. 97—99. Nov. Tschkalow, Landwirtsch. Andrejew-Inst.) A. JACOB. 6324

Ja. W. Peiwe und **N. N. Iwanowa,** *Über den Gehalt und die Bestimmungsmethoden von Kupfer in den Böden der lettischen SSR.* Die Best. von *Cu* in Böden erfolgt in Auszügen mit 1,0 n HCl bei einem Verhältnis vom Boden zu Lsg. wie 1 : 5. Zwischen dem Gesamtgeh. an Cu u. der mit verd. Säuren in Lsg. gehenden Menge besteht ein direkter Zusammenhang. Böden, die wenig Cu enthalten, wie Sumpfböden, Rasengleyböden u. Rasenpodsole, enthalten auch wenig leichtlösl. Cu. Die analyt. Best. des Cu erfolgt am zweckmäßigsten nach der Mercaptochinolin-Meth., die es ermöglicht, Spuren von Cu auch in Anwesenheit von Fe, Mn, Al, Co, Ni usw. zu bestimmen. Die Ergebnisse dieser Meth. stimmen mit denen der Diäthylthiocarbamat-Meth. überein, die wesentlich umständlicher ist. Für die Cu-Kartierung der Lett. Republik wurden die Böden nach ihrem Cu-Geh. in 5 Gruppen eingeteilt. Am schlechtesten versorgt sind die Küstengegenden. Hier zeigte Cu-Düngung auch die größte Wirkung. (Почвоведение [Bodenkunde] **1953.** Nr. 11. 3—13. Nov. Inst. für Bodenkunde u. Ackerbau der Akad. der Wiss. der LettSSR.) A. JACOB. 6324

A. H. Beavers und **B. L. Larson,** *Elektrophorese von Tonböden nach der Schlierenmethode.* Durch Elektrophorese können Tonmineralien als Ergänzung zur mkr. Unters. näher charakterisiert werden. Teilchen derselben Ladungsgröße wandern in Suspensionen mit derselben Geschwindigkeit. Die Tonfraktionen können somit voneinander getrennt werden. Als Dispergierungsmittel dienen Na-Veronal für wasserhaltige Putnam- u. Cisne-Tone (I) u. Versenat u. Phosphat für solche der Bentonit-Montmorrillonit-Gruppe (II). H-haltige Tone müssen in Pufferlsgg. aufgeschwemmt werden. I erwiesen sich als elektrophoret. homogen, II als heterogen. In Mischungen können die Tonarten auf Grund ihrer verschied. Wanderungsgeschwindigkeiten getrennt werden. (Proc. Soil Sci. Soc. America **17.** 22—26. Jan. 1953. Urbana, Ill., Univ. of Illinois, Dep. Agronomy and Dairy Sci.) LENHARD. 6324

Fred I. Edwards jr., *Bericht über Parathion.* Von den verglichenen Methoden zur Wertbest. von *Parathion*-Präpp. befriedigt keine vollständig, da verwandte Verbb. stören. Den Vorzug der Einfachheit haben die Methoden von O'KEEFE u. AVERALL (Red. zu Aminverbb. u. Titration mit $NaNO_2$) u. die polarograph. Meth. von BOWEN u. EDWARDS. Die colorimetr. Meth. von AVERELL u. NORRIS (C. **1949**. II. 1014) genügt nur den Ansprüchen von Spurenbestimmungen (Rückstände an Früchten usw.). (J. Assoc. off. agric. Chemists **34.** **686**—89. 15/8. 1951. Beltsville, Md., Dep. of Agric., Bur. of Entomol. and Plant Quarantine.) GRIMME. 6328

Herbert A. Rooney, *Bericht über organische Thiocyanate.* Zur Best. von organ. Thiocyanaten in Petroleumsprays wird eine Modifikation der Meth. von ELMORE empfohlen: Überführen der organ. Thiocyanate in anorgan. durch Behandeln mit Alkalipolysulfidlsg., Entfernen des Petroleums durch Ausschütteln der Lsg. mit PAe., Fällung des Thiocyanats als Cu^{I}-Thiocyanat u. N-Best. im Nd. nach KJELDAHL. (J. Assoc. off. agric. Chemists **34.** 677—80. 15/8. 1951. Sacramento, Calif., Bur. of Chem., Dep. of Agricult.) GRIMME. 6328

Frieda M. Kunze und **Edwin P. Laug**, *Bericht über Methoxychlor. Die Trennung von DDT und Methoxychlor und die analytische Bestimmung beider Bestandteile.* Die bekannten Methoden zur Trennung von DDT (**I**) u. Methoxychlor (**II**) geben ungenaue Werte in Ggw. von Fett. Die alleinige Best. von **I** in Ggw. von **II** gelingt gut nach der DAVIDOWschen chromatograph. Methode. Soll außerdem neben **I** auch noch **II** bestimmt werden, arbeitet man in einer zweiten Probe nach der Meth. von PRIKETT (Entfernen des Fetts durch Verseifen), wobei nach der Hydrolyse eine Extraktion mit PAe. genügt unter Nachwaschen mit Alkohol. Die Entw. der roten Farbe erfolgt nach FAIRING mit 85%ig. H_2SO_4. Die erhaltenen Werte für **II** differieren höchstens um 2—3%. (J. Assoc. off. agric. Chemists **34.** 537—39. 15/8. 1951. Washington, D. C., Food and Drug Administr., Div. of Pharmakol.) GRIMME. 6328

Soc. Française des Caburants Forestiers und **Henri Guinot**, Frankreich, *Herstellung von Substanzen zur Beschleunigung des Pflanzenwachstums und zur Vertilgung von Unkraut.* Man erhält sie durch Kondensation von Holzteerölen oder deren Extrakten oder von chlorierten Holzteerölen in O_2-freier Atmosphäre (N_2-Atmosphäre) mit Natriumchloracetat. (**F. P. 1 011 625** vom 8/2. 1950, ausg. 25/6. 1952.) OPPERMANN. 6313

Johann Schestauber, Günselsdorf, Österreich, *Kunstwaben für Bienen* aus Bienenwachs, bestehend zumindest aus drei Schichten, von denen die mittlere oder zwei innere Schichten Mittel enthalten, die auf die Maden der Wachsmotte abtötend wirken, z. B. Borax oder Gips. Auch Tabakextrakt, sowie Nähr- u. Lockstoffe für die Maden können zugesetzt werden. (**Oe. P. 177 593** vom 25/2. 1952, ausg. 10/2. 1954.) WITTHOLZ. 6313

Ciba Akt.-Ges., Basel, Schweiz, *Insektenabwehrmittel.* Als Wirkstoffe werden Ester der allg. Formel $R-CH_2-O-CO-CO-O-R_1$ bzw. $R-CH_2-O-CO-(CH_2)_n-CO-O-R_1$ vorgeschlagen. $n = 1-8$, R = Rest eines fünfgliedrigen heterocycl. Ringes aus 4 C- u. 1 O-Atom, R_1 = Alkyl- oder Cycloalkylrest. Bes. wirksam sind die Ester der Adipinsäure, z. B. *Adipinsäureisopropyltetrahydrofurfurylester, Adipinsäurecyclohexyltetrahydrofurfurylester* u. andere. Diese Stoffe können in Lsgg., Salben, Cremes, Ölen, Emulsionen oder Pulver bzw. Puder verwendet werden. Anwendung in der Kosmetik, Veterinärmedizin, sowie zum Imprägnieren von Kleidern, wodurch diese insektenabstoßend werden. (**Oe. P. 178 224** vom 22/1. 1951, ausg. 26/4. 1954. Schwz. Prior. 16/2. 1950.) WITTHOLZ. 6313

Imperial Chemical Industries Ltd., übert. von: **Leslie James Burrage**, Liverpool, England, *Gewinnung von δ-Hexachlorcyclohexan.* Rohes Hexachlorcyclohexan wird mit einem wss. alkaliphat. Alkohol von höchstens 2 C-Atomen u. 10—50 (%) W. extrahiert. Man kann auch den mit wasserfreiem Alkohol aus dem Rohgemisch gewonnenen γ-haltigen Extrakt mit wss. Alkohl mit 5—50 W. extrahieren. (**A. P. 2 603 664** vom 23/10. 1947, ausg. 15/7. 1952. E. Prior. 18/11. 1946.) KRAUSS. 6313

VIII. Metallurgie. Metallographie. Metallverarbeitung.

Hans Reininger, *Hochwertiger Metallsandguß durch hochwertigen Formsand.* An Fehlgußbeispielen wird der Einfl. des Formsandes gezeigt. Die Ungleichmäßigkeit der Natursande verlangt Überwachung u. Gattierung der Sande. Synthet. Sande gestatten, gewünschte Eigg. planmäßig zu erzeugen. Als Beispiel dient ein hochwertiger Formsand für *Mg*-Guß. — Abb.; Schaubilder, Tafel. (Giessereipraxis **71.** 129—37. 25/4. 1953.) BÜLTMANN. 6382

J. W. Grant, *Wachsen von Gußeisen für Blockformen in Luft und Vakuum.* Das Schrifttum wird hinsichtlich der Theorien über die Ursachen des Wachsens von Gußeisen ausgewertet, u. Besonderheiten bei Gußeisen für Blockformen werden erörtert. Es werden die Gefügeänderungen bei 30- oder 60tägigem Glühen bei 500° von Gußeisen für Blockformen mit ca. 3,5—4,3(%) C, 1,3—1,8 Si, 0,5—0,8 Mn, 0,05—0,2 P u. 0,05—0,08 S gezeigt u. die Gefüge- u. Längsänderungen einer Fe–C–Al-Legierung mit 1,8 Al u. einer Fe–C-Legierung im Gußzustand u. im Anlaßzustand (200 Std. bei 700°) nach Wechselglühungen (bis zu 300 Wechsel) zwischen 650 u. 900° im Vakuum aufgenommen u. hieraus Folgerungen für die Theorie über die Ursache des Wachsens gezogen. (Foundry Trade J. **95.** 281—87. 3/9. 321—31. 10/9. 359—62. 17/9. 1953.) HOCHSTEIN. 6402

M. Prette, *Gußeisen im Maschinenbau.* Überblick. (Rev. gén. Mécan. **37.** 103—09. April. 179—84. Juni 1953.) HOCHSTEIN. 6402

B. Jones und **R. Jelley,** *Erzeugung von Gußeisen mit Kugelgraphit im Hochfrequenzofen.* Erörtert wird die Arbeitsweise bei der Erschmelzung von Gußeisen mit Kugelgraphit im sauren Hochfrequenzofen nur unter Verwendung von *Stahlschrott* mit ca. 0,02% C, Elektrodenkohle, *Ferrosilicium* u. einer *Mg*-Legierung. Es wird ein Vgl. der Eigg. mit denen eines üblichen Gußeisens mit Kugelgraphit aus dem Kupolofen gezogen, woraus sich zeigte, daß das Hochfrequenzgußeisen hinsichtlich Festigkeit, Zähigkeit u. Fehlerfreiheit überlegen ist. (Foundry Trade J. **95.** 313—14. 10/9. 1953.) HOCHSTEIN. 6404

Adalbert Wittmoser, *Über die sogenannten „Kerne" im Kugelgraphit.* Mkr. Unterss. der Graphitkugeln ergaben in den zentralen Bereichen zahlreicher Sphärolithen stark spiegelnde, als Kerne bezeichnete Bestandteile. Es wird das diesbzgl. Schrifttum erörtert. Durch vorsichtiges schrittweises Abtragen der Schliffoberfläche wird die Änderung des Erscheinungsbildes der Graphitkugeln in Abhängigkeit von der Schnittebene verfolgt. Hierdurch wird nachgewiesen, daß die Kerne als graphit. Bestandteile in den Graphitkugeln angesehen werden müssen u. die bisher beobachteten verschied. Grundtypen der Graphitkugeln durch die in den verschied. Schnittebenen der Sphärolithen unterschiedlichen opt. Effekte entwickelt wurden. — 64 Schrifttumsangaben. (Giesserei, techn.-wiss. Beih. **1953.** Nr. 12. 571—85. Okt. Gelsenkirchen, Eisenwerke Gelsenkirchen Akt.-Ges.) HOCHSTEIN. 6404

H. Siegel, *Zum Einfluß der Beschaffenheit der Schmelzstoffe auf den Temperguß aus dem Kupolofen.* Bei der Unters. über ursächliche Zusammenhänge bei der Entstehung der schwarzen Stellen wurde nachgewiesen, daß der im fl. Eisen befindliche O_2 in verschied. Bindung vorhanden ist. Höhere O_2-Gehh. werden durch einen höheren Geh. an leicht reduzierbaren Oxyden verursacht. Lunkerproben ergaben, daß diese Oxyde die Größe der Lunker u. Blasenhohlräume entscheidend beeinflussen. Es wird gefolgert, daß die Gase auch bei der Bldg. der schwarzen Stellen beteiligt sind. Es wurden Zusammenhänge zwischen dem O_2-Geh. des Eisens, dem FeO-Geh. der Schlacken u. dem Verrostungsgrad des Schrottes aufgezeigt u. der Nachw. der Schädlichkeit starker Rostschichten erbracht. Es zeigt sich der große Einfl. der Schrottbeschaffenheit. Außer der Auswirkung des niedrigen Mn-Geh. einer Roheisensorte konnte ein Einfl. des Roheisens auf den Temperguß nicht festgestellt werden. Die Verwendung von Kreislaufmaterial, das durch stark verrosteten Schrott beeinflußt ist, übt deutlich eine ungünstige Wrkg. auf die Gasgehh. u. die Lunkerung des Tempereisens aus. (Giesserei **40.** 516—27. 1/10. 1953. Hagen.) HOCHSTEIN. 6406

N. N. Dobrochotow, *Einfluß der Technologie des Schmelzens und Gießens von Stahl auf seine Eigenschaften.* Erörtert wird die Bedeutung der Schlackenzus. u. -temp. für die Erschmelzung von Stahl im bas. SIEMENS-MARTIN-Ofen, der Desoxydation des Stahles durch *Si* u. *Al* u. der Gießtemp. für die Herst. von gesundem Stahlguß. (Литейное Производство [Gießereiwesen] **1952.** Nr. 7. 2—6. Juli.) HOCHSTEIN. 6408

E. T. Turkdogan und **J. Pearson,** *Reaktionsgleichgewichte zwischen Metall und Schlacke bei der Stahlherstellung in sauren und basischen Siemens-Martin-Öfen.* Untersucht wird der Umfang des Gleichgewichtes zwischen Metall u. Schlacke in bezug auf die Rkk. zwischen *Mn, P, FeO* u. *C.* Die Mn- u. P-Gehh. im SIEMENS-MARTIN-Stahl, wie sie aus der Schlackenzus. berechnet werden, stehen in guter Übereinstimmung mit den analyt. gefundenen Werten. Hierdurch wird bewiesen, daß eine Gleichgewichtsverteilung dieser beiden Elemente leicht erreicht werden kann. Die FeO-Verteilung zwischen Metall u. Schlacke erreicht nur bei sehr niedrigen C-Gehh. Gleichgewicht. Wenn der C-Geh. hoch ist, ist das O-Potential der Schlacke viel höher als das, welches dem Gleichgewicht mit C entspricht; der O-Geh. des Metalls ist dann ein Zwischenwert zwischen dem im Gleichgewicht mit der Schlacke u. dem im Gleichgewicht mit C. Diese Erscheinung wird auf den langsamen Verlauf der Rk. zwischen C u. O zurückgeführt. Gleichgewicht in bezug auf O besteht nur an der Schlacke-Metall-Berührungsfläche. Ein Fluorid in der Schlacke scheint den Aktivitätskoeff. von gelöstem P_2O_5 zu erniedrigen u. hat daher einen günstigen Einfl. auf die P-Entfernung. — Schrifttumsangaben. (J. Iron Steel Inst. **176.** 59—63. Jan. 1954.) HOCHSTEIN. 6408

Fritz Schultz-Grunow, *Die Bewegungsvorgänge im Konverter.* (Stahl u. Eisen **73.** 1282—84. 24/9. 1953. Aachen.) HOCHSTEIN. 6408

Karl Daeves, *Badströmungen im Konverter und Stickstoffgehalt im Stahl.* In Modellverss. wird gezeigt, daß sich in Abhängigkeit vom freien Umlaufquerschnitt, Düsenboden u. Badhöhe stabile u. instabile Strömungen im blasenden Konverter ausbilden. Bei einer stabilen Strömung bilden sich große, fast luftfreie Eisenwirbel, in denen das Eisen indirekt durch Metalloxyde ohne N_2-Aufnahme gefrischt wird. Auch beim seitlichen Blasen überwiegt das indirekte Frischen, so daß während des Blasens prakt. keine N_2-Aufnahme stattfindet. (Stahl u. Eisen **73.** 1280—82. 24/9. 1953. Düsseldorf.) HOCHSTEIN. 6408.

Friedrich Erdmann-Jesnitzer und **Hermann Schumann,** *Der Einfluß der Wasserstoffdiffusion auf den kritischen Reckgrad von weichem unlegiertem Stahl.* (Vgl. SCHUMANN, C. **1954.** 4245.) Unterss. an krit. kalt gewalzten Stahlblechproben, die auf verschied. Weise mit atomarem H beladen wurden, ergaben keine Verschiebung des krit. Reck-(Walz-) Grades durch absorbierten Wasserstoff. Die auftretende Grobkornbldg. beruht auf der Wrkg. des austretenden C, wobei die notwendige Umgitterung durch geringe plast. Verformung erleichtert wird. Diese ist nicht vom krit. Reckgrad abhängig. (Arch. Eisenhüttenwes. **24.** 211—13. Mai/Juni 1953. Freiberg/Sachsen, Inst. für Metallkunde u. Materialprüfung, Bergakademie.) HOCHSTEIN. 6408

Friedrich Erdmann-Jesnitzer, Hermann Schumann und **Manfred Beckert,** *Diffusionskornbildung in Eisenlegierungen.* Auf Grund von Zapfenkornbldg. von C-armen *Stählen* nach entkohlender Glühung wurde festgestellt, daß die Diffusion von C im α-Fe-Zapfenkorn wesentlich schneller verläuft als im γ-Fe. Untersucht wird die Frage, ob die C-Diffusion im polykristallinen Ferrit allg. gleichzeitig im Sinne der geringeren Löslichkeit von höchstens 0,02% C in Fe größer oder nur erheblich beschleunigt wird durch die für das Zapfenkorn besondere u. röntgenograph. nachgewiesene Textur der α-Zellen, mit (120) parallel der Werkstückoberfläche dieser Randschicht liegend. Die entstehende Ausrichtung der ferrit. Randschicht wurde über Keimzellen mit (120)-Lage parallel der Werkstückoberfläche gedeutet, die Ausgangspunkte des Wachstums der Zapfen darstellen. Es werden Beispiele zur α-Zapfenkornbldg. im Werkstoffinnern von *Gußeisen* ohne äußere Entkohlung als Entmischungsvorgang von übersätt. γ-Eisen angegeben. Zur Entmischung von Austenit zu Perlit bei eutektoid. Stahl wurden für die kristallograph. Orientierungsbest. der α-Fe- zu den Fe_3C-Lamellen opt., ätztechn. u. mikrohärtetechn. Meßergebnisse mitgeteilt u. daraus belegt, daß die α-Fe-Grundmasse mit (120) parallel zu den Fe_3C-Lamellen liegt. Für den Ausdruck Zapfenkornbldg. wird Diffusionskorn vorgeschlagen. Diffusionskornbldg. mit rotationssymm. Ausrichtung trat bei Orientierungsunterss. an Eisenlegierungen nur für Einlagerungsmischkristalle (Fe–C) u. nicht für Substitutionsmischkristalle Fe–Al, Fe–Si, Fe–Cr u. Fe–P auf. — Ausführliche Schrifttumsangaben. (Arch. Eisenhüttenwes. **24.** 215—27. Mai/Juni 1953.) HOCHSTEIN. 6408

Hermann Schumann und **Friedrich Erdmann-Jesnitzer,** *Einfluß des Werkstoffzustandes auf die Wasserstoffdiffusion in unlegiertem Stahl.* An Blechen u. Drähten aus unlegiertem Stahl mit niedrigem C-Geh. wird bei kathod. Begasung mit H_2 volumetr. der Einfl. geringer u. stärkerer Kaltverformungen sowie der Kristallerholung u. Rekristallisation auf die Durchlässigkeit für H_2 untersucht. Durch geringe plast. Verformung wird die Diffusionsgeschwindigkeit (**I**) zwar geringfügig erhöht, durch höhere plast. Verformungen, etwa ab 30%, aber nimmt die **I** von H_2 im Stahl erheblich ab. Beim Anlassen der kaltverformten Probe setzt die Erhöhung der **I** bereits nach der Kristallerholung der Proben ein, woraus auf eine entscheidende diffusionshemmende Wrkg. der Versetzungen geschlossen wird. Bei der Rekristallisationstemp. steigt die **I** weiterhin kontinuierlich steil an. Das H_2-Verh. im Stahl nach der Kaltverformung u. anschließender Wärmebehandlung wird qualitativ gitterenerget. gedeutet. (Arch. Eisenhüttenwes. **24.** 353—60. Juli/Aug. 1953.) HOCHSTEIN. 6408

Theo Kootz, *Der Einfluß des Stickstoff-Teildruckes des Blaswindes auf die Aufstickung.* Bei stickstoffärmeren Frischgasen tritt zu Beginn der Aufstickung der Einfl. verminderter Sättigungskonz. gegenüber demjenigen eines geringeren N_2-Angebotes weit zurück. Die Tatsache, daß bei wachsender N_2-Verdünnung durch O_2-Anreicherung das Ergebnis der Praxis hinter denjenigen der Rechnung zurückbleibt, wird dadurch erklärt, daß bei steigendem O_2-Geh. der Einfl. des Angebots durch denjenigen wachsender Temp. an der Phasengrenzfläche ausgeglichen wird. (Arch. Eisenhüttenwes. **24.** 203–06. Mai/Juni 1953. Hamborn.) HOCHSTEIN. 6408

Heinz Kornfeld, *Die Kerbschlagzähigkeit weicher Feinkornstähle im ungealterten und gealterten Zustand.* (Vgl. C. **1953.** 3631 u. C. **1954.** 7276.) Es werden die Bedingungen für die Gleichwertigkeit von SIEMENS-MARTIN-Stahl u. Windfrischstahl in ihrer Eignung für geschweißte Bauarten untersucht u. Kerbschlagbiegeverss. zwischen +100 u. −90° mit ungealterten u. gealterten DVM- u. ungealterten V-Kerbproben nach LLOYDs Register aus Platinen u. Blechen aus SIEMENS-MARTIN- u. THOMAS-Stählen mit 0,05–0,20(%) C, 0,05–0,33 Si, 0,21–0,83 Mn, 0,013–0,086 P, 0,015 bis 0,050 S, 0,025–0,050 Al u. <0,020 N ausgeführt. Aus den Unterss. wird die Temperaturabhängigkeit der relativen mittleren Kerbschlagzähigkeit durch eine e-Funktion dargestellt. U. a. wird der Einfl. des Reinheitsgrades u. des Walzzustandes auf die Verschiebung der Kerbschlagzähigkeits-Temperatur-Kurven ermittelt, u. hieraus werden Rückschlüsse auf die Eignung des Stahles für Schweißzwecke gezogen. (Arch. Eisenhüttenwes. **25.** 61–70. Jan./Febr. 1954. Dortmund, Dortmund-Hörder Hüttenunion.) HOCHSTEIN. 6408

C. Magaretha Hickley und **J. H. Woodhead,** *Die Ferritbildung in untereutektoiden unlegierten Stählen.* Untersucht wird die Geschwindigkeit der Ferritbldg. während der isotherm. Austenitzers. an untereutektoiden unlegierten Stählen mit 0,08, 0,19, 0,33 u. 0,47% C. Das Fortschreiten der Rk. wurde durch qualitative Mikroskopie verfolgt, u. die getrennten Einflüsse der Keimbldg. u. des Wachsens wurden geschätzt. U. a. zeigte sich, daß bei konstanter Temp. die Geschwindigkeit der Keimbldg. u. die des Wachsens mit der Zeit abnehmen. Die Umwandlungsgeschwindigkeit nimmt so lange ab, bis sie sich einem stationären Zustand in der Rk. nähert. Mit zunehmendem Unterkühlungsgrad unter der A_3-Temp. nimmt die Geschwindigkeit der Ferritbldg. zu, weil sowohl die Keimbldg. als auch das Wachsen zunehmen. Mit abnehmenden C-Gehh. nimmt die Ferritbildungsgeschwindigkeit zu. — Schrifttumsangaben. (J. Iron Steel Inst. **176.** 129–39. Febr. 1954. Birmingham, Imperial Chemical Industries Ltd., u. Sheffield, Univ.) HOCHSTEIN. 6408

B. A. Mowtschan, *Über einige Besonderheiten des Vorganges der Primärkristallisation eines legierten Metalles.* Bei mkr. Unterss. des Gefüges eines Primärkornes legierter *Stähle* mit 18(%) Cr, 8 Ni u. 0,4 Nb wird die Ggw. von Kristalloberflächenschichten mit Konzz. an Legierungselementen nachgewiesen, die von ihrem mittleren Geh. im Stahl stark verschieden sind. Es wird die Natur dieser Erscheinung u. ihr Einfl. auf die physikal.-chem. Eigg. des Stahles erörtert. (Автоматическая Сварка [Automat. Schweißen] **6.** Nr. 3. 3–15. Mai/Juni 1953. Paton-Inst. für Elektroschweißung der Akad. der Wiss. der UkrSSR.) HOCHSTEIN. 6410

E. Smith, *Auswahl und Verwendung von nichtrostenden Stählen.* Überblick. (Sheet Metal Ind. **30.** 763–66. 820. Sept. 1953. Firth-Vickers Stainless Steels Ltd.) HOCHSTEIN. 6410

Gottfried Haufe und **Heinz Jahn,** *Stand und Entwicklung der Blenderöstung in der Zinkhütte Nievenheim der Stolberger Zink Aktiengesellschaft.* Vormaterial für die Sinterröstung ist eine Mischung von Rohblende mit 2–4(%) *Pb* u. ungesiebter Vorröstblende. Die Mischung enthält ca. 20 S u. wird mit Rückgut auf 6–8 Sulfid-S verdünnt. Von besonderer Wichtigkeit bei der Röstarbeit ist die Pb-Verflüchtigung, die im Spirletofen 60–70(%) u. auf dem Sinterband 30–40 beträgt. Das Pb wird als *EGR*-Staub mit 50–55 Pb gewonnen. Ferner wird über Krümelverss. mit abgesiebter vorgerösteter Blende berichtet. Bei der Herst. der Krümel wurde ein Zusatz von H_2SO_4 gegeben, die mit verschied. Durchmessern erzeugten Krümel wurden mit n. Sinterbandaufgabemischung gemischt u. auf einer Sinterpfanne verblasen. Es wurden auch Krümel, trocken u. angefeuchtet, ungemischt verblasen, wodurch eine helle, ungefärbte Kontaktsäure entsteht. (Z. Erzbergbau Metallhüttenwes. **6.** 249–57. Juli 1953.) APEL. 6426

Gotthard Björling, *Ein Beitrag zur Thermodynamik der Kondensation von Zink.* Die möglichen Rkk. bei der Red. von ZnO werden unter Benutzung von Sauerstoffpotential–Temperatur-Diagrammen verglichen u. Folgerungen auf die Kondensation (**I**) des hierbei entstehenden Zn-Dampfes gezogen. Wichtig sind ein C-Überschuß u. hohe Tempp. des Teiles der Beschickung, aus dem die Gase austreten, sowie die Zus. der Gase sowohl bei der Red. wie bei der I. Ein Überschuß an CO wirkt stark verschlechternd, an N_2 dagegen schwach verbessernd auf die I-Ausbeute. Ist der CO_2-

Geh. der Reduktionsgase zu hoch, so kann man vor der I eine Regeneration der Gase, z. B. durch Hindurchleiten durch beheizten Koks, einschalten. — Schrifttumsangaben. (Z. Erzbergbau Metallhüttenwes. **7.** 69—73. Febr. 1954. Stockholm.) APEL. 6426

Karl Löhberg, *Vorgänge bei der Warmverformung von Zink und Zinklegierungen.* Die durch Walzen oder Pressen beobachtete Kornverfeinerung beruht auf Rekristallisation. Die vorangehende Verformung erfolgt je nach Orientierung der Kristalle zur Verformungs- u. Beanspruchungsrichtung durch Translation oder Zwillingsbildung. Beim Walzen liegt überwiegend Biegegleitung vor, beim Strangpressen dagegen nur bei einzelnen Kristallen. Eine scharfe Trennung zwischen der Kalt- u. Warmverformung besteht hinsichtlich des Einfl. der Verformungsgeschwindigkeit auf das Formänderungsvermögen nicht. — Schrifttumsangaben. (Z. Metallkunde **45.** 8—13. Jan. 1954. Oberursel/Taunus; Frankfurt/M., Metallgesellschaft Akt.-Ges.) APEL. 6426

T. A. A. Quarm, *Eine Methode zur Herstellung von Indium hoher Reinheit.* (Vgl. C. **1952.** 3564.) Beschreibung von Reinigungsmethoden des Rohmetalles mit Gehh. an Ag, Cu, Pb, Sn, Cd u. Tl. (Bull. Instn. Mining Metallurgy Nr. **532.** Trans. **60.** 246—48. März. **536.** 472. Juli 1951.) J. FISCHER. 6436

C. J. Orciuch, *Das Schmieden von Magnesium.* Kurze Beschreibung der Schmiedetechnik u. der Ergebnisse der Verschmiedung zweier mit *AZ 80 X* u. *ZK 60* bezeichneten Mg-Legierungen. (Mod. Metals **7.** Nr. 11. 54—55. Dez. 1951. Wyman-Gordon Co.) WERNER. 6444

Georg Schichtel, *Über die Wärmebehandlung von Magnesiumlegierungen.* Es werden die Auswirkungen verschied. Arten von Homogenisierungsglühungen auf die mechan. Eigg. von Gußlegierungen beschrieben u. an Hand von Versuchsergebnissen unter Berücksichtigung der Wanddickenempfindlichkeit Richtlinien für ihre Durchführung gegeben. Dann wird eingegangen auf die zum Spannungsfreiglühen u. zur Vornahme von Richt- u. Schweißarbeiten notwendigen Wärmebehandlungen, die Homogenisierungsglühung von zur spanlosen Verformung bestimmten Gußblöcken, die durch Anlaßbehandlung erzielbaren Festigkeitssteigerungen u. die zur Vornahme der eigentlichen spanlosen Verformung notwendigen Wärmebehandlungen. Abschließend wird ein Hinweis auf das Vorwärmen u. auf die Beachtung des Rekristallisationsbereiches gegeben. — Schrifttumsangaben. (Metallurgie u. Giessereitechn. **3.** 390—97. Sept. 1953. Bitterfeld.) APEL. 6444

L. Sanderson, *Germanium.* Übersicht über Vork., Eigg., Darst. u. Verwendung. (Canad. Mining J. **74.** 81—82. Mai 1953.) BLUTH. 6448

Wilhelm J. Kroll, *Die Metallurgie des Titans und Zirkoniums.* Überblick über die bisher vorgeschlagenen sowie die prakt. durchgeführten Herstellungsverff. des Ti, seine Eigg. u. seine Legierungen, die sich auf solche mit *Fe, Cr, Al* u. *Mn* beschränken. Anschließend wird über die Gewinnung des Zr, seine Eigg. u. Verwendungsmöglichkeiten berichtet. — Schrifttumsangaben. (Z. Metallkunde **45.** 67—75. Febr. 1954. Corvallis, Ore.,) APEL. 6448

—, *Titan — eine Übersicht.* Bericht über die Darst. (KROLL-Prozeß), Eigg. des reinen Metalls u. einiger Legierungen. (J. Amer. Soc. Naval Engr., Inc. **65.** 549—62. Aug. 1953.) RUMPF. 6448

F. Robert Kostoch, *Gewinnung von Titan für Flugzeugzellen.* Übersicht. (Mod. Metals **9.** Nr. 5. 72. 74—76. Juni 1953. Los Angeles, Calif., North American Aviation Inc.) WESLY. 6448

W. I. Prosswirin, W. Ss. Rakowski und **A. F. Ssilajew,** *Die Gewinnung von Metallpulvern durch Zerstäuben flüssiger Legierungen.* Der fl. Metallstrahl wird durch strömendes Gas (Preßluft) oder durch rotierende Schaufelräder im W. zerstäubt. Hergestellt wurden Metallpulver von nichtrostendem Stahl u. Ferrolegierungen, Ferromangan u. Ferromolybdän. Die mechan. Eigg. der verschied. Pulver sind in Zahlentafeln zusammengestellt. (Вестник Машиностроения [Nachr. Maschinenbau] **31.** Nr. 7. 59—63. Juli 1951.) VOLLENBRUCK. 6474

P. B. McSherry, *Metall-Keramik-Schutzrohr für Thermoelemente.* Der Werkstoff besteht aus 77% metall. *Cr* u. 23% Al_2O_3. Das Rohr zeichnet sich durch hohe Wärmeleitfähigkeit bei guter Stoßfestigkeit aus. Es ist bes. geeignet zum Messen der Temp. von Metallschmelzen. (Iron Age **172.** Nr. 18. 100—01. 29/10. 1953. Waterbury, Conn., Bristol Co.) VIER. 6474

J. B. Morgan, *Verbesserung der Ultraschallprüfung durch Verwendung einer flüssigen Kupplung.* (Iron Age **172.** Nr. 6. 131—35. 6/8. 1953.) HANG. 6480

I. W. Firger, *Chemisch-thermische Härtung stählerner Werkstücke mit Hochfrequenzströmen.* Die Härtung mit Hochfrequenzerhitzung kann bei Anwendung schnell aufkohlender u. N-abgebender Mittel [z. B. gelbes Blutlaugensalz (I)] beträchtliche Zeitersparnisse ergeben [0,1 mm/Min. gegen 0,1 mm/Std.bei üblicher Zementation]. I wird entweder in Form kleiner Kristalle vor der Erwärmung aufgestreut oder im Cyanbad verschmolzen. Bei nichtrostendem *Cr-Stahl* wurde eine Oberflächenhärte von 60 bis 61 Rc erreicht; die Härtungstemp. betrug 980—1000°. (Вестник Машиностроения [Nachr. Maschinenbau] **31.** Nr. 8. 26—28. Aug. 1951.) VOLLENBRUCK. 6492

Howard E. Boyer, *Die Verwendung von Salzbädern beim Schmieden.* 1. Mitt. *Anwendbarkeit zum Wärmen von Knüppeln.* Besprechung des Aufbaus u. der Vorzüge von Salzbädern, bes. von Elektrodensalzbädern. Die im Salzbad erhitzten Schmiedestücke werden frei von Zunder u. mit einer fl. Salzschutzschicht bedeckt unter den Hammer gebracht. Dieses Salz wirkt als ein gutes Preßgesenkschmiermittel. Als Nachteil des Verf. gilt das Spritzen des Salzes beim Schmieden, sein Zurückbleiben in Hohlräumen u. in der daraus sich ergebenden Anfressung der Schmiedeteile. Eine Wasserabspritzung zur Entfernung der größten Salzmenge kurz vor dem Einbringen ins Gesenk hat noch zu keinen klaren Ergebnissen geführt. Durch die Salzbaderhitzung werden die Stahlverluste durch Oxydation stark verringert. (Steel Processing **37.** 393—97. Aug. 1951. American Bosch Corp.) HOCHSTEIN. 6492

Howard E. Boyer, *Die Verwendung von Salzbädern beim Schmieden.* 2. Mitt. *Wiederholtes Glühen.* (1. vgl. vorst. Ref.) Wiederholtes Glühen in Salzbädern während der Warmformgebung verhindert eine Entkohlung der Stahlteile. Die Bäder bestehen vorzugsweise aus einer Mischung von $BaCl_2$ u. NaCl. Das Salzbad muß neutral gehalten werden u. frei von Verunreinigungen, wie Sulfiten, Sulfiden u. Oxyden, sein. Es werden die Gefügeumwandlungen von Stahl während der Glühbehandlungen sowie der daraus folgenden Eigenschaftsänderungen besprochen. (Steel Processing **37.** 463 bis 467. Sept. 1951. American Bosch Corp.) HOCHSTEIN. 6492

C. J. Sullivan, *Herstellung von Stahlschweißungen nach dem Lichtbogenschweißverfahren unter Gasschutz.* (Welding J. **32.** 391—96. Mai 1953. New York, N. Y., Air Reduction Sales Co.) HOCHSTEIN. 6506

—, *Erzeugung besserer Schweißnähte mit Eisenpulverunterlage.* Zur Vermeidung von Struktur-, Festigkeits- u. Härteänderungen beim Schweißen von Stahl [0,12 bis 0,19(%) C, 0—0,28 Si, 0,30—0,40 Mn, 0,021—0,031 P u. 0,026—0,043 S] eignet sich als Schweißunterlage bes. Fe-Pulver [0,15(%) C, 0,35 Si, 0,25 Mn, 0,05 P u. 0,10 S] mit einer Teilchengröße 0,004—0,008 u. 0,024 in. im schwach gepreßten oder auch leicht gesinterten Zustand. Das Überarbeiten der Schweißnaht wird unnötig. (Iron Age **169.** Nr. 19. 116—18. 8/5. 1952.) WEITBRECHT. 6506

I. A. Oehler, *Abbrennschweißung von Titan.* Querschnitte bis zu 13 cm^2 wurden ohne Schwierigkeiten verschweißt. Die nadlige Gefügestruktur in der Schweißzone wird durch Wärmebehandlung bei 900° verfeinert. Die Schweißen sind frei von Einschlüssen u. Blasen. Durch Wärmebehandlung unmittelbar nach dem Schweißen bei 720° werden Brüche vermieden. (Mod. Metals **8.** 39. Aug. Canad. Metals **15.** Nr. 8. 48. Juli 1952.) KÜNTSCHER. 6506

A. P. Fenn, *Entwicklungen auf dem Gebiet der Oberflächenbehandlung von Aluminiumguß.* Überblick. (Metal Ind. [London] **81.** 367—69. 7/11. 1952.) MARKHOFF. 6508

Kurt Mathesius, *Das mechanische Entzundern und Verdichten von Oberflächen durch Strahlmittel.* Zusammenfassender Bericht an Hand von 13 engl. u. amerikan. Veröffentlichungen über die Entw. des Putz- u. Kugelstrahlverf. in der Stahlindustrie. Die den früher verwendeten Sand ersetzenden künstlich hergestellten Strahlmittel werden zusammenfassend mit *Stahlsand* bezeichnet u. bestehen aus Hartgußschrot (chilled iron), Hartgußkies (grit), vergütetem vorgenanntem Schrot oder Kies (malleable abrasive oder malleabrasive), Stahldrahtkörnern aus gehärtetem, geschnittenem Draht (cut wire) u. Stahlgußschrot (tru steel). (Stahl u. Eisen **74.** 353—55. 11/3. 1954.) HABBEL. 6510

D. F. Seymour, *Vorbereitung von Zink- und Aluminium-Druckgußteilen für die Nachbehandlung.* Der dunkle Belag nach dem Beizen u. die Oxydfilmbldg. auf Al-Legierungen werden durch Aufbringen einer dünnen Zn-Schicht vermieden. Bei den Zn-Legierungen muß eine Ätzung bei der Reinigung u. Vorbehandlung vermieden werden. (Materials and Methods **33.** Nr. 3. 68—69. März 1951.) KATZ. 6512

William H. Colner, Morris Feinleib und **Howard T. Francis,** *Herstellung feinster Drähte durch elektrolytisches Abätzen.* Der als Anode geschaltete Draht läuft kontinuierlich durch den Elektrolyten u. kann auf $<$0,0003 Zoll Durchmesser abgeätzt werden. (Metal Progr. **59.** 795—97. Juni 1951. Chicago, Ill., Armour Res. Found.) V. BOGDANDY. 6512

C. F. Paulson und **M. E. Gilwood,** *Phosphorsäurebeize.* Zur Wiedergewinnung der Säure wird das beim Beizen gebildete $Fe_3(PO_4)_2$ durch *Zeolith-Harze* (*Permutit*) wieder zur freien Säure regeneriert. Das an Zeolith gebundene Fe wird durch H_2SO_4 wieder entfernt. (Iron Age **166.** Nr. 24. 97—99. 14/12. 1950. New York, N. Y. Permutit Co.) J. FISCHER. 6512

J. K. Wilson und **O. Wright,** *Tauchplattierung durch Kontakt.* Diese Meth. wird immer dort angewendet, wo infolge der mehr oder weniger schlechten Tiefenstreuung bei der Elektroplattierung von schwierigen Teilen ein gleichmäßiger Überzug unmöglich ist. Durch Erzeugung eines Spannungsgefälles zwischen dem Gegenstand u. einem sehr unedlen Metall, wie Zn oder Al, wird aus dem bes. empfohlenen Na-Stannatbad *Sn* gleichmäßig auf alle Teile dieses Gegenstandes niedergeschlagen. Es werden die Vor- u. Nachteile der Kontaktmeth. u. der Elektroplattierung gegenübergestellt. Vorteile der Kontaktmeth. sind: Keine H_2-Entw., gleichmäßige Metallabscheidung, dadurch größere Korrosionssicherheit. Metallograph. Bilder zeigen, daß die Überzüge dicht u. zusammenhängend sind. (Aircraft Product. **15.** 329—34. Sept. 1953. Acton, London, D. Napier & Son Ltd.) J. FISCHER. 6512

George B. Hogaboom, *Erfahrungen bei der analytischen Überwachung von Elektroplattierlösungen.* Vf. berichtet über Betriebserfahrungen. (Metal Finishing **51.** Nr. 6. 93—96. 102. Juni 1953. New Britain, Conn.) J. FISCHER. 6514

J. Smelik, *Die Anwendung der polarographischen Adsorptionsanalyse zur Untersuchung galvanischer Glanzbäder.* Es werden polarograph. Grundlsgg. angegeben, die sowohl in Ggw. von sauren als auch cyankal. Badlsgg. ein Maximum bilden u. die Dämpfungswrkg. der Glanzzusätze zu messen gestatten. Bei einem Glanznickelbad wird das Verh. der Glanzzusätze während der Elektrolyse verfolgt u. die Anwendbarkeit der polarograph. Analysenmeth. gezeigt. — Literaturangaben. (Metalloberfläche, Ausg. B **5.** 165—69. Nov. 1953. Wien, TH, Elektrochem. Inst.) MARKHOFF. 6514

Heinz W. Dettner, *Korrosionsbeständigkeit von Metallüberzügen in Abhängigkeit von der Schichtdicke und den elektrolytischen Niederschlagsbedingungen.* Nach einem kurzen Überblick über die Theorie der Korrosion metall. Überzüge werden einige Hartverchromungsverss. u. deren Auswertung besprochen. (Metalurgia y Electr. **17.** Nr. 189. 42—46. Mai 1953.) PISTOR. 6518

A. J. Mitchell, *Billige Schwarzoxydfärbung auf Stahl durch eine chemische Tauchmethode.* Beschreibung der Meth., bei der wss. Alkalinitratlsg. verwendet wird. Bei diesem Prozeß tritt prakt. keine Veränderung der Dimensionen des Stahlteiles ein. Überblick über die Anwendungsgebiete u. andere Schwärzungsmethoden. (Materials and Methods **35.** Nr. 3. 92—95. März 1952. Mitchell-Bradford Chemical Co.) J. FISCHER. 6534

Ss. A. Balesin und **W. B. Ratinow,** *Linear-selektive Korrosion nitrierten Stahls durch Zusätze enthaltende Schwefelsäure.* Nach Unterss. der Vff. tritt bei Zusatz von korrosionshemmenden Mitteln, wie $(C_6H_5)_4PBr$, $(C_6H_5)_4PJ$ u. *Acridin-Hydrochlorid,* zu 0,5—4,0n H_2SO_4, bei Ggw. eines Dielektricums (Paraffin, Vaselin u. dgl.) auf der Metalloberfläche eine Lokalisation der Korrosion an den Grenzen des Polyphasenkontaktes ein. Je nach Konz. der Säure wurden hierbei Korrosionstiefen von 1,0 bis 1,6 μ/Std. gemessen. Nicht nitrierter Stahl wird unter gleichen Bedingungen auch linear-selektiv, aber in geringerem Maße, angegriffen. Die beobachtete Erscheinung wird durch Störung des äquipotentialen Gleichgewichts auf der Metalloberfläche an den Grenzen des Polyphasenkontaktes u. durch Adsorption an der Grenze der Trennung Metallsäure–Dielektricum von H_2, als vierte Phase, erklärt. (Доклады Академии Наук СССР [Ber. Akad. Wiss. UdSSR] [N. S.] **90.** 403—04. 21/5. 1953.) EHMCKE. 6538

Henry Paige und **Sara J. Ketcham,** *Die Wirkung von Titan bei der galvanischen Korrosion.* Ti-Legierungen u. rostfreie *Stähle* zeigen ein ähnliches elektrochem. Verhalten. Der Ersatz von rostfreien Stählen durch die leichteren Ti-Legierungen ist nur bei solchen Bauelementen möglich, die nicht auf über 1000° F (538° C) erhitzt werden, da Ti-Legierungen, die einer solchen Temp. ausgesetzt waren, ihre mechan. Eigg. verschlechtern. — Diagramme. (Corrosion [Houston] **8.** 413—16. Dez. 1952. Philadelphia, Pa., Naval Air Material Center.) MARKHOFF. 6538

Metal Hydrides, Inc., übert. von: **Peter P. Alexander,** Beverly, Mass., V. St. A., *Reduktion von Metalloxyden durch Erdalkalihydride.* Zunächst werden das zu reduzierende Metalloxyd, z. B. TiO_2, u. ein Erdalkalimetall, z. B. Ca, in fein verteiltem Zustand mit H_2 unter Zuführung von äußerer Wärme auf eine Temp. erhitzt, die zur Bldg. des Erdalkalihydrids genügt, z. B. auf 500°; die exotherme Wärme dieser Rk.

erhöht die Temp. auf 800—900°, bei der die Red. des Metalloxyds durch das Hydrid erfolgt. (**A. P. 2 584 411** vom 8/9. 1948, ausg. 5/2. 1952.) DEMMLER. 6381

Oesterreichisch-Alpine Montangesellschaft, Wien, Österreich (Erfinder: **Otwin Cuscoleca,** Velden/Wörthersee, und **Kurt Rösner,** Leoben-Donawitz), *Verblasen von Metallbädern, insbesondere von Roheisenbädern.* Beim Anblasen der Badoberfläche mit O_2 oder sonstigen oxydierenden Medien von oben wird das Blasmedium der Düse in fl. Form zugeführt u. mit nur so geringer Energie gegen die Badoberfläche geführt, daß es nicht in das Metallbad eindringt. Zweckmäßig wird das fl. Blasmedium in dosierten Mengen drucklos auf die Badoberfläche rinnen gelassen oder auf diese aufgetropft. (**Oe. P. 175 588** vom 7/3. 1952, ausg. 25/7. 1953.) HOCHSTEIN. 6381

Hugo Möwius, Mahlow, Bez. Potsdam, *Formmasse für Stahlguß* besteht aus Altsand, dem gemahlene feuerfeste Mineralien, wie Quarz, Quarzit u. dgl., zugesetzt sind. — Beispiel: je $^1/_3$ Altsand, Frischsand u. gekörnte feuerfeste Materialien. (**D. R. P. 752 172** Kl. 31c vom 6/10. 1942, ausg. 4/1. 1954.) HANS HOFFMANN. 6383

Schiess Akt.-Ges., Düsseldorf (Erfinder: **Karl Ingendahl,** Düsseldorf-Reisholz), *Herstellung von Gießformen.* Bei dem Formverf. nach dem Hauptpatent 889 687 wird eine das Modell umgebende erhärtende Schicht mit prakt. tonfreiem Sand hinterfüllt. An Stelle dieses Füllsandes wird ein durch einmaliges Zusammendrücken annähernd auf Endverdichtung zu bringender Füllstoff, wie Kies, gebrochene natürliche oder künstliche Steine (Kleinschlag, Schotter, Ziegelbrocken), Schlacke oder dgl. tonfreies Gut benutzt. Das Verf. nach D. B. P. 889 687 kann auch auf dem Gebiete der Lehmformerei Anwendung finden, wobei der Lehm als erhärtende Schicht anzusehen ist. In der Formgrube ist der eingefüllte Sand dann durch Platten oder dgl. abzudecken u. entsprechend zu belasten, um ihm keine Ausweichmöglichkeit nach oben zu geben. (**D. B. PP. 900 261** Kl. 31c vom 4/7. 1944 und **900 262** Kl. 31c vom 12/5. 1944, beide ausg. 21/12. 1953. **Zusätze zu D. B. P. 889 687; C. 1954. 4024.**) HANS HOFFMANN. 6383

Buderus'sche Eisenwerke, Wetzlar, Deutschland, *Gießform für Metalle, insbesondere für Eisen oder Stahl.* Für den Schleuderguß von Eisen, Stahl oder dgl. Metallen wird eine gesinterte Form verwendet, welche mindestens einen metall. u. einen nichtmetall. Bestandteil enthält. Letzterer besteht aus hochschm. Oxyden u./oder Carbiden. (**E. P. 696 301** vom 12/1. 1951, ausg. 26/8. 1953. D. Prior. 21/12. 1948.) HANS HOFFMANN. 6383

Josef Burchartz, Detmold, Deutschland, *Auskleidung für Schleudergußformen.* Fe-Späne werden mit der Suspension eines feuerfesten Stoffes, wie Ton, Graphit, Asbest oder dgl., überzogen u. getrocknet. Die so vorbehandelten Späne werden auf die innere Oberfläche der rotierenden Gußform in gleichmäßiger Schicht ausgebreitet u. hier durch Zentrifugalkraft gehalten. (**A. P. 2 645 558** vom 10/5. 1950, ausg. 14/7. 1953. D. Prior. 14/5. 1949.) HANS HOFFMANN. 6383

Vereinigte Leichtmetall-Werke G. m. b. H. (Erfinder: **Walter Roth**), Bonn, *Stranggießen von Metallblöcken.* Die Gießgeschwindigkeit wird so groß u. die Gießform so kurz gewählt, daß der am unteren Ende der Gießform in ein fl. Kühlbad austretende Block nur an der Randzone erstarrt ist u. erst durch unmittelbare Berührung mit der Kühl-Fl. völlig zum Erstarren gebracht wird. Als Kühl-Fl. werden Emulsionen oder koll. Lsgg. mit geringerer Abschreckwrkg. als W. benutzt, z. B. aus Apfeltrester gewonnene Emulsionen oder Wasserglaslösungen. (**D. B. P. 902 543** Kl. 31c vom 19/9. 1941, ausg. 25/1. 1954.) HANS HOFFMANN. 6383

Vereinigte Leichtmetall-Werke G. m. b. H. (Erfinder: **Walter Roth**), Bonn, *Gießen von Metallblöcken aus besonders kupferhaltigen Aluminiumlegierungen.* Nach D. R. P. 750 673 werden Metallblöcke aus *Al* u. seinen Legierungen dadurch hergestellt, daß das fl. Metall in einen mit Längsschlitzen versehenen, in ein Kühlbad absenkbaren Blechmantel gegossen wird. Hierbei wird die aus dünnen Blechen bestehende Kokillenwand durch Segmente abgeschlossen, die gleichzeitig den Blechmantel klammerartig zusammenhalten. Nach D. B. P. 901 230 sollen die entstehenden Blöcke stufenweise derart gekühlt werden, daß sie zunächst unterhalb des fl. Metallspiegels mit einem Kühlmittel angespritzt u. dann erst in das Kühlbad abgesenkt werden. — Abbildungen. (**D. R. P. 750 673** Kl. 31c vom 13/5. 1937, ausg. 22/1. 1945. **D. B. P. 901 230** Kl. 31c [Zusatz-Pat.] vom 6/6. 1939, ausg. 7/1. 1954.) HANS HOFFMANN. 6383

Gesellschaft für Linde's Eismaschinen Akt.-Ges., Deutschland, *Entkohlen von Roheisen im Konverter.* Beim Blasen von Roheisen im Konverter mit einem O_2–CO_2– oder O_2–Wasserdampf-Gemisch werden während mindestens eines Teiles des Blasens die aus dem Bade aufsteigenden reduzierenden Gase, wie CO u. H_2, im Innern des Konverters in Badnähe durch geregelte Zufuhr von Luft u./oder O_2 verbrannt. Die oberhalb des Bades frei werdende Verbrennungswärme wird zum Einschmelzen von Zusatzschrott im Bade benutzt. Die gebildete P-haltige Schlacke wird in bekannter Weise vor Beendigung des Blasens durch eine P-arme Schlacke ersetzt. — Abbildungen. (**F. P. 1 018 508** vom 16/5. 1950, ausg. 8/1. 1953. D. Prior. 1/6. 1949.) HOCHSTEIN. 6401

International Nickel Co., Inc., New York, N. Y., V. St. A., übert. von: **Harold W. G. Hignett,** Edgbaston, *Herstellung von Grauguß mit sphärolithischer Graphitausbildung.* Auf einem mit hohem *S*-Geh. eingeschmolzenen grauen Gußeisen wird eine bas. Schlacke mit mindestens 0,2% *Ca* zur Erniedrigung des S-Geh. auf ca. 0,09% erzeugt. Darauf wird die Schlacke vom Bad abgezogen u. *Mg* in Form einer *Fe–Mg–Si*- oder *Ni–Mg–Si*-Legierung in das Bad in einer derartigen Menge eingeführt, daß im Gußeisen noch 0,01—0,04% Mg verbleiben. Hierauf wird die Schmelze mit einem Graphitisierungmittel, wie Ferrosilicium, geimpft u. anschließend vergossen. Die Menge des dem Bad als Impfsmittel zugesetzten Si beträgt 0,3—2,5%, bes. 0,4—1,2%. Als Entschwefelungsmittel kann auch Ca oder eine Ca–Si-Legierung verwendet werden. (**A. P. 2 652 324** vom 27/7. 1949, ausg. 15/9. 1953. E. Prior. 29/7. 1948.) HOCHSTEIN. 6405

Bochumer Verein für Gußstahlfabrikation Akt.-Ges., Bochum, *Herstellung von kohlenstoffarmem Stahl aus Schrott, der carbidbildende Elemente enthält.* Nach dem Einschmelzen der Beschickung in einem Elektroofen wird das Schmelzbad in eine Gießpfanne oder einen Konverter übergeführt, hier bis auf den gewünschten niedrigen C-Geh. durch O_2 gefrischt u. dann wieder in den Ofen zurückgebracht, wo die Schmelze fertig gemacht wird. Zweckmäßig werden dem in der Pfanne oder dgl. befindlichen Schmelzbad solche Stoffe, wie Flußspat, Si, gemahlene Schamotte, Al oder Mn-Schlacke, zugesetzt, die auf dem Bade eine leichtfl. Schlacke ergeben. (**F. P. 1 038 237** vom 8/6. 1951, ausg. 25/9. 1953. D. Priorr. 10/6. u. 30/11. 1950.) HOCHSTEIN. 6409

Reichswerke Akt.-Ges. für Erzbergbau und Eisenhütten, Deutschland, *Frischung von geschmolzenem Eisen und Stahl.* Vor der Überführung in den Konverter wird dem fl. THOMAS-Roheisen granuliertes Roheisen zugesetzt. Auch kann der Charge im THOMAS-Konverter ganz kurz vor dem Ende des Blasens, vor oder während des Kippens, das granulierte THOMAS-Roheisen zugesetzt werden. Vorteilhaft wird dem in die Gießpfanne fließenden Stahl granuliertes Ferromangan oder Spiegeleisen oder dgl. zugesetzt. (**F. P. 1 032 284** vom 9/2. 1951, ausg. 30/6. 1953. D. Prior. 22/3. 1950.) HOCHSTEIN. 6409

Ohio Ferro-Alloys Corp., übert. von: **James C. Vignos,** Canton, O., V. St. A., *Vorlegierung zur Herstellung von Chromstahl.* Die Vorlegierung für Zusatz von Cr zu einem geschmolzenen Stahlbad enthält ein Gemisch aus fein verteilten Teilchen einer Ferrolegierung mit hohem Cr-Geh., die mit einem bis zu 5% des Gemischgewichtes betragenden Netzmittel überzogen ist. Vorzugsweise besteht das die Bldg. einer Oxydhaut auf der Oberfläche fördernde Netzmittel aus Alkalinitraten, -nitriten, -chloraten, -permanganaten, aus organ. Peroxydverbb. u. aus Alkalimetallhalogeniden. (**A. P. 2 639 232** vom 19/10. 1951, ausg. 19/5. 1953.) HOCHSTEIN. 6411

Karl Spitz, Cleveland, O., V. St. A., *Korrosionsbeständige, insbesondere säurebeständige austenitische Eisenlegierung mit verbesserten Festigkeitseigenschaften,* enthält 6—20% von jedem der Elemente *Cr, Ni, Cu* u. *Mo* mit der Maßgabe, daß die Gesamtsumme dieser Elemente niedriger als 50% u. der Rest der Legierung im wesentlichen Eisen ist. Vorzugsweise enthält die Legierung ca. 9,11(%) Cr, ca. 14,30 Ni, ca. 6 Cu u. ca. 8,40 Mo. Die Legierung eignet sich bes. als Werkstoff in der Erdöl–Raffinations-Industrie. — Schliffbilder. (**A. P. 2 633 420** vom 21/10. 1949, ausg. 31/3. 1953.) HOCHSTEIN. 6411

Crucible Steel Co. of America, New York, N. Y., übert. von: **Peter Payson,** New York, und **Joe Gin-Young Chow,** Long Island City, V. St. A., *Hochfester Stahl* besteht aus 0,2—0,4(%) *C*, 0,5—1,5 *Mn*, 11—14 *Cr*, 0,2—0,7 *V*, 1—2,5 *W*, 1,5—4 *Mo*, ca. 0,5 *Si* u. Rest Eisen. Außerdem kann der Stahl noch geringe Gehh. an *Ni*, *Co* u. *Nb* besitzen. Der Stahl weist neben einer guten Kaltverformbarkeit eine hohe Warmfestigkeit bei 600° auf. (**A. P. 2 648 602** vom 17/1. 1952, ausg. 11/8. 1953.) HOCHSTEIN. 6411

Soc. des Forges et Ateliers du Creusot, Frankreich, *Schweißbarer hochfester Stahl* enthält bis 0,22(%) *C*, unter 0,5 *Si*, unter 1 *Mn* (vorzugsweise 0,6—0,8), 1—2,5 *Ni* (vorzugsweise 1,3—1,7), 1—2 *Cr* (vorzugsweise 1,2—1,4), 0,10—0,30 *Mo*, 0,05 bis 0,30 *V* u. der Rest ist Eisen mit den üblichen Verunreinigungen an *S* u. *P*. Zweckmäßig beträgt der C-Geh. 0,15—0,22%. (**F. P. 1 035 400** vom 14/4. 1951, ausg. 24/8. 1953.) HOCHSTEIN. 6411

United States Steel Corp., New Jersey, übert. von: **Darwyn J. Brown**, Hastings-on-Hudson, V. St. A., *Stahl mit hoher Warmfestigkeit* besteht aus 0,05—0,20(%) *C*, 0,15—0,50 *Mn*, 0,05—0,30 *Si*, 0,40—0,60 *Mo*, 0,25—0,50 *Ti*, 0,25—0,60 *Co*, Rest Eisen u. Verunreinigungen. Der Stahl besitzt nach einer Erhitzung auf eine Temp. oberhalb der oberen krit. Temp. u. nach schneller Abkühlung eine verringerte Härtbarkeit u. gute Kerbschlagzähigkeit. (**A. P. 2 631 096** vom 1/2. 1951, ausg. 10/3. 1953.) HOCHSTEIN. 6411

Administration Séquestre des Röchling'sche Eisen- und Stahlwerke G. m. b. H., Völklingen/Saar, und **Stahlwerke Röchling-Buderus Akt.-Ges.**, Wetzlar (Erfinder: **Rolf von Tinti**), *Wickelwerkstoff für nach dem Wickelverfahren herzustellende hochbeanspruchte Rohre für hohe Drucke* besteht aus 0,05—0,50(%) *C*, 0,50—1,50 *Si*, 0,50—1,50 *Mn*, 0,10—0,50 *V*, Rest Eisen u. die üblichen Verunreinigungen. Der Stahl erreicht bei dem Verarbeitungsverf. eine hohe Streckgrenze u. ist somit geeignet, hohen Drucken zu widerstehen. (**D. B. P. 900 702** Kl. 18d vom 25/6. 1944, ausg. 4/1. 1954.) HOCHSTEIN. 6411

Anton Robert Wagner, Gävle, Schweden, *Warmbehandlung von niedriglegierten Stählen mit hoher Dauerstandfestigkeit.* Maschinen- u. Apparateteile, die bei hohen Tempp. eine hohe Festigkeit aufweisen müssen, werden aus niedriglegiertem perlit. Stahl hergestellt, der neben Eisen mit den n. Verunreinigungen höchstens 0,6(%) *C*, mindestens 0,7 *Si* u. mindestens eines der Zusatzelemente *Cr, Mo, V, W, Ti, Ta* u. *Nb* enthält in folgenden Gehh.: 0,2—6 Cr, 0,1—3 Mo, 0,05—3 V, 0,1—3 W, das 8—30fache des C-Geh. an Ti u. bis zum 15fachen des C-Geh. an Nb u./oder Ta, wobei die Legierungselemente die Eig. der Phasenbldg. besitzen, deren Löslichkeit im festen Zustand bei Tempp. oberhalb der Betriebstemp. für die Maschinenteile größer ist als bei dieser Betriebstemperatur. Ferner muß in der Legierung der Si-Geh. höher als der C-Geh. sein, der mit steigendem C-Geh. derart ansteigt, daß bei 0,6 C mindestens 3 Si vorhanden ist. Die Stahllegierung wird auf eine im Austenitgebiet liegende Temp. von mindestens 900° erhitzt u. darauf so abgekühlt, daß der Austenit vollständig oder zum größten Teil in einem Temperaturgebiet, welches oberhalb des Martensitbildungsgebietes, aber unterhalb des Perlitbildungsgebietes liegt, umgewandelt wird. (**E. P. 696 883** vom 14/9. 1949, ausg. 9/9. 1953. Schwed. Prior. 14/9. 1948.) HOCHSTEIN. 6411

Thos. Firth & John Brown Ltd. (Erfinder: **C. Sykes, H. W. Kirkby** und **C. Stokes**), England, *Austenitischer Stahl von hoher Biegefestigkeit* mit 0,2—0,7 (%) *C*, 2,0—8,0 *Mn*, 8,0—15,0 *Ni*, 2,0—12,0 *Cr*, 0,3—1,0 *V*, Rest Eisen wird einer 1std. Lösungs-Wärmebehandlung bei 1150° mit nachfolgender Wasserabschreckung u. abschließend einer 16std. Ausscheidungsbehandlung bei 700° mit nachfolgender Luftabkühlung von dieser Temp. unterworfen. Zweckmäßig enthält der Stahl 0,35—0,55 C, 3,0—5,0 Mn, 10,0—13,0 Ni, 2,5—5,5 Cr, 0,35—0,75 V. (**F. P. 1 046 137** vom 4/12. 1951, ausg. 3/12. 1953. E. Priorr. 6/3. u. 10/10. 1951.) HOCHSTEIN. 6411

Louis Glaser, Frankreich, *Dauermagnetlegierung* besteht aus höchstens 30% *Fe*, aus *Co* u./oder *Ni* sowie aus unter 12% Seltenen Erden, wie *Ce, Nd, Pr, Sm, Eu, Gd, Tb, Dy, Ho, Er, Tm, Yb, Sc, La* u. *Y*. Die Legierung enthält zweckmäßig noch 10—12% *Al*, das einen bestimmten Anteil an Seltenen Erden ersetzt. Auch können noch *V, Cu, Nb, Si, Ti* u. *Zr*, einzeln oder zu mehreren in der Legierung enthalten sein. (**F. P. 1 035 489** vom 17/4. 1951, ausg. 25/8. 1953.) HOCHSTEIN. 6419

Deutsche Gold- & Silberscheideanstalt vormals Roessler, Frankfurt/M. (Erfinder: **Wolfgang Koehler** und **Hermann Holzmann**, Hanau/M.), *Spinndüsen.* Auf Spinndüsen aus *Ta, Nb* oder deren Legierungen mit anderen Metallen wie *Ni*, werden durch eine Wärmebehandlung in Ggw. oxydierender, nitrierender oder C-haltiger, vorzugsweise gasförmigen Stoffe Oberflächenschichten hoher Härte erzeugt. In Gasen oder Gasgemischen, wie z. B. O_2, N_2 oder Luft erfolgt die Wärmebehandlung unterhalb 500°, bei Verwendung C-haltiger, bes. organ. Stoffe, oberhalb 1000°. (**D. B. P. 896 562** Kl. 40d vom 19/8. 1950, ausg. 12/11. 1953.) GÖTZE. 6449

Merrill Co., San Francisco, Calif., übert. von: **Raymond E. Byler**, Stanford University, und **Robert C. Dunn**, San Carlos, Calif., V. St. A., *Gewinnung von Edelmetall.* Die Erze werden mit einer Cyanidlsg. ausgelaugt. Die Lsg. wird nach der Laugung auf eine Konz. an freien Hydroxylionen mit einem p_H-Wert zwischen 8 u. 11 eingestellt u. gehalten, das gelöste Edelmetall mit einem Kunstharz–Polyamin-Anionenaustauscher adsorbiert, von der Lsg. abgetrennt u. mittels einer alkal. Lsg. einer Konz. an freien Hydroxylionen mit einem p_H-Wert von 13—14 vom Austauscher wieder getrennt. — Verfahrensschaubilder. (**A. P. 2 648 601** vom 16/7. 1948, ausg. 11/8. 1953.) APEL. 6459

Mond Nickel Co. Ltd., Alan Richardson Raper und **Samuel John Rimmington Fothergill,** London, England, *Herstellung von reinem Iridium.* Unreines NH_4-Ir-Chlorid wird in W. in Ggw. eines Reduktionsmittels gelöst; aus der erhaltenen Lsg. von NH_4-Ir-Chlorür werden die Verunreinigungen durch fraktionierte Fällung mit NH_4- oder Alkalisulfid, -hydrosulfid, -polysulfid oder -thiosulfat entfernt. (**E. P. 640 577** vom 6/10. 1947, ausg. 26/7. 1950.) Demmler. 6467

Fridolin Hefti, Zürich-Altstetten, Schweiz, *Zerkleinern von Nickel–Aluminium-Legierungen.* 30—50 Teile zerkleinertes Ni werden in 70—50 Teile geschmolzenes Al eingetragen u. nach dem Legieren in vorteilhaft sd. W. gegossen. Die erhaltenen Körner werden zu Pulver zermahlen. Das Prod. eignet sich durch Herauslösen des Al bes. zur Herst. von Ni-Katalysatoren. (**Schwz. P. 282 465** vom 8/2. 1950, ausg. 1/8. 1952.) Holm. 6475

International General Electric Co., Inc., New York, N. Y., V. St. A., *Magnetische Sinterlegierung.* Mit mindestens e i n e m anderen Metall vorlegiertes Al wird ein gepulvertes Gemisch mit anderen Metallen zur Bldg. einer gröberen Kristallstruktur erhitzt. Nach dem Pressen bei 15—50° erfolgt das Sintern in einer H_2-Atmosphäre unterhalb des F. des Gemisches. Die magnet. Maximalwerte sind bes. hoch. — Diagramme. (**Schwz. P. 284 918** vom 3/5. 1950, ausg. 16/12. 1952. A. Prior. 4/5. 1949.) Holm. 6475

Metallgesellschaft Akt.-Ges. (Erfinder: **Günter Wassermann**), Frankfurt/M., *Herstellung von Lagern aus Aluminium und seinen Legierungen.* Ein die Grundmasse bildendes Al-Pulver wird mit solchen pulverförmigen intermetall. Verbb. gemischt, die dem reinen Al bzw. einem Al-reichen Mischkristall als Phase im Zustandsschaubild benachbart sind, darauf gepreßt u. gesintert. So werden z. B. 85—95 (%) *Al-Pulver,* 15—5Al_3F in Pulvereinheiten von 10000 Maschen/cm² u. darüber zugemischt. Hierdurch treten beim Erhitzen auf Sintertemp. keine oder nur so geringe Diffusionserscheinungen der einzelnen Bestandteile ineinander auf, daß eine Veränderung der Zus. nicht eintritt, weil sich die Lagermetallzus. im Phasengleichgewicht befindet. Als intermetall. Verb. werden außer Al_3F noch Al_7Mn, Al_3Ni, $AlSb$, Al_2Cu u. Al_3Mg_2 genannt. (**D. B. P. 897 921** Kl. 40b vom 13/2. 1938, ausg. 26/11. 1953.) Götze. 6475

Westfalenhütte Dortmund Akt.-Ges., Deutschland, *Vorbehandlung von zu sinterndem Eisenpulver.* Hochofenstaub wird zunächst einer magnet. Anreicherung, die gegebenenfalls wiederholt werden kann, in einem Wechselstromfeld unterworfen, worauf sich eine Naßaufbereitung anschließen kann. Das so erhaltene Konzentrat enthält nach einer Rüttelbehandlung ca. 97% Fe_3O_4, welches in einer Wärmebehandlung durch H_2 oder andere reduzierende Gase, wie Gichtgas, zu Fe-Pulver red. wird. (**F. P. 1 038 364** vom 13/6. 1951, ausg. 28/9. 1953. D. Prior. 20/6. 1950.) Hochstein. 6475

Karl Schmidt G. m. b. H., Neckarsulm (Erfinder: **Josef Dornauf,** Kelkheim), *Herstellung von Kolbenringen aus gesintertem, graphithaltigem Eisenpulver.* Die Sinterkörper werden zu Profildrähten gewalzt bzw. gezogen u. zu Kolbenringen weiterverarbeitet. Durch den eingeschalteten Knetvorgang wird eine wesentliche Verbesserung der physikal.-technolog. Eigg., bes. Laufeigg., erzielt. (**D. B. P. 904 182** Kl. 18b vom 11/3. 1944, ausg. 15/2. 1954.) Hochstein. 6475

Badische Anilin- & Soda-Fabrik, Deutschland, *Herstellung von porigen gesinterten Metallstücken.* Zur Herst. von gesinterten Metallteilen aus *Ferronickel,* die bes. als Elektrodenhalter für Akkumulatoren mit alkal. Elektrolyten dienen, werden durch therm. Zers. aus einem Ni- u. Fe-Carbonyl-Gemisch gewonnene Ni- u. Fe-Pulver verwendet, deren Schüttgewicht geringer als 2 kg je Liter ist. Es können auch an Stelle eines Pulvergemisches aus Fe u. Ni andere Metallpulvergemische verwendet werden, die aus einer gemeinsamen Zers. der Gemische entsprechender Metallcarbonyle erhalten wurden. (**F. P. 1 032 185** vom 7/2. 1951, ausg. 30/6. 1953. D. Prior. 11/5. 1950.) Hochstein. 6475

Metal-Gas Co. Ltd., Glasgow, England, *Herstellung von Metallgegenständen.* Preßlinge von Metallpulvern, z. B. Eisen u. Stahlpulvern (bes. von nichtrostendem Stahl) werden, auf $>500°$ in einer gasdichten Retorte erhitzt, mit gasförmigem $CrCl_3$ in einer inerten oder red. Atmosphäre in Berührung gebracht. Es kann auch stückiger Cr-haltiger Stoff mit keram. Körnern gemischt oder mit einem Metallchlorid (ausgenommen Alkali- u. Erdalkalichloride) gemischt mit HCl bei 500—1400° behandelt werden. (**Schwz. P. 279 388** vom 12/8. 1949, ausg. 1/3. 1952.) Holm. 6475

Comp. Générale de Télégraphie sans Fil, Paris, Frankreich, *Herstellung metallischer Formkörper.* Stücke der gewünschten Metallegierung werden mit chem. Mitteln (z. B. HNO_3) gelöst, die Lsg. zur Trockne verdampft, das gewonnene Pulver geröstet u. im H_2-Strom bei 700—800° reduziert. Das Pulver wird geformt u. gesintert. (**Schwz. P. 276 484** vom 19/3. 1948, ausg. 1/10. 1951. F. Prior. 10/6. 1947.) Holm. 6475

Davide Primavesi, Lugano, Schweiz, *Sinterkörper.* Das Pulver mindestens einer Metallverb. wird verpreßt u. durch reduzierende Sinterung in einen porösen Metallkörper übergeführt; z. B. wird ein Gemisch von Fe_2O_3 mit Kohle unter Verwendung von plast. Mitteln, wie Paraffin, gegebenenfalls nach dem Vorglühen wiederholt verpreßt u. in einer inerten oder H_2-Atmosphäre bei 1200—1300° geglüht. (**Schwz. P. 265 588** vom 22/11. 1947, ausg. 1/3. 1950. Schwed. Prior. 10/4. 1946.) Holm. 6475

Husqvarna Vapenfabriks Aktiebolag, Husqvarna, Schweden, *Herstellen von Preßformen für plastische Massen.* Von dem Modell des durch die Preßformen herzustellenden Gegenstandes wird eine Form hergestellt, die nach Entfernen des Modells nach einem der bekannten Metallspritzverf. mit Stahl ausgespritzt wird. Mit dem Stahlmodell wird aus Eisenpulver die endgültige Form gepreßt, die nach dem Pressen gesintert wird. Auf das Stahlmodell kann ein dünner Sn-Überzug aufgebracht werden, um das Ablösen des Modells von der gepreßten Form zu erleichtern. Das Stahlmodell ist sehr dicht u. verträgt sehr hohe Drücke. Es kann nach dem ersten Pressen u. Sintern zum Nachpressen der Form verwendet werden, wodurch die Porigkeit des Sinterkörpers von 20 auf 5—6% herabgesetzt werden kann. An Stelle von Stahl kann auch Cu oder Pt gespritzt werden. (**E. P. 693 597** vom 27/4. 1951, ausg. 1/7. 1953. Schwed. Prior. 29/4. 1950.) Viet. 6475

Eisenwerke Mülheim/Meiderich Akt.-Ges., Mülheim/Ruhr (Erfinder: **Heinrich Siepmann,** Buschhütten/Siegen, und **Herbert Didden,** Viersen), *Behandlung von Metallpulver.* Zwecks Durchführung chem. Rkk., z. B. Redd., wird das Pulver mittels gasförmiger Stoffe durchwirbelt, welche aus einer vorzugsweise aus gesintertem Pulver des Grundmetalles bestehenden porösen Wandung austreten. Hierdurch wird eine gute Zutrittsmöglichkeit der Reaktionsgase zu den unteren Schichten erreicht u. eine Sinterung des Pulvers vermieden. (**D. B. P. 800 994** Kl. 40b vom 3/2. 1949, ausg. 4/1.1954.) Götze. 6475

Wallram Hartmetall G. m. b. H., Essen, *Herstellung von Carbiden aus pulverförmigen Schwermetallen.* Pulverförmige Schwermetalle oder Mischungen von Schwermetallen werden mit unter Aufschäumen sich zers. Kohlenhydraten, wie Mono- oder Polysacchariden, erhitzt. Die Erhitzung erfolgt in zwei Stufen, zunächst bis zu ca. 400° in einem gegen Überschäumen des Inhaltes gesicherten Behälter u. dann bis zu 900 bis 1200°. Zwischen beiden Stufen wird das behandelte Gut zerkleinert u. gegebenenfalls verdichtet. Als Ausgangsstoffe können auch Metallegierungen oder -oxyde verwendet werden. (**Oe. P. 177 760** vom 1/12. 1950, ausg. 10/3. 1954. D. Prior. 8/12. 1949.) Wittholz. 6477

Kennametal, Inc., Latrobe, Pa., V. St. A., *Herstellung von Titancarbid.* In geschmolzenem Fe werden Ti, z. B. in Form von TiO_2, u. C aufgelöst, wobei das Gewichtsverhältnis von Ti zu Fe nicht weniger als 2 : 5 sein soll; nach Einw. während wenigstens 1 Std. bei einer Temp. $>2800°$ wird die Schmelze gekühlt, das Fe u. alle weiteren Bestandteile außer TiC u. C werden z. B. mit HCl gelöst, der freie C vom TiC abgetrennt u. letzteres getrocknet. (**E. P. 674 429** vom 11/1. 1950, ausg. 25/6. 1952.) Demmler. 6477

A. F. Holden Co., V. St. A., übert. von: **Bernard Gilbert,** *Schwarzfärben von Eisen.* Die Gegenstände werden zunächst in eine H_3PO_4–*HCl*-Lsg. u. dann in eine sd. Lsg. getaucht, in der ein Gemisch aus 25 (Teilen) *Alkalihydroxyd* u. ca. 3—10 *Alkalithiosulfat* gelöst ist. Die 2. Lsg. kann außerdem noch *Alkalinitrat* enthalten. Die schwarz gefärbten Oberflächen werden zweckmäßig noch in heißes Öl getaucht. Die Schwärzung nichtrostender Stähle wird in nitrathaltigen Lsgg. durchgeführt. (**F. P. 1 038 499** vom 18/6. 1951, ausg. 29/9. 1953. A. Prior. 24/1. 1951.) Markhoff. 6535

Poor & Co., Chicago, übert. von: **Allan E. Chester,** Highland Park, Ill., V. St. A., *Färben von Zink.* Die Gegenstände werden mit einer Lsg. von CrO_3 u. $(NH_4)_2S_2O_8$ behandelt, der geringe Mengen *Trifluoressigsäure* zugesetzt sind. Es lassen sich bronzeartige Tönungen erzielen, die gleichzeitig korrosionsschützend wirken. (**A. P. 2 631 951** vom 30/11. 1950, ausg. 17/3. 1953.) Markhoff. 6535

Shell Development Co., San Francisco, übert. von: **Aaron Wachter** und **Nathan Stillman,** Berkeley, Calif., V. St. A., *Korrosionsverhütung von Eisen durch gasförmige Verbindungen.* Nach A. P. 2 630 368 werden der das Fe umgebenden korrodierenden Atmosphäre aus O_2 u. Wasserdampf geringe Mengen *Morpholinnitrit, Piperazinnitrit, 2.2.4.6-Tetramethylpiperidinnitrit, 2.4.4.6-Tetramethyltetrahydro-3-oxazinnitrit* oder einem Nitrit einer anderen N-heterocycl. organ. Base zugesetzt. — Nach A. P. 2 643 178 erfolgt ein Zusatz von *Dicyclohexylaminnitrit, Diisopropylaminnitrit* oder ähnlichen Verbindungen. — Nach A. P. 2 643 177 wird das aus Faserstoffen bestehende Packmaterial mit den obengenannten Verbb. imprägniert. Die wss. Lsg. des Imprägnierungsmittels soll einen p_H-Wert von mindestens 6 haben. (**A. PP. 2 630 368** vom 1/6. 1946, ausg. 3/3. 1953. **2 643 177** vom 7/5. 1946, ausg. 23/6. 1953 u. **2 643 178 vom** 19/4. 1946, ausg. 23/6. 1953.) MARKHOFF. 6539

California Research Corp., San Francisco, übert. von: **Jacob D. Kemp**, Richmond, und **Henry P. Zeh**, Berkeley, Calif., V. St. A., *Verhindern des Korrosionsangriffes von Phosphorsäure auf molybdänhaltige, austenitische Chrom–Nickel-Stähle.* Der Angriff konz. H_3PO_4 bei Tempp. von 200° F (93° C) u. mehr u. erhöhtem Druck auf austenit. Stahl mit 16—30 (%) *Cr*, 7—20 *Ni*, mindestens 0,5 *Mo* u. nicht mehr als 0,03 *C* wird durch Zusatz von 0,05—2,5 g/Liter Cu zur H_3PO_4 verhindert. — Diagramm. (**A. P. 2 653 177** vom 4/6. 1949, ausg. 22/9. 1953.) MARKHOFF. 6539

Cities Service Research and Development Co., New York, N. Y., übert. von: **William B. Hughes**, Bartlesville, Okla., V. St. A., *Verhindern des Korrosionsangriffes von Rohöl auf Metalle.* Dem Rohöl–Salzlaugen-Gemisch wird eine geringe Menge des Reaktionsprod. von etwa äquimol. Mengen eines Polyäthylenamins, wie des Tetraäthylenpentamins oder Triäthylentetramins, mit einem Aldehyd mit mehr als 1 C-Atom, wie Heptaldehyd, Furfural oder Benzaldehyd, zugesetzt. Die Rk. soll bei Wärme, jedoch unterhalb des Kp. der beiden Komponenten durchgeführt werden. Nach der Rk. wird das entstandene W. abgedampft. (**A. P. 2 646 400** vom 24/2. 1951, ausg. 21/7. 1953.) MARKHOFF. 6539

Shell Development Co., Emeryville, übert. von: **Richard S. Treseder**, Oakland, Calif., V. St. A., *Reinigen und Korrosionsverhütung der Behälterwandung von Tankschiffen.* Die Behälter werden mit kalten NaOH- oder Na_2CO_3-Lsgg. ausgespritzt, die mit den Petroleumrückstanden ein Gemisch bilden. Dieses wird dann aus dem Behälter herausgezogen u. zum Absitzen gebracht, wobei sich die beiden Bestandteile voneinander trennen. Die alkal. Lsg. kann dann wieder zum Ausspritzen verwendet werden. Durch diese Behandlung wird die Korrosion der Behälterwandung fast ganz verhindert. (**A. P. 2 653 882** vom 10/3. 1951, ausg. 29/9. 1953.) MARKHOFF. 6539

Otto Johannsen, Geschichte des Eisens. Im Auftr. des Vereins Deutscher Eisenhüttenleute verf. 3. völlig neu bearb. Aufl. Düsseldorf: Verl. Stahleisen. 1953. (621 S. m. 433 Abb. u. 3 farb. Taf.) DM 75,—.

Luigi Losana e Giovanni Venturello, Lezioni di metallurgia e siderurgia. Torino: V. Giorgio. 1953. (VIII + 807 S. m. Abb.) L. 4400,—.

Hermann Schottky, Praktische Metallprüfung. Die metallographischen Prüfverfahren und ihre Anwendung. Braunschweig, Berlin, Hamburg, München, Kiel, Darmstadt: Westermann. 1953. (232 S. m. 274 Abb.) = Westermanns Fachbücher der Stoffprüfung. DM 18,—.

IX. Organische Industrie.

John Beek jr. und **Emanuel Singer**, *Ein Verfahren zur Übertragung von katalytischen Reaktionen im Labormaßstab in die Praxis.* Die Übertragung von Laborverss. in die Praxis wird am Beispiel der Herst. von *Toluol* durch Dehydrierung von *Methylcyclohexan* erläutert. Die Abhängigkeit des Reaktionsverlaufs von den verschied. Versuchsbedingungen wird graph. u. rechner. erfaßt. (Chem. Engng. Progr. **47.** 534—40. Okt. 1951. Emeryville, Calif., Shell Development Comp.) LEVI. 6556

A. K. Barbour und **L. J. Belf**, *Fluorhaltige chemische Produkte.* Überblick über Herst. sowie physikal. u. chem. Eigg. u. techn. Bedeutung organ. F-Derivate. — 100 Literaturhinweise. (Chem. Products chem. News **14.** 385—89. Nov. 430—36. Dez. 1951.) METZENER. 6564

J. Lichtenberger, *Neuere Fortschritte auf dem Gebiete der Fluorderivate.* Vortrag. Behandelt wird bes. die Herst., Eigg. u. techn. Bedeutung organ. F-Derivate. — 21 Literaturhinweise. (Chim. e Ind. [Milano] **33.** 411—20. Juli 1951. Mulhouse.) SCHEIFELE. 6564

—, *Tetranitromethan* (*TNM*), $C(NO_2)_4$. Überblick über Herst., Eigg. u. Anwendungen. (Chem. pharmac. Techniek **7.** 1—2. 1/9. 1951.) v. DECHEND. H 510

T. Ruemele, *Fortschritte bei der Verwendung von Thioglykolsäure.* Überblick über die techn. Bedeutung der Thioglykolsäure (z. B. Verwendung für kosmet. Präpp., als Enthaarungsmittel u. Weichmacher, als Zusatz zu Kunstkautschuk sowie als Katalysator in der Kunststoffindustrie). — 17 Literaturhinweise. (Chem. Products chem. News **16.** 220—21. Juni 1953.) WINIKER. H 850

John H. Howard, *Die Isolierung von Oxyprolin und Prolin aus Kollagen.* 2. Mitt. (1. vgl. C. **1952.** 2664.) Vf. vergleicht 5 Methoden zur Verbesserung der Ausbeute u. Qualität von aus Kollagen gewonnenem Oxyprolin u. Prolin. Hierbei hat sich gezeigt, daß keine der verwendeten Methoden reines Prolin bzw. Oxyprolin liefert. Auch die Verwendung von Harzaustauschern hat sich nicht bewährt. Am vorteilhaftesten ist die Verwendung von 6nHCl für die Hydrolyse der Nitrosamine. Auf diese Weise konnte eine Ausbeute von 80% der Theorie erhalten werden. Eine cycl. Extraktion des rohen Oxyprolins mit kochender 6nHCl verbessert bei guter Ausbeute die Reinheit der erhaltenen Produkte. Ähnlich wirkt sich auch ein Kochen mit absol. A. unter Rückfluß aus, wobei allerdings die Ausbeuten schlecht sind. (J. Amer. Leather Chemists Assoc. **46**. 654—59. Dez. 1951. Cincinnati, O., Univ. of Cincinnati, Dep. of Bas. Sci. in Tanning Res.) H. G. FRÖHLICH. H 3081

C. W. Bonniksen, *Die Herstellung von Alginaten.* Vortrag über Bedeutung, Vork., Eigg. u. den techn. Gewinnungsprozeß der Alginsäure u. Alginate. — Diskussion. (Proc. chem. Engng. Group Soc. chem. Ind. **33**. 11—16. 1951.) FRESENIUS. H 3400

H. Beduneau, *Eigenschaften und Verwendungsmöglichkeiten der Polyäthylenglykolstearate.* Die Herst. von Polyäthylenglykolstearaten (*Cithrole*) erfolgt durch Einw. von Äthylenoxyd auf Stearinsäure oder durch Veresterung von Stearinsäure mit Polyäthylenglykol. Mit steigender Zahl der Äthylenoxydmoll. nimmt die Löslichkeit u. das Dispergiervermögen in W. zu. Bei Steigerung der Temp. trennt sich W. ab, bei fallender Temp., aber nur unter Rühren, tritt wieder Lsg. ein. Verwendung als Emulgator u. Netzmittel für Erzeugnisse der Kosmetik u. der Waschmittelindustrie. (Rev. Produits chim. **54**. 221—23. 31/10. 1951.) STEINER. H 4010

—, *Polyäthylenglykolmonostearate.* Überblick über die techn. Verwendung als Emulgier-, Benetzungs-, Dispersions- u. Verdickungsmittel. (Chem. Products chem. News **14**. [N. S.] 280—81. Aug. 1951.) GERHARD GÜNTHER. H 4010

Debabrata Bandyapadhayay, *Die Versene.* Überblick über Eigg. u. Anwendungen der *Versene* (Handelsname für Polyaminosäuren u. ihre Salze). (Sci. and Cult. **17**. 10—12. Juli 1951. Calcutta, Univ., Coll. of Sci., Dep. of Inorgan. Chem.) BOYE. H 4010

N. V. de Bataafsche Petroleum Mij. (Erfinder: **William E. Vaughan** und **Frederick F. Rust**), Holland, *Katalytische Halogenierung von organischen Verbindungen*, bes. von aliphat. oder gesätt. alicycl. KW-stoffen, sowie von ungesätt. KW-stoffen mit einer olefin. Doppelbindung oder Halogenierungsprodd. davon. Die Halogenierung findet in der Dampfphase bei 200° in Ggw. von organ. Peroxyden, Azoverbb. oder Organometallverbb. statt. — Man läßt z. B. Äthangas durch Pb-Tetraäthyl bei 0° hindurchstreichen, um sich damit zu sättigen. Es wird mit einem Gemisch von 50 cm³ Cl_2 u. 150 cm³ N_2 in der Reaktionszone bei 132° zusammengebracht. Es entsteht dabei ein Gemisch von 80 (Mol-%) *Äthylchlorid* u. 20 höherchlorierten Prodd., bes. *1.1-Dichloräthan* u. *1.2-Dichloräthan.* (**F. P. 1 015 824** vom 31/12. 1947, ausg. 24/10. 1952. A. Priorr. 2/9. u. 30/9. 1939.) M. F. MÜLLER. H 510

Imperial Chemical Industries Ltd., London, **Reginald Thomas Foster** und **Peter Anthony Hawkins**, Widnes, England, *Chloräthylene und Chloräthane* erhält man aus 1—5 (Vol.) Cl_2 u. 1 Äthan in der Gasphase in Ggw. eines Fließbett- bzw. Schwebebettkatalysators bei 250—550°. Aus 627 (Teilen) Äthan bilden sich 149 Äthylen, 6 Acetylen, 19 Äthylchlorid, 347 Vinylchlorid, 87 Dichloräthane (**I**, hauptsächlich Äthylidenchlorid), 463 Dichloräthylene (bes. Vinylidenchlorid), 199 Trichloräthane (**II**) u. 33 höherchlorierte Verbindungen. Wird **I** u. **II** auf 600—700° erhitzt, so erhält man höhere Ausbeuten an Vinylchlorid. (**E. P. 671 947** vom 18/5. 1949, ausg. 14/5. 1952.) KRAUSS. H 520

Standard Oil Development Co., V. St. A. (Erfinder: **William C. Harney** und **Frank R. Brown jr.**), *Abscheidung von flüchtigen Lösungsmitteln aus Lösungen von nichtflüchtigen Substanzen, besonders Sulfonatlösungen.* Zur Entfernung von Isopropylalkohol u. W. aus Na-Sulfonatlsgg. (KW-stoffsulfonate C_{15}—C_{30}) leitet man diese Lsgg. bei 57—60° u. 0,035 kg/cm² Druck mit einer Geschwindigkeit von 0,06—0,12 m/Sek. von oben nach unten durch die Röhren eines schrägliegenden Wärmeaustauschers. — Vorrichtung. (**F. P. 1 003 968** vom 15/12. 1949, ausg. 24/3. 1952. A. Prior. 5/2. 1949.) OPPERMANN. H 600

Imperial Chemical Industries Ltd. (Erfinder: **Arthur W. Ch. Taylor** und **Sidney A. Lamb**), England, *Katalytische Herstellung von Aldehyden aus Olefinen* mit 2 bis 12 C-Atomen in fl. Phase durch Einw. von CO u. H_2 im Gegenstromverf. bei erhöhten Tempp. u. Drucken. Als Katalysatoren werden Co-Verbb. verwendet, z. B. Co-Carbonyl, -Acetat, -Laurat, -Naphthenat, -γ-Butoxybutyrat, -Hexahydrobenzoat, -3.5.5-Trimethylhexoat. Die Aldehydverb. wird unmittelbar danach in eine Hydrierzone geleitet u. dort in Ggw. eines Cu-Chromitkatalysators zu dem entsprechenden Alkohol reduziert. Nach dem Beispiel wird aus Diisobuten über die Aldehydverb. (*Nonaldehyd*) das *3.5.5-Trimethylhexanol* erhalten. (**F. P. 1 017 871** vom 3/4. 1950, ausg. 19/12. 1952. E. Prior. 7/4. 1949.) M. F. MÜLLER. H 670

Knapsack-Griesheim Akt.-Ges., Knapsack, *Ameisensäure* (I) erhält man durch Rk. von Ca-Formiat (II) mit HCl bzw. HCl-haltigen Gasen, wobei man bei niedriger Temp. in Ggw. von nur so viel W. arbeitet, daß sich das gebildete $CaCl_2$ als krist. Hydrat abscheidet. Die Abtrennung von I erfolgt z. B. aus dem Filtrat durch Vakuumdest., gegebenenfalls über II, zur Entfernung von noch beigemengtem HCl. (**D. B. P. 906 694** Kl. 12o vom 25/3. 1942, ausg. 18/3. 1954.) MÜLLER-MEININGEN. H 810

Camille Dreyfus, New York, N. Y., übert. von: **John Lomartire**, Summit, N. J., V. St. A., *Herstellung von Diestern des 1.4-Butandiols* durch Erhitzen eines Gemisches aus 1 (Mol) Tetrahydrofuran, 0,06—0,4 Pyridin, 1—2 eines organ. Säureanhydrids u. 0,2—0,6 H_2SO_4 unter Rückfluß, bis der Tetrahydrofuranring gespalten ist, u. durch anschließende Fraktionierung des Esters aus dem Reaktionsgemisch. — Bei Verwendung von Essigsäureanhydrid entsteht das *1.4-Butandioldiacetat*. (**Can. P. 486 106** vom 18/5. 1948, ausg. 26/8. 1952. A. Prior. 26/6. 1947.) M. F. MÜLLER. H 810

Sun Chemical Corp., übert. von: **William Kaplan**, New York, N. Y., V. St. A., *Herstellung von höhermolekularen Fettsäurenitrilen* durch Rk. einer höhermol. Fettsäure, z. B. Stearinsäure, mit 1—2 Mol Cyanursäure oder Harnstoff bei 250—310° ca. 2 bis 3 Std. lang. (**Can. P. 486 786** vom 21/4. 1947, ausg. 23/9. 1952. A. Prior. 12/2. 1946.) M. F. MÜLLER. H 810

A. Ch. J. Opfermann, Bergisch-Gladbach, *Herstellung von α.β-Dihalogenpropionsäure* durch Umsetzung von Acrylsäure mit Halogen, dad. gek., daß man die Umsetzung in wss. Lsg., bes. unter Erwärmen, u. zweckmäßig unter Lichtausschluß durchführt. — *α.β-Dibrompropionsäure*, $Kp._{18}$ 138°. (**Oe. P. 175 561** vom 20/10. 1951, ausg. 25/7. 1953. D. Prior. 16/10. 1951.) M. F. MÜLLER. H 820

B. F. Goodrich Co., übert. von: **Th. L. Gresham**, New York, N. Y., V. St. A., *Herstellung von aliphatischen Dicarbonsäuren*, in welchen die beiden Carboxylgruppen in β-Stellung zueinander stehen, aus einem wasserlösl. gesätt. aliphat. β-Lacton u. aus einem anorgan. Cyanid der allg. Formel mCN, worin m = H, NH_4 oder ein Alkali- oder Erdalkalimetall ist. Als Lösungsm. wird z. B. W. oder A. benutzt. Es entsteht dabei eine β-Cyanocarbonsäure, welche in Lsg. bleibt. Diese Lsg. wird hydrolyt. behandelt, wobei die Cyangruppe in die Carboxylgruppe übergeführt wird u. sich dabei die Dicarbonsäure bildet. — Nach diesem Verf. wird aus β-Propiolacton u. NaCN in wss. Lsg. bei —10 bis +65° zunächst die entsprechende Cyancarbonsäure u. durch Verseifung mit wss. Alkalilsg. daraus die *Bernsteinsäure* gebildet. (**Can. P. 487 253** vom 12/8. 1946, ausg. 14/10. 1952. A. Prior. 5/10. 1945.) M. F. MÜLLER. H 820

Soc. des Usines Chimiques Rhône-Poulenc (Erfinder: **R. P.** und **S. Tchelitcheff**), Frankreich, *Herstellung von aliphatischen Dinitrilen* durch mäßiges Erhitzen von Acetonitril mit einem aliphat. ω.ω'-Dihalogen-KW-stoff oder dem entsprechenden Glykolester einer Sulfonsäure in Ggw. von Na-Amid. — Acetonitril u. 1.6-Dibromhexan (I) werden in Ae. gelöst, dazu wird eine Suspension von Na-Amid in Ae. langsam eingetragen. Danach wird noch 3 Std. unter Rückfluß gehalten. Es entsteht dabei *Sebacinsäuredinitril*, $Kp._{15}$ 198—199°. — Beim Ersatz von I durch den Diester des Hexandiols mit Benzolsulfonsäure entsteht mit Acetonitril ebenfalls Sebacinsäuredinitril. — Mit 1.5-Dibrompentan wird das *Azelainsäuredinitril* erhalten. (**F. P. 970 743** vom 12/8. 1948, ausg. 8/1. 1951.) M. F. MÜLLER. H 820

Badische Anilin- & Soda-Fabrik Akt.-Ges., Ludwigshafen/Rh. (Erfinder: **Horst Bretschneider**, Hannover), *Herstellung von γ-Ketopimelinsäuredilacton*, dad. gek., daß man Bernsteinsäure bzw. Bernsteinsäureanhydrid in Ggw. geringer Mengen schwach alkal. Alkalisalze, z. B. Na-Benzoat, auf 190—200° erhitzt. (**D. B. P. 842 343** Kl. 12o vom 6/7. 1944, ausg. 26/6. 1952.) LÜTTGEN. H 870

I. G. Farbenindustrie Akt.-Ges., Frankfurt/M. (Erfinder: **Eberhard Legeler**, Karlstadt/M.), *Herstellung von Schwefelkohlenstoff* durch Umsetzung von Kohle mit überhitztem S-Dampf. Die vertikale Umsetzungsretorte, welcher die Kohle von oben zugeführt wird, wird ringförmig von der Überhitzungsretorte für S derart umgeben, daß die erste nur durch indirekte Beheizung auf Reaktionstemp. gebracht u. gehalten wird. Die S-Zufuhr kann dadurch wesentlich gesteigert werden, ohne daß im Umsetzungsraum ein die Rk. schädigender Temperaturabfall eintritt. — Abbildung. (**D. R. P. 743 003** Kl. 12i vom 8/10. 1941, ausg. 29/3. 1954.) ZÜRN. H 880

Fabriques de Produits de Chimie Organique de Laire, Frankreich, *Herstellung von am N-Atom dihalogenierten Urethanen* durch Einw. von HOCl in saurer Lsg. auf Urethane. Aus den dihalogenierten Urethanen erhält man durch Umsetzung mit einfachen Urethanen das monohalogenierte Prod., welches in Ae. gelöst mit einer Lsg. von Na in A. behandelt wird, wobei der am N mit Cl u. Na substituierte Carbaminsäuremethylester (I) gebildet wird. Dieser setzt sich mit einem Säureamid um gemäß $R-CO\cdot NH_2 + {Cl \atop Na}>N-COOCH_3 \rightarrow R\cdot NH-CO\cdot NH-COO\cdot CH_3 + NaCl$. Mit Formamid entsteht $NH_2\cdot CO\cdot NH-COO\cdot CH_3$, ebenso mit Diäthylessigsäureamid das substituierte Allophanat $(C_2H_5)_2\cdot CH-NH-CO\cdot NH\cdot COO\cdot CH_3$. — Der mit Cl u. Na substituierte Ester I bildet mit Acetamid das Allophanat $CH_3\cdot NH\cdot CO\cdot NH\cdot COOCH_3$, F. 163°, welches durch Verseifung u. CO_2-Abspaltung den *Monomethylharnstoff* liefert. — Verwendet man dabei an Stelle von Acetamid das Propionamid, so erhält man als Endprod. den *Monoäthylharnstoff*, F. 90—92°, u. mit Buttersäureamid den *N-Propylharnstoff*, F. 105—106°. — Die Verb. I u. Benzamid liefern *Monophenylharnstoff*, F. 146—147°, u. Nicotinsäureamid den *Pyridylharnstoff*, F. 216°. (**F. P. 974 085** vom 9/12. 1941, ausg. 19/2. 1951.) M. F. MÜLLER. H 880

Soc. An. des Manufactures des Glaces et Produits Chimiques de Saint-Gobain, Chauny & Cirey, Seine, Frankreich, *Herstellung von Derivaten von Thiourethanen.* Man vermischt cycl. Glykoltrithiocarbonat u. ein sek. Amin (z. B. Dimethylamin) oder Piperidin in äquimol. Mengen u. kühlt das Reaktionsgemisch derart, daß die Temp. 40° nicht überschreitet. Es werden genannt: *Dithioglykol-N-dimethylthiourethan*, F. 86°; Ausbeute 90%; *Dithioglykol-N-pentamethylenthiourethan*, F. 107°; Ausbeute 95%; die *Verb.* $(C_2H_5)_2N\cdot CS_2\cdot CH_2\cdot CH_2\cdot SH$, F. 90°, die *Verb.* $O<{CH_2\cdot CH_2 \atop CH_2\cdot CH_2}>N\cdot CS_2\cdot CH_2\cdot CH_2\cdot SH$, F. 103°; die *Verb.* $HS\cdot CH_2\cdot CH_2\cdot CS_2\cdot N<{CH_2\cdot CH_2 \atop CH_2\cdot CH_2}>N\cdot CS_2\cdot CH_2\cdot CH_2\cdot SH$, F. 190°. (**F. P. 1 016 882** vom 29/4. 1950, ausg. 25/11. 1952.) OPPERMANN. H 880

Bergwerksverband zur Verwertung von Schutzrechten der Kohlentechnik G.m.b.H. (Erfinder: **Walter Klempt**), Dortmund, *Gewinnung von reinem HCN* aus wss., mit H_2S u. sonstigen Inhaltsstoffen der Koksofengase verunreinigtem HCN durch Destillation. Man reichert die wss. Säure zunächst durch Dest. an, bringt sie darauf mit H_2S-bindenden Mitteln in Berührung u. verarbeitet sie durch nochmalige Dest. auf wasserfreien HCN. (**D. B. P. 906 692** Kl. 12 k vom 23/3. 1952, ausg. 18/3. 1954.) NEBELSIEK. H 890

Union Oil Co. of California, Los Angeles, übert. von: **Art C. McKinnis,** Long Beach, Calif., V. St. A., *HCN-Gewinnung.* Man läßt über granulierte Aktivkohle in Ggw. eines bestimmten Wasserdampfgeh. HCN-haltiges Gas strömen u. treibt die HCN in einer Rektifizierzone mit Heißdampf aus. Dabei sättigt sich die Aktivkohle mit Wasserdampf, so daß sie zu einem neuen Ansatz verwendet werden kann. (**A. P. 2 634 817** vom 11/12. 1950, ausg. 14/4. 1953.) NEBELSIEK. H 890

American Cyanamid Co., New York, N. Y., übert. von: **Johnstone S. MacKay,** Old Greenwich, Conn., V. St. A., *Cyanamidgewinnung* durch Erhitzen von Melamin, Melen u. dgl. auf 610—700°. Den entweichenden H_2NCN-haltigen Dampf bringt man durch schnelle Kühlung zur Kondensation, um dadurch eine Polymerisation zu verhindern. (**A. P. 2 656 253** vom 23/11. 1951, ausg. 20/10. 1953.) NEBELSIEK. H 890

American Cyanamid Co., New York, N. Y., übert. von: **Raymond A. Vingee,** Stamford, Conn., und **Ludwig J. Christmann,** Bronxville, N. Y., V. St. A., *Gewinnung von saurem Alkalicyanamid* durch Rk. von $CaCN_2$, Alkalihydroxyd, z. B. NaOH, u. W. (1 : 1,5 : 15) bei 40—80°. Die erhaltene wss. Dispersion von NaHCN trennt man ab u. treibt unter Druck bei 65—70° das W. ab. (**A. P. 2 656 246** vom 17/4. 1951, ausg. 20/10. 1953.) NEBELSIEK. H 890

Soc. An. des Manufactures des Glaces et Produits Chimiques de Saint-Gobain, Chauny & Cirey, Paris, Frankreich, *β-Chloräthylaminhydrochloride — β-Chloräthylaminhydrochlorid*, aus Oxazolidon u. HCl in Toluol bei 100°. — Analog: *Bis-(β-chloräthyl)-aminhydrochlorid*, F. 203—205°. — (*β-Chloräthylcyclohexylaminhydrochlorid*, F. 204—206°. (**E. P. 693 325** vom 9/5. 1951, ausg. 24/6. 1953.) LANGER. H 910

Dow Chemical Co., Midland, Mich., V. St. A., *Gewinnung von aliphatischen α-Aminomonocarbonsäuren aus alkalischen Lösungen* geschieht durch Behandeln der Lsg. mit einem sauren Kationenaustauscher oder einem Aminocarbonsäuresalz eines solchen Austauschers, wobei dieser der Lsg. als Schlamm in solcher Menge zugesetzt wird, daß das p_H zwischen 4,5 u. 8,5 liegt. — Gewinnung von *dl-Methionin*, *dl-Alanin*, *dl-α-Aminobuttersäure*, *dl-Valin*, *l-Isoleucin* u. *d-Alloisoleucin* aus ihren Alkalisalzen. (**E. P. 693 522** vom 7/3. 1951, ausg. 1/7. 1953. A. Prior. 6/4. 1950.) LANGER. H 950

Office National d'Études et de Recherches Aéronautiques (O. N. E. R. A.), Seine, Frankreich (Erfinder: **Charles Horny**), *Herstellung von halogenhaltigen organischen Siliciumverbindungen.* Um eine kontinuierliche Herst. der Si-Verbb. zu ermöglichen u.

die Ausbeute an symm. Si-Verbb. gemäß der Formel R_2SiX_2, worin R ein organ. Radikal (z. B. Methyl, Äthyl, Propyl, Butyl, Naphthyl) u. X ein Halogen (Cl, Br, J, F) bedeuten, zu erhöhen, setzt man einen Teil des Si in Ggw. eines fest angeordneten Cu-Katalysators, einen anderen Teil des Si nach Art der Fließkatalyse mit dem gasförmigen Halogenalkyl um. Hierbei sind Si u. Katalysator in dem Halogenalkyldampf suspendiert. — Vorrichtung. (**F. P. 1 012 445** vom 13/9. 1949, ausg. 9/7. 1952.) Oppermann. H 980

Dow Corning Corp., übert. von: **James G. Fife**, V. St. A., *Entphenylieren einer Organosiliciumverbindung* von der allg. Formel $C_6H_5(CH_3)_2 \cdot Si(CH_2)_n \cdot COOH$, worin $n = 2-5$ ist, durch Behandlung mit konz. HCl oder mit H_2SO_4. Es bilden sich dabei $[HOOC \cdot (CH_2)_n \cdot Si(CH_3)_2]_2O$ u. $(CH_3)_2Si \cdot (CH_2)_n \cdot CO$ (Si und CO über —O— verbunden), welche durch fraktionierte Dest. von dem unveränderten Ausgangsstoff getrennt werden. — In dem Beispiel ist der Diäthylester der Phenyldimethylsilylmethylmalonsäure als Ausgangsstoff genannt, welcher zunächst verseift u. danach wie beschrieben weiterbehandelt wird unter Gewinnung von Silalacton u. Disiloxandicarbonsäure. (**F. P. 1 017 681** vom 12/5. 1950, ausg. 17/12. 1952. E. Prior. 30/6. 1949.) M. F. Müller. H 980

Camille Dreyfus, New York, N. Y., übert. von: **George W. Seymour, Victor S. Salvin** und **Wilford D. Jones**, Cumberland, Md., V. St. A., *Herstellung von 4-Chlor-3-nitrobenzolsulfochlorid* durch Rk. von 1 Mol o-Chlornitrobenzol mit 2—6 Mol $ClSO_3H$ bei 100—130°, wobei die Temp. allmählich von 100° ab gesteigert wird. Das Reaktionsgemisch wird auf ein Gemisch von Eis u. W. gegossen u. das abgeschiedene Festprod. abfiltriert. Vgl. Can. P. 464 725; C. **1952**. 5332. (**Can. P. 486 796** vom 16/1. 1947, ausg. 23/9. 1952. A. Prior. 15/2. 1946.) M. F. Müller. H 1090

Badische Anilin- & Soda-Fabrik Akt.-Ges., Ludwigshafen/Rh., *p-Aminosalicylsäuren* der Formel I, worin X = H oder Alkyl bedeutet, entstehen aus den rohen Phenolaten, die durch Alkalischmelze der entsprechenden Aminosulfonsäure erhalten werden, nach Verdünnen mit W. durch Einw. von CO_2 bei erhöhter Temp. u. erhöhtem Druck. — *p-Aminosalicylsäure*. Alkal. m-Aminophenolatlsg., erhalten durch Schmelzen von Metanilsäure mit KOH u. Verdünnen mit W., wird im Autoklaven mit CO_2 unter 100 at 1—2 Std. auf 90—100° erhitzt. — Analog: *2-Oxy-4-amino-5-methylbenzoesäure*, F. 156°. (**E. P. 691 282** vom 8/3. 1951, ausg. 6/5. 1953. D. Prior. 16/3. 1950.) Langer. H 1250

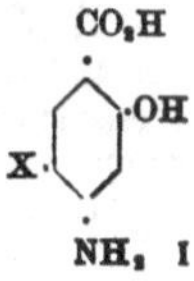

I

Lepetit (S. A.), Italien, *Umwandlung der „Erythro-Form" des 1-Phenyl-2-amino-1.3-propandiols in die „Threo-Form"*. Das Ausgangsprod. wird am N-Atom acyliert, z. B. mit einem Essigsäure- oder Benzoesäurerest; danach wird durch Behandlung mit konz. H_2SO_4 der Oxazolinring geschlossen, durch Erwärmen der schwefelsauren Lsg. wird die Acylgruppe abgespalten u. der Oxazolinring wieder geöffnet. Beim Aufarbeiten wird die „Threoverb.", F. 87—88°, erhalten. (**F. P. 1013210** vom 23/2. 1950, ausg. 24/7. 1952. It. Prior. 20/10. 1949.) M. F. Müller. H 1320

Imperial Chemical Industries Ltd., London, **Henryk Zenftman**, Saltcoats, und **Andrew McLean**, West Kilbride, England, *Dihalogenaryloxyphosphoryldichloride* erhält man durch Erhitzen eines Dihalogenphenols oder eines Alkylhomologen mit $POCl_3$ im Verhältnis 2:3 in Ggw. von $CaCl_2$. Es werden die gleichen Prodd. wie nach Dän. P. 72 860; C. **1952**. 7094 u. Schwed. P. 130 999; C. **1952**. 1909 hergestellt. (**E. P. 644 467** vom 13/9. 1948, ausg. 11/10. 1950.) Krauss. H 1380

Dow Chemical Co., Midland, übert. von: **James B. Arnold**, Midland, und **Lester J. Dankert**, Freeland, Mich., V. St. A., *Polymeres 2.2.4-Trimethyltetrahydrochinolin* aus polymerem 2.2.4-Trimethyldihydrochinolin durch katalyt. Hydrierung bei 100 bis 200° in Ggw. von Pd unter Druck. (**Can. P. 486 704** vom 13/2. 1950, ausg. 23/9. 1952.) M. F. Müller. H 3231

X. Färberei. Organische Farbstoffe.

Max A. Kunz, *50 Jahre Indanthren*. Ident. mit der C. **1952**. 4060 referierten Arbeit. (Textielwezen Nr. 3. 41—61. März 1954.) Wesly. 7000

A. G. Jemeljanow, *Vermeidung der Gewebefehler bei der Ausrüstung*. Beim Färben nichtmercerisierter Baumwollgewebe (bes. aus stark gezwirntem Garn) mit Schwefelfarbstoffen entstehen mitunter dunkler gefärbte Längsstreifen. Verss. des Vf. zeigten, daß eine Behandlung des Gewebes in der Breite vor dem Färben mit einer Lsg. von 5—8 g/Liter *NaOH* (I) oder 4 g/Liter *Soda* u. 4 g/Liter I mit nachfolgendem Trocknen auf der Zylindertrockenmaschine ohne vorheriges Auswaschen das Entstehen der Streifen verhindert. Entscheidend ist die Einw. von I bei erhöhter Temp. während mindestens 1 Min., wobei die Fasern bzw. Fäden quellen, ihre ungleichmäßigen Verformungen behoben werden. Bei Verwendung von I allein geht die spezif. Viscosität des Materials um 15% zurück, bei Verwendung von I u. Soda nur um ca. 5%. (Текстильная Промышленность [Textil-Ind.] **13.** Nr. 12. 24–25. Dez. 1953.) Stscherbina. 7016

—, *Neue Farbstoffe und Hilfsmittel.* Prodd. der Ciba Akt.-Ges., Basel: *Chlorantinlichtbrillantblau 2GLL* für Baumwolle u. Fasern aus regenerierter Cellulose. Gibt vorzüglich lichtechte, aber nur mäßig naßechte Nuancen. Der Farbstoff ist gut lösl. u. eignet sich daher sehr gut für die Apparaturenfärberei. Er egalisiert ausgezeichnet u. deckt streifig färbende Viscosereyon (Zirkular Nr. 727). — *Cuprantinreinblau 2RLL* für native u. regenerierte Cellulose. Die Färbungen sind sehr gut licht- u. naßecht. Deckt streifig färbende Viscosereyon nicht (Zirkular Nr. 726). — *Rosanthrenlichtscharlach GL* liefert reine Scharlachtöne u. ist die lichtechteste Rotmarke des Diazofarbstoffsortiments. Der Farbstoff ist gut lösl., egalisiert hervorragend, deckt streifig färbende Viscosereyon u. reserviert Effekte auf Acetatreyon. Seine Färbungen widerstehen der Knitterfestappretur. — *Rosanthrenlichtrot BWL* liefert gedeckte Rotnuancen von sehr guten Naßechtheiten. Der Farbstoff ist sehr gut lösl. u. zieht sehr gut. Die Färbungen sind beständig gegen Knitterfestappretur (Zirkular Nr. 724). — Prodd. der Farbwerke Hoechst, Frankfurt/M.: *Indanthrenblau HCRK* Pulver fein für Färbung, besitzt sehr gutes Egalisiervermögen sowie sehr gute Chlor- u. Mercerisierbeständigkeit. Gleichfalls sehr gut ist die Lichtechtheit. Die Färbungen sind weiß ätzbar u. eignen sich daher für die Herst. von Fondfärbungen für Weißätzartikel. — *Anthralanrot HGK* zieht aus stark saurem Bade auf Wolle. Die Licht- u. Carbonisierechtheiten sind besser als die entsprechende HG-Marke. Dient zum Färben von Damenkleiderstoffen, Teppich-, Strick- u. Wirkgarnen sowie für Möbel- u. Dekorationsstoffe. Der Farbstoff ist auch zum Färben von Polyamidfasern geeignet. (Textil-Rdsch. [St. Gallen] **9.** 153. März 1954.) P. Eckert. 7018

A. J. Hall, *Einige neuzeitliche Färbeverfahren.* Besprochen wird die Verbesserung der Lichtechtheit durch Behandlung des Färbegutes mit Cu-Verbindungen. In diesem Zusammenhang wird einleitend auf das Vorkupfern eingegangen u. anschließend Hinweise über die Verwendung von Cu-Verbb. beim Färben von synthet. Fasern, bes. von Orlon, gegeben u. Angaben bzgl. der Behebung bestehender Schwierigkeiten beim Färben dieser Fasern gemacht. Eingehend erörtert werden Fragen der Funktion des Cu beim Färben sowie Überwachung des Färbevorganges. An Hand des Beispieles Orlon Typ 42 wird das „Kupferionenfärbeverf." beschrieben. Genaue Färbevorschriften hierüber werden gebracht. (Textile Mercury **130.** 190. 192. 194. 29/1. 1954.) P. Eckert. 7020

L. Drijvers, *Das Färben von Fasern bei hoher Temperatur.* Inhaltlich ident. mit der C. **1953.** 2998 referierten Arbeit. (Canad. Textile J. **70.** Nr. 20. 57–64. 25/9. 1953. Courtrai, Belgien, Teinturerie de Groeninghe.) P. Eckert. 7020

A. Koch, *Das Foulardisieren mit Direkt-, Solar-, Cuprofix- und Resofixfarbstoffen.* Für das Foulardisieren in der Kälte (20–25°) können nur solche Farbstoffe verwendet werden, die in der Kälte keine gelatinösen u. trüben Lsgg. geben, für das Foulardisieren in der Wärme (70–90°) sind besondere Foularda-Apparate erforderlich. Für das kalte Verf. werden die Konzentrationsgrenzen für 20 Direkt-, 34 Solar-, 28 Cuprofix- (I) u. 11 Resofix (II)-farbstoffe, für das warme Verf. solche für 9 I- u. 6 II-Farbstoffe angegeben, ferner für I- u. II-Farbstoffe die für die verschied. Farbtöne auf dem Jigger u. auf dem Foulard anzuwendenden Konzentrationen. (Tinctoria [Milano] **50.** Sonderheft 61–63. 1953.) R. K. Müller. 7020

Yves Dugast, *Wie man bestimmten Schwierigkeiten beim Färben von Kunstseideartikeln abhilft.* Beschreibung der Eigg. der zum Färben zu benutzenden Apparate, der Beschaffenheit, Größe u. Form von für das Färben von Kunstseide geeigneten Kufen, Barken, Haspelkufen u. der Beschaffenheit des zum Färben verwendeten Wassers. Auf die Vorbereitung des Materials vor dem Färben, bes. das Entschlichten, wird kurz eingegangen. Die Herst. der Färbeflotte, das Auflösen der Farbstoffe, der p_H-Wert der Färbeflotte, die beim Färben einzuhaltenden Tempp., das Erhitzen der Färbeflotte mit Wasserdampf, Maßnahmen zur Erzielung gleichmäßiger Färbungen, die Verwendung von Na_2SO_4 oder NaCl zum besseren Aufziehen der Farbstoffe bzw. zur Erschöpfung des Färbebades, das Spülen u. Avivieren der gefärbten Ware werden besprochen. (Ind. Textile **1953.** 381–83. Mai.) Hoinkis. 7020

P. L. Meunier, J. F. Laucius, J. A. Brooks und **R. J. Thomas**, *Entwicklungen auf dem Gebiet des Färbens von Orlon.* Der Unterschied zwischen Orlon Typ 41 u. Typ 42, beides Stapelfasern (Polyacrylnitril), besteht in dem färber. Verh. dieser Fasern. Die Affinität der letzteren ist besser. Dagegen sind die physikal. Eigg. nahezu die gleichen.

Besprochen wird die Anwendung von sauren Farbstoffen nach der Kupferionenmeth. bei Atmosphärendruck u. bei höheren Drucken. Das Färben mit Dispersionsfarbstoffen, mit bas. Farbstoffen, das Stückfärben sowie das Färben von Mischgespinsten aus Orlonstapelfaser mit Wolle u. Zellwolle wird behandelt. (Canad. Textile J. **70.** Nr. 20. 67–71. 25/9. 1953.) P. Eckert. 7020

W. I. Golubkow, *Druck mit Küpenfarbstoffen in Kombination mit Kaltfarben.* Beim Bedrucken von Baumwoll- u. Zellwollgeweben mit Küpenfarbstoffen (**I**), gemeinsam mit Azofarbstoffen (**II**), entstehen an den Berührungsstellen der verschied. Farbstoffe dadurch Fehler, daß das starke Reduktionsmittel Rongalit, das den **I** zugesetzt ist, die Diazokomponente zerstört. Vf. schlägt vor, den **I** Glucose in Ggw. von Anthrachinon oder ein Gemisch von Glucose mit wenig Hydrosulfit zuzusetzen. Den **II** soll Essig (bis zu 15 g auf 1 kg Druckpaste) beigemischt werden. Vf. führt einige entsprechende Rezepte für **I** an. (Текстильная Промышленность [Textil-Ind.] **13.** Nr. 9. 39–40. Sept. 1953.) Stscherbina. 7022

Yorkshire Dyeware & Chemical Co. Ltd., übert. von: **Ernest Stead, Alec Murray** und **Donald Burtonshaw,** Leeds, England, *Färben von Nylon mit Sulfonamidazofarbstoffen.* Man behandelt das zu färbende Gut mit einer wss. Dispersion eines Farbstoffes der Formel **I**, in welcher R einen Monoxyalkyl- (**II**) oder einen Sulfat-**II**-Rest bedeutet. (**A. P. 2 638 403** vom 15/9. 1949, ausg. 12/5. 1953. E. Prior. 20/1. 1949.) v. Schiller. 7021

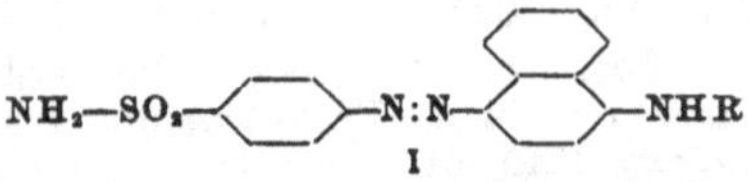

I

General Aniline & Film Corp., New York, N. Y., V. St. A., *Färben und Drucken von synthetischen Fasern,* wie Celluloseestern u. -äthern oder Superpolyamidfasern, durch Verwendung von Farbstoffen der allg. Formel **I**, worin R eine Alkylgruppe mit 1–5 C-Atomen u. X einen gegebenenfalls substituierten hetero- oder carbocycl. Ring bedeuten, der über eine NH-Gruppe mit dem Benzolkern verbunden ist. Die Farbstoffe werden z. B. durch Kondensation von 3-Nitro-4-chloracetophenon mit Anilin, p-Anisidin, p-Phenitidin, p-(2-Oxyäthoxy)-anilin, N.N-Diäthyl-p-phenylendiamin, N-Acetyl-p-phenylendiamin, p-Aminophenyltrimethylsilan, Cyclohexylamin, Morpholin, 3.4.5-Trimethoxyanilin, Aminodiphenyl, Aminodiphenylmethan, β-Naphthylamin, Aminomethylpyrazol, 2-, 3- u. 4-Aminochinolin, 2-Aminothiazol, Piperidin oder dgl. gewonnen. Es kann auch von 3-Nitro-4-chlorpropio-, -valero- oder -caprophenon ausgegangen werden. Anwendung gemeinsam mit Netzmitteln, wie N.N-Oleylmethyltaurin, Türkischrotöl u. dgl.; Beispiele. (**E. P. 696 989** vom 5/11. 1951, ausg. 9/9. 1953. A. Prior. 13/11. 1950.) K. Heinze. 7021

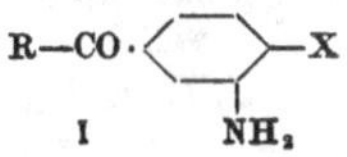

Calico Printers' Association Ltd., übert. von: **Fred Isherwood** und **William Stuart Miller,** Manchester, England, *Mehrfarbenkopien auf Textilien.* Das Textilmaterial wird zuerst mit einem lichtempfindlichen Leukoschwefelsäureester eines roten Küpenfarbstoffes imprägniert, mit einem Muster belichtet u. mit einem Alkali an den unbelichteten Stellen desensibilisiert. Dann wird mit einem Gemisch aus einem Antidiazotatsulfonat u. einer Kupplungskomponente, die ein gelbes Reaktionsprod. geben, imprägniert, mit einem Muster belichtet u. mit einem Reduktionsmittel zur Zers. der unverbrauchten Verbb. behandelt. Zum Schluß wird eine lichtempfindliche Beize aufgetragen, wieder mit einem Muster belichtet u. mit einem blauen, beizenziehenden Farbstoff gefärbt. (**A. P. 2 623 821** vom 28/6. 1949, ausg. 30/12. 1952. E. Prior. 14/7. 1948.) Kalix. 7023

Ciba Akt.-Ges., Basel, Schweiz, *Herstellung von basischen Aldehydkondensationsprodukten.* Cycl. Verbb., welche mindestens einmal die nachst. Atomgruppierung enthalten, z. B. Dicyandiamid, Dicyandiamidin, Guanidin, Acetoguanidin, Biguanid, Alkylbiguanide oder Arylbiguanide, werden in einer 1. Stufe mit Aldehyden u. Salzen von aliphat. Aminen, welche mindestens 2 prim. oder sek. Aminogruppen aufweisen, bei einer über 100° liegenden Temp. kondensiert u. gegebenenfalls in einer 2. Stufe die so erhaltenen Prodd. weiter mit Aldehyden kondensiert. Beispielsweise verwendet man auf 1 Mol Äthylendiamindihydrochlorid 2 Mol Dicyandiamid u. erhitzt auf 150–260°, worauf bei einer über 100° liegenden Temp. mit mindestens 1 Mol Paraformaldehyd kondensiert u. die so erhaltenen Prodd. in einer 2. Stufe weiter mit Aldehyden kondensiert werden, oder man kondensiert in einer 1. Stufe 1 Mol Diäthylentriamintrihydrochlorid mit 2 Mol Dicyandiamid u. 1 Mol. Paraformaldehyd in Ggw. von sd. Butanol, u. danach wird in einer 2. Stufe 4 Mol des so erhaltenen Prod. mit ca. 4 Mol CH_2O in schwach alkal. Lsg. weiter kondensiert. Man erhält eine feste, in heißem W. lösl. Masse. — Die erhaltenen Konden-

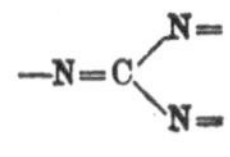

sationsprodd. sind in Form ihrer Salze wasserlöslich. Sie eignen sich zur Verbesserung der Naßechtheit von Färbungen u. Drucken. (**Oe. P. 176 672** vom 27/6. 1951, ausg. 10/11. 1953. Schwz. Priorr. 9/8. 1950 u. 16/4. 1951.) M. F. Müller. 7029

Chadeloid Corp., Wilmington, Del., übert. von: **John W. Mayers,** Dayton, O., V. St. A., *Reinigen von sauren Farbstoffen,* die anorgan. Salze (**A**) enthalten. Man löst 25—50 (Teile) des Farbstoffs in 125—250 Teile eines Glykoläthers, filtriert die gesätt. Lsg., fügt eine Mischung von 250—500 eines Alkohols mit nicht mehr als 3 C-Atomen u. 125—250 eines aromat. KW-stoffs zu, entfernt die gefällten **A** mechan. u. verdampft die Lösungsmittel. (**A. P. 2 564 225** vom 7/8. 1946, ausg. 14/8. 1951.) Hoppe. 7049

Ciba Akt.-Ges., Basel, Schweiz, *Azofarbstoffe.* Zu F. P. 945048 (C. **1949.** E. 317) sind folgende Farbstoffe, die Cellulosefasern in rotstichiggelben Tönen anfärben, nachzutragen: 2 Mol *2-Amino-1-oxybenzol-4-sulfonsäure-β-oxyäthylamid* (**I**) oder 1 Mol **I** u. 2 Mol *2-Amino-1-oxybenzol-4-sulfonsäureamid* oder 2 Mol *2-Amino-1-oxybenzol-4-carbonsäureamid* → 1 Mol *1.1'-[Diphenylen-(4.4')]-bis-(3-methyl-5-pyrazolon).* (**Schwz. PP. 267 310** u. **267 311** vom 16/4. 1946, **267 312** vom 14/2. 1947, alle ausg. 1/7. 1950. **Zusätze zu Schwz. P. 261 362; C. 1950. I. 1787.**) Heyne. 7053

Soc. An. de Matières Colorantes et Produits Chimiques Francolor, Frankreich (Erfinder: **Pierre Petitcolas** und **Robert Sureau**), *Herstellung von Aminoindazolsulfonsäuren.* Man läßt ein schwefligsaures Salz (z. B. Na_2SO_3) auf 5.6-Dinitroindazol einwirken u. red. das gebildete Nitroindazolsulfonat nach irgendeiner der üblichen Methoden. Man verwendet diese Sulfonsäuren, deren Zuss. wahrscheinlich einer 5-Aminoindazol-7- u. einer 6-Aminoindazol-4-sulfonsäure entsprechen, zur Herst. von *Azofarbstoffen,* die man durch ein Metallsalz (z. B. von Cu, Cr, Fe, Co, Ni oder Mn) in komplexe Metallverbb. überführen kann. (**F. P. 1 012 619** vom 29/12. 1949, ausg. 15/7. 1952.) Oppermann. 7053

J. R. Geigy Akt.-Ges., Basel, Schweiz, *Kupferbare Polyazofarbstoffe.* Zu F. P. 901005 (C. **1946.** I. 802) sind folgende Farbstoffe, die auf Baumwolle u. regenerierter Cellulose marineblaue, nachgekupfert braune bis schwarze Färbungen geben, nachzutragen: *4.4'-Diamino-3.3'-dimethoxydiphenyl* (**I**) ⇄ (*2-Aminobenzoesäure* [**II**] → *2-Amino-5-oxynaphthalin-7-sulfonsäure* [**III**])$_2$; **I** ⇄ (*2-Amino-5-chlorbenzoesäure* → **III**)$_2$; **I** ⇄ (*1-Amino-2.4-dicarboxybenzol* → **III**)$_2$; *Salicylsäure* (**IV**) ← **I** → *2-Amino-4-chlorbenzoesäure* → **III, IV** → **I** → (*2-Amino-5-nitrobenzoesäure* [**V**] → **III**); *β-Resorcylsäure* ← **I** → (**V** → **III**); *1-Oxynaphthalin-2-carbonsäure* ← *4.4'-Diamino-3.3'-dicarboxymethoxydiphenyl* → (**V** → **III**); **IV** ← **I** → (*2-Amino-4-nitrobenzoesäure* → **III**); **IV** ← **I** → (*2-Amino-4-sulfobenzoesäure* → **III**) · **I** ⇄ (**V** → *2-[4'-Oxy-3'-carboxyphenylamino]-5-oxynaphthalin-7-sulfonsäure*)$_2$; (**V** → *2-[β-Oxyäthylamino]-5-oxynaphthalin-7-sulfonsäure*) ← **I** → **IV**; (**II** → *2-Phenylamino-5-oxynaphthalin-7-sulfonsäure*) ← **I** → *2-Oxynaphthalin*; (**V** → *2-Cyclohexylamino-5-oxynaphthalin-7-sulfonsäure*) → **I** ← (**V** → **III**) (**Schwz. P. 236 584** vom 22/12. 1942, ausg. 2/7. 1945; **Schwz. PP. 238 452** u. **238 454** vom 22/12. 1942, ausg. 1/11. 1945; **250 811, 250 815, 250 816, 250 817, 250 818** u. **250 819** vom 9/3. 1943, ausg. 1/7. 1948; **266 557, 266 558, 266 559** u. **266 560** [Zusatzpatente] vom 2/8. 1946, ausg. 17/4. 1950.) Heyne. 7055

Imperial Chemical Industries Ltd., London, England, *Anthrachinonfarbstoff. 1-Amino-4-benzolazoanilino-2-methylanthrachinon* wird sulfoniert u. das Na-Salz der gebildeten Disulfonsäure mit *o-Chlorbenzoylchlorid* in Pyridin zum Sieden erhitzt, wobei die o-Chlorbenzoylgruppe in die NH_2-Gruppe eintritt. Der Farbstoff, ein dunkelbraunes Pulver, färbt Wolle in orangebraunen Farbtönen von hervorragender Naß- u. Lichtechtheit. (**Schwz. P. 266 561** vom 4/12. 1946, ausg. 17/4. 1950. E. Prior. 5/12. 1945. **Zusatz zu Schwz. P. 254 810; C. 1949. E. 1946.**) Heyne. 7059

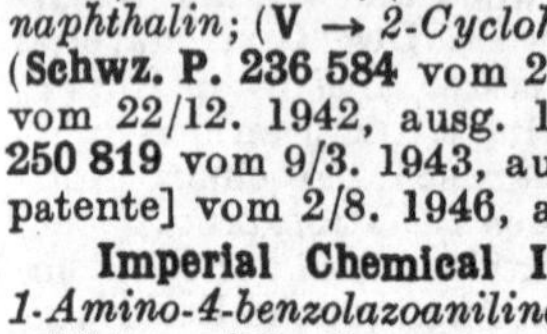

II

Eastman Kodak Co., Rochester, N. J., übert. von: **James M. Straley,** Kingsport, Tenn., V. St. A., *Kondensationsprodukte der Benzanthronreihe,* die als *Farbstoffzwischenprodd.* verwendet werden. Durch Rk. von 10-Methylenanthron (**I**) mit 1.3-Cyclohexadien in Nitrobenzol erhält man die Verb. **II. I** kann auch als Substituenten Halogenatome oder CH_3-Gruppen aufweisen. (**A. P. 2 659 735** vom 4/4. 1950, ausg. 17/11. 1953.) Brösamle. 7059

Farbwerke Hoechst vormals Meister Lucius & Brüning (Erfinder: **Hans Tampke** und **Gustav Schäfer**), Frankfurt/M., *Indolyldiphenylmethanfarbstoffe* von Reinheit des Farbtons, gutem Ziehvermögen aus neutralem Bade u. gutem Egalisiervermögen erhält man dadurch, daß man 3.3'-Disulfonsäuren von 4.4'-Dihalogenbenzophenonen oder 4.4'-Dialkoxybenzophenonen mit Indolen, die in 2-Stellung, gegebenenfalls auch in 1-Stellung, durch aliphat. oder carbocycl. KW-stoffreste substituiert sind u. noch weitere Substituenten enthalten können, kondensiert u. die Prodd. mit aromat. Aminoverbb., bes. der Benzol- oder Naphthalinreihe, umsetzt. — So erhält man aus 4.4'-dichlorbenzophenon-3.3'-disulfonsaurem Na (**I**) durch Kondensation mit 1-Methyl-2-phenylindol (**II**) mittels $POCl_3$ in Ggw. von $ZnCl_2$ u. Verschmelzen des Kondensationsprod. mit Anilin einen Wolle (**B**) u. Seide lichtecht rein blau färbenden Farbstoff. Ferner können Farbstoffe erhalten werden aus: **I**, **II** u. p-Anisidin, färbt **B** lichtecht blau; **I**, 1.4.6-Trimethyl-2-chlorphenylindol u. p-Aminodiphenyläther, licht-, schweiß- u. seewasserechter blauer Farbstoff; **I**, **II** u. o-Toluidin, färbt **B** neutral oder sauer egal, klar u. lichtecht rotstichigblau; **I**, **II** u. Mesidin, färbt rotviolett; **I**, **II** u. p-Chloranilin, färbt rotstichigblau; **I**, **II** u. 2-Chlor-4-methoxyanilin, Färbungen von großer Klarheit, Egalität u. Schweißechtheit; **I**, **II** u. p-Aminodiphenylamin, Farbstoff von guter Licht-, Wasch- u. Walkechtheit; **I**, 1.2-Dimethylindol (**III**) u. o-Toluidin färbt **B** leuchtend violett; **I**, **III** u. p-Phenetidin, klares blaustichiges Violett; **I**, 1-Cyclohexyl-2-methylindol u. p-Toluidin ergibt klare lichtechte violette Töne, zeichnet sich durch gutes Ziehvermögen aus neutralem Bade aus; **I**, **III** u. Mesidin, rotstichiges, klares Violett. (**D. B. P. 830 823** Kl. 22b vom 2/6. 1949, ausg. 7/2. 1952.)

ROCK. 7069

Farbenfabriken Bayer Akt.-Ges., Leverkusen, *Erzeugung von Phthalocyaninen auf der Faser.* Man bringt auf die Faser in 1-Stellung mit reaktionsfähigen Gruppen substituierte 3-Iminoisoindolenine der allg. Formel **I** ($n = 1$ bis ca. 6; $X = H$; $Y = -OR_1$, $-SH$, $-N\langle^{R_2}_{R_3}$ [R_1 = Alkyl; R_2, R_3 = H, Alkyl, Aryl, Cycloalkyl; $R_2 + R_3$ = Cycloalkylen]; $X + Y$ kann, falls $n = 4$ oder > 4 ist, eine einfache Bindung zwischen C in 1-Stellung u. N in 3-Stellung eines anderen Iminoisoindoleninrestes sein) u. kondensiert in Ggw. von gelinden Reduktionsmitteln u. gegebenenfalls von Metallen bei Tempp. von 70—150°, gegebenenfalls durch Dämpfen. — Man rührt z. B. 50 (Teile) feinst gepulvertes Phthalodinitril (**II**) in Lsg. von 10 Na in 237 CH_3OH ein, kühlt nach 3 Std. auf —10° ab, saugt den Nd. ab u. trocknet im Vakuum über $CaCl_2$. 27 des erhaltenen monomeren *1-Methoxy-3-iminoisoindolenins* erwärmt man mit 151 CH_3OH, 24 CH_3ONa-Lsg. (6 Na in 74,3 CH_3OH), 100 NH_4-Formiatlsg. (8,26% ig) ½ Std. auf 50°, verrührt kalt mit 6,4 bas. Cu-Acetat u. 640 Verdickung (60 Diäthyltartrat, 14,4 Traganth, 36 Glykol, 529,6 W.), bedruckt Baumwolle, trocknet 1 Std. bei 100—120°, kocht mit verd. HCOOH u. seift. Klare grünstichigblaue Drucke. Zahlreiche weitere Beispiele, u. a. unter Verwendung von *1-Amino-3-iminoisoindolenin* (aus **II** durch Rk. mit CH_3ONa-Lsg. u. Einleiten von NH_3) oder *1-Amino-3-imino-5- bzw. -6-phenylisoindolenin* (aus 3.4-Dicyandiphenyl durch Rk. mit Lsg. von NH_2Na in Formamid). (**Oe. P. 175 869** vom 17/8. 1950, ausg. 25/8. 1953. **F. P. 1 023 765** vom 25/8. 1950, ausg. 24/3. 1953. Beide E. Prior. 25/8. 1949.)

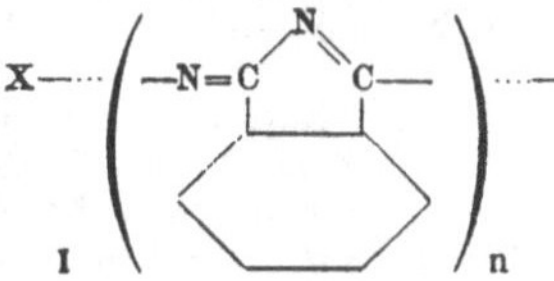

HOPPE. 7073

XIa. Farben. Anstriche. Lacke. Naturharze.

N. M. Kisselew, *Eine Mineralfarbe am Ufer des Flusses Atasu.* Der in einer Mächtigkeit von 2,5—3 m im Flußtal des Atasu vorkommende *rote Ton* enthält (in %) 9,76 Fe_2O_3, 1,15 lösl. Salze, 0,939 Chloride u. Sulfate, 1,66 W. bei einem Glühverlust von 6,91%. 81,4% der Tonmasse gehen durch ein 10000-Maschensieb. Beim Glühen bei 800—850° bleibt die Farbe unverändert. Das Deckvermögen beträgt 65 g/m². Der geschlämmte Ton enthält (in %) 8,0 Fe_2O_3, 0,06 lösl. Salze u. 0,03 Chloride u. Sulfate. Der gefundene rote Ton eignet sich für den Anstrich von Häusern u. Dächern, bei zusätzlicher Abschlämmung auch für den Anstrich von Fußböden u. Metalloberflächen. (Вестник Академии Наук Казахской ССР [Nachr. Akad. Wiss. KasachSSR] **11**. Nr. 2. 58—60. Febr. 1954.)

LEBTAG. 7092

A. N. Agte, R. I. Libina, A. D. Miller und **A. P. Mussakin**, *Über das Brennen von Ultramarinchargen.* Die Charge aus (in %) 30 S, 30 Soda, 30 Kaolin, 4 Infusorienerde u. 6 Pech wurde im elektr. Ofen bei verschied. Temp., verschied. Füllgrad des Ofens u. verschied. Oxydationsbedingungen gebrannt. Es zeigte sich, daß das Brennen bis zum grünen *Ultramarin* (**I**) im hermet. geschlossenen Muffel- oder Trommelofen vorgenommen werden muß, wobei der Ofen ganz, mindestens jedoch zu 75%, angefüllt sein muß. Das Brennen zu blauem **I** in der 2. Stufe erfolgt bei 400—650° unter ständigem Mischen unter Zuführung von Luft oder Luft-CO_2-Gemisch. Der Ofen ist hierbei nur teilweise zu füllen. Werden beide Brennprozesse in einem Ofen durchgeführt, so muß er mehr als zur Hälfte gefüllt sein. (Журнал Прикладной Химии [J. angew. Chem.] **24.** 1317—21. Dez. 1951. Leningrad, Technol. Lensowjet-Inst.) LEBTAG. 7092

Je. A. Alexandrow, *Einführung eines neuen Verfahrens zur Gewinnung von hochwertigem Firnis aus Ricinusöl.* Angaben über die Herst. von Firnis aus *Ricinusöl* durch Dehydratisierung, Polymerisation u. Lösen in Spiritus unter Zusatz von Sikkativen. (Маслобойно-Жировая Промышленность [Öl- u. Fett-Ind.] **17.** Nr. 9. 20. Sept. 1952. Allunions Wiss. Forschungsinst. für Fette.) SCHMEISS. 7096

R. Sidlow, *Alkyltitanate: Herstellung und Anwendungen.* Kurzer Überblick über Herst. u. techn. Bedeutung der Alkyltitanate unter besonderer Berücksichtigung ihrer Verwendung für Anstrichmittel. — 19 Literaturhinweise. (Chem. Products chem. News **16.** 215—19. Juni 1953.) WINIKER. 7096

Herbert Chase, *Grundieren von Wagenteilen nach dem elektrostatischen Spritzverfahren.* Beschreibung der Anlage. Vorteile. Abbildungen. (Iron Age **172.** Nr. 14. 102—03. 1/10. 1953. Forest Hills, N. Y.) MARKHOFF. 7106

J. Testro, *Überblick über neuzeitliche Schutzüberzüge für Blecherzeugnisse.* Behandelt werden Überzüge auf organ. Grundlage, wie Lacke u. dergleichen. (Sheet Metal Ind. **30.** 665—68. 680. Aug. 1953.) MARKHOFF. 7106

W. Toeldte, *Aufgaben und Prüfung der Leichtmetallanstriche.* Überblick. (Aluminium **29.** 413—16. Okt. 1953. Berlin-Dahlem, Materialprüfungsamt.) MARKHOFF. 7106

F. A. Mednikow und **N. A. Guritsch,** *Ein Versuch zur technischen Verarbeitung von frischem Stubbenharz.* Frische Stubben lassen sich wie reifes Holzmaterial verarbeiten. Gewonnenes *Kolophonium* enthält mehr Fettsäuren u. weniger oxydierte Stoffe, als sonst gefunden werden; *Terpentinöl*: $D.^{20}_4$ 0,8624, n_D^{20} 1,4695, SZ. 0,014, VZ. 3,6. (Деревоперерабатывающая и Лесохимическая Промышленность [Holzverarb. holzchem. Ind.] **2.** Nr. 10. 19—20. Okt. 1953. Zentr. Wiss. Forschungsinst. für Holzchem.) ULMANN. 7140

Jack P. Barrett, *Eine Methode zur Auswahl von Schutzanstrichen für im Meer befindliche Bohrtürme.* Vortrag. Vf. gibt einen Überblick über die zur Eignungsprüfung von dem Meerwasser ausgesetzten Anstrichen erforderlichen Unterss., bes. Best. der Feuchtigkeitsbeständigkeit u. der Adhäsion sowie Sprühtest, u. ihre Auswertung. — Diskussion. (Corrosion [Houston] **6.** 376—83. Nov. 1950. Tulsa, Okla., Stanolind Oil and Gas Comp., Production Res. Labor.) WINIKER. 7158

Heinz Lauterbach, *Die Osram-Xenon-Hochdrucklampe beim Ausmischen und Nachtönen in der Farben- und Lackfabrik.* Inhaltlich ident. mit der C. **1953.** 7413 referierten Arbeit. (Farbe **2.** 33—38. Aug. 1953.) WINIKER. 7158

General Electric Co., Schenectady, N. Y., V. St. A., *Calciumfluorid.* Für die Gewinnung von Calciumhalogenphosphat-*Leuchtstoffen* geeignetes CaF_2 wird durch Umsetzen von $CaCl_2$ mit NH_4F erhalten, wobei die CaF_2-Teilchen durch Zusatz einer verd. NH_4F-Lsg. zu einer $CaCl_2$-Lsg. ausgefällt werden u. anschließend der CaF_2-Nd. gewaschen wird. Die Fällung erfolgt bei Siedetemp. u. die Zugabe der NH_4F-Lsg. langsam in feinen Strahlen oder in zerstäubter Form, so daß die gebildeten CaF_2-Teilchen 1 μ Durchmesser haben. Während der Fällung muß ein Überschuß an $CaCl_2$ von 5—25% vorhanden sein. (**Oe. P. 177 405** vom 30/4. 1952, ausg. 25/1. 1954. A. Prior. 1/5. 1951.) WITTHOLZ. 7093

Säurefabrik Schweizerhall, Schweizerhalle, Schweiz, *Herstellung von Metalloxyden,* bes. von *TiO_2 als Pigment,* aus Metallhalogenide enthaltenden Reaktionsgasen durch Rk. mit O_2-haltigen Gasen, wobei die Temp. der Reaktionsprodd. durch Zusatz eines kälteren inerten Gases auf wenigstens 600° gesenkt wird; nach weiterer Kühlung wird das Metalloxyd, z. B. in einem wassergekühlten Zyklon u. einem ebenso gekühlten Elektrofilter, niedergeschlagen. (**E. P. 673 725** vom 13/2. 1950, ausg. 11/6. 1952. Schwz. Prior. 5/3. 1949.) DEMMLER. 7093

National Lead Co., New York, N. Y., übert. von: **Leif Aagaard,** Plainfield, und **Frank J. Schultz,** Fords, N. J., V. St. A., *Hydrolyse von Ti- und Fe-haltigem Material.* Man red. das in der $TiCl_4$-Lsg. neben Fluoriden vorhandene $FeCl_3$ zu $FeCl_2$ u. setzt der $TiCl_4$-Lsg. 0,5—5% einer Ti-Impflsg. u. ein Koaguliermittel, z. B. H_2SO_4, zu. Das nach ca. ½std. Sieden ausgefallene Hydrolysat wird in bekannter Weise zu *TiO_2-Pigment* calciniert. (**A. P. 2 622 964** vom 14/1. 1949, ausg. 23/1. 1952.) NEBELSIEK. 7093

R. W. Gefeldt, Stockholm, Schweden, *Überführung von Eisensalzen in gelbe Farbstoffe.* Man mischt z. B. $FeSO_4$ mit Oxyden, Hydraten, Carbonaten oder Oxalaten der Alkalien oder Erdalkalien unter Durchblasen von Luft oder O_2. Anschließend behandelt man das Gemisch mit W., filtriert u. trocknet bei möglichst tiefer Temp., z. B. im Vakuum. (**Schwed. P. 137 410** vom 6/4. 1949, ausg. 23/9. 1952.) JÜRGEN SCHMIDT. 7093

Yorkshire Dyeware & Chemical Co. Ltd. und **Robert Kenneth,** Leeds, England, *Verringern der Neigung zum Stäuben* von feinverteilten Stoffen, wie *Farben* u. *Pigmenten*, durch Zumischen von ca. 0,1—2 Gew.-% eines fl. aliphat. Alkohols mit 7 oder mehr C-Atomen im Molekül. (**E. P. 683 065** vom 28/7. 1949, ausg. 19/11. 1952.) DEMMLER. 7093

American Home Products Corp., V. St. A., *Mischen von Pigmenten mit plastischen Massen* (Kautschuk, Harze, Wachs). Man mischt sie in einem fl. Gemisch aus W. (mindestens 10% des Gemisches) u. einem mit W. mischbaren Lösungsm., wobei man so viel W. nimmt, daß das Gemisch als Nichtlöser für die plast. M. wirkt. — Man gibt in die Mischvorr. 200 g Cd-Rot, 1600 g einer Mischung aus 50% Aceton u. 50% W. u. nach Mischung 200 g Celluloseacetatpulver u. mischt, wäscht die Mischung mit W. u. gewinnt aus dem Filtrat das Aceton wieder. Entsprechend kann man Dammarharz, Lack, Kolophonium, Zn-Resinat, Paraffin, Kolophonium modifiziertes Maleinharz, Äthylcellulose, Celluloseacetat, Alkyd-, Phenol-, Harnstoff–CH_2O-Harz, Vinylchloridpolymerisate u. -mischpolymerisate, Polyvinylidenchlorid, Polystyrol, Chlorkautschuk, Cumaron–Inden-Harz, Polymethylmethacrylat mit Farbstoffen mischen. Puffer, Netzmittel u. andere Modifizierungsmittel können dabei anwesend sein. (**F. P. 1 030 636** vom 25/10. 1950, ausg. 16/6. 1953.) PANKOW. 7093

William T. Walton, Charles A. Coffey und **Oswald E. Knapp,** Chicago, Ill., V. St. A., *Dehydratisieren von Ricinusöl.* Ein leicht gefärbtes, trocknendes Öl wird durch Erhitzen von Ricinusöl auf 190—290° in Ggw. eines Katalysators erhalten. Als Katalysator dient 2-Naphthol-8-sulfonsäure oder 2-Naphthol-6-sulfonsäure in Mengen von mindestens 3%. (**Can. P. 488 784** vom 7/10. 1947, ausg. 16/12. 1952. A. Prior. 10/4. 1944.) WITTHOLZ. 7097

Soc. An. de Produits Industriels (S. A. P. I.), Frankreich, *Verdünnungsmittel für die Herstellung von Fassadenfarben.* Es besteht aus einem Gemisch von Na-Silicat u. K-Salzen u. hat z. B. die Zus. 1000 (g) Na-Silicat (D. 1,2), 15 KF u. 40 K_2CO_3. (**F. P. 973 300** vom 25/8. 1941, ausg. 9/2. 1951.) OPPERMANN. 7097

Les Dérivés Résiniques et Terpéniques (Soc. An.), Frankreich (Erfinder: **Louis Desalbres**), *Verdünnungsmittel für Anstrichfarben und Lacke.* Sie enthalten Verbb. mit konjugierten Doppelbindungen (z. B. Myrcen, Alloocimen, Ocimen). Man verwendet z. B. Öle, die durch Pyrolyse von Pinen- oder Terpentinöldämpfen an verschied. Metallen bei 300—380° gewonnen werden. (**F. P. 1 023 339** vom 6/7. 1950, ausg. 17/3. 1953.) OPPERMANN. 7097

Ernest Sommer, Bas-Rhin, Frankreich, *Herstellung von Anstrichfarben,* bes. zum Anstreichen von Mauerwerk u. Gegenständen aus Holz, Metall oder Glas. Man vermischt in annähernd gleichen Mengen dest. W. mit Na- oder K-Silicat u. Magnesit u. versetzt das Ganze mit Farbstoffen (Metalloxyden, Ockern, Erden) in solchen Mengen, daß das Gemisch eine zum Bekleiden der Gegenstände geeignete Konsistenz besitzt. (**F. P. 1 033 030** vom 22/2. 1951, ausg. 7/7. 1953.) OPPERMANN. 7107

General Electric Co., New York, übert. von: **Earl W. Balis** und **Herman A. Liebhafsky,** Schenectady, N. Y., V. St. A., *Oberflächenschutz.* Um metall. Oberflächen vor Verschleiß zu schützen, überzieht man sie mit einer harzartigen Verb., die restliche OH-Gruppen enthält, z. B. Alkydharz, Phenolaldehydharz u. andere, u. läßt, während das Harz noch klebrig ist, Dämpfe eines Organohalogensilans, z. B. Methylchlorsilan, einwirken, bis das Harz nicht mehr klebt. Endbehandlung: kurzes Erhitzen auf 150°. (**A. P. 2 551 232** vom 26/1. 1949, ausg. 1/5. 1951.) NEBELSIEK. 7107

Réne Magnier, L. Cluet et **R. Nebut,** Encyclopédie practique du fabricant de vernis, laques émaux, peintures. 3e éd., redondue et mise à jour. Tome III. Formulaire de poduits aux gommes naturelles et aux résines de synthèse, matériel, installation. Paris: Girardot. 1953.) 356 S. m Abb.) fr. 3080.—

XIb. Plaste (Kunstharze. Plastische Massen).

A. J. Staverman, *Elektrische Eigenschaften und Struktur von Kunststoffen.* Übersicht über die Abhängigkeit der elektr. Eigg. von Kunststoffen von ihren chem. Eigg. u. die Möglichkeiten, das elektr. Verh. durch Änderung der chem. Eigg. zu beeinflussen. (Ingenieur ['s-Gravenhage] **65.** E153—54. 14/8. 1953. Kunststoffeninst., T. N. O.) WESLY. 7170

M. B. Maddock, *Das Abschrecken von Fluorothenfilmen bestimmt deren Transparenz, Biegsamkeit, Zähigkeit und Schlagbiegefestigkeit.* Vf. beschreibt einen Spritzkopf mit Schlitzdüse zur Herst. von Planfolien aus Fluorothen (*Polytrifluorchloräthylen*) auf der Schneckenstrangpresse; die austretende Folie wird sofort in kaltem W. abgeschreckt. Nach dieser Meth. erhält man Folien, die transparenter, biegsamer u. zäher sind als die nach dem üblichen Blasverf. hergestellten Folien. (Ind. Plast. mod. **5.** Nr. 6. 38—39. Juni 1953.) SCHÄFF. 7172

A. Haehl und **R. Thiollet,** *Probleme bei der Einfärbung von Phenolharzen.* Eine Reihe von Farbstoffen für Phenolharze werden angegeben, die in Eigg. u. Farbbeständigkeit den Anforderungen der Praxis entsprechen. (Ind. Plast. mod. **6.** Nr. 2. 29—30. Febr. 1954.) SCHÄFF. 7176

J. Duflos, *Wie erhält man gute Formteile aus geschichtetem Glasgewebe mit Kunststoffen bei niedrigem Druck?* Übersicht u. Diskussion der besonderen techn. Probleme bei der Herst. von Schichtstoffen aus Glasgewebe u. Kunststoffen (Phenolharzen, Polyesterharzen, Epoxydharzen oder Siliconen) bei geringen Drucken. Besprechung der techn.-wirtschaftlichen Grundlagen für die Fabrikation solcher Produkte. (Ind. Plast. mod. **5.** Nr. 9. 43—53. Nov. Nr. 10. 22—25. Dez. 1953.) SCHÄFF. 7204

P. Mingat, *Formbeständigkeit von Preßteilen aus Nylon-Polyamiden.* Die therm. Nachbehandlung von Preßteilen aus Polyamiden in indifferentem Medium bei einer Temp., die ca. 20° höher liegt als die Gebrauchstemp. des Formkörpers (zweckmäßig bei 177°), führt zu einer hervorragenden Formbeständigkeit der Preßteile, da die inneren Spannungen vollkommen ausgeglichen werden. (Ind. Plast. mod. **5.** Nr. 10. 26—27. Dez. 1953. Soc. Rhodiaceta, Serv. Matières Plast. Nylon.) SCHÄFF. 7204

M. Chatain, *Plastizität von thermisch aushärtenden Harzen während der Verpressung.* 1. Mitt. *Die Meßgeräte.* Beschreibung einer App. zur Best. der Plastizitätsänderungen eines therm. härtbaren oder thermoplast. Harzes im Verlauf der Verpressung u. in Abhängigkeit von der Temp. u. dem Druck. Die dabei erhaltenen Diagramme werden aufgezeigt. (Ind. Plast. mod. **5.** Nr. 9. 37—40. Nov. 1953. Paris, Centre d'Étude des Mat. Plast.) SCHÄFF. 7210

Carbide & Carbon Chemicals Corp., übert. von: **F. Johnston,** V. St. A., *Herstellung von Umsetzungsprodukten von Diestern der phosphorigen Säure mit Estern, Amiden oder Nitrilen von aliphatischen oder aromatischen Monocarbonsäuren,* z. B. von $\alpha.\beta$-ungesätt. Carbonsäuren bei 25—200°. Dabei werden Verbb. erhalten, welche die allg. Formel $(RO)_2PO \cdot CR'R'' \cdot CHR'''X$ besitzen, worin R ein gesätt. aliphat., alicycl. oder aromat. Rest oder eine Alkoxyalkyl-, Aryloxyalkyl- oder Cycloalkoxyalkylgruppe ist. R' ist H oder ein Alkyl-, Alkenyl- oder Arylrest; R'' u. R''' ist H oder ein Alkylrest. X bedeutet einen $COOR_4$-, $CON(R_5)_2$- oder CN-Rest, worin R_4 ein Alkyl-, Cycloalkyl-, Alkenyl-, Aralkyl-, Alkoxyalkyl-, Aryloxyalkyl- oder Cycloalkoxyalkylrest ist. R_5 ist H oder ein Alkyl- oder Arylrest. — Dibutylphosphit u. Acrylsäure-2-äthylhexylester werden inGgw. von Na-Amid bei 50—67° umgesetzt. Es entsteht dabei der 2-Äthylhexylester der 3-(Dibutylphosphono)-propionsäure, $Kp._{1,5}$ 189°. — Aus Dibutylphosphit u. Acrylonitril entsteht *3-(Dibutylphosphono)-propionitril,* $Kp._{1,8}$ 157°. — Mit dem Crotonsäurebutylester bildet sich in gleicher Weise das *3-(Dibutylphosphono)-butylbutyrat,* mit α-Methacrylonitril das *2-Methyl-3-dibutylphosphonopropionitril,* $Kp._{3,4}$ 157—164°, u. mit N-Methacrylamid das *N-Methyl-3-(dibutylphosphono)-propionamid,* $Kp._{3,2}$ 180°. — Diese Esterverbb. der phosphorigen Säure dienen z. B. als *Plastifizierungsmittel* für Kunststoffe. (**F. P. 1 002 591** vom 28/5. 1949, ausg. 7/3. 1952. A. Prior. 24/6. 1948.) M. F. MÜLLER. 7171

Directie van de Staatsmijnen in Limburg, Holland, *Reaktion von Gasen mit flüssigen, viscosen oder plastischen Stoffen.* Man läßt die geschmolzenen oder gelösten Stoffe von einem porösen Träger (Koks, Bimsstein, Holzmehl) aufsaugen u. behandelt in der Wärme mit dem reduzierenden, oxydierenden, chlorierenden, heizenden usw. Gas. Man kann so Pech, Asphalt, Wachse, Paraffin, Harze, Kunstharze, Polycarbonsäuren, Mellitsäure behandeln. — 100 (Teile) Holzmehl werden mit 100 eines nichthärtenden Phenol–CH_2O-Kondensationsprod. (Erweichungspunkt 65°) imprägniert u. mit Heißluft bei 75—85° gehalten. (**F. P. 1 028 954** vom 9/11. 1950, ausg. 29/5. 1953. Holl. Prior. 14/11. 1949.) PANKOW. 7171

Ateliers de Construction Oerlikon, Schweiz, Herstellung *lochfreier Gußharzstücke.* Man verwendet Harze, die ohne Druck erhärten u. gießt sie unter Vakuum, etwa indem man die Form evakuiert oder sie in ein evakuiertes Gefäß bringt. (**F. P. 1 015 886** vom 3/4. 1950, ausg. 27/10. 1952. Schwz. Prior. 2/5. 1949.) PANKOW. 7171

Reinhard Stäger, Bern, Schweiz, *Verkleben von Weichmacher enthaltenden Kunststoffen*, dad. gek., daß man die Weichmacher enthaltenden Teile zuerst mit einer Schicht, die für den Weichmacher undurchlässig ist, z. B. aus Polyvinylacetal, Polyesterharzen u. Polyisocyanaten oder Kautschuk, S u. Vulkanisationsbeschleuniger, versieht. (**Schwz. P. 291 517** vom 19/12. 1950, ausg. 16/9. 1953.) Lüttgen. 7171

Lucien Kerhoas und **Maurice Davous,** Seine, Frankreich, *Verschweißen von Folien aus plastischen Massen.* Man bringt die Folien zwischen Bänder aus elektr. Widerständen, die elektr. so hoch geheizt werden, daß sie möglichst viel Infrarotstrahlen aussenden. (**F. P. 1 041 272** vom 23/8. 1951, ausg. 22/10. 1953.) Pankow. 7171

Deutsche Gold- & Silberscheideanstalt vormals Roessler, Deutschland, *Verschweißen von plastischen Massen,* bes. Polyäthylen. Die Heizvorr. (heißes Metallband, heißer Draht) kommt nicht in Kontakt mit der plast. M., sondern wirkt aus nächster Nähe durch Wärmestrahlung. (**F. P. 1 037 251** vom 18/5. 1951, ausg. 15/9. 1953. D. Prior. 19/7. 1950.) Pankow. 7173

Jean Baptiste Flieg, Seine, Frankreich, *Vinylharzmischung,* der zur besseren Gleitung selbstschmierende Stoffe, wie Graphit, Talkum, Glasmehl, u. zur Ableitung der Reibungswärme Cu-, Al- oder Sb-Pulver zugesetzt ist. Verwendung der Mischung für Dichtungsringe, Öldichtungen an sich drehenden Wellen, Lager, Kabelmäntel. (**F. P. 1 038 481** vom 18/6. 1951, ausg. 29/9. 1953.) Pankow. 7173

Badische Anilin- & Soda-Fabrik Akt.-Ges., Ludwigshafen/Rh. (Erfinder: **Otto Hecht,** Philadelphia, Pa., V. St. A., **Willi Gaus** und **August Kling,** Mannheim, **Otto Hambsch,** Ludwigshafen/Rh.), *Weichmachungsmittel* für *Polyvinylchlorid,* bestehend aus OH-gruppenfreien Estern aus Glykolen, deren OH-Gruppen durch eine C-Kette von mindestens 4 u. höchstens 6 C-Atomen voneinander getrennt sind, u. Monocarbonsäuren, z. B. aus Butandiol-(1.4) [bzw. Heptandiol-(2.5)] u. Vorlauffettsäuregemisch (C_4—C_{11}). — Filme, Lacke, Kabelmassen, Klebmittel, Wachstuch, Kunstleder, Bodenbelag. (**D. B. P. 902 553** Kl. 39b vom 18/12. 1941, ausg. 25/1. 1954.) Salzmann. 7173

Pechiney (Comp. de Produits Chimiques & Électrométallurgiques), Seine, Frankreich (Erfinder: **Georges Chizallet**), *Plastiziermittel* für Polyvinylchlorid, Vinylchlorid-Vinylidenchlorid-Mischpolymerisate, Polyvinylacetat, -chloracetat, Polymethacrylate, Polystyrol, Chlorkautschuk u. andere plast. Massen. Man verwendet Hexachlorcyclohexan sowohl in Form der Mischung seiner Isomeren als auch jedes Isomere für sich. (**F. P. 1 039 518** vom 10/7. 1951, ausg. 7/10. 1953.) Pankow. 7173

Paul Halbig, Freiburg, Schweiz, *Herstellung von Polyacrylnitril* durch Polymerisieren von monomerem Acrylnitril (I) in einer wss. Lsg. von wasserlösl. Katalysatoren, Persulfaten, dad. gek., daß der Partialdruck des **I** im Gasraum eines dicht verschlossenen Reaktionsgefäßes durch Zugabe einer entsprechenden Menge **I** auf einen mittleren Wert p unterhalb 500 mm Hg gebracht u. durch weitere Zugabe von Monomeren während der Polymerisation innerhalb der Grenzen p $\pm$0,2 p gehalten wird. Die Temp. wird zwischen 30 u. 70°, der Partialdruck in den Beispielen auf 10—15, 190—220 u. 300—350 mm Hg gehalten. Die Durchschnitts-Mol.-Geww. liegen bei den Polymerisaten dementsprechend bei 38000, 85000 u. 250000—500000. (**Schwz. P. 295 071** vom 9/2. 1951, ausg. 16/2. 1954.) Schindler. 7173

Badische Anilin- & Soda-Fabrik Akt.-Ges., Deutschland, *Polymerisieren von Acrylnitril,* auch zusammen mit anderen mischpolymerisierbaren Verbb., in wss. Phase, wobei man entweder den Katalysator oder den Aktivator zusetzt u. den nicht umgesetzten Teil im Lauf der Polymerisation in dem Maße, wie er sich verbraucht, ergänzt. — In eine Lsg. von 0,009 (Teilen) Na-Hyposulfit (I) u. 0,7 $K_2S_2O_8$ in 210 W. gießt man in 1—1½ Std. bei 60° eine Lsg. von 0,35 Triäthanolamin in 35 Acrylnitril. Schnelle Polymerisation. Zu der wss. Suspension setzt man 0,2 I, heizt kurz auf 100° u. zentrifugiert ab. (**F. P. 1 026 614** vom 27/10. 1950, ausg. 29/4. 1953. D. Prior. 3/11. 1949.) Pankow. 7173

Cassella Farbwerke Mainkur, Deutschland, übert. von: **Herbert Rein,** *Regenerieren von Polyacrylnitrillösungen.* Gefärbte Lsgg. von Acrylnitrilpolymerisaten oder -mischpolymerisaten werden mit starken Reduktionsmitteln, bes. Hydrosulfiten, u. gegebenenfalls Stabilisiermitteln behandelt. — Man gibt zu den mit HCO_2H leicht angesäuerten Lsgg. Na-Hydrosulfit, Hydroxylaminhydrochlorid oder Ascorbinsäure. (**F. P. 1 026 726** vom 30/10. 1950, ausg. 30/4. 1953. D. Prior. 29/10. 1949.) Pankow. 7173

Petrocarbon Ltd., London, England, *Perlenförmige Polymerisate* aus olefin. Verbb., wie Styrol, Methylmethacrylat oder Acrylnitril, erhält man durch Emulsionspolymerisation in Ggw. von $Ca_3(PO_4)_2$ als Stabilisator u. 0,01% $K_2S_2O_8$ als Initiator. (**E. P. 690 877** vom 17/5. 1950, ausg. 29/4. 1953.) Möllering. 7173

Chemische Werke Hüls G. m. b. H., Marl/Kr. Recklinghausen (Erfinder: **August Ludwig Böcher**, Marl, und **Helmut Meis**, Letmathe), *Kontinuierliche Polymerisation.* Ein Gemisch aus einer aromat. *Vinylverb.* u. einer aromat. Oxyverb. wird bei erhöhter Temp. über einen festen eingebauten Kontaktkatalysator, z. B. zu Pillen geformte Bleicherde oder mit H_3PO_4 imprägnierte Aktivkohle (I), geleitet. — Von einem Gemisch aus 290 (Teilen) Phenol u. 314 Styrol (II) werden je Std. 150 cm^3 durch 600 cm^3 Kontaktraum, gefüllt mit I, geleitet. Man erhält durch Dest. bei 163—257° u. 14 mm Hg 483 in NaOH-Lsg. lösl. Öl u. 27,5 Harzrückstand. Analog verfährt man mit einem Gemisch aus II u. Anisol oder o-Kresol. (**D. B. P. 878 717** Kl. 39c vom 8/9. 1944, ausg. 5/6. 1953.) MÖLLERING. 7173

Kali-Chemie Akt.-Ges., Sehnde (Erfinder: **Konrad Kühn**, Hannover), *Herstellung von siliciumorganischen Verbindungen*, dad. gek., daß man Si-Halogenide, bes. $SiCl_4$, mit Fettsäureanhydriden, vorzugsweise Essigsäureanhydrid, unter langsamem Erhitzen u. unter Entfernung des jeweils sich bildenden Säurehalogenids umsetzt u. anschließend, gegebenenfalls nach längerem Erhitzen auf 160°, das entstandene Reaktionsprod., vorzugsweise ein fl. bleibendes Si-Acetat, mit Verbb. der allg. Formel R—OH (R = Alkyl oder Aryl oder Aralkyl) behandelt, wobei man die nunmehr erfolgende Rk. in mehreren Teilabschnitten u. unter jeweiligem partiellen Abdestillieren des entstehenden Esters durchführt. — Öle, für verschied. techn. Zwecke verwendbar. (**D. B. P. 909 153** Kl. 39c vom 23/3. 1951, ausg. 15/4. 1954. Anmeldung bekanntgemacht 3/9. 1953.) G. KÖNIG. 7189

Dow Corning Corp. (Erfinder: **Arthur J. Barry** und **John W. Gilkey**), V. St. A., *Carboxyphenylpolysiloxane.* Tolylsiloxan wird in wss. alkal. Lsg. mit $KMnO_4$ oxydiert. Es entsteht dabei Carboxyphenylsiloxan. — Aus Halogenphenylsiloxan u. GRIGNARD-Reagens, indem man zunächst Mg-Metall u. anschließend CO_2 einwirken läßt, entstehen Carboxyphenylsiloxane von der Formel $[HOOC \cdot C_6H_4 \cdot Si(R_2)]_2O$. — Tolylsilsesquioxan (I) wird in NaOH-Lsg. mit $KMnO_4$ oxydiert. Es entsteht dabei ein Mischpolymerisat von 3 $HOOC \cdot C_6H_4 \cdot SiO_{1,5}$ + 1 SiO_2. — I wird in Bzl. gelöst u. mit alkal. $KMnO_4$-Lsg. oxydiert. Es entsteht *Carboxyphenylsilsesquioxan*, SZ. 176. — 134 g eines Mischpolymerisats aus 35 (Mol-% $CH_3 \cdot C_6H_4 \cdot SiO_{1,5}$ u. 65 $CH_3 \cdot SiO_{1,5}$ werden in feinpulveriger Form mit einer alkal. $KMnO_4$-Lsg. oxydiert. Man erhält ein Mischpolymerisat, bestehend aus Carboxyphenylsiloxan, Monomethylsiloxan u. SiO_2, welches in konz. NH_3-Lsg. lösl. ist. — Ein Mischpolymerisat aus je $33^1/_3$ (Mol-%) $CH_3 \cdot C_6H_4 \cdot SiO_{1,5}$, $(CH_3)_2SiO$ u. $CH_3SiO_{1,5}$ wird in Bzl. gelöst u. mit alkal. $KMnO_4$-Lsg. oxydiert, u. zwar wird die Benzollsg. eingetragen in eine Lsg. von 400 g NaOH u. 268 $KMnO_4$ in 4500 cm^3 Wasser. Man kocht $1^1/_2$ Std. unter Rückfluß. Beim Ansäuern der Lsg. scheidet sich ein Mischpolymerisat aus, welches aus Carboxyphenylsiloxan, Dimethylsiloxan u. Monomethylsiloxan besteht. Es ist in konz. NH_4OH-Lsg. löslich. — 44 g Mg-Späne werden mit 500 g Ae. überschichtet, u. dazu werden 222 g Tetramethyl-1.3-di-p-bromphenyldisiloxan gegeben, wobei eine starke exotherme Rk. einsetzt. Das entstandene GRIGNARD-Reagens wird innerhalb von 80 Min. in einen großen Überschuß von fester CO_2 in Ae. eingetragen. Durch Hydrolyse u. Aufarbeiten erhält man *Tetramethyl-1.3-di-p-carboxyphenyldisiloxan* (**II**), SZ. 189,8. Das NH_4-Salz davon ist ein weißes Pulver, in W. löslich. Das Cu-Salz ist blau, in W. unlösl., Fe-Salz ist rostrot, in W. unlöslich. — Es werden 10 (g) **II**, **6** KOH, 45 cm^3 A., 5 cm^3 W. u. 25 g Oktamethylcyclotetrasiloxan **40** Min. lang unter Rückfluß erhitzt. Man erhält ein Mischpolymerisat von Dimethylsiloxan u. Carboxyphenyldimethylsiloxan. — Schmiermittel, Hochtemperaturharze, Überzugsmittel. Vgl. D. B. P. 865 804; C. **1953**. 6773. (**F. P. 1 017 903** vom 13/4. 1950, ausg. 22/12. 1952. A. Prior. 5/7. 1949.) M. F. MÜLLER. 7189

Soc. à r. l.: Soc. Centrale de Recherches et d'Applications Techniques, Seine, Frankreich (Erfinder. **M. Dubien** und **P. Vacelet**), *Härten von Siliconharzen* durch Erhitzen (ca. 140°) mit geringen Mengen von Verbb. der Formel $(RO)_3Me$ oder $(RO)_4Me$ (Me = 3- oder 4-wertiges Element, wie Ti, Al oder Si; R = Alkyl, Aryl, Aralkyl oder Cycloalkyl) in Mengen von einigen $^1/_{10}$—20 Gew.-% des Harzes. Genannt sind Butyltitanat u. Äthylsilicat. (**F. P. 1 042 019** vom 7/9. 1951, ausg. 28/10. 1953.) PANKOW. 7189

Semperit Gummiwerk Akt.-Ges. (Erfinder: **Friedrich Josef Trözmüller**), Wien, *Verpressen von Kunstharzkörpern.* Es werden zwischen dem Kunstharz u. den Formteilen eine oder mehrere, das Formenschmiermittel enthaltende Faserstoffschichten angeordnet. Verss. haben ergeben, daß bei Anwendung des Verf. gemäß Erfindung ein Festkleben des Kunstharzkörpers nicht mehr stattfindet. — Zeichnung. (**D. R. P. 760 048** Kl. 39a vom 8/9. 1940, ausg. 18/1. 1954.) SCHLITT. 7205

Santiago Illamola Pirretas, Spanien, *Mischungen zur Herstellung von Kunstharzgegenständen* großer Festigkeit u. Härte. Man mischt in die Kunstharze fadenartige, aus den Eingeweiden der Seidenraupe gewonnene Materialien, die platt gewalzt u. auch mit einer harzreicheren Fl. oder Paste gemischt werden können. (**F. P. 1 033 389** vom 3/3. 1951, ausg. 10/7. 1953. Span. Prior. 4/3. 1950.) PANKOW. 7205

Gontrand Jules François Biejanek, Hautes-Alpes, Frankreich, *Preßmaterial*. Man verwendet eine Mischung aus Bakelit u. Sägespänen, die mit einem Bakelitlösungsm., wie Methanol, befeuchtet sind, oder aus einer Bakelitlsg. u. Sägespänen. Man formt mit dieser Paste den Gegenstand, wie Teile eines Bierfasses, vor, trocknet u. preßt heiß. (**F. P. 1 012 945** vom 16/2. 1950, ausg. 21/7. 1952.) PANKOW. 7205

„Holig" Homogenholz-Werke G. m. b. H., Deutschland, *Herstellung von Faserplatten aus Holzfasern und Kunstharz*. Man erhitzt die feuchten, geformten, bindemittelhaltigen Fasermassen in der Heißpresse u. unterbricht den Prozeß, bevor das Bindemittel ausgehärtet ist u. die Fasern unter 5—25% Feuchtigkeit ausgetrocknet sind, trocknet u. härtet in einer Heizkammer fertig, wobei man zweckmäßig bis zu einem Feuchtigkeitsgeh., wie ihn die Platten an der Luft aufweisen, trocknet u. die Platten durch Behandeln mit einer Luft–Dampf-Mischung von flüchtigen Anteilen befreit. (**F. P. 1 013 956** vom 7/1. 1943, ausg. 6/8. 1952.) PANKOW. 7205

Soc. An. des Pneumatiques Dunlop, Seine, Frankreich (Erfinder: **Walter Saul Griffiths** und **Leslie Herbert Griffiths**), *Thermoplastische Masse für Fußboden- oder Wandbelag*. Sie besteht aus Füllstoffen u. einem 2-Phasenbindemittel; eine der Phasen besteht aus einem Harz, bes. vom F. 70—150° (Cumaronharze, Estergummi, Kolophoniumester, Xylenol–CH_2O-Harze, modifizierte Phenol–CH_2O-Harze bes. Cumaron–Inden-Harze, Cumaron–Styrol-Harze u. Naphthalin–CH_2O-Harze) u. einem thermoplast. filmbildenden Harz (Polyvinylchlorid, Vinylchlorid–Vinylidenchlorid-Mischpolymerisate). — Man schm. 57 (Gewichtsteile) Cumaron–Inden-Harz (F. 110°), 47,5 Naphthalin–CH_2O-Harz (F. 110°) u. 42,5 „Iranolin" (aromat. Erdölextrakt) u. gibt 425 kurze Asbestfaser, 265 Kalksteinpulver, 30 Pigment, 100 Polyvinylchlorid, 40 Trikresylphosphat zu, hält 5 Min. bei 140° u. zieht bei 120—140° zu Folien aus. (**F. P. 1 017 767** vom 13/1. 1950, ausg. 18/12. 1952. E. Priorr. 14/1. 1949 u. 4/1. 1950.) PANKOW. 7205

G. Haim e H. P. Zade, La saldatura delle materie plastiche. Torino: A. Viglongo e C. 1952. (204 S. m. Abb.) L. 1800,—.

XII. Kautschuk. Guttapercha. Balata.

H. Herfeld und **R. Bellmann**, *Über den Einfluß von Art und Menge der mineralischen Zusätze auf die Eigenschaften von Kautschuksohlen. 3. Mitt. Untersuchungen zum Herstellungsprozeß von Kautschuksohlen.* (2. vgl. C. **1953. 4614**.) Bzgl. des Einfl. mineral. Zusätze auf die Eigg. von Kautschuksohlen kamen Vff. zu folgenden Feststellungen: Mit steigendem S-Geh. nahmen die Festigkeitseigg. unter gleichzeitiger Verhärtung zu, außerdem wurde die Kerbzähigkeit vermindert. Bei sehr hohem S-Geh. wurde Brüchigkeit u. ungenügende Alterungsbeständigkeit beobachtet. Ein eindeutiger Einfl. des S-Geh. auf Abnutzungswiderstand u. Verklebbarkeit war nicht festzustellen. Beim Ersatz von Kaolin (I) durch Ruß (II) wurden mit steigenden II-Mengen Zugfestigkeit, Stichausreißfestigkeit, Abnutzungswiderstand u. Verklebbarkeit günstig, Dehnbarkeit, Weichheitszahl, bleibende Verformung u. Kerbzähigkeit hingegen ungünstig beeinflußt. Bei sehr hohem II-Geh. traten Brüchigkeit u. schlechte Alterungsbeständigkeit auf. Wurde II durch ZnO ersetzt, so nahm mit zunehmendem ZnO-Geh. die Elastizität zu, außerdem wurde die Stichausreißfestigkeit verbessert; Abnutzungswiderstand u. Verklebbarkeit hingegen wurden ungünstig beeinflußt. Ein stärkerer Einfl. auf Zugfestigkeit u. Kerbzähigkeit war nicht feststellbar. Ersatz von I durch ZnO bewirkte mit zunehmendem ZnO-Geh. eine Verbesserung der Zugfestigkeit u. der Verklebbarkeit, während Dehnbarkeit, Weichheitszahl u. bleibende Verformung negativ beeinflußt wurden. Ein Einfl. auf Stichausreißfestigkeit, Kerbzähigkeit u. Abnutzungswiderstand war nicht eindeutig feststellbar. Unter Berücksichtigung dieser Ergebnisse wurden Rezepturen entwickelt, die es ermöglichen, bei Verwendung von Buna S (DEFO-Wert 1000) den Einsatz von Frischbuna (III) auf 20—21% zu reduzieren. Bei gleichzeitiger Verwendung von Regenerat sind 17—18% III erforderlich. Weiter wurde erneut festgestellt, daß Buna S zu gewissen Anteilen durch Buna 85 ersetzt werden kann. (Gesammelte Abh. dtsch. Lederinst. Freiberg/Sa. **1954**. Nr. 10. 67—81.) WINIKER. 7230

United States Rubber Co., V. St. A., übert. von: **Harry D. Glenne** und **Ivan D. Mankowich**, *Alterungsschutzmittel für Kautschuk in Kornform*. Man mischt das pulverförmige Alterungsschutzmittel mit Kautschuk- oder Kunstkautschukmilch, so daß es 0,05—3,5 Gew.-% Festbestandteile der Kautschukmilch enthält, u. so viel W., daß eine Paste entsteht, die zu Fäden gespritzt wird, worauf man die Fäden zerkleinert u. trocknet. Der Paste können noch (pro Alterungsschutzmittel) 0,2—1 (%) Carboxymethylcellulose oder je 1—3 Protein, Pflanzengummi oder Harzseife zugesetzt werden. Das so behandelte Alterungsschutzmittel staubt nicht beim Einmischen in Kautschuk. (**F. P. 1 030 529** vom 5/1. 1951, ausg. 15/6. 1953. A. Prior. 6/1. 1950.) PANKOW. 7227

Chemische Werke Albert, Wiesbaden-Biebrich, *Herstellung hochwertiger Kautschukmassen* durch Behandlung mit metallakt. Verbb. vom Typ der Alkoholate 2- oder höherwertiger Metalle oder deren Alkoxosalzen oder Gemischen solcher vor oder nach der Vulkanisation. Man kann die Metallalkoholate durch Zusätze, wie β-Ketocarbonsäureester, z. B. Acetessigester, oder β-Diketone, z. B. Acetylaceton oder Malonsäureester, stabilisieren. Genannt sind Alkoholate des Zn, Al, Ti, Pb, Co, Mn, die zum Teil als Vulkanisationsbeschleuniger, Alterungsschutzmittel u. Füllstoffe wirken. Sie können zum Teil auch als Oxydationskatalysatoren bei der Behandlung von Kautschuk mit O_2 dienen. (**Oe. P. 178 199** vom 19/11. 1952, ausg. 10/4. 1954. D. Prior. 26/3. 1952.) PANKOW. 7227

B. F. Goodrich Co., V. St. A., übert. von: **Harold Probert Brown,** *Herstellung von porösem Kautschuk* mit Diazomercaptoverbb. der Formel R·N:NS·R′ als Treibmittel (R u. R′ = aromat., aliphat., alicycl. oder heterocycl. Reste, die auch saure oder Salzgruppen enthalten können). Genannt sind, wobei I die Gruppe -benzoldiazomercapto- bedeutet: 2-(4′-Methoxy- oder -Methyl-I)-naphthalin, 2-I-naphthalin, 2-(2′- oder 3′-Methyl-I)-naphthalin, 2-(2′.4′- oder 3′.4′-Dimethyl-I)-naphthalin, 2-(4′-Phenyl- oder -tert.-Amyl-I)-naphthalin, 2-(2′.5′-Dimethoxy-I)-naphthalin oder -toluol, 2-(2′- oder 1′-Naphthalindiazomercapto)-naphthalin, 2-(3′-Pyridindiazomercapto)-naphthalin oder -benzothiazol, 4-(4′-Methoxy-I)-cyclopentan, 2-(2′-Methoxy-I)-naphthalin, 4-(2′-Naphthalindiazomercapto)-toluol, 4-(4′-Carbäthoxy-I)-carbomethoxybenzol, 2-(I)-benzothiazol, 2-(4′-Methoxy-I)-3.4-dimethylthiazol, 2-(I)-4-phenylthiazol, 2-(4′-Acetyl- oder -Chlor-I)-naphthalin, 1-(4′-Chlor-I)-1.1-dimethyläthan oder -dodecan, 4-Chlor-I-tert.-octan, 1-(4′-Chlor-I)-hexadecan, 2-(4′-Carbäthoxy-I)-carbomethoxybenzal, 2-I-thiazol, 2-(4′-Carboxy-2′-methyl-I)-naphthalin oder dessen Na-Salz, 2-(4′-Sulfo-I)-naphthalin oder dessen Na- oder Ca-Salz, 2-(4′-Sulfo-I)-benzoesäure oder deren Di-Na-Salz, 4-(4′-Sulfo-I)-toluol oder dessen Na-Salz, 2-(4′-Carboxy-I)-benzothiazol oder dessen Sr- oder K-Salz, 4-Carboxy-I-toluol oder dessen Na-Salz. Man verwendet ca. 0,25 bis 25% des Kautschuks an Treibmittel. (**F. P. 1 028 798** vom 23/8. 1950, ausg. 27/5. 1953. A. Prior. 15/10. 1949.) PANKOW. 7227

René Leboime, Seine, Frankreich, *Flammensichermachen von plastischen Massen,* wie *Kautschuk* oder *Kunstkautschuk,* bes. von elektr. Kabeln, Bodenbelägen, Brennstoffzuführungen. Man mischt in die plast. M. einen Stoff, der bei Flammeneinw. eine Art Schutzüberzug bildet, der die Asche zusammensintern läßt; genannt sind Salze der Bor- u. Kieselsäure wie Pb-Borat, Zn-Silicat, Zn–Al-Silicat. — Man mischt in 100 g Kunstkautschuk 1 Stearinsäure, 5 ZnO, 6 chloriertes Wachs, 40 Kaolin, 70 Pb-Borat, 40 Ca-Silicat, 1 Beschleuniger, 2 S u. 1 Phenyl-β-naphthylamin. (**F. P. 1 032 090** vom 6/2. 1951, ausg. 29/6. 1953.) PANKOW. 7227

Werner Lück, Berlin-Weißensee, *Stabilisierung von synthetischem Kautschuk* mit substituierten Anilinverbb., bes. aromat. Aminen, die 3-Phenyl- u./oder Naphthylgruppen an ein Zentralatom, wie N oder P, gebunden enthalten, etwa wie sie durch Kondensation aromat. Amine mit 2- oder 3-wertigen Glykolen oder mit PCl_3 erhalten werden. — Man gibt zu Buna S-Latex 3% des Kondensationsprod. aus Hexantriol oder Diglykol u. Anilin oder 3—4% Triphenylphosphat oder dessen Reaktionsprodd. mit aromat. Aminen u. koaguliert. (**D. P. [DDR] 2926** Kl. 39b vom 5/11. 1949, ausg. 12/1. 1953 [Ausschließungspatent].) PANKOW. 7227

Dunlop Rubber Co. Ltd., England, *Vulkanisationsbeschleuniger.* Man mischt Kautschukmilch mit S, einem Metallsalz einer N-substituierten Dithiocarbaminsäure (I) u. einer bzgl. I geringen Menge eines Amins, gibt zu der Mischung ein Gelbildungsmittel, formt, läßt koagulieren u. vulkanisiert. Hexamethylentetramin fällt nicht unter die Bezeichnung „Amin“. — Man gibt zu 200 (Gewichtsteilen) 60% ig. Kautschukmilch je 14,4 einer 25% ig. S-Dispersion u. einer 25% ig. ZnO-Dispersion, 2,16 einer 25% ig. Zn-Diäthyldithiocarbamat- u. 0,24 einer 25% ig. Diphenylguanidindispersion, setzt nach gutem Durchrühren bei 16° 4 einer 10% ig. Na-Silicofluoriddispersion zu, gießt in eine Form u. läßt in 90 Min. ein Gel bilden, worauf in W. von 100° vulkanisiert wird. Vulkanisationsdauer 2 Minuten. (**F. P. 1 036 926** vom 9/5. 1951, ausg. 14/9. 1953. E. Priorr. 12/5. 1950 u. 27/4. 1951. **D. B. P. 904 105** vom 5/5. 1951, ausg. 15/2. 1954. E. Prior. 12/5. 1950.) PANKOW. 7229

Prosper Guillaume Moeglin, Haut-Rhin, Frankreich, *Vulkanisieren von Kautschuk* bei Raumtemp. mit einem Beschleuniger aus einem Additionsprod. von Zn-Dithiocarbamat u. einem Amin mit hoher elektrolyt. Dissoziationskonstante, auch unter zusätzlicher Anwendung von Mercaptobenzothiazol (I) oder dessen Zn-Verbindung. — Man mischt 0,8 (%) Zn-Phenyläthyldithiocarbamat, 2 ZnO, 2 S, 0,3 Darvan u. 4 W. 30 Min. u. gibt 0,2 I, 0,2 Diäthylamin u. 2 W. zu u. mischt 24 Std., worauf die Suspension in Kautschukmilch gemischt u. die Kautschukmilch zu Filmen verarbeitet wird, die in 2 Tagen bei 20° vulkanisieren. (**F. P. 1 024 273** vom 5/9. 1950, ausg. 31/3. 1953.) PANKOW. 7229

René Jean Benjamin Elissabide, Basses-Pyrénées, Frankreich, *Vulkanisieren von Kautschuk*, z. B. von Sohlen, oder Verbinden von vulkanisierten Sohlen mit dem Oberteil durch Tauchen in oder Durchführen durch ein heißes Metallbad von Vulkanisationstemp.; genannt sind Bäder aus 1 (Teil) Bi, 1 Pb u. 1 Sn (F. 122°), 7—8 Bi, 1—2 Cd, 2 Pb, 2 Sn (F. 66—71°), 15 Bi, 3 Cd, 8 Pb, 4 Sn (F. 60—65°), 52,5 Bi, 32 Pb, 15,5 Sn (F. 96°), 33 Pb u. 66 Sn (F. 180°). (**F. P. 1 027 329** vom 8/11. 1950, ausg. 11/5. 1953.) PANKOW. 7229

Soc. à r. l. Promeca (Protection Métallique de Câbles Électriques par Gaine Flexible et Électro-Méchanique), Seine-et-Marne, Frankreich, *Vulkanisieren von Kautschukschläuchen* durch Umhüllen der Schläuche mit biegsamen Metallhüllen, z. B. aus Al, Stahl oder anderen widerstandsfähigem Material, u. Durchleiten von Dampf durch die Schläuche oder Einbringen der aufgerollten Schläuche in Vulkanisationskessel. (**F. P. 1 030 844** vom 10/1. 1951, ausg. 17/6. 1953.) PANKOW. 7229

United States Rubber Co., New York, N. Y., übert. von: **Bernard C. Barton,** Clifton, und **Edward E. Auer,** East Orange, N. J., V. St. A., *Nachbehandlung von Vulkanisaten.* Die Oberfläche von Vulkanisaten, z. B. Treibriemen, deren Mischung <25% ZnO auf 100 Kautschuk enthält, wird mit einer α-monohalogenierten oder α.α-dihalogenierten niederen gesätt. Monocarbonsäure nachbehandelt, wobei als Halogen Cl oder Br dient. (**A. P. 2 619 431** vom 25/3. 1949, ausg. 25/11. 1952. **E. P. 660 070** vom 25/11. 1949, ausg. 31/10. 1951. A. Priorr. 4/2. u. 25/3. 1949.) OVERBECK. 7229

Rubber-Stichting, Delft, Holland, *Kautschuk für Artikel großer Härte.* Kautschukmilch wird mit einer Dispersion von cylisiertem Kautschuk (bes. 20—30% auf Kautschuk) u. den üblichen Zusätzen vermischt. Die Mischung wird bes. zur unmittelbaren Herst. harter Artikel, z. B. im Tauchverf., verwendet, kann aber auch vor der Verarbeitung in ein Koagulat übergeführt werden, das wie üblich verarbeitet wird. (**E. P. 663 807** vom 19/10. 1949, ausg. 27/12. 1951. **Schwz. P. 287 221** vom 22/9. 1949, ausg. 16/3. 1953. Beide Holl. Prior. 11/12. 1948.) OVERBECK. 7231

Soc. Indochinoise des Plantations Réunies de Mimot (S. I. P. R. M.) und **Maurice Henri Marie Bunel,** Indochina, *Herstellung einer Kautschukmischung* durch Zusatz einer stabilen wss. 50%ig. Paste aus Plastifiziermittel, Beschleuniger, Vulkanisiermittel u. Füllstoffen zu Kautschukmilch oder Kunstkautschukdispersionen u. Koagulation der Kautschukmilchmischung. (**F. P. 1 022 630** vom 28/7. 1950, ausg. 6/3. 1953.) PANKOW. 7231

Soc. Auxiliaire de l'Institut Français du Caoutchouc, Seine, Frankreich, *Kautschukmischung* geringer Gas- u. Luftdurchlässigkeit. Als Füllstoff nimmt man 10- bis 40 Vol.-% Al-Pulver u./oder Glimmerpulver, auch mit geringen Mengen Ruß oder Plastifiziermittel, wie Benzyloxyd, wobei gleichzeitig erhöhte Mengen an Beschleunigern u. S genommen werden können. — Man mischt z. B. 100 (Teile) Smoked Sheets, 5 ZnO, 2 Stearinsäure, 2 S, 1 Benzothiazyldisulfid, 0,2 Tetramethylthiuramdisulfid, 0,5 Phenyl-β-naphthylamin, 29 Glimmerpulver, 26 Al-Pulver u. 5 Ruß. Verwendung für Luftschläuche, Ballonhüllen, Dichtungen. (**F. P. 1 018 848** vom 31/3. 1950, ausg. 13/1. 1953.) PANKOW. 7231

Maschinenfabrik Stromag G. m. b. H., Deutschland (Erfinder: **Karl Schlotmann**), *Kautschukmischung.* Sie enthält Fasern aus Seide, Baumwolle, Metall u./oder anderen ähnlichen Stoffen u. dient wegen ihrer verbesserten Zug- u. Druckfestigkeit zur Herst. von Gummipuffern, Gummikappen für Bolzen, Muffen, Ringe. (**F. P. 1 037 698** vom 24/5. 1951, ausg. 22/9. 1953.) PANKOW. 7231

Heinrich E. Abel, Günzburg/Donau, *Herstellen von mit Kautschuk kaschiertem Stoff.* Beim Auftragen der Kautschuklsg. oder -dispersion auf die Stoffoberfläche mittels einer Sprühdüse wird die Lsg. oder Dispersion unter eigenem Druck aus der Düse gepreßt. (**D. B. P. 891 377** Kl. 39a vom 1/5. 1951, ausg. 1/10. 1953.) SCHLITT. 7231

Richard Müller und **Arnold Schkade,** Radebeul I, und **Max Krahn,** Dresden, *Verbesserung der Festigkeit von Silicongummiprodukten* durch Zusatz von 5—12% Dioxodisiloxan (I) $(H_2Si_2O_3)_x$. Der Einbau von I kann auch durch Hydrolyse von $HSiCl_3$

bzw. $SiH(OC_2H_5)_3$ erreicht werden. — Man walzt z. B. in 100 (g) Silicongummi 100 Lithopone, 20 I u. endlich 4 Benzoylperoxyd u. heizt 20 Min. bei 150° unter 50 atü u. 3 Std. bei 175°. (**D. P. [DDR] 2 469** Kl. 39b vom 20/5. 1952, ausg. 4/12. 1952 [Wirtschaftspatent].) PANKOW. 7231

XIII. Ätherische Öle. Parfümerie. Kosmetik.

A. C. Shaw, *Das ätherische Öl von Abies Balsames (L.) Mill.* Blätter u. Zweigspitzen lieferten bei der Wasserdampfdest. 0,591% Öl, n_D^{20} 1,4737, $D.^{20}_{20}$ 0,8825, $[\alpha]_D$ —18,8°, SZ. 0,23, EZ. 52,4, EZ. nach Acetylierung 77,2, keine Aldehyde u. Ketone. Die Zus. ähnelte jener des Öls von *Picea mariana (Mill.)* B. S. P. Eine Vorfraktionierung trennte KW-stoffe, O-Verbb. u. Sesquiterpene. Eine Nachfraktionierung bei 10 mm ergab 12 Fraktionen (II) $Kp._{10}$ unter 110° u. 19 (II) mit Kp. über 110° (Sesquiterpene). Aus der Unters. der einzelnen II ergab sich als ungefähre Zus.: Terpene: 36,1 (%) *l*-β-Pinen, 11,1 d-Δ^3-Caren, 11,1 *l*-Limonen, *l*-α-Pinen, 6,8 *l*-Camphen, 2,3 Myrcen, 1,3 Santen 1,3 Tricyclen, 0,05 Terpinolen, 3,4 Rückstände u. Verlust; O-Verbb.: 14,6 *l*-Bornylacetat, 0,2 *l*-Campher, 0,1 *l*-Borneol, 0,3 Alkohol vom $Kp._{12}$ 91,5—96°, 0,1 Alkohol vom $Kp._{10}$ 82—83°, 0,2 nicht identifizierte Ketone; I: 0,1 d-Canaden, 0,1 Bisabolen, Spuren von S-Guajazulenderivaten. (Canad. J. Chem. **31.** **193**—99. Febr. 1953. Toronto, Ontario Res. Foundation.) STEINER. 7262

R. U. Lemieux, *Synthetischer Moschus aus dem Stoffwechselprodukt des Maisbrandpilzes in künstlichem Nährboden. Ustilago zeae* bildet in einem 10% Glucose enthaltenden Nährmedium 15—20 *Ustilaginsäure* (I)/Liter Nährlösung. I besteht aus ca. 65% Monoacetylmono-3 L-oxyhexanoyldi-β-D-glucosyl-15 D.16-dioxyhexadecansäure (*Ustilaginsäure A*; **Ia**) u. 25—30% Monoacetylmono-3 L-oxyoctanoyldi-β-D-glucosyl-2D.15D.16-trioxyhexadecansäure (*Ustilaginsäure B*; **Ib**). Die Kultur-Fl. wird mit Methanol extrahiert. Durch Zugabe von W. zum Extrakt fällt I quantitativ aus. Aus I werden durch alkal. Hydrolyse 3L-Oxyhexansäure (**III**) u. 3L-Oxyoctansäure (**IV**) von den Glucoustilinsäuren A (**IIa**) u. B (**IIb**) abgespalten. **III** u. **IV** können über die Methylester durch Fraktionierung gereinigt werden. Durch Behandlung von **III** bzw. **IV** mit H_2SO_4 werden ungesätt. Säuren erhalten, die in das 4-Hexanolacton bzw. Octanolacton umgewandelt werden. Alkanolyse von I oder **IIa** u. **b** mit starken Säuren als Katalysator liefert die Oxyhexadecansäuren, die sogenannten Ustilinsäuren: Ustilinsäure A (**Va**; 15d.16-Dioxyhexadecansäure) u. B (**Vb**; 2d.15d.16-Trioxyhexadecansäure). Die beste Meth. zur Aufarbeitung von I ist folgende: 19 g I 8 Std. am Rückfluß mit 200 ml 5%ig. methanol. HCl kochen, in 500 ml W. geben, mit 3mal 50 ml Chlf. extrahieren, Lsg. trocknen u. Lösungsm. im Vakuum bei 40° entfernen. PAe. zugeben, auf 4° abkühlen u. Nd. von 6,45 g **V**-Methylester mit PAe. waschen, F. 76—78,5°. Filtrat eindampfen u. Öl bei 15 mm dest.: **III**-Methylester; n_D^{24} 1,428; $[\alpha]_D$ +26° (c = 1,4; Chlf.). Aus **Va** läßt sich 15-Oxypentadecansäure u. daraus 15-Pentadecanolacton, der natürliche makrocycl. Moschus (Exaltolid), u. Pentadecandionsäure u. daraus Cyclopentadecanon (Exalton) herstellen. Aus **Vb** entsteht 1.14-Dioxytetradecan bzw. das synthet. Moschuspräp. Tetradekamethylencarbonat. Die Herstellungsmöglichkeiten für die reinen Präpp. **Va** u. **b** werden besprochen u. aufgezeigt, das gleiche gilt für die makrocycl. Lactone u. Ketone. (Perfum. essent. Oil Rec. **44.** 136—39. April 1953. Saskatchewan, Can., Saskatoon, Nat. Res. Counc., Prairie Reg. Labor.) H. P. FIEDLER. 7276

—, *Künstlicher Moschus.* Zusammenfassung über Eigg. u. Verwendungsmöglichkeiten von Nitromoschusarten (Ambrette-, Keto- u. Xylolmoschus). (Indian Soap J. **18.** 318—20. Mai 1953.) HAASE. 7276

Parfumerie L.-T. Piver, Frankreich, *Parfums.* Man versetzt die Riechstoffgemische zur Erhöhung der Duftwrkg. mit Estern von Aminosäuren (z. B. Diäthylglutamat). Ein solches Gemisch für Haarwasser hat z. B. die Zus.: 50 (g) Ketonmoschus. 50 Ambrettemoschus, 100 Cumarin, 100 Heliotropin, 50 Vanillin, 5 Dodecylaldehyd, 20 Irisöl, 20 Neroliöl, 100 Rhodinol, 50 Patschuliöl, 120 Methyljonon, 150 Oxycitronellal, 150 Vetiveröl u. 35 Diäthylglutamat. Von diesem Gemisch werden 20 g mit 1 Liter 75%ig. A. verdünnt. (**F. P. 998 834** vom 17/10. 1949, ausg. 23/1. 1952.) OPPERMANN. 7277

Jean de Granville, Frankreich, *Schminkstifte,* bestehend aus Wachs-, Ceresin- oder ähnlichen Emulsionen, die als fl. Phase eine Lsg. eines oder mehrere in Wachs, Ceresin oder dgl. unlösl. Farbstoffe enthalten. (**F. P. 978 527** vom 17/12. 1942, ausg. 16/4. 1951.) WITTHOLZ. 7285

Jean de Granville, Frankreich, *Lippenstift für Rot.* Man mischt organ. u. anorgan. Kolloide, z. B. Carragheen u. Traganthschleim mit Al-Oxydgel oder Al-Silicatgel, mit in W. lösl. Farbstoffen, Farbsikkativen, Fettalkoholen oder -sulfonaten u. formt die M. zu Stäbchen. Das Auflegen des Rot kann auch auf feuchte Lippen erfolgen. (**F. P. 977 547** vom 6/8. 1942, ausg. 2/4. 1951.) WITTHOLZ. 7285

Mme Jean de Granville geb. **Madeleine Chiquard,** Frankreich, *Rasiercreme*, bestehend aus einem Gemisch von Carragheen- u. anderen Pflanzenschleimen, dem Füllstoffe, wie Kaolin, SiO_2, u. O_2 entwickelnde Stoffe, z. B. Na-Percarbonat, sowie eine Verb. aus einem halogenierten Carbamid u. Zucker (Handelsbezeichnung R. N. P.) zugesetzt sind. (**F. P. 980 733** vom 16/2. 1943, ausg. 17/5. 1951.) WITTHOLZ. 7285

Robert Condom, Frankreich, *Pastenförmige Kopfwaschmittel.* Die üblichen Wasch- oder Schaummittel werden zunächst zur Beseitigung der Verunreinigungen u. zur Überführung des in ihnen enthaltenen Fe(II) in Fe(III) mit Oxydationsmitteln behandelt u. dann mit Geliermitteln, wie Triäthanolaminstearat, Gelatine, Traganth, arab. Gummi, Alginate, vermischt. Der Zusatz erfolgt teils in der Wärme, teils bei Zimmertemperatur. (**F. P. 993 527** vom 23/6. 1949, ausg. 2/11. 1951.) WITTHOLZ. 7285

Soc. Civile d'Étude des Brevets Hycar (Erfinder: **Charles Pierre**), Frankreich, *Kosmetische Zubereitungen*, wie Schönheitscreme, Schminken, Haarwässer, Rasiercreme, Enthaarungspasten u. dergleichen. KW-stoffe, wie Vaseline, werden in Ggw. eines Schaummittels, z. B. Seifen u. dgl., mit Fll. oder Gas emulgiert u. in KW-stoffen lösl. Fettkörper, wie $\alpha.\alpha$-Diglyceride, wie Distearin, Dipalmitin u. a., zugesetzt u. verrührt, bis die Emulsion stabil ist, wobei Fl. oder disperse Phase Pigmente, Farbstoffe oder Füllstoffe enthalten kann. (**F. P. 1 000 577** vom 5/3. 1946, ausg. 13/2. 1952.) WITTHOLZ. 7285

XIV. Zucker. Kohlenhydrate. Stärke.

Ss. Ss. Sserbin, *Kopfdüngung der Zuckerrübe.* Die Kopfdüngung mit je 10%ig. *KCl*, NH_4NO_3 oder *Superphosphat* sowie mit 1,5-, 10-, 20%ig. *NPK*-Lsg. wirkt sich auf die Intensität der physiol. Prozesse aus u. kann bei rechzeitiger Anwendung den Ertrag stark erhöhen. Selbst Leitungswasser zeigt diese positive Wrkg., die bei dest. W. ausbleibt. Sie kann allerdings eine unzureichende Ernährung durch die Wurzel nicht ausgleichen, noch weniger sie ersetzen. Die erhöhte Aktivität der physiol. Prozesse bei Kopfdüngung läßt gewöhnlich nach 10—12 Tagen wieder nach. Sie kann auch einen schädlichen Einfl. (bei hoher Konz.) auf die physiol. Prozesse ausüben; unter ungünstigen Bedingungen kann sie die Intensität der Photosynth. herabsetzen. (Земледелие [Ackerbau] **1953**. Nr. 6. 57—62. Nov. Allunions Wiss. Forschungs-Inst. für Zuckerrüben.) A. JACOB. 7406

A. Rosanow und **L. Ssokolowa,** *Die Reinigung der Molken von Nichtzuckerstoffen bei der Herstellung von Milchzucker.* Die Enteiweißung einer Molke mit 0,42% Eiweiß u. 0,39% Nichteiweißstoffen verläuft am vollständigsten durch Erwärmen auf 90—92°, Ansäuern mit Sauermolke bis p_H 4,5 oder mit HCl bis p_H 4,4—4,6 u. anschließende Zugabe von Kalkmilch bis p_H 6—6,8. Beim Eindampfen bildet sich ein flockiger Nd., der abfiltriert wird. Ca kann als $CaCO_3$ gefällt werden. Da dabei das p_H auf 9,4 ansteigt u. leicht Caramelisation eintritt, wird die Lsg. durch Zugabe von H_2SO_4 auf p_H 6,2 bis 6,7 gebracht. Mittels Espatit u. Espatit TM (Anionit) kann in der 1. Fraktion eine fast völlige Entsalzung u. zugleich eine Verminderung der N-haltigen Substanzen erreicht werden. So erhaltener Sirup enthielt in der Trockenmasse 93% Milchzucker. (Молочная Промышленность [Milch-Ind.] **14**. Nr. 11. 37—40. 1953. Allunions Wiss. Forschungsinst. für Käserei.) SCHMELZ. 7444

Reinhold Illies, *Über die Bestimmung der „Reinheit" von Stärkesirupen und über deren Gehalt an einzelnen Zuckerarten.* Vergleichende Best. des „Reinheitsgrades" oder besser gesagt der Höhe des Dextrosewertes, ausgedrückt in Dextroseeinheiten von Stärkesirupen nach SOXHLET, v. VOORST-LUFF, SICHERT-BLEIER u. nach BLISH ergab nur bei den ersten beiden Verff. annähernde Übereinstimmung. Auch bei Anwendung eines Modellsirups erbrachten diese Verff. die der Theorie am nächsten kommenden Werte, sie stimmten prakt. aber auch nur im Glucosegeh. überein, der mit wachsendem Dextrosewert ziemlich regelmäßig zunimmt. Bemerkt sei, daß nur Sirupe mit verhältnismäßig niedrigem Dextrosewert infolge ihres relativ geringen Glucosegeh. für die Bonbonfabrikation geeignet sind. (Stärke **6**. 21—26. Febr. 1954. Köln-Marienburg.) ULMANN. 7490

VEB Farbenfabrik Wolfen (Erfinder: **Erhard Meier, Walther Sütterlin** und **Erich Hemmecke**), Wolfen, *Reinigung von Zuckersäften* durch H-Ionenaustauscher, bes. in Verbindung mit einer Entsalzung durch OH-Ionenaustauscher. Man arbeitet zur Vermeidung der Invertzuckerbldg. bei Tempp. nicht über 30°. Die Herabsetzung der

Temp. der vorgereinigten Dünnsäfte wird hierbei unter Einschaltung einer Vakuumkühlung durchgeführt, u. es ist zweckmäßig, die Säfte mit möglichst hoher Geschwindigkeit über den H-Ionenaustauscher zu führen. (**D. P. [DDR] 2 305** Kl. 89c vom 1/1. 1943, ausg. 24/12. 1952 [Wirtschaftspatent].) HEYNE. 7413

N. V. Algemeene Norit Mij., Holland, *Reinigung und Entfärbung von Flüssigkeiten*, bes. von Zuckerlösungen. Man filtriert die zu entfärbenden Fll. über granulierte Tierkohle, der man 2—6% Aktivkohle in Pulver, z. B. „Norit", zugegeben hat. (**F. P. 1 040 519** vom 13/8. 1951, ausg. 15/10. 1953.) HEYNE. 7413

Clairmint Chemical Co., Inc., V. St. A. (Erfinder: **Wallace L. Minto**), *Herstellung von β-Amylosetrijodid.* Man läßt 3 Mol J mit 1 Mol β-Amylose in wss. Lsg. oder einer Glycerinlsg. miteinander reagieren. Die Rk. findet auch statt bei Einw. von J-Dampf auf β-Amylose bei 65—100°. (**F. P. 1 014 570** vom 10/9. 1947, ausg. 19/8. 1952. A. Priorr. 28/5. 1943 u. 13/6. 1947.) OPPERMANN. 7449

XV. Gärungsindustrie.

Glenn E. Pollock und **C. D. Holmstrom**, *Der Trehalosegehalt und die Qualität von Aktivtrockenhefe.* Gute Gasentw. bei Vergärungen mit Aktivtrockenhefe ist abhängig von ihrem Geh. an Trehalose. Je höher der Wassergeh. der Hefe, desto geringer ihr Trehalosegeh., letzterer steigt sehr schnell während der Trocknung. Bei einem Wassergeh. von 50—45% nimmt die Bldg. der Trehalose nicht mehr zu. (Cereal Chem. **28**. 498—505. Nov. 1951.) GRIMME. 7506

Claudio Antoniani, *Nebenprodukte bei der alkoholischen Gärung von Traubenmost.* Überblick über die Bldg. von Glycerin, Acetylmethylcarbinol, Butylenglykol, höheren Alkoholen, Bernstein-, Citronen-, Essig- u. Milchsäure bei der Gärung von Traubenmost. (Ann. Sperimentaz. agrar. [N. S.] **5**. 481—88. 1951. Mailand.) GRIMME. 7510

M. M. Chollet und **Th. Caldemaisous**, *Entwicklung der scheinbaren und wahren unvergärten Substanz während einer Gärungsperiode.* Vff. geben kurz die Methodik zur analyt. Unterscheidung der scheinbaren u. wahren unvergärten Substanz an u. wenden das Verf. auf die Unters. eines größeren Industrieansatzes an. Durch nachträgliche biol. Hydrolyse von Raffinose u. Melibiose durch geeignete Hefen gelingt es, eine größere Ausbeute an A. zu erhalten. Vff. erwähnen Veränderungen des unvergärten Anteils durch den Reifezustand u. durch Schäden an der Zuckerrübe u. durch Frost. Im allg. steigt der unvergärbare Anteil während der Gärung auch durch Bldg. reduzierender, nicht vergärbarer Verbb., wie Methylglyoxal, Oxymethylfurfurol, Glucose- u. Fructoseanhydrid u. Melanoidine. (Ind. agric. aliment. **68**. 483—87. Sept./Okt. 1951. Lille, Fac. Libre des Sci.) GRAU. 7536

Ss. D. Tschuprunow und **N. P. Iwanowa**, *Ein Versuch zur Rektifizierung von Weinrohalkohol.* Der Roh-A. aus Weintrester u. Hefesatz ist durch flüchtige Säuren u. Ester stark verunreinigt; das erhaltene Reindestillat besteht nicht die Reinheitsprobe mit H_2SO_4 u. die Oxydationsprobe mit $KMnO_4$. Man muß den Rohsprit nach anderen Methoden als Getreide-, Kartoffel- oder Melassesprit rektifizieren. Am besten neutralisiert man die flüchtigen Säuren u. verseift die Ester während der Dest. durch einen Zusatz von in rektifiziertem A. gelöstem Alkali. Die Destillationsführung wird genau beschrieben. Man erhält ca. 70—80% reinen A. von 95,5% (Vol.), welcher kein Furfurol enthält, die Reinheits- u. Oxydationsprobe während 30—35 Min. besteht, ca. 44 mg an Estern u. 18 mg/Liter an Säuren enthält. (Виноделие и Виноградарство СССР [Weinbereit. Weinbau UdSSR] **13**. Nr. 9. 11—15. Sept. 1953. Kaukas. Spiritus-Trust u. Kombinat „Abrau-Djursso".) ECKE. 7536

Joseph E. Heitz, Edward B. Roessler, Maynard A. Amerine und **George A. Baker**, *Eine Untersuchung gewisser Faktoren, welche die Zusammensetzung von Sherry kalifornischer Art bei der Erhitzungsreifung (baking) beeinflussen.* In Kalifornien wird Sherry, der ca. 20—21% Alkohol u. 0,5—5,0% reduzierende Zucker enthält, zur Entw. seines spezif. Aromas für die Dauer von 2—4 Monaten einer Erhitzung auf 49—60° unterworfen. Dazu wird der Wein meistens durch in die Fässer oder Zementlagertanks eingebaute Heizschlangen erwärmt. Auch besondere geheizte Räume oder Lagerung an der Sonne werden mitunter angewandt. — Bei den Verss. kam als Ausgangsprod. eine Mischung von weißem Riesling, hellem Sauvignon u. weißem Chardonnay im Verhältnis 2 : 2 : 1 zur Anwendung. Nach dem Aufspritzen auf ca. 20% Alkohol betrug die Säure ca. 0,55% (als Weinsäure berechnet). Nach Unterteilung in Proben, von denen eine unbehandelt blieb, wurde der Einfl. des Zusatzes von $CaCO_3$, Dextrose, SO_2, Citronensäure, $CaCO_3$ + Dextrose, SO_2 + Dextrose u. von $CaCO_3$ + SO_2 + Dextrose untersucht. Diese Proben waren wieder unterteilt u. wurden in dicht verkorkte Flaschen abgefüllt u. in solche, die einmal in der Woche unter Durchsaugen von Luft 2 Min.

belüftet wurden. Bei einer Versuchsdauer von 90 Tagen lag die Temp. bei 49°. Nach 30, 60 u. 90 Tagen wurden Alkohol, Extrakt, reduzierender Zucker, Gesamtsäure, flüchtige Säure, p_H, SO_2, Aldehyd, gesamte neutrale Ester, flüchtige neutrale Ester, Tannin, Farbe, Lichtabsorption u. Oxymethylfurfurol bestimmt. — Ergebnisse: Bei Belüftung des Weines traten Alkoholverluste bis zu 1% auf. Der Aldehydgeh. stieg während 60 Tagen, um später abzunehmen. Bei SO_2-Zusatz blieben diese Werte niedriger. Durch die Belüftung trat eine mit SO_2 hemmbare Farbvertiefung ein. In allen Proben trat starke Anreicherung der neutralen Ester ein. Zusatz von $CaCO_3$ war von geringem Einfl., zeitigte aber stark hemmende Wrkg. auf gleichzeitig vorhandenes SO_2. Bei den Geschmacksproben wurde festgestellt, daß nach einem Zeitraum von 60 Tagen das typ. Sherryaroma zum Vorschein kam. Die unbelüfteten Proben zeigten dabei den milderen, aber auch etwas weniger charakterist. Geschmack. (Food Res. **16.** 192—200. Mai/Juni 1951. Davis, Calif., Univ. of California.) ZOPFF. 7536

Samuel R. Green und **Philip P. Gray,** *Ein unterscheidendes Verfahren für bakteriologische Untersuchungen in der Gärungsindustrie.* Vff. berichten über Verss. mit Actidion, welches das Wachstum von Hefen hindert, ohne auf die in der Gärungsindustrie u. Hefefabrikation üblicherweise anwesenden Bakterien einen Einfl. auszuüben. Hierdurch können die in Gärungsmaterialien vorhandenen Bakterien ihrer Art u. Anzahl nach bestimmt werden. Es werden Untersuchungsergebnisse von Bäckerhefen, Maischen u. Malzen angegeben. (Wallerstein Lab. Commun. **14.** 289—95. Dez. 1951.) HAEVECKER. 7540

André Devreux, *Veränderungen der Kohlenhydrate der Gerste während der Mälzung.* Besprechung der Veränderungen der Stärke während der Mälzung, Analysentabellen über Geh. an Invertzucker u. Saccharose in Gerste u. Malz nach 1—7 Keimungstagen, Geh. an Pentosanen u. lösl. Pentosanen, Atmungsverluste u. diastat. Kraft in Abhängigkeit von Keimungstemp., Zus. des Malzes. (Rev. Fermentat. Ind. aliment. **6.** 203—07. Dez. 1951.) HAEVECKER. 7544

—, *Atypische Bierfarbe.* Bericht über gelegentlich vorkommende Biere, deren Farbe eine Abweichung in der spektralen Zus. gegenüber der offiziellen Definition der Bierfarbe aufweist. (Wallerstein Lab. Commun. **14.** 323—24. Dez. 1951.) HAEVECKER. 7550

W. A. Berg, *Mineralelemente in den Mosten und Weinen Mittelasiens.* Die untersuchten Moste enthielten 0,38—0,88 g/Liter P_2O_5, 1,5—4 mg/Liter Fe, 118,0—176,0 mg/Liter Ca. Die Weine enthielten (in mg/Liter): 70—616 P_2O_5, bis 15 Fe u. 57,6—90,0 Ca. Der Geh. an SO_4^{2+} in den Weinen betrug nicht mehr als 300 mg/Liter. (Виноделие и Виноградарство СССР [Weinbereit. Weinbau UdSSR] **13.** Nr. 9. 5—8. Sept. 1953. Mittelasiat. Zweigstelle des Inst. „Magaratsch".) ECKE. 7554

F. Seiler, *1951er Moste und Jungweine kritisch betrachtet. Die Säureverhältnisse der 1951er Moselweine.* Angaben über das Mostgewicht nach OECHSLE, den Geh. an titrierbarer Säure sowie an Weinsäure bei 35 Proben 1951er Traubenmost des Moselweinbaugebietes. (Dtsch. Wein-Ztg. **87.** 517. 15/12. 1951. Trier.) KIELHÖFER. 7554

L. N. Netschajew, *Bekämpfung der Verluste bei der Weinaufbewahrung in Eichenfässern.* Starke Verminderung der Weinverluste durch Verdunstung durch die Faßdauben erzielt man durch Überziehen der Innenfläche der Fässer mit frisch gebranntem *Gips* oder mit *Paraffin* (F. 54—56°). Das Verf. eignet sich nur für weitfaseriges Holz. (Виноделие и Виноградарство СССР [Weinbereit. Weinbau UdSSR] **13.** Nr. 8. 18—21. Aug. 1953. Allunions Wiss. Forschungsinst. für Weinbau u. Weinbereitung.) M. GORDIENKO. 7554

Je. M. Kosenko, *Die Gärungsführung bei kontinuierlichem Weinzufluß.* Vf. versuchte eine kontinuierliche Gärung von *Champagnerwein* in der Laboratoriumsapp. mit Hefe Nr. 7 bei 18°. Als Ausgangsmaterial diente ein Wein mit 1,8% Zucker und 10,5% (Vol.) Alkohol. App. u. Arbeitsmethodik werden beschrieben. Der kontinuierliche Gärungsprozeß ist 6fach leistungsfähiger als der übliche diskontinuierliche. (Виноделие и Виноградарство СССР [Weinbereit. Weinbau UdSSR] **13.** Nr. 9. 22—28. Sept. 1953. Krasnodar, Inst. für Nahrungsmittelind.) ECKE. 7554

O. Verona, *Ergänzende Notizen über die antimikrobielle Wirksamkeit des Vitamins K_5 (Chlorhydrat des 2-Methyl-4-amino-1-naphthols).* *Vitamin K_5* vermag in der Weinherst. die Rolle des SO_2 als antimikrobielle Substanz zu übernehmen. Es hemmt das Wachstum von Staphylokokken u. Proteus, dagegen weniger von Coli. Die antioxydierende Wrkg. des SO_2 kann durch Ascorbinsäure ersetzt werden. (Agric. ital. **53** ([N. S.] **8**). 120—23. Mai 1953. Pisa, Ist. di Microbiol. Agraria.) GERBER. 7554

D. A. Dymtschischin, *Schönung von Weinen mit Acetamidgeschmack.* Die Ursachen des *Acetamid* (I)-Geschmackes (nach Mäusen) sind nicht geklärt. Wahrscheinlich ist der Geh. des Weines an Amid-N u. NH_3 daran schuld. Vf. pasteurisierte einen derartigen Wein (18,9% A., 3,3% Zucker) bei 63—70°, wobei durch Umpumpen eine Entlüftung bewirkt wurde. Nachher wurde der Wein mit Casein behandelt (40 g pro Hektoliter). Der Wein hellte auf, der Geschmack wurde weicher u. es verschwand der I-Geschmack. (Виноделие и Виноградарство СССР [Weinbereit. Weinbau UdSSR] **13.** Nr. 9. 16—17. Sept. 1953.) ECKE. 7554

W. P. Gwelessiani, *Mechanismus der Weinschönung durch Natriumalginat.* Vf. wandte zur Schönung von Obst-, Beeren- u. Traubenweinen mit hohem Säuregeh. u. geringen Anteilen an Gerb- u. färbenden Stoffen *Na-Alginat* an. Die ausfallende Alginsäure reißt die Trübungsstoffe mit. Weine mit geringem Säuregeh. lassen sich nach dieser Meth. nicht klären. (Виноделие и Виноградрство СССР [Weinbereit. Weinbau UdSSR] **13.** Nr. 9. 18—19. Sept. 1953. Transkaukas. Zweigstelle des Inst. „Magaratsch".) ECKE. 7556

A. Jones, *Eine Plattentechnik zur Bestimmung von Inosit in Hefe.* Gegenüber der üblichen Verwendung von Neurospora als Testorganismus für *Inosit* (I) wird die Verwendung von Saccharomyces carlsbergensis (II) empfohlen. Es werden Platten von Nähragar (Zus. vgl. Original) unter Zusatz einer bestimmten Mengen II gegossen; aus diesen werden mit dem 10 mm-Korkbohrer 4 Löcher ausgestanzt u. in diese Löcher je 1 cm^3 von gereinigten Verdünnungen der zu untersuchenden Lsg. sowie (aus anderen Platten) von verschied. Verdünnungen bekannter I-Lsgg. gegeben u. bei 28° gehalten. Aus dem Durchmesser der Wachstumszonen kann auf die vorhandene Menge I geschlossen werden. — Zur Best. von I in Hefe werden zunächst 2 g mit 20 cm^3 5 n HCl bei 15 engl. Pfund Druck 1 Std. behandelt, nach Abkühlen mit 50%ig. NaOH auf p_H 4,6 gebracht u. die Lsg. wird auf eine geschätzte Konz. von ca. 400 γ I/cm^3 verdünnt. (Analyst **76.** 588—92. Okt. 1951. Brockham Park, Betchworth, Surrey, Beecham Res. Labor. Ltd.) HESSE. 7592

S. Tourliere und **P. Andrés,** *Analyse der Alkohole.* Eingehende Beschreibung folgender Bestimmungsverff. für A. u. alkoh. Getränke: Acidität, Ester (durch Verseifung mit 0,1 n NaOH in der Wärme unter Rückfluß u. Rücktitration), Aldehyde (Rk. mit Hydroxylaminchlorhydrat u. Titration der frei gewordenen HCl; Rk. mit Bisulfit u. Rücktitration des nicht verbrauchten Bisulfits mit Jod; colorimetr. Meth. mit SCHIFFschen Reagens), höhere Alkohole (colorimetr. mit p-Dimethylaminobenzaldehyd). Bei allen Verff. werden Fehler, Empfindlichkeiten u. ihre Anwendung auf A., alkoh. Getränke u. Destillate verschied. Art eingehend besprochen. (Ind. Agricoles et Alimentaires **68.** 469—78. Sept./Okt. 1951.) GRAU. 7596

Irwin Stone, Philip G. Gray und **Morris Kenigsberg,** *Flammenphotometrie. Natrium, Kalium und Calcium in Braumaterialien.* Beschreibung eines Flammenphotometers u. der Technik zur Schnellbest. von Na, K u. Ca in W., Würzen u. Bieren. Kurze Erläuterung der Abhängigkeit des Brauprozesses von der Ggw. dieser Elemente u. ihr Vork. in Handelsbieren. (Wallerstein Lab. Commun. **14.** 297—309. Dez. 1951.) HAEVECKER. 7600

F. W. Medsmariaschwili, *Über die Vorbereitung der Probe bei der Zuckerbestimmung im Most und im Wein.* Für die vom Vf. vorgeschlagene Meth. der Vorbereitung der Proben zur Best. des Zuckers (vgl. C. **1954.** 3123) wurden die erforderlichen Reagensmengen ($ZnSO_4$ u. NaOH) für verschied. Moste u. Treber ermittelt. (Виноделие и Виноградарство СССР [Weinbereit. Weinbau UdSSR] **13.** Nr. 8. 21—22. Aug. 1953.) M. GORDIENKO. 7606

A. P. V. Co. Ltd., London, England, *Destillation von Äthylalkohol.* Die verd., flüchtige Verunreinigungen enthaltende, wss. Lsg. wird dem oberen Ende einer Verdampfungskolonne (I) aufgegeben; ein 1. Teil der Dämpfe aus dieser Kolonne wird zwischen den oberen u. unteren Teilen abgezogen u. während des Überführens in den unteren Teil einer Rektifizierkolonne (II) im Dampfzustand erhalten, wobei die Wärme dieser Dämpfe zur Rektifikation ausgenützt wird; die aus dem oberen Teil der II aufsteigenden Dämpfe werden kondensiert u. ein Teil des Kondensates wird in den oberen Teil der II als fl. Rückfluß zurückgeführt u. der andern Teil des Kondensates in eine Kopfkolonne (III) geleitet; der verd. A. wird unten aus der II ab- u. gerade unter der Stelle in die I zurückgeleitet, an der die Dämpfe entnommen werden; ein 2. Teil der Dämpfe, der in der Hauptsache leichter flüchtige Stoffe als A. enthält, wird oben aus der I in die III geführt, in der die Wärme dieses 2. Teiles eine fortschreitende Anreicherung dieses Teiles mit A. bewirkt. Die Dämpfe aus dem oberen Ende der III strömen in einen Kondensator, wobei der Dampfstrom auf die III u. den Kondensator beschränkt bleibt, um die relativen Mengen der die I verlassenden zwei Dampfanteile so bemessen zu können, daß der 1. Teil die Hauptmenge ausmacht; ein Teil der Kopfkondensate läuft als fl. Rückfluß in die III zurück u. der A. wird an der Seite der II abgezogen. — Vorrichtung. (**E. P. 679 179** vom 19/10. 1948, ausg. 17/9. 1952.) KETTNER. 7537

Aktiebolaget Stockholms Bryggerier, Stockholm, Schweden, *Gewinnung der Hopfenbitterstoffe.* Zur Überführung der in W. unlösl. β-Bittersäure des Hopfens in wasserlösl. Weichharz wird der Hopfen zuerst in W. gekocht, wobei die α-Bittersäure in Weichharz übergeht, das abgetrennt wird; die verbleibende unlösl. β-Bittersäure wird in einem Lösungsm., z. B. PAe. oder chloriertem KW-stoff, gelöst u. durch O_2 oder ein anderes Oxydationsmittel in bestimmter Menge zum Weichharz oxydiert u. das Lösungsm. abgetrieben. Durch das Oxydationsmittel darf dabei nicht mehr als eine geringe Menge in brautechn. wertloses Hartharz übergeführt werden. (**E. P. 677 740** vom 21/12. 1949, ausg. 20/8. 1952. Schwed. Prior. 22/12. 1948.) KETTNER. 7541

Wallerstein Co., Inc., New York, übert. von: **Philip P. Gray,** Forest Hills, N. Y., V. St. A., *Stabilisieren von Malzgetränken.* Zur Vermeidung schädlicher Wirkungen durch Oxydation wird dem Getränk (Bier, Ale) nach der Herst., aber vor dem Abfüllen Katalase u. eine reduzierende Verb. (Redukton) mit der en-diol-Gruppe (—C=C—), z. B. Ascorbinsäure, zugesetzt. (**A. P. 2 620 275** vom 13/10. 1948, ausg. 2/12. 1952.) KETTNER. 7551

XVI. Nahrungs-, Genuß- und Futtermittel.

G. D. LaBaw und **N. W. Desrosier,** *Antibakterielle Aktivität von Extrakten aus eßbaren Pflanzen.* Die Prüfung einer Reihe von wss. u. alkoh. Pflanzenextrakten ergab eine Wachstumshemmung gegenüber verschied. Mikroorganismen. In Verbindung mit einer begrenzten Hitzeeinw. hatten einzelne dieser Extrakte sogar eine sporicide Wrkg. auf Sporen von Fäulnisbakterien. (Food Res. **18.** 186—90. März/April 1953. Lafayette, Ind., Purdue Univ., Dep. of Horticult.) KRUSEN. 7634

Howard Reynolds, Arthur M. Kaplan, Francis B. Spencer und **Harold Lichtenstein,** *Hitzezerstörung von Cameron's Fäulnisanaerobier 3679 in Lebensmittelsubstraten.* Die therm. Abtötbarkeit von P. A. 3679-Sporen, wie sie in verschied. Lebensmitteln auftreten, wurde durch Aufnahme der Thermaltodeszeitkurven in einer Spezialapp. genau ermittelt u. festgestellt, daß diese stark von dem jeweiligen Material, in dem sich die Sporen zur Zeit der Erhitzung befinden, abhängt. Ein großer Teil der vegetabilen Stoffe übt bereits eine gewisse hemmende Wrkg. auf die Keimfähigkeit der Sporen aus. (Food Res. **17.** 153—67. März/April 1952. Washington, D. C., Bur. of Human Nutr. and Home Econom., Agric. Res. Administ., United States Dep. of Agric.) GERDA SCHULZE. 7634

L. E. Frazier, P. R. Cannon und **R. H. Hughes,** *Das Problem der Hitzeschädigung von Nahrungsprotein.* Als Maß der Hitzeschädigung von Proteinen diente die Gewichtszunahme von Ratten, die durch längere Verabreichung eines proteinarmen Futters 30% ihres ursprünglichen Körpergewichtes verloren hatten u. denen dann die zu untersuchenden Proteine zugefüttert wurden. *Fibrin* (**I**) verlor seinen Nährwert, wenn es 30—60 Min. auf 210° trocken erhitzt wurde, während es bei 200° noch nicht völlig denaturiert wurde. Wurde das durch 210° inaktivierte I dagegen hydrolysiert u. das Hydrolysat verfüttert, so zeigten sich deutliche Gewichtszunahmen. Ebenso konnte die Wrkg. durch Zusatz von 9 essentiellen Aminosäuren (Histidin, Isoleucin, Leucin, Lysin, Methionin, Phenylalanin, Threonin, Tryptophan, Valin) wiederhergestellt werden oder durch wesentlich erhöhte Gaben des inaktivierten I. Wurde I zusammen mit *Saccharose* trocken erhitzt, so trat bei 190°, mit *Fructose* bei 150—160° u. mit *Glucose* (**II**) bei 165—170° die Hitzeschädigung ein. Bei Erhitzung in Ggw. von W. (Autoklav) wurde I in Mischung mit II bei 113° geschädigt. Casein (**III**) u. Mischungen von III mit Maisstärke wurden durch trockene Hitze bei 200° nach 30 Min. inaktiviert. Die Erhitzung eines Gemisches freier Aminosäuren im Autoklaven mit oder ohne II auf 116° bei p_H 7 hatte auf die gewichtsfördernde Wrkg. der Aminosäuren keinen Einfl., die Erhöhung des p_H-Wertes auf 9—10 führte jedoch in Ggw. von II zu völliger Inaktivierung der Aminosäuren. (Food Res. **18.** 91—103. März/April 1953. Chicago, Univ., Dep. of Pathol.) KRUSEN. 7646

K. V. Giri, P. B. Rama Rao und **R. Rajagopalan,** *Einige Untersuchungen über die Zerstörung von Aminosäuren in Proteinen durch Autoklavierung in Gegenwart von Glucose. Casein* (**I**), *Gelatine* (**II**), *Ovalbumin* (**III**) u. *Fibrin* (**IV**) wurden mit der gleichen Menge *Glucose* bis zu 8 Std. bei 15 lbs. Druck autoklaviert. Mittels Rundfilterpapierchromatographie konnten Vff. an den hydrolysierten Proteinen zeigen, daß bei I *Arginin* (**V**) nach 1 Std. restlos zerstört ist, bei II ist V nach 2 Std. noch zu 11%, bei III zu 28% u. bei IV noch zu 13% vorhanden. *Lysin* u. *Histidin* werden in allen untersuchten Proteinen zu ca. 50% zerstört. Die übrigen Aminosäuren erleiden keine oder nur unwesentliche Einbußen. (Food Res. **18.** 217—22. März/April 1953. Bangalore, Indian Inst. of Sci., Dep. of Biochem.) KRUSEN. 7646

Erston V. Miller, *Eine Untersuchung über die Beziehung zwischen Gewicht und Saftgehalt und Zusammensetzung von Ananasfrüchten.* Anders als bei Apfelsinen ist das Saftvol. von Ananas ungefähr dem Gewicht der Früchte proportional; Ascorbinsäure-, Vitamin-C-Geh. u. Geh. an gesamten festen Bestandteilen des Saftes sind vom Gewicht unabhängig u. zeigen nur Unterschiede innerhalb verschied. Varietäten. (Food Res. **18.** 227—30. März/April 1953. Pittsburgh, Univ., Dep. of Biol. Sci.) KRUSEN. 7688

Alice P. Hall, Agnes Fay Morgan und **Priscilla Wheeler,** *Die Gehalte an sechs B-Vitaminen in frischen und getrockneten Feigen.* Es wurden mit mikrobiol. Verff. gefunden in frischen (getrockneten Feigen: in mg-%: 0,06 (0,08) *Thiamin,* 0,07 (0,07) *Riboflavin,* 0,42 (0,60) *Niacin,* 0,28—0,40 (0,52) *Pantothensäure,* 0,014 (0,032) *Folsäure* u. 0,13 (0,32) *Vitamin* B_6. Die Verarbeitungsverluste betrugen durchschnittlich 40%. Zwischen verschied. Varietäten konnten keine Unterschiede im Geh. an B-Vitaminen festgestellt werden. (Food Res. **18.** 206—16. März/April 1953. Berkeley, Calif., Univ. of California, Agric. Exp. Stat.) KRUSEN. 7688

T. C. Helvey, *Kolloide Inhaltsstoffe von dunklem Buchweizenhonig.* Die durch Dialyse erhaltenen koll. Inhaltsstoffe von Buchweizenhonig betrugen 0,278% des Honigs u. bestanden aus 3 Substanzen, die durch Elektrokataphorese u. Ultrazentrifugation getrennt werden konnten. Es handelt sich um 49,4% eines Proteins mit dem Mol.-Gew. von ca. 146000 u. einer Sedimentationsrate $S_{20} = 7{,}68$, 34,6% eines weiteren Proteins mit Mol.-Gew. ca. 73000 u. $S_{20} = 4{,}85$ u. 16,0% eines Polysaccharids mit Mol.-Gew. ca. 9000 u. $S_{20} = 1{,}17$. (Food Res. **18.** 197—205. März/April 1953. Ithaca, N. Y., Cornell Univ., Office of Agric.) KRUSEN. 7708

L. E. Ericson und **G. Gasparetto,** *Die Wirkung von Natriumalginat auf die Zerstörung von Ascorbinsäure.* In einer Reihe von Verss. konnten Vff. nachweisen, daß *Na-Alginat* (I) in Mengen von 0,1—0,4% die Oxydation von *Ascorbinsäure* (II) zu Dehydroascorbinsäure zu hemmen vermag, wobei die inhibitor. I-Wrkg. auch in Ggw. von Cu-Ionen vorhanden war. Die II-schützende Wrkg. von I in Ggw. von Cu war bei p_H 6,5 größer als bei 4,5. I scheint auch die biol. Inaktivierung von II durch Überführung in 2.3-Diketo-1-gulonsäure zu hemmen. (Food Res. **18.** 178—85. März/April 1953. Stockholm, Roy. Inst. of Technol., Div. of Food Chem.). KRUSEN. 7708

Harold E. Scheid, Barbara A. Bennett und **B. S. Schweigert,** *Thiamin-, Riboflavin- und Niacingehalt von Organfleisch.* Die Lebern von Rind, Schaf u. Schwein enthielten 10 mal soviel *Riboflavin* u. 3—5 mal soviel *Niacin* wie Hirn, Lunge, Milz u. Pankreas der gleichen Tiere, während der *Thiamin*-Geh. von Leber, Niere u. Herz ca. 2 mal so groß war wie der von Hirn, Milz, Pankreas u. Lunge, wobei sich für Rinder gegenüber Schafen u. Schweinen im Geh. an diesen Vitaminen kein wesentlicher Unterschied ergab. Ebenso wurden keine bedeutenden Abweichungen bei alten u. jüngeren Rindern u. Schweinen gefunden. (Food Res. **18.** 109—12. März/April 1953. Chicago, Ill., Univ., Amer. Meat Inst. Found. and Dep. of Biochem., Div. of Biochem. and Nutr.) KRUSEN. 7750

Andrea Monzini, *Schnellgefrieren, angewandt bei der Fleischkonservierung. 1. Mitt. Einfluß auf die Proteolyse.* Verschied. Fleischsorten wurden der Schnellgefrierung unterworfen u. 10 Monate lang bei —25 u. —40° gelagert. Nach dem Wiederauftauen wurden sie auf Amino-N u. NH_3 untersucht u. die Verdaulichkeit durch Pepsin u. Trypsin in vitro bestimmt. Die erhaltenen Werte wurden mit denen von Frischfleisch verglichen. Hierbei ergab sich, daß der Amino-N stark angestiegen (5—6% des Gesamt-N), der Geh. an NH_3 jedoch kaum verändert war. Pepsinverdaulichkeit war nicht beeinflußt, die Trypsinverdaulichkeit hingegen war, außer bei Rindfleisch, erhöht. Die Gesamtverdaulichkeit (Amino-N + N aus durch Pepsin u. Trypsin hydrolysiertem Protein) war allg. größer. (Ann. Sperimentaz. agrar. [N. S.] **7.** 1067—85. 1953. Mailand, Staz. Sperim. del Freddo.) GRIMME. 7750

W. Ss. Grshiwo und **Ss. M. Nemetz,** *Chemische Zusammensetzung und Nährwert von Fischkonserven.* Vff. bringen in 3 Tabellen Angaben über die chem. Zus. von Fischkonserven verschied. Art. (Рыбное Хозяйство [Fischerei-Wirtsch.] **28.** Nr. 2. 54—56. Febr. 1952. Allunions Wiss. Forschungsinst. der Konservenind.) B. KRAFT. 7752

Josef Fidler, *Die Wirkung des Furazins auf die Mikroflora der Milch.* Mit *Furazin,* dem *Semicarbazon des 5-Nitrofurfurols* (I, gelbe Kristalle, Zers. zwischen 227 u. 244°), des Labor. Eaton Norwick, New York, werden vergleichende Verss. über die bakteriostat. Wrkg. dieser Verb. in Milch durchgeführt. Dabei soll die geringste Menge I festgestellt werden, die bei höheren Tempp. die Mikrobentätigkeit für 24—48 Std. ausschaltet. Zur Prüfung wird *pasteurisierte Milch aus dem Kühler* (**A**), aus *pasteurisierten Flaschen* (**B**) u. *Rohmilch* (**C**) verwendet, u. der Einfl. von Temp. (30 u. 37°), Einwirkungsdauer, Konz. u. mikrobiellen Verunreinigungen bestimmt (9 Tabellen). Bakteriol. Bestimmungen (auf Agar mit der Verdünnungsmeth.) werden sowohl an der Ausgangsmilch als auch bei den Proben durchgeführt. Die **I**-Wrkg. u. die Tätigkeit der Milchflora wurde durch Best. 1. der Acidität der Milch (säurebildende Flora, Best. nach SOXHLET-HENKEL), 2. der gebildeten NH_3-Menge (proteolyt. Keime nach BURNSTEIN-FRUMA) u. 3. der flüchtigen Säuren u. der Zahl der Coli aerogenes durch Aufstrich auf Lactoseagar mit Bromthymolblau bestimmt. Bei **A** (620 Keime/cm³; Acidität 8,2° SH; Fettgeh. 2,2; NH_3 2,1 mg/Liter; 12 Coli aerogenes/cm³) wurde gefunden: Eine **I**-Konz. von 1 : 25000 verhindert bei 30° in 24 Std. das Ansteigen der Acidität über 9,3° SH, während ohne **I** ein Wert von 23,6° SH erreicht wird. Bei 37° ist die Wrkg. von **I** stark vermindert, bei 1 : 50000 nach 24 Std. 30,0° SH. — Milch **B** (Acidität 7,8° SH; Fettgeh. 2,0; NH_3 2,1 mg/Liter; 20000 Keime/cm³; 20 Coli aerogenes/cm³) zeigt bei 30° u. **I** in der Konz. 1 : 12500 nach 24 Std. 14,4° SH, bei 37° eine solche von 18,0. — Bei Milch **C** (Acidität 7,9° SH; Fettgehalt 3,6; NH_3 2,2 mg/Liter; 10000000 Keime/cm³; 40000 Coli aerogenes/cm³) ist **I** unwirksam; es beeinflußt die proteolyt. Bakterien ungünstig. — Wird eine Milch (Acidität 7,2° SH; Fettgeh 3,7; NH_3 2,1 mg/Liter; 2000000 Keime/cm³; 7000 Coli aerogenes/cm³) mit **I** pasteurisiert (einige Sek. bei 85°) u. unverschlossen bei 30° 24 Std. aufbewahrt, dann zeigt sich eine Erhöhung der Wrkg. des **I** gegenüber früheren Verss.; auch bei 1 : 250000 (verschlossene Flasche) bleibt 7,6° SH erhalten, bei offener Flasche nur bei 1 : 25000, während ohne **I** SH 11,5° bzw. 17,2 erhalten wird. Verss. bei 65 u. 55° zeigen, daß die Pasteurisation bei diesen Tempp. auch in Ggw. von **I** ungünstig ist. (Chem. Obzor **25.** 17—21. 28/2. 1950. Prag, Chem. Inst.) ROTTER. 7756

I. Wlodawetz, P. Djatschenko und **Je. Bogomolowa,** *Die Bestimmung der Caseinteilchengrößen in der Milch.* Bestimmungen mittels der Lichtstreuungsmeth. ergaben eine durchschnittliche Teilchengröße von 860—1230 Å. (Молочная Промышленность [Milch-Ind.] **13.** Nr. 7. 33—36. Juli 1952. Allunions Wiss. Forschungsinst. für Milchind.) M. GORDIENKO. 7756

Ss. Cherasskow, *Kamelmilch und ihre Verarbeitungsprodukte.* Die Kamelmilch hat im Vgl. zu Kuhmilch mehr Fett (4,5—7%) u. Lactose (4,9—5,2%). Sie dient nach Säuerung zur Bereitung verschied. Getränke, als Heilmittel gegen Blutarmut u. zusammen mit Kuhmilch zur Käse- u. Butterherstellung. (Молочная Промышленность [Milch-Ind.] **14.** Nr. 10. 36. 1953. Tschkalow, Landwirtsch. Inst.) SCHMELZ. 7756

Hans Hartwig, *Über die Herstellung von Frischkäse.* Allg. Ausführungen. (Molkerei- u. Käserei-Ztg. **5.** 672—73. 20/5. 1954. Waldbröl/Rhld.) WINIKER. 7760

Ss. Jussufow, *Verhinderung des Blauwerdens von Salzkäse.* Bericht über prakt. Erfahrungen mit der von KERIMOW (vgl. C. **1953.** 8230) vorgeschlagenen Meth. zur Bekämpfung bzw. Verhütung des Blauwerdens von Käse (Ansäuern mit Milchsäure oder Sauermolke bis $p_H \approx 5$). (Молочная Помышленность [Milch-Ind.] **13.** Nr. 7. 40—41. Juli 1952.) M. GORDIENKO. 7760

Giuseppe Tallarico, *Eine wertvolle Pflanze der Sila für die Landwirtschaft, „Die Topinambur“.* Die Topinambur erwies sich bei Großverss. auf der Hochebene von Sila als wirtschaftlich u. fütterungstechn. wertvolle Futterpflanze, sie gedeiht auf feuchtem u. trockenem Boden sehr gut u. kann in der Fütterung Rüben vollauf ersetzen. Die Blätter werden grün oder siliert verfüttert. Die Knollen sind sehr insulinreich, so daß eine Verarbeitung auf Alkohol u. Lävulose (Fructose) erfolgreich erscheint. (Ricerca sci. **21.** 2010—13. Nov. 1951.) GRIMME. 7786

T. W. Gorb, *Behandlung und Verwendung von Abfällen der Getreidereinigung und der Samen von Unkräutern als Futter von Nutztieren.* Eine direkte Verfütterung der Abfälle u. Unkrautsamen ist unzweckmäßig, da sie erdige Beimengungen u. Giftstoffe enthalten, schlecht oder gar nicht verdaut werden u. außerdem die in ihrer Keimfähigkeit nicht geschädigten Samen wieder aufs Feld bringen. Folgendes Verf. zur Futtergewinnung hat sich bewährt: Erdige Beimengungen werden durch Verrühren mit W. gewöhnlicher Temp. unter mehrmaligem Wechsel entfernt, dann läßt man 24 Std. weichen u. schichtet in Haufen, die innerhalb der nächsten 6—8 Std. öfters gewendet u. begossen werden. Die Keimung erfolgt in einer Schicht von 10—15 cm bei 16—20° mindestens 2 Tage. Für Hanfabfälle ist nach dem Keimen noch eine Behandlung mit heißem W. angebracht. Es wird so eine fast völlige Entfernung der Giftstoffe u. eine ausgezeichnete Verdaulichkeit erreicht. (Животноводство [Tierzucht] **1953.** Nr. 5. 57—60. Okt.) SCHMELZ. 7786

J. L. St. John, *Bericht über Mineralbestandteile von Mineralfuttermitteln. Probenvorbereitung für die Bestimmung von Calcium und Phosphor in Mineralfuttermitteln unter Verwendung von Salpeter–Perchlorsäure.* Es wurde festgestellt, daß zur Vorbereitung auf die eigentliche Analyse sowohl Veraschung als auch Aufschluß mit HNO_3–$HClO_4$ geeignet ist. (J. Assoc. off. agric. Chemists **34.** 563–64. 15/8. 1951. Pullman, Wash., Dep. of Agric. Chem.) GRIMME. 7788

K. F. Lintschuk, *Eine refraktometrische Methode zur Bestimmung von Fett in Nahrungsmitteln.* Bei Anwendung von 2 neuen sowjet. Refraktometern zur Fettbest. in verschied. Nahrungsmitteln betrugen die Abweichungen von den Ergebnissen nach SOXHLET 0,01–0,1%. (Маслобойно-Жировая Промышленность [Öl- u. Fett-Ind.] **17.** Nr. 12. 12–13. Dez. 1952. Ukr. Hauptverwaltung für Pflanzenöle, Zentr. Wiss. Forschungs-Labor.) SCHMEISS. 7788

A. K. Klein, *Bericht über Quecksilber.* Bericht über Mikrobestimmungen von Hg in Tomaten nach der Dithizonmeth. mit den Abänderungen nach LAUG u. nach Vf.; die erzielten Resultate sind noch nicht befriedigend. (J. Assoc. off. agric. Chemists **34.** 529–33. 15/8. 1951. Washington, D. C., Food and Drug Adminst.) GRIMME. 7810

James H. Dietz und **A. H. Rouse,** *Eine Schnellmethode zur Bestimmung von Pektinsubstanzen in Citrussäften.* 20 ml Saft werden in einem gewogenen Zentrifugenglas mit 60 ml 95%ig. A. versetzt, 10 Min. in ein Wasserbad von 85° gebracht u. 10 Min. mit 2100 Umdrehungen/Min. zentrifugiert. Nach Abgießen der überstehenden Fl. wird der Nd. erneut mit 40 ml 60%ig. A. aufgerührt, 10 Min. auf 85° erhitzt, zentrifugiert u. dekantiert. Der Nd. wird mit 40 ml dest. W. verrührt, 10 Min. stehengelassen, zentrifugiert, dekantiert u. diese Extraktion mit W. noch einmal wiederholt, die vereinigten Extrakte werden mit 5 ml 1nNaOH versetzt u. auf 100 ml aufgefüllt. Der Rückstand wird wie oben 2mal mit 40 ml 0,4%ig. Lsg. von Na-Hexametaphosphat u. danach 2mal mit 0,05nNaOH extrahiert, die jeweils vereinigten Extrakte werden mit 5 ml 1nNaOH versetzt u. auf 100 ml aufgefüllt. Je 1 ml wird zur colorimetr. Best. der Anhydrogalakturonsäure mit 0,5 ml 0,1%ig. Lsg. von Carbazol in A. u. 6 ml konz. H_2SO_4 versetzt u. genau nach 15 Min. die Extinktion mit einem 525 mμ-Filter gemessen. Auswertung mittels Eichkurve. (Food Res. **18.** 169–77. März/April 1953. Lake Alfred, Fla., Citrus Exp. Stat.) KRUSEN. 7818

N. N. Beresowskaja, *Zur Methodik der Bestimmung von Vitamin C in der Kuhmilch.* 15 ml Milch u. 9 ml 2%ig. HCl werden gemischt, zentrifugiert oder filtriert. 5 ml des Filtrats werden mit Dichlorphenolindophenol bis zur Rosafärbung titriert. Vom Resultat ist das Ergebnis eines Blindvers. mit W. abzuziehen. (Гигиена и Санитария [Hyg. u. Sanitätswes.] **1951.** Nr. 11. 36. Nov. Vitaminkontrollstation.) V. SCHROEDER. 7856

Ernest Charles Goodovin, Frankreich, *Herstellung von Citrusaroma.* Durch Vakuumdest. des aus den Schalen von Citrusfrüchten gewonnenen äther. Öls entfernt man größtenteils das d-Limonen u. durch Abkühlen u. Filtrieren die in W. unlösl. Bestandteile. Dann stellt man aus dem äther. Öl u. feinzerhackten Citrusschalen eine Paste her, die man in einer geeigneten Maschine von den faserigen Substanzen befreit. Man erhält ein in W. lösl. Citrusaroma, das mit entsäuertem, konz. Citrussaft vermischt zur Herst. von *Getränken* (Orangade, Citronade) verwendet wird. (**F. P. 999 665** vom 17/11. 1949, ausg. 4/2. 1952.) OPPERMANN. 7715

Martin Jessen, Deutschland, *Gewinnung von Nahrungsmitteln aus Blütenstaub.* Aus dem nach dem Hauptpatent geernteten Blütenstaub können butterähnliche (**I**) u. käseähnliche (**II**) Prodd. hergestellt werden. **I** z. B. durch Mischen von 600 (kg) Pollen, 180 Liter Magermilch, 12 Speisesalz u. Homogenisieren der Mischung. Um **II** herzustellen, mischt man 600 (kg) Pollen, 60 Liter Magermilch, gibt zur Mischung Milchsäurebakterien u. läßt bei 22° reifen. (**F. P. 57 055** vom 2/12. 1946, ausg. 22/10. 1952. **Zusatz zu F. P. 1 003 067; C. 1954. 3599.**) HEYNE. 7743

Siegfried Johann Zimmermann, Werfen b. Salzburg, Österreich, *Herstellung von Trockenfleisch* u. dieses enthaltenden *Konserven* durch Erwärmen des Gutes $>$ Kp. des W. in Ggw. von Fettstoffen, bes. im Vakuum. Man trägt rohes Fleisch oder rohes Fleisch enthaltendes Gut, bes. in tiefgekühltem Zustand, mit einer Temp., die $<$ Nullpunkt liegt, in die $>$ Koagulationstemp. des Eiweißes, zweckmäßig auf ca. 80–84°, erhitzten Fettstoffe ein. (**D. B. P. 891 351** Kl. 53c vom 12/11. 1943, ausg. 28/9. 1953.) MAASS. 7751

Henri Guinot, Frankreich, *Konservieren von Nahrungsmitteln,* z. B. Fleisch, Fisch. Man taucht sie in Lsgg. von unschädlichen Holzdestillationsprodd. in Essig. (**F. P. 1 000 598** vom 7/3. 1946, ausg. 13/2. 1952.) OPPERMANN. 7753

Olav Notevarp und **Karl Johan Bakken,** Norwegen, *Konservierung tierischer Rohstoffe,* aus denen Mehl hergestellt u. Öl gewonnen werden soll, z. B. Heringe, Abfälle von Fischen u. Walen. Man benutzt zur Konservierung solche Stoffe, die bei der späteren Verarbeitung leicht entfernbar sind, z. B. Na- oder $CaNO_2$, in verhältnismäßig hohen Gaben von 0,5 g auf 1 kg. Man lagert das Rohmaterial in dichten Behältern unter anaeroben Bedingungen, indem man dafür sorgt, daß die M. völlig von der Fl. umgeben ist. Weitere für dieses Verf. geeignete konservierend wirkende Stoffe sind: Äthylenoxyd u. Hydroxylamin. (**F. P. 1 036 080** vom 24/4. 1951, ausg. 3/9. 1953. N. Prior. 25/4. 1950.) HEYNE. 7753

Farbenfabriken Bayer, Leverkusen (Erfinder: **Ernst Auhagen,** Wuppertal-Elberfeld), *Beschleunigung der Säuerung von Milch und Milcherzeugnissen.* Man setzt dem zu säuernden Erzeugnis p-Aminobenzoyl-1-glutaminsäure oder ein Salz, einen Ester oder Amid derselben zu. (**D. B. P. 888 502** Kl. 53e vom 13/11. 1942, ausg. 3/9. 1953.) MAASS. 7757

Aniela Markiewicz, Athen (Erfinder: **Fritz Markiewicz †,** Berlin), *Gewinnung eines nativen Milcheiweißes.* Man führt Verarbeitungsstufen von Magermilch in das alkal. Gebiet über u. befreit durch Auswaschen von Alkali bzw. behandelt mit organ. Säuren u. $NaHCO_3$. (**D. B. P. 891 181** Kl. 53e vom 27/9. 1949, ausg. 24/9. 1953.) MAASS. 7757

Swift & Co., Chicago, Ill., übert. von: **Sue C. Stevens,** Dayton, O., V. St. A., *Molkeprodukt für Nahrungsmittelzwecke.* Trockenmolke mit einem Wassergeh. von 2—5% wird zwecks Entfernung des unerwünschten Molkegeschmacks mit einem Aceton–W.-Gemisch (7:3) bei 70—90° F behandelt. Der extrahierte Preßkuchen wird getrocknet u. vermahlen. (**A. P. 2 622 982** vom 25/6. 1949, ausg. 23/12. 1952.) KRANZ. 7757

Badische Anilin- & Soda-Fabrik, Deutschland, *Konservierungsmittel für Grünfutter.* Man setzt dem Silagefutter Lsgg., wss. Dispersionen oder Pulver solcher Verbb. oder Gemische hinzu, die bei saurer Rk. die NO_3-Gruppe enthalten. Als Träger der NO_3-Gruppe eignen sich z. B. $NaNO_3$ u. $Ca(NO_3)_2$, als Träger der sauren Rk. z. B. die Chloride oder Sulfate vom Fe oder Al, mehrbas. gesätt. oder ungesätt. organ. Säuren, wie Fumar-, Bernstein-, Phthalsäure. Auf 100 kg Grünfutter werden z. B. angewandt: 40 (g) $NaNO_3$ + 100 $Fe_2(SO_4)_3$ oder 40 $Ca(NO_3)_2$ + 40 Phthalsäureanhydrid. (**F. P. 1 010 749** vom 19/10. 1948, ausg. 16/6. 1952.) HEYNE. 7783

XVII. Fette. Seifen. Wasch- u. Reinigungsmittel. Wachse. Bohnermassen usw.

O. S. Privett, Christense Nickell, Wesley E. Tolberg, Raymond F. Paschke, Donald H. Wheeler und **W. O. Lundberg,** *Beweis für die Bildung von Hydroperoxyd bei der Autoxydation von Methyllinolenat.* (Vgl. C. **1954.** 219.) Hinweis an Hand des neueren Schrifttums auf die Vorstellungen über die erste Phase der Autoxydation bei mono- u. polyolefin. Fettsäuren u. die dabei erfolgende Bldg. von Hydroperoxyden mit besonderer Berücksichtigung der von FUGGER u. Mitarbeiter vertretenen Ansicht, daß Hydroperoxyd bei der Autoxydation von Methyllinolenat nur in geringer Menge, wenn überhaupt, gebildet wird. Zur Aufklärung werden Verss. durchgeführt, darin bestehend, daß hochgereinigter, nichtkonjugierter Methylester der Octadecatriensäure (ca. 85 der Tri-cis-Form) bei 0—2° im Dunkeln autoxydiert wird (bis 600—700 Milliäquivalent O_2 je 1 kg Ester). Abtrennung der Autoxydationsprodd. mittels Gegenstromverteilung u. Unters. derselben hinsichtlich der Lichtabsorption im UV sowie im Infrarot mittels Molekulardest., JZ. (WOBURN), Hydroxylzahl, Hydrierung, Red. der Peroxyde, Mol.-Gew.-Best., Darst. der Ergebnisse in Tabellen u. Kurven. Es zeigt sich, daß ca. 60% der Reaktionsprodd. aus dem Monohydroperoxyd des cis–trans-konjugierten Methylesters der Octadecadiensäure bestehen. So konnte ein Prod. aus den red. Konzentraten der Peroxyde isoliert werden, das zu ca. 90% den Methylester der cis–trans-konjugierten Monooxyoctadecadiensäure darstellt. Nach der mikromol. Dest. sind in den Autoxydationsprodd. ca. 15% Polymerisationsprodd. enthalten. Es zeigt sich, daß die Ester der Linolensäure sich ähnlich wie die der Linolsäure verhalten u. cis-trans-konjugierte monomere Monohydroperoxyde als prim. Prodd. bei der Autoxydation bei 0° liefern. (J. Amer. Oil Chemists' Soc. **31.** 23—27. Jan. 1954. Austin, Minn., Hormel Inst., u. Minneapolis, Minn., General Mills Res. Labor.) TÄUFEL. 7878

M. M. Chakrabarty und **G. D. Pal,** *Die Benutzung von indischem Bentonit bei der Raffination von pflanzlichen Ölen.* 1. Mitt. Ind. Bentonite wurden von sandigen Beimengungen getrennt u. verschieden mit Säuren aktiviert (1. Trocknen bei 100—110°, Kochen mit 4 nH_2SO_4 oder HCl, Waschen mit W. u. Trocknen bei 100—110°. 2. Desgleichen, aber Trocknen bei 375—400°. 3. Erst auf 550° erhitzen, dann mit 10%ig. H_2SO_4 aktivieren u. Trocknen bei 100—110°). Am wirksamsten bei der Raffination von Erdnuß-, Cocos- u. Ricinusöl waren Bentonite nach 1., dann 2. u. schließlich 3. Die Wrkg. ist abhängig von der Trocknungstemperatur. H_2SO_4 aktiviert stärker als HCl. Messen des Bleicheffektes mit dem DUBOSQ-Colorimeter. Vff. zeigen, daß Bihar-Bentonit der Bleicherde von MERCK gleichwertig ist. (Indian Soap J. **18.** 311—17. Mai 1953. Calcutta, Univ., Dep. of Appl. Chem.) HAASE. 7886

Diptikalyan Chowdhury, *Alkoholyse von Fetten und Ölen.* Literaturübersicht über die experimentellen Bedingungen der Alkoholyse mit einwertigen Alkoholen. Einfl. von Katalysatoren, Temp., W. usw. auf die Umesterungen. 50 Zitate. (Indian Soap J. **18.** 233—39. Febr. 1953. Calcutta, Surendra Nath. Coll.) HAASE. 7888

H. B. Knight, R. E. Koos und **Daniel Swern,** *Neue Methode zur Hydroxylierung von langkettigen ungesättigten Fettsäuren, Estern, Alkoholen und Kohlenwasserstoffen.* Unter Hinweis auf die große techn. Bedeutung der Monooxystearinsäure (I), die zur Zeit prakt. nur aus Ricinusöl (Hydrierung u. Verseifung) gewinnbar ist, werden Verss. zur Herst. derselben aus den in großen Mengen anfallenden, für menschlichen Genuß nicht geeigneten tier. Fetten bzw. der darin enthaltenen Ölsäure ausgeführt; Erörterungen an Hand der Literatur über die bisherige Darst. der I aus Ölsäure durch Anlagerung von Schwefelsäure mit angeschlossener Hydrolyse bzw. durch Epoxydation derselben mit folgender Wasserstoffanlagerung unter Ringsprengung. Unter Hinweis auf die bereits veröffentlichten Verss., wonach Ameisensäure (II; 90—100%ig.) an die Doppelbindung rasch addiert wird u. das Anlagerungsprod. leicht hydrolysierbar ist, werden die Ergebnisse von systemat. Verss. mit Ölsäure mitgeteilt; die Addition der II erfolgt langsam bei Abwesenheit von Katalysatoren, rasch in Ggw. stark saurer Verbb. (z. B. Perchlor-, Schwefelsäure, Borfluoressigsäurekomplex); analoge Verss. sind erfolgreich zur Darst. von I durchführbar mit Elaidinsäure, Methyloleat bzw. ölsäurehaltigen Stoffen; in ähnlicher Weise sind präparativ zugänglich Dioxyoctadecane (aus Oleylalkohol), Monooxyoctadecen- sowie Dioxystearinsäure aus Linolsäure, Monooxyhendecansäure aus 10-Hendecensäure, sek. Hexanole aus 1-Hexen; auch Triglyceride lagern II an; Essigsäure ist in Ggw. saurer Katalysatoren beim n. Kp. ebenfalls anlagerungsfähig, liefert aber geringere Ausbeuten an I als die II. D a r s t. v o n I a u s Ö l s ä u r e: 100 g Ölsäure + 200 ml wasserfreie II + 1 ml Perchlorsäure (70%ig.) werden in N_2-Atmosphäre 5—15 Min. unter Rückfluß erhitzt; Abdestillation der überschüssigen II unter vermindertem Druck. Reaktionsprod. (112 g) wird 15 Min. mit einem 100%ig. Überschuß von 6nNaOH gekocht; die Seifenlsg. zers. man mit überschüssiger 6nHCl; beim Erkalten erstarrt die ölige Oberschicht, die das rohe I darstellt (108 g, F. 73—74°; JZ. 15,5; SZ. 186; Hydroxylsauerstoff 4,2%), bestehend aus 78% I, 17% olefin. Substanz u. 5% gesätt. Anteile; durch Umkristallisieren aus Hexan werden 76 g (70%) der reinen I erhalten; hinsichtlich der Darst. der obengenannten anderen Prodd. vgl. Original. (J. Amer. Oil Chemists' Soc. **31.** 1—5. Jan. 1954. Philadelphia, Pa., Eastern Regional Res. Labor.) TÄUFEL. 7888

M. Narayana Rao und **M. Swaminathan,** *Untersuchungen über die Stabilität von Saflorsaatöl.* Saflor-(*Carthamus tinctorius*)-Saatöl (I) wurde bis zu 90 Tagen in Behältern aus Al, verzinntem Messing u. Glas bei Tempp. von 25—37° gelagert. Vergleichsproben wurden mit Erdnußöl (II) angestellt. I zeigte sich weit weniger stabil als II. I wird leicht durch Oxydation ranzig. In jeder Art der Behälter beträgt nach jeder Lagerzeit der Peroxydwert von I das mehrfache desjenigen von II. Das dürfte auf den hohen Geh. an Linolensäureglyceriden zurückzuführen sein. (Bull. centr. Food technol. Res. Inst., Mysore **2.** 211. Mai 1953. Mysore, C. F. T. R. I., Div. of Biochem. and Nutrit.) FRESENIUS. 7894

John W. Dunning und **R. J. Terstage,** *Pressen von Sojabohnen vor der Extraktion mit einem Lösungsmittel.* Betrachtungen an Hand des Schrifttums über die Tatsache, daß die Extraktion von Baumwollsaat, Kopra, Erdnüssen usw. rascher vonstatten geht, wenn das ölhaltige Gut durch Vorpressen unter geeigneten Bedingungen (Herabsetzen des Geh. an Öl; Änderung der Gewebstruktur) behandelt worden ist. Es werden analoge Verss. mit Sojabohnen durchgeführt. Aus den Ergebnissen wird abgeleitet, daß sich Soja zwar für das Verf. der Vorpressung mit partieller Entfernung des Öls eignet, daß die entsprechend weiter behandelten Preßkuchen aber (befeuchtet, erwärmt, zu Flocken ausgewalzt) unabhängig vom Geh. an Öl bei der Extraktion mit Hexan etwa gleiche Extraktionsgeschwindigkeit aufweisen. (J. Amer. Oil Chemists' Soc. **31.** 28—29. Jan. 1954. Cleveland, O., V. D. Anderson Comp.) TÄUFEL. 7894

C. D. Evans, A. W. Schwab und **Patricia M. Cooney,** *Metallinaktivierung in Nahrungsölen durch Carboxymethylmercaptobernsteinsäure.* Die nach MORGAN u. FRIEDMANN (Biochem. J. **32.** [1938.] 733) bzw. nach LARSSON (Chalmers Tekn. Högskolas Handl. **47.** [1945.] 3) darstellbare Carboxymethylmercaptobernsteinsäure ($HOOC \cdot CH_2-SCH(COOH) \cdot CH_2 \cdot COOH$) wird in der Praxis auf ihre metallaktivierende u. damit die Stabilität steigernde Wrkg. gegenüber Soja- u. Baumwollsaatöl sowie gehärtetem Sojaöl geprüft. Messung der Anfälligkeit der Fette gegenüber Sauerstoff in üblicher Weise (Peroxydzahl; organolept. Prüfung). Das Präp. erweist sich bei wahrscheinlich geringer Toxizität als der bisher stärkste Metallinaktivator u. damit beste Fettstabilisator. Als Nachteil ist zu betrachten, daß das Präp. hitzeinstabil (Temp. der Desodorierung) ist, daß die Möglichkeit des Auftretens von Geruch u. Geschmack nach Mercaptan besteht, u. daß es als Katalysatorgift bei der Härtung wirkt. Die Verwendung des Präp. wird vorgeschlagen für Salatöle u. sonstige Fettzubereitungen. (J. Amer. Oil Chemists' Soc. **31.** 9—12. Jan. 1954. Peoria, Ill., Northern Regional Res. Labor.) TÄUFEL. 7894

I. I. Charkow, *Naßdampf- und Trockenverfahren (Autoklaven-Vakuum) zur Trangewinnung.* Es wurde festgestellt, daß beim Naßdampfverf. im Mittel höchstens 85% Tran erhalten werden u. die Eiweißstoffe völlig verloren gehen. Beim Trockenverf. erreicht die Tranausbeute 95%. Außerdem wird ein eiweißreiches Fischmehl erhalten. (Рыбное Хозяйство [Fischerei-Wirtsch.] **28.** Nr. 9. 21—24. Sept. 1952.) SCHMEISS. 7898

H. Stage, *Die destillative Trennung natürlicher und synthetischer Fettsäure-Gemische.* 2. Mitt. (1. vgl. C. **1954.** 6375.) Besprochen werden: Bodenzahlen u. Rücklaufverhältnisse für diskontinuierliche u. kontinuierliche Fettsäuretrennungen, der Einfl. des Destillationsdruckes auf die zur Trennung erforderlichen Bodenzahlen u. Rücklaufverhältnisse, die Aufgabe des Wasserdampfes bei der Dest. von Fettsäuren. Zur experimentellen Prüfung der destillativen Trennbarkeit natürlicher u. synthet. Fettsäuregemische wird zunächst ein Überblick gegeben über die bisherigen experimentellen Unterss. zur Trennung von Fettsäuren u. Fettsäureestern unter besonderer Berücksichtigung der benutzten Destillationsapparaturen. Darlegung der Apparaturen u. ihrer Arbeitsweise. (Fette u. Seifen, Anstrichmittel **55.** 284—90. Mai 1953. Köln-Niehl, Labor. der Dest.-Technik Dr. Stage.) BOYE. 7908

Th. Klug, *Über die Herstellung von Feinseifen.* Vf. gibt für Feinseifen (**I**) die zweckmäßige Zus. von Fetten an, zu deren Verseifung zwei Verff. geeignet sind, durch Sieden oder auf halbwarmem Wege. Voraussetzung für die Haltbarkeit ist restlose Verseifung u. Vermeidung von NaCl bei der Herstellung. Eine Vollverseifung wird durch einen schwer sd., dicken u. zähen Leim erreicht. Zum Aussalzen sollte nur konz. Salzwasser verwendet werden. Beim Fertigmachen der Grundseife soll nur ein Minimum an NaCl u. NaOH vorhanden sein. Das wird erreicht durch sorgfältige Trennnng des Seifenleimes mit starkem Salzwasser oder starker Natronlauge. Beim Trockenprozeß ist auf den Rückgang des freien Alkalis zu achten, daß die Seife nicht sauer geblasen wird. Außerdem Hinweise auf Ranziditätserscheinungen durch die zum Pressen verwendeten Formen, bes. wenn sie neu sind. Zur Verhinderung des Festklebens der Seifenstücke in der Presse soll nur reines verd. Glycerin verwendet werden. Der Einfl. von Riechstoffen auf die Verfärbung wird angegeben. (Parfümerie u. Kosmet. **31.** 74—77. März 1950.) NEU. 7910

A. T. Ballun, J. N. Schumacher, G. E. Kapella und **J. V. Karabinos,** *Vergleichende Reinigungswirkung von einigen synthetisierten Polyäthoxyalkanoaten.* Über die Wrkg. nichtion. Reinigungsmittel werden weitere Verss. ausgeführt, um den Einfl. der hydrophoben oder Alkanoatkettenlänge in nichtion. Estern ebenso wie die optimale Kettenlänge der hydrophilen Polyäthoxygruppe für die jeweilige Fettsäure zu ermitteln. Als Säuren werden herangezogen Pelargon-, Laurin-, Myristin- u. Stearinsowie 12-Oxystearinsäure, die mit verschied. Mengen von Äthylenoxyd kondensiert werden; Festlegung des jeweiligen Mol.-Gew. durch das Verseifungsäquivalent. Ermittlung der Reinigungswrkg. in hartem u. in weichem W., um die optimale Kombination von hydrophilen u. hydrophoben Gruppen u. deren Kettenlänge festzulegen. Darst. der Polyäthoxyester durch Erhitzen der Fettsäuren in N_2-Atmosphäre in Ggw. von etwas K_2CO_3 auf 160° u. Einleiten von Äthylenoxyd (Temp. 160—190°). Best. der Reinigungswrkg. in der früher beschriebenen Weise. Betrachtungen über den Mechanismus der Kondensation mit Äthylenoxyd: $RCOOH \xrightarrow[K_2CO_3]{KOH} R \cdot COOK + \underset{\diagdown O \diagup}{CH_2 \cdot CH_2} \rightarrow$

$$R \cdot COO \cdot CH_2 \cdot CH_2 \cdot OK + \underset{\diagdown O \diagup}{CH_2 \cdot CH_2} \rightarrow RCOO \cdot CH_2 \cdot CH_2 \cdot O \cdot CH_2 \cdot CH_2 \cdot OK.$$

Die Verss. lehren, daß in Ggw. von ca. $^2/_3$ einer Äthylenoxydgruppe auf 1 C-Atom im hydrophoben Teil des Mol. optimaler Reinigungseffekt erreicht wird. Die nichtion. Ester von Laurin- u. Myristinsäure entfalten eine stärkere Wrkg. als die von

Pelargon- u. Stearinsäure. Bei der Kondensation von 12-Oxystearinsäure mit Äthylenoxyd tritt letzteres in die sek. Hydroxylgruppe nicht ein; theoret. Betrachtungen über diesen Befund. (J. Amer. Oil Chemists' Soc. **31.** 20—23. Jan. 1954. Joliet, Ill., Blockson Chem. Comp., Res. Labor.) TÄUFEL. 7912

F. Courtney Harwood, *Textilfasern und moderne Reinigung.* Nach einem kurzen geschichtlichen Überblick über die Entw. der Waschverff. u. der verschied. natürlichen Reinigungsmittel geht Vf. auf die synthet. Reinigungsmittel ein. In diesem Zusammenhang wird die Theorie des Haftens des Schmutzes sowie dessen Entfernung nach dem Naßwaschverf. besprochen. Behandelt werden ferner die oberflächenakt. Verbb. u. die Waschpulver sowie deren Verwendung im Waschprozeß. (Canad. Textile J. **70.** Nr. 22. 61—65. 23/10. 1953.) P. ECKERT. 7912

Francis E. Luddy, Arthur Turner jr. und **John T. Scanlan,** *Spektrophotometrische Bestimmung von Cholesterin und Triterpenalkoholen in Wollwachs.* Die colorimetr. Meth. von LEDERER u. TSCHEN (Bull. Soc. Chim. biol. **27.** [1945.] 419) zur Best. von *Triterpenalkoholen* (I) wurde in modifizierter Form auf die Best. von I u. *Cholesterin* (II) in Wollwachs angewendet. Die Modifikationen beziehen sich auf die Verwendung eines mit Dioxan verd. LIEBERMANN-BURCHARD-Reagenses, den Ersatz des PULFRICH-Photometers durch das BECKMAN-Spektrophotometer u. auf die Best. der Absorption bei 550 mμ (2. Absorptionsmaximum der I) u. 630 mμ (Absorptionsmaximum von II), so daß für I u. II nur e i n e Lsg. notwendig ist. Wegen der Überschneidung der Absorptionsbanden werden Korrekturen angebracht. Die Best. von Gemischen aus I u. II in freien Wollwachsalkoholen, von I u. II in unverseiften Wollwachsestern u. von II in Wollwachs ist genau beschrieben. Herst. des modifizierten Reagenses: 1 Vol. konz. H_2SO_4 (0°) u. 4 Vol. Acetanhydrid werden unter Eiskühlung vermischt u. mit je 2,5 Vol. Eisessig u. gereinigtem Dioxan verdünnt. Es soll noch am gleichen Tag verwendet u. bis zum Gebrauch bei 0° aufbewahrt werden. (Analytic. Chem. **25.** 1497—99. Okt. 1953. Philadelphia, Pa., Eastern Reg. Res. Labor.) K. F. MÜLLER. 7914

—, *Wie überprüfen wir die Bestimmung des Steigschmelzpunktes?* Es wird über die vergleichende Best. des Steigschmelzpunktes eines Hartfettes mit Hilfe des App. nach THOMS u. des b-förmigen App. berichtet. Die Unterss. ergaben, daß das zuerst genannte Gerät genauere Ergebnisse liefert. (Lebensmittel-Ind. **3.** 176. Mai 1951. Berlin-Lichtenberg, VEB Hartfettwerk.) RODERICH KÖNIG. 7930

Lever Brothers & Unilever Ltd., England (Erfinder: **Norbert William Ziels**), *Raffinieren von fetten Ölen,* z. B. Baumwollsaatöl, Sojabohnenöl. Man raffiniert die Öle mittels Alkalien (z. B. NaOH-Lsg.) unter Einleiten von Wasserdampf u. Zusatz zur Herabsetzung der Raffinationsverluste von 0,01—0,1% einer Polycarbonsäure (z. B. Citronensäure, Weinsäure). (**F. P. 1 038 839** vom 19/6. 1951, ausg. 1/10. 1953. A. Prior. 29/6. 1950.) OPPERMANN. 7875

United States of America, übert. von: **Richard H. Westergaard,** Peoria, Ill., V. St. A., *Kontinuierliche Ölextraktion.* Man behandelt Ölsaaten mit heißem A., kühlt die Miscella auf $<20°$, trennt die Festbestandteile u. Öl ab, reinigt den A. mit Alkalien u. führt ihn ohne Dest. in das Verf. zurück. — Zeichnung. (**A. P. 2 653 957** vom 28/6. 1951, ausg. 29/9. 1953.) LÜTTGEN. 7895

Phillips Petroleum Co., übert. von: **Arnold L. Ayers** und **Cleveland R. Scott,** Bartlesville, Okla., V. St. A., *Vorbehandlung von zur Extraktion bestimmter Ölsaat.* Man stellt den Wassergeh. der zerkleinerten Saat auf 12—20% ein, führt sie in Flocken über u. erhitzt diese auf 180—275° F, bis der Wassergeh. auf 7—12% gesunken ist. (**A. P. 2 645 650** vom 6/1. 1950, ausg. 14/7. 1953.) LÜTTGEN. 7895

Wilhelm Theodor Burger, Deutschland, *Gewinnung von Speiseölen aus Extraktionsölen von Fischen und Fischabfällen.* Man setzt dem Öl ca. 1% stark verd. Mineralsäure (z. B. H_2SO_4) hinzu, erhitzt schnell auf 144° u. steigert die Temp. bis auf höchstens 260°. Nach dem Abkühlen wird mit W. gewaschen, gegebenenfalls unter Zusatz einer geringen Menge Alkalilauge. Durch dieses Verf. sollen alle störenden Bestandteile, wie Farb- u. Geruchsstoffe, Schleim, freie Säuren, Eiweißstoffe, entfernt werden. (**F. P. 1 008 625** von 4/5. 1948, ausg. 20/5. 1952.) HEYNE. 7899

Procter & Gamble Co., Cincinnati, O., V. St. A., *Pilierte Seife.* Nach dem Siedeverf. gewonnener Seifenleim wird im Crutcher mit NaCl gemischt, bis der NaCl-Geh. 1—12% beträgt. Nach dem Abkühlen u. Verfestigen wird die Seife einer kräftigen mechan. Behandlung durch Kneten u. mehrmaliges Strangpressen unterworfen. Man erhält eine in der β-Phase vorliegende Seife, die sich trotz des hohen Wassergeh. von bis zu 40% wie 80% ig. Seife verarbeiten läßt. — Diagramme. (**E. P. 697 248** vom 19/3. 1951, ausg. 16/9. 1953. A. Prior. 2/6. 1950.) LÜTTGEN. 7911

Soc. des Produits Peroxydés, Frankreich, *Herstellung von stabilen, perborathaltigen Waschmitteln.* Sie enthalten $NaBO_2 \cdot H_2O_2 \cdot 3 H_2O$, ein Stabilisierungsmittel (z. B. Na-, Mg-Silicat), ein oder mehrere alkal. reagierende, hydratbildende Na-Salze (z. B. Na_2CO_3, Na_3PO_4) u. gegebenenfalls Seife. Die Zus. eines solchen Waschmittels ist z. B.: 40 (kg) 95% ig. Na_2CO_3, 44 4% W. enthaltendes Seifenpulver, 6 Na-Silicat mit 35% Trockensubstanz u. 10 $NaBO_2 \cdot H_2O_2 \cdot 3 H_2O$. (**F. P. 1 000 847** vom 24/11. 1949, ausg. 18/2. 1952.) OPPERMANN. 7913

Joh. A. Benckiser G. m. b. H. Chemische Fabrik (Erfinder: **Karl Nissen**), Ludwigshafen/Rh., *Mittel zum Stabilisieren von alkalisch reagierenden, sauerstoffhaltigen Wasch-, Reinigungs-, Spül- und Bleichbädern,* die gegebenenfalls Alkalisilicate, wie Wasserglas, enthalten, dad. gek., daß diesen Bädern Hülsenfruchtmehl, bes. Sojabohnenmehl, bes. entöltes Sojabohnenmehl, zugesetzt wird. (**Oe. P. 175 550** vom 12/10. 1951, ausg. 25/7. 1953. D. Prior. 25/11. 1950.) M. F. MÜLLER. 7913

American Cyanamid Co., übert. von: **J. T. Thurston** und **W. N. Oldham,** New York, N. Y., V. St. A., *Herstellung von Alkylguanidin–Alkylenoxyd-Kondensationsprodukten* durch Kondensation von 1 Mol Octadecylguanidinacetat mit 1—12 Mol Äthylenoxyd unter Bldg. von äthyliertem Octadecylguanidinacetat der allg. Formel $X \cdot [R \cdot NH \cdot C{=}(NH)NH_2 \cdot (CH_2 \cdot CH_2 \cdot O)_n]$, worin R ein Alkylrest mit 8—18 C-Atomen ist. X ist eine salzbildende Säure u. $n = 2$—12. Das Ausgangssalz hat die allg. Formel $R \cdot NH \cdot C{:}(NH)NH_2 \cdot X$. Reaktionstemp. 50—150°. — *Oberflächenakt.* Mittel. (**Can. P. 487 042** vom 8/8. 1947, ausg. 7/10. 1952. A. Prior. 4/2. 1947.) M. F. MÜLLER. 7913

Deodor-X Co. of England Ltd. (Erfinder: **Patrick Joseph Hooper** und **Robert Alan Chandler**), Ellesmere Port, England, *Reinigungsmittel,* bestehend aus waschakt. Substanz (I), CH_2O oder dessen Polymeren (II) u. Na-Metasilicat (III), z. B. 77 (%) I. 19,5 II u. 3,5 III. (**E. P. 641 902** vom 1/9. 1947, ausg. 23/8. 1950.) LÜTTGEN. 7917

Henkel & Cie. G. m. b. H., Düsseldorf, *Scheuer- und Putzmittel,* bestehend aus wasserunlösl. feinpulverigen Mineralstoffen u. wasserlösl. Stoffen. Die Teilchengröße der Mineralstoffe liegt unter 0,3 mm u. die Teilchengröße der wasserlösl. Stoffe liegt unter der der Mineralstoffe. — 83 (Gewichtsteile) Quarzmehl werden mit 17 einer feinpulverigen Mischung von Soda, $NaHCO_3$ u. Glaubersalz gemischt. Durch Mahlen u. Sichten wird das Prod. auf 99,5% eines Pulvers von 0,09 mm lichter Siebmaschenweite gebracht. Dann wird 1 Fettalkoholsulfonat gleicher Korngröße hinzugefügt. Man erhält ein Scheuermittel. (**Oe. P. 174 999** vom 23/5. 1951, ausg. 26/5. 1953. D. Prior. 1/10. 1948.) M. F. MÜLLER. 7917

XVIIIa. Holz. Cellulose. Zellstoff. Papier. Papierdruck. Celluloid. Linoleum.

Rudolf Freitag, *Chemie im Holzschutz.* Die neueren Holzschutzmittel werden kurz besprochen: Cu-Naphthenat, Zn-Naphthenat, Pentachlorphenol, Hexachlorcyclohexan (in der Arbeit mit „Hexachlorbenzol" bezeichnet). As- u. Cu-haltige Mittel, Fluor- u. Hg-Verbb. werden erwähnt. (Seifen-Oele-Fette-Wachse **79.** 239—40. 29/4. 1953.) SEIFERT. 7952

Richard Bartunek, *Fragen und Richtungen der heutigen Celluloseforschung.* In einem fiktiven Gang durch die native Cellulosefaser wird gezeigt, welche Probleme bei den einzelnen Bauelementen (Makromol., Kristallitstrang, Fibrillen, Lamelle, Außenhaut) im Vordergrund stehen. Es wird an Hand neuerer Untersuchungsergebnisse darauf hingewiesen, wie eng mit diesem Faseraufbau u. mit der Struktur u. Größe der Reaktionsteilchen u. dem Ordnungszustand in Elektrolytlsgg. die Reaktionsweise der Cellulose zusammenhängt u. wie Wissenschaft u. Technik noch unklaren Erscheinungen nachgehen. Den Abschluß bildet eine Zusammenstellung der Hauptprobleme u. der zu ihrer Lösung herangezogenen Arbeitsmethoden. — 57 Literaturnachweise. (Papier **8.** 78—83. März 1954.) P. ECKERT. 7954

E. Waldmann, V. Prey und **W. Krzandalsky,** *Probleme der Hemicellulosen-Forschung.* Aus den durchgeführten Unterss. geht hervor, daß auch die schwerlösl. Anteile der Buchenholzcellulosen ohne Vorentfernung des Lignins in nur wenig abgebauter Form gewonnen werden können. Zum Unterschied von widersprechenden Angaben der Literatur konnte festgestellt werden, daß Glucose nur in den schwerlösl. Hemicelluloseanteilen der Buche vorkommt u. auch dort nur unter 2% gegenüber 98% Xylose. In der Literatur als einheitlich bezeichnete Hemicellulosefraktionen konnten in weitere Fraktionen zerlegt werden. Für die einzelnen Fraktionen konnte wahrscheinlich gemacht werden, daß die Glucoronsäuremoll. gleichmäßig über die gesamte Hemicellulosekette verteilt sind. — 41 Literaturnachweise. (Papier 8. 84—89. März 1954. Wien, TH, Inst. für organ. Chemie.) P. ECKERT. 7954

Theodor N. Kleinert und **W. Wincor**, *Carboxylgruppengehalt und thermischer Celluloseabbau.* In Cellulosematerialien vorhandene, freie Carboxylgruppen beeinträchtigen die therm. Stabilität sowohl hinsichtlich der DP-Werte als auch der Weißgrade. Durch Absättigen der Carboxylgruppen mit Ca kann die therm. Stabilität von Cellulosematerialien verbessert werden. (Textil-Rdsch. [St. Gallen] **9**. 201—05. April 1954. Lenzing, Oberösterreich, Zellwolle Lenzing AG., jetzt Montreal, Can., Pulp an Paper Res. Inst. of Canada.) P. ECKERT. 7954

Josef Schurz, *Die Anwendung der Absorptionsspektrophotometrie auf Probleme der Zellstoffchemie.* Unter den Erscheinungen, die auf der Wechselwrkg. zwischen Licht u. Materie beruhen, sind bes. die photospektrometr. Methoden auch in die Technik eingedrungen. In der Zellstoffchemie hat die UV-Spektrophotometrie neben rein wissenschaftlichen Ergebnissen auch für den Praktiker interessante neue Erkenntnisse, z. B. von Faserstoffen gebracht. Außerdem sind eine Reihe von analyt. Anwendungen in neuerer Zeit bekannt geworden, von denen die Best. der Lignosulfosäuren (Abwässer), von Sulfid (Schwarzlauge), die γ-Wertbest. u. die Abluftanalyse (CS_2, H_2S) kurz besprochen werden. Ferner werden Verss. beschrieben, aus UV-spektrograph. Messungen an Gelblaugenmodellen Aussagen über den verwendeten Zellstoff zu gewinnen, wobei die Deutung der Ergebnisse durch die Tatsache erschwert wird, daß eine Anzahl von hier wesentlichen Chromophoren im gleichen Wellenlängenbereich absorbiert. — 27 Literaturnachweise. (Papier **8**. 73—78. März 1954.) P. ECKERT. 8002

Hermann Könen, *Zur Bestimmung des SO_2- und SO_3-Gehaltes in den Röstgasen mit Jodlösung.* Verss. haben gezeigt, daß man SO_2 u. SO_3 in den Röstgasen genau ermitteln kann, wenn zur Unters. eine 0,1 n J-Lsg. verwandt wird, die 125 g KJ pro Liter enthält u. geeignete Titriergefäße eingesetzt werden. (Papier 8. 90—91. März 1954. Labor. der Zellstoffabrik Waldhof, Werk Kostheim.) P. ECKERT. 8006

Badische Anilin- & Soda-Fabrik, Deutschland, *Holzkonservierungsmittel.* Man erhält sie durch Kondensation äquivalenter Mengen eines mehrwertigen Alkohols (z. B. Propandiol-(1.3), Butandiol-(1.4), Diäthylenglykol, Glycerin, Erythrit] mit Harnstoff, bis sich 40—70% Diurethan gebildet haben, u. Umsetzen der geschmolzenen M. mit CH_2O. Den wss. Lsgg. dieser Kondensationsprodd. kann man Netzmittel (z. B. Dibutylnaphthalinsulfonsaures Na), neutralisierend wirkende Verbb. (z. B. NH_3), fungicide u. baktericide Mittel (z. B. NaF, Phenole), die Brennbarkeit des Holzes herabsetzende Mittel sowie Farbstoffe zusetzen. (**F. P. 1 037 878** vom 30/5. 1951, ausg. 23/9. 1953. D. Prior. 3/6. 1950.) OPPERMANN. 7953

Bolidens Gruvaktiebolag, Schweden, *Holzkonservierungsmittel.* Es sind feste Prodd., Pasten oder konz. Lsgg., die zur Erzeugung von unlösl. Ndd. im Holz Verbb. von As, Cr u. Zn u./oder Cu gemäß der Formel 1,5 CrO_3 + 1,2 ZnO u./oder CuO + As_2O_5. enthalten. Man stellt z. B. eine Paste her aus 162 (kg) ZnO, 251 99%ig. Chromsäure, 576 Arsensäure (mit einem Geh. von 66% As_2O_5) u. 14 Wasser. (**F. P. 1 041 309** vom 24/8. 1951, ausg. 22/10. 1953. Schwed. Priorr. 26/8. 1950 u. 6/8. 1951.) OPPERMANN. 7953

Soc. Alco, Frankreich, *Gewinnung von Cellulose aus Pflanzenteilen.* Die in einem Autoklaven unter hohem Druck gedämpften, mechan., vorzerkleinerten Pflanzenteile werden beim Austritt aus dem Autoklaven durch plötzliche Druckentlastung (80 atü auf 0 atü) zertrümmert u. anschließend die durch die Dampfbehandlung gelösten verkittenden Bestandteile (bis zu 20%) entfernt. Dann wird die M. den bekannten Holzaufschlußbehandlungen u. einer Bleiche unterworfen. (**F. P. 1 026 696** vom 30/10. 1950, ausg. 30/4. 1953.) GLAFEY. 7957

Ströms Bruks A/B, Strömsbruk, Schweden, *Neutralisierung von Sulfitablauge.* Die zu neutralisierende Ablauge wird durch das untere Ende eines stückförmigen Kalksteins ($CaCO_3$) enthaltenden Turmes fortlaufend eingepumpt u. von dem oberen Ende des Turmes abgezogen. (**Oe. P. 175 548** vom 26/9. 1951, ausg. 25/7. 1953. Schwed. Prior. 3/10. 1950.) GLAFEY. 7963

Metallgesellschaft Akt.-Ges., Frankfurt/M., *Rückgewinnung von Salzen bei der elektrischen Reinigung der Abgase von Verbrennungsöfen für Sulfatzellstoffablauge.* Die aus den Tomlinson-Kesseln beim Verbrennen der Schwarzlauge anfallenden Abgase werden nacheinander einer elektr. Trockenreinigung, einer Gaswäsche u. einer elektr. Naßreinigung unterworfen. Die in der elektr. Naßreinigung anfallende Lauge wird im Waschturm konz. u. durch Zusatz von der bei der Verbrennung der Schwarzlauge entstehenden Schmelze, Natronlauge oder dgl. so weit in ihrem SO_2-Geh. abgestumpft, daß der Waschturm nicht in hochwertigen säurefesten Baustoffen hergestellt zu werden braucht. Die in der elektr. Trockenreinigung sich bildenden Salze der Schwarzlauge werden der Turmlauge zwecks Verbrennung u. Red. zugesetzt. (**Oe. P. 177 997** vom 19/11. 1951, ausg. 25/3. 1954. D. Prior. 2/2. 1951.) GLAFEY. 7965

Phrix-Werke Akt.-Ges., Deutschland, *Gewinnung aller wertvollen Stoffe aus cellulose- und pentosanreichen Pflanzen.* Die Rohstoffe (Stroh, Buchenholz u. ähnliche) werden mit schwachen Säuren einer *Vorhydrolyse* unterworfen. Der Rückstand, hauptsächlich aus Cellulose, Ligninsubstanzen u. etwas Pentosanen bestehend, wird in bekannter Weise mit Säuren verzuckert. Man läßt kristallisieren u. trennt den *Traubenzucker* von der Mutterlauge (I) durch Zentrifugieren. Man mischt I mit dem Vorhydrolysat u. vergärt die in der Mischung enthaltenen Hexosen auf *Äthylalkohol.* Aus der Schlempe, welche die *Pentosen* enthält, können diese, oder durch Säurehydrolyse unter Druck *Furfurol,* gewonnen werden. (**F. P. 1 001 077** vom 7/12. 1949, ausg. 19/2. 1952. D. Prior. 9/6. 1949.) HEYNE. 7967

Sterling Drug, Inc., V. St. A., *Zerstörung der organischen Substanzen in Abwässern, z. B. Sulfitablaugen, durch Oxydation unter Gewinnung thermischer Energie.* Ein stickstoffhaltiges Gas, z. B. Luft, wird bei einem Druck oberhalb Atmosphärendruck u. einer Temp. von ca. 232° in solcher Menge in die Ablauge eingeführt, daß in Form flammenloser Verbrennung der gesamte Kohlenstoff zu CO_2 u. der Wasserstoff zu W. oxydiert wird, während andere oxydierbare Bestandteile sich mit dem W. vermischen. (**F. P. 1 026 068** vom 17/10. 1950, ausg. 23/4. 1953.) GLAFEY. 7967

N. V. Onderzoekingsinstituut Research, Arnhem, Holland, *Überführen von Cellulose in ein sich nicht zusammenballendes Produkt aus leicht abgebauter Cellulose,* dad. gek., daß Cellulose, z. B. Cellulosefelle, mit höchstens 35 (%), bes. höchstens 10, Wassergeh. einer Reibung unter Druck, bes. zwischen Friktionswalzen mit höchstens 0,02—0,05 mm Abstand, ausgesetzt wird, so daß sie leicht in Schuppen zerfällt, die gemahlen werden können u. sich bes. zur Herst. von *Celluloseestern* u. *-äthern* eignen. (**Schwz. P. 294 334** vom 25/4. 1951, ausg. 16/1. 1954. **Belg. P. 502 776** vom 24/4. 1951, ausg. 1/8. 1952. Beide Holl. Prior. 6/6. 1950.) G. VOGEL. 7971

I. G. Farbenindustrie Akt.-Ges., Deutschland, *Verestern von Cellulosefasern.* Man verestert die Fasern nach einem der bekannten Verfahren. Hierbei verwendet man eine horizontal gelagerte Trommel, welche, um ein Festhaften der Fasern an der Trommelwandung zu verhindern, mit einem auf der Trommelwandung gleitenden Rührer versehen ist, welcher erwärmt u. gekühlt werden kann. (**F. P. 1 013 943** vom 23/10. 1942, ausg. 6/8. 1952.) OPPERMANN. 7971

E. I. du Pont de Nemours & Co. (Erfinder: **J. S. Reichert, S. A. McNeight** und **A. A. Elston**), V. St. A., *Bleichen von Holzstoff.* Zur Erzielung einer starken Aufhellung gelangt bei einer Stoffdichte von 5% eine Bleichlauge zur Anwendung, die Persäuren oder ihre Salze, wie persaure Alkalimetalle, persaures Ammonium oder persaure Erdalkalimetalle oder organ. Persäuren enthält, wie Peressigsäure, Monoperphthalsäure, Monopermaleinsäure u. andere. Die Temp. der Bleichflotte liegt zwischen 16 u. 27°, u. die Bleichdauer beträgt 2—4 Stunden. (**F. P. 1 014 536** vom 1/8. 1947, ausg. 18/8. 1952. A. Prior. 1/4. 1940.) GLAFEY. 7979

Cowles Chemical Co., Cleveland, O., übert. von: **Clinton W. MacMullen,** Fayetteville, **Richard C. Shaver,** und **Robert L. Titus,** Syracuse, N. Y., V. St. A., *Naßfestleimen von Papier.* N-Butyl-, Amyl- oder Benzyltrihalogensilan werden mit so viel wss. Alkalilsg. gemischt, daß ein stabiles Hydrolyseprod. des Silans entsteht, das mit Säure auf p_H ca. 7 eingestellt wird. Mit der erhaltenen Lsg. wird das Papier imprägniert u. getrocknet. Die weitere Polymerisation des auf den Fasern niedergeschlagenen Imprägniermittels wird durch Hitze bewirkt. Vor dem Trocknen kann Alaun zugesetzt werden. Die Imprägnierung kann auch im Stoff erfolgen. (**A. P. 2 646 373** vom 20/1. 1950, ausg. 21/7. 1953.) G. VOGEL. 7979

E. I. du Pont de Nemours & Co., Wilmington, Del., V. St. A., *Erzeugung von Papier mit erhöhter Festigkeit.* Dem Papierstoff wird ein mit Hexamethylendiamin (I) modifiziertes Kondensationsprod. aus Harnstoff u. CH_2O (Molverhältnis 1:1,5—3) zugesetzt, so daß auf 100 (Teile) Trockenpapier 0,5—25, bes. 0,5—3 Harz treffen. Zweckmäßig wird noch eine organ. Säure, bes. 0,05—2,2 Mol Essigsäure, auf 1 Mol I mit einkondensiert. Es kann auch fertiges Papier mit einer wss. sauren Dispersion (p_H 3,5—5,5) des Harzes behandelt, z. B. besprüht, werden, dessen I-Anteil 5—30, bes. 10—20%, beträgt. (**E. P. 695 148** vom 12/2. 1951, ausg. 5/8. 1953. A. Prior. 7/4. 1950.) G. VOGEL. 7987

Verlassenschaft nach Wilhelm Wohleber, Wien, *Herstellung eines Papierersatzstoffes.* Mineral- u. Schlackenwollefasern werden zusammen mit die Reißfestigkeit verbessernden Zusätzen von Fasern organ. oder anorgan. Ursprungs, bes. Cellulose- u. Asbestfasern, z. B. 20—30 Vol.-% Cellulosefasern, in der für die Verarbeitung von Fasern bei der Papierherst. üblichen Weise verarbeitet. Das Flächengewicht des so gewonnenen Ersatzstoffes beträgt ca. 220 g/m². (**Oe. P. 177 316** vom 8/9. 1947, ausg. 25/1. 1954.) GLAFEY. 7987

William Heinecke, V. St. A., *Herstellung von Kontrastfarben auf Linotypematrizen.* Zur besseren Kenntlichmachung der auf den aus Messing bestehenden Matrizen für die einzelnen Lettern eingestochenen oder eingestanzten Erkennungszeichen werden diese mit einer färbenden Substanz, z. B. $CaSO_4$, eingerieben. Dann werden die mit den Zeichen versehenen Flächen mit einem aus unverbrennlichem Material bestehenden Band, z. B. aus Glasgewebe, bedeckt, das mit einem Gemisch aus Thioharnstoff, Nitrocellulose, Ricinusöl, Äthyllactat u. Wacholderöl imprägniert ist. Durch Erhitzen des Bandes mit einer geeigneten Vorr. bildet sich infolge Zers. der S-Verb. Metallsulfid, wodurch die Flächen geschwärzt werden. Als organ. S-Verbb. kann man z. B. auch Diphenylthiocarbazon, Thiosemicarbazid, Ditolylthioharnstoff, Thiocarbanilid, Dithiooxamid oder Thioglykol-β-aminonaphthalid verwenden. — Zeichnungen. (**F. P. 1 025 587** vom 16/8. 1950, ausg. 16/4. 1953.) OPPERMANN. 7989

Herbert Keffel, Deutschland, *Herstellung von Linoleum, Wachstuch, Kunstleder,* dad. gek., daß man Goudron (**I**), Kopal, oder Natur- oder Kunstharzen bei höherer Temp. synthet. Weichmacher („Palatinole") u. Polyvinylchlorid (**II**) oder Mischpolymerisate zusetzt u. das Prod. auf Faserstoffe aufträgt oder Papier, Pappe damit imprägniert. — Man schm. z. B. 300 (Gewichtsteile) I, versetzt mit 95 Weichmacher u. sogleich unter Rühren bei 160° mit 5 gepulvertem **II**. Nach Zugabe von Farbstoff überzieht man mit dem erhaltenen Prod. z. B. ein Kunstseidegewebe in 1 mm dicker Schicht. (**F. P. 1 007 172** vom 2/3. 1948, ausg. 2/5. 1952.) OPPERMANN. 7999

XVIIIb. Textilfasern.

P. S. H. Henry, *Entferner für statische Elektrizität in der Textilindustrie.* Es wird zunächst kurz auf das Auftreten von stat. Elektrizität in der Textilindustrie u. den Einfl. auf die Verarbeitung der Fasern u. Garne eingegangen. Die allg. Grundsätze zur Beseitigung der stat. Elektrizität werden mit spezieller Berücksichtigung des Zeitfaktors diskutiert. Die hauptsächlichsten Typen der Apparate zur Entfernung der stat. Elektrizität (rein elektr. u. radioakt. Methoden) in der Textilindustrie werden kurz beschrieben. (Brit. J. appl. Physics. Suppl. **1953.** Nr. **2.** 78—83. Manchester, British Cotton Industry Res. Assos.) v. HARLEM. 8024

M. G. Tschudnowski, *Die Fermentbehandlung der Stapelfasergewebe.* Betriebserfahrungen mit fermentativem Entschlichten (nicht näher bezeichnet) von Stapelfasergeweben (maschinelles Schlichten, Lagern, Auswaschen) bestätigten, daß dieses Verf. wesentlich wirtschaftlicher ist als das im gleichen Betriebe früher geübte Auskochen. (Текстильная Промышленность [Textil-Ind.] **13.** Nr. 8. 20—21. Aug. 1953.) STSCHERBINA. 8030

—, *Die Siliconharze.* Inhaltlich ident. mit der C. **1954.** 1626 referierten Arbeit von DUGGAN u. FORTRESS. (Riv. Tessile **8.** 957—61. Juli 1953.) R. K. MÜLLER. 8032

R. Hulle, *Die Chemie der Fasern.* Vf. gibt eine allg. Übersicht über die Struktur u. den Aufbau der natürlichen u. synthet. Fasern. Die verschied. Bindungskräfte werden erläutert. (Meded. Kon. vlaamse Acad. Wetensch., Letteren schone Kunsten België, Kl. Wetensch. **14.** 1—15. 1952.) GRUBERT. 8040

W. Je. Rosstowzew, *Über den Mechanismus der alkalischen Beuche von Baumwollerzeugnissen.* Vf. vertritt den Standpunkt, daß die üblichen fettlösenden Mittel aus der Baumwollfaser nicht alle Fette u. Wachse entfernen, da diese teilweise zwischen den Cellulosemoll. der Zellwände eingebettet sind. Infolgedessen soll die alkal. Beuche sich aus 2 Vorgängen zusammensetzen: Zerstören des Oberhäutchens der Zellwand durch heiße Lauge u. Entfernen der Fette u. Wachse durch Verseifen u. Emulgieren, wodurch ein Syst. miteinander verbundener hydrophiler Abschnitte an der Faseroberfläche entsteht. Ausgehend von dieser Ansicht entwickelte Vf. ein Beucheverf., das nur einige Sek. beansprucht u. im wesentlichen darin besteht, daß die Lauge mit 0,4—0,5 m/Sek. durch das Gewebe gedrückt wird. (Текстильная Промышленность [Textil-Ind.] **13.** Nr. 8. 21—22. Aug. 1953.) STSCHERBINA. 8044

M. A. Timonin, *Bestimmung der Feuchtigkeit der Pflanzenfasern.* Durch Auswertung einer größeren Zahl von Versuchsergebnissen erhielt Vf. eine Formel für den absol. Feuchtigkeitsgeh. W von Baumwolle (für die Luftfeuchtigkeit $\varphi = 40-100\%$ u. $t = 10-32{,}2^0$) sowie Flachs u. Hanf ($\varphi = 13{,}4-84{,}8\%$, $t = 19^0$): $W = [\varphi/\{a +$

[bt/(100 — t)}]·[1 + {(c — φ)²/d}]. Die Koeffizienten sind: für Baumwolle a = 7,45; b = 2,00; c = 70; d = 7000; für Flachs 6,45; 1,75; 63; 4000; für Hanf 6,00; 1,50; 63; 4500. (Текстильная Промышленность [Textil-Ind.] **13.** Nr. 12. 29—31. 1953.) STSCHERBINA. 8044

Lawrence G. Beauregard, Alfred E. Brown und **Milton Harris,** *Superkontraktion modifizierter Keratinfasern.* Superkontraktion bei Wolle (I) ist eine spontane u. im allg. permanente Faserverkürzung bei Behandlung von I mit Reagentien, welche verschied. Bindungstypen spalten, so daß mol. Umlagerungen erfolgen. Zur experimentellen Trennung des Effekts der H-Brücken spaltenden Reagentien, wie LiBr, von solchen, welche Cystinbrücken lösen, wie $NaHSO_3$-Lsg., wurde I einstufig red. u. alkyleniert (Na-Hydrosulfit-$C_2H_4Br_2$). Die Ersetzung der reduzierbaren Disulfidbindung durch die stabile Bis-thioäthergruppe verhindert die Superkontraktion von I in Bisulfit völlig, hat jedoch keinen Einfl. auf die Verkürzung in 7 mol. LiBr-Lsg. bei 80°. Vff. gelangen zu ähnlichen Schlußfolgerungen über die Superkontraktion von I wie ELÖD u. ZAHN bzw. ALEXANDER. (Textile Res. J. **23.** 642—43. Sept. 1953. Washington, D. C., Harris Res. Labor.) ZAHN. 8060

A. J. Hall, *Die Rauheit der Faser und das Filzen der Wolle.* Kurzer Überblick über neuere Kenntnisse hinsichtlich der Struktur u. der physikal. Eigg. der Wolle in Beziehung zu deren Verarbeitung. (Textile Mercury Argus **129.** 943—45. 6/11. 1953.) P. ECKERT. 8060

Max Kehren, *Einige Ursachen der Wollfaserschädigung.* 2. Mitt. (1. vgl. C. **1954.** 1625.) Besprochen wird die Verhütung von Wollschäden durch Säure, wie sie beim Färben oder beim Carbonisieren vorkommen können. Eingegangen wird ferner auf die Verhütung von Bleichschäden. In diesem Zusammenhang werden verschied. Wollschutzmittel angeführt. Einige dieser Wollschutzmittel werden beschrieben u. deren schützende Wrkg. an Hand von Festigkeits- u. Dehnungswerten der behandelten u. unbehandelten Faser demonstriert. Die Versuchsergebnisse sind in verschied. Tabellen zusammengestellt, die eingehend diskutiert werden. (Canad. Textile J. **70.** Nr. 21. 81—83. 9/10. 1953.) P. ECKERT. 8060

B. Drucker, Ruth Hainsworth und **S. G. Smith,** *Die Chemie von Seidenfibroin.* 1. Mitt. *Die Einwirkung einiger proteolytischer Enzyme auf Fibroin in wässeriger Lösung und deren Bedeutung für die molekulare Struktur von Seide.* Auf eine wss. Lsg. von Fibroin (I; gewonnen aus 5 g I u. 50 cm³ 6/8 Cupriäthylendiamin, mit 50 cm³ 1,25 n Essigsäure auf p_H 8 gebracht, dialysiert, mit 10 cm³ 1%ig. KCN-Lsg. versetzt, mit 0,1 nHCl neutralisiert u. nochmals dialysiert) ließ man Pankreatin (bestehend aus Trypsin, Chymotrypsin u. Carboxypeptidase) bei 40° p_H 7—8 einwirken. Der nach 20 Min. langer Proteolyse auszufallen beginnende Nd. fiel nach 24 Std. in einer maximalen Ausbeute von 55% an. Im Hydrolysat wurden Glycin, Alanin, Serin/Threonin u. spurenweise Tyrosin u. Phenylalanin gefunden. Die Lsg. enthält freies Tyrosin, Glycin u. Alanin, bas. Aminosäuren, ferner niedrige Peptide. Die Hydrolyse ergibt Asparagin- u. Glutaminsäure, Tyrosin, Valin, Leucin, Phenylalanin u. Prolin. Während also die unlösl. Fraktion im wesentlichen aus Glycin, Alanin u. Serin im Mol.-Verhältnis 30:20:10 besteht (gilt auch für nichtfraktioniertes I), gut krist. (mit I ident. Röntgenogramm) u. gegen Pankreatin selbst bis 192 Std. resistent ist, besteht die lösl. Fraktion aus Aminosäuren mit sperrigen Seitenkettenresten u. wird von Pankreatin verdaut. Krist. Chymotrypsin zerlegt lösl. I ebenfalls in einen Nd. (62% Ausbeute, 3,9% Tyrosin, Mol.-Gew. aus Amino-N u. Tyrosinendgruppe 4000). Die durchschnittliche Kettenlänge der Peptide in der lösl. Fraktion beträgt 5,0; Freie Aminosäuren fehlen. Mit reinem Trypsin wurde aus I ein gelatinöser Nd. (Ausbeute 70%) erhalten. Die Hydrolysate des Nd. u. der lösl. Fraktion waren nicht zu unterscheiden. Auf Grund dieser Ergebnisse wird das einzelne I-Mol. als eine Peptidkette aufgefaßt, in welcher Segmente verschied. Aminosäurezus. miteinander abwechseln. Die regelmäßigen oder kristallinen Segmente enthalten nur die Reste von Glycin, Alanin, Serin + Threonin, die anderen relativ viel Reste sperriger Seitenketten. Da nach BERGMANN Chymotrypsin nur die Peptidbindungen bei den α-Carboxybindungen einer aromat. Aminosäure spaltet, lassen sich die experimentellen Daten befriedigend deuten. Dies gilt auch für die Fraktionierungsverss. mit Trypsin u. Pankreatin. (J. Textile Inst., Trans. **44.** T420—35. Okt. 1953. Didsbury, Manchester, Shirley Inst., Brit. Cotton Ind. Res. Assoc.) ZAHN. 8068

Alfred Taral, *Verbesserung des Bleichens von exotischen Seiden durch Abwandlung der Behandlungen.* Zum Bleichen bestimmter von Natur aus stark gefärbter exot. Seidenarten, wie Shantung oder Tussah-Seiden, schlägt Vf. Arbeitsverff. vor, die im einzelnen beschrieben werden. (Ind. Textile **1953.** 379—80. Mai.) HOINKIS. 8068

C. Vago, *Schutz der Seidenraupenkokons gegen den Käfer Dermestes lardarius L. und die durch ihn verursachten Schäden in der Seidenraupenzüchterei.* Beschreibung von Verss. zur Bekämpfung von *Dermestes lardarius L.* durch Behandlung 1. der Seidenraupenhäuser, 2. der Kokons u. 3. der Verpackungssäcke mit *DDT* [1.1-Di-(p-chlorphenyl)-2.2.2-trichloräthan]. Die Verss. zeigten, daß es durch Behandlung mit DDT möglich ist, die in Seidenraupenzüchtereien eingelagerten Kokons gegen die durch Dermestes lardarius verursachten Schäden ohne Gefährdung der Gesundheit der Spinnerinnen u. ohne Nachteile für das Abhaspeln der Kokonfasern zu schützen. Die wirksamen Behandlungsmaßnahmen werden beschrieben. (Ind. Textile **1953.** 239—42. April. Stat. de Rech. Séricicoles d'Alès.) Hoinkis. 8068

J. Meybeck, N. Iwanow und **R. Schneider,** *Beitrag zur Strukturuntersuchung der Viscosefasern. Anwendungen zur Ermittlung der Streifigkeitsursachen beim Färben.* Inhaltlich ident. mit der C. **1954.** 1153 referierten Arbeit. (Textil-Rdsch. [St. Gallen] **8.** 589—602. Nov. 1953. Mülhausen, Frankreich, Centre de Rech. textiles.) Zahn. 8074

—, *Die Herstellung von Cellophan.* Beschrieben werden verschied. Cellophansorten, die Zus. des Cellophans, Herst. der Viscoselsgg., das Reifen derselben, das Spinnen u. Koagulieren der Cellophanfilme, das Waschen, Bleichen u. Trocknen des Films, Überzüge von Cellophan, die Rückgewinnung der Lösungsmittel sowie Kontrolle u. Analysen während des Fabrikationsprozesses. (Ion [Madrid] **13.** 215—22. April 1953.) Pistor. 8074

I. Sakurada, K. Suzue und **Y. Sakaguchi,** *Herstellung von Acetatreyon durch Acetylieren von Viscosereyon mit Essigsäureanhydriddampf.* 5. Mitt. *Durchacetylierung lose gepackter Fasern in einem Strom von Essigsäureanhydriddampf.* Viscosereyon, die geringe Zusätze an H_2SO_4 u. W. oder CH_3COOH enthielt, wurde, lose in ein Reaktionsrohr gepackt, bei 20—30° in einem Strom von Essigsäureanhydriddampf unter geeigneten Bedingungen glatt acetyliert. (J. Soc. Textile Cellulose Ind., Japan [Sen-i Gakkaishi] **9.** 273—76. Juni 1953. Kyoto, Univ.) Schuler. 8076

Ichiro Sakurada, Kiyoshi Suzue und **Yasuyoshi Sakaguchi,** *Herstellung von Acetatreyon durch Acetylierung von Viscosereyon mit Essigsäureanhydriddampf.* 6. Mitt. *Acetylierung lose gestapelter Filze in strömendem Essigsäureanhydriddampf.* (5. vgl. vorst. Ref.) Lockere Filze auf einem Rahmengestell ließen sich unter geeigneten Bedingungen homogen durchacetylieren. — 2 Skizzen. (J. Soc. Textile Cellulose Ind., Japan [Sen-i Gakkaishi] **9.** 276—79. Juni 1953. Kyoto, Univ.) Schuler. 8076

—, *Entwicklung, Herstellung und Eigenschaften der Ardilproteinfaser.* Ardil ist eine Faser aus dem Protein der Erdnuß. Beschrieben werden die Gewinnung des Proteins, die Herst. der Spinnlsg. u. deren Überführung in Faserform, die physikal., chem. u. technolog. Eigg. der Faser sowie deren prakt. Verwendungsmöglichkeiten. (Textil-Rdsch. [St. Gallen] **9.** 147—50. März 1954.) P. Eckert. 8078

J. B. Goldberg, *Die nichtcelluloseartigen synthetischen Textilien.* Vf. gibt einen Überblick über die Entw. der vollsynthet. Fasern, wie Nylon, Saran, Orlon, Vicara, Acrilan u. Terylene. Anschließend werden Fragen des Färbens u. des Ausrüstens dieser Fasern bzw. der daraus hergestellten Textilien besprochen. (Canad. Textile J. **70.** Nr. 21. 69—72. 9/10. 1953.) P. Eckert. 8080

Frank J. Soday, *Produktion und Eigenschaften von Acrilan.* Allg. gehaltene Ausführungen über die volkswirtschaftliche Bedeutung der synthet. Fasern, ihre techn. Entw. sowie die Produktion u. wichtigsten Eigg. von *Acrilan.* (Amer. Dyestuff Reporter **42.** P635—38. 14/9. 1953. Decatur, Ala., Chemstrand Corp.) Zahn. 8080

—, *„Pan", eine Polyacrylnitrilfaser. Pan* wird von der Cassella Farbwerke Mainkur Akt.-Ges. hergestellt. Es ist eine Stapelfaser, deren physikal., chem. u. technolog. Eigg. angeführt werden. (Textile Weekly **52.** 1676. 27/11. 1953.) P. Eckert. 8080

M. L. Bumiller, *Die Löslichkeit von Kunststoffen und synthetischen Fasern im Hinblick auf Erkennungsmöglichkeit und Schadenverhütung.* Tabellar. Zusammenstellung der Löslichkeit der synthet. Fasern. Die Angaben sind bes. für die Chemiereiniger geeignet. (Färber u. Chemischreiniger, Färber-Ztg. **7.** 25—27. Febr. 1954. Deutsche Rhodiaceta Akt.-Ges.) P. Eckert. 8080

Dietrich Natus, *Ein photoelektrischer Gleichmäßigkeitsprüfer für laufende Fäden, Garne und dergleichen.* Vf. berichtet über die Entw. eines automat. arbeitenden Gleichmäßigkeitsprüfers zur Registrierung von Titerschwankungen feinster Kunstseidenfäden am laufenden Faden. Er geht aus von früheren Methoden der Gleichmäßigkeitsprüfungen durch Einzelwägungen über photoelektr. Messungen nach der Einstrahlmeth.

bis zur Vierstrahlenmethode. Diese Meth. beruht auf einer mehrfach winkelversetzten Projektion von Durchmessern desselben Fadenstückes in einer Ebene mit Hilfe eines Kreuzspaltes auf ein Photoelement. Dadurch werden die verschied. Durchmesser zu einem mittleren zusammengefaßt. Der Prüfer gestattet eine Erfassung des Prüfgutes in 3 Geschwindigkeitsstufen: Schnellgang (1500 m Faden pro Std.), Normalgang (360 m Faden pro Std.) u. Feingang (36 m Faden pro Std.). An Hand von Kurven u. Meßdiagrammen werden die Vorteile der entwickelten Vierstrahlenmeth. gezeigt, die im Gegensatz zur Einstrahlmeth. reproduzierbare Meßergebnisse zeigt. Prinzip u. Konstruktion des Prüfers sind beschrieben. (Faserforsch. u. Textiltechn. **3**. 311—22. Aug. 1952.) ZEHMISCH. 8096

Th. Goldschmidt Akt.-Ges. (Erfinder: **Hans Schrader** und **Ludwig Havestadt**), Essen, *Textilöle*. Verwendung von synthet. Fettsäuren mit mindestens 7 C-Atomen, die aus Olefinen durch Anlagerung von Wassergas oder ähnlichen Gasgemischen u. nachfolgender Oxydation des erhaltenen Stoffes durch Luft in Ggw. eines Katalysators gewonnen werden. (**D. B. P. 891 821** Kl. 29b vom 23/12. 1941, ausg. 28/9. 1953. **Zusatz zu D. R. P. 753 814; C. 1952. 2 107.**) SALZMANN. 8029

Imperial Chemical Industries Ltd., London, England, *Textilhilfsmittel* der Formel $(HO\cdot CH_2\cdot NH\cdot CO\cdot O)_m\cdot R\cdot(O\cdot CO\cdot NH\cdot CH_2\cdot A\cdot X)_n$, worin R einen KW-stoffrest, A den Rest eines tert. Amins, X ein einwertiges Anion, m = Null oder eine ganze Zahl u. n eine ganze Zahl bedeuten, dienen zum *Schrumpffest-* u. *Wasserabstoßendmachen*. Sie entstehen durch Rk. eines Polycarbamates mit CH_2O u. einem tert. Amin. — Man setzt *hydriertes Ricinusöl* mit $COCl_2$ u. NH_3 zu einem Polycarbamat u. dieses mit CH_2O, Pyridin u. Pyridinhydrochlorid um; in W. lösl. Harz. — Analoge Prodd. aus *Äthylenglykol*, *Cetyläthylenglykoläther*, *Hexamethylenglykol*, *Trimethylenglykol*, *Terephthalyl-bis-äthylenglykol*, *Octadecan-1.12-diol*. (**E. P. 645 138** vom 7/10. 1947, ausg. 25/10. 1950.) LANGER. 8029

Henkel & Cie. G. m. b. H., Düsseldorf-Holthausen, *Sulfonamide und/oder Disulfoimide*. Mono- oder Polysulfochloride, die durch Kondensation aliphat. oder cycloaliphat. KW-stoffe, die auch Halogen enthalten können, mit $Cl_2 + SO_2$ gewonnen wurden, werden mit wenigstens 30% ig. NH_4OH unterhalb 0° umgesetzt. — Sulfochloride aus KW-stoffen mit Durchschnitts-Mol-Gew. 150 → $C_{11}H_{23}SO_2NH_2$. — *Weichmacher*, *Textilhilfs-* oder *Emulgiermittel*. (**E. P. 694 633** vom 14/4. 1949, ausg. 22/7. 1953. D. Prior. 1/10. 1948.) KRAUSS. 8029

Rudolf & Co. (Erfinder: **Kurt May**), Zittau, *Hellfarbige, alkylgruppenhaltige, aromatische Sulfonate*. Salze zweikerniger, alkylierter Arylsulfonsäuren werden in Pastenform bei ca. 25° mit zweckmäßig pulverförmigen Oxydationsmitteln behandelt, bes. in Ggw. anorgan. oder organ. Basen u./oder Salzen als säurebindenden Mitteln. — Sulfoniertes u. mit n-Butanol, Isobutanol oder Isopropanol alkyliertes *Naphthalin* wird als Na-Salz mit K-Persulfat behandelt. — *Textil-*, Leder-, Rauchwaren- u. Papierhilfsmittel. (**D. R. P. 762 426** Kl. 12o vom 30/6. 1942, ausg. 31/8. 1953. **Zusatz zu D. R. P. 729 189; C. 1943. I. 1120.**) KRAUSS. 8029

J. R. Geigy Akt.-Ges., Basel, Schweiz, *N.N'-Tetraessigsäuren von Diaminen*. — *2.2'-Diaminodiäthyläther-N-N'-tetraessigsäure*. Aus Chloressigsäure, 2.2'-Diaminodiäthyläther u. NaOH. — *Äthylenglykol-bis-2-aminoäthyläther-N.N'-tetraessigsäure*. — *Diäthylenglykol-bis-2-aminoäthyläther-N.N'-tetraessigsäure*. — *Triäthylenglykol-bis-2-aminoäthyläther-N-N'-tetraessigsäure*. — *2.2'-Diaminodiäthylsulfid-N.N'-tetraessigsäure*. — Die Verbb. *binden Härtebildner des W.*; *Textilhilfsmittel*. (**Schwz. P. 291 482** vom 24/10. 1950, ausg. 16/9. 1953. **E. P. 695 346** vom 23/10. 1951, ausg. 5/8. 1953. Schwz. Prior. 24/10. 1950.) LANGER. 8029

Pharma VVB (Erfinder: **W. Hintze**), Halle/Saale, *Gewinnung von Eiweißspaltprodukten* durch sauren Aufschluß unter Verwendung der Säuren, bes. H_2SO_4, in Konzz. von 1—10%, bes. 3—5%, Dauer ½—1½ Stunden. Ausgangsmaterial sind Hautabfälle, z. B. von Kanin- oder Schaffellen oder von Fohlenleder. — Die feuchten Hautabfälle werden mit der gleichen Menge verd. H_2SO_4 (4° Bé) ¾ Std. gekocht. Die abfiltrierte Lauge wird mit Kalkmilch von 13° Bé alkal. gemacht. Beim Aufarbeiten gewinnt man eine hellbraune viscose Fl., welche als Ausgangsmaterial für die Herst. von *Textilhilfsmitteln* benutzt wird. (**D. P. [DDR] 1754** Kl. 12p vom 1/3. 1942, ausg. 21/8. 1952 [Wirtschaftspatent].) M. F. MÜLLER. 8029

Karatsony geb. **Hanna Mocsary**, Seine, Frankreich, *Schlichtemittel für Fäden oder Gewebe*. Man imprägniert die Garne in einem Gelatinebad, etwa aus 1000 Liter W., 5—50 (kg) Trockengelatine u. 0,25—2,5 Glycerin, von 30° u. trocknet bis 70°. Dann behandelt man in einem zweiten Bad mit wss. Lsgg. oder Emulsionen von Kunstharzen (Phenol-, Harnstoff, Melamin-, Vinyl-, Acrylharzen), Proteinen, sauren oder alkal.

Silicaten, wie Silicagel, z. B. als Santocel, Paraffinen, Harzen, Fettalkoholen, Latex, kationenakt. Verbb., Netzmitteln, z. B. einem Bad aus 1000 (Liter) W., 100 Vinylacetatharzemulsion, 15 15% ig. Santocel C-Lsg., 50 Formol, 15 Butylphthalatemulsion, u. trocknet bei 80—90°. Oder man läßt die Gelatineimprägnierung fort u. behandelt mit einem Bad, das Alkalisilicat oder Santocellsg. u. die Bestandteile des zweiten Bades enthält, z. B. 1000 Liter W., 50 Liter Polyvinylacetatemulsion, 50 kg Melamin Liofixlsg., 10 kg Weinsäure, 25—50 Liter Formol, 15 kg Santocel C, 15 kg Butylphthalat, 10 kg Cerol u. Trocknung bei 90°. (**F. P. 1 034 938** vom 31/3. 1951, ausg. 7/8. 1953.) Pankow. 8031

J. R. Geigy Akt.-Ges., Basel, Schweiz, *Herstellung von Aufhellungsmitteln für schwachgelblich aussehende Cellulosefaserprodukte.* Gemäß Schwz. P. 286 322 wird das 4.4'-disalicoylaminostilben-2.2'-disulfonsaure Na (I) mit β-Methoxyäthylbromid in alkoh. NaOH unter Rückfluß gekocht. Es entsteht das *Na-Salz* der *4.4'-Di-[2''-(β-methoxyäthoxy)-benzoylamino]-stilben-2.2'-disulfonsäure,* gelblichgefärbtes Pulver. — Gemäß Schwz. P. 286 323 wird die Verb. I mit Glycerinmonochlorhydrin bzw. mit einer den 2.3-Dioxypropylrest einführenden Verb. bis zum Verschwinden der phenol. Hydroxylgruppen behandelt. Es bildet sich das *Dinatriumsalz* der *4.4'-Di-[2''-(2'''.3'''-dioxypropoxy-benzoylamino]-stilben-2.2'-disulfonsäure.* Die freie Säure ist ein gelblichgefärbtes Pulver mit einer guten Affinität zur Cellulosefaser. — Gemäß Schwz. P. 286 324 wird I mit sek. Propylenchlorhydrin umgesetzt. Es entsteht dabei das *Dinatriumsalz* der *4.4'-Di-[2''-(2'''-oxypropoxybenzoylamino]-stilben-2.2'-disulfonsäure.* Die freie Säure ist ein gelblichgefärbtes Pulver. (**Schwz. PP. 286 322, 286 323** u. **286 324** vom 27/5. 1949, ausg. 2/2. 1953. **Zusätze zu Schwz. P. 276 692; C. 1952. 5674.**) M. F. Müller. 8033

Cassella Farbwerke Mainkur (Erfinder: **Otto Trösken**), Frankfurt/M., *Herstellung von optischen Bleichmitteln der Bisoxazolreihe,* dad. gek., daß man Verbb. der Formel I

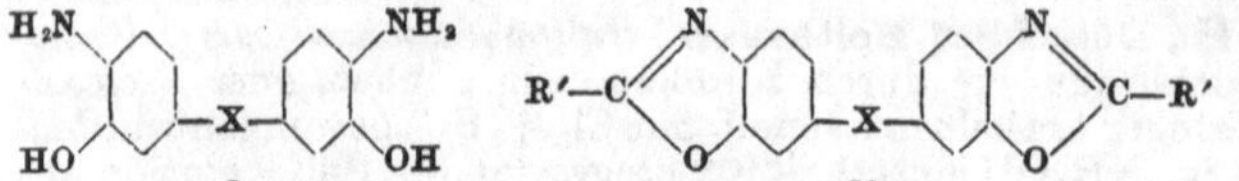

I II

(X = direkte Bindung oder die Gruppe $-\underset{R}{C}=\underset{R}{C}-$, R = H, gleiche oder verschied. gesätt. oder ungesätt. Alkylgruppen), bzw. in diese überführbare Verbb. durch Aldehyde, Säuren oder Säurederivv., in Bisoxazole der Formel II (R' = H, Aryl-, Alkyl- oder Aralkylgruppen), überführt u. gegebenenfalls sulfoniert. Man erhält z. B. aus o.o'-Dioxybenzidin (I) u. Benzoylchlorid oder Benzamid durch Erhitzen das Bisoxazol II, F. 249—250°, das mit Oleum sulfoniert wird. Andere II erhält man aus Zimtsäurechlorid u. I oder 4.4'-Diamino-3.3'-dioxystilben. (**D. B. P. 850 008** Kl. 12p vom 4/7. 1950, ausg. 22/9. 1952.) Lüttgen. 8033

J. R. Geigy (Soc. An.), Schweiz, *Optische Bleichmittel, insbesondere für Textilien.* Sie besitzen die nebenst. allg. Formel, worin X OH, H oder ein amidiertes Radikal, Y, CH_3 oder H u. R ein substituiertes oder nicht substituiertes Alkylradikal von niedrigem Mol.-Gew. bedeuten. Solche Verbb.

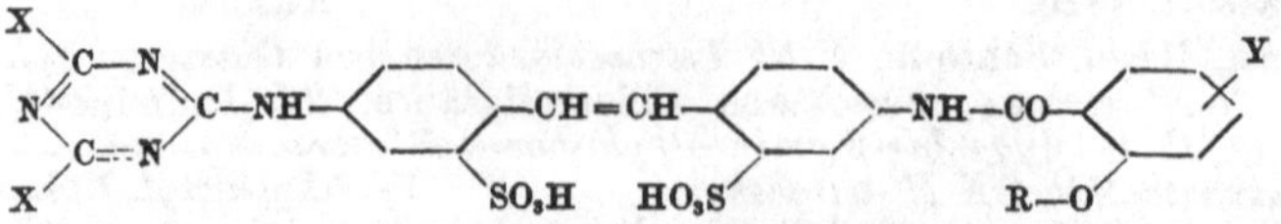

sind z. B. *4-[2'''-Anilino-4'''-oxytriazinylamino-(6''')]-4'-(2''-methoxy-4''-methylbenzoylamino)-stilben-2.2'-disulfonsäure, 4-[2'''.4'''-Diaminotriazinylamino-(6''')]-4'-(2''-β-oxyäthoxy-4''-methylbenzoylamino)-stilben-2.2'-disulfonsäure.* Man verwendet die Sulfonsäuren in Form ihrer wss. Dialkali- (z. B. Dinatrium-)Sulfonatlösungen. (**F. P. 1 022 349** vom 30/5. 1950, ausg. 3/3. 1953. Schwz. Prior. 31/5. 1949.) Oppermann. 8033

Imperial Chemical Industries Ltd., London (Erfinder: **Robert Hugh Wilson,** Manchester), England, *Neues Bleichmittel der Stilbenreihe.* Man kondensiert in beliebiger Reihenfolge 2 (Mol) Cyanurchlorid mit 1 4.4'-Diaminostilben-2.2'-disulfonsäure oder einem Salz derselben, 2 Monoäthanolamin u. 2 4-Aminodiphenyl. (**D. B. P. 910 653** Kl. 12p vom 5/2. 1952, ausg. 6/5. 1954, Anmeldung bekanntgemacht 3/9. 1953. E. Prior. 15/2. 1951.) Brösamle. 8033

Joseph Bancroft & Sons Co., Rockford, Wilmington, Del., V. St. A., *Herstellung einer dauerhaften, glänzenden Ausrüstung auf Textilstoffen.* Zu A. P. 2 524 915; C. **1951.** II. 1079; N. P. 78 065; C. **1952.** 3106; u. Schwz. P. 279 601; C. **1952.** 7595 ist nachzutragen: Durch Imprägnieren von Textilstoffen mit einer Lsg. von vorzugsweise Harnstoff–CH_2O-Vorkondensationsprodd. mit einem Zusatz von nichtwachsartigem sulfoniertem Öl, wie Türkischrotöl, erhält man nach dem Heißkalandern der Ware,

z. B. feste Gewebe mit einer „Chintz“- oder „Everglaze“-Ausrüstung, welche für die Herst. von Schutzüberzügen, Decken, Vorhängen, Draperien oder dgl. geeignet sind. (**Oe. P. 175 228** vom 5/7. 1949, ausg. 25/6. 1953. E. Prior. 1/4. 1939.) RAETZ. 8033

Phrix-Werke Akt.-Ges., Hamburg, *Knitterfestmachen von Fasern und Geweben.* Man imprägniert Fasern oder Gewebe, bes. aus regenerierter Cellulose, mit wss. Lsgg. von mehrwertigen — gegebenenfalls substituierten — Aldehyden, wie Glyoxal oder Methylglyoxal, u. Glyoxylsäure als saurem Katalysator, wobei man die H-Ionenkonz. der Tränklsg. bes. auf einen p_H-Wert zwischen 3,0 u. 4,0 einstellt, u. trocknet das imprägnierte Textilgut bei einer Temp. unter 100°; man kann der Tränklsg. ferner auch noch opt. Bleichmittel, nichtionogene Emulgatoren oder Weichmacher, wie Polyäthylenoxydverbb., zusetzen. Man erhält so eine Ware von einer Knitterfestigkeit, die derjenigen bester Schafwolle wesentlich überlegen ist; es ist ferner kein Nachwaschen des fertig behandelten Gutes erforderlich, u. es wird außerdem jede Beeinflussung des Farbtones des Textilstoffes vermieden. (**Oe. P. 175 229** vom 8/9. 1951, ausg. 25/6. 1953. D. Prior. 21/11. 1950.) RAETZ. 8033

Badische Anilin- & Soda-Fabrik, Ludwigshafen/Rh., *Haltbare Textilappretur,* bestehend aus einem Gemisch von Kolloiden, welche acylierbare Gruppen enthalten (Stärke, Dextrin, Leim, Casein, Polyvinylalkohol, Polyacrylamid oder Mischpolymerisate, Celluloseäther oder -äthercarbonsäuren), mit aminoplastbildenden Methylolverbb. (Dimethylolharnstoff, Tetramethylolacetylharnstoff oder Methylolverbb. des Cyanamids, Dicyandiamids, Melamins oder Ammelins) u. Salzen höhermol. Basen (z. B. Monostearinsäureester des Triäthanolamins in Form des ameisensauren Salzes oder Salze organ. oder anorgan. Säuren mit Octadecyl- oder -decenylamin, Octadecyläthanolamin oder das Reaktionsprod. aus Stearinsäure, Chloressigsäure u. Triäthylentetramin). Die erhaltenen Appreturen sind waschbeständig u. scheuerfest. (**Schwz. P. 290 252** vom 29/9. 1950, ausg. 1/8. 1953. D. Prior. 18/10. 1949.) MÖLLERING. 8033

American Cyanamid Co., New York, N. Y., übert. von: **Edward L. Kropa,** Old Greenwich, Conn., V. St. A., *Acrylsäureester–Styrol-Mischpolymerisat.* Der Ester enthält eine Alkylgruppe mit weniger als 6 C-Atomen u. nicht mehr als 3 C-Atomen in einer Kette. Das Gewichtsverhältnis von Styrol zu Acrylsäureester ist 1 : 1 bis 1,25 : 1. Man polymerisiert in wss. Emulsion. Mit der Polymerisatemulsion kann man Gewebe aus nicht N-haltiger Faser mit einem dauernd starren, krausen *Finish* versehen. Man polymerisiert z. B. Styrol mit Isobutylacrylat. (**Can. P. 483 551** vom 11/10. 1946, ausg. 27/5. 1952. A. Prior. 20/12. 1945.) PANKOW. 8033

Centre d'Études pour l'Industrie (Soc. à r. l.), Seine-et-Oise, Frankreich, *Herstellung von Polyglykoläthern.* Man läßt ein Polyalkylenglykol (z. B. Diäthylenglykol) mit einem in α-Stellung halogenierten Äther reagieren. — Z. B. kondensiert man 2 Std. bei 140—160° 1 g/Mol Chlormethyläther des Laurylalkohols mit 1 g/Mol Polypropylenglykol (Mol-Gew. 400). Man erhält eine in W. u. Mineralöl unlösl., in Trichloräthylen u. Ölsäure lösl. sirupartige Flüssigkeit. Die Polyglykoläther werden als Netz- u. Reinigungsmittel u. für *Appreturen* verwendet. (**F. P. 1 012 095** vom 3/6. 1949, ausg. 3/7. 1952.) OPPERMANN. 8033

Maurice Barrat, Frankreich, *Beschweren von Textilien, Papier, Leder,* dad. gek., daß man sie mit Kunstharz-Lsgg. oder -Emulsionen, die eine oder mehrere Aminosäuren oder deren Derivv. enthalten, behandelt. Man beschwert z. B. ein bordeauxfarbenes Viscosereyongewebe mit Crêpe marocain-Bindung u. einem Gewicht von 133 g/m² durch Behandlung mit einer wss. Lsg., bestehend aus 40% Aminoplast-Vorkondensat, 2,5% Aminosäurekomplex (isoelektr. Punkt 6), 1,25% methylierter Cellulose, 0,5% sulfoniertem Laurinalkohol u. 2% saurem Katalysator. Nach Ausdrücken u. Trocknen des Stoffes u. Polymerisation bei 130° zeigt dieser nach der Feuchtigkeitsaufnahme eine Gewichtserhöhung um 18%. (**F. P. 1 005 543** vom 5/8. 1947, ausg. 11/4. 1952.) OPPERMANN. 8035

Treesdale Laboratories, Inc., übert. von: **J. F. McCarthy,** Pittsburgh, Pa., V. St. A., *Feuer- und Wasserfestmachen von Cellulosematerialien* unter Verwendung eines Gemisches, welches ca. 42 (Gew.-%) chlorierte Paraffin-KW-stoffe enthält, ferner 4,5 bis 6,5 eines Phenol-Formaldehydharzes, 22—24 fein verteiltes $CaCO_3$, 14,7—19,71 Sb_2O_3, 1,0 Al-Stearat u. 7,14 eines aromat. KW-stoff-Lösungsmittels. (**Can. P. 479 569** vom 2/1. 1946, ausg. 18/12. 1951. A. Prior. 29/5. 1945.) M. F. MÜLLER. 8037

George R. Fessenden, Baltimore, Md., V. St. A., *Konservieren pflanzlicher und tierischer Gewebe.* Man taucht das Gewebe in eine Lsg. aus einem einwertigen Alkohol, z. B. tert.-Butylalkohol, einem Aldehyd, z. B. Acetaldehyd, u. einem Reduktionsmittel, z. B. einem Sulfit, Nitrit oder Phosphit, bei einem entsprechenden p_H-Wert. Nach dem Herausziehen läßt man das Gewebe an der Luft trocknen, wobei der Alkohol verdunstet. Um das Gewebe mit einem feuchtigskeitsresistenten Überzug zu versehen, taucht man es in eine Harzlsg. u. trocknet es bei 30°. (**A. P. 2 658 836** vom 14/9. 1951, ausg. 10/11. 1953.) NEBELSIEK. 8037

Nico Ter Kuile & Zonen N. V., Enschede, Holland, *Wasserabweisende Textilien* erhält man durch Imprägnieren mit einer wss. Paraffinemulsion, die ein Vorkondensat aus (Thio-) Harnstoff u. CH_2O als Fixierungsmittel u. vollständig zu Aminosäuren hydrolysiertes Eiweiß als Emulgator enthält. — Geeignet ist z. B. mit 1% ig. wss. H_2SO_4-Lsg. bei 100° hydrolysierte Gelatine, die mit NaOH oder Na_2CO_3 auf p_H 6,1 neutralisiert ist. — Eine mit nichthydrolysierter Gelatine erhaltene Emulsion gibt nach der Imprägnierung ein Gut mit wesentlich schlechterem Abperleffekt. (**E. P. 692 900** vom 9/7. 1951, ausg. 17/6. 1953. Holl. Prior. 7/8. 1950.) MÖLLERING. 8037

Soc. des Brevets Filastic et Procédés Bongrand (Soc. à r. l.), Frankreich, *Imprägnieren von Textilien*, dad. gek., daß man sie, um ihnen Elastizität, Geschmeidigkeit, Widerstandsfähigkeit zu verleihen u. sie gegen Feuchtigkeit unempfindlich zu machen, mit einem Gemisch, das mindestens ein Vinylprod. u. ein Kautschukprod. enthält, behandelt u. vulkanisiert. — Ein solches Bad hat z. B. die Zus. 100 (Gewichtsteile) Polyvinylacetatemulsion, 15 Trikresylphosphat, 2 NH_4OH, 165 60% ig. Latex, 30 Kaolinpaste, 3 ZnO_2-Paste, 0,7 Monoäthanolaminmercaptobenzothiazolat, 0,8 Aldolnaphthylamin, 2 koll. S, 1 sulfonierten Ricinolsäureäther u. 100 H_2O. (**F. P. 1 011 706** vom 7/3. 1949, ausg. 26/6. 1952.) OPPERMANN. 8037

Santiago Rios Segui und **Vicente Rios Segui**, Spanien, *Imprägnieren von Geweben für Säcke*. Man imprägniert die Gewebe (z. B. aus Baumwolle, Leinen, Hanf, Jute, Alfa-alfa) mit einer 5—10% ig. Lsg. von Na-Cellulosexanthogenat von optimalem Reifegrad. Dann bringt man das Gewebe in ein 10—30% ig. Fällbad, bestehend aus einer wss. Lsg. von Na_2SO_4, NaCl u. NH_4-Salzen, u. anschließend ca. 5 Min. in ein Bad von 7% ig. H_2SO_4-Lösung. Nach Entfernung der H_2SO_4 durch Waschen des Gewebes mit W. trocknet man es, gegebenenfalls nach vorherigem Kalandern. Die Imprägnierung des Gewebes kann auch in Form eines Überzuges oder durch Aufstäuben erfolgen, wobei man der Imprägnierungs-Fl. gegebenenfalls 1—10% Cellulosefasern oder Cellulosebrei zusetzt. (**F. P. 1 029 512** vom 14/12. 1950, ausg. 3/6. 1953. Span. Prior. 22/3. 1950.) OPPERMANN. 8037

Dow Corning Corp., V. St. A. (Erfinder: **Firth Lombard Dennett**), *Wasserfestmachen von Geweben*. Man imprägniert die Gewebe (z. B. aus Baumwolle, Wolle, Seide, Orlon, Nylon, Viscosereyon, Acetatreyon) mit einer wss. Emulsion, die 20 bis 70 (Gew.-%) eines fl. Methylpolysiloxans mit 2—2,1 Methylradikalen/Si-Atom u. einer Viscosität von 1000 bis ca. 100000 Centistokes, 30—80 eines fl. Methylwasserstoffpolysiloxans mit 1—1,5 Methylradikalen u. 0,75—1,25 an Si gebundenen H-Atomen/Si-Atom u. als Emulgierungsmittel eine Trialkylbenzylammoniumverb. (Hexadecyldimethylbenzylammoniumverb.) enthält. Dann erhitzt man die Gewebe 5 Sek. bis 1 Std. auf 37—246°. — 9 Beispiele. (**F. P. 1 025 150** vom 14/9. 1950, ausg. 10/4. 1953. A. Prior. 10/11. 1949.) OPPERMANN. 8037

Dow Corning Corp., V. St. A. (Erfinder: **Firth Lombard Dennett**), *Wasserfestmachen von Geweben, besonders aus Nylon, Acetatreyon und Baumwolle*. Man benetzt die Gewebe mit einem Gemisch aus 15—45 Gew.-% fl. Methylwasserstoffpolysiloxan, mit 1—1,5 Methylradikalen u. 0,75—1,25 am Si gebundenen H-Atomen/Atom Si, 10—30 Gew.-% eines fl. Methylpolysiloxans mit 2—2,1 Methylradikalen/Si-Atom (Viscosität 1000 bis ca. 100000 Centistokes) u. 20—65 Gew.-% eines Methylpolysiloxanharzes von der allg. Formel $(CH_3)_xSiO_{4-x/2}$, worin x einen Wert von 1—1,25 besitzt. Dann werden die Gewebe 5 Sek. bis 1 Std. auf 38—246° erhitzt. (**F. P. 1 032 744** vom 22/1. 1951, ausg. 3/7. 1953. A. Prior. 9/3. 1950.) OPPERMANN. 8037

La Centrale-Linière und **Yvon Lerègle**, Frankreich, *Veredlung von Textilien, insbesondere Kleidern, Wäsche, Decken*. Man behandelt sie mit Lsgg., die Butyl- oder Äthyltitanat allein oder im Gemisch mit Aluminaten u./oder organ. Silicaten u./oder Mineralien enthalten. Dann zers. man das betreffende Titanat mit W., trocknet die Gewebe, spült sie mit W., trocknet sie abermals u. kalandert sie in der Wärme. — Eine solche Lsg. hat z. B. die Zus.: 75 kg Butyltitanat u. 485 Liter Äthylalkohol. (**F. P. 1 033 737** vom 8/3. 1951, ausg. 15/7. 1953.) OPPERMANN. 8037

Bradford Dyer's Association Ltd., England (Erfinder: **John Groynant Evans**, **James Harry Leach** und **William Salked Meals**), *Widerstandsfähigmachen von Textilien gegen die Behandlung mit Wasser, z. B. Waschen*. Man behandelt die Textilien vor oder nach dem Zurichten mit einer wss. Emulsion oder Suspension oder einer Lsg. (organ. Lösungsm.) oder dem Dampf eines Isocyanats oder Isothiocyanats (z. B. Phenylisocyanat, Hexamethylendiisocyanat [I], Allylisothiocyanat, Toluol-2.4.6-triisocyanat, „Vulcafor V. C. C.") oder eines Isocyanat oder Isothiocyanat in situ bildenden Additionsprodd. (z. B. von 2 g Mol Diäthylmalonat, 2 g Mol Acetylaceton oder 2 g/Mol Acetessigester u. 1 g/Mol I). Dann erhitzt man die Textilien 1—15 Min. auf 100—200°. Man kann diese Isocyanatbehandlung auch verwenden, um wasserempfindlichen Beschwerungsmitteln u. Pigmenten (z. B. Kaolin, Lithopone, TiO_2) größere Haftfestigkeit auf der Faser bei der Behandlung der Gewebe mit W. zu verleihen. (**F. P. 1 034 692** vom 16/12. 1950, ausg. 29/7. 1953. E. Priorr. 16/12. 1949, 31/7. u. 7/12. 1950.) OPPERMANN. 8037

Tootal Broadhurst Lee Co. Ltd., England (Erfinder: **John Thompson Marsh, George Bell** und **Alec Geoffrey Thompson**), *Knitterfestmachen von Cellulosetextilien.* Man imprägniert sie mit einer wss. Lsg. eines Kondensationszwischenprod. kristalloider Natur von z. B. CH_2O-Harnstoff, Phenol-CH_2O, Melamin-CH_2O u. eines sauren oder saurer wirkenden Katalysators (z. B. NH_4Cl, HCl, Weinsäure, weinsaures NH_4), in die man eine Lsg. eines öligen H u. CH_3 enthaltenden Silicons u. von Ca-, Co- oder Zn-Stearat als Katalysator in einem flüchtigen organ. Lösungsm. dispergiert hat. Dann trocknet man die Textilien u. erhitzt sie auf 140—200°. (**F. P. 1 028 149** vom 31/10. 1950, ausg. 19/5. 1953. E. Prior. 31/10. 1949.) OPPERMANN. 8037

William Clark & Sons Ltd., Irland, *Knitterfestmachen und Stabilisieren von Textilien.* Man imprägniert sie zuerst mit einer wss. 0,5—30 Gew.-%ig. Lsg. oder Suspension von Leim oder Gelatine, die außerdem noch ein anderes Protein (z. B. Albumin, Casein, Erdnußprotein) oder ein Kohlenhydrat (z. B. Stärke, Glucose) sowie weichmachende u. fettende Mittel enthalten kann. Dann imprägniert man die Textilien mit einem CH_2O-Harnstoffvorkondensat u. erhitzt sie trocken auf 135—149°. (**F. P. 1 034 797** vom 15/2. 1951, ausg. 31/7. 1953. E. Prior. 17/2. 1950.) OPPERMANN. 8037

Chemische Fabrik Theodor Rotta, Deutschland, *Knitterfestmachen von Cellulose enthaltenden Textilien.* Man behandelt die Textilien mit Bädern, die ein Borat, eine Emulsion einer hydrophoben Substanz u. außerdem eine organ. oder mineral. Substanz enthalten, die sich auf der Faser niederschlägt u. im kristallisierten Zustand mindestens 1 Mol Kristallwasser enthält. Eine solches Bad hat z. B. die Zus.: 7 (Gewichtsteile) Kaliumborat, 3 Natriumcitrat u. 4 30%ig. Japanwachsemulsion. Nach erfolgter Imprägnierung entfernt man die Feuchtigkeit derart aus dem Textil, daß es das doppelte Gewicht des unbehandelten Textils besitzt, u. trocknet es dann in einem zirkulierenden Luftstrom bei 60—80°. (**F. P. 1 040 171** vom 27/7. 1951, ausg. 13/10. 1953. D. Prior. 18/8. 1950.) OPPERMANN. 8037

American Viscose Corp., V. St. A. (Erfinder: **Raymond E. Smith** und **Walter W. Taylor**), *Schrumpffestmachen von Textilien,* bes. Viscosereyon. Man behandelt das Textilgut mit einer wss.-alkal. Fl. (p_H 1,2—6,5), die 0,5—1,5 (Gew.-%) eines in W. unlösl., aber in Alkalien lösl. Celluloseäthers (Oxyäthylcellulose), 1—8% Alkali (z. B. NaOH), 1—5% einer in W. lösl. Substanz, die durch Wärme (z. B. heiße Luft) in eine in W. unlösl. harzartige Substanz verwandelt werden kann (Vorkondensat eines Melamin-CH_2O-Harzes, Glyoxal, CH_2O) u. 0,5—1,5% Plastifizierungsmittel, bestehend aus 50% Sorbitmonopalmitat u. 50% Sorbittristearat mit 16 Polyoxyäthylengruppen/Mol., enthält. Die Fl. kann auch 1,3—2,9% H_2SO_4 enthalten. — 2 Beispiele. (**F. P. 1 018 479** vom 11/5. 1950, ausg. 8/1. 1953. A. Priorr. 20/5. u. 7/10. 1949.) OPPERMANN. 8037

Maison Gélot (Soc. à l. r.) und **Chapeaux Mossant (Soc. An.)**, Frankreich (Erfinder: **Jean Cotte**), *Herstellung von antiaktinischen Hutstoffen,* dad. gek., daß man Material aus Nylon, Trikot, Filz, Wolle, Baumwollpopeline mit einer gegen ultrarote u. UV-Strahlen schützenden Substanz, z. B. *phenylimidazolsulfonsaurem Na* (I), *Succinylsulfanilamid* (II), *TiO_2*, imprägniert. Man behandelt z. B. einen Nylonstoff nach dem Färben mit einer 8 (Gew.-%) I u. 4 Ameisensäure (III) enthaltenden Lsg., einen Wollstoff mit einer Lsg. aus 10 II u. 4 III. Die %-Angaben bzgl. I u. II beziehen sich auf das Stoffgewicht. (**F. P. 1 009 141** vom 26/1. 1950, ausg. 26/5. 1952.) OPPERMANN. 8039

Kiril Bougartchev, Seine, Frankreich, *Wollentfettungsmittel* in Form eines transparenten Öles, welches in jeder Konz. mit gewöhnlichem oder kalkhaltigem W. eine leichte u. stabile Emulsion gibt. Die Herst. erfolgt durch Mischen der nachst. Komponenten in einer doppelwandigen, heizbaren Knetmaschine in den angegebenen Grenzen: (51,25—84,25%) Spindelöl, (26,9—7,7%) sulfonierte pflanzliche Öle mit ca. 72% freiem Fettsäuregeh., (4,85—1,04%) Poly-, Fett- oder gewöhnlicher Alkohol oder deren Mischung, (4,24—0,49%) Lsg. von NaOH von 36° Bé oder von NH_3 24° Bé u. (12,76 bis 6,52%) pflanzliches oder tier. Olein. — Beispiel. (**F. P. 1 033 830** vom 10/3. 1951, ausg. 16/7. 1953.) RIEPE. 8061

Frank H. Lee Co., Danbury, Co., V. St. A., *Filzfähigmachen von tierischen Haaren.* Man verwendet eine wss. alkal. Lsg., enthaltend 1—3 (%) HNO_3, 0—1,5 HCl, 3—5

H_2O_2, 0,4 $P_2O_5 \cdot 24\ WO_3 \cdot 24\ H_2O$ oder 20 $MoO_3 \cdot 2\ H_3PO_4 \cdot 48\ H_2O$ u. 0,3—1,0 Äthanol. (**E. P. 695 135** vom 15/11. 1950, ausg. 5/8. 1953. A. Prior. 23/12. 1949.) SEIZ. 8067

N. V. Onderzoekingsinstituut Research, Arnhem, Holland, *Kontinuierliche Herstellung von Fäden, Fasern, Filmen aus Viscose.* Man behandelt die Fäden usw. beim Verlassen des Spinnbades zuerst mit salzhaltigen Säurelsgg., wobei das Mol.-Verhältnis zwischen Säure u. neutralem Salz <1 ist, bis das Xanthogenatverhältnis (Verhältnis der Zahl der noch vorhandenen Xanthogenatgruppen zur Gesamtzahl der Glucosegruppen) auf 0,1 u. weniger herabgesetzt ist, u. dann mit sauren salzfreien Lsgg. bis höchstens 60° u. schließlich mit Wasserdampf, bis das Xanthogenatverhältnis auf 0,003 u. weniger gesunken ist. Die Prodd. können zur weiteren Entschwefelung noch mit W. über 40° behandelt werden. — Man spinnt in ein verbessertes Müllerbad 60 Fäden von 100 den aus 40 Einzelfäden, zieht sie in 7 mm Abstand voneinander mit 60 m/Min. ab u. durch ein Bad von 80° mit 4% H_2SO_4 mit einem Säure/Salz-Verhältnis wie im Koagulationsbad, reckt um ca. 50%, führt durch ein Wasserbad von 20° mit 90 m/Min. u. durch ein 1%ig. H_2SO_4-Bad von 25°, behandelt mit Dampf, wäscht mit W. u. bleicht. (**F. P. 1 027 235** vom 6/11. 1950, ausg. 8/5. 1953. Holl. Prior. 11/1. 1950. **Holl. P. 71 765** vom 11/1. 1950, ausg. 16/2. 1953.) PANKOW. 8075

— (Erfinder: **Heinrich Fink** und **Gaston Plepp,** Wolfen, Krs. Bitterfeld), *Herstellung von hochfesten Kunstfäden und Kunstfasern aus Viscose* unter Anwendung von H_2SO_4- u. Na_2SO_4-haltigen Spinnbädern. Man spinnt in Bäder, die neben Na_2SO_4 10—14% H_2SO_4, jedoch keine Salze mehrwertiger Metalle enthalten, bringt die frisch gesponnenen Fäden in einem heißen, alkal. Quellbad, das ebenfalls keine Salze mehrwertiger Metalle enthält, zum Quellen u. verstreckt die Fäden im Quellbad, in einer besonderen heißen Salzlsg. oder in Wasserdampf. Zwischen Spinn- u. Quellbad kann ein 40—50° warme Na_2SO_4-Lsg. u. gegebenenfalls Netzmittel enthaltendes Waschbad eingeschaltet sein. (**D. P. [DDR] 2 323** Kl. 29b vom 23/7. 1939, ausg. 8/1. 1953 [Ausschließungspatent].) PANKOW. 8075

— (Erfinder: **Hermann Faber,** Premnitz, Krs. Westhavelland), *Herstellung von gekräuselten Stapelfasern aus Viscose.* Man koaguliert den Cellulosexanthogenatfaden, zieht ihn an der Abzugswalze unter oder zwischen Schabern oder Abstreifern hindurch, wodurch eine Kräuselung entsteht, die bei der anschließenden Umwandlung des Fadens in Cellulosehydrat (z. B. in einem Bad mit 10% H_2SO_4 u. 30% Na_2SO_4) erhalten bleibt. (**D. P. [DDR] 2 197** Kl. 29b vom 7/10. 1936, ausg. 20/7. 1953 [Ausschließungspatent]. **Zusatz zu D.R.P. 748 053; C. 1945. II. 96.**) PANKOW. 8075

Thüringisches Kunstfaserwerk „Wilhelm Pieck" Schwarza VEB, Rudolstadt, Thüringen (Erfinder: **Richard Bisanz,** Seewalchen/Attersee, und **Sepp Kaupp,** Schörfling/Attersee, Oberösterreich), *Herstellung von Viscosefäden bzw. -fasern von guter Festigkeit.* Man besprüht das noch ganz oder teilweise im Xanthogenatzustande befindliche Viscosefadenbündel zunächst mit 30—60° warmem W., verstreckt es in einer Wasserdampfatmosphäre von 90—100° u. kühlt es beim Austritt aus der letzteren wieder ab. Man erreicht so eine Verbesserung der Naßfestigkeit des Fasergutes sowie eine weitgehende Befreiung des Spinnmaschinenraumes von schädlichen Gasen, da das Auffangen der letzteren unmittelbar im Entstehungszustande erfolgt. — Vorr., Zeichnung. (**D. P. [DDR] 1 576** Kl. 29b vom 15/2. 1942, ausg. 24/11. 1952 [Wirtschaftspatent].) RAETZ. 8075

American Cyanamid Co., New York, N. Y., übert. von: **James K. Dixon,** Riverside, und **Norman T. Woodberry,** Stamford, Conn., V. St. A., *Animalisieren von Viscoseseide.* Man behandelt das Gut mit einer wss. koll. Dispersion von kationakt. Aminotriazin–Aldehyd-Harzen, bes. Melamin–CH_2O-Harzen. Die Seide erhält Affinität für Wollfarbstoffe. (**A. P. 2 654 715** vom 25/8. 1950, ausg. 6/10. 1953.) MÖLLERING. 8075

I. G. Farbenindustrie Akt.-Ges., Deutschland, *Schlicht- und Imprägnierungsmittel,* bestehend aus Kondensationsprodd. von CH_2O (**I**) mit aromat. Verbb., wie Xylol, u./oder z. B. Diäthylbenzol (**II**), u./oder Alkylaryläthern u./oder Alkylphenolen, z. B. tert. Butylphenol, u. einem Sikkativ, z. B. Co-, Mn-, Pb-Naphthenat. — Man behandelt z. B. *Viscosereyon* mit einer 20%ig., 0,04 g Mn-Naphthenat enthaltenden Lsg. eines Kondensationsprod. (hergestellt aus 800 [Teilen] **II** u. 1100 30%ig. **I**-Lsg. in saurem Medium) in Benzin. Die überschüssige Lsg. entfernt man durch Zentrifugieren u. trocknet die Kunstseide 2 Std. bei ca. 60°. (**F. P. 1 013 950** vom 16/11. 1942, ausg. 6/8. 1952.) OPPERMANN. 8075

Courtaulds Ltd. (Erfinder: **Leslie A. Bashford** und **George Doubleday,** St. Martin's-le-Grand), London, England, *Herstellung von Fäden oder Stapelfasern aus Cellulose-*

acetat nach dem Naßspinnverfahren. Zu Schwz. P. 279 590; C. **1952.** 7919 ist nachzutragen: Man verspinnt eine Spinnlsg. aus wss. CH_3COOH u. unmittelbar durch katalyt. Celluloseveresterung mittels $(CH_3CO)_2O$ in Ggw. von CH_3COOH u. darauffolgende Reife bei Anwesenheit von W. unter Neutralisation des Katalysators gewonnenem Celluloseacetat (**I**) in ein Spinnbad, das als wesentlichstes Fällungsmittel 50—250 g CH_3COOH je Liter u. von 20 Gew.-% bis zum Sättigungsgrad CH_3COOK enthält u. eine niedrigere Temp. (25—35°) als die Spinnlsg. (40—55°) aufweist. Das neue Verf. eignet sich bes. zur Herst. von Stapelfasern. Gegenüber dem bisher für **I** üblichen Trockenspinnverf. werden erfindungsgemäß viele Verfahrensstufen (Ausfällen des sek. **I**, dessen Stabilisierung, Waschen, Trocknen u. Wiederauflösung) erspart, die Verwendung von flüchtigen u. entzündlichen Lösungsmitteln wird vermieden u. die Wiedergewinnung des Lösungsm. erleichtert; den bekannten Naßspinnverff. gegenüber erhält man wenig spröde Stapelfasern von günstiger Dehnbarkeit, die mittels getrockneter Baumwollfarbstoffe nicht angefärbt werden. (**D. P. [DDR] 1 465** Kl. 29b vom 31/3. 1951, ausg. 22/7. 1952 [Ausschließungspatent].) RAETZ. 8077

— (Erfinder: **Hermann Deile,** Berlin-Karlshorst), *Kräuseln von Kunstfasern aus Celluloseestern oder -äthern* durch Behandlung mit heißen, bes. kochenden wss. Fll.; die Behandlungsflotten enthalten wasserlösl., niedrigmol., nicht harzartige Kondensationsprodd. aus Aldehyden, bes. CH_2O, u. NH_3 oder Aminen. Die Wrkg. der Kondensationsprodd., bes. des Hexamethylentetramins, kann durch Harnstoff (Methyl-, Äthyl-, Äthylenharnstoff) verbessert werden. Das Verf. eignet sich auch für Fasern aus organophilen Hochpolymeren, wie Polyvinylformal oder Polyvinylformalacetat, auch aus Kunstharzen mit bas. u./oder sauren Gruppen. (**D. P. [DDR] 2 310** Kl. 29b vom 17/4. 1938, ausg. 24/9. 1953 [Ausschließungspatent].) PANKOW. 8077

Courtaulds Ltd., London, England, *Herstellung von künstlichen Fäden.* Nach E. P. 675 298; C. **1953.** 9717 aus z. B. DL-Leucin u. DL-β-Alanin erhaltene α-Polypeptide, die nach E. P. 675 299 aus verschied. Lösungsmitteln in W. oder A. zu Fäden gesponnen werden, erhalten β-Konfiguration durch eine Nachbehandlung mit aliphat. Monocarbonsäuren mit 1—6 C-Atomen, die auch durch Cl-, Phenyl- oder Mercaptogruppen substituiert sein können. Geeignet sind HCOOH, Brombutter- oder -propionsäure, Thioglykolsäure oder Caprylsäure. Die mit W. nachgewaschenen Fäden sind in Bzl. unlöslich. (**E. P. 692 433** vom 12/5. 1950, ausg. 3/6. 1953.) MÖLLERING. 8079

Courtaulds Ltd., London, übert. von: **David J. Waters** und **Donald L. Wilson,** Coventry, England, *Zu Fäden verspinnbare Polythioharnstoffe.* Intermediäre Salze aus CS_2 u. Diaminen, deren NH_2-Reste durch >2 C-Atome getrennt sind, werden im wss. Medium erhitzt, bis 70—95% des theoret. erhältlichen Harzes ausgefallen sind, worauf man W. entfernt u. bis zur Spinnfähigkeit weiter erwärmt. — Zu einer Lsg. von 100 (g) Hexamethylendiamin u. 0,65 Triäthanolamin in 1750 W. setzt man bei 25° 70 CS_2 (mit einem Geh. von 1,25 Olein). Das ausgefallene Prod. wird 3mal mit W. gewaschen u. im Autoklav unter Durchleiten von Wasserdampf bei 5 u. dann bei 30 lb./sq. in. in 3 Std. polymerisiert. (**A. P. 2 647 108** vom 29/10. 1951, ausg. 28/7. 1953. E. Prior. 21/11. 1950.) MÖLLERING. 8081

American Viscose Corp., Wilmington, Del., übert. von: **Edward A. Wielicki,** Philadelphia, Pa., V. St. A., *Herstellung von Polyheptamethylenharnstoff,* der gegen Änderungen seiner Schmelzviscosität bei 250—280° mindestens 1 Std. stabil ist, erfolgt durch Erhitzen von äquimol. Mengen von Heptamethylendiamin mit $CO(NH)_2$ oder Heptamethylendiisocyanat in Ggw. geringer Mengen Anilin, asymm. Diphenylharnstoff, Diphenylamin, CH_3COOH oder Hexamethylenammoniumacetat. — Herst. kaltreckbarer *Fasern* von gleichmäßigem Titer. (**A. P. 2 653 144** vom 3/8. 1950, ausg. 22/9. 1953.) MÜLLER-MEININGEN. 8081

E. I. du Pont de Nemours & Co. (Erfinder: **Duane Lionel Green** und **Weston Andrew Hare**), Wilmington, Del., V. St. A., *Herstellung von Polyacrylsäurenitril- oder Acrylsäurenitrilmischpolymerisat-Weichmacher-Mischungen,* dad. gek., daß man Acrylsäurenitril in Ggw. eines Weichmachers für das Acrylnitrilpolymere oder -mischpolymere heterogen polymerisiert. Als Weichmacher sind cycl. Äthylenkohlensäureester, cycl. Tetramethylensulfon u. N-Acetylmorpholin genannt, die in einem Nichtlösungsm. dispergiert werden. — Z. B. wird cycl. Äthylencarbonat in Heptan dispergiert u. mit Acrylnitril nach Zusatz von α,α'-Azo-bis-$\alpha.\gamma$-dimethylvaleriansäurenitril polymerisiert. Nichtklebende, *spinnfähige Produkte.* (**D. B. P. 906 515** Kl. 39c vom 21/3. 1951, ausg. 15/3. 1954, Anmeldung bekanntgemacht 9/7. 1953.) SCHINDLER. 8081

Paul Halbig, Fribourg, Schweiz, *Herstellung von Acrylnitrilpolymeren oder -mischpolymeren.* Man polymerisiert in wss. Suspension mit organ. Peroxyden u. 2—50, bes. 10—30% (des Acrylnitril [I]) aliphat. Aldehyden, zweckmäßig unter 100°, u. erhält nicht verfärbte, zur *Fäden*herst. geeignete Polymere. — Man rührt 1200 (g) W., 1 $Ca(NO_3)_2$, 1 Gelatine oder anderes Schutzkolloid, 300 I, 60 CH_3CHO, 1 Acetylperoxyd u. 1 cm³ n/1-HNO_3 4 Std. bei 75—80° unter H_2 oder N_2. Das Polymere hat Mol.-Gew. 39000. (**Oe. P. 175 378** vom 24/11. 1951, ausg. 10/7. 1953.) PANKOW. 8081

Soc. Rhodiaceta, Frankreich, *Verspinnen von Acrylnitrilpolymerisaten.* Zur Erleichterung des Anspinnens wird die Spinndüse von außen mit einer das Polymerisat nicht lösenden Fl., deren Kp. höher als 100° liegt, durch Eintauchen oder Anfeuchten mittels eines in die Fl. getauchten Lappens benutzt. Als soche Netzmittel kommen in Frage: höhersd. Alkohole, Polyalkohole, Ketone, KW-stoffe, Amide, für sich oder in Mischung. (**F. P. 1 027 006** vom 19/10. 1950, ausg. 6/5. 1953.) GLAFEY. 8081

Imperial Chemical Industries Ltd., England, übert. von: **James Termant Dickson, Eric Ellery** und **Reginald John William Reynolds,** *Herstellung von Polyamiden* aus Diaminen u. Dicarbonsäuren der Formel $(CH_2)_x(O \cdot C_6H_4 \cdot COOH)_2$ (x = 2—10, C_6H_4 ist in p-Stellung substituiert), wie Diphenoxybutan-, -pentan-, -hexan-, -decan-4.4'-dicarbonsäure, auch zusammen mit anderen polyamidbildenden Bestandteilen. — Man erhitzt 80 (Gewichtsteile) Hexamethylendiamindiphenoxybutan-4.4'-dicarboxylat, 10 Phenol u. 0,004 H_3PO_4 als 0,25 n. wss. Lsg. 2 Std. unter N_2 im Vakuum auf 220°, dann unter N_2 1 Std. bei Normaldruck bei 282° u. erhält einen kristallinen Stoff vom F. 287,5°. Diphenoxybutandicarbonsäure (F. 339—341°) erhält man aus Na-Methyl-4-oxybenzoat mit dem halben mol. Anteil 1.4-Dibrombutan durch Kochen in Methanol. Dekamethylendiamindiphenoxyäthan-4.4'-dicarboxylat (F. 235°) gibt ein Polyamid vom F. 280—284°; Hexamethylendiamindiphenoxypropan-4.4'-dicarboxylat (F. 220°) gibt ein Polyamid vom F. 225°, das Hexamethylendiamindiphenoxyhexan-4.4'-dicarboxylat (F. 228°) ein solches vom F. 230°, das Bis-(3-aminopropoxy)-äthandiphenoxyäthan-4.4'-dicarboxylat (F. 212°) ein solches vom F. 230—234°, das Bis-(3-aminopropyl)-ätherdiphenoxyäthan-4.4'-dicarboxylat (F. 240°) ein solches vom F. 230°. Die Polyamide lassen sich in bekannter Weise aus der Schmelze *verspinnen* u. sind gegen Belichtung sehr unempfindlich. (**F. P. 1 031 783** vom 29/12. 1950, ausg. 26/6. 1953. E. Prior. 30/12. 1949.) PANKOW. 8081

Centre technique industriel: Institut Textile de France, Seine, Frankreich (Erfinder: **André Parisot** und **André Cannepin**), *Herstellung linearer Polyamide.* Man kondensiert Amide von Polycarbonsäuren mit der theoret. Menge einer CH_2O abgebenden Substanz u. erhält Polyamide, die sich in O_2-freier Atmosphäre zu *Fasern* verbesserter Elastizität verspinnen lassen. — Man erhitzt eine Lsg. von 100 g Adipamid u. 20,83 g Trioxymethylen (I) in 500 cm³ wss. 0,5 n HCl 6 Std. u. erhält nach Waschen mit heißem W. u. A. ein Polyamid vom F. 304°. — Aus Sebacamid (II), I u. Eisessig erhält man in 5 Std. am Rückfluß ein Polyamid vom F. 260°. — Aus 100 g II, 250 cm³ HCOOH 130 g H_2SO_4 (66° Bé) u. 15 g I in 200 cm³ HCOOH erhält man bei Raumtemp. in 5 Std. ein Prod. vom F. 245°. (**F. P. 1 036 636** vom 15/1. 1951, ausg. 9/9. 1953.) PANKOW. 8081

Bobingen Akt.-Ges. für Textil-Faser, Bobingen, *Polymerisieren von Lactamen von ω-Aminocarbonsäuren* mit 7 oder mehr Ringgliedern in Ggw. von alkal. Umsetzungsauslösern, dad. gek., daß man das auf Polymerisationstemp. gebrachte, geschmolzene Lactam mit einem wasserfreien, indifferenten Gas sehr intensiv wäscht u. spült. Nach den Beispielen verwendet man O_2-freien, trockenen N_2 zur Verkürzung der Reaktionszeit. — Perlon. (**D. B. P. 904 948** Kl. 39c vom 23/10. 1942, ausg. 25/2. 1954. Anmeldung bekanntgemacht 3/6. 1953.) SCHINDLER. 8081

Hermann Zill, Von der Wolle und Baumwolle zum Perlon, Nylon und Orlon. Herkunft, Geschichte, Eigenart, Eigenschaft u. Erkennen der natürl., künstl. u. synthet. Textilfasern. Wiesbaden: Selbstverl. 1954. (31 S.) DM 1,50.)

XIX. Brennstoffe. Erdöl. Mineralöle.

B. I. Božić, *Die Extraktion von Schwefel und Asche aus Braunkohlen durch Mineralsäuren.* Es wurden Verss. durchgeführt, bei denen sowohl feinzermahlene (60 Maschen) wie unzerkleinerte einheim. Braunkohlen in 1-, 5- u. 10%ig. HCl, HNO_3 u. H_2SO_4 unter gelegentlichem Umrühren auf 1 Std. eingetaucht wurden; anschließend wurde die Menge der gelösten Asche u. des S ($^2/_3$ in organ., $^1/_3$ in anorgan. Bindung) bestimmt. — Es ergab sich, daß Säure der Konz. 1 : 10 S nicht löste, hingegen wurden bei anderen Konzz. 40—50% S u. 30—50% der gesamten Asche (den kalor. Wert der Kohle erhöhend) durch diese Operation herausgelöst. Auch unzermahlene Kohlen zeigten eine Abnahme im Aschegeh. nach dem Eintauchen in die Säuren; es wurde außerdem die Wasserlöslichkeit der Braunkohlen durch 24 std. Eintauchen in dest. u. Flußwasser bestimmt, wobei sich nur wenig Asche u. kein S löste. Eintauchen in NaOH vermehrte durch Absorption des Kations den Aschegehalt. (Гласник Хемиског Друштва Београд [Ber. chem. Ges. Belgrad] **18.** Nr. 1. 45–54. 1953. Belgrad, TH, Technolog. Fak., Metallurg. Inst.) v. WILPERT. 8124

B. L. van Duuren, *Salpetersäureoxydation von Kohle.* 2. Mitt. *Die Äther-unlöslichen Bestandteile. Die Huminsäuren und das neutrale Äther-unlösliche Produkt.* (1. vgl. J. South African chem. Inst. [N. S.] **3.** [1950.] 67.) Es wurde gefunden, daß das Ae.-unlösl. Material, das bei der Salpetersäureoxydation von Kohle (vgl. l. c.) erhalten wird, den in der Literatur beschriebenen Humin- u. Nitrohuminsäuren ähnlich ist. Einige chem. Unterss. der Mischung u. die chromatograph. Trennung der Bestandteile wird diskutiert. Ein neutrales, Ae.-unlösl. Prod. konnte von dem übrigen Oxydationsprod. abgetrennt werden. (J. South African chem. Inst. [N. S.] **4.** 25–36. Juni 1951.) KLUGE. 8126

—, *Die thermische Zersetzung der Kohle.* Zusammenfassender Überblick über die bei der Verkokung der Kohle eintretenden Rkk. auf Grund von Vorträgen von ELLIS, PHILLIPPS u. COBB. (Gas J. **276** (**105**). 663–74. 9/12. 1953.) ROSENDAHL. 8142

J. K. Ghosh und **R. E. Brewer,** *Entschwefelung von Kohle während der Verkokung. Stark schwefelhaltige Indische Kohle.* Kohle aus den Ledo-Kohlengruben in Assam, Indien, mit einem S-Geh. von 7,47–7,52% (7,09–7,14% organ. S, 0,26–0,32% Pyrit-S u. 0,09–0,12% Sulfat-S) wurden durch Verkoken in Ggw. von NH_3 bei 800° wirksam entschwefelt. Durch Zusatz von Al_2O_3 wurde die Entschwefelung infolge erhöhter Zers. von NH_3 in H_2 u. N_2 noch gesteigert. Ebenso begünstigte eine längere Verkokungszeit (ca. 6 Std.) die Entschwefelung. Fe_2O_3 u. Sand sind infolge Bldg. stabiler S-Verbb. ungeeignet. Verkokung von Ledo-Kohle mit Zusatz von Na_2CO_3 $NaHCO_3$ oder Kalk ergab Kokse mit lösl. S-Verbb., die durch Auslaugen mit kochendem W. oder mit heißer verd. HCl u. kochendem W. entfernt werden konnten. (Ind. Engng. Chem. **41.** 1550–58. Aug. 1950. Pittsburgh, Pa., Bur. of Mines, Central Exp. Station.) OPPERMANN. 8142

H. Wübbenhorst, *Technische und wirtschaftliche Fragen der Verwendung und Erzeugung von Gießereikoks.* Eisentemp. u. Koksverbrauch werden bes. durch rein physikal. Eigg. des Gießereikokses, namentlich die Koksfestigkeit u. seine dadurch bedingte Stückigkeit, weniger durch den unterschliedlichen Wasser- u. Aschegeh. beeinflußt. Der Einfl. des S-Geh. ist auch von der Gattierung u. der Satzkoksmenge abhängig. Zur Erzeugung eines festen Gießereikokses ist eine untere Fettkohle mit nicht zu hohem Gasgeh. erforderlich. (Giesserei **40.** 258–62. 14/5. 1953. Düsseldorf.) HABBEL. 8144

W. K. Lewis, E. R. Gilliland und **Howard Hipkin,** *Die Umsetzung zwischen Dampf und Kohle bei tiefen Temperaturen.* Die Umsetzung zwischen Holzkohle u. trockenem Dampf gemischt mit CO, CO_2, H_2 oder Ar wurden in einem Festbett durchgeführt, um die Wrkg. von niederer Temp. u. Beschleunigern auf den Umsetzungsmechanismus untersuchen zu können. Die Ergebnisse zeigten, daß bei Tempp. unter 1200°F gute Umsetzungen erzielt werden. Die Haupterzeugnisse bei diesen Tempp. waren H_2 u. CO_2. Pottasche erwies sich als guter Beschleuniger. Bei der Erhöhung des Druckes von 1 at auf 750 Pfund je Quadratzoll verminderte sich das Ausbringen an H_2 u. CO_2 u. steigerte den Geh. an CH_4 im Endgas. In den meisten Fällen war der Geh. an CH_4 gering. Unter allen Bedingungen bildete sich ein W.–Gas-Gleichgewicht aus. Alle heterogenen Umsetzungen mit der Kohle erreichten nicht das Gleichgewicht. Die Vergasung der Kohle bei niederen Tempp. war bedeutend größer, als die extrapolierten Werte bei hohen Tempp. erwarten ließen. Daraus ergibt sich, daß H_2 u. CO_2 zu Haupterzeugnisse werden können, was im Hinblick auf die Erzeugung von H_2 von Wichtigkeit sein kann. Aus den Verss. ergibt sich weiterhin, daß bei tiefen Tempp. unter geeigneten Bedingungen die Umsetzung in der Richtung auf eine CH_4-Bldg. gelenkt werden kann. — Zahlreiche Diagramme. (Ind. Engng. Chem. **45.** 1697–1703. Aug. 1953.) ROSENDAHL. 8152

Karl Bayerlein, *Praktische Erfahrungen aus ammoniakalischen Schwefelwasserstoffwäschen.* Einteilung der Verff. in Durchlauf- u. Kreislaufwäschen. Bei der ersten Gruppe geht beladenes Waschmittel in die NH_3-Fabrik, kein Rücklauf des abgetriebenen Waschmittels. Bei der zweiten Gruppe geht abgetriebenes Waschmittel zur Wäsche zurück. Ergebnisse bei verschied. Wascherbauarten (Hordenwascher mit Stabhorden, Turmwascher mit Füllkörpern) bei Durchlaufwäschen. Kreislaufwäschen: Verff. von OTTO, STILL-REINHARD, IBING, COLLIN. (Gas, Wasser, Wärme [Wien] **8.** 25–32. Febr.; 53–61. März 1954. Dortmund.) SCHUSTER. 8172

D. Rostafińska, *Physikalisch-chemische Eigenschaften der Pyridinbasen.* Vf. untersucht den Destillationsverlauf der aus Carbolöl erhaltenen Pyridinbasen (I) zwischen 114 u. 174° u. erörtert die azeotropen Gemische von Pyridin, α-, β- u. γ-Picolin u. 2.6-Lutidin mit W., sowie die negativen azeotropen Gemische der I mit Fettsäuren im Hinblick auf die Möglichkeiten der Trennung u. Entwässerung der I. — 17 Literaturangaben. (Przemysł chem. **9** (**32**). 357—60. Juli 1953. Warszawa, Inst. Chem. ogóln.) R. K. MÜLLER. 8176

A. A. Tschewelewa, *Die Gewinnung von technischem Kreosotöl aus stark sauren Rückständen.* Vf. zeigt, daß die Ausbeute an Kreosotöl aus den Rückständen der Säurebehandlung wesentlich erhöht wird, wenn die stark sauren Rückstände nicht mit anders gearteten gemischt werden, der Ansatz wegen der Verluste durch Zers. nicht größer als 3 t. ist u. die Destillationszeit von 16 auf 6 Std. herabgesetzt wird. (Деревоперерабатывающая и Лесохимическая Промышленность [Holzverarb. holzchem. Ind.] **2.** Nr. 11. 22—23. Nov. 1953. Sjawa, Holzchem. Kombinat.) v. SCHROEDER. 8178

J. H. Gary und **H. E. Schweyer,** *Rohölherkunft und Entschwefelung.* Die Gasölfraktion von 6 verschied. Petroleumquellen mit Schwefelgeh. zwischen 0,51 u. 3,36 Gew.-% wurden bei halbfacher Katalysatorbelastung (Katalysator: Al_2O_3 mit 7,5% Co-Molybdat), 343° u. 14 at unvollständig entschwefelt, so daß der S-Geh. der erhaltenen Prodd. zwischen 0,37 u. 2,34 Gew.-% lag. Roh- u. Endprodd. wurden mittels Silicagels in ihre paraffin., naphthen., u. aromat. Komponenten zerlegt. Die Rohprodd. wurden hinsichtlich ihrer D. u. Viscosität möglichst ähnlich ausgewählt, außerdem wurden 2 Öle mit gleicher D., aber sehr verschied. Viscosität untersucht. Es zeigte sich, daß die Gesamtentschwefelung unabhängig von der Rohölquelle lediglich eine Funktion des S-Geh. des Ausgangsprod. ist, ferner daß die Paraffine leichter als die Olefine u. diese leichter als die Aromaten entschwefelt werden. (Petroleum Refiner **32.** Nr. 9. 225—28. Sept. 1953. Gainesville, Fla., Univ.) BANKOWSKI. 8194

A. Zwergal und **H. Umstätter,** *Dopes und Additives.* Sammelreferat über Zusätze zu Treib- u. Schmierstoffen, im einzelnen Inhibitoren, Aktivatoren, Klopfbremsen Hochleistungszusätze, Hochdruckzusätze, Kristallisationsverzögerer, Viscositäts-Index-Verbesserer u. rheolog. wirksame Zusätze. — 90 Literaturzitate. (Erdöl u. Kohle **5.** 177—80. März; 237—40. April 1952. Berlin-Dahlem.) GERHARD GÜNTHER. 8204

Alexander Philippowich, *Die Rostschutzwirkung von Ölen und ihre Messung.* Vf. bespricht die Grundlagen der Rostschutzverff., die auf der Bldg. eines Filmes auf dem zu schützenden Metall beruhen. Die bisherigen Prüfverff. für die Wirksamkeit solcher Mittel werden besprochen. Für die Prüfung von ölfilmbildenden Mitteln wird eine neue Meth. bekanntgegeben. Hierbei werden je 3 Eisenbleche der Abmessung $1 \times 10 \times 100$ mm mit einem Stielansatz nach gleichmäßiger Reinigung mit einer 50 oder 10 Vol.-% ig. Lsg. des Öles in Leichtbenzin, Bzl. oder Bzl.-A. benetzt u. dann 10 Min. der Einw. von 100 cm³ n/50 H_2SO_4 ausgesetzt. Die gelöste Eisenmenge wird mit n/100 $KMnO_4$-Lsg. titriert. Aus dem Wert 100 für vollkommenen Schutz u. dem Wert 0 für einen Blindvers. erhält man den Korrosionsschutzwert. Dieser ist materialabhängig. Er zeigt eine der Praxis entsprechende Einstufung der Öle, wobei die Abhängigkeit der Wrkg. der Konz. bei den einzelnen Prodd. sehr verschieden ist, ergibt deutliche Beziehungen zum Raffinationsgrad von Ölen u. steht offenbar auch in Beziehung zur Schmiereignung. (Erdöl u. Kohle **5.** 211—14. April 1952.) GERHARD GÜNTHER. 8220

H. E. Priston, *Die Auswahl der Schmiermittel für industrielle Zwecke.* Es wird eine Übersicht gegeben, welche Ansprüche die verschied. Arten industrieller Schmierung, wie z. B. diejenige von Dampfmaschinen, von Dampfturbinen, von Dieselmaschinen, Kompressoren u. dgl. an die Schmiermittel stellen. (Chem. and Ind. **1953.** 809—13. 1/8. London, Shell Mex House.) K. L. WOLF. 8220

H. Schäfer, *Prüfung und Überwachung von Schmierstoffen in Labor und Betrieb.* Es wird im Hinblick auf die Bedürfnisse der Textilmaschinen eine Übersicht über die Arten der Schmiermittel, über die Verff. zu deren Charakterisierung u. über die Schmiermittelüberwachung im Betrieb gegeben. (Textil-Prax. **9.** 90—94. Jan. 1954.) K. L. WOLF. 8222

A. Scheuerer, *Über das Abbindeverhalten dünner Filme von Verschnittbitumen verschiedenartiger Zusammensetzung.* Die Normendest. der Verschnittbitumina liefert einen Rückstand, dessen Erweichungspunkt stets unterhalb desjenigen eines dünnen, 8 Tage alten Bitumenfilms liegt. Dieser Rückstand hat die Konsistenz des im Straßenbelag zurückbleibenden Bindemittels. Die Viscosität ist maßgebend für die anfängliche

Klebe- u. Ritzkraft. Bei Anwendung von weichen Bitumina bleibt die Klebekraft lange Zeit auf höheren Werten u. die Ritzkraft sowie ihr Anstieg auf geringeren. Die Fähigkeit des Bindemittels, Mineralkörner festzuhalten, ist gebunden an den Übergang des bituminösen Materials aus dem ölig-fl. in den halbfesten-plast. Zustand. (Bitumen, Teere, Asphalte, Peche verwandte Stoffe **4.** 99—103. April 1953. Berlin.) F. C. Müller. 8224

Lurgi Gesellschaft für Wärmetechnik m. b. H., Frankfurt/M., *Kühlen von heiß gepreßten Briketts.* Die aus der Presse anfallenden Briketts werden unmittelbar mit stückigen, körnigen oder pulverförmigen Stoffen (z. B. Feinkohlen, Torfmull oder Sägemehl) zusammengebracht u. von diesen nach erfolgtem Wärmeaustausch wieder getrennt. (**D. B. P. 899 792** Kl. 10b vom 20/5. 1944, ausg. 17/12. 1953.) W. Hauswald. 8137

Federativna Narodna Republika Jugoslavija Savetza Energetiku i Extraktivnu Industriju vlade FNRJ, Belgrad (Erfinder: **Bozidar Popovic** und **Max Samec**), *Gas- und Kokserzeugung aus Steinkohlen mit Kohlen junger Formation.* >60(%) einer vermahlenen jungen Kohle werden mit blähender Kohle vermischt u. verkokt; z. B. 61—80 auf unter 1 mm vermahlene Braunkohle mit 29—20 auf unter 2 mm vermahlene Steinkohle oder 40—30,5 Braunkohle, 40—30,5 Lignit u. 20—39 Steinkohle, oder eine Braunkohlen–Lignit-Mischung wird mit Harz u. schwerem Teer brikettiert u. verkokt. (**Oe. P. 177 201** vom 11/1. 1951, ausg. 11/1. 1954.) Holm. 8143

Heinrich Koppers G. m. b. H. (Erfinder: **Friedrich Totzek**), Essen, *Erzeugung eines teerfreien Brenngases durch Vergasung bituminöser Brennstoffe.* Diese werden während der in dünner Schicht erfolgenden Zuführung zum Vergaser durch oberhalb der Schicht eingeführte erwärmte Luft (O_2) teilweise verbrannt u. entgast. — Vorrichtung. (**D. B. P. 901 835** Kl. 24e vom 6/2. 1943, ausg. 14/1. 1954.) v. Huhn. 8149

Heinrich Koppers G. m. b. H. (Erfinder: **Friedrich Totzek**), Essen, *Herstellung von Synthesegas durch Vergasen von staubförmigen Brennstoffen in der Schwebe.* Der Brennstoff wird mit O_2 gemischt in den Reaktionsraum eingeblasen u. dort mit einem Gemisch aus endotherm reagierenden Vergasungsmitteln (H_2O, CO_2) u. aus einem Teilstrom des erzeugten Wassergases in Berührung gebracht. (**D. B. P. 901 834** Kl. 24e vom 30/1. 1942, ausg. 14/1. 1954.) v. Huhn. 8153

Koppers Co., Inc., Pittsburgh, übert. von: **Leslie W. Royer**, Aliquippa, Pa., V. St. A., *Abtrennen von H_2S aus Gasgemischen,* bes. aus solchen mit CO_2, die beim Abtreiben einer zur Schwefelwäsche von Koksofengas benutzten alkal. Lsg. anfallen. Das Gasgemisch wird mit einem für H_2S selektiven fl. Absorptionsmittel, wie Diäthylbenzol, Anilin oder Kerosin, in mehreren Stufen behandelt u. der H_2S daraus abgetrieben. (**A. P. 2 614 904** vom 4/12. 1946, ausg. 21/10. 1952.) Demmler. 8173

United States of America, übert. von: **Joseph W. Horne** und **Peter R. Tisot**, Laramie, Wyo., V. St. A., *Gewinnung von Paraffinen aus Schieferöl,* u. zwar paraffin. u. olefin. Wachse von hohem F. durch Lösungsmittelextraktion einer Schieferöldestillatfraktion (Kp. 675—950° F), um das darin enthaltene Wachsmaterial zu isolieren u. die Olefine daraus abzutrennen u. von den Paraffinen zu scheiden. Man verwendet als Lösungsm. Methyläthylketon zur Extraktion. — Zeichnung. (**A. P. 2 642 380** vom 5/7. 1951, ausg. 16/6. 1953.) Unger. 8181

Petrolite Corp., Ltd., Wilmington, Del., übert. von: **Melvin De Groote**, University City, und **Bernhard Keiser**, Webster Groves, Mo., V. St. A., *Herstellung eines Demulgierungsmittels für Erdöl–Wasser-Emulsionen,* dad gek., daß man einen sauren Triricinoleinester einer zweibas. Säure mit nicht mehr als 10 C-Atomen, z. B. Phthalsäure, Adipinsäure, Diglykolsäure, mit einem Polyalkylenglykol, z. B. Nonaäthylenglykol, bei 265—365° verestert. (**A. P. 2 505 824** vom 12/3. 1947, ausg. 2/5. 1950.) Oppermann. 8191

Pure Oil Co., übert. von: **G. W. Ayers, M. J. Geerts** und **W. A. Krewer**, Chicago, Ill., V. St. A., *Entfernung von H_2S und Mercaptanen aus flüssigen oder gasförmigen Erdölkohlenwasserstoffen* bzw. Fraktionen davon durch Behandlung mit einem mit einem Amin modifizierten Kunstharz aus Methacrylat, Vinylchlorid, Vinylacetat oder Alkydharz. In dem modifizierten Harz sind die Amingruppen an den Kunstharzrest durch eine Alkoxygruppe gebunden. — Das mit H_2S gesätt. Harz spaltet beim Erhitzen das H_2S-Gas wieder ab. (**Can. P. 487 276** vom 18/7. 1949, ausg. 14/10. 1952. A. Prior. 21/8. 1948.) M. F. Müller. 8195

Badische Anilin- & Soda-Fabrik, Ludwigshafen/Rh. (Erfinder: **Hans Schappert**, Pittsburgh, V. St. A.), *Druckhydrierung von Teeren, Mineralölen und Kohlen unter Verwendung mehrerer hintereinandergeschalteter Wärmeaustauscher zur Rück-*

gewinnung der in den abziehenden Gasen u. Reaktionserzeugnissen enthaltenen Wärme, dad. gek., daß man im kälteren Wärmeaustauscher nur Hydriergas aufheizt u. dieses dann zusammen mit dem zu hydrierenden Ausgangsstoff durch die nachfolgenden Wärmeaustauscher leitet. — Zeichnung. (**D. B. P. 874 439** Kl. 12o vom 4/1. 1944, ausg. 23/4. 1953.) G. KÖNIG. 8199

Badische Anilin- & Soda-Fabrik Akt.-Ges., Ludwigshafen/Rh. (Erfinder: **Franz Sabel**, Trier), *Herstellung von stickstofffreien Wasserstoff–Kohlenoxyd-Gemischen in Hochöfen oder ähnlichen metallurgischen Schmelzöfen.* Die Gemische, die sich zur Herst. von *KW-stoffölen* oder *Alkoholen* eignen, werden mit reinem O_2 u. H_2O-Dampf, gegebenenfalls außerdem noch mit CO_2 oder einem Teil des dem Hochofen entnommenen Gases oder Gemischen beider Gase hergestellt, indem von den Vergasungsmitteln, ausgenommen O_2, ein Teilstrom auf hohe Temp. vorgewärmt u. die Einstellung des Hochofenganges u. der Gaszus. durch Veränderung der Gasmenge in beiden Teilströmen u. der O_2-Menge vorgenommen wird. (**D. B. P. 865 459** Kl. 18a vom 4/11. 1936, ausg. 2/9. 1953.) HOCHSTEIN. 8201

Standard Oil Development Co., Elizabeth, N. J., übert. von: **Max A. Mosesman**, Bayton, Tex., V. St. A., *Herstellung eines Fischer-Tropsch-Katalysators*, bestehend aus Fe oder Fe-Oxyd u. einem Alkali-Metallferrat, z. B. K_2FeO_4, Na_2FeO_4, Li_2FeO_4. Man brennt z. B. ein Gemisch von 2 Teilen feinverteiltem Fe u. 3 Teilen Alkalinitrat, z. B. KNO_3, $NaNO_3$, $LiNO_3$, ab, erhitzt das Reaktionsprod. 4 Std. in einer freien O_2 enthaltenden Atmosphäre auf 1000° F, pulverisiert es u. formt es zu Kugeln von $^1/_8$ in. Durchmesser. Die Kugeln erhitzt man bei Atmosphärendruck in Ggw. von H_2 (1000 Vol. H_2/Vol. Katalysator u. Std.) 24 Std. auf 700° F. (**A. PP. 2 503 963** vom 15/8. 1949, u. **2 503 964** vom 20/12. 1946, beide ausg. 11/4. 1950.) OPPERMANN. 8201

Standard Oil Development Co., Elizabeth, N. J., übert. von: **James C. Schiller**, **Sam R. Bethea** und **Max A. Mosesman**, Baytown, Tex., V. St. A., *Kohlenoxydhydrierung zu Kohlenwasserstoffen und O-haltigen organischen Verbindungen* erfolgt bei höheren Tempp. (350—800° F) u. Drucken bis 800 lbs./sq.in. mit Katalysatoren (**I**) aus Oxyden oder Salzen von Metallen der 8. Gruppe des Period. Syst. in Mischung oder aufgetragen auf Verbb. (**II**), die gegen einen Zerfall in pulverförmige Teilchen unter den Reaktionsbedingungen widerstandsfähig sind, z. B. natürliche bas. Tone, Spinelle aus der II. Gruppe des Period. Systems. **I** werden bevorzugt absatzweise oder fortlaufend an *mehreren* Stellen des Reaktionsraumes, entweder als Lsg., beim Gebrauch von Salzen, wie Fe-, Co-, Ni-Nitrat, -Chlorid, -Acetat, Na-, K-, Li-Ferrate, -Trioxalatferrate), oder als pulverförmige Oxyde, bes. Fe_2O_3, Fe_3O_4, eingeführt. Aktivatoren, wie Alkalien oder Alkaliverbb., können Anwendung finden. Trennung der austretenden Reaktionsmischung in bekannter Weise. — Zeichnung. (**A. P. 2 546 017** vom 11/12. 1948, ausg. 20/3. 1951.) G. KÖNIG. 8201

California Research Corp., übert. von: **William H. Schiffler**, San Francisco, Calif., V. St. A., *Vergasen von Abfallschwefelsäure, Säureschlamm und Säureteer unter Gewinnung von H_2S und von $N_2 + H_2$ oder $CO + H_2$ enthaltenden Synthesegasen.* Die Ausgangsstoffe fallen beim Reinigen von Erdöldestillaten mit H_2SO_4 an. Die Abfallsäuren werden bei >2200° F mit so viel O_2 enthaltenden Gasen verbrannt, daß der gesamte C zu CO verbrannt wird, aber nur wenig CO_2 entsteht u. die Abgase noch H_2 enthalten. Säureschlamm wird mit so viel Brennöl gemischt, daß das Atomverhältnis von C:O im Gemisch über 1:1 liegt. Dieses Gemisch wird in feinzerteilter Form der Verbrennungszone zugeführt, in der ein Druck von 10—20 at herrscht. Man kann den Schlamm auch mit W. u. Dampf bei erhöhter Temp. behandeln, die sich bildende Teerschicht von der Säureschicht trennen u. den Teer mit Brennöl mischen. Zur Gewinnung von $N_2 + H_2$ enthaltenden Gasen verbrennt man mit 65%ig. O_2 u. entfernt aus den Verbrennungsgasen nacheinander den H_2S u. die C-Oxyde. Zur Gewinnung von $CO + H_2$ enthaltenden FISCHER-TROPSCH-Synthesegasen verbrennt man mit 95%ig. O_2 u. entfernt aus den Abgasen H_2S u. CO_2. (**A. P. 2 644 797** vom 9/12. 1947, ausg. 7/7. 1953.) ZÜRN. 8201

Albert Mirles und **Jacques Bergier**, Frankreich, *Herstellung von Synthesegas.* Ein aus CO, H_2, CH_4 bestehendes Synthesegas mit einem geringen Geh. an höheren KW.-Stoffen erhält man durch Einw. von Entladungen eines Wechselstroms von 100 bis 500 V auf feste oder fl. Brennstoffe (z. B. ein Gemisch von Torf u. Asphalt) in einer Wasserdampf enthaltenden Atmosphäre in Ggw. in W. lösl. Salze, z. B. von Mg, Zn, Ca, Cd, Hg oder Ga. — Vorrichtungen. (**F. P. 998 041** vom 27/9. 1949, ausg. 14/1. 1952.) OPPERMANN. 8201

N. V. de Bataafsche Petroleum Mij., Holland, *Nickelkatalysatoren*, die bei höherer Temp. stabil sind, erhält man durch Fällen des Ni in einer Ni-Salzlsg., z. B. $Ni(NO_3)_2$, mit einer Alkalisilicatlsg. (K-Metasilicat) im atomaren Verhältnis von Ni:Si wie 1:1 bis 1:3 (vorzugsweise 3:4) bei einer Temp. unter 60°. Dabei werden Temp. u. Dauer der Behandlung so gewählt, daß wenigstens die Hälfte des Nd. aus Ni-Montmorillonit besteht. Danach wird filtriert, mit warmem W. gewaschen u. getrocknet, gegebenenfalls bei SiO_2-Überschuß unter Zusatz eines Al-Salzes [$AlCl_3$, $Al(NO_3)_3$]. Die Red. erfolgt mit H_2 oder H_2-haltigen Gasen bei 500—700°. Verwendung der Katalysatoren für die Herst. von CO u. H_2 aus CH_4 u. Wasserdampf. (**F. P. 1 034 423** vom 24/3. 1951, ausg. 23/7. 1953. Holl. Prior. 27/3. 1950.) RIEPE. 8201

Krupp Treibstoffwerk G. m. b. H., Deutschland, *Fischer-Tropsch-Synthese.* Zur Schonung der Katalysatoren sowie zur Vermeidung einer unerwünscht hohen Bldg. von CH_4, bes. zu Beginn der Synth. imprägniert man die vorher gegenüber Luft mit CO_2 inaktivierten Katalysatoren im Kontaktofen mit einer Fraktion der CO-Hydrierung (Kp. 220—230°) unter gleichzeitigem Einleiten von Synthesegas von oben her. Die Synth. verläuft hierbei anfangs prakt. in fl. Phase. Mit fortschreitender Zunahme der CO-Hydrierung vermindert man die Zugabe von Imprägnierungsmittel nach u. nach u. stellt sie schließlich völlig ein. (**F. P. 1 004 318** vom 4/4. 1947, ausg. 28/3. 1952.) OPPERMANN. 8201

Rheinpreußen Akt.-Ges. für Bergbau und Chemie, Homberg, Ndrh., *Katalytische Hydrierung von CO mit Wasserdampf.* Das Reaktionsgemisch wird bei Tempp. zwischen 150—350°, bes. bei 180—280°, über an sich bekannte Hydrierungskatalysatoren geleitet. Die Katalysatoren werden mit CO u. danach mit H_2 oder mit einem Gemisch von CO u. H_2 aktiviert. Den Katalysatoren können Aktivatoren, wie Alkalien, Erdalkalien, Mg, Th-Oxyd, Cer-Oxyd, Al_2O_3, Cr_2O_3, Mn, V, B, Cu, Ni, Ag oder Au, zugesetzt werden. Die Katalysatoren sind gegebenenfalls auf Trägermaterialien, wie Kieselgur, Talkum, Dolomit, Kalkstein, Aktivkohle oder Bimsstein niedergeschlagen. Die CO-Hydrierung wird in mehreren Stufen oder im Kreislauf durchgeführt. (**Oe. P. 175 878** vom 21/2. 1952, ausg. 25/8. 1953. D. Priorr. 7/2. u. 27/6. 1949.) M. F. MÜLLER. 8201

Sinclair Refining Co., New York, N.Y., übert. von: **Reading Barlow Smith,** Hammond, Ind., V. St. A., *Pyrolytische Umwandlung von Kohlenwasserstoffen mit einem Katalysator.* Unterscheidet sich von bekannten Verff. dadurch, daß die Reaktionszone, die Abstreifzone u. die Regenerationszone in e i n e m Gefäß — in der Hauptsache in zwei konzentr. Zylindern — untergebracht sind. In den unteren Teil der zentralen Reaktionszone (innerer Zylinder) strömen regenerierter Katalysator (Al-Silicat) u. die Öldämpfe. Der Katalysator scheidet sich als dichtere Phase ab u. die Dämpfe strömen am oberen Ende der Reaktionszone ab, wo sie größtenteils vom Katalysator frei werden. Dieser sammelt sich in der Reaktionszone an, fließt am oberen Ende in die umgebende Zone, in der nacheinander die Abstreifung u. Regenerierung des Katalysators in dem Maße vor sich geht, wie er sich als dichte Phase in der äußeren Zone abwärts bewegt. In den unteren Teil der äußeren Zone wird Luft eingeführt u. über den ganzen Querschnitt der umgebenden Zone verteilt; sie strömt durch das dichte Katalysatorbett aufwärts, wobei der auf dem Katalysator niedergeschlagene Koks verbrennt. Die heißen Verbrennungsgase dienen zur Abstreifung der adsorbierten KW-stoffe u. strömen mit diesen in den oberen Teil des Gefäßes. Arbeitstempp.: Reaktionszone 800—1000° F. Regenerationszone 950—1200° F. — Zeichnung. (**A. P. 2 556 114** vom 27/6. 1947, ausg. 5/6. 1951.) UNGER. 8201

Universal Oil Products Co., Chicago, übert. von: **Warren W. Johnstone,** Riverside, Ill., V. St. A., *Entsäuern von Kohlenwasserstoffdestillaten* durch Behandlung mit N.N'-Di-sek.-butyl-p-phenylendiamin (I) (in mol. Überschuß über die mol. Menge der anwesenden Mercaptane). Man läßt das *Leichtbenzin* in Ggw. von Luft stehen, bis es nicht mehr sauer ist, entfernt den Überschuß des I durch Behandlung des entsäuerten Leichtbenzins mit H_2SO_4 (70%), mischt das angesäuerte I mit saurem Leichtbenzin u. behandelt letzteres mit Alkali, um das I in Freiheit zu setzen. — Zeichnung. (**A. P. 2 634 231** vom 16/4. 1951, ausg. 7/4. 1953.) UNGER. 8201

Standard Oil Development Co., Elizabeth, N. J., V. St. A., *Veredlung von Erdölfraktionen,* wie Bzn., geschieht durch Behandeln mit H_2 in Ggw. von Ni- oder Wo-Sulfid bei 400—600° F u. 50—300 lbs./sq.in. (**E. P. 660 155** vom 16/2. 1949, ausg. 31/10. 1951. A. Prior. 8/7. 1948.) LANGER. 8201

Universal Oil Products Co., übert. von: **R. B. Day,** Chicago, Ill., V. St. A., *Alkylieren von cyclischen Kohlenwasserstoffen,* bes. von *aromat.* KW-stoffen, wie Bzl., mit einem Olefin, z. B. Äthylen, unter Zusatz von HCl in Ggw. einer Komplexverb. von $AlCl_3$ mit einem aliphat. Olefin-KW-stoff bei —10 bis 120°. Der Katalysator enthält 60—85% $AlCl_3$. — Zeichnung. Vgl. A. P. 2 403 342; C. **1947.** 567. (**Can. P. 474 656** vom 12/4. 1945, ausg. 19/6. 1951. A. Prior. 29/4. 1944.) M. F. MÜLLER. 8201

Shell Development Co., übert. von: **A. J. Johnson**, San Francisco, Calif., V. St. A., *Herstellung von aromatischen Kohlenwasserstoffen* aus einem Gemisch von Naphthen-KW-stoffen u. Olefinen, welches diese KW-stoffe im Verhältnis 0,5:1—2:1 enthält, durch katalyt. Dehydrierung unter Verwendung eines Sulfids eines Metalles der Fe-Gruppe mit einem geringen Geh. an W-Sulfid. Das bei der Dehydrierung mindetsens 80% H_2 enthaltende entweichende Abgas wird mit dem zu behandelnden KW-stoff-gemisch im Verhältnis von 3 Mol auf 1 Mol in die Rk. genommen. Als Ausgangsmaterial dient z. B. eine naphthen. Erdölfraktion von 195—250° F. (**Can. P. 489 867** vom 7/6. 1943, ausg. 20/1. 1953. A. Prior. 8/9. 1942.) M. F. MÜLLER. 8201

Badische Anilin- & Soda-Fabrik (Erfinder: **Helmut Nonnenmacher** und **Wilhelm v. Füner**), Ludwigshafen/Rh., *Katalytische raffinierende Hydrierung von Kohlenwasserstoffölen*, bes. leichtsd. Erdölfraktionen (Teeren usw.) bei 250—475° bei n. oder erhöhtem Druck. Als Katalysatoren dienen Oxyde oder Sulfide der Metalle der 2. Gruppe des Period. Syst., die mit einer kleinen Menge eines Oxyds oder Sulfids der Metalle der 5.—8. Gruppe, bes. der Fe-Gruppe, versehen sind (z. B. ZnO + NiO bzw. NiS). Man verwendet weniger als 500 Liter H_2 je kg Ausgangsstoff. (**D. B. P. 893 389** Kl. 23b vom 6/12. 1951, ausg. 15/10. 1953.) UNGER. 8201

Gulf Research & Development Co., Pittsburgh, übert. von: **Charles W. Montgomery** und **George L. Sumner jr.**, Oakmont, Pa., und **Lloyd Berg**, Bozeman, Mont., V. St. A., *Katalytische Isomerisation von Olefinkohlenwasserstoffen*. Olefine enthaltendes Bzn. wird bei 300—600° über Al_2O_3, das 2 Std. bei 250—400° mit gasförmigem HF behandelt worden war, geleitet. Die Durchsatzgeschwindigkeit soll 0,1—20 Vol. KW-stoffdampf je Vol. Katalysator je Std. betragen. — Dadurch wird die Octanzahl erhöht. (**A. P. 2 568 964** vom 20/1. 1947, ausg. 25/9. 1951.) DERSIN. 8201

Atlantic Refining Co., übert. von: **F. G. Ciapetta**, Philadelphia, Pa., V. St. A., *Isomerisieren von gesättigten Kohlenwasserstoffen*, bes. von Hexan oder 2.4-Dimethylpentan, bei 500—850° F in Ggw. von H_2 mit einem Isomerisierungskatalysator, welcher aus 95—40% SiO_2 u. 5—60% Al_2O_3 besteht u. außerdem 2—20% eines Hydrierungskatalysators, z. B. eines Mo-haltigen Metallkatalysators, enthält. (**Can. P. 487 392** vom 28/4. 1950, ausg. 21/10. 1952. A. Prior. 6/5. 1949.) M. F. MÜLLER. 8201

Standard Oil Development Co., übert. von: **Russell L. Daussat** und **Ottis W. Moack**, Baton Rouge, La., V. St. A., *Katalysator für die Hydroformierung von Naphthenenkohlenwasserstoffen zu Aromaten*, bestehend aus Mo-Oxyd, Al_2O_3 u. Ton. Man imprägniert z. B. $Al_2O_3 \cdot 3H_2O$ mit einem Na-Geh. von 0,17% Na_2O mit einer wss. Ammoniummolybdatlsg. derart, daß der fertige trockene Katalysator ca. 8% Mo-Oxyd enthält, erhitzt das Prod. auf 1150—1200° F, pulverisiert es u. mischt es mit ca. 20 Gew.-% plast. Ton mit niedrigem Na-Gehalt. Dann formt man das angefeuchtete Gemisch zu $^3/_{16}$ in. Kugeln, trocknet sie u. erhitzt sie 4 Std. auf 1150—1200° F. Der Na-Geh. des fertigen Katalysators soll nicht mehr als 0,1% betragen. (**A. P. 2 502 930** vom 30/6. 1944, ausg. 4/4. 1950.) OPPERMANN. 8201

Phillips Petroleum Co., übert. von: **Howard R. Sailors**, Bartlesville, Okla., V. St. A., *Herstellung eines Aluminiumhalogenid–Kohlenstoff-Trägerkatalysators*, bes. aus einem bei der Isomerisation, Polymerisation oder Alkylierung verbrauchten Katalysators. Der inakt. gewordene, z. B. Bauxit, Zeolith, Kieselgur oder Permutit als Träger enthaltende Katalysator, der noch KW-stoffreste enthält, wird langsam auf 400 bis 900° F erhitzt, wobei das Al-Halogenid verdampft u. in den Poren des Trägers Aktivkohle abgelagert wird. Der so gewonnene Katalysator kann mit Al-Bromid oder -Chlorid zwecks Wiederverwendung behandelt werden. — Zeichnung. (**A. P. 2 577 591** vom 10/12. 1947, ausg. 4/12. 1951.) STEIL. 8201

Shell Development Co., übert. von: **S. H. McAllister**, San Francisco, Calif., V. St. A., *Herstellung von Motortreibmitteln* aus KW-stofffraktionen von verschied. Mol.-Gew., welche tert. Olefine u. entsprechende n-Olefine enthalten, z. B. Buten, Isobutylen u. n-Butylen, sowie Pentan, tert. Amylene u. n-Amylen, durch katalyt. Polymerisation. — Das Ausgangsgemisch wird in der Weise aufgearbeitet, daß das Isobutylen selektiv aus der Isobutylen enthaltenden Fraktion unter Verwendung eines Polymerisationskatalysators in fl. Phase unter nichtpolymerisierenden Bedingungen entfernt wird. — Die tert. Amylene werden aus einer anderen Fraktion mit dem Polymerisationskatalysator in fl. Phase unter nichtpolymerisierenden Bedingungen selektiv extrahiert. Als Nebenprod. wird dabei ein Rückstand erhalten, welcher aus n-Amylen besteht. Dieser Rückstand wird mit dem Isobutylenextrakt in Ggw. des Polymerisationskatalysators unter polymerisierenden Bedingungen behandelt, wobei *Nonylene* entstehen. Ebenso wird der Rückstand von der Isobutylenextraktion, welcher n-Butylen enthält, zusammen mit dem Extrakt der tert. Amylene in Ggw.

des fl. Polymerisationskatalysators unter polymerisierenden Bedingungen behandelt, wobei ebenfalls Nonylene entstehen. — Die polymerisierten Gemische werden für sich aufgearbeitet u. dabei in eine polymerhaltige KW-stoffphase u. in eine fl. Polymerisationskatalysatorphase zerlegt. Der hierbei erhaltene Polymerisationskatalysator wird zur Absorption des tert. Amylens verwendet u. der Katalysator, welcher von den KW-stoffprodd., welche bei der Interpolymerisation des Isobutylen–n-Amylen-Gemisches entstehen, getrennt wurde, wird zur Absorption des Isobutylens verwendet. — Die Zwischenpolymerisation der niedriger sd. tert. Olefine mit den als Rückstand gewonnenen höhersd. n-Olefinen wird unter weniger energ. Bedingungen ausgeführt als die Zwischenpolymerisation der höhersd. tert. Olefine mit den als Rückstand gewonnenen niedriger sd. n-Olefin-KW-stoffen. — Zeichnung. (**Can. P. 475 718** vom 16/10. 1945, ausg. 31/7. 1951. A. Prior. 18/11. 1944.) M. F. Müller. 8201

Koppers Co., Inc., Pittsburgh, Pa. (Erfinder: **Bernard I. C. van der Hoeven**, Beaver, Pa., und **John W. Unroe**, Steubenville, O.), V. St. A., *Erzeugung von nitrierfähigem Benzol* aus dem Rohleichtöl (I) der Kohlendestillationsgase, wobei das gesamte I ohne vorherige Säurewäsche den mittleren Böden einer Glockenbödendestillierkolonne zugeführt u. in 3 Fraktionen zerlegt wird. Die Kopffraktion (Vorlauf) enthält alle niedrigsd. S-Verbb. des **I**, die Seitenfraktion (Mittelfraktion) nur die Nichtaromaten des **I** u. die Bodenfraktion 95% des im **I** enthaltenen Benzols. Man gewinnt daraus nach erfolgter Säurewäsche u. Alkalibehandlung durch eine fraktionierte Dest. nitrierfähiges Benzol. (**D. B. P. 890 502** Kl. 12o vom 3/10. 1950, ausg. 21/9. 1953. A. Prior. 13/2. 1941.) Unger. 8203

Standard Oil Development Co., übert. von: **Robert E. Schexnailder jr.**, Baton Rouge, La., V. St. A., *Katalysator für die Umwandlung von Kohlenwasserstoffölen in Treibstoffe.* Ein aus Lsgg. von Natriumaluminat u. Natriumsilicat hergestelltes Al–Si-Hydrosol wird bei 80—200° F in einer wasserunlösl. Fl. dispergiert. Das Hydrosol setzt sich in ein Hydrogel um, dessen p_H-Wert auf 5—6 eingestellt wird. Nach Abscheidung der Fl. u. Einstellung des p_H-Wertes auf 3,8—4,5 wird das Gel gewaschen, getrocknet u. aktiviert. (**A. P. 2 582 722** vom 3/10. 1947, ausg. 15/1. 1952.) v. Huhn. 8205

Guillaume Ernest Marie Eeman, Frankreich, *Antiklopfmittel für Auto- und Fliegerkraftstoffe.* Sie bestehen aus einem Gemisch von 35—65 (Gew.-%) Bleitetraäthyl, 10 Monochlornaphthalin, 20 Äthylendibromid u. 5—35 Trichloräthylen. (**F. P. 999 147** vom 16/11. 1945, ausg. 28/1. 1952.) Oppermann. 8209

Ruhrchemie Akt.-Ges., Oberhausen-Holten (Erfinder: **Carl Clar** und **Nikolaus Geiser**, Duisburg-Hamborn), *Herstellung beständiger synthetischer Schmieröle* unter Verwendung von aromat. S–N-Verbb., bes. Thiodiphenylaminen (**I**), wie Phenthiazin (**II**), als Antioxydationsmittel, dad. gek., daß man bei der in bekannter Weise durch Kondensation oder Polymerisation von KW-stoffen erfolgenden Herst. der synthet. Schmieröle in die Ausgangs-KW-stoffe oder auch in die fertigen Schmieröle Stoffe einbringt, z. B. Diphenylamin u. S, die **I**, z. B. **II**, oder andere aromat. S–N-Verbb. zu bilden vermögen, worauf man gleichzeitig mit der Kondensation oder Polymerisation oder in den fertigen Schmierölen die Bldg. der aromat. S–N-Verbb. vornimmt. — Man versetzt z. B. Spaltbenzin (Kp. 30—270°, 70% Olefingeh.) mit Diphenylamin u. S u. polymerisiert in Ggw. von $AlCl_3$. (**D. B. P. 874 823** Kl. 23c vom 22/8. 1942, ausg. 27/4. 1953.) Dersin. 8221

Anglamol Ltd., London, England, *Herstellung synthetischer Schmieröle*, bestehend aus Äthern mit extrem hohem Viscositätsindex von >90 u. Viscositäten von wenigstens 50 sec. Sayboldt bei 100° F. Man trennt von chloriertem Paraffinwachs mit 18—24 C-Atomen im Mol. durch Ausschmelzen oder selektive Extraktion die nichtchlorierten KW-stoffe ab u. trennt dann die Monochlorwachse (**I**) von den Dichlorwachsen (**II**) durch Auflösen in Aceton u. Abkühlen auf —20° F, wobei die **I** ausfallen, während die **II** u. Polychlorwachse in Lsg. bleiben. Die **I** werden dann mit Metallverbb., z. B. Na-Salzen von Verbb. der allg. Formel RXH, in der R einen Rest mit mindestens einem C-Ring, X = O oder S bedeutet, z. B. Phenol, Kresol, Xylenol, Phenyläthylalkohol, Naphthol, Di- u. Triphenylcarbinol, Cinnamylalkohol, Thiophenol, Phenylcyclohexanol, Methylcyclopentanol oder Thionaphthol, auf 160—180° erhitzt. Man kann die Verbb. auch Mineralschmierölen zur Verbesserung ihrer Eigg. zusetzen. (**E. P. 678 151** vom 5/2. 1948, ausg. 27/8. 1952. A. Prior. 19/9. 1938.) Dersin. 8221

Ruhrchemie Akt.-Ges., Oberhausen (Erfinder: **Carl Clar**, Oberhausen, und **Nikolaus Geiser**, Duisburg), *Verbesserung synthetischer Schmieröle* (erhalten durch Polymerisation von ungesätt. CO-Hydrierungs-KW-stoffen) durch Behandlung der Polymerisate mit Bleicherde bei 150—300°, anschließende Vakuumdest. u. Einw. von 0,1 bis 1% elementarem S in Ggw. von Vulkanisationsbeschleunigern sowie anschließende Dest. unter vermindertem Druck in Ggw. von Wasserdampf oder inerten Gasen. (**D. R. P. 757 950** Kl. 23b vom 28/9. 1938, ausg. 12/10. 1953.) UNGER. 8221

Dow Corning Corp. (Erfinder: **Melvin Jasper Hunter** und **Herbert James Fletcher**), Midland, Mich., V. St. A., bzw. **Dow Corning Ltd.**, London, England, *Schmieröle bzw. Schmierfette.* Die Verwendung von fl. Siloxanmischpolymerisaten mit einer Substitution von mehr als 2 u. weniger als 3 organ. Radikalen auf ein Si-Atom, wobei diese Siloxane halogenierte Alkylradikale aus der Gruppe des halogenierten Phenyls u. Diphenyls mit 1—7 Halogenatomen, wie Cl oder Br, in einer solchen Menge enthalten, daß das Verhältnis von Halogen: Si-Atomen 0,05:3 ist, während die restlichen organ. Radikale zu den Methyl- u. Phenylgruppen gehören u. mindestens 37% der gesamten organ. Radikale Methylreste darstellen, gegebenenfalls in Mischung mit einer geringen Menge von Verdickungsmitteln, z. B. von Alkali- oder Erdalkalisalzen höherer Fettsäuren oder substituierter alicycl. Fettsäuren, als Schmieröle bzw. Schmierfette. — Man erhält ein geeignetes Gemisch, z. B. durch Hydrolyse einer Mischung von Chlorphenylmethyldichlorsilan, Dimethyldichlorsilan u. Phenyldimethylchlorsilan mit W. in Ggw. von Toluol. — Man verwendet z. B. ein Gemisch von 25(%) $(CH_3)_3SiO_{0,5}$ u. 75 $CH_3 \cdot C_6H_5 \cdot SiO$ oder 10 $(CH_3)_3SiO_{0,5}$, 65 $(CH_3)_2SiO$ u. 25 $Cl \cdot C_6H_4 \cdot CH_3SiO$. (**D. B. P. 856 684** Kl. 23c vom 23/9. 1950, ausg. 24/11. 1952. A. Priorr. 29/9. 1948, 23/2. u. 14/9. 1949. **E. P. 666 360** vom 25/8. 1949, ausg. 13/2. 1952. A. Prior. 29/9. 1948.) DERSIN. 8221

Texas Co., New York, N. Y., übert. von: **Roy F. Nelson, Alton J. Deutser** und **Melvin R. Hefty**, Port Arthur, Tex., V. St. A., *Schmierölmischung*, die W.-in-Öl-Emulsionen zu bilden vermag, bes. für Schiffsmaschinen, bestehend aus wenigstens 90 (Gew.-%) Mineralschmieröl, 0,05—0,4 eines substituierten Glyoxalidins der Formel I, in der R H oder niedere Alkylgruppen, R_1 Alkyl- oder Alkenylreste mit 10—30 C-Atomen u. X eine Oxyalkyl-, niedere Aminoalkyl- oder Aminoalkyliminoalkylgruppe bedeutet, z. B. 1-Oxyäthyl-2-heptadecenylglyoxalidin, 0,1—1 eines Fettsäureester eines 6wertigen Alkohols, z. B. Sorbitmonooleat, 0,1—0,5 Triäthanolaminstearat, 0,3—3 eines geschwefelten Specköls mit z. B. 5—15% gebundenem S, 0,05—0,5 eines linearen Isobutylenpolymerisats mit einem Mol.-Gew. >10000 u. 0,1—0,5 Lanolin. (**A. P. 2 581 132** vom 13/7. 1949, ausg. 1/1. 1952.) DERSIN. 8221

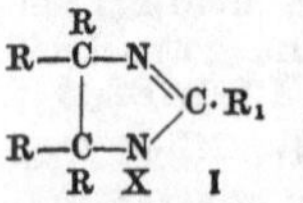
I

General Electric Co., New York, übert. von: **Donald Frederick Wilcock**, Marblehead, Mass., und **Murray M. Sprung**, Schenectady, N. Y., V. St. A., *Schmieröle*, bestehend aus fl. Polysiloxanen, die mit KW-stoffresten substituiert sind u. 1,9 bis 2,67 KW-stoffreste je Si-Atom enthalten u. die z. B. durch Hydrolyse von $(CH_3)_3SiCl$ erhalten wurden, mit Zusatz von 3—15(%) chlorhaltiger Ester aus gesätt., aliphat. Alkoholen und niedrigmol., gesätt. aliphat. Fettsäuren, z. B. Monochloräthyltrichloracetat, Dichlorpropylmonochloracetat, Butyldichloracetat, Propyl-3.3.3-trichloracetat, 1.3-Dichlor-2-propyltrichloracetat oder Butyl-2.2.3-trichlorbutyrat, u. ferner 30—70 an Thioglykolestern der allg. Formel $HS-CH_2-COOR$, in der R eine Alkylgruppe mit 2—8 C-Atomen darstellt, z. B. Äthyl-, Propyl-, Butyl-, 2-Äthylbutyl- oder 2-Äthylhexylthioglykolat. (**A. P. 2 597 045** vom 16/1. 1947, ausg. 20/5. 1952.) DERSIN. 8221

Union Oil Co., übert. von: **Loren L. Neff**, Long Beach, Los Angeles, Calif., V. St. A., *Schmieröle*, enthaltend 0,05—20(Gew.-%) eines öllösl. Na-, Li- Ba- oder Ca-Salzes eines bei —20 bis +150° hergestellten sauren Kondensationsprod. aus 0,5—3 (Mol) eines C_{4-30}-substituierten Phenols (I) u. 1 eines Vinyl- oder Allylderiv. (II). — Beispiele für I: Cyclohexyl- u. Octylphenol; für **II**: Vinyl- bzw. Allyläther, -ester von Halogen- u. C_{1-6}-Fettsäuren. Die Schmieröle können noch 0,5—10 öllösl. Metallsulfonate enthalten. (**A. PP. 2 656 316** u. **2 656 317** vom 17/7. 1950, ausg. 20/10. 1953.) DREWS. 8221

Canadian Industries Ltd., Montreal, Quebec, Can., übert. von: **William M. Malisoff**, New York, N. Y., V. St. A., *Schmieröl*, bestehend aus einem viscosen KW-stofföl mit einem Zusatz von bis zu 10% eines halogenierten Phosphorsäureesters, z. B. von chloriertem Trikresylphosphat. (**Can. P. 479 884** vom 26/10. 1944, ausg. 1/1. 1952. A. Prior. 1/11. 1933.) M. F. MÜLLER. 8221

Shell Development Co., übert. von: **D. B. Luten jr.**, *Turbinenschmieröl*, bestehend aus einem hochraffiniertem Mineralschmieröl mit einem Zusatz von weniger als 2% *2.4-Dimethyl-6-tert.-octylphenol*, welches als Oxydationsverzögerer mit antioxydativen Eigg. wirkt. (**Can. P. 483 076** vom 3/8. 1943, ausg. 6/5. 1952. A. Prior. 8/6. 1942.) M. F. MÜLLER. 8221

Shell Development Co., übert. von: **J. R. Griffin jr.** und **P. R. van Ess**, San Francisco, Calif., V. St. A., *Flugmotorenschmieröl*, welches einen Aschengeh. von 0,04 bis 0,2%, berechnet als Sulfatasche, besitzt. Man verwendet ein Mineralschmieröl mit einem Zusatz eines mit dem Öl mischbaren Metallsalzes des Kondensationsprod. eines Aldehyds mit einer aromat. Oxyverb., z. B. von CH_2O mit einem öllösl. Alkylphenol, welches bei den hohen Tempp. eine reinigende Wrkg. besitzt, u. eines oxydationshindernden Mittels mit Antioxydationseigg. in Form einer öllösl. S-haltigen organ. Verb., welche frei von polaren u. metall. Resten ist u. mindestens 10 C-Atome enthält. (**Can. P. 483 077** vom 6/9. 1944, ausg. 6/5. 1952. A. Prior. 15/9. 1943.) M. F. MÜLLER. 8221

Anglamol Ltd., London, England, *Schneidöl*, bestehend aus Schmieröl (Viscosität 200 SUS bei 100°) u. ca. 25% einer Lsg. von S in einer halogenierten u. alkylierten aromat. Verb., z. B. 2-Methyl-4-chlornaphthalin. (**E. P. 654 412** vom 5/2. 1948, ausg. 20/6. 1951. A. Prior. 22/1. 1940.) LÜTTGEN. 8221

Anglamol Ltd., London, England, *Schmierölmischung* mit hoher Filmzähigkeit u. niedrigem Kältetest, bestehend aus Mineralschmierölen mit Zusatz von 0,1—10% von S- u. halogenhaltigen Kondensationsprodd. aus aliphat. (I) u. aromat. (II) Verbb., die mit S-Halogeniden behandelt wurden. Als I werden z. B. halogenierte KW-stoffe, Olefine, Ölsäure, u. ihre Ester, Oleyl-, Cetyl- oder Laurylalkohol u. deren Ester oder natürliche Wachse, als II Bzl., Toluol, $C_{10}H_8$, Butylnaphthalin, Diphenyloxyd, -sulfid, -äthylen oder Diphenylenoxyd verwendet. Die Rk. erfolgt in Ggw. von Katalysatoren, z. B. $AlCl_3$, u. von inerten Lösungsmitteln, worauf die Reaktionsprodd. mit SCl_2 auf 200—300° F erhitzt werden. Man kondensiert z. B. Diphenyloxyd mit Ceten-(1) in Ggw. von akt. Ton durch Erhitzen auf 200° F u. erhitzt das Reaktionsprod. mit SCl_2 auf 280° F. (**E. P. 677 062** vom 5/2. 1948, ausg. 6/8. 1952. A. Prior. 28/8. 1939.) DERSIN. 8221

Yacco S. A. F., Frankreich, *Herstellung von Schmieröl*, dad. gek., daß man Anthracenöl (I) ca. 6% Seife oder ein Gemisch von Seifen oder Fettsäure zusetzt, die im Gemisch mit I verseift wird. — Man gibt z. B. zu 93 kg klarem, raffiniertem oder nichtraffiniertem I 3 kg Stearin- u. 3 kg Ölsäure u. versetzt bei ca. 120° nach u. nach mit 10 kg Kalkmilch, hergestellt aus 1 kg $Ca(OH)_2$ u. 9 kg H_2O. Man kann dem Prod. zur Erhöhung der Stabilität Agar-Agar, Psylliumöl, Leinöl usw., als Antioxydationsmittel z. B. Hydrochinon hinzufügen u. das Prod. mit anderen öligen Substanzen bekannter Art vermischen. (**F. P. 977 038** vom 10/6. 1942, ausg. 27/3. 1951.) OPPERMANN. 8221

Soc. Chimique de la Grande Paroisse, Azote et Produits Chimiques (Erfinder: **Albert Gosselin**), Frankreich, *Herstellung von Schmieröl und Gasöl.* 75 kg bituminöser Kalk (I) werden in Fraktionen zu je 25 kg mit 12 Litern /Fraktion zwischen 200 u. 240° sd. aromat. Leuchtöl (II) extrahiert u. die gebildete Paste unter Druck filtriert u. mit 12 kg II gewaschen. Die Bitumen-II-Extrakte von 3 Fraktionen werden vereinigt u. das II bis zu einem Geh. von 2 Teilen Bitumen auf 1 Teil II abdestilliert. Der Rückstand wird bei 400° u. 400 at Druck in Ggw. eines aromatisierenden Katalysators hydriert u. das erhaltene Reaktionsprod. durch fraktionierte Dest. im Vakuum in Leuchtöl, Gasöl u. eine Schmierölfraktion zerlegt. 75 kg I ergeben 1,35 kg Gasöl u. 5,6 kg Schmieröl. Ähnlich kann man bituminösen Sandstein bzw. bituminösen Sand extrahieren. (**F. P. 977 498** vom 25/7. 1942, ausg. 2/4. 1951.) OPPERMANN. 8221

Dérivés Résiniques et Terpéniques, Frankreich, *Herstellung von Schmieröl*, dad. gek., daß ein Gemisch von 50% Harzsäuren u. 50% Fettsäuren mit 2—7% wasserfreiem $ZnCl_2$ versetzt, zuerst auf 180—200° u. dann 2—4 Std. auf 350—400° erhitzt wird. (**F. P. 977 671** vom 7/10. 1942, ausg. 4/4. 1951.) OPPERMANN. 8221

Dérivés Résiniques et Terpéniques, Frankreich, *Herstellung von Schmierölen*, dad. gek., daß man Terpen-KW-stoffe u. Terpenalkohole unter Zusatz von 2—5% aktivierten Al-Silicaten 2 Std. kocht, das Reaktionsprod. bei Atmosphärendruck oder im Vakuum dest. u. den Rückstand in Ggw. von 3—5% pulverisiertem, wasserfreiem $ZnCl_2$ bei 300—350° spaltet. (**F. P. 977 672** vom 7/10. 1942, ausg. 4/4. 1951.) OPPERMANN. 8221

Comp. Française des Essences Synthétiques, Frankreich, *Herstellung von Heißdampfzylinderölen*, dad. gek., daß man organ. Fll. (z. B. Schweröl) eine Lsg. von mindestens 3% Kunstharzen (z. B. 10%ig. Polystyrollsg.) zusetzt. (**F. P. 977 784** vom 11/11. 1942, ausg. 5/4. 1951.) OPPERMANN. 8221

Association Institut du Pin, Frankreich, *Herstellung von Schmier- und Schalterölen*, dad. gek., daß man Harzsäuren des Kolophoniums oder ähnliche Prodd. vollständig decarboxyliert, isomerisiert u. polymerisiert. Man behandelt z. B. geschmol-

zenes Kolophonium mit 2—10% seines Gewichts mit einem Katalysator, bestehend aus 20% Al-Sulfat auf 80% bentonit. Ton, bei Tempp. von 170—280°, bis die SZ. des gebildeten Öles prakt. 0 ist. (**F. P. 980 300** vom 20/1. 1943, ausg. 10/5. 1951.)
OPPERMANN. 8221

Jean Xavier Foucry und **Robert François Steinmetz**, Frankreich, *Herstellung von Hochleistungsölen*, dad. gek., daß man Mineralölen HSCN (**I**), $(HSCN)_3$, organ. **I**-Salze (Pyridin-, Anilin-, Toluidin-, Oxychinolinsulfocyanat), **I**-Doppelsalze (Pyridin–Zn-, Toluidin–Zn-sulfocyanat (**II**)) oder aliphat. u. aromat. **I**-Ester (Äthylsulfocyanat) zusetzt. Man löst z. B. in der Wärme **II** in der fünffachen Menge seines Gewichts Butylalkohol oder Aceton u. gibt 200 mg dieser Lsg. zu 100 g Mineralöl bei 130°. Man rührt das Gemisch bei mehr als 110°, bis der Flammpunkt wieder seinen anfänglichen Wert erreicht hat. (**F. P. 980 324** vom 26/1. 1943, ausg. 10/5. 1951.) OPPERMANN. 8221

Christian Jean Constant Désiré Firmin Coupard, Frankreich, *Herstellung von Schmieröl*, dad. gek., daß man Paraldehyd oder Metaldehyd in Ggw. eines inerten oder reduzierend wirkenden Gases, H_2, CO oder eines Gemisches von beiden, kondensiert. — Man erhitzt z. B. Paraldehyd 80 Min. auf ca. 370° in Ggw. von H_2 bei einem Anfangsdruck von 50 kg u. einem Enddruck von 300 kg. Durch Dest. der öligen Schicht gewinnt man Schmieröle, Kraftstoffe, Lösungsmittel, die man nach FRIEDEL-CRAFTS auf dickere Schmieröle, durch alkal. Lsgg. auf *Kunstharze, Lacke* verarbeiten kann. (**F. P. 981 206** vom 10/3. 1943, ausg. 23/5. 1951.) OPPERMANN. 8221

Standard Kuhlmann (Erfinder: **Robert Dupas** und **Bernard de Saint Léger**), Frankreich, *Herstellung von Schmierölen*, dad. gek., daß man aromat. KW-stoffe mit chlorierten paraffin. KW-stoffen in Ggw. von $AlCl_3$ nach FRIEDEL-CRAFTS kondensiert. — Z. B. wird ein Erdölrohparaffin bei 75° mit 10% Oleum behandelt, bei 10° aus Dichloräthan (**I**) umkrist. u. bei 100° bis zu einem Cl-Geh. von 30% chloriert. Dann gibt man zu einem Gemisch von 1,3 kg C_6H_6 u. 90 g $AlCl_3$ bei 70° der Reihe nach in 1½ Std. 400 g **I**, in 1 Std. 450 g chloriertes Paraffin u. in 2 Std. 1,05 kg Gasöl der FISCHER-TROPSCH-Synth. mit 20% Cl-Gehalt. Das Reaktionsprod. wird abdekantiert, die obere Schicht durch Behandeln mit Wasserdampf (**II**) u. akt. Erde (**III**) vom überschüssigen C_6H_6 befreit u. destilliert. Nach Behandlung des bei 200° u. 3 mm Hg übergehenden Öles mit 2% **III** in Ggw. von **II** u. 1% Na_2CO_3 bei 250° beträgt sein Cl-Geh. 0,001%. (**F. P. 988 905** vom 28/1. 1944, ausg. 3/9. 1951.)
OPPERMANN. 8221

Standard Kuhlmann (Erfinder: **Robert Dupas** und **Bernard de Saint Léger**), Frankreich, *Herstellung von Schmierölen, besonders Zylinderölen und Heißdampfzylinderölen*, dad. gek., daß man chloriertes Paraffin in Ggw. von $AlCl_3$ mit aromat. KW-stoffen nach FRIEDEL-CRAFTS kondensiert. — Man gibt z. B. zu einem Gemisch von 1,3 kg C_6H_6 u. 90 g $AlCl_3$ bei 70° unter Rühren u. allmählichem Steigen der Temp. auf 110° der Reihe nach in 1½ Std. 400 g Dichloräthan u. in 2 Std. 1,5 kg zwischen 200 u. 300° sd., nach FISCHER-TROPSCH erzeugtes Gasöl mit 20% Cl-Gehalt. Nach 2 Std. Erhitzen auf 110° dekantiert man vom $AlCl_3$-Schlamm ab, behandelt die obere Schicht mit Wasserdampf u. akt. Erde u. dest. im Vakuum. (**F. P. 988 906** vom 28/1. 1944, ausg. 3/9. 1951.) OPPERMANN. 8221

Standard Française des Pétroles (Erfinder: **Robert Dupas** und **Bernard de Saint Léger**), Frankreich, *Herstellung von Schmierölen, besonders Isolations-, Dampfturbinen- und Zylinderölen*, dad. gek., daß aromat. KW-stoffe mit chlorierten aliphat. KW-stoffen in Ggw. von $AlCl_3$ oder Al oder einem Gemisch von beiden nach FRIEDEL-CRAFTS kondensiert werden. — Man gibt z. B. zu einem Gemisch von 8,2 kg wasserfreiem C_6H_6, 100 g Al-Pulver u. 100 g $AlCl_3$ bei 75° in 3 Std. 13 kg paraffin., nach FISCHER-TROPSCH erzeugtes Gasöl mit 24% Cl-Gehalt. Nach 3 Std. Erhitzen auf 100° trennt man die obere Schicht ab u. entfernt das überschüssige C_6H_6 bei 150° u. unter Zusatz von 2% akt. Erde mittels Wasserdampf. Nach dem Filtrieren dest. man das Reaktionsprod. bei 3 mm Hg. Das erhaltene Öl zerlegt man in drei Fraktionen: Isolationsöl, Dampfturbinenöl u. Zylinderöl. (**F. P. 977 620** vom 1/9. 1942, ausg. 3/4. 1951.)
OPPERMANN. 8221

Standard Française des Pétroles, Frankreich, *Herstellung von Schmierölen aus Schieferölen*, u. zwar aus getrennten Leicht- u. Schwerdestillaten derselben, welche für sich in folgender Weise aufgearbeitet werden. Das Destillat wird mit wss. Phenol oder mit Furfurol extrahiert u. anschließend mittels symm. Dichloräthan entparaffiniert. Danach findet eine Behandlung mit einer Entfärbungserde oder mit einem Neutralisationsmittel, wie Kalk, statt. Das Prod. besitzt eine ausreichende Farbstabilität. — Aus dem Leichtdestillat gewinnt man ein *Transformatorenöl*, welches die Eigg. eines Spindelöles hat. — Aus dem Schwerdestillat wird *Motorenöl* erhalten. (**F. P. 991 724** vom 3/5. 1944, ausg. 9/10. 1951.) M. F. MÜLLER. 8221

Standard Française des Pétroles, Frankreich (Erfinder: **Ballet, Dupas** und **Bidault**), *Schmiermittel für Brennkraftmaschinen*, bes. für Dieselmotoren, bestehend aus synthet. Ölen, welche erhalten werden durch Kondensation von chlorierten Paraffin-KW-stoffen mit aromat. KW-stoffen nach dem Verf. von FRIEDEL-CRAFTS. — Bzl. u. Gasöl wird in Ggw. von $AlCl_3$ kondensiert. Von dem erhaltenen Kondensationsprod. werden 25(%) mit 75 Mineralöl gemischt u. ca. 1% eines Reinigungs- u. Korrosionsschutzmittels zugesetzt. (**F. P. 1004537** vom 7/5. 1947, ausg. 31/3. 1952.) M. F. MÜLLER. 8221

General Electric Co., übert. von: **Charles A. Burkhard**, Alplaus, N. Y., V. St. A., *1-(p-Tolylthio)-3-trimethylsilylpropan*, $Kp._{46}$ 206—209°; n_D^{20} 1,5267; $D.^{20}_{4}$ 0,9408, erhält man durch Rk. von Allyltrimethylsilan mit p-Thiokresol in Ggw. einer geringen Menge Benzoylperoxyd. — Verwendung als *Zusatzmittel* zu *Schmierölen*. (**A. P. 2544296** vom 18/8. 1949, ausg. 6/3. 1951.) KRAUSS. 8221

Anchor Chemical Co. Ltd., übert. von: **Kenneth Charles Roberts**, Clayton, England, *Zusatzmittel für Hochdruckschmieröle* erhält man durch Erhitzen von S mit ungesätt. Estern eines ein- oder zweiwertigen aliphat. Alkohols mit einer natürlichen, ungesätt. Fettsäure mit 16—24 C-Atomen in Ggw. einer geringen Menge von Dicyclohexylamin auf 130—180°. — Rapsölfettsäureglykolester wird mit S u. Dicyclohexylamin 5 Std. auf 160° erhitzt, man erhält eine tiefrote, viscose Fl. mit 0,3% freiem u. 15—16% Gesamt-S; das Prod. ist mit Mineralöl mischbar. In weiteren Beispielen wird der Oleyl- u. Allylester von Rapsölfettsäuren, Spermöl, der Triäthylenglykol- bzw. Äthylester von Sojafettölsäuren verwendet. (**A. P. 2 549 525** vom 12/2. 1948, ausg. 17/4. 1951. E. Prior. 23/12. 1946.) KRAUSS. 8221

Universal Oil Products Co., Chicago, übert. von: **Ralph B. Thompson** und **Joseph A. Chenicek**, Riverside, Ill., V. St. A., *Stabilisierungsmittel für Schmieröle, Crackbenzine, Dieselöle, Speisefette und dergleichen*, bestehend aus Furan- u. Pyranverbb. der allg. Formeln **I** u. **II**, in denen R, R^1, R^2 oder R^3 Alkylreste oder H bedeuten u. in denen die Gesamtzahl der C-Atome nicht mehr als 25 beträgt. Für die Stabilisierung von Spaltbenzin eignen sich 0,001—0,5% 5-Oxy-2.3.6.9-tetrahydro-oder2-Dimethyl-5-oxy-2.3.6.7.8.9-hexahydronaphtho-(1.2:b)-furan (**III**) oder 2.2-Dimethyl-6-oxy-3.4.7.8.9.10-hexahydronaphtho-(1.2:b)-pyran (**IV**), für eßbare Fette, z. B. Schmalz, das 5-Oxy-2.3.6.7.8.9-hexahydronaphtho-oder 2.2.7-Trimethyl-5-oxy-2.3.6.9-tetrahydronaphtho-(1.2:b)-furan oder das 2.2.8-Trimethyl-6-oxy-3.4.7.8.9.10-hexahydronaphtho-(1.2:b)-pyran. Man erhält **III** durch Erhitzen von 1.4-Dihydro-5.6.7.8-tetrahydronaphthalin in einem wss. organ. Lösungsm. in Ggw. von Alkalimetall mit Methallylchlorid zum Monomethallyläther, der durch Kochen mit Dimethylanilin (**V**) isomerisiert wird. Nach Entfernung des **IV** mit verd. Säure wird der Ringschluß durch Erhitzen mit 90%ig. HCOOH bewirkt. **IV** wird durch Einw. von Isopren auf 1.4-Dioxy-5.6.7.8-tetrahydronaphthalin erhalten. (**A. P. 2 554 687** vom 29/1. 1948, ausg. 29/5. 1951.) DERSIN. 8221

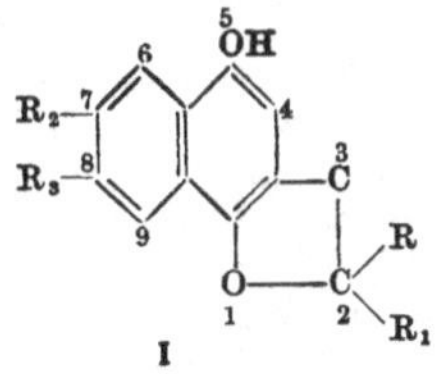
I

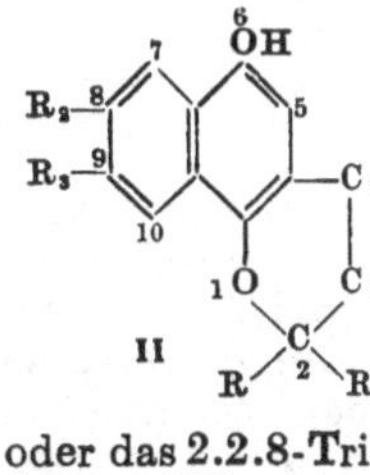
und II

Texas Co., übert. von: **John R. Morris**, Fishkill, und **James R. Roach**, Beacon, N. Y., V. St. A., *Zusätze zu Schmierölen*, bestehend aus Verbb. der allg. Formel I. Hierbei bedeutet M ein mehrwertiges Metall der Wertigkeit x, R eine CH_2-Gruppe, n ist 1 oder 0; R_1, R_2 u. R_3 sind H oder aliphat. Reste, wovon mindestens einer ein C_{15-30}-Rest ist. — Beispiel: Mg- oder Zn-Salz des Alkenyl (C_{21})-Succinimids. Zusatzmenge: 0,1—5 (Gew.-%) des Mg (I)- oder Zn(I)-Salzes bzw. einer Mischung von 0,5—3 (Gewichtsteilen) des Mg- mit 0,5—24 des Zn-Salzes. (**A. P. 2 628 942** vom 27/1. 1952, ausg. 17/2. 1953.) DREWS. 8221

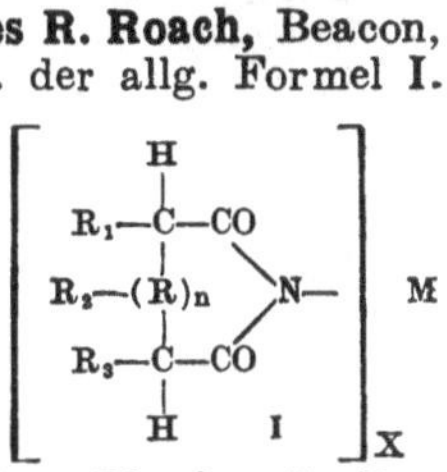
I

Aluminum Co. of America, übert. von: **Egbert Mason Kipp**, Pittsburgh, Pa., V. St. A., *Hochdruckzusatz für Schmieröle*, bestehend aus Aminofluoboraten der allg. Formel $R_x \cdot HBF_4$, in der R eine Aminoverb. darstellt u. x = 1 oder größer ist, z. B. Diäthyltriamin-, „Nitron"-, Anilin-, Aminoäthyläthanolamin- oder 3-(Di-n-amyl-amino)-propylamin·HBF_4. Die Verbb. werden durch Einw. von Aminen auf Ammoniumfluoborate erhalten. Zusatz zu Mineralschmierölen. 0,5—5%. (**E. P. 645 202** vom 9/1. 1948, ausg. 25/10. 1950. A. Prior. 29/3. 1947.) DERSIN. 8221

Comp. Française de Raffinage, Frankreich, *Hydrieren von Kolophonium* unter einem partiellen H_2-Druck von 20—80 at bei 450—500° in Ggw. eines Hydrierungs-

u. Dehydrierungskatalysators. Dabei entsteht ein Gemisch von gesätt. cycloaliphat. u. aromat. KW-stoffen. Es dient als *Transformatoren-* u. *Schmieröl.* Als Katalysator sind Cu-, Mo- u. Ni-Metall genannt. (**F.P. 973 624** vom 18/10. 1941, ausg. 13/2. 1951.) M. F. MÜLLER. 8221

C. C. Wakefield & Co. Ltd., London, England, übert. von: **William Helmore,** Kingston Hill, England, *Schmierölmischung,* bestehend aus Mineralöldestillaten unter Zusatz von je 0,5—2(%) Sn- u. Cr-Mineralölsulfonaten (I), wobei noch 0,1—1 Na- oder Ca-I zugesetzt werden kann. Man kann ferner noch andere Sn- u. Cr-Verbb., z. B. Oleate, Naphtholate u. Phenolate, hinzufügen. Die Zusätze sollen die *Korrosion* u. *Oxydation* im Motor verhindern. (**A. P. 2 551 124** vom 25/2. 1948, ausg. 1/5. 1951. E. Prior. 27/2. 1947.) DERSIN. 8221

California Research Corp., San Francisco, übert. von: **William T. Stewart,** Berkeley, Calif., V. St. A., *Oxydationsschutzmittel für Mineralöle,* bestehend aus Verbb. der

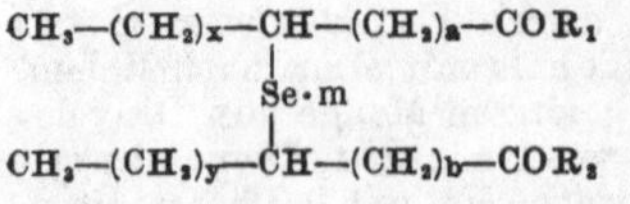

allg. nebenst. Formel, in der R_1 u. R_2 niedermol. Alkoxyreste mit 1—5 C-Atomen, bes. Methoxy-, Äthoxy- oder Propoxygruppen, darstellen, m = 1 oder 2, x, y, a u. b ganze Zahlen darstellen, a u. b = 4—9, x + a + 2 u. y + b + 2 einen Wert von 16—24 haben. Man verwendet z. B. einen Zusatz von 0,1—2% 1.1-Dicarbäthoxy-8.8'- oder -9.9'-diheptadecylselenid (I). Die Herst. erfolgt z. B. durch Überführen von Ölsäure mit HBr in die Bromstearinsäure, die mit Na_2Se in das 1.1-Dicarboxy-8.8'- oder -9.9'-diheptadecylselenid u. anschließend mit trockenem HCl u. A. in I übergeführt wird. (**A. P. 2 577 719** vom 23/5. 1950, ausg. 4/12. 1951.) DERSIN. 8221

Texas Co., New York, N. Y., übert. von: **Alton J. Deutser,** Northville, Mich., und **Fred T. Crookshank,** Port Arthur, Tex., V. St. A., *Korrosionsfestes schwefelhaltiges lösliches Öl,* bestehend aus 50—80 (Gew.-%) sulfuriertem Mineralöl mit lose gebundenem S, 35—0 nichtsulfuriertem Mineralöl, 3—15 Alkali, bes. Na-Mahoganysulfonat, 6—0 Alkali-, bes. Na-Salz von Harzsäuren, 6—0 Alkali-, bes. Na-Naphthenat, 0 bis 0,8 freier Naphthensäuren, 0,4—1,0 einer hochsd. Fl., z. B. Äthylenglykolbutyläther, 1,0—4 W., 0,6 Baktericid, z. B. 2.3.4.6-Tetrachlorphenol, 0,25 Geruchsverbesserer u. 0,2—2,0 eines aromat. oder aliphat. Alkylenpolyamins, z. B. Disalicylalpropylendiamin oder Diäthylentriamin. Bei Zusatz des aliphat. Amins sind die Öle auch gegen Stahl korrosionsfest. (**A. PP. 2 626 240** vom 25/6. 1949, ausg. 20/1. 1953 u. **2 655 478** vom 1/3. 1952, ausg. 13/10. 1953.) DREWS. 8221

C. C. Wakefield & Co. Ltd., London, England (Erfinder: **Elliott Alfred Evans, John Scotchford Elliott, John Arnold** und **Percy William Lingley Gossling**), *Korrosionsschützendes Zusatzmittel für Schmieröle,* bestehend aus sauren Mischestern 2 bas. oder polybas. organ. Carbonsäuren mit Fett- oder Naphthensäureestern 2- oder mehrwertiger Alkohole, z. B. Äthylenglykolmononaphthenat (I). — Beispiele: I-saures Phthalat, $R{\cdot}COO{\cdot}CH_2{\cdot}CH_2{\cdot}OOC{\cdot}C_6H_4{\cdot}COOH$ (RCO = Naphthensäurerest); I-saures Maleat, I-saures Succinat, I-saures Tartrat, sowie die Phthalsäureester des Äthylenglykolmonophenylstearats, des Glyceryldistearats oder des Äthylenglykolmonooleats. Zusatz: 0,02—0,2%. (**E. P. 643 025** vom 31/3. 1948, ausg. 15/9. 1950.) DERSIN. 8221

Anglamol Ltd., London, England, *Korrosionsschützendes Zusatzmittel für Schmieröle,* bestehend aus Terpentinöl, das mit S oder P_2S_5 auf 300—360° F erhitzt wurde. Zusatz von 0,1—5%. (**E. P. 656 253** vom 13/2. 1948, ausg. 15/8. 1951. A. Prior. 18/10. 1941.) DERSIN. 8221

Mineralölwerk Franz Voitländer (Erfinder: **Paul Unrath**), Kronach, Bayern, *Stanz-, Pressen- und Formenöle für die keramische Industrie.* Es werden gemischte Emulsionen verwendet, welche den zum Stanzen erforderlichen Fettstoff ohne Veränderung in die Stanzmasse tragen. — Beispielsweise werden zur Herst. solcher Emulsionen 1—2(%) Emulgator, 30 Mineralöl u. 4 Fettstoff mit 50 W. emulgiert, worauf der Emulsion 3—4 Fettstoff u. 10 Mineralöl zugerührt werden. (**D. B. P. 875 777** Kl. 80b vom 11/5. 1951, ausg. 7/5. 1953.) HANS HOFFMANN. 8221

Max Kronstein, New York, V. St. A., *Asphalt von höherer Festigkeit und geringerer Löslichkeit* erhält man durch Erhitzen von 200 (Teilen) geblasenem Erdölasphalt (gegebenenfalls auch in Lsg. von Toluol oder Dimethylphthalat) mit 20 eines Alkyl-, Aryl- oder Alkylarylperoxyds (Diacetyl-, tert.-Butylbenzoylperoxyd). Bis 140° schäumt die M.; erwärmt man weiter bis auf 260°, so entsteht ein Prod. von etwas höherer D., einem Erweichungspunkt von 138°, einer verringerten Penetration (von 163 auf 45 bei 25°) u. Sprödigkeit. Während die Löslichkeit in CS_2 u. CCl_4 annähernd konstant blieb, sank die für Naphtha um 15%. Das in seinen Eigg. mannigfach veränderliche Prod. kann für Straßenbelag, Dachpappe, Imprägnierungen (auf Ziegel,

Metall, Papier, Textilien) elektr. Batterien u. Transformatoren Verwendung finden. (**A. P. 2 560 650** vom 1/9. 1948, ausg. 17/7. 1951.) SALZMANN. 8229

VEB Cirine Werk, Oberlichtenau b. Karl-Marx-Stadt (Erfinder: **Otto Langrock** und **Theodor Hennig**, Greiz), *Herstellung von Bitumenemulsionen*. In eine Mischung aus unvollständig verseiftem Montanwachs u. den Kondensationsprodd. aus Braunkohlenextrakt u. Sulfitablauge wird geschmolzene Bitumenmasse eingetragen. Die erhaltenen Emulsionen können beliebig mit W. verd. werden, ohne daß Aufrahmungen u. Absetzungen des Bitumens eintreten. Sie dienen für die Imprägnierungen von Textilgut oder für den Straßenbau. (**D. P. [DDR] 1 950** Kl. 23c vom 10/4. 1943, ausg. 13/8. 1953 [Wirtschaftspatent].) M. F. MÜLLER. 8231

Eisenwerke Gelsenkirchen Akt.-Ges., Gelsenkirchen, und **Gelsenkirchener Bergwerks Akt.-Ges.**, Essen (Erfinder: **Hans Schulte-Bockholt**, Gelsenkirchen), *Herstellung von Straßenbaustoffen*. Es werden plast. Massen aus gefluxten Steinkohlenteerpechen verwendet, zu deren Herst. solche Peche benutzt werden, deren Erweichungspunkt oberhalb 110° liegt u. deren Geh. an freiem C mehr als 45%, vorzugsweise 55%, beträgt. Diese plast. Massen werden mit zerkleinerter Hochofenschlackenwolle als Füllstoff versetzt, deren Faserstruktur durch den Zerkleinerungsprozeß nicht gänzlich zerstört ist. (**D. B. P. 885 827** Kl. 80b vom 31/3. 1938, ausg. 10/8. 1953.) HANS HOFFMANN. 8237

Joachim Schmidt, Groß-Bülten (Kr. Peine), *Verschnittbitumen*. Zwecks Herst. von Straßenbaustoffen werden mineral. Stoffe mit rauher Oberfläche, wie Hochofenschlacken, mit einer Bindemittelmischung umhüllt, die aus einem verhältnismäßig weichen Bitumen mit einer Eindringtiefe von 180—210 oder 280—320 (100 g, 5 s, 25° in $^1/_{10}$ mm) u. Industrierohteer besteht. Die Mischung soll eine Zähigkeit von 100 bis 170, gemessen im Straßenteerviscosimeter (10 mm = Düse) bei 30°, besitzen. Durch den Rohteerzusatz wird die Haftfestigkeit des Bitumens verbessert. (**D. B. P. 858 661** Kl. 80b vom 2/6. 1951, ausg. 8/12. 1952.) HANS HOFFMANN. 8237

Eugen Bührmann, Stuttgart, *Herstellung von nicht schmelzbaren Asphaltplatten*. In einem heizbaren Rührwerk wird geblasenes Bitumen mit einem Erweichungspunkt von 100—175° nach RING u. KUGEL, sowie vorerhitztes Füllmaterial, wie Steinsplitt, Sand, Steinmehl, bei Tempp. zwischen 200 u. 300° gemischt u. die heiße M. nach dem Einfüllen in geölte Formen unter hohem Druck gepreßt. (**D. B. P. 870 676** Kl. 80b vom 20/11. 1951, ausg. 16/3. 1953.) HANS HOFFMANN. 8237

Étienne Dalemont, Le Pétrole. 3e ed. Paris: Presses universitaires de France. 1953. (136 S. m. Abb.)

XXI. Leder. Gerbstoffe.

Eva Mitchell, *Fortschritte in der Untersuchung der Zusammensetzung basischer Chromsalze. 2. Mitt. Untersuchung durch Zusatz von Natriumhydroxyd basisch gemachter Chromalaunlösungen.* (1. vgl. C. **1951**. II. 3542.) Das Verh. verschied. stark bas. gemachter Chromalaunlsgg. (**I**) wurde durch potentiometr. Titration u. mittels der üblichen analyt. Methoden untersucht. Es wurden zunächst gekochte u. wieder abgekühlte **I** sofort nach dem Erkalten u. nach Erreichen des Endgleichgewichts (nach 4 Tagen) mit Säure potentiometr. zurücktitriert. Die gleichen Verss. wurden mit kalt gelöstem Chromalaun ausgeführt. Die Veränderungen der Cr-Komplexe verlaufen in diesem Fall wesentlich langsamer. In einer weiteren Versuchsreihe wurde die **I** mit steigenden Mengen NaOH versetzt u. nach dem Abkühlen potentiometr. titriert. Hierbei wurde das Endgleichgewicht sofort erreicht. Aus den Verss. ergibt sich, daß die Verolung der OH-Gruppen mit steigender Basizität abnimmt u. mit der Alterung der Lsgg. ansteigt. Aus dem stöchiometr. Verhältnis der komplex gebundenen SO_4-Gruppen zu den verolten Gruppen kann gefolgert werden, daß die SO_4-Gruppen mit beiden Valenzen an Cr-Atome gebunden sind. Die Ol-Gruppen, Cr-Atome u. SO_4-Gruppen sind ringförmig angeordnet. Das Verhältnis der ionogen gebundenen u. der komplex gebundenen SO_4-Gruppen wird durch das Verhältnis der koordinativ gebundenen u. der freien Wassermol. bestimmt. Alle Verss. wurden mit Lsgg. von 10 g Chromalaun/Liter ausgeführt. — 6 Abbildungen, 4 Tabellen. (J. Soc. Leather Trades' Chemists **35**. 397—410. Dez. 1951. Leeds, Univ., Leather Ind. Dep.) O. ENGEL. 8336

F. Grall, *Die synthetischen Harze und ihre Anwendung in der Gerberei*. Es wird die Gerbung mit Aminoplasten, Styrolen u. aliphat. Isocyanaten besprochen. Für die Imprägnierung von Leder kommt die Polymerisation Monomerer „in situ", die Verwendung der Harze in organ. Lösungsmitteln u. in wss. Suspension in Frage. Alle Verff. haben ihre großen Schwierigkeiten. Für die Fixierung ungebundenen Gerbstoffs im Leder sind eine Reihe von Harzen vorgeschlagen worden. Am besten eingeführt hat sich die Verwendung von Kunstharzen bei der Deckfarbenzurichtung. Bei allen Anwendungen der Kunstharze ist besonders darauf zu achten, daß die charakterist. Eigg. des Leders erhalten bleiben. (Rev. techn. Ind. Cuir **45.** Beiheft zu Nr. **4.** 3—19. 1953.) O. Engel. 8336

Bogaewski, *Neue Methode zur schnellen Färbung von Pelzen.* Es wird eine neue Meth. zur schnelleren Zurichtung u. Färbung von Pelzen mit Fouraminen beschrieben. Die Beschleunigung wird dadurch erreicht, daß Pickeln u. Beizen mit Bichromat in einem Bad ausgeführt werden. Wenn nach dem Färben gegerbt wird, können alle gebräuchlichen Gerbverff. angewandt werden. Beispiel für schwere Schafpelze: Pickel u. Beize: 2 g H_2SO_4 von 66° Bé, 1 g $Na_2Cr_2O_7$ u. 39 g NaCl pro Liter; Färbung: 2 g Fouramin D, 0,2 g Fouramin J, 20 g NaCl pro Liter; Gerbung: 10 g Chromalaun, 1 g Soda, 25 NaCl pro Liter. Die nach der Meth. bearbeiteten Pelze sind farbechter als bei der üblichen Arbeitsweise, außerdem ist das Leder weniger gefärbt. (Rev. techn. Ind. Cuir **43.** 70—71. April 1951.) O. Engel. 8336

J. B. Brown, Esther M. Leggett, Jean A. Curtis und **J. H. French,** *Synthetische Fettaustauschstoffe für Leder.* 3. Mitt. *Einleitung; Ziel der Arbeit; Glossar deutscher Fettaustauschstoffe.* (Vgl. Roddy, Brown u. O'Flaherty, J. Amer. Leather Chemists Assoc. **45.** [1950.] 72.) Hauptsächlich auf Grund der amerikan. Technical Intelligence Reports wird eine Übersicht über die in Deutschland entwickelten Fettaustauschprodd. zusammengestellt. Es sind 176 Prodd. mit einer kurzen Charakteristik aufgeführt. (J. Amer. Leather Chemists Assoc. **46.** 483—505. Sept. 1951. Columbus, O., Ohio State Univ., Labor. Physiol. Chem.) O. Engel. 8340

Paul Leithart, Jean A. Curtiss und **J. B. Brown,** *Synthetische Fettaustauschstoffe für Leder.* 4. Mitt. *Die wichtigsten I. G. Farbenindustrie-Austauschfette.* (3. vgl. vorst. Ref.) Eingehende Beschreibung der Herst., Eigg. u. Anwendungen der wichtigsten von der I. G. Farbenindustrie entwickelten Fettaustauschstoffe, z. B. *Deminole, Igerine* u. *Densodrine.* — 56 Literaturhinweise. (J. Amer. Leather Chemists Assoc. **46.** 505—27. Sept. 1951.) O. Engel. 8340

A. M. Chomutow und **K. M. Skirdowa,** *Herstellung von porösem hydrophilem Material.* Kunstleder aus *Polyvinylchlorid* haben fast gar keine Luft- u. Dampfdurchlässigkeit. Durch Zusatz von KCl (**I**) zur M. kann die Durchlässigkeit erhöht werden, doch läßt sich das **I** schwer auswaschen. Mischung von 1 (Teil) Glycerin u. 2 **I** zu 2 Polyvinylchlorid geben ein poröses Material, aus welchem sich **I** leicht auswaschen läßt. Die so hergestellten Kunstleder haben genügende Luft- u. Dampfdurchlässigkeit. (Легкая Промышленность [Leicht-Ind.] **13.** Nr. 12. 37—39. Dez. 1953.) v. Schroeder. 8352

Chemische Fabrik Joh. A. Benckiser G. m. b. H., Deutschland, *Entkalken von Leder und Häuten.* Man verwendet als entkalkendes Mittel Citronensäure in Form der bei der Gärung von Kohlenhydraten durch Mikroorganismen sich bildenden Flüssigkeit. Zur Erzielung von Puffer- u. Gerbwirkungen versetzt man die Entkalkungsbäder mit den bei der Herst. von kristallisierter Citronensäure, Weinsäure oder ihren Salzen anfallenden Mutterlaugen. Man kann auch noch andere entkalkend wirkende Mittel (z. B. $(NH_4)_2SO_4$, NH_4-Citrat, polymere Phosphate, Melasse, Schlempe) hinzufügen. (**F. P. 1 040 890** vom 20/7. 1951, ausg. 19/10. 1953.) Oppermann. 8335

Fettchemie und Fewa-Werk VEB, Chemnitz (Erfinder: **Kurt Burgdorf,** Siegmar-Schönau, **Friedrich Schmitt** und **Fritz Püschel,** Chemnitz), *Entkälken von Blößen.* Man verwendet als Entkälkungsmittel das aus — vorzugsweise CH_3COOH enthaltendem — Schwelwasser der Braunkohlenschwelerei durch Neutralisieren (mit gelöschtem Kalk), Eindampfen u. Zers. der erhaltenen Salze durch Mineralsäure (H_2SO_4) u. Dest. erhaltene wss. saure Destillat. Das Entkälken der Blößen erfolgt schnell u. gleichmäßig. (**D. P. [DDR] 1537** Kl. 28a vom 11/12. 1942, ausg. 23/7. 1952 [Wirtschaftspatent].) Raetz. 8335

Soc. Produits Chimiques Charles Monnet und **R. A. A. Dru,** Frankreich, *Herstellung von Gerbstofflösungen.* Die mit natürlichen u. künstlichen Gerbstofflsgg. entstehende dunkle Färbung des Leders wird aufgehellt, wenn die in den Gerbstofflsgg. enthaltenen Fe- u. Cu-Salze durch alkal. Ferrocyanide bei 55—60° in Ggw. einer Sulfidlsg., eines Sulfhydrates oder eines alkal. oder erdalkal. Polysulfides niedergeschlagen u. aus der Gerb-Fl. abgeschieden werden. — Beispiel: Einer Gerb-Fl. von 3—5° Bé werden bei 55—60° auf je 100 Teile des durch einen Vorversuch festgestellten Trockensubstanzgeh. 0,1—0,2 Teile 20%ig. Ammoniumsulfid u. 0,008—0,2 Teile Ferrocyankalium in gelöstem Zustande zugesetzt. Nach schneller Abkühlung unter 20° enthält der sich abscheidende Nd. die Gesamtmenge des Fe u. Cu. (**F. P. 1 028 319** vom 23/11. 1950, ausg. 21/5. 1953.) GLAFEY. 8337

Fettchemie und Fewa-Werk VEB, Chemnitz (Erfinder: **Friedrich Schmitt, Rudolf Mauderer,** Chemnitz, und **Folkhard Föhr,** Marbach/Neckar), *Gerben von Häuten und Fellen mit Eisenverbindungen.* Man läßt Fe-Salze, wie $FeCl_3$ oder $Fe_2(SO_4)_3$, oder Fe-Doppelsalze, wie $FeNH_4(SO_4)_2$, oder komplexe Fe-Salze u. Fettalkoholsulfonate mit 10—20 C-Atomen im Mol., z. B. die Na-Salze der H_2SO_4-Ester des techn. Oleyl- oder Dodecylalkohols mit ca. 30—33% Fettalkoholgeh., gleichzeitig oder in beliebiger Reihenfolge auf die Blößen einwirken, wobei man die Fettalkoholsulfonate zweckmäßig in saurer Lsg. anwendet oder sie nachträglich in der Haut mittels Säure fixiert; gleichzeitig oder in beliebiger Reihenfolge kann man ferner auch andere bekannte Gerbmittel mitverwenden. Erfindungsgemäß erhält man Leder von schöner, gleichmäßig heller Farbe u. speckigem, gleichmäßigem, gelbbraunem Schnitt; sie besitzen die Eigg. von Sohlleder u. sind biegsam u. sehr fest. (**D. P. [DDR] 1 583** Kl. 28a vom 6/3. 1943, ausg. 5/8. 1952 [Wirtschaftspatent].) RAETZ. 8337

Badische Anilin- & Soda-Fabrik Akt.-Ges., Ludwigshafen/Rh. (Erfinder: **Eugen Immendörfer,** Ludwigshafen/Rh., und **Bruno von Reibnitz,** Mannheim), *Fetten von Leder* unter Verwendung von Erzeugnissen aus der Oxydation nichtaromat. höhermol. KW-stoffe, dad. gek., daß man als Fettungsmittel solche Fraktionen der gewünschtenfalls nicht von verseifbaren Anteilen ganz oder teilweise befreiten Oxydationsprodd., die unter n. Druck mindestens zur Hälfte oberhalb 350° sd. oder daraus in an sich bekannter Weise hergestellte Veresterungsprodd. mit ein- oder mehrwertigen Alkoholen verwendet. — Man stellt durch Veresterung von 225 (Teilen) einer bei 15 mm zwischen 150 u. 275° sd. Fraktion der von unverseifbaren Anteilen befreiten Oxydationsprodd. von Braunkohlenparaffin (SZ. 168) mit 48 des nach Beispiel 1 von D. B. P. 863 492; C. **1953.** 6355, erhältlichen Polyalkohols ein esterartiges Prod. her. 100 leicht angefeuchtetes Fahlleder werden mit 20 dieses Prod. im Warmluftfaß behandelt, bis das Fettungsmittel aufgenommen ist. Man erhält ein helles Fahlleder mit mildem Griff u. zäher Faser. (**D. B. P. 904 339** Kl. 28a vom 13/12. 1942, ausg. 18/2. 1954.) SEIZ. 8341

Nopco Chemical Co., Harrison, übert. von: **Charles H. Lighthipe,** Bloomfield, **William M. Nothum,** Elizabeth, und **Clinton E. Retzsch,** Bloomfield, N. J., V. St. A., *Fettgemisch zum Fetten von Häuten und Fellen sowie Textilien,* bestehend aus einer in W. dispergierbaren sulfonierten Mischung aus Fetten u. Ölen, ferner Oxydations- u. Polymerisationsprodd. von Tranen, bes. von Moellon-Dégras oder geblasenen Ölen. Zur Herst. dieser Fettgemische werden pflanzliche Öle mit JZ. von 80—110 u. tier. Öle (JZ. 120—160) verwendet. — Z. B. wird eine Mischung aus 100 (Teilen) Tran u. 54 Moellon-Dégras mit einem Geh. an 25—30% W. mit 38,5 H_2SO_4 ((66° Bé) bei 18—20° sulfoniert, mit 300 W. u. 11,5 NaCl gewaschen, neutralisiert, gewaschen u. nach dem Abtrennen des W. mit NH_4OH auf p_H 5,9 eingestellt. — Zum Fetten von pflanzlich gegerbtem Leder werden 10% dieser Fettmischung verwendet u. die mit warmem W. aufgewalkten Leder $1^1/_2$ Std. im Faß bis zur vollständigen Fettaufnahme gewalkt. (**A. P. 2 630 408** vom 30/1. 1948, ausg. 3/3. 1953.) SEIZ. 8341

Louis Baslez, Seine, Frankreich, *Desinfizieren und Desodorisieren von Brandsohlen.* Man imprägniert die Sohlen mit einer Fl., die auf 100 Liter 250—1000 cm^3 (vorzugsweise 600 cm^3) einer 25% ig. Lsg. eines quaternären Ammonium- oder Pyridiniumsalzes (z. B. Lauryldimethylbenzylammoniumbromid, Cetyldimethylcyclohexanolammoniumbromid, Dodecyläthoxyamidpyridiniumsulfat), 10—50 Liter (vorzugsweise 50 Liter) 40% ig. Formalin u. 2 kg Hexamethylentetramin enthält. (**F. P. 1 041 898** vom 18/8. 1951, ausg. 27/10. 1953.) OPPERMANN. 8341

XXII. Leim. Klebstoffe usw.

G. A. Ssergejenko, *Verbesserung der Eigenschaften von Caseinleim in der Furnierfabrikation.* Die Eigg. von Caseinleim werden durch Zusatz von 2,5 Teilen $CuSO_4$ auf 100 Casein, 15 CaO u. 600 H_2O wesentlich verbessert. Die Beständigkeit der verleimten Stücke gegenüber H_2O wird verbessert, die Gebrauchsfähigkeit der Leimlsg. auf die 4—5fache Zeit erhöht. (Деревоперерабатывающая и Лесохимическая Промышленность [Holzverarb. holzchem. Ind.] **2.** Nr. 11. 23—24. Nov. 1953. Gomel, Furnier- u. Zündholz-Kombinat.) v. SCHROEDER. 8384

A. N. Otliwantschik, *Abhängigkeit der Eigenschaften von Kollagenleimen von der Viscosität.* Die Viscosität 18% ig. Leime (Standard-Konz.) genügt zur Best. der Qualität u. technolog. Charakteristik. Die angeführten Viscositätsmessungen u. eine

Mischungsformel geben die Möglichkeit, einen Gebrauchsleim von stets gleicher Qualität herzustellen, unabhängig von den Eigg. des zur Verfügung stehenden Haut- oder Knochenleimes. (Деревоперерабатывающая и Лесохимическая Промышленность [Holzverarb. holzchem. Ind.] **2.** Nr. 11. 5—9. Nov. 1953. Zentrales Wiss. Forschungsinst. für mechan. Holzbearbeitung.) v. Schroeder. 8384

Deutsche Gelatine-Fabriken, Göppingen, *Gewinnung von Leim und Gelatine,* wobei der kollagenhaltige Rohstoff zunächst in einer wss., bes. Zusätze enthaltenden Fl. behandelt wird u. wobei anschließend das Endprod. aus dem behandelten Rohmaterial ausgeschmolzen wird. Das Rohmaterial wird in der Behandlungs-Fl., die einen von 7,0 abweichenden p_H-Wert besitzt, bis zur Sudreife mindestens aber auf 40° erhitzt. Die Behandlungs-Fl. enthält gelatinefällende, nichtgerbende Zusätze solcher Art u. in so hoher Konz., daß sie bei der Behandlungstemp. Gelatine ausfällen. Der Rohstoff wird in der Behandlungs-Fl. auf der Behandlungstemp. bis zur Verleimung gehalten. — In den Beispielen wird Rindspaltleimleder auf Gelatine verarbeitet, u. zwar durch Behandlung mit einem Gemisch von wasserfreiem Na_2SO_4 u. konz. H_2SO_4 oder mit einem alkal. Behandlungsbad aus wasserfreiem $MgSO_4$ u. MgO. — Als Zusatzstoffe zu der sauer oder alkal. reagierenden Behandlungs-Fl. sind z. B. genannt: Na_2SO_4, $(NH_4)_2SO_4$, $MgSO_4$, NaCl, Na_3PO_4, Na_2CO_3, Methyl-, Äthyl- oder Propylalkohol, Aceton. (**Oe. P. 175 326** vom 16/10. 1950, ausg. 25/6. 1953. Schwz. Prior. 14/12. 1949.) M. F. Müller. 8385

Armour & Co., übert. von: **Milton S. Lev, William A. Reddie,** Chicago, Ill., und **Andrew Spence,** Houston, Tex., V. St. A., *Herstellung von Hautleim.* Speckschwarten werden bei 110—120° F durch Wässern entsalzt, mit wss. Oxalsäure größtenteils hydrolysiert, neutralisiert u. in üblicher Weise auf Leim verarbeitet. (**A. P. 2 648 659** vom 3/8. 1951, ausg. 11/8. 1953.) Lüttgen. 8385

Armour & Co., Chicago, übert. von: **Louise K. Fencil,** Brookfield, Ill., V. St. A., *Flüssiger Leim,* bestehend aus tier. Leim u. einem aliphat., wasserlösl. halogeniertem Alkohol, z. B. Äthylenchlorhydrin (I), Monochlorglycerin, Propylenchlorhydrin. — Beispiel: 100 (g) Hautleim (**II**), 500 **I** oder 100 **II**, 100 W., 100 **I**. (**A. P. 2 643 194** vom 18/11. 1946, ausg. 23/6. 1953.) Lüttgen. 8385

E. I. du Pont de Nemours & Co., übert. von: **Thomas A. Martone jr.,** Wilmington, Del., V. St. A., *Klebstoff,* bestehend aus 10—30 (%) stärkehaltiger Substanz, 0,5 bis 2 $Al_2(SO_4)_3$ u. 0,3—5 eines Triazonringe enthaltenden Reaktionsprod. aus CH_2O, Harnstoff (**I**) u. einem prim. Amin (**II**). Man erhält das Triazonharz durch Rk. von (0,75 p—n) Mol **I** u. mindestens (2 u + 1,5 p) Mol CH_2O mit 1 Mol **II** im alkal. Bereich, wobei p die Zahl der prim. u. n die Zahl aller Aminogruppen in jedem Mol. **II** u. u die Zahl der verwendeten Mol. **I** bedeuten. (**A. P. 2 641 584** vom 26/10. 1951, ausg. 9/6. 1953.) Lüttgen. 8389

Farbenfabriken Bayer, Leverkusen (Erfinder: **Helmut Kleiner,** Köln, **Hans Havekos** und **Franz von Spulak,** Leverkusen), *Klebstoff,* bestehend aus lösl. bzw. noch schmelzbaren Polymerisaten organ. Diisocyanate u. gegebenenfalls Verbb., die mit den Isocyanatgruppen reagieren, z. B. Polyoxyverbindungen. Zum Verkleben von Stahlblech u. vulkanisierten Kautschukplatten wird z. B. eine benzol. Lsg. eines dickfl. Polymerisates genommen, das durch Blasen mit Luft aus Hexamethylen-1.4-diisocyanat gewonnen u. mit 1% Fe-Chlorid versetzt wurde. Härtung erfolgt durch 50 Min. langes Erhitzen auf 151°. (**D. B. P. 872 618** Kl. 22i vom 25/11. 1941, ausg. 2/4. 1953.) Lüttgen. 8389

Albert Meyer, Deutschland, *Verfestigung von Formaldehyd–Harnstoff-Leimen,* z. B. „W-Kaurit-Leim", „Plastopal", „Resamin", dad. gek., daß sie mit einer Lsg., bestehend aus einer anorgan. Säure, einer organ. Säure oder deren Salzen, Nicotin (**I**) oder einer ähnlich wirkenden Substanz, einem Weichmacher, z. B. Glycerin (**II**), u. einem Desinfektionsmittel, z. B. Phenol (**III**), behandelt werden. — Eine solche Lsg. hat z. B. die Zus.: 0,3—20 (%) HNO_3, 0,001—1 **I**, 0,01—10 **II**, 0,01—10 H_2SO_3 oder deren Salze, 0,01—5% Oxalsäure oder K-Tetraoxalat, 0,005—1 **III**, Rest H_2O. Anstatt HNO_3 kann man H_2SO_4 verwenden. Je nach Geh. an anorgan. Säure erhärtet der Leim innerhalb einiger Min. bis zu 1 Stunde. (**F. P. 1 005 193** vom 17/6. 1947, ausg. 7/4. 1952.) Oppermann. 8389

General Aniline & Film Corp., New York, N. Y. (Erfinder: **Paul W. Kinney,** Phillipsburg, N. J.), V. St. A., *Klebstoff,* bestehend aus einer Lsg. von Naturkautschuk (**I**) mit Zusatz von Antioxydantien u. Benzoylresorcin (**II**) in einer das UV-Licht absorbierenden Menge, z. B. 0,01—2 (Teile) **II** je 10 **I**. (**D. B. P. 885 294** Kl. 22i vom 3/11. 1951, ausg. 3/8. 1953. A. Prior. 2/11. 1950.) Lüttgen. 8389

Hercules Powder Co., übert. von: **George E. Hulse**, Wilmington, Del., V. St. A., *Dauerklebstoff*. Man verwendet ein Mischpolymer aus 30—95 (%) Butadien u. 70—5 Styrol, das eine MOONEY-Viscosität von >145 hat u. durch Polymerisation zwischen —30 u. +20° in Ggw. von α.α-Dialkylarylmethylhydroperoxyd u. einem anorgan. Reduktionsmittel hergestellt wurde, in Mischung mit üblichen klebrigmachenden Zusätzen. (**A. P. 2 649 425** vom 24/11. 1948, ausg. 18/8. 1953.) LÜTTGEN. 8389

McLaurin-Jones Co., übert. von: **Harold J. Kenneway jr.**, Brookfield, Mass., V. St. A., *Heiß verklebbare Klebstreifen*, Umschläge u. Schutzhüllen. Die zu verklebenden Flächen (Gewebe u. dgl.) werden mit einem Grundlack, z. B. aus 13,5 (Teilen) des Glycerin-Monoäthylenglykolesters von hydriertem Harz, 54 Polystyrol, 47 Toluol, 0,75 „Triton N.E." (Arylalkylpolyätheralkohol) (I) u. 18 wss. Styrol-Butadien-Mischpolymerisat (II), sowie einem Decklack aus 3 I, 36 II, 9 Na-Polyacrylat, 60 Diphenylphthalat u. 40 W. versehen. Auch Polyisobutylen, Polyamide oder Cellulosederivv. können in dem Grundlack mitverarbeitet werden. (**A. P. 2 633 432** vom 29/9. 1949, ausg. 31/3. 1953.) SALZMANN. 8389

XXIV. Photographie.

Henri Belliot, *Das interne und das externe latente Bild und die Solarisation.* Von früheren Unterss. (C. **1951**. II. 2136) ausgehend gibt Vf. eine Zusammenstellung der theoret. Überlegungen über den Aufbau des entwickelten photograph. Bildes aus dem externen latenten Bild, aus dem internen Bild u. dem direkten Ag-Bild, unter besonderer Berücksichtigung der Solarisation. Das externe Bild läßt sich durch Oberflächenentwickler entwickeln u. durch Oxydationsmittel zerstören. Das direkte Ag-Bild wird von Oxydationsmitteln nicht angegriffen, wenn eine leichte Fixage vorausgegangen ist. Das interne Bild ist gegenüber Oxydationsmitteln beständig, es läßt sich nach Zerstörung der beiden anderen Bilder durch Tiefenentwickler hervorrufen. — Für die Verss. wird eine Plattenemulsion („Superfulgur" von GUILLEMINOT) im Abstand von 30 cm mit einer Hg-Dampflampe „HP 500" mit Zeiten, die zwischen 10^{-2} u. $10^{4.29}$ Sek. liegen, belichtet. Hierbei tritt Solarisation bei $10^{-1.5}$ Sek. ein, während die 2. Umkehrung bei 10^2 Sek. sichtbar wird. Als Oberflächenentwickler dient sulfitfreies *Glycin* (3 g Glycin, 4,44 g Na_2CO_3, W. auf 100 cm^3), als Entwickler für das interne latente Bild *p-Phenylendiamin* (20 g p-Phenylendiamin, 60 g Na_2SO_3 wasserfrei, W. auf 1000 cm^3). Je vier Sensitometerstreifen werden in zwei getrennten Versuchsserien mit den beiden Entwicklern wie folgt behandelt: 1. fixiert ohne Entwicklung, 2. entwickelt, 3. 10 Min. mit 5%ig. Chromsäurelsg. behandelt u. dann entwickelt, 4. in Chromsäurelsg. gebadet, dann behandelt nach KEMPF (Z. wiss. Photogr., Photophysik Photochem. **36**. [1937.] 235) u. entwickelt. — Beim Vgl. der Schwärzungskurven ergeben sich folgende Feststellungen: Glycin u. Sulfit erweist sich als idealer Oberflächenentwickler; die Kurven nach 1. u. 3. sind, abgesehen von einem kleinen Schleieranstieg, nahezu identisch. p-Phenylendiamin ist ein ausgesprochener Tiefenentwickler; die Kurven nach 1. u. 3. unterscheiden sich grundsätzlich. Die Kurven nach 2. zeigen bei beiden Entwicklern den gleichen Gang, bei der Entw. mit p-Phenylendiamin wird jedoch die erste Umkehrung etwas später erreicht, während die zweite Umkehrung zeitlich eher eintritt. Die Kurven nach 4. zeigen ebenfalls den gleichen Gang. Bei Entw. mit p-Phenylendiamin zeigen die Kurven nach 3. u. 4. einen eigenartigen Knick im Gebiet der zweiten Umkehrung, der als ein Effekt des direkten Ag-Bildes angesehen wird. — Weitere Verss. befassen sich mit der Einw. des nahen Infrarot auf solarisierende Emulsionen. — Die Ergebnisse werden diskutiert; zur Klärung der Natur der einzelnen latenten Bilder müssen jedoch weitere Verss. durchgeführt werden. Die zweite Umkehrung der Solarisationskurve wird einem erneuten Anwachsen des externen latenten Bildes zugeschrieben. (Sci. Ind. photogr. [2] **5**. 81—87. März 1954.) W. GÜNTHER. 8594

Max Møller, *Chemie der Farbphotographie.* Überblick mit bes. Berücksichtigung der Farbkupplungsentwicklung. (Kem. Maanedsbl. nord. Handelsbl. kem. Ind. **34**. 19—23. 1953.) R. K. MÜLLER. 8630

—, *Das neue Eastman-Color-Verfahren.* Beschreibung des Kodak-Farbfilmverfahrens. (Photo-Cinéma Mag. **1954**. 73—78. April.) W. GÜNTHER. 8630

J. Nys, *Chromatographie von Polymethinfarbstoffen.* Zur Unters. u. Reinigung von Azo- u. Polymethinfarbstoffen eignen sich nach Vf. bes. die chromatograph. Verff., namentlich das sogenannte „fl. Chromatogramm", bei dem nach der Entw. des Chromatogramms das Eluieren mit den gleichen oder noch stärker eluierenden Lösungsmitteln fortgesetzt wird, so daß die verschied. Zonen sich nacheinander im Filtrat finden. Gegen das Trockenlaufen der Al_2O_3-Schicht bei regelmäßigen Unterss. sicherte Vf. die App. durch Einbau einer Photozelle, die beim Sinken des Flüssigkeitspegels im Al_2O_3-Rohr ein Warnsignal auslöst. Die meist stark polaren Poly- u. Azomethinfarbstoffe werden vielfach sehr stark vom Al_2O_3 absorbiert, so daß sich beim Eluieren manchmal Schwierigkeiten ergeben u. die Lösungsmittel entsprechend angepaßt werden müssen. Für Adsorbate auf Cellulosepulver eignen sich hierbei am besten Gemische aus A. u. W.; bei manchen Farbstoffen wird Al_2O_3 vorteilhaft durch $CaCO_3$, Silicagel oder, bei sehr empfindlichen Farbstoffen, durch Cellulosepulver ersetzt. Vf. empfiehlt deshalb Vorproben mittels der *Ringpapier*-Chromatographie nach RUTTER (C. **1949**. I. 98). Die Trennung u. Identifizierung von Polymethinfarbstoffgemischen wird an prakt. Beispielen erläutert. — Der katalyt. Einfl. der Al_2O_3-Oberfläche auf solche Farbstoffe führte Vf. zu einer neuen Synth. von Polymethinfarbstoffen. Hierbei werden zunächst aus den quaternären Salzen die entsprechenden Methylen- bzw. Methinbasen als Zwischenprodd. frei, die dann in Ggw. von Al_2O_3 spontan weiterkondensieren. Je nach den vorhandenen Ausgangsprodd. entstehen auf diese Weise Monomethincyanine, Carbocyanine oder Merocyanine. Die neue, vielseitige Synth. geht bereits bei gewöhnlicher Temp. vor sich u. zeichnet sich durch Reinheit u. hohe Ausbeute der Farbstoffe aus. (Meded. vlaamse chem. Veren. **15.** 72—89. Mai/Juni 1953. Dude-God, Gevaert Fotoprod.) SANDER. 8656

James H. Pannell und **James E. LuValle**, *Chromatographische Trennung und Erkennung von photographischen Entwicklern.* R_F-Werte für einige Entwicklersubstanzen beim Chromatographieren mit der organ. Schicht des Lösungsmittelgemisches Butanol–Eisessig–W. (Vol. 4 : 1 : 5) werden angegeben. Erkennung in Mengen von 1—10 γ durch Besprühen mit 2%ig. ammoniakal. $AgNO_3$-Lsg. oder mit einer weniger empfindlichen 5%ig. Lsg. von Phosphomolybdänsäure. (Analytic. Chem. **25.** 1566. Okt. 1953. Arlington, Mass., Technical Operations Inc.) FRESENIUS. 8658

Eastman Kodak Co., übert. von: **Burt H. Carroll** und **John Spence**, Rochester, N. Y., V. St. A., *Supersensibilisierung.* Halogensilberemulsionen mit Ausnahme von reinen AgCl-Emulsionen, die mit Cyaninen opt. sensibilisiert sind, werden durch Zugabe von substituierten Benzimidazolen (**I**) supersensibilisiert. — Geeignet sind z. B. 1-Methyl-**I**, 1-Phenyl-**I**, 1-Acetyl-**I**, 1-Methoxy-**I**, ferner **I** mit Methyl-, Äthyl- u. Phenylmercapto- u. Benzoyl-Gruppen sowie Halogenatomen in 1-, 2-, 4- u. 5-Stellung. (**A. P. 2 566 167** vom 20/4. 1946, ausg. 28/4. 1951.) KALIX. 8605

General Aniline & Film Corp., New York, N. Y. (Erfinder: **Vsevolod Tulagin**, Phillipsburg, N. J., und **Robert Fleming Coles**, Easton, Pa.), V. St. A., *Diffusionsfeste Farbbildner* stellen diejenigen Derivv. von Aryl-I-Säuren dar, die in dem Arylrest, der mit dem N-Atom der Säuren verbunden ist, eine Carbonsäureamidgruppe enthalten, wodurch sie diffusionsfest werden. Sie besitzen die allg. Formel I. Hierin bedeutet M ein H- oder Alkalimetallatom oder eine salzbildende Gruppe, R eine Alkylgruppe mit höchstens 4 C-Atomen, Ar einen Bzl.-, Naphthalin-, Pyridin- oder Chinolinrest, Y einen Alkylrest mit mindestens 10 C-Atomen oder einen Arylrest mit einer aliphat. Kette von mindestens 10 C-Atomen u. X den Rest —CO—, $—OCH_2·CO—$, $—CH_2CO—$ oder $—NHCH_2CO—$.

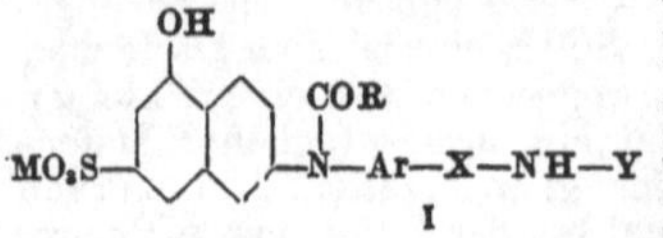

I

Beipsiele: 6-(N-Acetyl-5-octadecylcarbamylmethoxy-2-naphthylamino)-1-oxynaphthalin-3-sulfonsaures Na, 6-[N-Acetyl-4-(3-stearoylamino-5-sulfo-o-tolylcarbamyl)-anilino-]-1-oxynaphthalin-3-sulfonsäure, 6-[N-acetyl-7-(3-stearoylamino-5-sulfo-o-tolylcarbamylmethoxy)-2-naphthylamino]-1-oxynaphthalin-3-sulfonsaures Na, 6-[N-propionyl-4-(3-stearoylamino-5-sulfo-o-tolylcarbamylmethyl-anilino]-1-oxynaphthalin-3-sulfonsaures Na. — 12 weitere Beispiele, die Darst. der Verbb. wird beschrieben. (**D. B. P. 874 248** Kl. 57b vom 10/1. 1951, ausg. 23/4. 1953.) A. Prior. 10/1. 1950.) KALIX. 8631

Eduard Schloemann, Photo-Chemikalien und ihre Anwendung. 2. verb. Aufl. 6.—12. Tausend. Köln-Thielenbruch: Verl. „Photoblätter". 1952. (IV + 158 S. m. Abb.) DM 4.80.

Herausgeber u. verantwortlich für den Inhalt: Prof. Dr. Maximilian Pflücke, Berlin NW 7, Schiffbauerdamm 19, Fernsprecher: 42 55 71. Redaktion: Chefredakteure Dr. Eugen Klever und Prof. Dr. Maximilan Pflücke. Verlag: Akademie-Verlag GmbH, Berlin W 8, Mohrenstraße 39 (Fernsprecher 20 03 86, Postscheckkonto Berlin 350 21), u. Verlag Chemie GmbH, Weinheim/Bergstraße (Postscheckkonto Frankfurt/M. 145314 u. Berlin [West] 7430, Fernsprecher: Weinheim 2017), Bestell- u. Verlags-Nr. dieses Heftes: 1007/125/33. Das Chemische Zentralblatt erscheint wöchentlich. Satz u. Druck: VEB Leipziger Druckhaus, Leipzig, III/18/203. VIII. 54.
Veröffentlicht unter der Lizenznummer 1212 des Amtes für Literatur und Verlagswesen der Deutschen Demokratischen Republik.
Printed in Germany DDR.

Das neue starkwandige
Jenaer Rasotherm Glas
für Laboratorien:
thermisch, mechanisch
und chemisch höchst
widerstandsfähig
JENA
RASO THERM
250
JENA
RASO THERM
VEB JENAer GLASWERK SCHOTT & GEN., JENA

Kolibri 360 GmbH
Ferdinand-Jühlke-Straße 7
99095 Erfurt, Deutschland
produktsicherheit@kolibri360.de